JN107243

記号のまとめ

$(A)_{ij}$	行列 A の (i,j) 成分
$A=[a_{ij}]$	A の (i,j) 成分を a_{ij} とする
$\mathrm{tr}\,A=\sum_j (A)_{jj}$	A のトレース
$\mathrm{rank}\,A$	A の階数
$\det A$，または $\|A\|$	A の行列式
$\\|A\\|$	A のノルム
$A=\mathrm{diag}\,(a_1, a_2, \ldots, a_n)$	A は対角成分が $a_1, a_2, \ldots, a_n$ の対角行列である
δ_{ij}	クロネッカーのデルタ，$\delta_{jj}=1$，$\delta_{ij}=0\ (i \neq j)$
$\mathrm{sgn}\,\sigma$	置換 σ の符号
Δ_{ij}	(i,j) 余因子
$\mathrm{adj}\,A$	A の余因子行列
$M_{mn}(\mathbf{K})$	$\mathbf{K}$ の元を成分とする $m \times n$ 型行列の全体
$\sim$	同値関係
$\mathrm{Im}\,f$	写像 f の像
$\mathrm{Ker}\,f$	f の核
$\mathrm{null}\,f$	f の退化次数
$\mathrm{rank}\,f$	f の階数
$\langle \boldsymbol{a}, \boldsymbol{b} \rangle$，$\boldsymbol{a} \cdot \boldsymbol{b}$	ベクトル $\boldsymbol{a}$ と $\boldsymbol{b}$ の内積
$\boldsymbol{a} \times \boldsymbol{b}$	$\boldsymbol{a}$ と $\boldsymbol{b}$ の外積
$\\|\boldsymbol{a}\\|$	$\boldsymbol{a}$ のノルム
$\boldsymbol{x} \in W$	$\boldsymbol{x}$ は集合 W の元（要素）である
$W \subseteq V$ （または $W \subset V$）	集合 W は集合 V の部分集合である
$\dim V$	線形空間 V の次元
$\cong$	線形空間の同型
$V=\mathrm{Span}\,(\boldsymbol{a}_1, \boldsymbol{a}_2, \ldots, \boldsymbol{a}_n)$	V は $\boldsymbol{a}_1, \boldsymbol{a}_2, \ldots, \boldsymbol{a}_n$ の生成する線形空間である
$W_1 \cup W_2$	W_1 と W_2 の合併
$W_1 \cap W_2$	W_1 と W_2 の共通部分
$W_1 \perp W_2$	W_1 と W_2 は直交する
$W^{\perp}$	W の直交補空間
$W_1 + W_2$	W_1 と W_2 の和空間
$W_1 \oplus W_2$	W_1 と W_2 の直和
$W_1 \times W_2$	W_1 と W_2 の直積集合
$W_1 \otimes W_2$	W_1 と W_2 の直積，テンソル積
V/W	V の W による商空間
$\mathrm{Hom}(V, W)$	V から W への線形写像のなす線形空間
V^*	V の双対空間
$[A, B]=AB-BA$	交換子，リーの括弧積

線形代数講義

南　和彦　著

東京　裳　華　房　発行

LECTURES ON LINEAR ALGEBRA

by

KAZUHIKO MINAMI

SHOKABO

TOKYO

JCOPY 〈出版者著作権管理機構 委託出版物〉

はじめに

本書は大学初年次の学生のための線形代数の教科書である．この本の目標は，線形代数における基礎的な概念を理解し，さらに関連する事項の基礎を理解することである．この本は基本的には，教科書として標準的であることを意図して書かれており，特殊な構成や特殊な内容に偏ることのないよう気を配った．ただし純粋に数学的な視点で完結するのではなく，理学および工学における実用という点から要求される視点や取り扱いについて，適宜解説を加えた．また線形代数に関連してよく言及されるが，初年次の教科書では扱われない発展的ないくつかの事項について，主に付録で解説した．

この本は同じ著者による教科書「微分積分講義」の姉妹書として書かれた．いくつかの事項についてはこの微分積分の教科書で別の方法で取り扱っており，本書と比較するのも面白いと思う．例えば，工学的な具体例として RC 回路の時間変化を求めているが，「微分積分講義」では微分方程式の解として異なる二通りの導出を示し，本書では線形空間における線形方程式の一般論から解を求めた．

「微分積分講義」を書く際には，数学的にすべてごまかさず，かつ可能な限り分かりやすくということを目標にしたが，それは本書においても同じである．

この本が出版される時点では，高校で行列を扱わなくなっている．このことを考えて，特に行列の積について練習問題を多く入れてある．行列として簡単で扱いやすいもの（例えば固有値や逆行列が単純なもの）を考えて例として使用した．特に 2 次行列について，同じ行列が他の教科書で使われている例をいくつか発見したが，変更せずそのままにしてある．本文中に具体例を多く取り入れ，また例をいくつか調べてから一般的な定義を示すという構成を選んだ．行列および線形空間の次元は基本的に有限次元を仮定しているが，誤解の生じない範囲で無限次元の例をいくつか扱った．

量子力学との関連を考えて，同時対角化とスペクトル分解を扱ってある．また量子力学および数値計算との関連を意識して練習問題等を選んだが，それで扱いきれない事柄についてはコラムで解説した．本文の目次のあとにコラムの一覧を載せてある．

数学的な論理構造と本文の記述との正確な対応，一貫性などには常に気を配ったが，判断に迷ったときには，最終的には記述の美しさよりも，この本を読んだ読者にとって分かりやすいかどうか，より直感的に把握できるかどうかを優先した．その結果として，厳格な説明という意味では好ましくない表現が含まれる場合もあるが，それは意図的なものである．

以下，各章の内容について順に解説しておきたい．第1章から第8章までは，線形代数学の教科書として標準的な題材と配列を選んだ．よく知られているが個別の用途を持つやや特殊な事項については，練習問題として取り入れた．

第4章は空間ベクトルを扱う章であるが，これは第5章以降で現れる抽象的なベクトル空間の具体例にもなっている．この章を省略して第5章以降を読むことも可能である．

空間の直積は応用上不可欠であるにもかかわらず，初年次の教科書で説明されることがない．この本では第5章で基底を用いた具体的な計算規則を示し，テンソル積としての一般的な定義については付録Eで紹介した．

第7章の直交行列，対称行列と，第8章のユニタリ行列，エルミート行列とは内容的に対応しており，本文での説明も互いに対応させてある．

Jordan標準形については固有空間の拡張である広義固有空間を導入して議論した．この取り扱いは直感的に把握しやすいものの一つであると思う．教科書としての使いやすさを考えてこの部分を付録Aとしてあるが，Jordan標準形は線形代数学のひとつの結論であり，付録Aは事実上，第8章に続く本文の最後の章と考えるのが自然である．

行列の指数関数は自然科学や工学において重要であるが，適切な量と初学者にとって適切な難易度の解説は非常に少ない．本書では付録Bにおいてこれに関する基礎的な事項を解説し，さらに理学や工学の学部程度の講義で使われることのある関係式，例えばBaker-Campbell-Hausdorffの公式，Trotter公式，久保の恒等式などを扱ってある．

Lie群とLie環の名前と概念やその間の関係は既知のものとして言及されることが多いが，これらを系統的に理解するためには本格的な教科書等を通読する必要がある．付録Cでは$SU(n)$や$O(n)$など行列のなす一般線形群，およびLie群，Lie環などの定義と名称と性質について，予備知識を仮定せず短く解説した．

成分が負でない行列は確率行列に関連して重要であり，特に最大固有値が問題になる場合が多い．この最大固有値に関する基本的な結果であるPerron–Frobeniusの定理については，不思議なことだが初等的な解説がほとんどなく，一方で本格的な証明には多くの予備知識が仮定されている場合が多い．付録Dでは行列に関して基本的な知識のみを前提とした証明を，できるだけ理解しやすい形で紹介した．

内積は線形代数において重要であるが，また量子力学においても期待値に関連して特に重要である．量子力学における内積は，Diracのブラとケットによって記述される場合が多いが，その論理的な背景として実はRieszの定理が基本的であり，これについて付録Eで解説した．

また空間のテンソル積およびテンソルは応用上しばしば現れるが，数学の初等的な教科書では扱われない一方で，理学や工学の教科書ではその計算規則のみが紹介され，数学的な基礎については言及されない．付録Eではテンソルの存在を保証する線形空間として，線形空間のテンソル積を定義する．我々が計算しているテンソルは，このテンソル積によって得られる線形空間の元として，疑問を残さず理解される．

第8章までは必要な概念等についてすべて本文中で定義したが，付録に関しては，特に解析学から来るいくつかの結果について，それらを既知のものとして扱った．

文中の人名については，最初に現れる際に日本で習慣的に使用されている読み方をカタカナで示し，あとは基本的に英語表記を用いた．これは読者が英文で書かれた原書や論文などを読む際に自然に移行できるようにと考えたためである．また英文で読む際の便宜という方針の下に，ユークリッドやピタゴラスなど，本来はギリシア語等に由来する名前についても，英語での表記を選択した．

この「線形代数講義」の初稿は，「微分積分講義」の初稿と並行して書かれたものである．本書の出版を提案してくれた編集部の久米大郎氏に感謝したい．

2019年12月

著　者

目　　次

第6章　線形写像

第7章　内積空間

第8章　複素行列

付録A　Jordan 標準形

付録B　行列の微分と積分，無限級数

付録C　行列のなす群，Lie 群，Lie 環

コ ラ ム

第1章　行　　列

行列を定義し，定数倍，和，差，積，および商にあたる逆行列を導入する．

1.1　行列の定義，和と定数倍

1.1.1　行列を定義する

行列 (matrix) とは数を縦と横にならべたもので，例えば次のように数を縦に2個，横に2個，合計4個ならべたものを行列とよび，まとめて A などと書く．

$$A = \begin{pmatrix} 1 & 2 \\ 3 & 4 \end{pmatrix}.$$

このとき，横にならんだ一連の数字をまとめて**行** (row) とよぶ．例えば1と2は第1行，3と4は第2行にある．また，縦にならんだ一連の数字をまとめて**列** (column) とよぶ．例えば1と3は第1列，2と4は第2列にある．この行列は2つの行と2つの列からなる行列なので，これを 2×2 行列とよぶ．同様に例えば

$$B = \begin{pmatrix} 5 & -8 & 1 & 4 \\ 3 & 0 & 7 & -2 \\ -2 & 9 & 16 & 1 \end{pmatrix}$$

は 3×4 行列である．

行列の各列を取り出してできるベクトル，例えば上記の A の場合の

$$\boldsymbol{a}_1 = \begin{pmatrix} 1 \\ 3 \end{pmatrix}, \qquad \boldsymbol{a}_2 = \begin{pmatrix} 2 \\ 4 \end{pmatrix}$$

を A の**列ベクトル** (column vector) とよぶ．ベクトルは太字で書いてただの数と区別する．列ベクトルを用いて A を

$$A = \begin{pmatrix} \boldsymbol{a}_1 & \boldsymbol{a}_2 \end{pmatrix}$$

と書く．また同様に，この行列の各行を取り出してできるベクトル

$$\boldsymbol{a}_1{}' = (1, 2)$$
$$\boldsymbol{a}_2{}' = (3, 4)$$

を A の**行ベクトル** (row vector) とよび，これらを用いて A を

$$A = \begin{pmatrix} \boldsymbol{a}_1{}' \\ \boldsymbol{a}_2{}' \end{pmatrix}$$

と書く．

行列を構成する数のそれぞれを，行列の**成分** (element) とよぶ．特に第 i 行目でありかつ第 j 列目である数はただ1つに定まる．これを行列 A の (i, j) 成分とよび，

$$(A)_{ij} = a_{ij}$$

と書く．これは「行列 A の (i, j) 成分は数 a_{ij} である」と読めばよい．上記の 2×2 行列 A の場合には，

$$(A)_{11} = 1, \quad (A)_{12} = 2,$$
$$(A)_{21} = 3, \quad (A)_{22} = 4.$$

また，行列 A の (i, j) 成分を a_{ij} と書くことにする，という意味で

$$A = [a_{ij}]$$

という記号も使う．

一般に，数を m 行かつ n 列，合計 mn 個ならべたものを $\boldsymbol{m}\times\boldsymbol{n}$ **行列** (m times n matrix) とよぶ．このとき，以上で述べたことは $m\times n$ 行列においても同様である．つまり

$$A = \begin{pmatrix} a_{11} & a_{12} & a_{13} & \cdots & a_{1n} \\ a_{21} & a_{22} & & \cdots & a_{2n} \\ \vdots & \vdots & & & \vdots \\ a_{m1} & a_{m2} & a_{m3} & \cdots & a_{mn} \end{pmatrix}$$

を $m\times n$ 行列とよび，

$$(A)_{ij} = a_{ij}$$

および

$$A = [a_{ij}]$$

と書く．この $m\times n$ を行列の**型** (type) とよぶ．また

$$\boldsymbol{a}_1 = \begin{pmatrix} a_{11} \\ a_{21} \\ \vdots \\ a_{m1} \end{pmatrix}, \quad \boldsymbol{a}_2 = \begin{pmatrix} a_{12} \\ a_{22} \\ \vdots \\ a_{m2} \end{pmatrix}, \quad \cdots \quad , \quad \boldsymbol{a}_n = \begin{pmatrix} a_{1n} \\ a_{2n} \\ \vdots \\ a_{mn} \end{pmatrix},$$

を行列 A の列ベクトルとよび，これらを用いて A を

$$A = \begin{pmatrix} \boldsymbol{a}_1 & \boldsymbol{a}_2 & \cdots & \boldsymbol{a}_n \end{pmatrix}$$

と書く．また

$$\begin{aligned} \boldsymbol{a}_1{}' &= (a_{11}, a_{12}, a_{13}, \dots, a_{1n}) \\ \boldsymbol{a}_2{}' &= (a_{21}, a_{22}, a_{23}, \dots, a_{2n}) \\ &\vdots \\ \boldsymbol{a}_m{}' &= (a_{m1}, a_{m2}, a_{m3}, \dots, a_{mn}) \end{aligned}$$

を行列 A の行ベクトルとよび，これらを用いて A を

$$A = \begin{pmatrix} \boldsymbol{a}_1{}' \\ \boldsymbol{a}_2{}' \\ \vdots \\ \boldsymbol{a}_m{}' \end{pmatrix}$$

と書く．

例 1.1　ベクトルは数をならべたものであるから，これも行列の一種である．例えば，

$$\boldsymbol{a}' = (1, 4), \qquad \boldsymbol{a} = \begin{pmatrix} 1 \\ 4 \end{pmatrix}$$

は，それぞれ 1×2 行列と 2×1 行列である．このように，数を横にならべたものを**横ベクトル** (horizontal vector)，縦にならべたものを**縦ベクトル** (vertical vector) とよぶ．□

例 1.2　一般に，n 個の数をならべて，以下のベクトルを考えることができる．

$$\boldsymbol{a}' = (a_1, a_2, \dots, a_n), \qquad \boldsymbol{a} = \begin{pmatrix} a_1 \\ a_2 \\ \vdots \\ a_n \end{pmatrix}.$$

これらは $1 \times n$ 行列および $n \times 1$ 行列であり，それぞれ n 次元の横ベクトルおよび n 次元の縦ベクトル (あるいは n 項横ベクトルおよび n 項縦ベクトル) とよばれる．□

例 1.3 実数もまた，数を1行1列にならべたものと考えれば 1×1 行列であると見なすことができる．例えば，行列

$$A = (1)$$

は実数1と同一視できる． □

行列を導入する際に，その成分として実数を選んだ．同様に成分が複素数の行列を考えることもできる．成分が実数の行列を**実行列** (real matrix)，成分が複素数の行列を**複素行列** (complex matrix) とよぶ．実数，複素数などを**スカラー** (scalar) とよぶ[*1]．

1.1.2 行列の和とスカラー倍

次に，行列の和とスカラー倍 (いまの場合は実数倍) を定義する．まず，2つの $m\times n$ 行列 A と B が互いに等しいことを次のように定義する．

$$A = B \iff A \text{ と } B \text{ は同じ } m\times n \text{ 行列であり，}$$
$$\text{かつ} \quad (A)_{ij} = (B)_{ij} \quad (1 \leq i \leq m,\ 1 \leq j \leq n).$$

つまり行列 A と行列 B が等しいとは，A と B の型が同じで，成分もすべて互いに等しいことである．

次に，同じ型の2つの行列

$$A = \begin{pmatrix} a_{11} & \cdots & a_{1n} \\ \vdots & & \vdots \\ a_{m1} & \cdots & a_{mn} \end{pmatrix}, \qquad B = \begin{pmatrix} b_{11} & \cdots & b_{1n} \\ \vdots & & \vdots \\ b_{m1} & \cdots & b_{mn} \end{pmatrix}$$

について，これらの**和** (addition) を

$$A + B = \begin{pmatrix} a_{11} + b_{11} & \cdots & a_{1n} + b_{1n} \\ \vdots & & \vdots \\ a_{m1} + b_{m1} & \cdots & a_{mn} + b_{mn} \end{pmatrix}$$

と定義する．つまり行列 A と B の和とは，A と B の成分ごとに数としての和をとり，それらを新しい成分としてできる行列のことである．

行列の和は，行列 A と B が同じ $m\times n$ 行列であるときにのみ定義される．行列 A と行列 B が違う型の行列である場合には，これらの間に和は定義されず，このとき $A+B$ なる行列は存在しない．

---

*1 スカラーという言葉の意味については5.1節で再び述べる．

以上では，行列 A と行列 B から新しい行列 $A+B$ への対応を考え，この演算を「和」とよんだ．今度はスカラー k と行列 A に新しい行列を対応させる演算を以下のように定義して**スカラー倍** (scalar multiplication) とよぼう．

$$kA = k\begin{pmatrix} a_{11} & \cdots & a_{1n} \\ \vdots & & \vdots \\ a_{m1} & \cdots & a_{mn} \end{pmatrix} = \begin{pmatrix} ka_{11} & \cdots & ka_{1n} \\ \vdots & & \vdots \\ ka_{m1} & \cdots & ka_{mn} \end{pmatrix}.$$

つまり行列 A を k 倍するとは，A のすべての成分を k 倍することである．

例 1.4　以下の縦ベクトルは 2×1 行列である．このとき，これらの和と k 倍は

$$\begin{pmatrix} a_1 \\ a_2 \end{pmatrix} + \begin{pmatrix} b_1 \\ b_2 \end{pmatrix} = \begin{pmatrix} a_1+b_1 \\ a_2+b_2 \end{pmatrix}, \qquad k\begin{pmatrix} a_1 \\ a_2 \end{pmatrix} = \begin{pmatrix} ka_1 \\ ka_2 \end{pmatrix}.$$

□

ここまで，行列の和とスカラー倍を定義したが，このとき行列の差は自然に導入される．行列 B の -1 倍を

$$(-1)B = -B$$

と書くことにし，また

$$A + (-1)B = A - B$$

と書く．これを行列 A と B の差とよぶ．

1.1.3　特別な行列

いくつかの特別な行列を紹介しよう．まず成分がすべて 0 の行列を**零行列** (zero matrix, null matrix) とよぶ．

$$O = \begin{pmatrix} 0 & \cdots\cdots & 0 \\ \vdots & & \vdots \\ 0 & \cdots\cdots & 0 \end{pmatrix}.$$

$n\times n$ 行列のことを ***n* 次正方行列** (square matrix of order n)，あるいは ***n* 次行列** (matrix of order n) とよぶ．以下，正方行列について考える．正方行列の対角線上にならぶ成分 a_{ii} を，その行列の**対角成分** (diagonal element) とよぶ．また，正方行列の対角成分の和を**トレース** (trace) とよぶ[*2]．

＊2　trace は「跡」を意味する．古い文献では $\mathrm{tr}\,A$ を $\mathrm{Spur}\,A$ と書くことがある (Spur はドイツ語で「跡」のこと)．またトレースは固有和ともよばれる．

$$\begin{aligned}\operatorname{tr} A &= a_{11} + a_{22} + \cdots + a_{nn} \\ &= \sum_{i=1}^{n} a_{ii}.\end{aligned}$$

このトレースは，変換に対する不変量，あるいは量子力学において物理量の期待値などとして現れる重要な量である．

例 1.5　A, B を n 次正方行列とするとき，

$$\operatorname{tr}(A+B) = \operatorname{tr} A + \operatorname{tr} B,$$
$$\operatorname{tr}(kA) = k \operatorname{tr} A \quad (k \text{ はスカラー}).$$

証明は定義から明らかである．　□

対角成分が 1，それ以外の成分がすべて 0 の行列を**単位行列** (unit matrix, identity matrix) とよぶ．また，単位行列にスカラー k をかけたもの，つまり対角成分が k，それ以外の成分がすべて 0 である行列を**スカラー行列** (scalar matrix) とよぶ．

例 1.6　E を単位行列とするとき，その成分は

$$(E)_{ij} = \delta_{ij}, \qquad \delta_{ij} = \begin{cases} 1 & (i = j) \\ 0 & (i \neq j). \end{cases}$$

この δ_{ij} を **Kronecker（クロネッカー）のデルタ** (Kronecker delta) とよぶ．　□

$a_{ij} = 0\ (i > j)$，つまり対角成分よりも左下の成分がすべて 0 で，右上の三角状の領域にのみ 0 でない成分があり得る行列を**上三角行列** (upper triangular matrix) とよぶ．また $a_{ij} = 0\ (i < j)$，つまり対角成分よりも右上の成分がすべて 0 で，左下の三角状の領域にのみ 0 でない成分があり得る行列を**下三角行列** (lower triangular matrix) とよぶ．

対角成分以外の成分がすべて 0 である行列

$$A = \begin{pmatrix} a_1 & & & 0 \\ & a_2 & & \\ & & \ddots & \\ 0 & & & a_n \end{pmatrix}$$

を**対角行列** (diagonal matrix) とよぶ．対角行列は上三角行列であり，かつ下三角行列でもある．このとき $A = \operatorname{diag}(a_1, a_2, \ldots, a_n)$ と書く．スカラー行列と単位行列は，対角行列の特別な場合である．

行列の和とスカラー倍の性質をまとめておこう．以下の A, B, C, O, X がいずれも $m \times n$ 行列であるとき，和 $A+B$ もまた $m \times n$ 行列であり

(1)　$(A+B)+C = A+(B+C)$
(2)　行列 O が存在し，すべての A に対して $A+O = O+A = A$
(3)　すべての A に対して，　(1.1)
　　$A+X = X+A = O$ をみたす行列 X が存在する．
(4)　$A+B = B+A$

(1)は演算が結合の順序によらないこと，(2)は特別な性質を持つ行列 O が存在することを言っている．この O は零行列である．(3)はそれぞれの行列 A に対して A との和が O になるような行列 $-A$ が必ず存在することを言っている．$-A$ との和が O になる行列は A である．(4)は演算の結果がその順序を交換しても変わらないことを言っている．

集合に演算（いまの場合は和）が定義されており，その演算が(1)～(3)をみたすとき，その集合を**群**（group）とよび，さらに(4)をみたすとき，演算の順序が交換可能であることから，この集合を**可換群**（commutative group）とよぶ．

さらに k と h をスカラーとすると，kA は $m \times n$ 行列であり

(5)　$(k+h)A = kA + hA$
(6)　$k(A+B) = kA + kB$
(7)　$k(hA) = (kh)A$　(1.2)
(8)　$1A = A$

が成り立つ．集合に和とスカラー倍が定義されており，(1)～(4)および(5)～(8)がみたされるとき，その集合を**線形空間**（linear space），あるいは**ベクトル空間**（vector space）とよぶ．線形空間については第5章以降で詳しく解説する．

行列の成分として通常は，実数または複素数をとる．しかしこれらに限らず，要素の間に和，差，積などが定義され適当な性質を持つ集合があれば，その要素を成分とする行列を考えることができる．

例えば，多項式を成分とする行列を考えることができる．この場合，多項式と多項式の和，差，積は再び多項式であるが，多項式のあいだの商は有理式になる場合がある．つまり，多項式全体からなる集合において，要素のあいだの和，差，積は定義されるが，商をとるとその結果は一般には多項式の集合に含まれない．いかなる演算が可能なのかは，集合によって様々である．

行列の成分として何を選ぶかということは，行列の性質に本質的な影響を与える．この本では第7章まで行列成分は（いくつかの例外を除いて）実数とし，第8章で複素数を考え，実数の場合との違いを確認する．

例題 1.1

以下のように定義される3次正方行列 $A = [a_{ij}]$ を具体的に書け．

(1)　$a_{ij} = \delta_{ij}$　　(2)　$a_{ij} = (-1)^{i+j}$　　(3)　$a_{ij} = |i-j|$

【解答】

(1) $\begin{pmatrix} 1 & 0 & 0 \\ 0 & 1 & 0 \\ 0 & 0 & 1 \end{pmatrix}$　(2) $\begin{pmatrix} 1 & -1 & 1 \\ -1 & 1 & -1 \\ 1 & -1 & 1 \end{pmatrix}$　(3) $\begin{pmatrix} 0 & 1 & 2 \\ 1 & 0 & 1 \\ 2 & 1 & 0 \end{pmatrix}$ □

例題 1.2

次の条件をみたす a, b, c を求めよ．

$$\begin{pmatrix} a-1 & 3 \\ 0 & 2b+4 \end{pmatrix} = \begin{pmatrix} -1 & 2c \\ 0 & 6 \end{pmatrix}$$

【解答】　$a-1=-1,\ 3=2c,\ 2b+4=6$ より $a=0,\ b=1,\ c=3/2$. □

例題 1.3

以下の(1)～(3)を計算せよ．

(1) $\begin{pmatrix} -1 & 3 & 2 \\ 5 & 1 & -4 \\ -2 & 6 & 1 \end{pmatrix} + \begin{pmatrix} 2 & 1 & -6 \\ -5 & -2 & 3 \\ 3 & -4 & 1 \end{pmatrix}$

(2) $\begin{pmatrix} -1 & 3 \\ 5 & 1 \\ -2 & 6 \end{pmatrix} + \begin{pmatrix} 2 & 4 \\ 0 & -1 \\ 8 & 1 \end{pmatrix} - \begin{pmatrix} -2 & 3 \\ 6 & -1 \\ -3 & 0 \end{pmatrix}$

(3) $2\begin{pmatrix} 1 & -5 \\ 2 & 0 \end{pmatrix} + \begin{pmatrix} -1 & 3 \\ -2 & 6 \end{pmatrix}$

【解答】

(1) $\begin{pmatrix} 1 & 4 & -4 \\ 0 & -1 & -1 \\ 1 & 2 & 2 \end{pmatrix}$　(2) $\begin{pmatrix} 3 & 4 \\ -1 & 1 \\ 9 & 7 \end{pmatrix}$　(3) $\begin{pmatrix} 1 & -7 \\ 2 & 6 \end{pmatrix}$ □

練習問題

1.1 以下の(1)～(6)を計算せよ.

(1) $2\begin{pmatrix} -1 & 3 \\ 2 & 0 \end{pmatrix} + 5\begin{pmatrix} 2 & 0 \\ 1 & -1 \end{pmatrix}$ (2) $\begin{pmatrix} 5 & 2 \\ -3 & 1 \end{pmatrix} - 3\begin{pmatrix} 3 & -1 \\ -2 & 4 \end{pmatrix}$

(3) $\begin{pmatrix} -2 & 4 & 1 \\ 3 & -1 & 2 \end{pmatrix} + 4\begin{pmatrix} 1 & 0 & 2 \\ 1 & 1 & 2 \end{pmatrix} - 2\begin{pmatrix} 2 & 1 & 0 \\ 1 & 4 & 4 \end{pmatrix} + \begin{pmatrix} 2 & 6 & -2 \\ 1 & -1 & -4 \end{pmatrix}$

(4) $\begin{pmatrix} 2 & 6 & -1 \\ -8 & 5 & 9 \\ 3 & 1 & 2 \end{pmatrix} + 2\begin{pmatrix} 3 & 1 & 4 \\ -5 & -2 & 0 \\ 1 & -3 & -1 \end{pmatrix} - \begin{pmatrix} 6 & 1 & -5 \\ -1 & -4 & 3 \\ 1 & -4 & 2 \end{pmatrix}$

(5) $\begin{pmatrix} 1 & -3 & 2 \\ 0 & 7 & -1 \\ -4 & 5 & 1 \end{pmatrix} - 3\begin{pmatrix} -2 & -1 & 3 \\ 1 & 2 & 1 \\ 2 & -4 & 2 \end{pmatrix} + \begin{pmatrix} 2 & 1 & -6 \\ -5 & -2 & 3 \\ 3 & -4 & 1 \end{pmatrix}$

(6) $\begin{pmatrix} -2 & 0 & 2 & 1 \\ 2 & 6 & -4 & 3 \\ 5 & 1 & 6 & -2 \\ -2 & 0 & 1 & 1 \end{pmatrix} - \begin{pmatrix} 2 & -1 & 4 & 2 \\ 3 & 0 & 5 & 1 \\ -5 & 1 & 7 & -3 \\ 1 & -4 & 1 & 4 \end{pmatrix} + \begin{pmatrix} 3 & -1 & -6 & 2 \\ -5 & 2 & 0 & 1 \\ 2 & 0 & -4 & 6 \\ 3 & 1 & 1 & 3 \end{pmatrix}$

1.2 行列の積

1.2.1 行列の積

行列の**積** (product) を定義しよう. まず簡単な例から考えよう.

$$\begin{pmatrix} 1 & 5 \\ 6 & 2 \end{pmatrix}\begin{pmatrix} 3 & 8 \\ 4 & 7 \end{pmatrix} = \begin{pmatrix} 1\times 3+5\times 4 & 1\times 8+5\times 7 \\ 6\times 3+2\times 4 & 6\times 8+2\times 7 \end{pmatrix}.$$

A と B を 2×2 行列, $A=[a_{ij}]$, $B=[b_{ij}]$ とするとき, 行列 A と行列 B の積は次のように定義される.

$$AB = \begin{pmatrix} a_{11} & a_{12} \\ a_{21} & a_{22} \end{pmatrix}\begin{pmatrix} b_{11} & b_{12} \\ b_{21} & b_{22} \end{pmatrix} = \begin{pmatrix} a_{11}b_{11}+a_{12}b_{21} & a_{11}b_{12}+a_{12}b_{22} \\ a_{21}b_{11}+a_{22}b_{21} & a_{21}b_{12}+a_{22}b_{22} \end{pmatrix}.$$

より大きな行列については, 例えば

$$\begin{aligned} AB &= \begin{pmatrix} a_{11} & a_{12} & a_{13} \\ a_{21} & a_{22} & a_{23} \end{pmatrix}\begin{pmatrix} b_{11} & b_{12} \\ b_{21} & b_{22} \\ b_{31} & b_{32} \end{pmatrix} \\ &= \begin{pmatrix} a_{11}b_{11}+a_{12}b_{21}+a_{13}b_{31} & a_{11}b_{12}+a_{12}b_{22}+a_{13}b_{32} \\ a_{21}b_{11}+a_{22}b_{21}+a_{23}b_{31} & a_{21}b_{12}+a_{22}b_{22}+a_{23}b_{32} \end{pmatrix}. \end{aligned}$$

一般に行列の積は，A の第 i 行と B の第 j 列から以下のようにして求めた数が，積 AB の (i,j) 成分であると定義する．つまり

$$(A)_{ij} = a_{ij}, \qquad (B)_{ij} = b_{ij}$$

として

$$(AB)_{ij} = \sum_{k=1}^{n} a_{ik} b_{kj}.$$

ただし A は $m \times n$ 行列，B は $n \times l$ 行列であるとした．ここで内側の添字 k は，1 から n までのすべての可能な値について和をとっている．このとき行列 AB は $m \times l$ 行列になる．

例えば，$1 \times n$ 行列と $n \times 1$ 行列の積は 1×1 行列であり

$$(a_1,\ a_2)\begin{pmatrix} b_1 \\ b_2 \end{pmatrix} = a_1 b_1 + a_2 b_2, \qquad (a_1,\ \ldots,\ a_n)\begin{pmatrix} b_1 \\ \vdots \\ b_n \end{pmatrix} = a_1 b_1 + \cdots + a_n b_n.$$

これらはそれぞれ，2 次元および n 次元ベクトルのあいだの内積とみなすことができる．つまり行列 A の第 i 行と行列 B の第 j 列の内積が，行列 AB の (i,j) 成分であると言ってもよい．行列の積の定義を，視覚的に描いておこう．

$$\begin{pmatrix} \\ a_{i1} \quad a_{i2} \quad \cdots \quad a_{in} \\ \\ \end{pmatrix}\begin{pmatrix} b_{1j} \\ b_{2j} \\ \vdots \\ b_{nj} \end{pmatrix} = \begin{pmatrix} & \vdots & \\ \cdots & a_{i1}b_{1j} + a_{i2}b_{2j} + \cdots + a_{in}b_{nj} & \cdots \\ & \vdots & \end{pmatrix}.$$

$m \times n$ 行列と $n' \times l$ 行列の積は $n = n'$ のときのみ定義され，結果は $m \times l$ 行列になる．したがって，積 AB が定義できても BA が定義できないこともある．例えば

$$\begin{pmatrix} a_{11} & a_{12} & a_{13} \\ a_{21} & a_{22} & a_{23} \end{pmatrix}\begin{pmatrix} b_{11} \\ b_{21} \\ b_{31} \end{pmatrix}$$

は定義され，2×3 行列と 3×1 行列との積なので，結果は 2×1 行列であるが，

$$\begin{pmatrix} b_{11} \\ b_{21} \\ b_{31} \end{pmatrix}\begin{pmatrix} a_{11} & a_{12} & a_{13} \\ a_{21} & a_{22} & a_{23} \end{pmatrix}$$

は定義されない．

行列の積の定義は一見複雑に見えるかもしれない．実際，成分の和をとることで行列の和を定義したように，成分の積をとることで行列の積とする場合もあり，これを

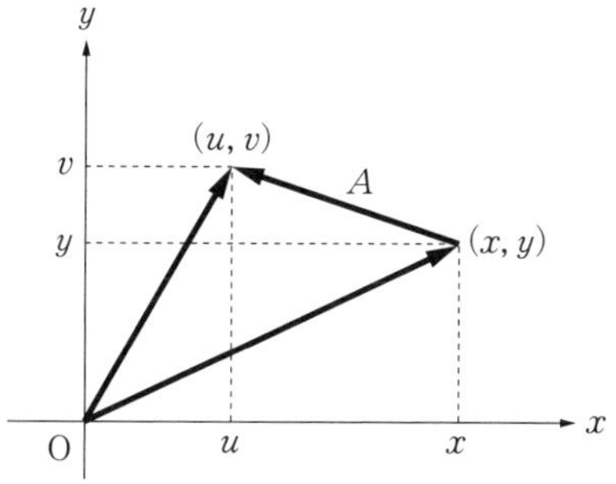

図 1.1

Hadamard (アダマール) 積とよぶが，通常は行列の積として上述の定義を採用する．

そこで，ここで定義された行列の積が，何に関連してどのように働くのか，具体例を見てみよう．

まず，2 次元平面上で次の変換を考えよう．

$$u = ax + by,$$
$$v = cx + dy.$$

これは **1 次変換** (linear transformation) とよばれ，図 1.1 のように，xy 平面上の点 (x, y) を xy 平面上の別の点 (u, v) にうつす変換である．このとき

$$\begin{pmatrix} u \\ v \end{pmatrix} = \begin{pmatrix} a & b \\ c & d \end{pmatrix}\begin{pmatrix} x \\ y \end{pmatrix} = A\begin{pmatrix} x \\ y \end{pmatrix}, \qquad A = \begin{pmatrix} a & b \\ c & d \end{pmatrix}.$$

つまり，ベクトルの 1 次変換には，そのベクトルに左から行列をかけることが対応する．ここに現れる行列 A を，この変換の**変換行列** (transformation matrix) とよぶ．さらに変換されたベクトルを再び変換することを考えよう．2 回目の変換の変換行列を B と書くと，

$$\begin{pmatrix} s \\ t \end{pmatrix} = B\begin{pmatrix} u \\ v \end{pmatrix} = BA\begin{pmatrix} x \\ y \end{pmatrix}.$$

つまり，変換のくり返しには，変換行列の積 BA が対応する．

変換	行列
f	A
g	B
$g \circ f$	BA

例 1.7　同様に，3 次元空間における 1 次変換を考える．

$$u = a_{11}x + a_{12}y + a_{13}z,$$
$$v = a_{21}x + a_{22}y + a_{23}z,$$
$$w = a_{31}x + a_{32}y + a_{33}z.$$

この変換は次のように書くことができる．

$$\begin{pmatrix} u \\ v \\ w \end{pmatrix} = \begin{pmatrix} a_{11} & a_{12} & a_{13} \\ a_{21} & a_{22} & a_{23} \\ a_{31} & a_{32} & a_{33} \end{pmatrix} \begin{pmatrix} x \\ y \\ z \end{pmatrix}.$$

この場合にも，変換の合成には行列の積が対応する．一般の n 次元空間の 1 次変換についても同様である．□

次に，確率的な変化について考えてみよう．状態 1，状態 2 の 2 つの状態があり，はじめ状態 1 にある確率が p_0，状態 2 にある確率が q_0 であるとする．1 回のステップで，状態 1 が状態 1 のまま変わらない確率を a_{11}，状態 1 が状態 2 に移る確率を a_{21}，状態 2 が状態 1 に移る確率を a_{12}，状態 2 が状態 2 のまま変わらない確率を a_{22} とする．このとき，変化後に状態 1 にある確率を p_1，状態 2 にある確率を q_1 とすると，p_1 と q_1 は次のように書ける．

$$p_1 = a_{11}p_0 + a_{12}q_0,$$
$$q_1 = a_{21}p_0 + a_{22}q_0.$$

これを行列で書くと

$$\begin{pmatrix} p_1 \\ q_1 \end{pmatrix} = \begin{pmatrix} a_{11} & a_{12} \\ a_{21} & a_{22} \end{pmatrix} \begin{pmatrix} p_0 \\ q_0 \end{pmatrix} = A \begin{pmatrix} p_0 \\ q_0 \end{pmatrix}, \qquad A = \begin{pmatrix} a_{11} & a_{12} \\ a_{21} & a_{22} \end{pmatrix}.$$

つまり確率的な変化は，上記のように行列を使って書くことができる．この行列 A を，この変化の**確率行列** (probability matrix, stochastic matrix) とよぶ*3．さらに変化後の状態を再び同じ規則で確率的に変化させることを考えよう．2 回の変化後に状態 1 にある確率を p_2，状態 2 にある確率を q_2 とすると，p_2 と q_2 は次のようにあらわされる．

$$\begin{pmatrix} p_2 \\ q_2 \end{pmatrix} = A \begin{pmatrix} p_1 \\ q_1 \end{pmatrix} = A^2 \begin{pmatrix} p_0 \\ q_0 \end{pmatrix}.$$

同様に，n 回の変化の後には

*3　ここでは状態 i が状態 j になる確率を a_{ji} としたが，同じ確率を a_{ij} としてそれを確率行列とよぶ場合も多い．

$$\begin{pmatrix} p_n \\ q_n \end{pmatrix} = A^n \begin{pmatrix} p_0 \\ q_0 \end{pmatrix}.$$

つまり，n 回の確率的な変化後の各状態の確率を求めるためには，確率行列の n 乗つまり A^n が求められればよい．

例 1.8 行列

$$A = \begin{pmatrix} 1/2 & 1/2 \\ 1/2 & 1/2 \end{pmatrix}$$

を考える．このとき，確率の和は 1 であり，$p_0 + q_0 = 1$ なので

$$A\begin{pmatrix} p_0 \\ q_0 \end{pmatrix} = \begin{pmatrix} 1/2 & 1/2 \\ 1/2 & 1/2 \end{pmatrix}\begin{pmatrix} p_0 \\ q_0 \end{pmatrix} = \begin{pmatrix} (p_0+q_0)/2 \\ (p_0+q_0)/2 \end{pmatrix} = \begin{pmatrix} 1/2 \\ 1/2 \end{pmatrix}.$$

さらに $A^2 = A$，同様にして $A^n = A$ となることはすぐに確かめられる． □

行列の積の持つ性質について考えよう．実数の積においては，実数 a と実数 b の積 ab は実数であった．行列においては $m \times l$ 行列 A と $l \times n$ 行列 B の積 AB は $m \times n$ 行列であり，一般にはその型が変わる．ただし正方行列は特別で，n 次正方行列と n 次正方行列の積は，再び n 次正方行列になる．

行列の積は，一般にはその順序を変えると結果が変わる．これは実数の積の場合と大きく異なる点である．例えば

$$AB = \begin{pmatrix} 0 & 1 \\ 0 & 0 \end{pmatrix}\begin{pmatrix} 2 & 3 \\ 0 & 0 \end{pmatrix} = \begin{pmatrix} 0 & 0 \\ 0 & 0 \end{pmatrix} \tag{1.3}$$

であるが

$$BA = \begin{pmatrix} 2 & 3 \\ 0 & 0 \end{pmatrix}\begin{pmatrix} 0 & 1 \\ 0 & 0 \end{pmatrix} = \begin{pmatrix} 0 & 2 \\ 0 & 0 \end{pmatrix}$$

つまり $AB \neq BA$ である．

行列 A と B が $AB = BA$ をみたすとき，A と B は **交換可能**あるいは**可換**（いずれも commutative）であると言い，$AB \neq BA$ であるとき，A と B は**非可換**（non-commutative）であると言う．

例 1.9 行列

$$X = \begin{pmatrix} 1 & 0 \\ 0 & -1 \end{pmatrix}, \qquad P = \begin{pmatrix} 0 & 1 \\ 1 & 0 \end{pmatrix}$$

を考える．X は 1 次変換としては x 軸に関する線対称な反転，P は直線 $y = x$ に関

する反転である．このとき，

$$XP = \begin{pmatrix} 0 & 1 \\ -1 & 0 \end{pmatrix}, \qquad PX = \begin{pmatrix} 0 & -1 \\ 1 & 0 \end{pmatrix}.$$

行列 X と P は，$XP \neq PX$ であり非可換である．これは x 軸に関する反転と直線 $y = x$ に関する反転は，順序を変えれば結果が変わることから理解できる． □

一般に x と y が実数であるとき「$xy = 0$ ならば，$x = 0$ または $y = 0$」が成り立つ．しかし行列については，これは必ずしも成り立たない．つまり零行列でない A と B に対しても $AB = O$ となることがある．このとき A と B を**零因子** (zero divisor) と言う．(1.3) の A と B はこの零因子の例でもある．さらに自分自身との積が零行列になることもある．例えば，

$$A = \begin{pmatrix} 2 & 4 \\ -1 & -2 \end{pmatrix} \text{とすると，}$$

$$A^2 = \begin{pmatrix} 2 & 4 \\ -1 & -2 \end{pmatrix}\begin{pmatrix} 2 & 4 \\ -1 & -2 \end{pmatrix} = \begin{pmatrix} 0 & 0 \\ 0 & 0 \end{pmatrix}. \tag{1.4}$$

行列の積の持つ一般的な性質について考えよう．以下の行列の積はいずれも定義されるものとして，次の性質が成り立つ．

定理 1.1

(1) $(AB)C = A(BC)$

(2) $A(B+C) = AB + AC$

(3) $(A+B)C = AC + BC$

(4) $EA = A,\ AE' = A$

(5) $AO = O',\ O''A = O'''$

ただし E は単位行列，O は零行列である．A が $m \times n$ であるとき，E は $m \times m$，E' は $n \times n$ の単位行列で，型が同じとは限らないので E と E' を区別してある．O', O'' についても同様である．

［**証明**］ (2)～(5) は定義より自明，そこで(1) を証明する．

$$(AB)_{ij} = \sum_k a_{ik} b_{kj}$$

なので

$$((AB)C)_{ij} = \sum_l (AB)_{il} c_{lj} = \sum_{k,l} a_{ik} b_{kl} c_{lj}.$$

ただし k の可能なすべての値についてとる和を $\sum_k$ などと書いた．$(A(BC))_{ij}$ も同様に計算して上式に一致する． □

以下，この本では誤解の生じない限り型を明示せずに単位行列を E，零行列を O と書く．

最後に，行列の積とトレースとの関係を調べておこう．A, B を n 次正方行列とするとき，

$$\mathrm{tr}\,(AB) = \mathrm{tr}\,(BA)$$

である．実際，

$$(AB)_{ii} = \sum_{j=1}^{n} a_{ij} b_{ji}$$

なので

$$\mathrm{tr}\,(AB) = \sum_{i=1}^{n} (AB)_{ii} = \sum_{i=1}^{n} \sum_{j=1}^{n} a_{ij} b_{ji}.$$

これは $a_{ij} b_{ji}$ をすべての i と j について足し合わせたものである．$\mathrm{tr}\,(BA)$ についても同じ結果を得る．

A, B を n 次正方行列とするとき，一般には

$$\mathrm{tr}\,(AB) \neq (\mathrm{tr}\,A)(\mathrm{tr}\,B)$$

である．実際，E を単位行列として $A = B = E$ とすると，次のように両辺の値は異なる．

$$\mathrm{tr}\,(AB) = \mathrm{tr}\,(E^2) = \mathrm{tr}\,E = n,$$
$$(\mathrm{tr}\,A)(\mathrm{tr}\,B) = (\mathrm{tr}\,E)(\mathrm{tr}\,E) = n^2.$$

1.2.2 特別な行列 2

行列の積を導入したところで，転置行列と，対称行列，交代行列を定義しよう．行列 A の行と列を入れ替えて得られる行列を，A の**転置行列** (transpose, transposed matrix) とよび ${}^t\!A$ と書く．つまり

$$({}^t\!A)_{ij} = (A)_{ji}$$

あるいは

$$A = \begin{pmatrix} a_{11} & \cdots\cdots & a_{1n} \\ \vdots & & \vdots \\ a_{m1} & \cdots\cdots & a_{mn} \end{pmatrix} \text{ に対して } {}^t\!A = \begin{pmatrix} a_{11} & \cdots & a_{m1} \\ \vdots & & \vdots \\ \vdots & & \vdots \\ a_{1n} & \cdots & a_{mn} \end{pmatrix}.$$

転置行列に関して，以下の性質が成り立つ．

定理 1.2

(1) ${}^t({}^tA) = A$

(2) ${}^t(kA) = k\,{}^tA$ (k はスカラー)

(3) ${}^t(A+B) = {}^tA + {}^tB$

(4) ${}^t(AB) = {}^tB\,{}^tA$

［**証明**］ (1)～(3) は定義より自明，(4) を証明する．行列の積の定義により

$$(AB)_{ij} = \sum_k a_{ik}b_{kj}.$$

これより

$$({}^t(AB))_{ij} = (AB)_{ji} = \sum_k a_{jk}b_{ki}.$$

一方，$({}^tB)_{ik} = (B)_{ki} = b_{ki}$，$({}^tA)_{kj} = (A)_{jk} = a_{jk}$ なので

$$({}^tB\,{}^tA)_{ij} = \sum_k ({}^tB)_{ik}({}^tA)_{kj} = \sum_k b_{ki}a_{jk}$$

であり，両者は一致する． □

${}^tA = A$，つまりすべての i と j に対して $a_{ij} = a_{ji}$ をみたす行列を**対称行列** (symmetric matrix) とよぶ．つまり対称行列は，成分を対角成分を軸に反転しても不変な行列である．また，${}^tA = -A$，つまりすべての i と j に対し $a_{ij} = -a_{ji}$ をみたす行列を**交代行列** (alternative matrix) とよぶ．つまり交代行列は，成分を対角成分を軸に反転するとその符号が変わる．このとき $i = j$ とすれば $a_{ii} = -a_{ii}$ なので $a_{ii} = 0$，つまり交代行列の対角成分は，必ず 0 である．

例えば

$$\begin{pmatrix} 1 & 0 \\ 0 & -1 \end{pmatrix}, \qquad \begin{pmatrix} a & b & c \\ b & 0 & d \\ c & d & e \end{pmatrix}$$

などは対称行列，

$$\begin{pmatrix} 0 & -1 \\ 1 & 0 \end{pmatrix}, \qquad \begin{pmatrix} 0 & -b & 0 \\ b & 0 & d \\ 0 & -d & 0 \end{pmatrix}$$

などは交代行列である．

転置行列のトレースについて考えよう．A を n 次正方行列とするとき，

$$\mathrm{tr}\,{}^tA = \mathrm{tr}\,A$$

が成り立つ．もし A が交代行列であるなら ${}^tA = -A$ より $\mathrm{tr}\,{}^tA = -\mathrm{tr}\,A$ なので $\mathrm{tr}\,A = 0$．これは交代行列の対角成分がすべて 0 なので当然である．A が対称行列であることは，A の対角成分および $\mathrm{tr}\,A$ に対してこのような制限を与えない．

1.2.3 行列の分割

大きな行列をより小さな行列に分割して取り扱うことを考える．

$$A = \begin{pmatrix} 1 & 2 & -3 \\ 5 & 0 & 2 \\ 3 & -1 & 0 \end{pmatrix} = \begin{pmatrix} A_{11} & A_{12} \\ A_{21} & A_{22} \end{pmatrix}.$$

ただし

$$A_{11} = \begin{pmatrix} 1 & 2 \\ 5 & 0 \end{pmatrix}, \qquad A_{12} = \begin{pmatrix} -3 \\ 2 \end{pmatrix},$$
$$A_{21} = \begin{pmatrix} 3 & -1 \end{pmatrix}, \quad A_{22} = \begin{pmatrix} 0 \end{pmatrix}.$$

また同様に

$$B = \begin{pmatrix} 2 & 1 & 5 \\ 0 & 3 & -4 \\ -1 & 6 & 1 \end{pmatrix} = \begin{pmatrix} B_{11} & B_{12} \\ B_{21} & B_{22} \end{pmatrix}.$$

ただし

$$B_{11} = \begin{pmatrix} 2 & 1 \\ 0 & 3 \end{pmatrix}, \qquad B_{12} = \begin{pmatrix} 5 \\ -4 \end{pmatrix},$$
$$B_{21} = \begin{pmatrix} -1 & 6 \end{pmatrix}, \quad B_{22} = \begin{pmatrix} 1 \end{pmatrix}.$$

この A_{11} や B_{12} などを**小行列** (submatrix) あるいは**ブロック行列** (block matrix, block element) とよぶ．行列をこのように分割することを，小行列に**分割**する (divide) あるいは**区分け**する (partition) と言う．行列はいろいろな大きさの小行列に分割できる．このとき，

$$AB = \begin{pmatrix} A_{11} & A_{12} \\ A_{21} & A_{22} \end{pmatrix} \begin{pmatrix} B_{11} & B_{12} \\ B_{21} & B_{22} \end{pmatrix}$$
$$= \begin{pmatrix} A_{11}B_{11} + A_{12}B_{21} & A_{11}B_{12} + A_{12}B_{22} \\ A_{21}B_{11} + A_{22}B_{21} & A_{21}B_{12} + A_{22}B_{22} \end{pmatrix}$$

が成り立つ．実際，

$$AB = \begin{pmatrix} 1 & 2 & -3 \\ 5 & 0 & 2 \\ 3 & -1 & 0 \end{pmatrix} \begin{pmatrix} 2 & 1 & 5 \\ 0 & 3 & -4 \\ -1 & 6 & 1 \end{pmatrix}$$
$$= \begin{pmatrix} 2+0+3 & 1+6-18 & 5-8-3 \\ 10+0-2 & 5+0+12 & 25+0+2 \\ 6+0+0 & 3-3+0 & 15+4+0 \end{pmatrix}$$

であるが，例えば

$$A_{11}B_{11}+A_{12}B_{21}=\begin{pmatrix}1&2\\5&0\end{pmatrix}\begin{pmatrix}2&1\\0&3\end{pmatrix}+\begin{pmatrix}-3\\2\end{pmatrix}\begin{pmatrix}-1&6\end{pmatrix}$$
$$=\begin{pmatrix}2+0&1+6\\10+0&5+0\end{pmatrix}+\begin{pmatrix}3&-18\\-2&12\end{pmatrix}$$

であり，確かに一致する．他の小行列についても同様である．

定理 1.3　行列 A と B を小行列に分割する．

$$A=\begin{pmatrix}A_{11}&\cdots&A_{1q}\\\vdots&&\vdots\\A_{p1}&\cdots&A_{pq}\end{pmatrix},\qquad B=\begin{pmatrix}B_{11}&\cdots&B_{1r}\\\vdots&&\vdots\\B_{q1}&\cdots&B_{qr}\end{pmatrix}.$$

ただし A_{il} と B_{lj} の積はすべて定義できるように分割しておく．このとき

$$AB=\begin{pmatrix}C_{11}&\cdots&C_{1r}\\\vdots&&\vdots\\C_{p1}&\cdots&C_{pr}\end{pmatrix}$$

とすると

$$C_{ij}=\sum_{l=1}^{q}A_{il}B_{lj}.$$

［**証明**］　積の定義より直ちに導かれる．　□

つまり，小行列に分割しても行列の積の規則は形式的にそのまま成り立つ．

例題 1.4

行列 A と X を

$$A=\begin{pmatrix}1&1\\2&3\end{pmatrix},\qquad X=\begin{pmatrix}x&1\\2&y\end{pmatrix}$$

とするとき，A と X が可換であるために，x と y がみたすべき条件を求めよ．

【解答】

$$AX=\begin{pmatrix}1&1\\2&3\end{pmatrix}\begin{pmatrix}x&1\\2&y\end{pmatrix}=\begin{pmatrix}x+2&1+y\\2x+6&2+3y\end{pmatrix},$$
$$XA=\begin{pmatrix}x&1\\2&y\end{pmatrix}\begin{pmatrix}1&1\\2&3\end{pmatrix}=\begin{pmatrix}x+2&x+3\\2+2y&2+3y\end{pmatrix}.$$

これより $1+y=x+3$ かつ $2x+6=2+2y$，すなわち $x-y+2=0$．　□

例題 1.5

行列 B を

$$B = \begin{pmatrix} 1 & 1 \\ 0 & 2 \end{pmatrix}$$

とするとき，$A^2 = B^2$ をみたす 2 次正方行列 A をすべて求めよ．

【解答】

$$A^2 = \begin{pmatrix} a & b \\ c & d \end{pmatrix}\begin{pmatrix} a & b \\ c & d \end{pmatrix} = \begin{pmatrix} a^2+bc & b(a+d) \\ c(a+d) & bc+d^2 \end{pmatrix},$$

$$B^2 = \begin{pmatrix} 1 & 1 \\ 0 & 2 \end{pmatrix}\begin{pmatrix} 1 & 1 \\ 0 & 2 \end{pmatrix} = \begin{pmatrix} 1 & 3 \\ 0 & 4 \end{pmatrix}.$$

これより

$$a^2+bc=1, \qquad b(a+d)=3,$$
$$c(a+d)=0, \qquad bc+d^2=4.$$

$b(a+d)=3$ より $a+d \neq 0$ なので $c=0$，このとき $a=\pm1$ かつ $d=\pm2$，それぞれに対して b を求めて

$$\begin{pmatrix} a & b \\ c & d \end{pmatrix} = \begin{pmatrix} 1 & 1 \\ 0 & 2 \end{pmatrix}, \quad \begin{pmatrix} 1 & -3 \\ 0 & -2 \end{pmatrix}, \quad \begin{pmatrix} -1 & 3 \\ 0 & 2 \end{pmatrix}, \quad \begin{pmatrix} -1 & -1 \\ 0 & -2 \end{pmatrix}.$$

□

▶ **参考** $A^2 = B^2$ より $(A-B)(A+B) = O$ と変形できるためには，$AB = BA$ が成り立つ必要がある．また $(A-B)(A+B) = O$ は，$A - B \neq O$ かつ $A + B \neq O$ でもみたされる場合がある．つまり，$A^2 = B^2$ より解は $A = \pm B$ とするのは誤りで，上記の場合には $\pm B$ の他に条件をみたす 2 つの行列が存在する．

例題 1.6

行列 A を

$$A = \begin{pmatrix} 1 & 0 & 1 \\ 2 & -1 & 3 \\ -1 & 1 & 0 \end{pmatrix},$$

また E を 3 次の単位行列とするとき，$A^3 - 3A + 2E$ を計算せよ．

【解答】

$$A^2 = \begin{pmatrix} 0 & 1 & 1 \\ -3 & 4 & -1 \\ 1 & -1 & 2 \end{pmatrix}, \qquad A^3 = \begin{pmatrix} 1 & 0 & 3 \\ 6 & -5 & 9 \\ -3 & 3 & -2 \end{pmatrix}.$$

これより $A^3 - 3A + 2E = O$. □

▶ **参考** これは Cayley–Hamilton（ケイリー・ハミルトン）の定理とよばれるものである．一般の n 次行列に対する Cayley–Hamilton の定理については，6.5 節で解説する．

例題 1.7

行列 A が $\begin{pmatrix} 1 \\ 0 \end{pmatrix}$ を $\begin{pmatrix} 1 \\ 1 \\ 0 \end{pmatrix}$ に，$\begin{pmatrix} 0 \\ 1 \end{pmatrix}$ を $\begin{pmatrix} 1 \\ 0 \\ 1 \end{pmatrix}$ にうつすとき，$A\begin{pmatrix} 0 \\ 0 \end{pmatrix}$ と $A\begin{pmatrix} 2 \\ -1 \end{pmatrix}$ を求めよ.

【解答】

$$A = \begin{pmatrix} 1 & 1 \\ 1 & 0 \\ 0 & 1 \end{pmatrix} \text{ となるので，} A\begin{pmatrix} 0 \\ 0 \end{pmatrix} = \begin{pmatrix} 0 \\ 0 \\ 0 \end{pmatrix},\ A\begin{pmatrix} 2 \\ -1 \end{pmatrix} = \begin{pmatrix} 1 \\ 2 \\ -1 \end{pmatrix}.$$

□

例題 1.8

行列 $R(\theta)$ を次のように定義する.

$$R(\theta) = \begin{pmatrix} \cos\theta & -\sin\theta \\ \sin\theta & \cos\theta \end{pmatrix}.$$

(1) $\boldsymbol{e}_1 = \begin{pmatrix} 1 \\ 0 \end{pmatrix}$, $\boldsymbol{e}_2 = \begin{pmatrix} 0 \\ 1 \end{pmatrix}$ とするとき，xy 平面上に $\boldsymbol{e}_1, R(\theta)\boldsymbol{e}_1, \boldsymbol{e}_2, R(\theta)\boldsymbol{e}_2$ を図示せよ.

(2) $R(\theta_1)R(\theta_2) = R(\theta_1 + \theta_2)$ が成り立つことを示せ.

(3) $R(\theta)^n$ を求めよ.

【解答】

(1)

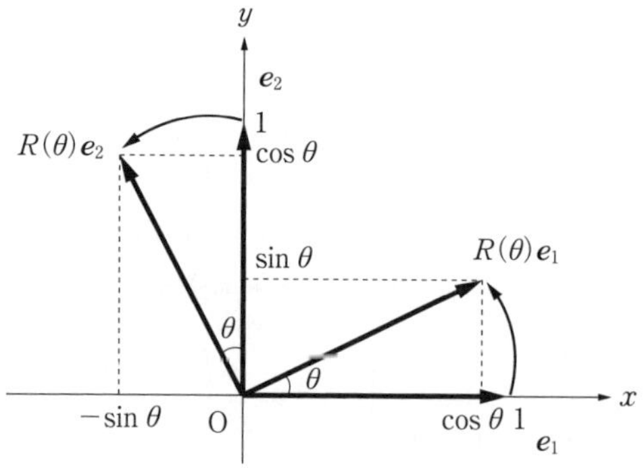

図 1.2　回転

(2) 三角関数の加法定理より

$$R(\theta_1)R(\theta_2) = \begin{pmatrix} \cos\theta_1\cos\theta_2 - \sin\theta_1\sin\theta_2 & -\cos\theta_1\sin\theta_2 - \sin\theta_1\cos\theta_2 \\ \sin\theta_1\cos\theta_2 + \cos\theta_1\sin\theta_2 & -\sin\theta_1\sin\theta_2 + \cos\theta_1\cos\theta_2 \end{pmatrix}$$
$$= \begin{pmatrix} \cos(\theta_1+\theta_2) & -\sin(\theta_1+\theta_2) \\ \sin(\theta_1+\theta_2) & \cos(\theta_1+\theta_2) \end{pmatrix} = R(\theta_1+\theta_2).$$

(3) (2) より $R(\theta)^2 = R(2\theta)$，$R(\theta)^3 = R(2\theta)R(\theta) = R(3\theta)$．以下，帰納的に $R(\theta)^n = R(n\theta)$． □

▶ **参考**　$R(\theta)$ はベクトルを反時計回りに角度 θ だけ回転させる．このとき，θ_1 の回転と θ_2 の回転の合成は $\theta_1+\theta_2$ の回転である．

例題 1.9

n 次正方行列 $A = [a_{ij}]$ が

$$a_{ij} \geq 0, \quad \text{かつ，すべての } i \text{ に対し } \sum_{j=1}^{n} a_{ij} = 1.$$

をみたすとき，A を確率行列とよぶ．

(1) $A\boldsymbol{x} = \boldsymbol{x}$ をみたすベクトル $\boldsymbol{x}$ を見つけよ．

(2) A と B が確率行列であるとき，AB も確率行列であることを示せ．

【解答】

(1) $\boldsymbol{x} = \begin{pmatrix} 1/n \\ \vdots \\ 1/n \end{pmatrix}$ とすると $A\boldsymbol{x} = \boldsymbol{x}$．

(2) $B = [b_{ij}]$ として，$a_{ik} \geq 0$ かつ $b_{kj} \geq 0$ より $(AB)_{ij} = \sum_{k=1}^{n} a_{ik}b_{kj} \geq 0$．また $\sum_{j=1}^{n}(AB)_{ij}$

$$= \sum_{j=1}^{n}\sum_{k=1}^{n} a_{ik}b_{kj} = \sum_{k=1}^{n} a_{ik}\left(\sum_{j=1}^{n} b_{kj}\right) = \sum_{k=1}^{n} a_{ik}\cdot 1 = 1.$$ これより AB も確率行列． □

▶ **参考**　いまの場合，$i \to j$ となる確率が a_{ij} であると考えている．問題文の条件は，確率 a_{ij} が 0 または正であること，確率の和が 1 であることに，それぞれ対応する．成分がすべて非負の行列については，付録 D の Perron-Frobenius(ペロン・フロベニウス) の定理が成り立つ．

例題 1.10

n 次正方行列 $A = [a_{ij}]$ を考える．

(1) $\mathrm{tr}\,(A\,{}^tA)$ を a_{ij} を用いてあらわせ．

(2) 任意の n 次正方行列 X に対し $\mathrm{tr}\,(AX) = 0$ が成り立つなら，このとき $A = O$ であることを示せ．

【解答】 (1) ${}^tA$ の成分は $({}^tA)_{ij} = (A)_{ji} = a_{ji}$ で与えられるので

$$(A\,{}^tA)_{ij} = \sum_{k=1}^{n} (A)_{ik}({}^tA)_{kj} = \sum_{k=1}^{n} (A)_{ik}(A)_{jk} = \sum_{k=1}^{n} a_{ik}a_{jk}.$$

これより

$$\mathrm{tr}\,(A{}^tA) = \sum_{i=1}^{n} (A\,{}^tA)_{ii} = \sum_{i=1}^{n}\sum_{k=1}^{n} a_{ik}{}^2.$$

(2) (i,j) 成分が 1，その他の成分がすべて 0 の行列を E_{ij} とするとき，

$$0 = \mathrm{tr}\,(AE_{ij}) = a_{ji}.$$

これがすべての i と j に対して成り立つので $A = O$. □

▶ **参考** (1) より，A の成分がすべて実数ならば $\mathrm{tr}\,(A\,{}^tA) \geq 0$ であることがわかる.

練習問題

1.2 以下の計算をせよ.

(1) $\begin{pmatrix} 3 & -1 \\ 1 & 5 \end{pmatrix}\begin{pmatrix} 2 & 1 \\ 1 & -2 \end{pmatrix}$　(2) $\begin{pmatrix} 1 & 0 & -1 \\ 0 & -4 & 3 \end{pmatrix}\begin{pmatrix} 2 & -1 \\ 2 & 1 \\ 0 & -1 \end{pmatrix}$

(3) $\begin{pmatrix} 1 & 0 & 3 \\ -1 & 2 & 1 \\ 3 & 1 & 0 \end{pmatrix}\begin{pmatrix} 0 & 1 & 1 \\ 1 & 3 & 0 \\ -2 & 0 & 2 \end{pmatrix}$　(4) $\begin{pmatrix} 2 & 1 & -1 \end{pmatrix}\begin{pmatrix} 1 \\ -1 \\ 3 \end{pmatrix}$

(5) $\begin{pmatrix} 1 \\ -1 \\ 3 \end{pmatrix}\begin{pmatrix} 2 & 1 & -1 \end{pmatrix}$

1.3 以下の行列を A とするとき，A^n を求めよ.

(1) $\begin{pmatrix} 0 & 1 & 0 \\ 0 & 0 & 1 \\ 0 & 0 & 0 \end{pmatrix}$　(2) $\begin{pmatrix} 0 & 1 & 0 \\ 0 & 0 & 1 \\ 1 & 0 & 0 \end{pmatrix}$　(3) $\begin{pmatrix} 1 & 1 & 1 \\ 1 & 1 & 1 \\ 1 & 1 & 1 \end{pmatrix}$　(4) $\begin{pmatrix} 1 & 1 & 1 \\ 0 & 1 & 1 \\ 0 & 0 & 1 \end{pmatrix}$

1.4 以下の行列を順に A, B とするとき，AB と BA を求めよ.

(1) $\begin{pmatrix} a_1 & 0 \\ 0 & a_2 \end{pmatrix}$ $\begin{pmatrix} b_1 & 0 \\ 0 & b_2 \end{pmatrix}$　(2) $\begin{pmatrix} 1 & a \\ 0 & 1 \end{pmatrix}$ $\begin{pmatrix} 1 & b \\ 0 & 1 \end{pmatrix}$

(3) $\begin{pmatrix} 1 & 2 \\ 1 & -1 \end{pmatrix}$ $\begin{pmatrix} 1 & 4 \\ 2 & -3 \end{pmatrix}$　(4) $\begin{pmatrix} 1 & 2 \\ 1 & -1 \end{pmatrix}$ $\begin{pmatrix} 2 & 1 \\ 1 & 3 \end{pmatrix}$

(5) $\begin{pmatrix} 0 & 1 \\ 0 & 2 \end{pmatrix}$ $\begin{pmatrix} 1 & 2 \\ 0 & 0 \end{pmatrix}$　(6) $\begin{pmatrix} 1 & 1 \\ 1 & 1 \end{pmatrix}$ $\begin{pmatrix} 1 & -1 \\ -1 & 1 \end{pmatrix}$

1.5 A と B が上三角行列であるとき，AB も上三角行列であることを示せ.

1.6 A を 2 次行列とするとき，以下の条件をみたす A をすべて求めよ.

(1) $A^2 = E$ (2) $A^2 = O$ (3) $A^2 = A$ (4) $A^2 = \begin{pmatrix} 0 & 1 \\ 0 & 0 \end{pmatrix}$

1.7 行列 A と B を

$$A = \begin{pmatrix} 1 & 2 \\ 1 & -1 \end{pmatrix} \qquad B = \begin{pmatrix} a & b \\ c & d \end{pmatrix}$$

とするとき，

(1) A と B が可換であるための条件を求めよ．

(2) $AB = O$ または $BA = O$ をみたす行列 B を求めよ．

1.8 A を 2 次正方行列とするとき，

(1) A がすべての 2 次行列と交換可能ならばスカラー行列であることを示せ．

(2) A がすべての対角行列と交換可能ならば対角行列であることを示せ．

1.9 A，B を 2 次正方行列とするとき，

(1) A，B が $\begin{pmatrix} 0 & -1 \\ 1 & 0 \end{pmatrix}$ と可換であるなら，A と B は可換であることを示せ．

(2) A，B が $\begin{pmatrix} 1 & 1 \\ 0 & 1 \end{pmatrix}$ と可換であるなら，A と B は可換であることを示せ．

1.10 次の行列を 2×2 行列に分割して積 AB を求めよ．

$$A = \begin{pmatrix} 2 & -1 & 0 & 3 \\ -3 & 5 & 1 & 0 \\ 1 & -4 & 1 & 2 \\ 0 & 1 & 0 & -2 \end{pmatrix}, \qquad B = \begin{pmatrix} 1 & -2 & 1 & 0 \\ 3 & 4 & 0 & 1 \\ 0 & 0 & 1 & 1 \\ 0 & 0 & 1 & -1 \end{pmatrix}.$$

1.11 定理 1.3 を証明せよ．

1.12 A_1, B_1 を m 次正方行列，A_2, B_2 を n 次正方行列とするとき

$$\begin{pmatrix} A_1 & O \\ O & A_2 \end{pmatrix} \qquad \begin{pmatrix} B_1 & O \\ O & B_2 \end{pmatrix}$$

が可換であるための条件を求めよ．

1.13 E_m, E_n を m 次と n 次の単位行列，A_{mn} を $m \times n$ 行列として

$$A = \begin{pmatrix} E_m & A_{mn} \\ O & E_n \end{pmatrix}$$

とするとき A^k を求めよ．

1.14 行列 $\begin{pmatrix} 0 & a-b & a+b \\ 2a+b & c & 0 \\ a+2 & 0 & d \end{pmatrix}$ が対称行列，交代行列であるようにそれぞれ定数を定めよ．

1.15 A を n 次正方行列とするとき,

(1) ${}^tAA, A\,{}^tA$ は対称行列であることを示せ.

(2) $A + {}^tA$ は対称行列, $A - {}^tA$ は交代行列であることを示せ.

(3) 行列 A は常に対称行列と交代行列の和で表されることを示せ.

(4) A が対称行列でかつ交代行列であるとき, A を具体的に書け.

1.16 A, B を n 次正方行列とするとき,

(1) A が交代行列ならば A^2 は対称行列であることを示せ.

(2) A が交代行列であるとき, A^k が交代行列であるような自然数 k を求めよ.

(3) A と B が対称行列であるとき, AB も対称行列であるための必要十分条件は, $AB = BA$ であることを示せ.

(4) A が対称行列, B が交代行列ならば, $\mathrm{tr}\,AB = 0$ であることを示せ.

1.17 正方行列 A, B について, 以下の関係は成り立つか. ただし E は単位行列である.

(1) $A^2 - 5A + 6E = (A - 2E)(A - 3E)$

(2) $A^n - E = (A - E)(A^{n-1} + A^{n-2} + \cdots + A + E)$

(3) $(A + B)^2 = A^2 + 2AB + B^2$

1.18 正方行列 A と B が可換であるとき $(A + B)^n = \sum_{k=0}^{n} {}_n\mathrm{C}_k A^k B^{n-k}$ が成り立つことを示せ.

1.19 双曲線関数を $\cosh\theta = \dfrac{1}{2}(e^{\theta} + e^{-\theta})$, $\sinh\theta = \dfrac{1}{2}(e^{\theta} - e^{-\theta})$ とする.

(1) $L(\theta) = \begin{pmatrix} \cosh\theta & \sinh\theta \\ \sinh\theta & \cosh\theta \end{pmatrix}$ とするとき $L(\theta_1)L(\theta_2) = L(\theta_1 + \theta_2)$ を示せ.

(2) $\begin{pmatrix} x' \\ ct' \end{pmatrix} = L(\theta)\begin{pmatrix} x \\ ct \end{pmatrix}$, また $\dfrac{\sinh\theta}{\cosh\theta} = \tanh\theta$ と定義して $\tanh\theta = \dfrac{v}{c} > 0$ とするとき, x' と t' を x, t, v, c であらわせ.

1.20 A, B を n 次正方行列, E を n 次の単位行列とすると, $AB - BA = E$ をみたす n 次行列 A, B は存在しないことを示せ.

1.3　行列の正則性と逆行列

1.3.1　行列の逆行列

実数の場合の「商」に相当する，行列の逆行列について考える．

定義 1.1　A を n 次正方行列とする．このとき E を単位行列として

$$AX = E \quad \text{かつ} \quad XA = E$$

をみたす n 次正方行列 X が存在するとき，A は**正則** (regular) であると言い，X を A の**逆行列** (inverse matrix) とよんで $X = A^{-1}$ と書く．

2.1 節の定理 2.4 において，$AX = E$ と $XA = E$ のうちの一方がみたされれば他方も成り立つことが証明される．

定理 1.4

(1) 逆行列は存在するならば一意的である．

(2) A が正則ならば A^{-1} も正則で，$(A^{-1})^{-1} = A$

(3) A, B が正則であるとき AB は正則で，$(AB)^{-1} = B^{-1}A^{-1}$

(4) A が正則ならば ${}^tA$ も正則で，$({}^tA)^{-1} = {}^t(A^{-1})$

［**証明**］

(1) X と Y がいずれも A の逆行列ならば，$XA = E$ かつ $AY = E$. このとき

$$X = XE = XAY = EY = Y.$$

つまり逆行列がもし存在すれば，ただひとつに定まる．

(2) 定義 1.1 より A^{-1} の逆行列は A であり，A^{-1} は正則．

(3) $(B^{-1}A^{-1})(AB) = B^{-1}B = E$, $(AB)(B^{-1}A^{-1}) = A^{-1}A = E$.

(4) ${}^tA\,{}^t(A^{-1}) = {}^t(A^{-1}A) = E$, ${}^t(A^{-1})\,{}^tA = {}^t(AA^{-1}) = E$. □

(1)の証明のように，仮に 2 つ存在するとして，存在すれば両者が等しいことを導くのは，一意性を証明する際によく使われる手法である．(2)は正則性の定義が A と A^{-1} に関して対称であることから自明であろう．(3)は積の転置行列の場合と同様に，順序が逆になることに注意．同様にして，有限個の正則な行列の積は正則である．

A が正則であるとき，

$$A^{-n} = (A^{-1})^n$$

と定義し，また $A^0 = E$ とすれば，一般に整数 m と n に対して

$$A^m A^n = A^{m+n}$$

が成り立つ．

実数の場合には $a \neq 0$ ならば a^{-1} が存在したが，n 次行列の場合には A が正則ならば A^{-1} が存在する．$A \neq O$ であっても，A が正則でないなら A^{-1} は存在しない．

例 1.10　2×2 行列の場合

$$A = \begin{pmatrix} a & b \\ c & d \end{pmatrix}, \qquad X = \begin{pmatrix} p & q \\ r & s \end{pmatrix}$$

とすると条件 $E = AX$ は

$$\begin{pmatrix} 1 & 0 \\ 0 & 1 \end{pmatrix} = \begin{pmatrix} a & b \\ c & d \end{pmatrix}\begin{pmatrix} p & q \\ r & s \end{pmatrix} = \begin{pmatrix} ap+br & aq+bs \\ cp+dr & cq+ds \end{pmatrix}.$$

つまり

$$\begin{aligned} 1 &= ap+br, & 0 &= aq+bs, \\ 0 &= cp+dr, & 1 &= cq+ds. \end{aligned}$$

これを解いて p, q, r, s を求めると

(i)　$ad - bc \neq 0$ のとき

$$X = \begin{pmatrix} p & q \\ r & s \end{pmatrix} = \frac{1}{ad-bc}\begin{pmatrix} d & -b \\ -c & a \end{pmatrix}.$$

またこの X に対して $XA = E$ も成立し，この X が求める A^{-1} である．

(ii)　$ad - bc = 0$ のとき，条件をみたす p, q, r, s は存在しない．□

この $ad - bc$ を 2 次行列 A の**行列式** (determinant) とよび

$$\det A, \quad \det\begin{pmatrix} a & b \\ c & d \end{pmatrix}, \quad |A|, \quad \begin{vmatrix} a & b \\ c & d \end{vmatrix}$$

などと書く．

例 1.11　連立方程式

$$\begin{aligned} ax + by &= x_0 \\ cx + dy &= y_0 \end{aligned}$$

を考える．これは 2 次行列を用いて次のように書ける．

$$A\begin{pmatrix} x \\ y \end{pmatrix} = \begin{pmatrix} x_0 \\ y_0 \end{pmatrix}, \qquad A = \begin{pmatrix} a & b \\ c & d \end{pmatrix}.$$

行列 A は方程式の係数からなる行列であり，この方程式の係数行列とよばれる．このとき，$ad - bc \neq 0$ であれば A^{-1} が存在し，それを両辺に左からかけると

$$A^{-1}A\begin{pmatrix} x \\ y \end{pmatrix} = A^{-1}\begin{pmatrix} x_0 \\ y_0 \end{pmatrix},$$

つまり

$$\begin{pmatrix} x \\ y \end{pmatrix} = \frac{1}{ad-bc}\begin{pmatrix} d & -b \\ -c & a \end{pmatrix}\begin{pmatrix} x_0 \\ y_0 \end{pmatrix} = \frac{1}{ad-bc}\begin{pmatrix} dx_0 - by_0 \\ -cx_0 + ay_0 \end{pmatrix}.$$

つまり，連立 1 次方程式の解の公式が得られた．これは **Cramer（クラメル）の公式** (Cramer's rule) とよばれる公式の特別な場合である．□

$ad - bc = 0$ のときには A^{-1} が存在せず，この場合は容易にわかるように，方程式に解が存在しないか，解が無限個存在するかのどちらかになる．

実数の場合の方程式

$$ax = x_0$$

を考えると，$a \neq 0$ のとき a には逆数 a^{-1} が存在し，それを両辺にかけると

$$x = a^{-1}x_0$$

として解が得られる．$a = 0$ の場合には，$x_0 \neq 0$ または $x_0 = 0$ に応じて，解は存在しないか，解は無限個存在する．例 1.11 はこれを，変数が 2 個の場合に一般化したものである．

例 1.12　複素数との対応を考えてみよう．

$$E = \begin{pmatrix} 1 & 0 \\ 0 & 1 \end{pmatrix}, \qquad I = \begin{pmatrix} 0 & -1 \\ 1 & 0 \end{pmatrix}$$

とする．このとき，$E^2 = E$，$EI = IE$ であり，さらに

$$I^2 = \begin{pmatrix} 0 & -1 \\ 1 & 0 \end{pmatrix}\begin{pmatrix} 0 & -1 \\ 1 & 0 \end{pmatrix} = \begin{pmatrix} -1 & 0 \\ 0 & -1 \end{pmatrix} = -E$$

が成立する．つまり E と I は，実数の単位 1 と虚数単位 i の性質，$1^2 = 1$，$1 \times i = i \times 1$ および $i^2 = -1$ をみたす．したがって，行列 $Z = aE + bI$ は複素数 $z = a + bi$ と同じ計算規則をみたす．例えば複素数 $z = a + bi, w = c + di$ に対して，その積は

$$\begin{aligned} zw &= (a + bi)(c + di) = ac + adi + bci + bdi^2 \\ &= (ac - bd) + (ad + bc)i. \end{aligned}$$

同様に，行列 $Z = aE + bI, W = cE + dI$ に対して，その積は

$$
\begin{aligned}
ZW &= (aE + bI)(cE + dI) = acE + adI + bcI + bdI^2 \\
&= (ac - bd)E + (ad + bc)I.
\end{aligned}
$$

また，複素数 $z = a + bi$ の逆数は $z \neq 0$ のとき存在し

$$
\frac{1}{z} = \frac{1}{a + bi} = \frac{a - bi}{a^2 + b^2}.
$$

一方，行列 Z の逆行列は，Z の行列式が $|Z| \neq 0$ をみたすとき存在し

$$
Z^{-1} = \begin{pmatrix} a & -b \\ b & a \end{pmatrix}^{-1} = \frac{1}{a^2 + b^2}\begin{pmatrix} a & b \\ -b & a \end{pmatrix} = \frac{1}{a^2 + b^2}(aE - bI).
$$

つまりこの場合にも逆行列は，逆数を行列に一般化したものになっている． □

一般の n 次行列の場合の逆行列の求め方については，2.2 節と 3.5 節で二通りの異なる方法を解説する．

例題 1.11

以下の行列を A として，A^{-1} と A^n (n は自然数) を求めよ．

(1) $\begin{pmatrix} 0 & 1 \\ 1 & 0 \end{pmatrix}$ (2) $\begin{pmatrix} 0 & 0 & 1 \\ 0 & 1 & 0 \\ 1 & 0 & 0 \end{pmatrix}$

【解答】 (1)

$$
A^{-1} = \frac{1}{0 \times 0 - 1 \times 1}\begin{pmatrix} 0 & -1 \\ -1 & 0 \end{pmatrix} = \begin{pmatrix} 0 & 1 \\ 1 & 0 \end{pmatrix}.
$$

つまり $A^{-1} = A$．また $A^2 = E$ (E は単位行列) なので，n が奇数のとき $A^n = A$，n が偶数のとき $A^n = E$．

(2) $A^2 = E$ なので $A^{-1} = A$．以下(1)と同様． □

例題 1.12

A, B は n 次正方行列，B は正則であるとする．このとき，

(1) $(BAB^{-1})^n = BA^nB^{-1}$ (2) $\mathrm{tr}\,(BAB^{-1}) = \mathrm{tr}\,A$

を示せ．

【解答】 (1) $(BAB^{-1})^n = \overbrace{(BAB^{-1})(BAB^{-1})\cdots(BAB^{-1})}^{n\text{ 個}} = B\overbrace{AA\cdots A}^{n\text{ 個}}B^{-1} = BA^nB^{-1}$.

(2) $\mathrm{tr}\,(B\cdot AB^{-1}) = \mathrm{tr}\,(AB^{-1}\cdot B) = \mathrm{tr}\,AE = \mathrm{tr}\,A$. □

練習問題

1.21　以下の行列を A とし，$a \neq 0$，$b \neq 0$ とするとき，$A^n\ (n = 0, 1, 2, \ldots)$ と $A^{-n} = (A^{-1})^n\ (n = 1, 2, \ldots)$ を n を用いて書け．ただし $A^0 = E$ とする．

(1) $\begin{pmatrix} a & 0 \\ 0 & b \end{pmatrix}$　　(2) $\begin{pmatrix} 1 & a \\ 0 & 1 \end{pmatrix}$

1.22　A を n 次正方行列，E を n 次の単位行列，O を n 次の零行列とするとき，以下の (1) と (2) を証明せよ．

(1) ある自然数 k に対し $A^k = E$ ならば A は正則で $A^{-1} = A^{k-1}$．

(2) ある自然数 k に対し $A^k = O$ ならば A は正則でない．

1.23　n 次正方行列 A と B が正則かつ可換であるとき，以下の (1)～(3) を示せ．

(1) ${}^tA$ と ${}^tB$ は可換である．

(2) A^{-1} と B^{-1} は可換である．

(3) A^{-1} と B は可換である．

1.24　A を n 次正方行列，E を n 次の単位行列，O を n 次の零行列とするとき，ある自然数 k に対し $A^k = O$ ならば $E - A$ は正則で，

$$(E - A)^{-1} = E + A + \cdots + A^{k-1}$$

であることを示せ．

第2章　基本変形

この章では，行列の基本変形を導入し，行列の階数を定義する．行列を一定の範囲内の手続きで変形していくとき，行列のいくつかの主要な性質が保たれる．この変形を行列の基本変形とよぶ．このとき1つの行列に対して1つの負でない整数が定まり，これを行列の階数とよぶ．階数は行列を区別し，また行列の具体的な応用において結論を分類する．

2.1　行列の基本変形

2.1.1　連立方程式と基本変形

連立1次方程式を解く手順を見直してみよう．

例 2.1　次の連立方程式を解く．

$$
\begin{aligned}
x + 3y &= 5 \\
2x + 5y &= 9
\end{aligned}
$$

(第1式) $\times (-2) +$ (第2式) を新しく第2式とすると

$$
\begin{aligned}
x + 3y &= 5 \\
-y &= -1
\end{aligned}
$$

(第2式) $\times (-1)$ を新しく第2式とすると

$$
\begin{aligned}
x + 3y &= 5 \\
y &= 1
\end{aligned}
$$

(第1式) $+$ (第2式) $\times (-3)$ を新しく第1式とすると

$$
\begin{aligned}
x \qquad &= 2 \\
y &= 1
\end{aligned}
$$

これで方程式の解が得られた．　□

方程式を解く際に必要な変形とは何かを考えてみよう．まずある式の定数倍を別の式に加えた．次に 1 つの式を定数倍した．ただしその定数は 0 ではない．また式の順序を交換しても，方程式系としては同一のものである．これらの変形によって独立な方程式の数は変わらず，方程式の解が得られる．

連立方程式は行列によって表示することができる．そこで上に述べた連立方程式の変形に対応して，行列における**基本変形** (elementary operations) を以下のように定義する．

定義 2.1　以下の (1)～(3) を，行列の**行基本変形** (elementary row operations) とよぶ．

(1) 第 i 行にスカラー k $(\neq 0)$ をかける．
(2) 第 i 行に第 j 行の k 倍を加える．
(3) 第 i 行と第 j 行を入れ替える．

行列に対する変形は，行と列について対称に扱いたいので，列に関する基本変形も導入しよう．

定義 2.2　以下の (1)～(3) を，行列の**列基本変形** (elementary column operations) とよぶ．

(1) 第 i 列にスカラー k $(\neq 0)$ をかける．
(2) 第 i 列に第 j 列の k 倍を加える．
(3) 第 i 列と第 j 列を入れ替える．

行と列の基本変形をあわせて基本変形とよぶ．基本変形された結果を元に戻す操作もまた基本変形である．行列には基本変形によって不変な量があり，それが階数であることが以下で示される．また基本変形は，第 3 章で行列式の性質を調べる際に再び現れ，これらの基本変形に対して，行列式は不変であったり，一定の規則で値を変える．

例 2.1 の連立方程式を行列で書いてみよう

$$\begin{pmatrix} 1 & 3 \\ 2 & 5 \end{pmatrix}\begin{pmatrix} x \\ y \end{pmatrix} = \begin{pmatrix} 5 \\ 9 \end{pmatrix}.$$

左辺の行列は，1 次方程式の係数を取り出したものであり，この方程式の**係数行列** (coefficient matrix) である．また最後の列に右辺の定数を加えてできる行列

$$\left(\begin{array}{cc:c} 1 & 3 & 5 \\ 2 & 5 & 9 \end{array}\right)$$

を考え，この方程式の**拡大係数行列**（augmented coefficient matrix）とよぶ．

　方程式を解く手順を，拡大係数行列で書き直してみよう．上記の拡大係数行列から出発して，以下の変形によって方程式を解いた．

$$\longrightarrow \begin{pmatrix} 1 & 3 & \vdots & 5 \\ 0 & -1 & \vdots & -1 \end{pmatrix} \longrightarrow \begin{pmatrix} 1 & 3 & \vdots & 5 \\ 0 & 1 & \vdots & 1 \end{pmatrix} \longrightarrow \begin{pmatrix} 1 & 0 & \vdots & 2 \\ 0 & 1 & \vdots & 1 \end{pmatrix}$$

つまり，係数行列を単位行列に変形すると，このとき右端の列ベクトルが方程式の解に変形される．方程式を解くとは，基本変形によって係数行列を単位行列に変形することだと言うことができる．このようにして係数を順に消去して連立 1 次方程式を解く方法を**掃き出し法**（row reduction）とよぶ．

2.1.2　基本行列（基本変形を生成する）

　基本変形は行列の積によって生成することができる．以下の 3 種類の正方行列を**基本行列**（elementary matrix）とよび，行（列）基本変形は，基本行列を左（右）からかけることによって実現される．

$$T_n(i;\,k) = \begin{array}{c} \overset{\displaystyle i}{\vee} \\ \begin{pmatrix} 1 & & & \vdots & & & \\ & \ddots & & \vdots & & & \\ & & 1 & \vdots & & & \\ & & k & \cdots & \cdots & \cdots & \\ & & & 1 & & & \\ & & & & \ddots & & \\ & & & & & & 1 \end{pmatrix} \end{array} < i$$

$$T_n(i,\,j;\,k) = \begin{array}{c} \overset{\displaystyle i}{\vee} \quad \overset{\displaystyle j}{\vee} \\ \begin{pmatrix} 1 & & \vdots & & \vdots & & \\ & \ddots & \vdots & & \vdots & & \\ & & 1 & \cdots & k & \cdots & \cdots \\ & & & \ddots & \vdots & & \\ & & & & 1 & \cdots & \cdots \\ & & & & & \ddots & \\ & & & & & & 1 \end{pmatrix} \end{array} \begin{array}{l} < i \\ \\ < j \end{array}$$

$$
T_n(i,j) = \left(\begin{array}{ccccccccccc}
1 & & & \overset{\overset{i}{\vee}}{\vdots} & & & & \overset{\overset{j}{\vee}}{\vdots} & & & \\
 & \ddots & & \vdots & & & & \vdots & & & \\
 & & 1 & \vdots & & & & \vdots & & & \\
 & & & 0 & \cdots & \cdots & \cdots & 1 & \cdots & \cdots & \cdots \\
 & & & \vdots & 1 & & & \vdots & & & \\
 & & & \vdots & & \ddots & & \vdots & & & \\
 & & & \vdots & & & 1 & \vdots & & & \\
 & & & 1 & \cdots & \cdots & \cdots & 0 & \cdots & \cdots & \cdots \\
 & & & & & & & & 1 & & \\
 & & & & & & & & & \ddots & \\
 & & & & & & & & & & 1
\end{array}\right)
\begin{array}{l}
\\ \\ \\ < i \\ \\ \\ \\ < j \\ \\ \\ \\
\end{array}
$$

実際に計算して確かめてみよう．例として3次行列を考える．基本行列を左からかけることは定義2.1 (1) の行基本変形に相当する．

$$
\begin{pmatrix} 1 & & \\ & k & \\ & & 1 \end{pmatrix}\begin{pmatrix} a_1 & b_1 & c_1 \\ a_2 & b_2 & c_2 \\ a_3 & b_3 & c_3 \end{pmatrix} = \begin{pmatrix} a_1 & b_1 & c_1 \\ ka_2 & kb_2 & kc_2 \\ a_3 & b_3 & c_3 \end{pmatrix}
$$

同じ行列を右からかけることは定義2.2 (1) の列基本変形に相当する．

$$
\begin{pmatrix} a_1 & b_1 & c_1 \\ a_2 & b_2 & c_2 \\ a_3 & b_3 & c_3 \end{pmatrix}\begin{pmatrix} 1 & & \\ & k & \\ & & 1 \end{pmatrix} = \begin{pmatrix} a_1 & kb_1 & c_1 \\ a_2 & kb_2 & c_2 \\ a_3 & kb_3 & c_3 \end{pmatrix}
$$

同様に定義2.1，定義2.2の基本変形 (2) はそれぞれ

$$
\begin{pmatrix} 1 & k & \\ & 1 & \\ & & 1 \end{pmatrix}\begin{pmatrix} a_1 & b_1 & c_1 \\ a_2 & b_2 & c_2 \\ a_3 & b_3 & c_3 \end{pmatrix} = \begin{pmatrix} a_1 + ka_2 & b_1 + kb_2 & c_1 + kc_2 \\ a_2 & b_2 & c_2 \\ a_3 & b_3 & c_3 \end{pmatrix}
$$

$$
\begin{pmatrix} a_1 & b_1 & c_1 \\ a_2 & b_2 & c_2 \\ a_3 & b_3 & c_3 \end{pmatrix}\begin{pmatrix} 1 & k & \\ & 1 & \\ & & 1 \end{pmatrix} = \begin{pmatrix} a_1 & b_1 + ka_1 & c_1 \\ a_2 & b_2 + ka_2 & c_2 \\ a_3 & b_3 + ka_3 & c_3 \end{pmatrix}
$$

基本変形 (3) は

$$
\begin{pmatrix} 0 & 1 & \\ 1 & 0 & \\ & & 1 \end{pmatrix}\begin{pmatrix} a_1 & b_1 & c_1 \\ a_2 & b_2 & c_2 \\ a_3 & b_3 & c_3 \end{pmatrix} = \begin{pmatrix} a_2 & b_2 & c_2 \\ a_1 & b_1 & c_1 \\ a_3 & b_3 & c_3 \end{pmatrix}
$$

$$\begin{pmatrix} a_1 & b_1 & c_1 \\ a_2 & b_2 & c_2 \\ a_3 & b_3 & c_3 \end{pmatrix}\begin{pmatrix} 0 & 1 & \\ 1 & 0 & \\ & & 1 \end{pmatrix} = \begin{pmatrix} b_1 & a_1 & c_1 \\ b_2 & a_2 & c_2 \\ b_3 & a_3 & c_3 \end{pmatrix}$$

基本行列の性質をいくつか示しておく.

定理 2.1 基本行列は正則である.

2次の場合を考えると

$$\begin{pmatrix} k & 0 \\ 0 & 1 \end{pmatrix}^{-1} = \begin{pmatrix} k^{-1} & 0 \\ 0 & 1 \end{pmatrix}, \qquad \begin{pmatrix} 1 & k \\ 0 & 1 \end{pmatrix}^{-1} = \begin{pmatrix} 1 & -k \\ 0 & 1 \end{pmatrix},$$
$$\begin{pmatrix} 0 & 1 \\ 1 & 0 \end{pmatrix}^{-1} = \begin{pmatrix} 0 & 1 \\ 1 & 0 \end{pmatrix}$$

であり，これらの2次の基本行列は正則である．一般の n 次行列の場合にも，同様にして逆行列を作ることができる.

［**証明**］ 逆行列は次のように与えられる.

$T_n(i;k)^{-1} = T_n(i;k^{-1})$, $\quad T_n(i,j;k)^{-1} = T_n(i,j;-k)$, $\quad T_n(i,j)^{-1} = T_n(i,j)$. □

定理 2.2 A が基本変形で B に移るとき，$B = PAQ$ をみたす正則な行列 P, Q が存在する.

［**証明**］ A は基本変形で B に移るので，A に施された行基本変形を生成する基本行列を順に $P_1, \dots, P_l$，また A に施された列基本変形を生成する基本行列を順に $Q_1, \dots, Q_m$ とすれば

$$B = P_l \cdots P_1 A Q_1 \cdots Q_m \qquad (P_i, Q_j \text{ は基本行列})$$

そこで $P = P_l \cdots P_1$，$Q = Q_1 \cdots Q_m$ と書くと，P, Q は正則な行列の積なので正則である. □

つまり，行基本変形を施してから列基本変形を施しても，列基本変形を施してから行基本変形を施しても，結果は変わらない.

2.1.3 同値関係

ここで一般に，同値関係を定義しよう.

定義 2.3 集合の元の間の関係 $\sim$ が定義されていて (1)～(3) を満たすとき，$\sim$ は**同値関係** (equivalence relation) であると言う.

(1) $A \sim A$

(2) $A \sim B$ ならば $B \sim A$

(3) $A \sim B$, $B \sim C$ ならば, $A \sim C$

同値関係の例として最も簡単なものは，実数や複素数における等号である．等号は明らかに上の (1)〜(3) をみたす．また多項式の集合において，例えば多項式 f と g が同じ次数であるとき $f \sim g$ と定義すれば，これも同値関係である．2つの行列が等しいことも同値関係であり，2つの行列が基本変形で互いに移りあうこともまた別の同値関係である．同値関係とは，実数における等号のある種の一般化であると考えてよい．

定理 2.3 行列 A が基本変形で行列 B に移ることを

$$A \sim B$$

と書けば，この $\sim$ は同値関係である．

［**証明**］ 基本変形は基本行列をかけることであらわされ，単位行列は基本行列であり，基本行列は正則で逆行列も基本行列なので，定義 2.3 のそれぞれ (3), (1), (2) がみたされる．

□

2.1.4 逆行列であるための条件

基本変形を使って，逆行列に関する次の定理を証明する．

定理 2.4 A と X を n 次正方行列，E_n を n 次の単位行列とするとき，$XA = E_n$ がみたされれば $AX = E_n$ が成り立ち，また $AX = E_n$ がみたされれば $XA = E_n$ が成り立つ．

［**証明**］ まず $XA = E_n$ を仮定し，行列の次数 n についての帰納法によって $AX = E_n$ を証明する．$n = 1$ のときは明らか．$n > 1$ のとき，$n - 1$ 次行列では定理が成立していると仮定する．

$A \neq O$ であり成分の中に 0 でないものがあるので，基本変形によって (1, 1) 成分に移動して，

$$A \longrightarrow \begin{pmatrix} a'_{11} & a'_{12} & \cdots & a'_{1n} \\ a'_{21} & & & \vdots \\ \vdots & & & \vdots \\ a'_{n1} & \cdots & \cdots & a'_{nn} \end{pmatrix} \tag{2.1}$$

と変形する．このとき $a'_{11} \neq 0$ である．第 1 行を a'_{11} で割り，a'_{i1} をかけて第 i 行から引くことを $i = 2, \ldots, n$ についてくり返すと，

$$\longrightarrow\begin{pmatrix} 1 & a''_{12} & \cdots & a''_{1n} \\ 0 & a''_{22} & \cdots & a''_{2n} \\ \vdots & \vdots & & \vdots \\ 0 & a''_{n2} & \cdots & a''_{nn} \end{pmatrix}. \tag{2.2}$$

列についても同様にして,

$$\longrightarrow\begin{pmatrix} 1 & 0 & \cdots & 0 \\ 0 & a''_{22} & \cdots & a''_{2n} \\ \vdots & \vdots & & \vdots \\ 0 & a''_{n2} & \cdots & a''_{nn} \end{pmatrix}.$$

つまり A は基本変形により次の形に変形された.

$$A\longrightarrow PAQ=\left(\begin{array}{c|ccc} 1 & 0 & \cdots & 0 \\ \hline 0 & & & \\ \vdots & & A_{n-1} & \\ 0 & & & \end{array}\right).$$

つまり

$$A=P^{-1}\left(\begin{array}{c|ccc} 1 & 0 & \cdots & 0 \\ \hline 0 & & & \\ \vdots & & A_{n-1} & \\ 0 & & & \end{array}\right)Q^{-1}. \tag{2.3}$$

ここで P, Q は基本行列の積であり正則. 右下の小行列 A_{n-1} は $n-1$ 次行列である. そこで条件 $E_n = XA$ を $E_n = (Q^{-1}XP^{-1})(PAQ)$ と変形して, 行列 $Q^{-1}XP^{-1}$ を PAQ と同じ次数の小行列に分割すると

$$\left(\begin{array}{c|ccc} 1 & 0 & \cdots & 0 \\ \hline 0 & & & \\ \vdots & & E_{n-1} & \\ 0 & & & \end{array}\right)=\left(\begin{array}{c|c} X_{11} & X_{12} \\ \hline X_{21} & X_{n-1} \end{array}\right)\left(\begin{array}{c|ccc} 1 & 0 & \cdots & 0 \\ \hline 0 & & & \\ \vdots & & A_{n-1} & \\ 0 & & & \end{array}\right)$$
$$=\left(\begin{array}{c|c} X_{11} & X_{12}A_{n-1} \\ \hline X_{21} & X_{n-1}A_{n-1} \end{array}\right).$$

ここで X_{11} は 1×1, X_{12} は $1\times(n-1)$, X_{21} は $(n-1)\times 1$ 型の小行列, X_{n-1} は $n-1$ 次正方行列である. そこで右下の小行列を比較すると

$$E_{n-1} = X_{n-1}A_{n-1}.$$

このとき行列の次数は $n-1$ なので，帰納法の仮定により A_{n-1} は正則で $X_{n-1} = A_{n-1}^{-1}$．そこで他の小行列も比較すると，$1 = X_{11}$ であり，X_{21} の成分はすべて 0，A_{n-1} は正則なので X_{12} の成分もすべて 0 である．つまり

$$Q^{-1}XP^{-1} = \left(\begin{array}{c:ccc} 1 & 0 & \cdots & 0 \\ \hdashline 0 & & & \\ \vdots & & A_{n-1}^{-1} & \\ 0 & & & \end{array}\right) \quad よって \quad X = Q\left(\begin{array}{c:ccc} 1 & 0 & \cdots & 0 \\ \hdashline 0 & & & \\ \vdots & & A_{n-1}^{-1} & \\ 0 & & & \end{array}\right)P.$$

これにより A および X が，A_{n-1} および A_{n-1}^{-1} を使ってあらわされた．そこで (2.3) との積をとって $AX = E_n$ が導かれる．$AX = E_n$ から $XA = E_n$ が導かれることも同様である．□

つまり，X が定義 1.1 の 2 つの条件のうちの片方をみたせば，X は A の逆行列であることがわかる．

例題 2.1

例 2.1 の基本変形を基本行列の積として表せ．

【解答】 行基本変形は左から基本行列をかけることに相当する．方程式の係数行列を A として，例 2.1 の基本変形は

$$\begin{pmatrix} 1 & -3 \\ 0 & 1 \end{pmatrix}\begin{pmatrix} 1 & 0 \\ 0 & -1 \end{pmatrix}\begin{pmatrix} 1 & 0 \\ -2 & 1 \end{pmatrix}A$$ □

▶ **参考**　基本変形の結果，係数行列は E に変形される．これにより，基本行列の積として A の逆行列が求められたことにもなる．

例題 2.2

行列 A が基本行列の積として

$$A = \begin{pmatrix} 1 & k_1 & 0 \\ 0 & 1 & 0 \\ 0 & 0 & 1 \end{pmatrix}\begin{pmatrix} 1 & 0 & 0 \\ 0 & k_2 & 0 \\ 0 & 0 & 1 \end{pmatrix}\begin{pmatrix} 1 & 0 & 0 \\ 0 & 0 & 1 \\ 0 & 1 & 0 \end{pmatrix}$$

とあらわされるとき，A^{-1} を求めよ．

【解答】 基本変形を逆にたどればよい．

$$A^{-1} = \begin{pmatrix} 1 & 0 & 0 \\ 0 & 0 & 1 \\ 0 & 1 & 0 \end{pmatrix}\begin{pmatrix} 1 & 0 & 0 \\ 0 & 1/k_2 & 0 \\ 0 & 0 & 1 \end{pmatrix}\begin{pmatrix} 1 & -k_1 & 0 \\ 0 & 1 & 0 \\ 0 & 0 & 1 \end{pmatrix}.$$ □

例題 2.3

AB が正則ならば A と B は正則であることを示せ.

【解答】 AB の逆行列を C とすると $(AB)C = E$ かつ $C(AB) = E$. これより

$$A\cdot(BC) = E, \qquad (CA)\cdot B = E.$$

よって定理 2.4 より A, B は正則で, $A^{-1} = BC$, $B^{-1} = CA$. □

練習問題

2.1 定義 2.1 と定義 2.2 の基本変形 (3) は 基本変形 (1) と (2) から得られることを示せ.

2.2 n 次正方行列 A を基本変形によって変形し, 対角成分を 1 または 0, それ以外の成分をすべて 0 にすることを考える. この変形のために必要な基本変形の回数が $n(n+2)$ を超えないことを示せ.

2.3 A, B, C を n 次正方行列とするとき, 以下の (1) と (2) を証明せよ.

(1) AB が O でないスカラー行列ならば, A と B は可換である.

(2) ABC が正則ならば, A, B, C は正則である.

2.2 行列の階数

2.2.1 階数を定義する

行列の階数を導入する. まず次の連立 1 次方程式を基本変形によって解いてみよう.

$$\begin{aligned} x + 3y + 2z &= 3 \\ 2x + 5y + \ z &= 8 \\ 2x + 6y + 4z &= 6 \end{aligned} \tag{2.4}$$

(第 1 式) × (−2) + (第 3 式) を新しく第 3 式とすると

$$\begin{aligned} x + 3y + 2z &= 3 \\ 2x + 5y + \ z &= 8 \\ 0 &= 0 \end{aligned}$$

(第 1 式) × (−2) + (第 2 式) を新しく第 2 式とすると

$$\begin{aligned} x + 3y + 2z &= 3 \\ -\ y - 3z &= 2 \\ 0 &= 0 \end{aligned}$$

(第 2 式) $\times$ (-1) を新しく第 2 式とすると

$$\begin{aligned} x + 3y + 2z &= 3 \\ y + 3z &= -2 \\ 0 &= 0 \end{aligned}$$

(第 1 式) $+$ (第 2 式) $\times$ (-3) を新しく第 1 式とすると

$$\begin{aligned} x \quad - 7z &= 9 \\ y + 3z &= -2 \\ 0 &= 0 \end{aligned}$$

$z = t$ として，これより

$$\begin{aligned} x &= 7t + 9 \\ y &= -3t - 2 \\ z &= t \end{aligned}$$

t はパラメータであり，この方程式には t に応じて無限個の解が存在する．

この方程式の拡大係数行列は

$$\left(\begin{array}{ccc:c} 1 & 3 & 2 & 3 \\ 2 & 5 & 1 & 8 \\ 2 & 6 & 4 & 6 \end{array}\right).$$

方程式を行基本変形で解く際には拡大係数行列は以下のように変形された．

$$\left(\begin{array}{ccc:c} 1 & 0 & -7 & 9 \\ 0 & 1 & 3 & -2 \\ 0 & 0 & 0 & 0 \end{array}\right).$$

さらに列基本変形によって行列を簡単にすることを考えよう．第 1 列が単純な形をとっていることを利用して，第 1 列の 7 倍を第 3 列に加え，また第 1 列の -9 倍を第 4 列に加えると，第 1 行の 2 列目より右の成分を 0 にすることができる．次に第 2 列が単純な形であることを利用して，同様に第 2 行の 3 列目より右の成分を 0 にすると

$$\longrightarrow \left(\begin{array}{ccc:c} 1 & 0 & 0 & 0 \\ 0 & 1 & 3 & -2 \\ 0 & 0 & 0 & 0 \end{array}\right) \longrightarrow \left(\begin{array}{ccc:c} 1 & 0 & 0 & 0 \\ 0 & 1 & 0 & 0 \\ 0 & 0 & 0 & 0 \end{array}\right).$$

ここで変数の数は $n = 3$，独立な条件式の数は $r = 2$ であり，このとき解には $n - r = 1$ 個のパラメータが含まれている．

このように基本変形によって，a_{ii} 成分 $(1 \leq i \leq r)$ に 1 が r 個ならび，他の成分がすべて 0 の行列を作ることができる．一般に次の定理が成り立つ．

定理 2.5 任意の $m \times n$ 行列 A は，有限回の基本変形により

$$E_{mn}(r) = \left(\begin{array}{ccc|c} 1 & & & \\ & \ddots & & O \\ & & 1 & \\ \hline & O & & O \end{array}\right) \begin{array}{l} \left.\vphantom{\begin{array}{c}1\\ \ddots\\ 1\end{array}}\right\} r \\ \left.\vphantom{O}\right\} m-r \end{array}$$

$$\underbrace{\qquad\qquad}_{r}\ \underbrace{\qquad\qquad}_{n-r}$$

の形に変形され r の値は基本変形の手順によらず定まる．

以下，誤解の生じない限り $E_{mn}(r) = E(r)$ と書く．r の値は，行列が決まれば行列に対応して一意的に定まる．そこで次のように，行列の階数の概念を導入することができる．

定義 2.4 定理 2.5 の r を行列 A の**階数** (rank) とよび，$r = \operatorname{rank} A$ と書く[*4]．

定理 2.5 を証明しよう．証明は前半は単純な基本変形，後半は行列を小行列に分割し，条件式の両辺を比較するものである．

［**証明**］ (1) $A = O$ ならば $r = 0$ である．$A \neq O$ のとき，定理 2.4 の証明と同様にして，基本変形によって行列を次の形に変形する．

$$A \longrightarrow \begin{pmatrix} 1 & 0 & \cdots & 0 \\ 0 & a''_{22} & \cdots & a''_{2n} \\ \vdots & \vdots & & \vdots \\ 0 & a''_{m2} & \cdots & a''_{mn} \end{pmatrix}.$$

つまり，成分の中の 0 でないものを 1 つ選んで (1, 1) 成分に移動し，第 1 行をその成分の値で割って (1, 1) 成分を 1 にし，それを使って 1 列目と 1 行目の他の成分を 0 にした．そこで，a''_{ij} がすべて 0 なら $r = 1$，そうでないなら，残った小行列について同じ手順を繰り返し，結局

$$A \longrightarrow E(r)$$

と変形される．行列の大きさは有限なので，この手続きは有限回で終わる．

(2) 次に，異なる基本変形により

$$A \longrightarrow E(r), \qquad A \longrightarrow E(s)$$

と変形されたと仮定し，$r \neq s$ として矛盾を導く．まず定理 2.2 より，正則な行列 P', Q', P'', Q'' が存在して

$$E(r) = P'AQ', \qquad E(s) = P''AQ''.$$

＊4 階数については本の最後の見返しを参照．

そこで左式を $A = P'^{-1}E(r)Q'^{-1}$ として右式に代入すると，

$$E(s) = PE(r)Q.$$

ここで $P = P''P'^{-1}$，$Q = Q'^{-1}Q''$ であり，P と Q は正則．そこで $s > r$ と仮定して，この式を行列を小行列に分けて書くと

$$\begin{array}{r} s\left\{\begin{array}{c}\\ \\ \\ \\ \\ \end{array}\right. \\ m-s\left\{\begin{array}{c}\\ \\ \end{array}\right. \end{array}
\overbrace{}^{s}\overbrace{}^{n-s}
\left(\begin{array}{ccc:cccc}
1 & & & & & & \\
 & \ddots & & & & & \\
 & & 1 & & & & \\
\hdashline
 & & & 1 & & & \\
 & & & & \ddots & & \\
 & & & & & 1 & \\
 & & & & & & 0 \\
 & & & & & & & \ddots \\
 & & & & & & & & \ddots
\end{array}\right)$$

$$= \begin{pmatrix} P_{11} & P_{12} \\ P_{21} & P_{22} \end{pmatrix}
\begin{array}{r} r\left\{\begin{array}{c}\\ \\ \end{array}\right. \\ m-r\left\{\begin{array}{c}\\ \\ \end{array}\right. \end{array}
\overbrace{}^{r}\overbrace{}^{n-r}
\left(\begin{array}{ccc:cc}
1 & & & & \\
 & \ddots & & & \\
 & & 1 & & \\
\hdashline
 & & & 0 & \\
 & & & & \ddots
\end{array}\right)
\begin{pmatrix} Q_{11} & Q_{12} \\ Q_{21} & Q_{22} \end{pmatrix}$$

$$= \begin{pmatrix} P_{11}Q_{11} & P_{11}Q_{12} \\ P_{21}Q_{11} & P_{21}Q_{12} \end{pmatrix}.$$

ただし左上のブロックは r 次の正方行列で，$s > r$ のとき $E(s)$ の中央には $E(r)$ にはないいくつかの 1 が残る．両辺を比較すると

$$E = P_{11}Q_{11}, \qquad O = P_{11}Q_{12},$$
$$O = P_{21}Q_{11}, \qquad E_{s-r} = P_{21}Q_{12}.$$

ただし E_{s-r} は $s > r$ のとき O とは異なる．この結果と定理 2.4 より P_{11} と Q_{11} は正則（さらに互いに逆行列である）．すると $P_{21} = OQ_{11}^{-1} = O, Q_{12} = P_{11}^{-1}O = O$．これは最後の条件式 $P_{21}Q_{12} = E_{s-r}$ に矛盾する．$s < r$ と仮定しても同様に矛盾が導かれる．よって $s = r$．

□

定理 2.6 A を $m \times n$ 行列とするとき $\mathrm{rank}\, A = \mathrm{rank}\, {}^tA$.

［**証明**］ 行列 A の階数を $\mathrm{rank}\, A = r$ とすると，定理 2.2 より基本行列の積 P と Q が存在して $PAQ = E(r)$ となる．このとき ${}^tQ\,{}^tA\,{}^tP = {}^tE(r)$ であり，${}^tE(r)$ は対角成分として 1 が r 個ならぶ $n \times m$ 行列，また ${}^tQ$ と ${}^tP$ は基本行列の転置行列の積であり，したがって基本行列の積である．これより $\mathrm{rank}\, {}^tA = r$. □

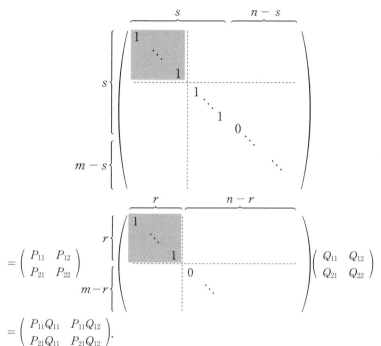

2.2.2 階数，基本変形と逆行列

以下，正方行列について考える．定理 2.5 の $E(r)$ は，$r = n$ のとき単位行列 E に一致し，正則である．しかし $r < n$ のときは正則でない．なぜなら，$XE(r) = E$ をみたす X が存在すると仮定しても，行列 $XE(r)$ の右下の $n - r$ 個の対角成分は X によらず 0 なので，これは矛盾である．一般に，階数と行列の正則性との間には次の関係がある．

定理 2.7 n 次正方行列 A が正則であるための必要十分条件は $\mathrm{rank}\, A = n$.

[**証明**] $PAQ = E(r)$ において，A が正則ならば $E(r)$ は正則であり $n = r$. 逆に $n = r$ のとき $E(n)$ は正則なので A も正則. □

そこで $r = n$ のとき，基本変形によって逆行列を求めることを考えよう．基本変形による方法は後で議論する行列式による方法よりも計算量が少なく，また行列の次数 n を大きくするときの，計算量の増え方も遅い．

A が正則，つまり $\mathrm{rank}\, A = n$ のとき，基本変形によっていずれかの列の成分がすべて 0 になることはない (なぜなら，すべて 0 になるなら $r = \mathrm{rank}\, A < n$ である)．そこで行基本変形のみを行列 A に施して，定理 2.4 の証明で (2.1) から (2.2) を導いたのと同様の手続きを繰り返して，A を単位行列 E に変形することができる．このとき単位行列 E にも全く同じ基本変形を施して変形していく．行基本変形は左から基本行列をかけることに相当するので，A と E は以下のように同時に変形されていく．

$$
\begin{array}{rr}
A & E \\
P_1 A & P_1 E \\
P_2 P_1 A & P_2 P_1 E \\
\vdots & \vdots \\
P_k \cdots P_2 P_1 A & P_k \cdots P_2 P_1 E
\end{array}
$$

ここで各 P_j は基本行列である．このとき，

$$P_k \cdots P_2 P_1 A = E$$

であるから

$$P_k \cdots P_2 P_1 = A^{-1}. \tag{2.5}$$

つまり，上の図の左側で A が E に変形されたとき，右側では E が A^{-1} に変形されている．

列基本変形のみで変形する場合にも，同様に E は A^{-1} に変形される．変形の過程

で，行と列の基本変形を両方施してはいけない．以上の議論から，次の定理が得られた．

定理 2.8 任意の正則行列は，基本行列を左から有限回施すことで単位行列に変形される．また基本行列を右から有限回施すことでも単位行列に変形される．

また以上の結果から，次の定理も得られる．

定理 2.9 任意の正則行列は基本行列の有限個の積としてあらわされる．

［**証明**］ (2.5) より $P_k \cdots P_2 P_1 = A^{-1}$．したがって $A = P_1^{-1} P_2^{-1} \cdots P_k^{-1}$．ここで各 P_j^{-1} もまた基本行列である． □

例 2.2

$$A = \left(\begin{array}{ccc:ccc} 1 & 2 & 2 & 1 & 0 & 0 \\ 2 & 1 & 0 & 0 & 1 & 0 \\ 3 & 2 & 1 & 0 & 0 & 1 \end{array}\right)$$

$$\longrightarrow \left(\begin{array}{ccc:ccc} 1 & 2 & 2 & 1 & 0 & 0 \\ 0 & -3 & -4 & -2 & 1 & 0 \\ 0 & -4 & -5 & -3 & 0 & 1 \end{array}\right) \quad \begin{array}{l} \\ \text{第1行の}\ (-2)\ \text{倍を加えた} \\ \text{第1行の}\ (-3)\ \text{倍を加えた} \end{array}$$

$$\longrightarrow \left(\begin{array}{ccc:ccc} 1 & 2 & 2 & 1 & 0 & 0 \\ 0 & 1 & 1 & 1 & 1 & -1 \\ 0 & -4 & -5 & -3 & 0 & 1 \end{array}\right) \quad \begin{array}{l} \\ \text{第2行}-\text{第3行} \\ \\ \end{array}$$

$$\longrightarrow \left(\begin{array}{ccc:ccc} 1 & 0 & 0 & -1 & -2 & 2 \\ 0 & 1 & 1 & 1 & 1 & -1 \\ 0 & 0 & -1 & 1 & 4 & -3 \end{array}\right) \quad \begin{array}{l} \text{第2行の}\ (-2)\ \text{倍を加えた} \\ \\ \text{第2行の}\ 4\ \text{倍を加えた} \end{array}$$

$$\longrightarrow \left(\begin{array}{ccc:ccc} 1 & 0 & 0 & -1 & -2 & 2 \\ 0 & 1 & 0 & 2 & 5 & -4 \\ 0 & 0 & 1 & -1 & -4 & 3 \end{array}\right) \quad \begin{array}{l} \\ \text{第3行を加えた} \\ (-1)\ \text{倍した} \end{array}$$

□

定理 2.9 より正則行列は基本行列に分解され，正則な行列をかけることはすべて，行列に何らかの基本変形を施すことに相当する．したがって正則な行列をかけることで行列の階数は変化しない．これより次の定理を得る．

定理 2.10 A は $m \times n$ 行列，$\operatorname{rank} A = r$ とする．B を正則な m 次正方行列とすると $\operatorname{rank} BA = r$，また C を正則な n 次正方行列とすると $\operatorname{rank} AC = r$．

［**証明**］ 条件より P, Q を基本行列の積として $PAQ = E_{mn}(r)$．これより $PB^{-1}(BA)Q = E_{mn}(r)$．このとき PB^{-1} は正則であり，正則行列は基本行列の積で書ける．よって $\operatorname{rank} BA = r$．同様に $\operatorname{rank} AC = r$． □

例題 2.4

以下の行列の階数を求めよ.

(1) $\begin{pmatrix} 2 & 3 \\ 5 & 1 \end{pmatrix}$ (2) $\begin{pmatrix} 1 & 2 & 4 \\ 2 & -1 & 0 \\ 3 & 1 & 4 \end{pmatrix}$

【解答】

(1) $\begin{pmatrix} 2 & 3 \\ 5 & 1 \end{pmatrix} \longrightarrow \begin{pmatrix} 1 & 0 \\ 0 & 1 \end{pmatrix}$ 階数は 2.

(2) $\begin{pmatrix} 1 & 2 & 4 \\ 2 & -1 & 0 \\ 3 & 1 & 4 \end{pmatrix} \longrightarrow \begin{pmatrix} 1 & 0 & 0 \\ 0 & 1 & 0 \\ 0 & 0 & 0 \end{pmatrix}$ 階数は 2.

例題 2.5

(1) A, B を n 次正方行列, O を n 次の零行列とするとき, 次の式を示せ.

$$\operatorname{rank}\begin{pmatrix} A & O \\ O & B \end{pmatrix} = \operatorname{rank} A + \operatorname{rank} B.$$

(2) $2n$ 次の正方行列 A が n 次の小行列に次のように分割されたとする.

$$A = \begin{pmatrix} A_{11} & A_{12} \\ O & A_{22} \end{pmatrix}.$$

このとき A が正則であることと A_{11}, A_{22} がどちらも正則であることは同値であり, かつ A^{-1} は次の行列で与えられることを示せ.

$$A^{-1} = \begin{pmatrix} A_{11}^{-1} & -A_{11}^{-1}A_{12}A_{22}^{-1} \\ O & A_{22}^{-1} \end{pmatrix}. \tag{2.6}$$

【解答】 (1) $\operatorname{rank} A = r_A$, $\operatorname{rank} B = r_B$ として基本変形により

$$\begin{pmatrix} A & O \\ O & B \end{pmatrix} \longrightarrow \begin{pmatrix} E(r_A) & O \\ O & E(r_B) \end{pmatrix}$$

と変形され, 右辺の行列の階数は $r_A + r_B$ である.

(2) A が正則ならば A の階数は $2n$. このときはじめの n 行 n 列の基本変形により左上のブロックを $E(r_A)$ に変形し, 次の n 行 n 列の基本変形により右下のブロックを $E(r_B)$ に変形すると, 右上のブロックの成分によらず, A の階数が $2n$ になるのは $r_A = r_B = n$ のときのみであることがわかるので, A_{11} と A_{22} は正則. 逆に, A_{11} と A_{22} が正則ならば A_{11} と A_{22} の階数は n なので, A の階数は $2n$. このとき行列 (2.6) が存在し, これが逆行列の条件をみたすことは A との積を計算して確かめられる. □

例題 2.6

行列

$$A = \begin{pmatrix} 1 & 2 & 2 \\ 3 & 1 & 2 \\ 2 & 0 & 1 \end{pmatrix}$$

を考える．E を 3 次の単位行列とする．

(1) $XA = E$ をみたす行列 X を基本変形によって求めよ．

(2) $AY = E$ をみたす行列 Y を基本変形によって求めよ．

(3) XA と AY を計算して，X, Y が A の逆行列であることを確かめよ．

【解答】 (1) 行基本変形，(2) 列基本変形によりいずれの場合も

$$\left(\begin{array}{ccc:ccc} 1 & 2 & 2 & 1 & 0 & 0 \\ 3 & 1 & 2 & 0 & 1 & 0 \\ 2 & 0 & 1 & 0 & 0 & 1 \end{array}\right) \longrightarrow \left(\begin{array}{ccc:ccc} 1 & 0 & 0 & -1 & 2 & -2 \\ 0 & 1 & 0 & -1 & 3 & -4 \\ 0 & 0 & 1 & 2 & -4 & 5 \end{array}\right).$$

これより X, Y は次の行列で与えられ，これが A^{-1} に一致する．

$$\begin{pmatrix} -1 & 2 & -2 \\ -1 & 3 & -4 \\ 2 & -4 & 5 \end{pmatrix}.$$

(3) 略． □

練習問題

2.4 以下の行列の階数を求めよ．

(1) $\begin{pmatrix} 1 & -1 & 1 \\ -1 & 2 & 3 \\ 2 & -2 & 2 \end{pmatrix}$ (2) $\begin{pmatrix} 2 & 3 & -2 & 2 \\ -1 & -2 & 1 & -1 \\ 1 & 1 & -2 & 1 \end{pmatrix}$ (3) $\begin{pmatrix} 1 & 2 & -1 & 3 \\ -1 & -1 & 1 & -3 \\ 2 & 4 & -1 & 6 \\ 1 & 3 & 0 & 3 \end{pmatrix}$

2.5 A を n 次行列，$\operatorname{rank} A = r$ とするとき

$$A = A_1 + A_2 + \cdots + A_r, \quad \operatorname{rank} A_i = 1 \quad (i = 1, 2, \dots, r)$$

をみたす n 次行列 $A_1, A_2, \dots, A_r$ が存在することを示せ．

2.6 以下の行列を基本行列の積であらわし，逆行列を求めよ．

(1) $A = \begin{pmatrix} 2 & 5 \\ 1 & 3 \end{pmatrix}$ (2) $B = \begin{pmatrix} -2 & -3 & -2 \\ 3 & 3 & 2 \\ 0 & 1 & 1 \end{pmatrix}$

2.7 行列

$$\begin{pmatrix} 0 & 1 & 0 & -1 \\ 3 & 0 & 2 & 2 \\ -1 & 1 & 2 & 1 \\ 4 & -1 & 1 & 2 \end{pmatrix}$$

に逆行列が存在するなら求め，存在しないならそのことを示せ．

2.8 以下の (1), (2) を示せ．

(1) 積 AB が定義されるとき，$\mathrm{rank}\, AB \leq \min\{\mathrm{rank}\, A, \mathrm{rank}\, B\}$.

(2) A と B が同じ型の行列であるとき，$\mathrm{rank}\,(A+B) \leq \mathrm{rank}\, A + \mathrm{rank}\, B$.

2.3 連立1次方程式

2.3.1 連立1次方程式

連立1次方程式には，解が存在する場合，しない場合，存在するとしてただ1つに決まる場合，無限個の解が存在する場合などがある．前節で定義した行列の階数によって，これらを分類することができる．

連立1次方程式 (system of linear equations)

$$\begin{array}{ccccccccc} a_{11}x_1 & + & a_{12}x_2 & + & \cdots & + & a_{1n}x_n & = & b_1 \\ a_{21}x_1 & + & \cdots & & & + & a_{2n}x_n & = & b_2 \\ \vdots & & & & & & & \vdots & \\ a_{m1}x_1 & + & \cdots & & & + & a_{mn}x_n & = & b_m \end{array} \tag{2.7}$$

を考える．これは変数が n 個，方程式が m 個の連立1次方程式である．この方程式に対応して次の行列を考える．

$$\widetilde{A} = \left(\begin{array}{cccc:c} \multicolumn{4}{c}{\overbrace{\hphantom{a_{11}\ a_{12}\ \cdots\ a_{1n}}}^{\text{係数行列 } A}} & \overbrace{\hphantom{b_1}}^{\boldsymbol{b}} \\ a_{11} & a_{12} & \cdots & a_{1n} & b_1 \\ a_{21} & & & a_{2n} & b_2 \\ \vdots & & & \vdots & \vdots \\ a_{m1} & \cdots & \cdots & a_{mn} & b_m \end{array}\right).$$

第1列から第 n 列までの部分がこの方程式の**係数行列** (coefficient matrix) であり A と書く．また第 $n+1$ 列目も加えた全体が**拡大係数行列** (augmented matrix) であり $\widetilde{A}$ と書く．これらは，方程式の未知数を省いて係数と成分だけを並べたものである．

連立1次方程式を解く操作と $A, \widetilde{A}$ の基本変形とは，次のように対応している．

$\widetilde{A}$ の行基本変形	方程式の変形
(1) 第 i 行を k 倍	i 番目の方程式の両辺を k 倍
(2) 第 i 行に第 j 行の k 倍を加える	i 番目に j 番目を k 倍して辺々加える
(3) 第 i 行と第 j 行を入れ替える	i 番目と j 番目を入れ替える

A の列基本変形	方程式の変形
(4) 第 i 列を k 倍	変数の変換
(5) 第 i 列に第 j 列の k 倍を加える	変数の変換
(6) 第 i 列と第 j 列を入れ替える	変数 x_i と x_j を入れ替える

(1) と (2) は変数を消去して解を求める際に行われる変形で，(3) は式の順序の入れ替えにすぎない．これらによって方程式系は不変である．(6) は項をならべる順序を変えることに相当し，これも方程式系を変えない．(4) と (5) は変数の変換に対応する．例えば，x_i の係数を 2 倍して同時に $\dfrac{1}{2}x_i$ を新しい変数にとることが，i 列目の係数を 2 倍する変形に相当する．また例えば，$x_j = x_i + x_j{}'$ として x_j の代わりに $x_j{}'$ を新しい変数にとることが，第 i 列に第 j 列を加える変形に相当する．ここでは，(1)〜(3) と (6) によって連立方程式を解くことを考える．

例えば次の連立 1 次方程式を，これらの基本変形によって解いてみよう．

$$
\begin{aligned}
x + 3y + 2z &= 3 \\
2x + 5y + z &= 8 \\
2x + 6y + 4z &= 7
\end{aligned}
$$

この方程式は，係数は (2.4) と同じで第 3 式の右辺だけが (2.4) と異なる．(第 1 式) $\times\,(-2)$ + (第 3 式) を新しく第 3 式とすると

$$
\begin{aligned}
x + 3y + 2z &= 3 \\
2x + 5y + z &= 8 \\
0 &= 1
\end{aligned}
$$

元の方程式の第 1 式と第 3 式が矛盾するため，これらから得られた新しい第 3 式として $0 = 1$ という成立しない関係式が得られた．このことはこれらの 3 つの式を同時にみたす x, y, z が存在しないこと，つまりこの連立方程式に解がないことを示している．このとき拡大係数行列は，例えば次のように変形される．

$$\begin{pmatrix} 1 & 3 & 2 & \vdots & 3 \\ 2 & 5 & 1 & \vdots & 8 \\ 2 & 6 & 4 & \vdots & 7 \end{pmatrix} \longrightarrow \begin{pmatrix} 1 & 0 & -7 & \vdots & 9 \\ 0 & 1 & 3 & \vdots & -2 \\ 0 & 0 & 0 & \vdots & 1 \end{pmatrix} \longrightarrow \begin{pmatrix} 1 & 0 & 0 & \vdots & 0 \\ 0 & 1 & 0 & \vdots & 0 \\ 0 & 0 & 0 & \vdots & 1 \end{pmatrix}.$$

変数の数は $n = 3$, 左側の 3×3 行列は係数行列 A を基本変形したものなので, この結果より $r = \operatorname{rank} A = 2$, さらに第 4 列も含めた基本変形により

$$\begin{pmatrix} 1 & 0 & 0 & \vdots & 0 \\ 0 & 1 & 0 & \vdots & 0 \\ 0 & 0 & 0 & \vdots & 1 \end{pmatrix} \longrightarrow \begin{pmatrix} 1 & 0 & 0 & \vdots & 0 \\ 0 & 1 & 0 & \vdots & 0 \\ 0 & 0 & 1 & \vdots & 0 \end{pmatrix}.$$

これより拡大係数行列 $\widetilde{A}$ について $\widetilde{r} = \operatorname{rank} \widetilde{A} = 3$ が得られた. $r = \operatorname{rank} A = 2$ は, 方程式の左辺の x, y, z の係数の組のうち, 基本変形によって一致しないもの (独立なもの) が 2 つあること, $\widetilde{r} = \operatorname{rank} \widetilde{A} = 3$ は, 右辺の定数も含めて, 基本変形によって一致しないもの (つまり独立な条件式) が 3 つあること, $\operatorname{rank} \widetilde{A} - \operatorname{rank} A = 1$ は $0 = 1$ という成立しない関係式が 1 つ残ることに対応している.

　一般に, 次の定理が成り立つ.

定理 2.11　拡大係数行列 $\widetilde{A}$ は, (1)〜(3) と (6) の基本変形によって,

$$\widetilde{B} = \left. \begin{pmatrix} 1 & & & \vdots & \alpha_{1r+1} & \cdots & \alpha_{1n} & \beta_1 \\ & \ddots & & \vdots & \vdots & & \vdots & \vdots \\ & & 1 & \vdots & \alpha_{rr+1} & \cdots & \alpha_{rn} & \beta_r \\ \hdashline & & & & & & & \beta_{r+1} \\ & O & & & & O & & \vdots \\ & & & & & & & \beta_m \end{pmatrix} \right\} \begin{matrix} \\ r \\ \\ \\ m-r \\ \\ \end{matrix}$$

$$\underbrace{}_{r} \underbrace{}_{n-r}$$

の形になる. ただし, $r = \operatorname{rank} A$.

[**証明**]　第 1 列から第 n 列にある 0 でない成分を 1 つ選び, (3) と (6) により $(1,1)$ 成分に移動し, (1) によってその値を 1 にする. そこで (2) によって第 1 列の他の成分を 0 にすることができる. もし第 2 列から第 n 列にまだ 0 でない成分があれば, (3) と (6) により $(2,2)$ 成分に移動し, 以下同様にこの一連の操作をくり返す. r 回の操作の後, 第 1 列から第 n 列の第 i 行 $(i \geq r+1)$ の成分はすべて 0 になる (もし 0 でなければ同じ操作をさらにくりかえすことができ, A の階数が r であることに反する). 第 $n+1$ 列の β_i $(i \geq r+1)$ については, $\operatorname{rank} \widetilde{A} = r$ のときすべて 0, $\operatorname{rank} \widetilde{A} > r$ のとき 0 でない成分が残る.　□

　この結果を連立方程式の解の分類として書き直してみると, 以下のように表現される.

定理 2.12

(1) $\beta_{r+1},\dots,\beta_m$ のいずれかが0でない値をとるとき，方程式は解を持たない．

(2) $\beta_{r+1}=\cdots=\beta_m=0$ のとき解は存在し，$n-r$ 個の自由なパラメータを含む．

［**証明**］ 方程式を書き下すと，

$$\begin{array}{ccccccccccc}
x_1 & & & + & \alpha_{1\,r+1}x_{r+1} & + & \cdots & + & \alpha_{1n}x_n & = & \beta_1 \\
& x_2 & & + & \alpha_{2\,r+1}x_{r+1} & + & \cdots & + & \alpha_{2n}x_n & = & \beta_2 \\
& & \ddots & & \vdots & & & & & \vdots & \\
& & x_r & + & \alpha_{r\,r+1}x_{r+1} & + & \cdots & + & \alpha_{rn}x_n & = & \beta_r \\
& & & & & & & & 0 & = & \beta_{r+1} \\
& & & & & & & & & \vdots & \\
& & & & & & & & 0 & = & \beta_m
\end{array}$$

となるので，これより明らか． □

$\beta_{r+1},\dots,\beta_m$ に0でないものがあるとき，$\operatorname{rank}\widetilde{A}>r=\operatorname{rank}A$ である（さらに基本変形を進めれば $\operatorname{rank}\widetilde{A}=\operatorname{rank}A+1$ であることがわかる）．このとき解は存在しない．$\operatorname{rank}\widetilde{A}=\operatorname{rank}A$ のとき解が存在し，解に含まれる自由なパラメータの数は $n-r=n-\operatorname{rank}A$．したがって特に $\operatorname{rank}A=n$ のとき，解は一意的である．

2.3.2 斉次（同次）方程式

連立1次方程式

$$\begin{array}{ccccccccc}
a_{11}x_1 & + & a_{12}x_2 & + & \cdots & + & a_{1n}x_n & = & 0 \\
a_{21}x_1 & + & \cdots & & & + & a_{2n}x_n & = & 0 \\
\vdots & & & & & & & \vdots & \\
a_{m1}x_1 & + & \cdots & & & + & a_{mn}x_n & = & 0
\end{array} \qquad (2.8)$$

を**斉次連立1次方程式**あるいは**同次連立1次方程式**（いずれも homogeneous system of linear equations）とよぶ．この方程式は (2.7) の特別な場合である．斉次方程式は $x_1=x_2=\cdots=x_n=0$ を常に解にもち，これを**自明な解** (trivial solution) とよぶ．

斉次方程式には斉次でない場合（非斉次の場合）にくらべて著しい特徴がある．ベクトル $\boldsymbol{u}={}^t(x_1,x_2,\dots,x_n)$ と $\boldsymbol{u}'={}^t(x_1',x_2',\dots,x_n')$ がともに方程式の解であるとき，定数倍 $k\boldsymbol{u}$ も解であり，また和 $\boldsymbol{u}+\boldsymbol{u}'$ も解である．一般に t と t' をスカラーとして

$$t\boldsymbol{u}+t'\boldsymbol{u}'$$

は方程式の解になる．方程式の解 $\boldsymbol{v}$ が $\boldsymbol{v}=t\boldsymbol{u}+t'\boldsymbol{u}'$ とあらわされるとき，$\boldsymbol{v}$ は $\boldsymbol{u}$ と $\boldsymbol{u}'$ によってあらわされると言うことにする．このとき次の定理が成り立つ．

定理 2.13 斉次方程式は，$\operatorname{rank} A = n$ のとき自明な解のみを持つ．また $r = \operatorname{rank} A < n$ のとき，$n - r$ 個の自明でない解が存在し，これらの解のうちの1つを，他の解を使ってあらわすことはできない．

［**証明**］ 定理 2.12 において $\beta_1 = \cdots = \beta_n = 0$ とする．$\operatorname{rank} A = n$ のとき解は一意的なので自明な解のみである．$r = \operatorname{rank} A < n$ のとき方程式は

$$\begin{array}{cccccc} x_1 & = & -\alpha_{1r+1}x_{r+1} & - & \cdots & -\alpha_{1n}x_n \\ \quad x_2 & = & -\alpha_{2r+1}x_{r+1} & - & \cdots & -\alpha_{2n}x_n \\ \quad\quad \ddots & \vdots & & & & \vdots \\ \quad\quad\quad x_r & = & -\alpha_{rr+1}x_{r+1} & - & \cdots & -\alpha_{rn}x_n \end{array}$$

このとき $x_{r+1}, \ldots, x_n$ を任意に定めると，$x_1, \ldots, x_r$ が定まり，解の全体 $x_1, \ldots, x_r,\ x_{r+1}, \ldots,$ x_n が定まる．そこで $x_{r+1}, \ldots, x_n$ を

$$\begin{pmatrix} x_{r+1} \\ x_{r+2} \\ \vdots \\ x_n \end{pmatrix} = \begin{pmatrix} 1 \\ 0 \\ \vdots \\ 0 \end{pmatrix}, \quad \begin{pmatrix} 0 \\ 1 \\ \vdots \\ 0 \end{pmatrix}, \quad \cdots \quad, \begin{pmatrix} 0 \\ 0 \\ \vdots \\ 1 \end{pmatrix} \tag{2.9}$$

として，$n - r$ 個の自明でない解を得る．(2.9) 式右辺の $x_{r+1}, \ldots, x_n$ の値を比較すれば，これらのうちの1つを他の解であらわすことができないことは明らか．またこれ以外の $x_{r+1},\ \ldots,\ x_n$ の値に対応する解が，(2.9) の $n - r$ 個の解の定数倍と和によってあらわされることも明らか． □

定理 2.13 において $n - r$ 個の解 $\boldsymbol{u}_{r+1}, \ldots, \boldsymbol{u}_n$ が存在するとき，$t_{r+1}, \ldots, t_n$ をスカラーとして，$t_{r+1}\boldsymbol{u}_{r+1} + \cdots + t_n\boldsymbol{u}_n$ もまた解である．つまり，自明な解を特別な場合として含み，$n - r$ 個の自由なパラメータを持つ解が存在する．

また，連立方程式

$$A\boldsymbol{x} = \boldsymbol{b} \tag{2.10}$$

に対応する斉次方程式

$$A\boldsymbol{x} = \boldsymbol{0} \tag{2.11}$$

を考える．このとき，(2.10) の解を $\boldsymbol{x}_0$，斉次方程式 (2.11) の解を $\boldsymbol{x}_1$ として，$\boldsymbol{x} = \boldsymbol{x}_0 + \boldsymbol{x}_1$ は (2.10) の解である．実際

$$A(\boldsymbol{x}_0 + \boldsymbol{x}_1) = A\boldsymbol{x}_0 + A\boldsymbol{x}_1 = \boldsymbol{b} + \boldsymbol{0} = \boldsymbol{b}$$

が成り立つ．逆に (2.10) の解はすべて $\boldsymbol{x} = \boldsymbol{x}_0 + \boldsymbol{x}_1$ の形をしている．実際，$\boldsymbol{x}$ が (2.10) の解であれば $A(\boldsymbol{x} - \boldsymbol{x}_0) = \boldsymbol{b} - \boldsymbol{b} = \boldsymbol{0}$．つまり $\boldsymbol{x} - \boldsymbol{x}_0 = \boldsymbol{x}_1$ は (2.11) の解であり，これより $\boldsymbol{x} = \boldsymbol{x}_0 + \boldsymbol{x}_1$．解全体のみたすこれらの構造については，第5章以降で詳しく学ぶ．

連立1次方程式の解の分類についてまとめておこう．未知数が n 個，方程式が m 個の連立1次方程式を考え，係数行列を A，拡大係数行列を $\widetilde{A}$，$r = \mathrm{rank}\, A$ とするとき，

(1) $\mathrm{rank}\, \widetilde{A} = \mathrm{rank}\, A + 1$ のとき解は存在しない．

(2) $\mathrm{rank}\, \widetilde{A} = \mathrm{rank}\, A$ のとき解が存在し，$n - r$ 個のパラメータを含む．特に $n = r$ のとき，解は一意的である．

解が存在しない場合，存在して一意的である場合，無限個存在する場合について，それぞれ例をあげておこう．

例 2.3　方程式

$$\begin{aligned} x + 3y + 2z &= 1 \\ 2x + 4y + 4z &= 9 \\ 3x + 5y + 6z &= -1 \end{aligned}$$

を考える．この方程式の拡大係数行列 $\widetilde{A}$ は

$$\widetilde{A} = \left(\begin{array}{ccc:c} 1 & 3 & 2 & 1 \\ 2 & 4 & 4 & 9 \\ 3 & 5 & 6 & -1 \end{array}\right).$$

これを変形する．

$$\left(\begin{array}{ccc:c} 1 & 3 & 2 & 1 \\ 2 & 4 & 4 & 9 \\ 3 & 5 & 6 & -1 \end{array}\right) \longrightarrow \left(\begin{array}{ccc:c} 1 & 3 & 2 & 1 \\ 0 & -2 & 0 & 7 \\ 0 & -4 & 0 & -4 \end{array}\right) \begin{array}{l} \\ \text{第1行を}(-2)\text{倍して加えた} \\ \text{第1行を}(-3)\text{倍して加えた} \end{array}$$

$$\longrightarrow \left(\begin{array}{ccc:c} 1 & 3 & 2 & 1 \\ 0 & -2 & 0 & 7 \\ 0 & 1 & 0 & 1 \end{array}\right) (-4)\text{で割った}$$

$$\longrightarrow \left(\begin{array}{ccc:c} 1 & 3 & 2 & 1 \\ 0 & 1 & 0 & 1 \\ 0 & -2 & 0 & 7 \end{array}\right) \text{第2行と第3行を入れ替えた}$$

$$\longrightarrow \left(\begin{array}{ccc:c} 1 & 0 & 2 & -2 \\ 0 & 1 & 0 & 1 \\ 0 & 0 & 0 & 9 \end{array}\right) \begin{array}{l} \text{第2行を}(-3)\text{倍して加えた} \\ \\ \text{第2行を2倍して加えた} \end{array} \longrightarrow \left(\begin{array}{ccc:c} 1 & 0 & 2 & -2 \\ 0 & 1 & 0 & 1 \\ 0 & 0 & 0 & 1 \end{array}\right) 9\text{で割った}$$

これより $\mathrm{rank}\, A = 2$，$\mathrm{rank}\, \widetilde{A} = 3$．つまり $\mathrm{rank}\, A < \mathrm{rank}\, \widetilde{A}$．このとき方程式は，次のように変形されている．

$$\begin{array}{ccccc} x & + & 2z & = & -2 \\ & y & & = & 1 \\ & & 0 & = & 1 \end{array}$$

これをみたす x, y, z は存在しない． □

例 2.4 方程式

$$\begin{aligned} x + 3y + 2z &= 1 \\ 2x + 4y + 4z &= 0 \\ 3x + 5y + 7z &= -1 \end{aligned}$$

を考える．この方程式の拡大係数行列 $\widetilde{A}$ は

$$\widetilde{A} = \left(\begin{array}{ccc:c} 1 & 3 & 2 & 1 \\ 2 & 4 & 4 & 0 \\ 3 & 5 & 7 & -1 \end{array}\right).$$

これを変形する．

$$\left(\begin{array}{ccc:c} 1 & 3 & 2 & 1 \\ 2 & 4 & 4 & 0 \\ 3 & 5 & 7 & -1 \end{array}\right) \longrightarrow \left(\begin{array}{ccc:c} 1 & 3 & 2 & 1 \\ 0 & -2 & 0 & -2 \\ 0 & -4 & 1 & -4 \end{array}\right) \begin{array}{l} \\ \text{第 1 行を } (-2) \text{ 倍して加えた} \\ \text{第 1 行を } (-3) \text{ 倍して加えた} \end{array}$$

$$\longrightarrow \left(\begin{array}{ccc:c} 1 & 3 & 2 & 1 \\ 0 & 1 & 0 & 1 \\ 0 & -4 & 1 & -4 \end{array}\right) \ (-2) \text{ で割った}$$

$$\longrightarrow \left(\begin{array}{ccc:c} 1 & 0 & 2 & -2 \\ 0 & 1 & 0 & 1 \\ 0 & 0 & 1 & 0 \end{array}\right) \begin{array}{l} \text{第 2 行を } (-3) \text{ 倍して加えた} \\ \\ \text{第 2 行を 4 倍して加えた} \end{array}$$

これより $\operatorname{rank} A = 3$, $\operatorname{rank} \widetilde{A} = 3$ であり $\operatorname{rank} A = \operatorname{rank} \widetilde{A}$ がみたされる．このとき方程式は，次のように変形されている．

$$\begin{array}{ccccc} x & + & 2z & = & -2 \\ & y & & = & 1 \\ & & z & = & 0 \end{array}$$

これより，

$$\begin{aligned} x &= -2 \\ y &= 1 \\ z &= 0 \end{aligned}$$

つまり解は存在し，かつ一意的である． □

例 2.5 方程式

$$\begin{aligned} x + 3y + 2z &= 1 \\ 2x + 4y + 4z &= 0 \\ 3x + 5y + 6z &= -1 \end{aligned}$$

を考える．拡大係数行列は

$$\widetilde{A} = \left(\begin{array}{ccc:c} 1 & 3 & 2 & 1 \\ 2 & 4 & 4 & 0 \\ 3 & 5 & 6 & -1 \end{array}\right)$$

である．

$$\left(\begin{array}{ccc:c} 1 & 3 & 2 & 1 \\ 2 & 4 & 4 & 0 \\ 3 & 5 & 6 & -1 \end{array}\right) \longrightarrow \left(\begin{array}{ccc:c} 1 & 3 & 2 & 1 \\ 0 & -2 & 0 & -2 \\ 0 & -4 & 0 & -4 \end{array}\right) \begin{array}{l} \\ \text{第1行を}(-2)\text{倍して加えた} \\ \text{第1行を}(-3)\text{倍して加えた} \end{array}$$

$$\longrightarrow \begin{pmatrix} 1 & 3 & 2 & 1 \\ 0 & 1 & 0 & 1 \\ 0 & -4 & 0 & -4 \end{pmatrix} (-2)\text{で割った}$$

$$\longrightarrow \begin{pmatrix} 1 & 0 & 2 & -2 \\ 0 & 1 & 0 & 1 \\ 0 & 0 & 0 & 0 \end{pmatrix} \begin{array}{l} \text{第2行を}(-3)\text{倍して加えた} \\ \\ \text{第2行を4倍して加えた} \end{array}$$

これより $\operatorname{rank} A = \operatorname{rank} \widetilde{A} = 2$．このとき方程式は，

$$\begin{array}{ccccccc} x & & + & 2z & = & -2 \\ & y & & & = & 1 \\ & & & 0 & = & 0 \end{array}$$

つまり，

$$\begin{aligned} x &= -2 - 2t \\ y &= 1 \\ z &= t \end{aligned}$$

パラメータ t はすべての実数の値をとり得る．パラメータの数は $n - r = 3 - 2 = 1$ 個，解は t の値に応じて無限に存在する． □

例題 2.7

連立1次方程式

$$\begin{aligned} -2x + y + 3z &= -5 \\ x - 2y \quad &= 1 \\ px + qy - 2z &= 1 \end{aligned}$$

を考える．このとき

$$A = \begin{pmatrix} -2 & 1 & 3 \\ 1 & -2 & 0 \\ p & q & -2 \end{pmatrix}, \quad \boldsymbol{b} = \begin{pmatrix} -5 \\ 1 \\ 1 \end{pmatrix}, \quad \boldsymbol{0} = \begin{pmatrix} 0 \\ 0 \\ 0 \end{pmatrix}$$

とすると，A は係数行列であり，拡大係数行列は $\widetilde{A} = (A \ \ \boldsymbol{b})$ で与えられる．

(1) (i) 解がただ一つ存在する，(ii) 解が無限個存在する，(iii) 解が存在しない，とするとき，(i)～(iii)が成立するための条件を，A と $\widetilde{A}$ のうち必要なものを用いてそれぞれ書け．また p と q を用いて書け．

(2) (1)(ii)の場合について，方程式 $A\boldsymbol{x} = \boldsymbol{b}$ の解と，斉次方程式 $A\boldsymbol{x} = \boldsymbol{0}$ の解を求めよ．

【解答】 行基本変形により

$$\left(\begin{array}{ccc|c} -2 & 1 & 3 & -5 \\ 1 & -2 & 0 & 1 \\ p & q & -2 & 1 \end{array}\right) \longrightarrow \left(\begin{array}{ccc|c} 1 & -2 & 0 & 1 \\ 0 & 1 & -1 & 1 \\ 0 & 0 & 2p+q-2 & 1-3p-q \end{array}\right).$$

(1) (i) 条件は $\operatorname{rank} A = 3$，つまり $2p + q - 2 \neq 0$ (このとき $\operatorname{rank} \widetilde{A} = 3$)．

(ii) 条件は $\operatorname{rank} A = \operatorname{rank} \widetilde{A} < 3$，つまり $2p + q - 2 = 0$ かつ $1 - 3p - q = 0$．これより $p = -1$，$q = 4$．

(iii) 条件は $\operatorname{rank} A < \operatorname{rank} \widetilde{A}$，つまり $2p + q - 2 = 0$ かつ $1 - 3p - q \neq 0$．これより $2p + q - 2 = 0$ かつ $(p, q) \neq (-1, 4)$．

(2) 方程式 $A\boldsymbol{x} = \boldsymbol{b}$ の解は

$$\begin{aligned} x - 2y \qquad &= 1 \\ y - z &= 1 \\ 0 &= 0 \end{aligned} \quad \text{より} \quad \begin{pmatrix} x \\ y \\ z \end{pmatrix} = \begin{pmatrix} 1 \\ 0 \\ -1 \end{pmatrix} + t \begin{pmatrix} 2 \\ 1 \\ 1 \end{pmatrix}.$$

ただし t は任意の実数である．斉次方程式 $A\boldsymbol{x} = \boldsymbol{0}$ の解は，行基本変形により $\widetilde{A} = (A \ \ \boldsymbol{0})$ の右端の列は常に0のままなので

$$\begin{aligned} x - 2y \qquad &= 0 \\ y - z &= 0 \\ 0 &= 0 \end{aligned} \quad \text{より} \quad \begin{pmatrix} x \\ y \\ z \end{pmatrix} = t \begin{pmatrix} 2 \\ 1 \\ 1 \end{pmatrix}.$$

□

▶ **参考** 斉次方程式 $A\boldsymbol{x} = \boldsymbol{0}$ の解からなる集合を W とすると，方程式 $A\boldsymbol{x} = \boldsymbol{b}$ の解の全体は，その1つの解を $\boldsymbol{x}_0$ として $\boldsymbol{x}_0 + \boldsymbol{x}_1$ ($\boldsymbol{x}_1 \in W$) で与えられる．1つの解として $\boldsymbol{x}_0$ で

はなく別の解 $\boldsymbol{x}_0'$ を選んでも，得られる解の全体は不変である (p. 172 の図 6.1 を参照).

練習問題

2.9　連立1次方程式

$$\begin{aligned} -2x + 4y + kz &= 0 \\ x - 2y - z &= 0 \\ kx + y &= 1 \end{aligned}$$

の解が (a) ただひとつに決まる (b) 1つよりも多く存在する (c) 存在しない，のそれぞれについて，k のみたすべき条件とそのときの係数行列の階数を求め，(b) については解を求めよ．

2.10　連立1次方程式

$$\begin{aligned} x + y + z &= 1 \\ x + 2y + z &= k \\ k^2x + y + 4z &= 1 \end{aligned}$$

を考える．その係数行列は

$$A = \begin{pmatrix} 1 & 1 & 1 \\ 1 & 2 & 1 \\ k^2 & 1 & 4 \end{pmatrix}$$

である．

(1) $k = 1$ のとき A の階数を求めよ．

(2) 方程式が1組よりも多い解を持つとき，k の値を求めよ．

(3) 方程式が解をもたないとき，k の値を求めよ．

2.11　連立1次方程式 $A\boldsymbol{x} = \boldsymbol{b}$

$$A = \begin{pmatrix} 1 & -5 & 4 \\ -1 & -1 & 2 \\ k & 1 & -2 \end{pmatrix}, \quad \boldsymbol{x} = \begin{pmatrix} x \\ y \\ z \end{pmatrix}, \quad \boldsymbol{b} = \begin{pmatrix} 1 \\ 1 \\ s \end{pmatrix}$$

を考える．

(1) $k = 0$ のとき A^{-1} を求め，方程式の解を求めよ．

(2) $k = 1$ のとき A の階数を求めよ．またこのとき，方程式が解を持つような s の値とそのときの解を求めよ．

2.12　n 次行列 $A = [a_{ij}]$ が $a_{ii} = 1$, $|a_{ij}| < \dfrac{1}{n-1}$ $(i \neq j)$ をみたすなら，A は正則であることを証明せよ．

2.13　$\begin{pmatrix} 1 & 3 \\ 2 & 5 \end{pmatrix}$ を LU 分解せよ (LU 分解については p. 56 のコラムを参照).

コラム　LU 分解

連立1次方程式の解法に関連して行列の **LU 分解**（LU decomposition）を紹介しておこう．係数行列 A を，下三角行列 L と上三角行列 U を用いて $A=LU$ と分解できたとする．これを行列の LU 分解とよぶ*6．例えば3次行列の場合

$$A=\begin{pmatrix} l_{11} & 0 & 0 \\ l_{21} & l_{22} & 0 \\ l_{31} & l_{32} & l_{33} \end{pmatrix}\begin{pmatrix} u_{11} & u_{12} & u_{13} \\ 0 & u_{22} & u_{23} \\ 0 & 0 & u_{33} \end{pmatrix}$$

このとき方程式は $LU\boldsymbol{x}=\boldsymbol{b}$ なので，$\boldsymbol{y}=U\boldsymbol{x}$ とおくと $L\boldsymbol{y}=\boldsymbol{b}$，これより

$$\begin{pmatrix} l_{11} & 0 & 0 \\ l_{21} & l_{22} & 0 \\ l_{31} & l_{32} & l_{33} \end{pmatrix}\begin{pmatrix} y_1 \\ y_2 \\ y_3 \end{pmatrix}=\begin{pmatrix} b_1 \\ b_2 \\ b_3 \end{pmatrix},\quad \boldsymbol{y}=\begin{pmatrix} y_1 \\ y_2 \\ y_3 \end{pmatrix}.$$

つまり

$$\begin{aligned} l_{11}y_1 &= b_1 \\ l_{21}y_1+l_{22}y_2 &= b_2 \\ l_{31}y_1+l_{32}y_2+l_{33}y_3 &= b_3 \end{aligned}$$

この連立方程式はすぐに解ける．$\boldsymbol{y}$ が求められたら，次に $U\boldsymbol{x}=\boldsymbol{y}$ より

$$\begin{aligned} u_{11}x_1+u_{12}x_2+u_{13}x_3 &= y_1 \\ u_{22}x_2+u_{23}x_3 &= y_2 \\ u_{33}x_3 &= y_3 \end{aligned}$$

この方程式もすぐに解けて，x_1, x_2, x_3 が直ちに求められる．

連立方程式を数値的に解く場合に，係数行列 A を固定し，定数 b_1, b_2, b_3 を変えながらくりかえし解を求めたい状況がしばしば現れる．行列の次数 n が非常に大きく，例えば $2^{10}=1024$ を超えるような場合も珍しくはなく，LU 分解は計算時間の短縮のために有効である*7．

LU 分解は可能であっても一意的ではないので，最も有利な分解を選ぶべきである．LU 分解が可能であるとき，分解は基本変形によって値が0の成分を作ることで生成される．つまり LU 分解は，掃き出し法をあらかじめ部分的に実行しておくことに相当する．

---

*6　L は lower triangle（下三角），U は upper triangle（上三角）から来ている．

*7　$2^{10}=1024\simeq 10^3$ は記憶しておくとよい．

第3章　行　列　式

この章では行列の行列式を導入する．行列式は行列の理論において極めて重要な役割を演じる．

3.1　行　列　式

3.1.1　置換とその符号

n 個の自然数 $1, 2, \ldots, n$ を一列に並べる並べ方のそれぞれを**順列**とよぶ．例えば $n = 4$ のとき，$(1, 2, 3, 4)$，$(1, 4, 2, 3)$，$(4, 3, 1, 2)$ などは順列である．1つの順列を並べかえて新たに順列を作る操作を**置換** (permutation) とよぶ*8．例えば1の位置に2を，2の位置に4を，3の位置に3を，4の位置に1を入れる操作を

$$\sigma = \begin{pmatrix} 1 & 2 & 3 & 4 \\ 2 & 4 & 3 & 1 \end{pmatrix}$$

と書いて置換とよぶ．このことを $\sigma(1) = 2$，$\sigma(2) = 4$，$\sigma(3) = 3$，$\sigma(4) = 1$ とも書く．

上記の σ において4の下に1があるのは，4のある場所に次は1が来るという意味である．したがって，置換を示す際には上下の対応だけが問題で，例えば σ を

$$\sigma = \begin{pmatrix} 4 & 3 & 2 & 1 \\ 1 & 3 & 4 & 2 \end{pmatrix}$$

と書いてもよい．

一般に n 個の元の入れ替えの操作を

$$\sigma = \begin{pmatrix} 1 & 2 & \cdots & n \\ i_1 & i_2 & \cdots & i_n \end{pmatrix}$$

＊8　順列も英語では permutation とよばれることがある．

と書いて，n 次の置換とよぶ．n 次の置換の全体を n 次の**対称群** (symmetric group) とよぶ．

次に，置換と置換の積を導入しよう．置換 σ を施してから置換 τ を施すと，結果は再び置換である．この合成置換を σ と τ の**積** (product) とよび

$$\tau \circ \sigma$$

と書く (σ と τ の順序に注意)．このとき，σ, τ, ρ を置換として

$$\rho \circ (\tau \circ \sigma) = (\rho \circ \tau) \circ \sigma$$

が成り立つ．

例 3.1

$$\sigma = \begin{pmatrix} 1 & 2 & 3 & 4 \\ 2 & 4 & 3 & 1 \end{pmatrix}, \qquad \tau = \begin{pmatrix} 1 & 2 & 3 & 4 \\ 2 & 1 & 4 & 3 \end{pmatrix}$$

とするとき

$$\begin{aligned} \sigma \circ \tau &= \begin{pmatrix} 1 & 2 & 3 & 4 \\ 2 & 4 & 3 & 1 \end{pmatrix} \circ \begin{pmatrix} 1 & 2 & 3 & 4 \\ 2 & 1 & 4 & 3 \end{pmatrix} \\ &= \begin{pmatrix} 1 & 2 & 3 & 4 \\ 4 & 2 & 1 & 3 \end{pmatrix}, \\ \tau \circ \sigma &= \begin{pmatrix} 1 & 2 & 3 & 4 \\ 2 & 1 & 4 & 3 \end{pmatrix} \circ \begin{pmatrix} 1 & 2 & 3 & 4 \\ 2 & 4 & 3 & 1 \end{pmatrix} \\ &= \begin{pmatrix} 1 & 2 & 3 & 4 \\ 1 & 3 & 4 & 2 \end{pmatrix}. \end{aligned}$$

□

この例からもわかるように，一般に $\sigma \circ \tau \neq \tau \circ \sigma$, つまり置換の積は可換ではない．

入れ替えないことも置換の特別な場合であると考えて，これを**恒等置換** (identity permutation) とよぶ．例えば

$$e = \begin{pmatrix} 1 & 2 & 3 & 4 \\ 1 & 2 & 3 & 4 \end{pmatrix}, \quad \text{および} \quad e = \begin{pmatrix} 1 & 2 & \cdots & n \\ 1 & 2 & \cdots & n \end{pmatrix}$$

などは恒等置換である．このとき，同じ次数の任意の置換 σ に対し

$$\sigma \circ e = e \circ \sigma$$

が成り立つ．

置換 σ に対してその逆の置換を σ の**逆置換** (inverse permutation) とよび，σ^{-1} と書く．例えば

$$\sigma = \begin{pmatrix} 1 & 2 & 3 & 4 \\ 2 & 4 & 3 & 1 \end{pmatrix}$$

であるとき

$$\sigma^{-1} = \begin{pmatrix} 2 & 4 & 3 & 1 \\ 1 & 2 & 3 & 4 \end{pmatrix} = \begin{pmatrix} 1 & 2 & 3 & 4 \\ 4 & 1 & 3 & 2 \end{pmatrix}.$$

このとき

$$\sigma^{-1} \circ \sigma = \sigma \circ \sigma^{-1} = e$$

が成り立つ．

1 から n のうちの 2 つだけを入れ替えて他を動かさない置換を**互換** (transposition) とよぶ．例えば，2 と 3 を入れ替えて他を動かさない置換

$$\sigma = \begin{pmatrix} 1 & 2 & 3 & 4 \\ 1 & 3 & 2 & 4 \end{pmatrix}$$

は互換であり，これを

$$\begin{pmatrix} 2 & 3 \\ 3 & 2 \end{pmatrix} \qquad (2\ 3)$$

と略記する．一般に

$$\sigma = \begin{pmatrix} 1 & 2 & \cdots & i & \cdots & j & \cdots & n \\ 1 & 2 & \cdots & j & \cdots & i & \cdots & n \end{pmatrix} = (i\ j)$$

と書く．互換に関して以下の性質が成り立つ．

定理 3.1
(1) 任意の置換 σ は互換の積に分解できる (ただし分解は一意的ではない)．
(2) そのときあらわれる互換の数が偶数か奇数かは σ によって決まる．

証明のための準備として，次の**差積** (difference product) を導入する．

$$\Delta = \prod_{i<j}^{n} (x_i - x_j). \tag{3.1}$$

ここで積は $i < j$ であるようなすべての $x_i - x_j$ についてとる．

例 3.2 $n = 3$ の場合，

$$\Delta = \prod_{i<j}^{3} (x_i - x_j) = (x_1 - x_2)(x_1 - x_3)(x_2 - x_3).$$

このとき，Δ に互換 $(1\ 2)$ を施すと，添字1と2を入れ替えることで

$$(1\ 2)\Delta = (x_2 - x_1)(x_2 - x_3)(x_1 - x_3) = -\Delta$$

が得られる．同様にして

$$(1\ 3)\Delta = (x_3 - x_2)(x_3 - x_1)(x_2 - x_1) = -\Delta,$$
$$(2\ 3)\Delta = (x_1 - x_3)(x_1 - x_2)(x_3 - x_2) = -\Delta. \qquad \square$$

一般の n に対しても同様に $(k\ l)\Delta = -\Delta$ が成り立つ．これは，互換 $(k\ l)$ を作用させると $(x_k - x_l)$ の符号が変わり，差積の残りの部分が全体として不変であることから確かめられる．この差積を利用して，定理 3.1 を証明しよう．

［**定理 3.1 の証明**］ (1) 置換

$$\sigma = \begin{pmatrix} 1 & 2 & \cdots & n \\ i_1 & i_2 & \cdots & i_n \end{pmatrix}$$

を考える．$1, 2, \ldots, n$ から互換によって $i_1, i_2, \ldots, i_n$ を生成する．1番目にある数1が i_1 と異なるとき，互換 $(1\ i_1)$ を施して i_1 を1番目に移動する．そのとき2番目にある数 j_2 が i_2 と異なるとき，互換 $(j_2\ i_2)$ を施して i_2 を2番目に移動する．以下，同様に互換をくり返して σ を得る．

(2) 置換 σ が互換の積として2通りにあらわされたとする．

$$\sigma = \tau_k \tau_{k-1} \cdots \tau_1 = \rho_l \rho_{l-1} \cdots \rho_1.$$

ここで τ_i, ρ_j はいずれも互換である．このとき差積 Δ に σ を作用させると，$\sigma\Delta$ は

$$\tau_k \tau_{k-1} \cdots \tau_1 \Delta = \rho_l \rho_{l-1} \cdots \rho_1 \Delta.$$

左辺は $(-1)^k\Delta$，右辺は $(-1)^l\Delta$ に等しく，これより $(-1)^k = (-1)^l$，よって k と l の偶奇は一致する． $\square$

例えば，

$$\sigma = \begin{pmatrix} 1 & 2 & 3 \\ 2 & 3 & 1 \end{pmatrix}$$

を互換の積に分解してみよう．まず，

$$\begin{array}{ccccc} 1 & 2 & 3 & & \\ & \downarrow & & & (1\ 3) \\ 3 & 2 & 1 & & \\ & \downarrow & & & (2\ 3) \\ 2 & 3 & 1 & & \end{array}$$

が成り立つ．あるいは同じ置換を以下のように分解することもできる．

$$
\begin{array}{cccc}
1 & 2 & 3 & \\
 & \downarrow & & (2\ 3) \\
1 & 3 & 2 & \\
 & \downarrow & & (1\ 3) \\
3 & 1 & 2 & \\
 & \downarrow & & (1\ 2) \\
3 & 2 & 1 & \\
 & \downarrow & & (2\ 3) \\
2 & 3 & 1 &
\end{array}
$$

つまりこの置換 σ は

$$
\begin{aligned}
\sigma &= (2\ 3) \circ (1\ 3) \\
&= (2\ 3) \circ (1\ 2) \circ (1\ 3) \circ (2\ 3)
\end{aligned}
$$

とあらわされ，2 回の互換の積にも，4 回の互換の積にも分解される．さらにこれ以外の分解も可能であるが，このとき分解に要する互換の数は常に偶数，というのが定理 3.1 (2)の内容である．

偶数回の互換の積に分解される置換を**偶置換** (even permutation)，奇数回の互換の積に分解される置換を**奇置換** (odd permutation) とよぶ．置換 σ が偶置換であるとき $\operatorname{sgn}\sigma = +1$，奇置換であるとき $\operatorname{sgn}\sigma = -1$ と定義して，$\operatorname{sgn}\sigma$ を置換 σ の**符号** (signature) とよぶ．この本では，置換 σ の符号を

$$
\operatorname{sgn}\sigma = \operatorname{sgn}\begin{pmatrix} 1 & 2 & \cdots & n \\ i_1 & i_2 & \cdots & i_n \end{pmatrix} = \operatorname{sgn}(i_1\ i_2\ \cdots\ i_n)
$$

などと書く．

例 3.3

$$
\begin{aligned}
\operatorname{sgn}\begin{pmatrix} 1 & 2 \\ 1 & 2 \end{pmatrix} &= \operatorname{sgn}(1\ 2) = +1 \\
\operatorname{sgn}\begin{pmatrix} 1 & 2 \\ 2 & 1 \end{pmatrix} &= \operatorname{sgn}(2\ 1) = -1 \\
\operatorname{sgn}\begin{pmatrix} 1 & 2 & 3 \\ 2 & 3 & 1 \end{pmatrix} &= \operatorname{sgn}(2\ 3\ 1) = +1
\end{aligned}
$$

□

一般に，置換の符号について

$$
\operatorname{sgn} e = 1, \quad \operatorname{sgn}\sigma^{-1} = \operatorname{sgn}\sigma, \quad \operatorname{sgn}(\tau \circ \sigma) = (\operatorname{sgn}\tau)(\operatorname{sgn}\sigma)
$$

が成り立つ．

3.1.2 いくつかの例

行列式は様々な状況であらわれる重要な量である．一般的な定義を述べる前に，いくつかの例をみてみよう．

例 3.4 次の連立1次方程式を考える．

$$ax + by = x_0$$
$$cx + dy = y_0$$

この方程式は例 1.11 で既に扱ったもので，$ad - bc \neq 0$ のとき解は一意的で，

$$\begin{pmatrix} x \\ y \end{pmatrix} = \frac{1}{ad-bc}\begin{pmatrix} d & -b \\ -c & a \end{pmatrix}\begin{pmatrix} x_0 \\ y_0 \end{pmatrix} = \frac{1}{ad-bc}\begin{pmatrix} dx_0 - by_0 \\ -cx_0 + ay_0 \end{pmatrix}$$

によって与えられる．このとき2次の行列

$$A = \begin{pmatrix} a & b \\ c & d \end{pmatrix}$$

に対して

$$|A| = \begin{vmatrix} a & b \\ c & d \end{vmatrix} = ad - bc$$

を考えると，方程式の解は以下のようにあらわされる．

$$x = \frac{\begin{vmatrix} x_0 & b \\ y_0 & d \end{vmatrix}}{\begin{vmatrix} a & b \\ c & d \end{vmatrix}}, \qquad y = \frac{\begin{vmatrix} a & x_0 \\ c & y_0 \end{vmatrix}}{\begin{vmatrix} a & b \\ c & d \end{vmatrix}}. \qquad \square$$

この $|A|$ を2次行列 A の行列式とよぶ．一般の n 変数の連立1次方程式の場合にも同様で，解は行列式を使って規則的に書ける．つまり，連立1次方程式の解の公式をみつけようとすれば，必然的に行列式の概念にたどりつくことになる．

例 3.5 行列

$$A = \begin{pmatrix} a & b \\ c & d \end{pmatrix}$$

の2つの列ベクトル $\begin{pmatrix} a \\ c \end{pmatrix}, \begin{pmatrix} b \\ d \end{pmatrix}$ から図 3.1 のように平行四辺形を作る．その面積 S は

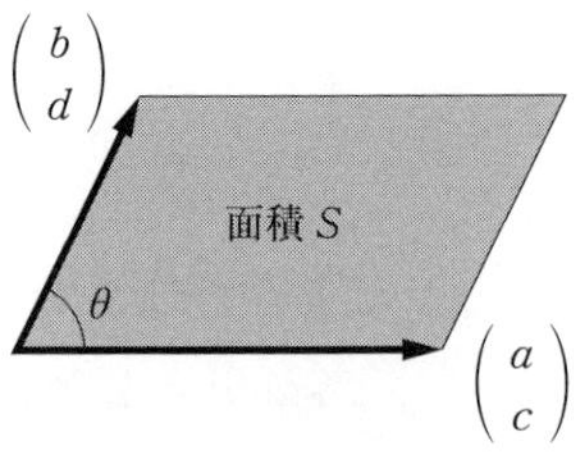

図 3.1

$$\begin{aligned} S &= \sqrt{a^2+c^2}\sqrt{b^2+d^2}\sin\theta \\ &= \sqrt{a^2+c^2}\sqrt{b^2+d^2}\sqrt{1-\cos^2\theta}. \end{aligned}$$

2つの列ベクトルの内積は

$$\sqrt{a^2+c^2}\sqrt{b^2+d^2}\cos\theta = ab+cd$$

と書けるのでこれを代入すると

$$\begin{aligned} S &= \sqrt{a^2+c^2}\sqrt{b^2+d^2}\sqrt{1-\frac{(ab+cd)^2}{(a^2+c^2)(b^2+d^2)}} = \sqrt{(ad-bc)^2} \\ &= |ad-bc|. \end{aligned}$$

つまり A の行列式 $|A|$ の絶対値が現れる． □

行列の2つの列ベクトルを入れ替えても平行四辺形は変わらないが，このとき θ が負，したがって $\sin\theta$ が負になり，行列式の値は負になる．これは面の表裏を反転することに対応している．

この計算は2次元での面積に関するものであったが，4.2.2項で述べるように，3次元でも同様のことが成り立つ．つまり，3次行列 A の列ベクトルが作る平行六面体の体積は，A の行列式の絶対値に等しい．

3.1.3 2次の行列式

まず2次の行列式を定義し直そう．2次正方行列 A を

$$A = \begin{pmatrix} a_{11} & a_{12} \\ a_{21} & a_{22} \end{pmatrix}$$

とする．このとき A の行列式は

$$\det A = a_{11}a_{22} - a_{12}a_{21}.$$

これを2次の置換の符号

$$\operatorname{sgn}(i\ \ j) = \begin{cases} +1 & (i\ \ j) = (1\ \ 2) \\ -1 & (i\ \ j) = (2\ \ 1) \end{cases}$$

を使って書くと

$$\begin{aligned} \det A &= \operatorname{sgn}(1\ \ 2)\, a_{11}a_{22} + \operatorname{sgn}(2\ \ 1)\, a_{12}a_{21} \\ &= \sum_{(i\ j)\,=\,(1\ 2),\,(2\ 1)} \operatorname{sgn}(i\ \ j)\, a_{1i}a_{2j}. \end{aligned}$$

和はすべての2次の置換 $(i\ \ j) = (1\ \ 2), (2\ \ 1)$ についてとっており，$2! = 2$ 個の項があらわれる．これが2次の行列式である．

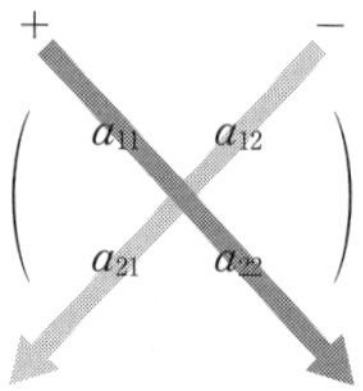

図3.2　2次のたすきがけ

この計算の手順を図に描いて覚えることがある．$2 \times 2 = 4$ 個の成分をならべて図3.2のように，右下がりにプラス，左下がりにマイナスの符号をつけて足したものが行列式になる．これを**たすきがけ**とよぶ．また，Sarrus(サラス) の方法とよぶこともある．

3.1.4　3次の行列式

3次の行列式を定義しよう．3次正方行列 A を

$$A = \begin{pmatrix} a_{11} & a_{12} & a_{13} \\ a_{21} & a_{22} & a_{23} \\ a_{31} & a_{32} & a_{33} \end{pmatrix}$$

と書く．このとき行列式は3次のたすきがけで書くことができる．

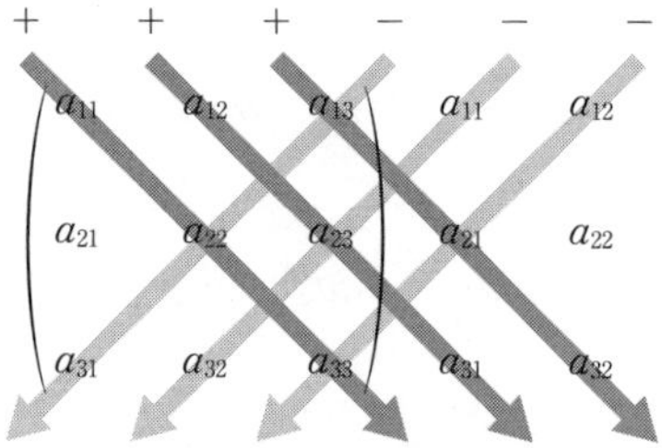

図3.3　3次のたすきがけ

行列の列ベクトルを周期的にならべて，2次の場合と同様に，右下がりにプラス，左下がりにマイナスの符号をつけて足した．これを置換の符号を使って書くと

$$\begin{aligned} \det A &= a_{11}a_{22}a_{33} + a_{12}a_{23}a_{31} + a_{13}a_{21}a_{32} \\ &\quad - a_{13}a_{22}a_{31} - a_{11}a_{23}a_{32} - a_{12}a_{21}a_{33} \\ &= \sum_{\text{すべての置換}} \operatorname{sgn}(j_1\ j_2\ j_3)\ a_{1j_1}a_{2j_2}a_{3j_3}. \end{aligned} \tag{3.2}$$

ここで和はすべての 3 次の置換についてとっており，したがって $3! = 6$ 個の項があらわれる．これが 3 次の行列式である．

行列式の計算の際には成分の積をとって符号をつけて加えるが，このとき成分は，各行から 1 回ずつ，各列から 1 回ずつ取り出されていることが分かる．各行から 1 回，各列から 1 回の制限の下で可能なすべての組み合わせをとり，その成分の積に置換の符号をかけて，すべての場合について和をとって得られるのが行列式である．

3 次の行列式は 2 次の行列式から求めることができる．(3.2) 式より

$$\begin{vmatrix} a_{11} & a_{12} & a_{13} \\ a_{21} & a_{22} & a_{23} \\ a_{31} & a_{32} & a_{33} \end{vmatrix} = a_{11}(a_{22}a_{33} - a_{23}a_{32}) + a_{12}(a_{23}a_{31} - a_{21}a_{33}) + a_{13}(a_{21}a_{32} - a_{22}a_{31})$$

$$= a_{11}\begin{vmatrix} a_{22} & a_{23} \\ a_{32} & a_{33} \end{vmatrix} - a_{12}\begin{vmatrix} a_{21} & a_{23} \\ a_{31} & a_{33} \end{vmatrix} + a_{13}\begin{vmatrix} a_{21} & a_{22} \\ a_{31} & a_{32} \end{vmatrix}. \qquad (3.3)$$

ここで a_{1j} の符号は $(-1)^{1+j}$ に一致する．3.4 節で述べるように，一般に n 次の行列式は $n-1$ 次の行列式によって書くことができる．

たすきがけの規則は，2 次と 3 次の場合についての覚えやすい図式的な表示であるが，一般の n 次行列について，たすきがけに類する図を描いて行列式を計算することはできない．より大きな次数の場合には，3.2 節以降で述べる方法で，大きな次数の行列式をより小さな次数の行列式で書き，最後に 2 次または 3 次の行列式に帰着して計算するのが実用的であろう．

一方で，各行から 1 回，各列から 1 回の制限の下に成分の積をとり，符号をつけて加えるという規則性は，n 次行列式についても同様に成り立つ．後で学ぶ行列式の性質のうち，この考え方によって容易に納得できるものは多い．

3.1.5 n 次の行列式

最後に，一般の n 次の行列式について考えよう．n 次正方行列 A を

$$A = \begin{pmatrix} a_{11} & \cdots & a_{1n} \\ \vdots & & \vdots \\ a_{n1} & \cdots & a_{nn} \end{pmatrix}$$

とするとき，その行列式を次のように定義する．

定義 3.1 n 次正方行列 $A=[a_{ij}]$ に対し,

$$\det A=\sum_{\sigma}\operatorname{sgn}\sigma\ a_{1\sigma(1)}a_{2\sigma(2)}\cdots a_{n\sigma(n)}$$

を A の**行列式** (determinant) とよぶ. ただし, 和は n 次のすべての置換 σ についてとる.

行列式は行列 A から定まるひとつのスカラー (いまの場合は実数) である. また, 行列 A の行列式を

$$\det A,\ \det\begin{pmatrix} a_{11} & \cdots & a_{1n} \\ \vdots & & \vdots \\ a_{n1} & \cdots & a_{nn} \end{pmatrix},\ |A|,\ \begin{vmatrix} a_{11} & \cdots & a_{1n} \\ \vdots & & \vdots \\ a_{n1} & \cdots & a_{nn} \end{vmatrix}$$

などと書く. これらの記号は, それぞれの状況に応じて便利なものを使う.

例題 3.1

3 次の置換をすべて書き下し, 偶置換と奇置換に分けよ.

【解答】 3 次の置換は $3!=6$ だけ存在し, 以下のように分類される.

$$\text{偶置換}:\quad \begin{pmatrix} 1 & 2 & 3 \\ 1 & 2 & 3 \end{pmatrix},\ \begin{pmatrix} 1 & 2 & 3 \\ 2 & 3 & 1 \end{pmatrix},\ \begin{pmatrix} 1 & 2 & 3 \\ 3 & 1 & 2 \end{pmatrix}.$$

$$\text{奇置換}:\quad \begin{pmatrix} 1 & 2 & 3 \\ 1 & 3 & 2 \end{pmatrix},\ \begin{pmatrix} 1 & 2 & 3 \\ 2 & 1 & 3 \end{pmatrix},\ \begin{pmatrix} 1 & 2 & 3 \\ 3 & 2 & 1 \end{pmatrix}.$$

□

例題 3.2

以下の行列式を計算せよ.

(1) $\begin{vmatrix} 2 & 7 \\ 3 & 5 \end{vmatrix}$ (2) $\begin{vmatrix} 1 & x & x^2 \\ x^2 & 1 & x \\ x & x^2 & 1 \end{vmatrix}$ (3) $\begin{vmatrix} a & b & 0 & 0 \\ c & d & 0 & 0 \\ 0 & 0 & e & f \\ 0 & 0 & g & h \end{vmatrix}$

【解答】 (1) -11 (2) $1-2x^3+x^6$ (3) $adeh+bcfg-adfg-bceh=(ad-bc)(eh-fg)$

□

▶ **参考** (3) は行列を小行列に分割して右上と左下が O であるため $\begin{vmatrix} A & O \\ O & B \end{vmatrix}=|A||B|$ が成立している. しかし一般に $\begin{vmatrix} A & B \\ C & D \end{vmatrix}=|A||D|-|B||C|$ は成り立たない. このことは行列式の定義から確認できる.

コラム　行列式と関孝和

行列式を初めて導入したのは関孝和であると考えられている．例えば「解伏題之法」（1683 年）の最後を見ると，次のような図が描いてあるのを見つけることができる．これは 2 次と 3 次のたすきがけを図示したものであり，生がプラス，尅がマイナスで，我々の定義とは左右が逆に書いてある．

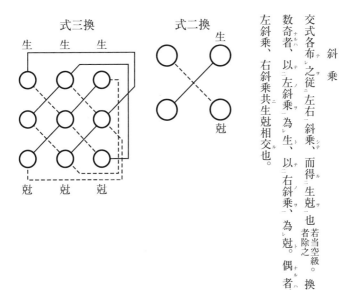

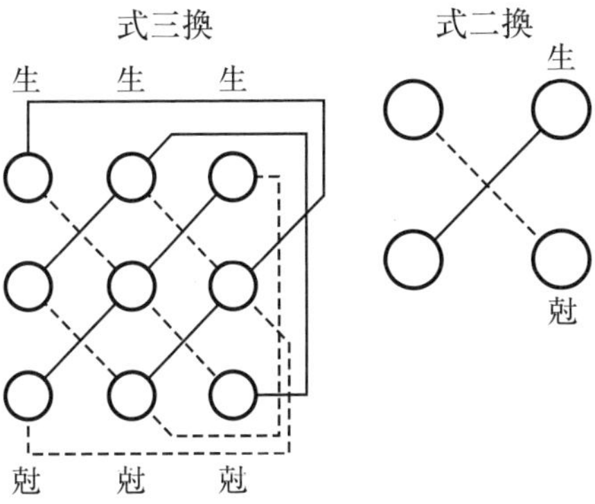

斜乗

交式各布之従左右斜乗、而得生尅也若当空級者除之。換式数奇者、以左斜乗為生、以右斜乗為尅。偶者、左斜乗、右斜乗共生尅相交也。

関に少し遅れてライプニッツもまた行列式に相当する結果を得ている．またサラスの方法のサラスが活動したのは，それよりもおよそ 150 年以上後になる．例えば連立 1 次方程式の解の公式を作ろうとすれば必ず行列式の概念に行き当たるので，国や時代の異なる何人かの数学者がそれぞれ独立に行列式を発見したとしても，特に不思議なことではない．

練習問題

3.1 次の行列式を計算せよ．

(1) $\begin{vmatrix} 1 & -2 & -1 \\ 3 & -1 & -2 \\ 1 & 2 & 2 \end{vmatrix}$ (2) $\begin{vmatrix} -3 & 1 & 5 \\ 4 & 2 & -2 \\ 8 & -1 & 6 \end{vmatrix}$ (3) $\begin{vmatrix} 1 & -2 & 1 \\ -2 & 3 & -1 \\ 3 & -5 & 2 \end{vmatrix}$

(4) $\begin{vmatrix} x & y & y^2 \\ y & x & 1 \\ x & 0 & 1 \end{vmatrix}$ (5) $\begin{vmatrix} 1 & 1 & 1 \\ 1 & a & 1 \\ 1 & 1 & b \end{vmatrix}$ (6) $\begin{vmatrix} 1 & 1 & 3 & 1 \\ 0 & 2 & 3 & 1 \\ 0 & -2 & 1 & 1 \\ 2 & 2 & 2 & 1 \end{vmatrix}$

3.2 次の行列式を計算せよ．

(1) $\begin{vmatrix} \cos\theta & \sin\theta \\ -r\sin\theta & r\cos\theta \end{vmatrix}$ (2) $\begin{vmatrix} \sin\theta\cos\varphi & \sin\theta\sin\varphi & \cos\theta \\ r\cos\theta\cos\varphi & r\cos\theta\sin\varphi & -r\sin\theta \\ -r\sin\theta\sin\varphi & r\sin\theta\cos\varphi & 0 \end{vmatrix}$

3.2 行列式の性質 その1

3.2.1 転置行列の行列式，交代性，基本的な性質

行列の行を列に，列を行に変えた転置行列の行列式が，元の行列の行列式に等しいことをまず証明する．これは行列式の定義が行と列に関して対称であることから来る性質である．その結果，行について成り立つ性質は，列についても同じく成り立つ．

定理 3.2 行列 A の行列式と，その転置行列 ${}^tA$ の行列式は等しい．

$$\det {}^tA = \det A.$$

［**証明**］ 定義により

$$\det A = \sum_{\sigma} \operatorname{sgn}\sigma\, a_{1\sigma(1)}\cdots a_{n\sigma(n)} \tag{3.4}$$

$$\det {}^tA = \sum_{\sigma} \operatorname{sgn}\sigma\, a_{\sigma(1)1}\cdots a_{\sigma(n)n} \tag{3.5}$$

このとき，項と項の間に以下のような1対1対応を見つけることができる．まず行列成分の積を第1の添字が $1,\ldots,n$ となるよう順に並べ直し，一方で同じ積を第2の添字が $1,\ldots,n$ となるよう並べ直す．第1の添字も第2の添字も，$1,\ldots,n$ からの置換によって生成されているので，これは常に可能である．

$$a_{1i_1}\cdots a_{ni_n} = a_{j_11}\cdots a_{j_nn} \tag{3.6}$$

次に，左辺の添字の列 $i_1,\ldots,i_n$ と右辺の添字の列 $j_1,\ldots,j_n$ の関係を調べよう．左辺の第2の添字 $i_1,\ldots,i_n$ に置換 σ を施して $1,\ldots,n$ にすると，左辺は $a_{11}\cdots a_{nn}$ になる．このとき右

辺についても第2の添字 $1, \ldots, n$ に同じ置換 σ を施せば，右辺の第2の添字は $j_1, \ldots, j_n$ になる．つまり

$$a_{11} \cdots a_{nn} = a_{j_1 j_1} \cdots a_{j_n j_n}$$

なぜなら，この操作において式の両辺は常に等しく，またこの置換を施した結果，すべての a_{ij} において第1の添字と第2の添字は一致して a_{ii} になっているはずだからである．このとき $\sigma(i_k) = k$ (つまり $i_k = \sigma^{-1}(k)$)，および $\sigma(k) = j_k$ である．つまりこの置換 σ によって

$$i_1, i_2, \ldots, i_n \quad \longrightarrow \quad 1, 2, \ldots, n$$

であるなら，同じ置換 σ によって

$$1, 2, \ldots, n \quad \longrightarrow \quad j_1, j_2, \ldots, j_n$$

そこで (3.6) の両辺に共通の符号 $\operatorname{sgn} \sigma^{-1} = \operatorname{sgn} \sigma$ をかけると

$$\operatorname{sgn} \sigma^{-1} \cdot a_{1 i_1} \cdots a_{n i_n} = \operatorname{sgn} \sigma \cdot a_{j_1 1} \cdots a_{j_n n} \tag{3.7}$$

右辺ですべての置換 σ について和をとると，左辺もまたすべての置換に関する和になるので，(3.4), (3.5) と (3.7) より $\det A = \det {}^t A$ が得られる．□

つまり，行列式の値が一致するだけでなく，項と項の間に1対1の対応が存在する．この定理により，行列式の定義として (3.4)，(3.5) のどちらを採用してもよいことがわかる．今後は状況に応じて便利な方を用いる．

次に，行列の基本変形に対して行列式の値がどのように変化するのかを調べよう．行列をその列ベクトル $\boldsymbol{a}_i$ $(i = 1, \ldots, n)$ によって

$$A = (\boldsymbol{a}_1 \, \boldsymbol{a}_2 \cdots \boldsymbol{a}_n)$$

と書くとき，その行列式を

$$|A| = |\boldsymbol{a}_1 \, \boldsymbol{a}_2 \cdots \boldsymbol{a}_n|$$

と書くことにする．以下の定理では列基本変形について証明を書くが，行基本変形についても同様である．まず，次の性質は**交代性** (alternating property) とよばれる．

定理 3.3 (**交代性**)　行列の任意の2つの列 (行) を入れ替えて得られる行列の行列式の値は，元の行列の行列式の値の符号を変えたものである．

$$\begin{vmatrix} a_{11} & \cdots & a_{1r} & \cdots & a_{1s} & \cdots & a_{1n} \\ a_{21} & & a_{2r} & & a_{2s} & & a_{2n} \\ \vdots & & \vdots & & \vdots & & \vdots \\ a_{n1} & \cdots & a_{nr} & \cdots & a_{ns} & \cdots & a_{nn} \end{vmatrix} = - \begin{vmatrix} a_{11} & \cdots & a_{1s} & \cdots & a_{1r} & \cdots & a_{1n} \\ a_{21} & & a_{2s} & & a_{2r} & & a_{2n} \\ \vdots & & \vdots & & \vdots & & \vdots \\ a_{n1} & \cdots & a_{ns} & \cdots & a_{nr} & \cdots & a_{nn} \end{vmatrix}.$$

つまり

$$|\boldsymbol{a}_1 \cdots \boldsymbol{a}_r \cdots \boldsymbol{a}_s \cdots \boldsymbol{a}_n| = -|\boldsymbol{a}_1 \cdots \boldsymbol{a}_s \cdots \boldsymbol{a}_r \cdots \boldsymbol{a}_n|.$$

[**証明**]

$$\begin{aligned}|\boldsymbol{a}_1 \cdots \boldsymbol{a}_r \cdots \boldsymbol{a}_s \cdots \boldsymbol{a}_n| &= \sum_\sigma \mathrm{sgn}\,(j_1 \cdots j_r \cdots j_s \cdots j_n)\, a_{j_1 1} \cdots a_{j_r r} \cdots a_{j_s s} \cdots a_{j_n n} \\ &= \sum_\sigma -\mathrm{sgn}\,(j_1 \cdots j_s \cdots j_r \cdots j_n)\, a_{j_1 1} \cdots a_{j_s s} \cdots a_{j_r r} \cdots a_{j_n n} \\ &= -|\boldsymbol{a}_1 \cdots \boldsymbol{a}_s \cdots \boldsymbol{a}_r \cdots \boldsymbol{a}_n|.\end{aligned}$$ □

行列式は成分の積に符号をつけて和をとって得られるが，上記の2つの行列式には同じ積が現れて1対1に対応し，しかし列の入れ替えの結果としてそれらにかかる符号だけが常に逆であり，行列式の符号も逆になる．

定理 3.4 行列の2つの列（行）が等しいとき，行列式の値は0である．

$$\begin{vmatrix} a_{11} & \cdots & b_1 & \cdots & b_1 & \cdots & a_{1n} \\ a_{21} & & b_2 & & b_2 & & a_{2n} \\ \vdots & & \vdots & & \vdots & & \vdots \\ a_{n1} & \cdots & b_n & \cdots & b_n & \cdots & a_{nn} \end{vmatrix} = 0.$$

つまり

$$|\boldsymbol{a}_1 \cdots \boldsymbol{b} \cdots \boldsymbol{b} \cdots \boldsymbol{a}_n| = 0.$$

[**証明**] 互いに等しい2つの列を入れ替えると，定理3.3より行列式の符号が変わるので

$$|\boldsymbol{a}_1 \cdots \boldsymbol{b} \cdots \boldsymbol{b} \cdots \boldsymbol{a}_n| = -|\boldsymbol{a}_1 \cdots \boldsymbol{b} \cdots \boldsymbol{b} \cdots \boldsymbol{a}_n|.$$

これより

$$|\boldsymbol{a}_1 \cdots \boldsymbol{b} \cdots \boldsymbol{b} \cdots \boldsymbol{a}_n| = 0.$$ □

定理 3.5

$$\begin{vmatrix} a_{11} & \cdots & a'_{1s} + a''_{1s} & \cdots & a_{1n} \\ a_{21} & & a'_{2s} + a''_{2s} & & a_{2n} \\ \vdots & & \vdots & & \vdots \\ a_{n1} & \cdots & a'_{ns} + a''_{ns} & \cdots & a_{nn} \end{vmatrix} = \begin{vmatrix} a_{11} & \cdots & a'_{1s} & \cdots & a_{1n} \\ a_{21} & & a'_{2s} & & a_{2n} \\ \vdots & & \vdots & & \vdots \\ a_{n1} & \cdots & a'_{ns} & \cdots & a_{nn} \end{vmatrix} + \begin{vmatrix} a_{11} & \cdots & a''_{1s} & \cdots & a_{1n} \\ a_{21} & & a''_{2s} & & a_{2n} \\ \vdots & & \vdots & & \vdots \\ a_{n1} & \cdots & a''_{ns} & \cdots & a_{nn} \end{vmatrix}.$$

つまり

$$|\boldsymbol{a}_1 \cdots \boldsymbol{a}'_s + \boldsymbol{a}''_s \cdots \boldsymbol{a}_n| = |\boldsymbol{a}_1 \cdots \boldsymbol{a}'_s \cdots \boldsymbol{a}_n| + |\boldsymbol{a}_1 \cdots \boldsymbol{a}''_s \cdots \boldsymbol{a}_n|.$$

［**証明**］ $\mathrm{sgn}\,(j_1 \cdots j_s \cdots j_n) = \mathrm{sgn}\,\sigma$ と略記して

$$
\begin{aligned}
|\boldsymbol{a}_1 \cdots \boldsymbol{a}'_s + \boldsymbol{a}''_s \cdots \boldsymbol{a}_n| &= \sum_\sigma \mathrm{sgn}\,\sigma\, a_{j_1 1} \cdots (a'_{j_s s} + a''_{j_s s}) \cdots a_{j_n n} \\
&= \sum_\sigma \mathrm{sgn}\,\sigma\, a_{j_1 1} \cdots a'_{j_s s} \cdots a_{j_n n} + \sum_\sigma \mathrm{sgn}\,\sigma\, a_{j_1 1} \cdots a''_{j_s s} \cdots a_{j_n n} \\
&= |\boldsymbol{a}_1 \cdots \boldsymbol{a}'_s \cdots \boldsymbol{a}_n| + |\boldsymbol{a}_1 \cdots \boldsymbol{a}''_s \cdots \boldsymbol{a}_n|.
\end{aligned}
$$

□

定理 3.6

$$
\begin{vmatrix} a_{11} & \cdots & ka_{1s} & \cdots & a_{1n} \\ a_{21} & & ka_{2s} & & a_{2n} \\ \vdots & & \vdots & & \vdots \\ a_{n1} & \cdots & ka_{ns} & \cdots & a_{nn} \end{vmatrix} = k \begin{vmatrix} a_{11} & \cdots & a_{1s} & \cdots & a_{1n} \\ a_{21} & & a_{2s} & & a_{2n} \\ \vdots & & \vdots & & \vdots \\ a_{n1} & \cdots & a_{ns} & \cdots & a_{nn} \end{vmatrix}.
$$

つまり

$$|\boldsymbol{a}_1 \cdots k\boldsymbol{a}_s \cdots \boldsymbol{a}_n| = k|\boldsymbol{a}_1 \cdots \boldsymbol{a}_s \cdots \boldsymbol{a}_n|.$$

［**証明**］ $\mathrm{sgn}\,(j_1 \cdots j_s \cdots j_n) = \mathrm{sgn}\,\sigma$ と書いて

$$
\begin{aligned}
|\boldsymbol{a}_1 \cdots k\boldsymbol{a}_s \cdots \boldsymbol{a}_n| &= \sum_\sigma \mathrm{sgn}\,\sigma\, a_{j_1 1} \cdots k a_{j_s s} \cdots a_{j_n n} \\
&= k \sum_\sigma \mathrm{sgn}\,\sigma\, a_{j_1 1} \cdots a_{j_s s} \cdots a_{j_n n} \\
&= k|\boldsymbol{a}_1 \cdots \boldsymbol{a}_s \cdots \boldsymbol{a}_n|.
\end{aligned}
$$

□

系 3.1 $|kA| = k^n |A|$.

［**証明**］ 行列を k 倍するとすべての成分が k 倍されるので

$$|k\boldsymbol{a}_1 \cdots k\boldsymbol{a}_s \cdots k\boldsymbol{a}_n| = k^n\, |\boldsymbol{a}_1 \cdots \boldsymbol{a}_s \cdots \boldsymbol{a}_n|.$$

□

定理 3.7 1つの列（行）に他の列（行）の定数倍を加えても行列式の値は不変.

$$
\begin{vmatrix} a_{11} & \cdots & a_{1s} + k\,a_{1r} & \cdots & a_{1r} & \cdots & a_{1n} \\ a_{21} & & a_{2s} + k\,a_{2r} & & a_{2r} & & a_{2n} \\ \vdots & & \vdots & & \vdots & & \\ a_{n1} & \cdots & a_{ns} + k\,a_{nr} & \cdots & a_{nr} & \cdots & a_{nn} \end{vmatrix}
= \begin{vmatrix} a_{11} & \cdots & a_{1s} & \cdots & a_{1r} & \cdots & a_{1n} \\ a_{21} & & a_{2s} & & a_{2r} & & a_{2n} \\ \vdots & & \vdots & & \vdots & & \\ a_{n1} & \cdots & a_{ns} & \cdots & a_{nr} & \cdots & a_{nn} \end{vmatrix}.
$$

つまり

$$|\boldsymbol{a}_1 \cdots \boldsymbol{a}_s + k\boldsymbol{a}_r \cdots \boldsymbol{a}_r \cdots \boldsymbol{a}_n| = |\boldsymbol{a}_1 \cdots \boldsymbol{a}_s \cdots \boldsymbol{a}_r \cdots \boldsymbol{a}_n|.$$

［**証明**］ 定理3.5と定理3.6によって分解する．

$$|\boldsymbol{a}_1 \cdots \boldsymbol{a}_s + k\boldsymbol{a}_r \cdots \boldsymbol{a}_r \cdots \boldsymbol{a}_n| = |\boldsymbol{a}_1 \cdots \boldsymbol{a}_s \cdots \boldsymbol{a}_r \cdots \boldsymbol{a}_n| + k|\boldsymbol{a}_1 \cdots \boldsymbol{a}_r \cdots \boldsymbol{a}_r \cdots \boldsymbol{a}_n|.$$

右辺第2項は定理3.4によって0である． □

定理3.7はkの値によらず成り立つ．kの値を適当に選ぶことによって，行列の成分を簡単にして行列式を計算しやすくすることができる．

関数fが

$$f(x_1 + x_2) = f(x_1) + f(x_2), \qquad f(kx) = kf(x) \tag{3.8}$$

をみたすとき，fは**線形** (linear) であると言い，(3.8)の性質を**線形性** (linearity) とよぶ．定理3.5と定理3.6より，行列式はすべての列に関してそれぞれ線形であり，これを行列式の列に関する**多重線形性** (multilinearity) とよぶ．行についても同様である．

コラム　行列式の公理的な定義

スカラーを実数または複素数として，正方行列Aからスカラーへの関数fで以下の性質を持つものを考える．

(1) Eを単位行列として$f(E) = 1$

(2) fはAの各列ベクトルについて線形である（多重線形性）

(3) Aの任意の2つの列ベクトルの互換によってfの符号が変わる（交代性）

このとき，これらの性質を持つ関数fは行列式のみであり，他には存在しないことが証明できる．つまり，(1)～(3)を行列式の定義と考えることができる．

数学では何かを定義する際に，ある性質を持つものとして性質を通じて定義することがしばしばある．しかしその性質を持つものが多く存在することもあれば，性質によって定義したものの，実際には唯一つに決まってしまうこともある[*9]．また，そのような性質を持つものが存在しない場合もある．

＊9 例えば，南 和彦「微分積分講義」（裳華房，2010）の定理5.14にも例がある．

3.3 行列式の性質　その2

3.3.1 積の行列式，行列式の展開

行列の積の行列式を計算したい．そのためにまず，以下の定理を証明しておく．これは定理3.3の拡張である．

定理 3.8　行列 A の第1列，第2列，…，第 n 列を，第 j_1 列，第 j_2 列，…，第 j_n 列に置き換えてできる 行列を A' とすると，

$$|A'| = \operatorname{sgn}(j_1\ j_2\ \cdots\ j_n)\ |A|.$$

［**証明**］　定理3.3より列の互換によって行列式の符号が変わる．置換 $\sigma = (j_1\, j_2 \cdots j_n)$ に要する互換の回数を f 回とすると，$\operatorname{sgn}\sigma = (-1)^f$ が成り立つので

$$|A'| = (-1)^f|A| = \operatorname{sgn}\sigma|A|.$$

□

そこで次の性質が成り立つ．

定理 3.9　A, B をいずれも n 次正方行列とするとき，

$$|AB| = |A||B|.$$

［**証明**］　$A = [a_{ij}]$，$B = [b_{ij}]$ とすると，

$$(AB)_{ij} = \sum_{k=1}^{n} a_{ik}b_{kj}.$$

そこで成分を具体的に書いて

$$|AB| = \begin{vmatrix} \sum_{k_1=1}^{n} a_{1k_1}b_{k_11} & \sum_{k_2=1}^{n} a_{1k_2}b_{k_22} & \cdots & \sum_{k_n=1}^{n} a_{1k_n}b_{k_nn} \\ \sum_{k_1=1}^{n} a_{2k_1}b_{k_11} & & & \vdots \\ \vdots & & & \\ \sum_{k_1=1}^{n} a_{nk_1}b_{k_11} & & \cdots & \sum_{k_n=1}^{n} a_{nk_n}b_{k_nn} \end{vmatrix}.$$

第1列に和と共通の因子 b_{k_11} があるので，定理3.5と定理3.6を用いて

$$= \sum_{k_1=1}^{n} \begin{vmatrix} a_{1k_1} & \sum_{k_2=1}^{n} a_{1k_2}b_{k_22} & \cdots & \sum_{k_n=1}^{n} a_{1k_n}b_{k_nn} \\ a_{2k_1} & & & \vdots \\ \vdots & & & \\ a_{nk_1} & & \cdots & \sum_{k_n=1}^{n} a_{nk_n}b_{k_nn} \end{vmatrix} b_{k_11}.$$

他の列についても同様にして

$$= \sum_{k_1=1}^{n}\sum_{k_2=1}^{n}\cdots\sum_{k_n=1}^{n}\begin{vmatrix} a_{1k_1} & a_{1k_2} & \cdots & a_{1k_n} \\ a_{2k_1} & & & \vdots \\ \vdots & & & \\ a_{nk_1} & & \cdots & a_{nk_n} \end{vmatrix} b_{k_1 1}b_{k_2 2}\cdots b_{k_n n}.$$

式中の行列式は，$k_1, k_2, \ldots, k_n$ のうちの 2 つ以上が一致するとき定理 3.4 より 0 であり，$k_1, k_2, \ldots, k_n$ のすべてが互いに異なるとき，定理 3.8 よりその値は $\mathrm{sgn}\,(k_1\ k_2\ \cdots\ k_n)\ |A|$ に等しい．したがって，

$$\begin{aligned} |AB| &= \sum_{\sigma}\mathrm{sgn}\,(k_1\ k_2\ \cdots\ k_n)\ |A|\,b_{k_1 1}b_{k_2 2}\cdots b_{k_n n} \\ &= |A|\,|B|. \end{aligned}$$

□

例 3.6

$$\begin{pmatrix} x & y \\ 1 & 1 \end{pmatrix}\begin{pmatrix} x & 1 \\ -y & 1 \end{pmatrix} = \begin{pmatrix} x^2-y^2 & x+y \\ x-y & 2 \end{pmatrix}.$$

この両辺の行列式をとると，左辺の積の行列式は，行列式の積になるので

$$\begin{aligned} (x-y)(x+y) &= 2(x^2-y^2) - (x^2-y^2) \\ &= x^2-y^2. \end{aligned}$$

□

つまり，行列式をとった結果が自動的に因数分解になっている．

定理 3.10（展開）

$$\begin{vmatrix} a_{11} & 0 & \cdots & 0 \\ a_{21} & a_{22} & \cdots & a_{2n} \\ \vdots & \vdots & & \vdots \\ a_{n1} & a_{n2} & \cdots & a_{nn} \end{vmatrix} = a_{11}\begin{vmatrix} a_{22} & \cdots & a_{2n} \\ \vdots & & \vdots \\ a_{n2} & \cdots & a_{nn} \end{vmatrix},$$

$$\begin{vmatrix} a_{11} & a_{12} & \cdots & a_{1n} \\ 0 & a_{22} & \cdots & a_{2n} \\ \vdots & \vdots & & \vdots \\ 0 & a_{n2} & \cdots & a_{nn} \end{vmatrix} = a_{11}\begin{vmatrix} a_{22} & \cdots & a_{2n} \\ \vdots & & \vdots \\ a_{n2} & \cdots & a_{nn} \end{vmatrix}.$$

［**証明**］　$a_{1j} = 0\ (2 \leq j \leq n)$ とすると

$$\begin{aligned} \sum_{\sigma}\mathrm{sgn}\,(j_1\ j_2\ \cdots\ j_n)\ a_{1j_1}a_{2j_2}\cdots a_{nj_n} &= a_{11}\sum_{\sigma'}\mathrm{sgn}\,(1\ j_2\ \cdots\ j_n)a_{2j_2}\cdots a_{nj_n} \\ &= a_{11}\sum_{\sigma'}\mathrm{sgn}\,(j_2\ \cdots\ j_n)a_{2j_2}\cdots a_{nj_n}. \end{aligned}$$

ただし，右辺の $\sum_{\sigma'}$ は $2\cdots n$ に対する $n-1$ 次のすべての置換 σ' についての和である．よって与式が得られた．　□

例 3.7

$$\begin{vmatrix} 1 & 3 & 4 \\ 2 & 1 & -1 \\ -4 & 5 & -6 \end{vmatrix} = \begin{vmatrix} 1 & 3 & 4 \\ 0 & -5 & -9 \\ 0 & 17 & 10 \end{vmatrix} = 1 \times \begin{vmatrix} -5 & -9 \\ 17 & 10 \end{vmatrix} = 103.$$

第1行の -2 倍を第2行に加え，第1行の4倍を第3行に加えてから展開した． □

例 3.8

$$\begin{vmatrix} 1 & 3 & 4 \\ 2 & 1 & -1 \\ -4 & 5 & -6 \end{vmatrix} = \begin{vmatrix} 1 & 0 & 0 \\ 2 & -5 & -9 \\ -4 & 17 & 10 \end{vmatrix} = 1 \times \begin{vmatrix} -5 & -9 \\ 17 & 10 \end{vmatrix} = 103.$$

同じ3次行列式について，第1列の -3 倍を第2列に加え，第1列の -4 倍を第3列に加えてから展開した． □

例 3.9

$$\begin{vmatrix} 1 & 3 & 4 \\ 2 & 1 & -1 \\ -4 & 5 & -6 \end{vmatrix} = \begin{vmatrix} -5 & 3 & 7 \\ 0 & 1 & 0 \\ -14 & 5 & -1 \end{vmatrix} = (-1)\begin{vmatrix} 0 & 1 & 0 \\ -5 & 3 & 7 \\ -14 & 5 & -1 \end{vmatrix}$$

$$= (-1)^2\begin{vmatrix} 1 & 0 & 0 \\ 3 & -5 & 7 \\ 5 & -14 & -1 \end{vmatrix} = (-1)^2 \times 1 \times \begin{vmatrix} -5 & 7 \\ -14 & -1 \end{vmatrix} = 103.$$

同じ行列式について，第2列の -2 倍を第1列に加え，第2列の1倍を第3列に加えて，次に第1行と第2行を入れ替え，さらに第1列と第2列を入れ替えてから展開した．行や列を入れ替えるごとに -1 の因子がかかる． □

例 3.10

$$\begin{vmatrix} a_{11} & a_{12} & a_{13} & a_{14} \\ 0 & a_{22} & a_{23} & a_{24} \\ 0 & 0 & a_{33} & a_{34} \\ 0 & 0 & 0 & a_{44} \end{vmatrix} = a_{11}\begin{vmatrix} a_{22} & a_{23} & a_{24} \\ 0 & a_{33} & a_{34} \\ 0 & 0 & a_{44} \end{vmatrix} = a_{11}a_{22}\begin{vmatrix} a_{33} & a_{34} \\ 0 & a_{44} \end{vmatrix}$$

$$= a_{11}a_{22}a_{33}a_{44}.$$

つまり，三角行列の行列式はその対角成分の積である．これは上三角行列，下三角行列，対角行列のいずれについても成り立つ． □

例 3.11

$$\begin{vmatrix} 1 & 1 & 1 \\ x & y & z \\ x^2 & y^2 & z^2 \end{vmatrix} = \begin{vmatrix} 1 & 0 & 0 \\ x & y-x & z-x \\ x^2 & y^2-x^2 & z^2-x^2 \end{vmatrix} = 1 \times \begin{vmatrix} y-x & z-x \\ y^2-x^2 & z^2-x^2 \end{vmatrix}$$

$$= (y-x)(z-x)\begin{vmatrix} 1 & 1 \\ y+x & z+x \end{vmatrix} = -(x-y)(y-z)(x-z).$$

これは例 3.24 で一般的に扱う Vandermonde (ヴァンデルモンド) の行列式の 3 次の場合である．行列式の性質を利用することにより，行列式がはじめから因数分解された形で得られている． □

例 3.12

$$\begin{vmatrix} x & a & p \\ y & b & q \\ z & c & r \end{vmatrix} = \begin{vmatrix} x & a & p \\ 0 & b & q \\ 0 & c & r \end{vmatrix} + \begin{vmatrix} 0 & a & p \\ y & b & q \\ 0 & c & r \end{vmatrix} + \begin{vmatrix} 0 & a & p \\ 0 & b & q \\ z & c & r \end{vmatrix}$$

$$= \begin{vmatrix} x & a & p \\ 0 & b & q \\ 0 & c & r \end{vmatrix} - \begin{vmatrix} y & b & q \\ 0 & a & p \\ 0 & c & r \end{vmatrix} + \begin{vmatrix} z & c & r \\ 0 & a & p \\ 0 & b & q \end{vmatrix}$$

$$= x\begin{vmatrix} b & q \\ c & r \end{vmatrix} - y\begin{vmatrix} a & p \\ c & r \end{vmatrix} + z\begin{vmatrix} a & p \\ b & q \end{vmatrix}.$$

これは (3.3) で直接計算して導いた関係式で，定理 3.10 の拡張であり，次の節の定理 3.12 で導く余因子展開の 3 次の場合に相当する．一般の余因子展開もこの例と同様の計算をして証明できる． □

次に，定理 3.10 の別な形の拡張について述べよう．

定理 3.11 A と B をそれぞれ m 次, n 次の正方行列，O を零行列とするとき，

$$\begin{vmatrix} A & C \\ O & B \end{vmatrix} = |A||B|, \qquad \begin{vmatrix} A & O \\ C & B \end{vmatrix} = |A||B|.$$

［**証明**］

$$X = \begin{pmatrix} A & C \\ O & B \end{pmatrix}$$

とする．$X = [x_{ij}]$ の行列式を次のように書く．

$$\det X = \sum_{\sigma} \mathrm{sgn}\,(i_1\ i_2\ \cdots\ i_{m+n})\, x_{i_1 1} x_{i_2 2} \cdots x_{i_m m} x_{i_{m+1} m+1} \cdots x_{i_{m+n} m+n}. \tag{3.9}$$

行列 X の左下のブロックの成分はすべて 0 なので，(3.9) に現れる項の第 1 列から第 m 列の成分については，すべてが第 1 行から第 m 行にあるもののみを考えればよい．つまり

$$x_{i_1 1} x_{i_2 2} \cdots x_{i_m m} \quad \text{において} \quad 1 \leq i_1, i_2, \dots, i_m \leq m.$$

この制限の下では $(i_1, i_2, \dots, i_m)$ は $(1, 2, \dots, m)$ からの置換によって得られ，したがって $(i_{m+1}, i_{m+2}, \dots, i_{m+n})$ は $(m+1, m+2, \dots, m+n)$ からの置換によって得られるので，

$$\mathrm{sgn}\,(i_1\ i_2\ \cdots\ i_m, i_{m+1}\ \cdots\ i_{m+n}) = \mathrm{sgn}\,(i_1\ i_2\ \cdots\ i_m)\ \mathrm{sgn}\,(i_{m+1}\ \cdots\ i_{m+n}).$$

このとき (3.9) より

$$\det X = \sum_{\sigma} \mathrm{sgn}\,(i_1\ i_2\ \cdots\ i_m)\ \mathrm{sgn}\,(i_{m+1}\ \cdots\ i_{m+n})\,(x_{i_1 1}x_{i_2 2}\cdots x_{i_m m})\,(x_{i_{m+1} m+1}\cdots x_{i_{m+n} m+n})$$
$$= \left(\sum_{\sigma_m} \mathrm{sgn}\,(i_1\ i_2\ \cdots\ i_m)\ x_{i_1 1}x_{i_2 2}\cdots x_{i_m m}\right)\left(\sum_{\sigma_n} \mathrm{sgn}\,(i_{m+1}\ \cdots\ i_{m+n})\ x_{i_{m+1} m+1}\cdots x_{i_{m+n} m+n}\right)$$
$$= (\det A)\,(\det B).$$

ただし σ_m, σ_n はそれぞれ m 次, n 次の置換である. □

例 3.13

$$\begin{vmatrix} a & b & p & q \\ c & d & r & s \\ 0 & 0 & e & f \\ 0 & 0 & g & h \end{vmatrix} = \begin{vmatrix} a & b & p & q \\ 0 & d & r & s \\ 0 & 0 & e & f \\ 0 & 0 & g & h \end{vmatrix} + \begin{vmatrix} 0 & b & p & q \\ c & d & r & s \\ 0 & 0 & e & f \\ 0 & 0 & g & h \end{vmatrix}$$
$$= a\begin{vmatrix} d & r & s \\ 0 & e & f \\ 0 & g & h \end{vmatrix} - c\begin{vmatrix} b & p & q \\ 0 & e & f \\ 0 & g & h \end{vmatrix}$$
$$= ad\begin{vmatrix} e & f \\ g & h \end{vmatrix} - bc\begin{vmatrix} e & f \\ g & h \end{vmatrix} = (ad - bc)\begin{vmatrix} e & f \\ g & h \end{vmatrix}$$
$$= \begin{vmatrix} a & b \\ c & d \end{vmatrix}\begin{vmatrix} e & f \\ g & h \end{vmatrix}.$$

□

例題 3.3

次の行列式を因数分解せよ.

(1) $\begin{vmatrix} 1 & 1 & 1 \\ 1 & x & y \\ 1 & x^2 & y^2 \end{vmatrix}$ (2) $\begin{vmatrix} x & x^2 & x & 1 \\ 1 & x^2 & 1 & 1 \\ 1 & 1 & x & 1 \\ 1 & 1 & 1 & 1 \end{vmatrix}$

【解答】 (1) 第2行, 第3行から第1行を引くと

$$\begin{vmatrix} 1 & 1 & 1 \\ 0 & x-1 & y-1 \\ 0 & x^2-1 & y^2-1 \end{vmatrix} = 1\cdot\begin{vmatrix} x-1 & y-1 \\ (x-1)(x+1) & (y-1)(y+1) \end{vmatrix}$$
$$= 1\cdot(x-1)(y-1)\begin{vmatrix} 1 & 1 \\ x+1 & y+1 \end{vmatrix} = (x-1)(y-1)(y-x).$$

(2) 第1列から第4列を引き, 次に第2列から第4列を引き, 次に第3列から第4列を引くと,

$$\begin{vmatrix} x-1 & x^2 & x & 1 \\ 0 & x^2 & 1 & 1 \\ 0 & 1 & x & 1 \\ 0 & 1 & 1 & 1 \end{vmatrix} = (x-1)\begin{vmatrix} 1 & x^2 & x & 1 \\ 0 & x^2 & 1 & 1 \\ 0 & 1 & x & 1 \\ 0 & 1 & 1 & 1 \end{vmatrix} = (x-1)\begin{vmatrix} 1 & x^2-1 & x & 1 \\ 0 & x^2-1 & 1 & 1 \\ 0 & 0 & x & 1 \\ 0 & 0 & 1 & 1 \end{vmatrix}$$

$$= (x-1)(x^2-1)(x-1)\begin{vmatrix} 1 & 1 & 1 & 1 \\ 0 & 1 & 0 & 1 \\ 0 & 0 & 1 & 1 \\ 0 & 0 & 0 & 1 \end{vmatrix} = (x-1)^3(x+1).$$

(2) **別解**：第1行，第2行，第3行から第4行を引き，次に第4行を順に上の行と入れ替えて第1行に移動し，第4列を順に左の列と入れ替えて第1列に移動すると

$$\begin{vmatrix} x-1 & x^2-1 & x-1 & 0 \\ 0 & x^2-1 & 0 & 0 \\ 0 & 0 & x-1 & 0 \\ 1 & 1 & 1 & 1 \end{vmatrix} = (-1)^6\begin{vmatrix} 1 & 1 & 1 & 1 \\ 0 & x-1 & x^2-1 & x-1 \\ 0 & 0 & x^2-1 & 0 \\ 0 & 0 & 0 & x-1 \end{vmatrix}$$

$$= 1\cdot\begin{vmatrix} x-1 & x^2-1 & x-1 \\ 0 & x^2-1 & 0 \\ 0 & 0 & x-1 \end{vmatrix} = (x-1)^3(x+1).$$

□

例題 3.4

次の2次正方行列を考える．

$$A = \begin{pmatrix} a_1 & a_2 \\ b_1 & b_2 \end{pmatrix}.$$

(1) $\det A\,{}^tA \geq 0$ を示せ．

(2) Cauchy-Schwarz の不等式

$$({a_1}^2 + {a_2}^2)({b_1}^2 + {b_2}^2) \geq (a_1b_1 + a_2b_2)^2$$

を導け．

【解答】 (1) $\det(A\,{}^tA) = (\det A)(\det {}^tA) = (\det A)(\det A) = (\det A)^2 \geq 0.$

(2)

$$\det(A\,{}^tA) = \det\begin{pmatrix} a_1 & a_2 \\ b_1 & b_2 \end{pmatrix}\begin{pmatrix} a_1 & b_1 \\ a_2 & b_2 \end{pmatrix} = \det\begin{pmatrix} {a_1}^2 + {a_2}^2 & a_1b_1 + a_2b_2 \\ a_1b_1 + a_2b_2 & {b_1}^2 + {b_2}^2 \end{pmatrix}$$
$$= ({a_1}^2 + {a_2}^2)({b_1}^2 + {b_2}^2) - (a_1b_1 + a_2b_2)^2.$$

この結果と (1) より与式を得る． □

練習問題

3.3　以下の行列式の値を求めよ．

(1) $\begin{vmatrix} 1 & 1 & 1 \\ 5 & 6 & 7 \\ 10 & 15 & 21 \end{vmatrix}$　(2) $\begin{vmatrix} 8 & 1 & -1 \\ 6 & 4 & 2 \\ 3 & -4 & 1 \end{vmatrix}$　(3) $\begin{vmatrix} 1 & 2 & 3 & 4 \\ 12 & 13 & 14 & 5 \\ 0 & 5 & 4 & -5 \\ 10 & 9 & 8 & 7 \end{vmatrix}$

3.4　以下の行列式の値を求めよ．

(1) $\begin{vmatrix} a & a^2 & b+c \\ b & b^2 & c+a \\ c & c^2 & a+b \end{vmatrix}$　(2) $\begin{vmatrix} x & 1 & 1 & 1 \\ x & 1 & x & x \\ 1 & 1 & x & 1 \\ x & x & x & 1 \end{vmatrix}$　(3) $\begin{vmatrix} x & 1 & 2 & 1 \\ 1 & x & 1 & 2 \\ 2 & 1 & x & 1 \\ 1 & 2 & 1 & x \end{vmatrix}$

(4) $\begin{vmatrix} 1 & 1 & 1 & 1 \\ x & 2 & -1 & 0 \\ x^2 & 4 & 1 & 2 \\ x^3 & 8 & -1 & 1 \end{vmatrix}$　(5) $\begin{vmatrix} 0 & x & 1 & 1 \\ x & 0 & 1 & 1 \\ 1 & 1 & 0 & x \\ 1 & 1 & x & 0 \end{vmatrix}$　(6) $\begin{vmatrix} 0 & 1 & 1 & 1 \\ 1 & 0 & x^2 & 1 \\ 1 & x^2 & 0 & 1 \\ 1 & 1 & 1 & 0 \end{vmatrix}$

3.5　A を実正方行列とするとき，以下の (1) と (2) を示せ．

(1) $A^n = O$ ならば $|A| = 0$ である．

(2) $A^n = E$ かつ n が奇数ならば $|A| = 1$ である．

3.6　A, B を正方行列とするとき，次の関係式を示せ．

$$\det\begin{pmatrix} A & B \\ B & A \end{pmatrix} = \det(A+B)\det(A-B).$$

3.7　2 次と n 次の 2 つの正方行列を

$$A = \begin{pmatrix} a_{11} & a_{12} \\ a_{21} & a_{22} \end{pmatrix}, \qquad B = \begin{pmatrix} b_{11} & \cdots & b_{1n} \\ \vdots & & \vdots \\ b_{n1} & \cdots & b_{nn} \end{pmatrix}$$

とする．このとき，$2n$ 次の行列式に関する次の関係式を示せ．

$$\begin{vmatrix} a_{11}B & a_{12}B \\ a_{21}B & a_{22}B \end{vmatrix} = |A|^n |B|^2.$$

3.4 余因子展開

この節では，行列式の余因子展開を証明する．余因子展開は行列式の性質として非常に基本的で重要なものである．証明のための準備として，まず置換の符号の定義を拡張する．

3.4.1 符号に関する準備

置換の符号の定義を次のように一般化しておく．

$$\mathrm{sgn}\,(i_1\ i_2\ \cdots\ i_n) = \begin{cases} +1 & \text{小さい順にならべた数字の列からの互換の回数が偶数} \\ -1 & \text{小さい順にならべた数字の列からの互換の回数が奇数.} \end{cases}$$

つまり，置換の符号は $1, 2, \ldots, n$ からの互換の回数の偶奇によって定義したが，より一般に数字を小さい順にならべた配列を考え，そこからの互換の回数を考えることにする．例をみてみよう．

例 3.14

$$\mathrm{sgn}\,(1\ 3) = +1$$
$$\mathrm{sgn}\,(3\ 1) = -1$$

数字を小さい順にならべた 1 3 からの互換の数を数えて符号が定まる． □

例 3.15

$$\mathrm{sgn}\,(1\ 2\ 3\ 4) = +1$$
$$\mathrm{sgn}\,(2\ 1\ 3\ 4) = -1$$
□

例 3.16

$$\mathrm{sgn}\,(1\ 3\ 4\ 5) = +1$$
$$\mathrm{sgn}\,(3\ 1\ 4\ 5) = -1$$
□

例 3.15 と例 3.16 は使っている数字は違うが置換としては同じものである．次に 1 2 3 から始めて

$$\mathrm{sgn}\,(1\ j\ k) = \mathrm{sgn}\,(j\ k)$$
$$\mathrm{sgn}\,(2\ j\ k) = -\mathrm{sgn}\,(j\ k)$$
$$\mathrm{sgn}\,(3\ j\ k) = (-1)^2\mathrm{sgn}\,(j\ k)$$

が成り立つ．これも例をみてみよう．

例 3.17

	置換の符号
1 2 3	1
1 3 2	$(-1)^1$
3 1 2	$(-1)^2$
3 2 1	$(-1)^2\mathrm{sgn}\,(2\ 1)$.

他の数字の順序を変えないように3を左端に移動し，その際に符号 $(-1)^2$ がかかる．そのあとは残りの数字の置換の符号がかかる．同様にして，一般に $1\,2 \cdots n$ から始めて

$$\mathrm{sgn}\,(k\ i_2\ \cdots\ i_n) = (-1)^{k-1}\mathrm{sgn}\,(i_2\ \cdots\ i_n)$$

が成り立つ．　□

3.4.2　行列式の展開公式

行列式の余因子展開を証明する．そのためにまず，3次の行列式の展開公式を導いておこう．

$$A = \begin{pmatrix} a_1 & b_1 & c_1 \\ a_2 & b_2 & c_2 \\ a_3 & b_3 & c_3 \end{pmatrix}$$

とする．このとき

$$|A| = a_1\begin{vmatrix} b_2 & c_2 \\ b_3 & c_3 \end{vmatrix} - a_2\begin{vmatrix} b_1 & c_1 \\ b_3 & c_3 \end{vmatrix} + a_3\begin{vmatrix} b_1 & c_1 \\ b_2 & c_2 \end{vmatrix} \tag{3.10}$$

が成り立つ．

［**証明 1**］　直接計算する．
$((3.10)$ の右辺$) = a_1(b_2c_3 - c_2b_3) - a_2(b_1c_3 - c_1b_3) + a_3(b_1c_2 - c_1b_2) = |A|$.　□

［**証明 2**］　第1列を3つに分けて，定理3.5と定理3.10を使う．

$$\begin{aligned}
|A| &= \begin{vmatrix} a_1 + 0 + 0 & b_1 & c_1 \\ 0 + a_2 + 0 & b_2 & c_2 \\ 0 + 0 + a_3 & b_3 & c_3 \end{vmatrix} \\
&= \begin{vmatrix} a_1 & b_1 & c_1 \\ 0 & b_2 & c_2 \\ 0 & b_3 & c_3 \end{vmatrix} + \begin{vmatrix} 0 & b_1 & c_1 \\ a_2 & b_2 & c_2 \\ 0 & b_3 & c_3 \end{vmatrix} + \begin{vmatrix} 0 & b_1 & c_1 \\ 0 & b_2 & c_2 \\ a_3 & b_3 & c_3 \end{vmatrix} \\
&= \begin{vmatrix} a_1 & b_1 & c_1 \\ 0 & b_2 & c_2 \\ 0 & b_3 & c_3 \end{vmatrix} + (-1)\begin{vmatrix} a_2 & b_2 & c_2 \\ 0 & b_1 & c_1 \\ 0 & b_3 & c_3 \end{vmatrix} + (-1)^2\begin{vmatrix} a_3 & b_3 & c_3 \\ 0 & b_1 & c_1 \\ 0 & b_2 & c_2 \end{vmatrix} \\
&= a_1\begin{vmatrix} b_2 & c_2 \\ b_3 & c_3 \end{vmatrix} - a_2\begin{vmatrix} b_1 & c_1 \\ b_3 & c_3 \end{vmatrix} + a_3\begin{vmatrix} b_1 & c_1 \\ b_2 & c_2 \end{vmatrix}.
\end{aligned}$$
□

［**証明 3**］　上で準備した符号の性質を使って，定義から直接計算する．
$|A| = \sum \mathrm{sgn}(i\ j\ k)a_ib_jc_k$
$= \sum \mathrm{sgn}(1\ j\ k)a_1b_jc_k + \sum \mathrm{sgn}(2\ j\ k)a_2b_jc_k + \sum \mathrm{sgn}(3\ j\ k)a_3b_jc_k$

$$= a_1 \sum_{(2\ 3)\ (3\ 2)} \mathrm{sgn}(j\ k) b_j c_k + a_2 \sum_{(1\ 3)\ (3\ 1)} (-1) \mathrm{sgn}(j\ k) b_j c_k + a_3 \sum_{(1\ 2)\ (2\ 1)} (-1)^2 \mathrm{sgn}(j\ k) b_j c_k$$

$$= a_1 \begin{vmatrix} b_2 & c_2 \\ b_3 & c_3 \end{vmatrix} - a_2 \begin{vmatrix} b_1 & c_1 \\ b_3 & c_3 \end{vmatrix} + a_3 \begin{vmatrix} b_1 & c_1 \\ b_2 & c_2 \end{vmatrix}.$$ □

最後の計算をそのまま n 次行列の場合に一般化する．n 次行列 $A = [a_{ij}]$ に対して，証明3と全く同様にして

$$\begin{aligned} |A| &= \sum \mathrm{sgn}(i_1\ i_2\ \cdots\ i_n) a_{i_1 1} a_{i_2 2} \cdots a_{i_n n} \\ &= \sum \mathrm{sgn}(1\ i_2\ \cdots\ i_n) a_{11} a_{i_2 2} \cdots a_{i_n n} \\ &+ \sum \mathrm{sgn}(2\ i_2\ \cdots\ i_n) a_{21} a_{i_2 2} \cdots a_{i_n n} \\ &\ \ \vdots \\ &+ \sum \mathrm{sgn}(n\ i_2\ \cdots\ i_n) a_{n1} a_{i_2 2} \cdots a_{i_n n} \\ &= a_{11}\Delta_{11} + a_{21}\Delta_{21} + \cdots + a_{n1}\Delta_{n1}. \end{aligned} \tag{3.11}$$

ここで Δ_{i1} は

$$\begin{aligned} \Delta_{i1} &= (-1)^{i+1} \sum \mathrm{sgn}(i_2\ \cdots\ i_n) a_{i_2 2} \cdots a_{i_n n} \\ &= (-1)^{i+1} \begin{vmatrix} a_{12} & \cdots & a_{1n} \\ \vdots & & \vdots \\ a_{i-1\,2} & \cdots & a_{i-1\,n} \\ a_{i+1\,2} & \cdots & a_{i+1\,n} \\ \vdots & & \vdots \\ a_{n2} & \cdots & a_{nn} \end{vmatrix}. \end{aligned} \tag{3.12}$$

ただしここで，$(-1)^{i-1}$ を $(-1)^{i+1}$ と書いておく．さらにこれを拡張して，一般の余因子展開が得られる．まず**余因子** (cofactor) を定義する．

定義 3.2 (**余因子**) $A = [a_{ij}]$ を n 次正方行列とするとき，次の Δ_{ij} を A の第 (i, j) 余因子とよぶ．

$$\Delta_{ij} = (-1)^{i+j} \begin{vmatrix} a_{11} & \cdots & a_{1\,j-1} & a_{1\,j+1} & \cdots & a_{1n} \\ \vdots & & \vdots & \vdots & & \vdots \\ a_{i-1\,1} & \cdots & a_{i-1\,j-1} & a_{i-1\,j+1} & \cdots & a_{i-1\,n} \\ a_{i+1\,1} & \cdots & a_{i+1\,j-1} & a_{i+1\,j+1} & \cdots & a_{i+1\,n} \\ \vdots & & \vdots & \vdots & & \vdots \\ a_{n1} & \cdots & a_{n\,j-1} & a_{n\,j+1} & \cdots & a_{nn} \end{vmatrix}.$$

これは元々の n 次行列 A から第 i 行と第 j 列を除いて得られる $n-1$ 次行列の行列式に符号をかけたものである．

この余因子を用いて行列式の**余因子展開** (cofactor expansion) が得られる.

定理 3.12 (**余因子展開**) n 次正方行列 $A = [a_{ij}]$ の行列式は, 任意の 1 つの列を用いて展開することができる.

$$|A| = \begin{vmatrix} a_{11} & \cdots & a_{1j} & \cdots & a_{1n} \\ a_{21} & & a_{2j} & & a_{2n} \\ \vdots & & \vdots & & \vdots \\ a_{n1} & \cdots & a_{nj} & \cdots & a_{nn} \end{vmatrix}$$
$$= a_{1j}\Delta_{1j} + a_{2j}\Delta_{2j} + \cdots + a_{nj}\Delta_{nj}.$$

同様に, 任意の 1 つの行を用いて展開することができる.

$$|A| = a_{i1}\Delta_{i1} + a_{i2}\Delta_{i2} + \cdots + a_{in}\Delta_{in}.$$

[**証明**] 第 j 列の成分を用いて展開することを考える. 他の列の順序を変えずに第 j 列を 1 列目に移動する. まず第 j 列と第 $j-1$ 列を入れ替え, 次に第 $j-2$ 列, 第 $j-3$ 列, … と順に入れ替えると, $j-1$ 回の列の互換によって, 第 j 列が 1 列目に移動し, 他の列の順序は変わらない. つまり

$$\begin{vmatrix} a_{11} & \cdots & a_{1j} & \cdots & a_{1n} \\ a_{21} & & a_{2j} & & a_{2n} \\ \vdots & & \vdots & & \vdots \\ a_{n1} & \cdots & a_{nj} & \cdots & a_{nn} \end{vmatrix} = (-1)^{j-1} \begin{vmatrix} a_{1j} & a_{11} & \cdots & a_{1\,j-1} & a_{1\,j+1} & \cdots & a_{1n} \\ a_{2j} & a_{21} & & a_{2\,j-1} & a_{2\,j+1} & & \vdots \\ \vdots & \vdots & & \vdots & \vdots & & \\ a_{nj} & a_{n1} & \cdots & a_{n\,j-1} & a_{n\,j+1} & \cdots & a_{nn} \end{vmatrix}.$$

そこで (3.11) と (3.12) を使って求める式を得る. □

これがこの節の目標である余因子展開である . n 次行列の行列式が $n-1$ 次行列の行列式によってあらわされている.

例 3.18 例 3.7〜例 3.9 で計算した行列式を, 余因子展開によって計算してみよう. 第 1 列で余因子展開すると

$$\begin{vmatrix} 1 & 3 & 4 \\ 2 & 1 & -1 \\ -4 & 5 & -6 \end{vmatrix}$$
$$= 1 \times (-1)^{1+1} \begin{vmatrix} 1 & -1 \\ 5 & -6 \end{vmatrix} + 2 \times (-1)^{2+1} \begin{vmatrix} 3 & 4 \\ 5 & -6 \end{vmatrix} + (-4) \times (-1)^{3+1} \begin{vmatrix} 3 & 4 \\ 1 & -1 \end{vmatrix}$$
$$= (-6+5) - 2(-18-20) - 4(-3-4) = -1 + 76 + 28 = 103.$$

第 2 行で余因子展開すると

$$\begin{vmatrix} 1 & 3 & 4 \\ 2 & 1 & -1 \\ -4 & 5 & -6 \end{vmatrix}$$
$$= 2 \times (-1)^{2+1} \begin{vmatrix} 3 & 4 \\ 5 & -6 \end{vmatrix} + 1 \times (-1)^{2+2} \begin{vmatrix} 1 & 4 \\ -4 & -6 \end{vmatrix} + (-1) \times (-1)^{2+3} \begin{vmatrix} 1 & 3 \\ -4 & 5 \end{vmatrix}$$
$$= -2(-18-20) + (-6+16) + (5+12) = 76 + 10 + 17 = 103.$$ □

例 3.19 例 3.11 の 3 次の Vandermonde の行列式を第 1 列で展開する.

$$\begin{vmatrix} 1 & 1 & 1 \\ x & y & z \\ x^2 & y^2 & z^2 \end{vmatrix} = 1 \times \begin{vmatrix} y & z \\ y^2 & z^2 \end{vmatrix} - x \begin{vmatrix} 1 & 1 \\ y^2 & z^2 \end{vmatrix} + x^2 \begin{vmatrix} 1 & 1 \\ y & z \end{vmatrix}$$
$$= (yz^2 - zy^2) - x(z^2 - y^2) + x^2(z - y)$$
$$= yz^2 - y^2z - xz^2 + xy^2 + x^2z - x^2y.$$

同じ行列式を第 2 列で展開すると

$$\begin{vmatrix} 1 & 1 & 1 \\ x & y & z \\ x^2 & y^2 & z^2 \end{vmatrix} = -1 \times \begin{vmatrix} x & z \\ x^2 & z^2 \end{vmatrix} + y \begin{vmatrix} 1 & 1 \\ x^2 & z^2 \end{vmatrix} - y^2 \begin{vmatrix} 1 & 1 \\ x & z \end{vmatrix}$$
$$= -(xz^2 - zx^2) + y(z^2 - x^2) - y^2(z - x)$$
$$= -xz^2 + x^2z + yz^2 - x^2y - y^2z + xy^2.$$ □

最後に次の定理を証明しよう.

定理 3.13 n 次正方行列 $A = [a_{ij}]$ の余因子を Δ_{ij} として, 以下の関係が成り立つ.

$$a_{1i}\Delta_{1j} + \cdots + a_{ni}\Delta_{nj} = 0 \qquad (i \neq j),$$
$$a_{i1}\Delta_{j1} + \cdots + a_{in}\Delta_{jn} = 0 \qquad (i \neq j).$$

［**証明**］ 行列 A の第 i 列を変えず, なおかつ第 j 列 (ただし $j \neq i$) に第 i 列の成分を置いてできる行列 A' を考える. A' は第 i 列と第 j 列が一致しているので $|A'| = 0$ であるが, これを第 j 列に関して余因子展開すると

$$0 = \begin{vmatrix} a_{11} & \cdots & a_{1i} & \cdots & a_{1i} & \cdots & a_{1n} \\ \vdots & & \vdots & & \vdots & & \vdots \\ a_{n1} & \cdots & a_{ni} & \cdots & a_{ni} & \cdots & a_{nn} \end{vmatrix} = a_{1i}\Delta_{1j} + a_{2i}\Delta_{2j} + \cdots + a_{ni}\Delta_{nj}.$$

行についても同様である. □

例 3.20　3 次行列

$$A = \begin{pmatrix} a_1 & b_1 & c_1 \\ a_2 & b_2 & c_2 \\ a_3 & b_3 & c_3 \end{pmatrix}$$

およびその余因子

$$\Delta_1 = \begin{vmatrix} b_2 & c_2 \\ b_3 & c_3 \end{vmatrix}, \quad \Delta_2 = -\begin{vmatrix} b_1 & c_1 \\ b_3 & c_3 \end{vmatrix}, \quad \Delta_3 = \begin{vmatrix} b_1 & c_1 \\ b_2 & c_2 \end{vmatrix}$$

を考えるとき，$a_1\Delta_1 + a_2\Delta_2 + a_3\Delta_3 = |A|$ が成り立つことを (3.10) で確認した．さらにこのとき，次式が成り立つ．

$$\begin{aligned} b_1\Delta_1 + b_2\Delta_2 + b_3\Delta_3 &= b_1(b_2c_3 - c_2b_3) - b_2(b_1c_3 - c_1b_3) + b_3(b_1c_2 - c_1b_2) \\ &= 0. \end{aligned}$$

□

例 3.21　例 3.19 の Vandermonde の行列式の余因子展開において，第 1 列の成分がある場所に第 2 列の成分を入れる．つまり x を y に変えると，

$$\begin{aligned} &1 \times \begin{vmatrix} y & z \\ y^2 & z^2 \end{vmatrix} - y \begin{vmatrix} 1 & 1 \\ y^2 & z^2 \end{vmatrix} + y^2 \begin{vmatrix} 1 & 1 \\ y & z \end{vmatrix} \\ &= (yz^2 - zy^2) - y(z^2 - y^2) + y^2(z - y) = 0. \end{aligned}$$

□

定理 3.13 の左辺は，$i = j$ のとき余因子展開であり，その値は行列式 $|A|$ に一致するが，$i \neq j$ のときその値は 0 になる．そこで以上の結果を，次のようにまとめて書くことができる．

$$\begin{aligned} a_{1i}\Delta_{1j} + \cdots + a_{ni}\Delta_{nj} &= |A|\delta_{ij} \\ a_{i1}\Delta_{j1} + \cdots + a_{in}\Delta_{jn} &= |A|\delta_{ij} \end{aligned} \tag{3.13}$$

$i = j$ の場合が行列式の余因子展開であり，$i \neq j$ の場合が定理 3.13 である．見方を変えれば，$a_{1i}, \ldots, a_{ni}$ を成分とするベクトルと $\Delta_{1j}, \ldots, \Delta_{nj}$ を成分とするベクトルの内積は，$i = j$ のとき $|A|$ であり，$i \neq j$ のとき 0 で，内積が 0 のとき 2 つのベクトルは直交している．

例題 3.5

以下の行列式の値を求めよ．

(1) $\begin{vmatrix} 4 & 7 & -1 & 6 \\ 3 & 5 & 2 & 1 \\ 2 & -1 & 5 & 4 \\ -3 & 3 & -2 & 2 \end{vmatrix}$　　(2) $\begin{vmatrix} 2 & 3 & 3 & 1 \\ 7 & 10 & 11 & 4 \\ 9 & 11 & 14 & 6 \\ 5 & 4 & 6 & 4 \end{vmatrix}$

$$
(3)\ \begin{vmatrix} 4 & 4 & 7 & 3 & 2 \\ 1 & 3 & 6 & 2 & 3 \\ 0 & -1 & 1 & -1 & 0 \\ 3 & 3 & 5 & 2 & 1 \\ 2 & 4 & 4 & 2 & 3 \end{vmatrix}
$$

【解答】 (1) 836 (2) 1 (3) -19 □

▶ **参考** 基本変形により 0 または 1 の成分を作り，必要に応じて余因子展開を使って計算する．

例題 3.6

行列式

$$
\begin{vmatrix} 1 & x & x^2 & x^3 & x^4 \\ 0 & 1 & -x & 0 & 0 \\ 0 & 0 & 1 & 1 & 0 \\ 0 & 0 & -x^4 & 0 & 1 \\ 1 & 0 & x^3 & 0 & 0 \end{vmatrix}
$$

を展開し，x の多項式と考えたときの x^2 の係数を求めよ．

【解答】 第 1 行に第 2 行 $\times(-x)$ を加え，第 1 行に関する余因子展開を考える．現れる項の中で x^2 に比例するのは，$2x^2\Delta_{13}$ のみである．

$$
\begin{vmatrix} 1 & 0 & 2x^2 & x^3 & x^4 \\ 0 & 1 & -x & 0 & 0 \\ 0 & 0 & 1 & 1 & 0 \\ 0 & 0 & -x^4 & 0 & 1 \\ 1 & 0 & x^3 & 0 & 0 \end{vmatrix} \text{ を展開して } x^2 \text{ の係数は } 2\begin{vmatrix} 0 & 1 & 0 & 0 \\ 0 & 0 & 1 & 0 \\ 0 & 0 & 0 & 1 \\ 1 & 0 & 0 & 0 \end{vmatrix} = -2.
$$

□

例題 3.7

n 次の行列式

$$
x_n = \begin{vmatrix} 2 & 1 & & & \\ 1 & 2 & 1 & & \\ & 1 & \ddots & \ddots & \\ & & \ddots & 2 & 1 \\ & & & 1 & 2 \end{vmatrix}
$$

を考える．ただし，式中で示されていない部分にある成分はすべて 0 である．

(1) x_1, x_2 を求めよ．

(2) x_n を第1行について余因子展開すると，漸化式

$$x_n = px_{n-1} + qx_{n-2}$$

が得られる．定数 p, q を求めよ．

(3) x_n を求めよ．

【解答】　(1) $x_1 = 2,\ x_2 = \begin{vmatrix} 2 & 1 \\ 1 & 2 \end{vmatrix} = 3.$

(2) 余因子展開により $x_n = 2 \cdot x_{n-1} + 1 \cdot (-1) x_{n-2}$．よって $p = 2,\ q = -1$．

(3) $x_n - x_{n-1} = x_{n-1} - x_{n-2} = \cdots = x_2 - x_1 = 1$ より $x_n = n + 1$．　□

例題 3.8

行列式

$$\Delta = \begin{vmatrix} 2 & -1 & 0 & 0 & 0 & 0 & 0 \\ 9 & 10^{-2} & -1 & 0 & 0 & 0 & 0 \\ 5 & 0 & 10^{-2} & -1 & 0 & 0 & 0 \\ 1 & 0 & 0 & 10^{-2} & -1 & 0 & 0 \\ 4 & 0 & 0 & 0 & 10^{-2} & -1 & 0 \\ 1 & 0 & 0 & 0 & 0 & 10^{-2} & -1 \\ 3 & 0 & 0 & 0 & 0 & 0 & 10^{-2} \end{vmatrix}$$

の値を小数点以下2桁まで求めよ．

【解答】　一般に

$$\begin{vmatrix} a_0 & -1 & & & & \\ a_1 & x & -1 & & & \\ a_2 & & x & -1 & & \\ \vdots & & & & & \\ & & & & \ddots & -1 \\ a_n & & & & & x \end{vmatrix} = a_n + a_{n-1}x + a_{n-2}x^2 + \cdots + a_0 x^n$$

が成り立つので

$$\begin{aligned}(\text{与式}) &= 3 + 1 \cdot 10^{-2} + 4 \cdot (10^{-2})^2 + \cdots + 2 \cdot (10^{-2})^6 \\ &= 3.010\cdots\end{aligned}$$

□

練習問題

3.8　(3.10) 式の証明2を一般化して余因子展開を導け．

3.9 以下の定数 a, b, c, d の値を求めよ．

$$\begin{vmatrix} 1 & 2 & x & -4 \\ 2 & 7 & y & -3 \\ 6 & -2 & z & 3 \\ 1 & 4 & 4 & 3 \end{vmatrix} = ax + by + cz + d$$

3.10 以下の行列式を考える．

$$X_1 = k, \quad X_2 = \begin{vmatrix} 1 & 1 \\ 1 & k \end{vmatrix}, \quad X_3 = \begin{vmatrix} 1 & 0 & 1 \\ 0 & 1 & 1 \\ 1 & 1 & k \end{vmatrix}, \quad \cdots, \quad X_n = \begin{vmatrix} 1 & & & & 1 \\ & 1 & & & 1 \\ & & \ddots & & \vdots \\ & & & 1 & 1 \\ 1 & 1 & \cdots & 1 & k \end{vmatrix}.$$

ただし X_n は n 次の行列式で，式中で示されていない成分はすべて 0 である．

(1) X_2 を計算せよ．

(2) X_n の余因子展開より漸化式

$$X_n = pX_{n-1} + q$$

が得られる．定数 p, q を求めよ．

(3) X_n を求めよ．

3.11 A を n 次正方行列，$(A)_{ij} = a_{ij}$，A の第 (i, j) 余因子を Δ_{ij} とするとき，次の式を示せ．

$$\begin{vmatrix} a_{11} & a_{12} & \cdots & a_{1n} & x_1 \\ a_{21} & & & a_{2n} & x_2 \\ \vdots & & & \vdots & \vdots \\ a_{n1} & a_{n2} & \cdots & a_{nn} & x_n \\ y_1 & y_2 & \cdots & y_n & z \end{vmatrix} = |A|z - \sum_{i=1}^{n}\sum_{j=1}^{n} \Delta_{ij} x_i y_j$$

3.5 逆行列，Cramer の公式，特殊な行列式

3.5.1 逆行列

2 次正方行列の逆行列は，1.3 節の例 1.10 で既に求めてある．ここでは余因子展開と直交性を利用して，n 次正方行列の逆行列を求めよう．そのために，まず余因子行列を定義する．

定義 3.3（余因子行列） n 次正方行列 $A = [a_{ij}]$ の余因子を Δ_{ij} とするとき，行列

$$\operatorname{adj} A = \begin{pmatrix} \Delta_{11} & \Delta_{21} & \cdots & \Delta_{n1} \\ \vdots & & & \vdots \\ \Delta_{1n} & \cdots & & \Delta_{nn} \end{pmatrix}$$

を A の**余因子行列** (adjugate matrix) とよぶ．

余因子行列の (i,j) 成分は (j,i) 余因子，つまり Δ_{ji} であることに注意する*10．この余因子行列を行列式で割ったものが A の逆行列に一致する．

定理 3.14 行列 $A=[a_{ij}]$ の余因子を Δ_{ij} とする．$|A| \neq 0$ のとき，行列 A の逆行列 A^{-1} は

$$A^{-1} = \frac{\operatorname{adj} A}{|A|} = \frac{1}{|A|}\begin{pmatrix} \Delta_{11} & \Delta_{21} & \cdots & \Delta_{n1} \\ \vdots & & & \vdots \\ \Delta_{1n} & \cdots & & \Delta_{nn} \end{pmatrix}$$

で与えられる．

［**証明**］ $X = (\operatorname{adj} A)/|A|$ として条件 $AX=E$ がみたされていることを示す．

$$A\frac{\operatorname{adj} A}{|A|} = \begin{pmatrix} a_{11} & a_{12} & \cdots & a_{1n} \\ \vdots & & & \vdots \\ a_{n1} & \cdots & & a_{nn} \end{pmatrix} \frac{1}{|A|}\begin{pmatrix} \Delta_{11} & \cdots & \Delta_{n1} \\ \Delta_{12} & & \vdots \\ \vdots & & \\ \Delta_{1n} & \cdots & \Delta_{nn} \end{pmatrix}.$$

このとき，対角成分は余因子展開，非対角成分は定理 3.13 で得られた直交性に対応し，値はそれぞれ $|A|$ と 0 になる．つまり

$$= \frac{1}{|A|}\begin{pmatrix} \sum_{k=1}^{n} a_{1k}\Delta_{1k} & \sum_{k=1}^{n} a_{1k}\Delta_{2k} & \cdots & \\ & \sum_{k=1}^{n} a_{2k}\Delta_{2k} & & \\ & & \ddots & \\ & & & \sum_{k=1}^{n} a_{nk}\Delta_{nk} \end{pmatrix}$$

$$= \frac{1}{|A|}\begin{pmatrix} |A| & 0 & \cdots & 0 \\ 0 & |A| & \ddots & \vdots \\ \vdots & \ddots & \ddots & 0 \\ 0 & \cdots & 0 & |A| \end{pmatrix} = \begin{pmatrix} 1 & 0 & \cdots & 0 \\ 0 & 1 & \ddots & \vdots \\ \vdots & \ddots & \ddots & 0 \\ 0 & \cdots & 0 & 1 \end{pmatrix}. \qquad \square$$

これは (3.13) を行列表示で書いたものである．つまり我々は前節で余因子展開と直

*10 「余因子」は cofactor であり，(i,j) 成分が (i,j) 余因子である行列が英語では cofactor matrix とよばれる．その転置行列が英語の adjugate matrix であり，これが日本語では余因子行列とよばれている．

交性を導いたが，それによって実は，n 次行列 A の逆行列を求めていたことになる．

例 3.22

$$A = \begin{pmatrix} 1 & 3 & 4 \\ 2 & 1 & -1 \\ -4 & 5 & -6 \end{pmatrix}$$

とするとき，A の逆行列は

$$A^{-1} = \frac{1}{|A|} {}^t\begin{pmatrix} \Delta_{11} & \Delta_{12} & \Delta_{13} \\ \Delta_{21} & \Delta_{22} & \Delta_{23} \\ \Delta_{31} & \Delta_{32} & \Delta_{33} \end{pmatrix}$$

$$= \frac{1}{|A|} {}^t\begin{pmatrix} \begin{vmatrix} 1 & -1 \\ 5 & -6 \end{vmatrix} & -\begin{vmatrix} 2 & -1 \\ -4 & -6 \end{vmatrix} & \begin{vmatrix} 2 & 1 \\ -4 & 5 \end{vmatrix} \\ -\begin{vmatrix} 3 & 4 \\ 5 & -6 \end{vmatrix} & \begin{vmatrix} 1 & 4 \\ -4 & -6 \end{vmatrix} & -\begin{vmatrix} 1 & 3 \\ -4 & 5 \end{vmatrix} \\ \begin{vmatrix} 3 & 4 \\ 1 & -1 \end{vmatrix} & -\begin{vmatrix} 1 & 4 \\ 2 & -1 \end{vmatrix} & \begin{vmatrix} 1 & 3 \\ 2 & 1 \end{vmatrix} \end{pmatrix}$$

$$= \frac{1}{103} {}^t\begin{pmatrix} -1 & 16 & 14 \\ 38 & 10 & -17 \\ -7 & 9 & -5 \end{pmatrix} = \frac{1}{103}\begin{pmatrix} -1 & 38 & -7 \\ 16 & 10 & 9 \\ 14 & -17 & -5 \end{pmatrix}.$$

□

この結果を利用して，n 次行列 A に逆行列が存在するための，つまり A が正則であるための必要十分条件を示す．

定理 3.15 A が正則であるための必要十分条件は $|A| \neq 0$ である．

［**証明**］ (⇒) A が正則ならば $AA^{-1} = E$ より $|A||A^{-1}| = 1$，したがって $|A| \neq 0$．
(⇐) $|A| \neq 0$ ならば 定理 3.14 より A^{-1} が具体的に得られる． □

定理の証明で用いた $|A||A^{-1}| = 1$ から，次のことがわかる．

定理 3.16 $|A| \neq 0$ であるとき $|A^{-1}| = |A|^{-1}$.

また同様に，定理 2.4 の結論が再び導かれる．実際，$XA = E$ がみたされれば両辺の行列式をとって

$$|X||A| = 1.$$

これより $|A| \neq 0$ であり，定理 3.14 の A^{-1} を具体的に書くことができる．このとき，$AX = E$ が成り立つことは計算によって確認できる．

以上の結果は，行列の階数と正則性との関係を示した定理 2.7 と関連する．n 次行列 A の階数が r であれば，正則な行列 P と Q が存在して $PAQ=E(r)$ とあらわされる．これより

$$|P||A||Q|=|E(r)|.$$

このとき $|P|\neq 0$，$|Q|\neq 0$ なので $|A|\neq 0$ と $r=n$ とは同値である．つまり

定理 3.17 A を n 次行列とするとき

$$|A|\neq 0 \iff \operatorname{rank} A=n.$$

3.5.2 連立 1 次方程式の解の公式

連立 1 次方程式の解の公式を求める．方程式

$$\begin{array}{ccccccc} a_{11}x_1+ & a_{12}x_2+ & \cdots & +a_{1n}x_n & = & b_1 \\ a_{21}x_1+ & & \cdots & +a_{2n}x_n & = & b_2 \\ \vdots & & & & \vdots & \\ a_{n1}x_1+ & & \cdots & +a_{nn}x_n & = & b_n \end{array}$$

を考えよう．これは行列によって

$$\begin{pmatrix} a_{11} & a_{12} & \cdots & a_{1n} \\ a_{21} & & & a_{2n} \\ \vdots & & & \\ a_{n1} & \cdots & & a_{nn} \end{pmatrix}\begin{pmatrix} x_1 \\ x_2 \\ \vdots \\ x_n \end{pmatrix}=\begin{pmatrix} b_1 \\ b_2 \\ \vdots \\ b_n \end{pmatrix},$$

つまり $A\boldsymbol{x}=\boldsymbol{b}$ と書くことができる．$|A|\neq 0$ の場合について，この方程式の解を求める．$|A|\neq 0$ のとき A には逆行列 A^{-1} が存在するので，

$$\boldsymbol{x}=A^{-1}\boldsymbol{b}=\frac{1}{|A|}\begin{pmatrix} \Delta_{11} & \cdots & \Delta_{n1} \\ \Delta_{12} & & \vdots \\ \vdots & & \\ \Delta_{1n} & \cdots & \Delta_{nn} \end{pmatrix}\begin{pmatrix} b_1 \\ \vdots \\ \\ b_n \end{pmatrix}=\frac{1}{|A|}\begin{pmatrix} \sum_{i=1}^{n} b_i\Delta_{i1} \\ \vdots \\ \sum_{i=1}^{n} b_i\Delta_{in} \end{pmatrix}.$$

このベクトルの第 j 成分，つまり

$$\frac{1}{|A|}\sum_{i=1}^{n} b_i\Delta_{ij}$$

の分子は，行列 A の第 j 列をベクトル $\boldsymbol{b}$ に置き替えた行列を考え，その行列式を第 j 列 $\boldsymbol{b}$ に関して余因子展開したものとみなせる．つまり，

$$\overset{\text{第}j\text{列}}{\begin{vmatrix} a_{11} & \cdots & b_1 & \cdots & a_{1n} \\ \vdots & & \vdots & & \vdots \\ a_{n1} & \cdots & b_n & \cdots & a_{nn} \end{vmatrix}} = \sum_{i=1}^{n} b_i \Delta_{ij}.$$

これより，方程式の解は次のように書ける．

$$x_j = \frac{\overset{\text{第}j\text{列}}{\begin{vmatrix} a_{11} & \cdots & b_1 & \cdots & a_{1n} \\ \vdots & & \vdots & & \vdots \\ a_{n1} & \cdots & b_n & \cdots & a_{nn} \end{vmatrix}}}{\begin{vmatrix} a_{11} & \cdots & a_{1j} & \cdots & a_{1n} \\ \vdots & & \vdots & & \vdots \\ a_{n1} & \cdots & a_{nj} & \cdots & a_{nn} \end{vmatrix}}, \qquad (j = 1, 2, \ldots, n).$$

この公式は **Cramer(クラメル) の公式** (Cramer's formula) とよばれる．

例 3.23 連立 1 次方程式

$$\begin{aligned} x + 2y &= 1 \\ 3x + 4y &= 5 \end{aligned}$$

の解を求める．これは行列によって

$$A\begin{pmatrix} x \\ y \end{pmatrix} = \begin{pmatrix} 1 \\ 5 \end{pmatrix}, \qquad A = \begin{pmatrix} 1 & 2 \\ 3 & 4 \end{pmatrix}$$

とあらわされ，$|A| \neq 0$ をみたすので，Cramer の公式より解は

$$x = \frac{\begin{vmatrix} 1 & 2 \\ 5 & 4 \end{vmatrix}}{\begin{vmatrix} 1 & 2 \\ 3 & 4 \end{vmatrix}} = \frac{4-10}{-2} = 3, \qquad y = \frac{\begin{vmatrix} 1 & 1 \\ 3 & 5 \end{vmatrix}}{\begin{vmatrix} 1 & 2 \\ 3 & 4 \end{vmatrix}} = \frac{5-3}{-2} = -1.$$

□

3.5.3 小行列式

ここで行列の小行列式を導入しておこう．

定義 3.4 $m \times n$ 行列 A から l 個の行と l 個の列を取り出し，取り出した行と列が交差する位置にある成分によってできる正方行列の行列式を，A の l 次の**小行列式** (minor, minor determinant) とよぶ．特に行と列として同じ $j_1, \ldots, j_l$ 行と $j_1, \ldots, j_l$ 列 を取り出してできる小行列式を，l 次の**主小行列式** (principal minor) とよぶ．

例えば n 次行列 A の余因子は，A の $n-1$ 次の小行列式に符号をかけたものである．このとき $n-1$ 次の小行列式としては，どの行および列を除くかに応じて $n\times n$ 通りの選び方が可能であり，それに対応して余因子も $n\times n$ 通り存在する．

小行列式について (このあと本書で使うことはないが) 以下の性質を示しておこう．

定理 3.18 A を $m\times n$ 行列，A の小行列式のうち 0 でないものの最大の次数を $s(A)$ とすると，$s(A)$ は A の基本変形によって不変である．

［**証明**］ 基本変形のうち，定義 2.2 の列基本変形 (1) と (3) によって $s(A)$ が不変であることは明らか．そこで (2) 第 i 列に第 j 列の k 倍を加えることによって $s(A)$ が不変であることを示す．

行列式が 0 でない最大次数の小行列を A' とする．第 i 列が A' に属さない場合，および第 i 列と第 j 列がいずれも A' に属する場合には，基本変形 (2) によって $|A'|$ は不変である．そこで，第 i 列が A' に属し第 j 列が属さない場合について考える．A の第 i 列が A' において列ベクトル $\boldsymbol{a}_i'$ になっているとする．このとき A' の行列式の値を $\Delta(\boldsymbol{a}_i')$ と書くと，

$$\Delta(\boldsymbol{a}_i'+k\boldsymbol{a}_j')=\Delta(\boldsymbol{a}_i')+k\Delta(\boldsymbol{a}_j').$$

いま $\Delta(\boldsymbol{a}_i')\neq 0$ であるので $\Delta(\boldsymbol{a}_i'+k\boldsymbol{a}_j')$ と $\Delta(\boldsymbol{a}_j')$ は同時に 0 にはならない．$\Delta(\boldsymbol{a}_i'+k\boldsymbol{a}_j')\neq 0$ のとき，基本変形 (2) によって小行列式の値は 0 になっていない．$\Delta(\boldsymbol{a}_j')\neq 0$ のとき，小行列式として第 i 列の代わりに第 j 列を選んだ小行列式を考えれば，その小行列式が 0 ではない．いずれの場合にも，列基本変形 (2) によって $s(A)$ は減少せず，(2) によって A が B に変形されたとして $s(A)\leq s(B)$．基本変形は可逆なので同様に $s(A)\geq s(B)$ が成り立ち，これより $s(A)=s(B)$．行基本変形についても同様である． □

このとき，定理 3.17 の精密化として次の定理が成り立つ．

定理 3.19 A を $m\times n$ 行列とするとき，A の小行列式のうち 0 でないものの最大の次数を $s(A)$，A の階数を r とすると $s(A)=r$．

［**証明**］ A の階数が r であるとき，A は基本変形によって定理 2.5 の $E_{mn}(r)$ に変形され，このとき明らかに $s(E_{mn}(r))=r$．このとき定理 3.18 より $s(A)=s(E_{mn}(r))=r$．

□

ここで $m=n$ かつ $r=n$ として再び定理 3.17 を得る．

3.5.4 いろいろな行列式

行列の成分に規則性があるとき，その行列式を一般的に計算できる場合がある．ここではいくつかの代表的な行列式を紹介しよう．

例 3.24 例 3.11，例 3.19 などで扱った **Vandermonde（ヴァンデルモンド）の行列式**（Vandermonde determinant）は，一般の n 次の場合に次のようにあらわされる．

$$\begin{vmatrix} 1 & 1 & \cdots & 1 \\ x_1 & x_2 & & x_n \\ {x_1}^2 & {x_2}^2 & & {x_n}^2 \\ \vdots & \vdots & & \vdots \\ {x_1}^{n-1} & {x_2}^{n-1} & \cdots & {x_n}^{n-1} \end{vmatrix} = (-1)^{\frac{1}{2}n(n-1)} \prod_{1 \leq i < j \leq n} (x_i - x_j).$$

右辺には (3.1) で定義した差積があらわれている．この結果は以下のようにして導かれる．まず，$i \neq j$ である i と j に対して $x_i = x_j$ ならば，行列の 2 つの列が一致し，行列式の値は 0 になる．したがって行列式は，すべての $x_i - x_j$ $(i < j)$ を因数に持ち，$g(x_1, \cdots, x_n) \times \prod_{1 \leq i < j \leq n} (x_i - x_j)$ の形をとるはずである（このことは 3 次の場合に例 3.11 で具体的に示した）．しかし行列式はすべての x_j についていずれも $n-1$ 次の多項式なので，両辺の次数を比較して $g(x_1, \ldots, x_n)$ は定数であることがわかる．さらに左辺の行列式において対角成分の積 $1 \cdot x_2 \cdot {x_3}^2 \cdots {x_n}^{n-1}$ の係数は $+1$ であり，右辺の差積では同じ項に符号 $(-1)^{\frac{1}{2}n(n-1)}$ がかかるので，$+1 = g \cdot (-1)^{\frac{1}{2}n(n-1)}$．これより $g = (-1)^{\frac{1}{2}n(n-1)}$． □

例 3.25 まず次の 3 次の行列式を考え，定義に従って計算してみよう．

$$\det A = \begin{vmatrix} a_1 & a_2 & a_3 \\ a_3 & a_1 & a_2 \\ a_2 & a_3 & a_1 \end{vmatrix} = {a_1}^3 + {a_2}^3 + {a_3}^3 - 3a_1a_2a_3$$
$$= (a_1 + a_2 + a_3)({a_1}^2 + {a_2}^2 + {a_3}^2 - a_2a_3 - a_3a_1 - a_1a_2). \qquad (3.14)$$

この行列式は別の方法でも求めることができる．方程式 $\omega^3 = 1$ には複素数の範囲内に 3 つの解があるので，それらを $\omega_1, \omega_2, \omega_3$ とする．これらは 1 の 3 乗根とよばれる．そこで行列式を以下のように変形する．第 2 列と第 3 列の定数倍を第 1 列に加えても行列式の値は不変なので

$$\det A = \begin{vmatrix} a_1 + \omega_k a_2 + {\omega_k}^2 a_3 & a_2 & a_3 \\ a_3 + \omega_k a_1 + {\omega_k}^2 a_2 & a_1 & a_2 \\ a_2 + \omega_k a_3 + {\omega_k}^2 a_1 & a_3 & a_1 \end{vmatrix}$$
$$= (a_1 + \omega_k a_2 + {\omega_k}^2 a_3) \begin{vmatrix} 1 & a_2 & a_3 \\ \omega_k & a_1 & a_2 \\ {\omega_k}^2 & a_3 & a_1 \end{vmatrix}.$$

ただし $\omega_k^3 = 1$ を使った．つまりこの行列式は $(a_1 + \omega_k a_2 + {\omega_k}^2 a_3)$ を因数として持つ．これが $k = 1, 2, 3$ についてそれぞれ成り立つので，

$$\det A = g(a_1, a_2, a_3) \times \prod_{k=1}^{3} (a_1 + \omega_k a_2 + {\omega_k}^2 a_3). \tag{3.15}$$

ここで両辺の a_i の次数はともに 3 次なので $g(a_1, a_2, a_3)$ は定数，さらに a_1^3 の係数が 1 なので $g(a_1, a_2, a_3) = 1$ である．$\omega_1 = 1$，ω_2，$\omega_3 = (-1 \pm \sqrt{3}i)/2$ を代入すると，これは (3.14) を因数分解したものになる．

基本変形が行列との積に相当することを考えて，上記の計算を次のようにまとめて書くことができる．

$$\begin{pmatrix} a_1 & a_2 & a_3 \\ a_3 & a_1 & a_2 \\ a_2 & a_3 & a_1 \end{pmatrix}\begin{pmatrix} 1 & 1 & 1 \\ \omega_1 & \omega_2 & \omega_3 \\ {\omega_1}^2 & {\omega_2}^2 & {\omega_3}^3 \end{pmatrix}$$
$$= \begin{pmatrix} a_1 + \omega_1 a_2 + {\omega_1}^2 a_3 & a_1 + \omega_2 a_2 + {\omega_2}^2 a_3 & a_1 + \omega_3 a_2 + {\omega_3}^2 a_3 \\ (a_1 + \omega_1 a_2 + {\omega_1}^2 a_3)\omega_1 & (a_1 + \omega_2 a_2 + {\omega_2}^2 a_3)\omega_2 & (a_1 + \omega_3 a_2 + {\omega_3}^2 a_3)\omega_3 \\ (a_1 + \omega_1 a_2 + {\omega_1}^2 a_3){\omega_1}^2 & (a_1 + \omega_2 a_2 + {\omega_2}^2 a_3){\omega_2}^2 & (a_1 + \omega_3 a_2 + {\omega_3}^2 a_3){\omega_3}^3 \end{pmatrix}.$$

両辺の行列式をとると

$$\begin{vmatrix} a_1 & a_2 & a_3 \\ a_3 & a_1 & a_2 \\ a_2 & a_3 & a_1 \end{vmatrix}\begin{vmatrix} 1 & 1 & 1 \\ \omega_1 & \omega_2 & \omega_3 \\ {\omega_1}^2 & {\omega_2}^2 & {\omega_3}^3 \end{vmatrix} = \prod_{k=1}^{3} (a_1 + \omega_k a_2 + {\omega_k}^2 a_3)\begin{vmatrix} 1 & 1 & 1 \\ \omega_1 & \omega_2 & \omega_3 \\ {\omega_1}^2 & {\omega_2}^2 & {\omega_3}^3 \end{vmatrix}.$$

$\omega_1, \omega_2, \omega_3$ は互いに異なり，両辺に現れた Vandermonde の行列式は 0 ではないので，次の結果が再び得られる．

$$\begin{vmatrix} a_1 & a_2 & a_3 \\ a_3 & a_1 & a_2 \\ a_2 & a_3 & a_1 \end{vmatrix} = \prod_{k=1}^{3} (a_1 + \omega_k a_2 + {\omega_k}^2 a_3).$$

同様の議論が一般の n 次行列について成り立つ．方程式 $\omega^n = 1$ の n 個の解，つまり 1 の n 乗根を $\omega_1, \dots, \omega_n$ と書いて

$$\begin{vmatrix} a_1 & a_2 & \cdots & a_n \\ a_n & a_1 & \cdots & a_{n-1} \\ \vdots & & & \vdots \\ a_2 & a_3 & \cdots & a_1 \end{vmatrix} = \prod_{k=1}^{n} (a_1 + \omega_k a_2 + {\omega_k}^2 a_3 + \cdots + {\omega_k}^{n-1} a_n).$$

この行列式は**巡回行列式** (circulant matrix) とよばれる． □

例題 3.9

連立方程式

$$\begin{aligned} x + 2y + 3z &= a \\ 2x + 4y + 5z &= b \\ 3x + 5y + 6z &= c \end{aligned}$$

を考える．方程式の係数行列を A とする．

(1) $|A|$ を求めよ．

(2) A^{-1} を求めよ．

(3) Cramer の公式により，方程式の解を行列式であらわせ．

【解答】 (1) $|A| = -1$ (2) $A^{-1} = \begin{pmatrix} 1 & -3 & 2 \\ -3 & 3 & -1 \\ 2 & -1 & 0 \end{pmatrix}$

(3) $x = \dfrac{1}{|A|}\begin{vmatrix} a & 2 & 3 \\ b & 4 & 5 \\ c & 5 & 6 \end{vmatrix}, \quad y = \dfrac{1}{|A|}\begin{vmatrix} 1 & a & 3 \\ 2 & b & 5 \\ 3 & c & 6 \end{vmatrix}, \quad z = \dfrac{1}{|A|}\begin{vmatrix} 1 & 2 & a \\ 2 & 4 & b \\ 3 & 5 & c \end{vmatrix}.$ □

例題 3.10

$A(x) = [a_{ij}(x)]$ を n 次正方行列とし，成分 $a_{ij}(x)$ は x で微分可能であるとする．このとき $a'_{ij}(x) = \dfrac{da_{ij}(x)}{dx}$，また $\Delta_{ij}(x)$ を $A(x)$ の (i, j) 余因子として

$$\begin{aligned} \frac{d}{dx}|A(x)| &= \sum_{i=1}^{n} \begin{vmatrix} a_{11}(x) & a_{12}(x) & \cdots & a_{1n}(x) \\ & \cdots & & \\ a'_{i1}(x) & a'_{i2}(x) & \cdots & a'_{in}(x) \\ & \cdots & & \\ a_{n1}(x) & a_{n2}(x) & \cdots & a_{nn}(x) \end{vmatrix} \\ &= \sum_{i=1}^{n}\sum_{j=1}^{n} a'_{ij}(x)\Delta_{ij}(x) \end{aligned}$$

であることを示せ．

【解答】 積の微分法により

$$\begin{aligned} \frac{d}{dx}|A(x)| &= \frac{d}{dx}\left(\sum_{\sigma}(\operatorname{sgn}\sigma)\ a_{1\sigma(1)}\cdots a_{n\sigma(n)}\right) \\ &= \sum_{i=1}^{n}\sum_{\sigma}(\operatorname{sgn}\sigma)\ a_{1\sigma(1)}\cdots\frac{da_{i\sigma(i)}}{dx}\cdots a_{n\sigma(n)}. \end{aligned}$$

これより第1の等号を得る．行列式を第 i 行で余因子展開して第2の等号を得る． □

▶ **参考** 同様に行列式の微分を列の微分によって書くことができる．

練習問題

3.12 A を正則な n 次行列，$\widetilde{A}$ を A の余因子行列とするとき，$|\widetilde{A}| = |A|^{n-1}$ を示せ．

3.13 成分がすべて整数の正方行列 A について，以下の (1) と (2) を示せ．

(1) $|A| = \pm 1$ ならば A は正則で A^{-1} の成分はすべて整数である．

(2) A が正則かつ A^{-1} の成分がすべて整数ならば $|A| = \pm 1$.

3.14 $A = [a_{ij}]$ を正則な n 次行列，Δ_{ij} を A の (i, j) 余因子，$\Delta = [\Delta_{ij}]$ とする．

(1) A が上三角行列であるとき，Δ と A^{-1} は上三角行列であるか．

(2) A が対称行列であるとき，Δ と A^{-1} は対称行列であるか．

(3) A が交代行列であるとき，Δ と A^{-1} は交代行列であるか．

3.15 $n \geq 2$ に対して n 次行列 M を $(M)_{ij} = \dfrac{1}{x_i - y_j}$ で定義するとき

$$\det M = \frac{\left(\prod_{i>j}^{n}(x_i - x_j)\right)\left(\prod_{i<j}^{n}(y_i - y_j)\right)}{\prod_{i,j=1}^{n}(x_i - y_j)}$$

を証明せよ．

注：これは **Cauchy (コーシー) の行列式** (Cauchy determinant) とよばれる．

3.16 n 次行列 $A = [a_{ij}]$ が交代行列であるとき，n が奇数ならば $|A| = 0$，n が偶数ならば $|A|$ は完全平方式として $|A| = (P_n)^2$ (ただし P_n は a_{ij} の多項式) と書けることを示せ．

注：P_n は **Pfaffian (パフィアン)** とよばれる．Pfaffian についても行列式の場合と同様に，展開公式などの種々の関係式が成り立つ．

3.17 2つの多項式 f と g を考え，それらの根をそれぞれ α_i, β_i とする．

$$f(x) = a_0 x^n + a_1 x^{n-1} + \cdots + a_n = a_0 \prod_{i=1}^{n}(x - \alpha_i) \qquad (a_0 \neq 0)$$

$$g(x) = b_0 x^m + b_1 x^{m-1} + \cdots + b_m = b_0 \prod_{i=1}^{m}(x - \beta_i) \qquad (b_0 \neq 0)$$

このとき，次の $m + n$ 次の行列式は $\alpha_i - \beta_j$ を因数として因数分解される．

$$R(f,g)=\begin{vmatrix} a_0 & a_1 & \cdots & a_n & & & & \\ & a_0 & a_1 & \cdots & & a_n & & \\ & & \ddots & & & & \ddots & \\ & & & a_0 & & a_1 & \cdots & a_n \\ b_0 & b_1 & \cdots & & b_m & & & \\ & b_0 & b_1 & & \cdots & b_m & & \\ & & \ddots & & & & \ddots & \\ & & & & b_0 & b_1 & \cdots & b_m \end{vmatrix} = {a_0}^m {b_0}^n \prod_{i=1}^{n}\prod_{j=1}^{m}(\alpha_i-\beta_j)$$

(ここで，$a_0\ a_1\ \cdots\ a_n$ を含む行は m 行，$b_0\ b_1\ \cdots\ b_m$ を含む行は n 行ある)．

(1) $n=3$，$m=2$ の場合について上式を証明せよ．

(2) 一般の n, m について上式を証明せよ．

(3) $f(x)=ax^2+bx+c\ (a\neq 0)$ とするとき，$R(f,f')$ を求めよ．

注：$R(f,g)$ を多項式 f と g の**終結式** (resultant) とよぶ．方程式 $f(x)=0$ と $g(x)=0$ が共通の解を持つことと $R(f,g)=0$ とが同値である．

第4章　n 次元空間のベクトル

空間ベクトルの性質について考える．この章の内容は同時に，抽象的なベクトル空間への準備にもなっている．

4.1　空間ベクトルの性質，線形独立と線形従属

4.1.1　空間ベクトルの性質

1次元，2次元，3次元の空間におけるベクトルの概念は，自然に一般の n 次元に拡張される．つまり $a_i \in \mathbf{R}$ として

$$\boldsymbol{a} = \begin{pmatrix} a_1 \\ a_2 \\ \vdots \\ a_n \end{pmatrix}$$

を考えて，これを実 n 次元空間 $\mathbf{R}^n$ の**空間ベクトル** (spatial vector) とよぶ．また n 個の数をならべたものと考えて，n 次の**数ベクトル** (numerical vector) とよぶ[*11]．

$\boldsymbol{a}, \boldsymbol{b}, \boldsymbol{c}$ を n 次元の空間ベクトル，$\mathbf{0}$ をすべての成分が0の零ベクトルとして，空間ベクトルは和について以下の性質を持つ．

$$\boldsymbol{a} + \boldsymbol{b} = \boldsymbol{b} + \boldsymbol{a}, \qquad (\boldsymbol{a} + \boldsymbol{b}) + \boldsymbol{c} = \boldsymbol{a} + (\boldsymbol{b} + \boldsymbol{c}),$$
$$\text{すべての } \boldsymbol{a} \text{ に対し } \boldsymbol{a} + \mathbf{0} = \boldsymbol{a}, \qquad \boldsymbol{a} + (-\boldsymbol{a}) = \mathbf{0}.$$

また，h, k を実数として，実数倍について以下の性質を持つ．

$$(h + k)\boldsymbol{a} = h\boldsymbol{a} + k\boldsymbol{a}, \qquad k(\boldsymbol{a} + \boldsymbol{b}) = k\boldsymbol{a} + k\boldsymbol{b},$$
$$(hk)\boldsymbol{a} = h(k\boldsymbol{a}), \qquad \text{すべての } \boldsymbol{a} \text{ に対し } 1 \cdot \boldsymbol{a} = \boldsymbol{a}.$$

---

*11　数ベクトルや空間ベクトルの成分は，今後は縦にならべて縦ベクトルとして書く．

空間ベクトルのこれらの性質を取り出して抽象的に議論したものが，第5章以降で扱うベクトル空間（あるいは線形空間）である．

4.1.2 空間ベクトルの線形独立と線形従属

ベクトルの組

$$\boldsymbol{e}_1 = \begin{pmatrix} 1 \\ 0 \\ \vdots \\ 0 \end{pmatrix}, \quad \boldsymbol{e}_2 = \begin{pmatrix} 0 \\ 1 \\ \vdots \\ 0 \end{pmatrix}, \quad \dots, \quad \boldsymbol{e}_n = \begin{pmatrix} 0 \\ 0 \\ \vdots \\ 1 \end{pmatrix} \tag{4.1}$$

を考えよう．これらのベクトルによって，$\mathbf{R}^n$ の任意のベクトル $\boldsymbol{a}$ は

$$\boldsymbol{a} = a_1\boldsymbol{e}_1 + a_2\boldsymbol{e}_2 + \cdots + a_n\boldsymbol{e}_n$$

とあらわされる．この $\{\boldsymbol{e}_1, \dots, \boldsymbol{e}_n\}$ を $\mathbf{R}^n$ の**標準基底** (standard basis) とよぶ．基底という言葉の定義については5.2節で述べる．

$x_1, x_2, \dots, x_k$ を定数とし，$\boldsymbol{a}_1, \boldsymbol{a}_2, \dots, \boldsymbol{a}_k$ をベクトルとするとき，$x_1\boldsymbol{a}_1 + x_2\boldsymbol{a}_2 + \cdots + x_k\boldsymbol{a}_k$ をベクトル $\boldsymbol{a}_1, \boldsymbol{a}_2, \dots, \boldsymbol{a}_k$ の**線形結合**（あるいは**1次結合**，linear combination）とよぶ．そこで，空間ベクトルが線形独立であることと，線形従属であることを定義しよう．$\boldsymbol{a}_1, \boldsymbol{a}_2, \dots, \boldsymbol{a}_k$ が**線形独立**（あるいは**1次独立**，linearly independent）であるとは，その線形結合について

$$x_1\boldsymbol{a}_1 + x_2\boldsymbol{a}_2 + \cdots + x_k\boldsymbol{a}_k = \mathbf{0} \quad \text{ならば} \quad x_1 = x_2 = \cdots = x_k = 0$$

が成り立つことである．

$x_1 = \cdots = x_k = 0$ であるとき，これらを係数とする線形結合は明らかに $\mathbf{0}$ である．線形結合が $\mathbf{0}$ になるような係数が，$x_1 = \cdots = x_k = 0$ に限られるとき，その条件をみたすベクトルの組 $\boldsymbol{a}_1, \boldsymbol{a}_2, \dots, \boldsymbol{a}_k$ は線形独立であると言う．線形独立かどうかはベクトルの組に対して成り立つ概念である．

$\boldsymbol{a}_1, \boldsymbol{a}_2, \dots, \boldsymbol{a}_k$ が**線形従属**（あるいは**1次従属**，linearly dependent）であるとは，これらが線形独立でないこと，つまり，

$x_1\boldsymbol{a}_1 + x_2\boldsymbol{a}_2 + \cdots + x_n\boldsymbol{a}_n = \mathbf{0}$ をみたし，

かつ すべてが0ではない $x_1, \dots, x_n$ が存在する

ことである．いくつかの例をみてみよう．

例 4.1　(4.1) の n 個のベクトルは線形独立である．例えば $n=2$ のとき，2 つのベクトル

$$e_1 = \begin{pmatrix} 1 \\ 0 \end{pmatrix}, \qquad e_2 = \begin{pmatrix} 0 \\ 1 \end{pmatrix}$$

を考えると

$$\mathbf{0} = x_1 e_1 + x_2 e_2 = \begin{pmatrix} x_1 \\ x_2 \end{pmatrix}$$

ならば

$$x_1 = x_2 = 0$$

が結論される．$n=3$ の場合も同様に

$$e_1 = \begin{pmatrix} 1 \\ 0 \\ 0 \end{pmatrix}, \quad e_2 = \begin{pmatrix} 0 \\ 1 \\ 0 \end{pmatrix}, \quad e_3 = \begin{pmatrix} 0 \\ 0 \\ 1 \end{pmatrix}$$

は線形独立である．□

例 4.2　2 つのベクトル

$$e_1 = \begin{pmatrix} 1 \\ 0 \end{pmatrix}, \qquad a = \begin{pmatrix} 1 \\ 1 \end{pmatrix}$$

を考える．このとき

$$\mathbf{0} = x_1 e_1 + x_2 a = \begin{pmatrix} x_1 + x_2 \\ x_2 \end{pmatrix}$$

ならば

$$x_1 + x_2 = 0, \qquad x_2 = 0.$$

これより $x_1 = x_2 = 0$ であり，したがってベクトルの組 e_1, a は線形独立である．また，ベクトル

$$e_1 = \begin{pmatrix} 1 \\ 0 \end{pmatrix}, \qquad b = \begin{pmatrix} 2 \\ 0 \end{pmatrix}$$

を考える．このとき

$$\mathbf{0} = x_1 e_1 + x_2 b = \begin{pmatrix} x_1 + 2x_2 \\ 0 \end{pmatrix}$$

ならば

$$x_1 + 2x_2 = 0.$$

このとき例えば $x_2 = 1$ とすると $x_1 = -2$ として条件がみたされ，

$$\mathbf{0} = -2\boldsymbol{e}_1 + \boldsymbol{b}$$

が成り立つ．つまりベクトルの組 $\boldsymbol{e}_1, \boldsymbol{b}$ は線形従属である．

ベクトル $\boldsymbol{e}_1$ と $\boldsymbol{b}$ は $\boldsymbol{b} = 2\boldsymbol{e}_1$ をみたし，同じ直線に含まれる．このとき2つのベクトルは線形従属である．一方，$\boldsymbol{e}_1$ と $\boldsymbol{a}$ は同じ直線には含まれず，このとき2つのベクトルは線形独立である．□

例 4.3　3つのベクトル

$$\boldsymbol{a}_1 = \begin{pmatrix} 1 \\ 2 \\ 3 \end{pmatrix}, \quad \boldsymbol{a}_2 = \begin{pmatrix} 2 \\ 2 \\ 4 \end{pmatrix}, \quad \boldsymbol{a}_3 = \begin{pmatrix} 3 \\ 2 \\ 5 \end{pmatrix}$$

を考える．このとき

$$\mathbf{0} = x_1\boldsymbol{a}_1 + x_2\boldsymbol{a}_2 + x_3\boldsymbol{a}_3 = \begin{pmatrix} x_1 + 2x_2 + 3x_3 \\ 2x_1 + 2x_2 + 2x_3 \\ 3x_1 + 4x_2 + 5x_3 \end{pmatrix}$$

ならば，x_1, x_2, x_3 のみたすべき条件は

$$\begin{aligned} x_1 + 2x_2 + 3x_3 &= 0 \\ 2x_1 + 2x_2 + 2x_3 &= 0 \\ 3x_1 + 4x_2 + 5x_3 &= 0 \end{aligned}$$

であるが，このうち独立な条件式は2つであり，

$$x_2 = -2x_3, \qquad x_1 = x_3$$

が得られる．これより，例えば，

$$\mathbf{0} = \boldsymbol{a}_1 - 2\boldsymbol{a}_2 + \boldsymbol{a}_3$$

が成り立ち，$\boldsymbol{a}_1, \boldsymbol{a}_2, \boldsymbol{a}_3$ は線形従属である．このとき

$$\boldsymbol{a}_2 = \frac{1}{2}(\boldsymbol{a}_1 + \boldsymbol{a}_3).$$

つまり，ベクトル $\boldsymbol{a}_1$ と $\boldsymbol{a}_3$ を含む平面に，$\boldsymbol{a}_2$ が含まれている．このとき $\boldsymbol{a}_1, \boldsymbol{a}_2, \boldsymbol{a}_3$ は線形従属である．一方で，例 4.1 の $\boldsymbol{e}_1, \boldsymbol{e}_2, \boldsymbol{e}_3$ については，いずれの2つのベクトルについても，それらを含む平面に，3番目のベクトルは含まれない．このとき $\boldsymbol{e}_1, \boldsymbol{e}_2, \boldsymbol{e}_3$ は線形独立である．

また，この例の $\boldsymbol{a}_1, \boldsymbol{a}_3$，または $\boldsymbol{a}_1, \boldsymbol{a}_2$，または $\boldsymbol{a}_2, \boldsymbol{a}_3$ のベクトルの組は，いずれも線形独立であるが，ベクトルの組 $\boldsymbol{a}_1, \boldsymbol{a}_2, \boldsymbol{a}_3$ は線形従属である．□

4.1.3 線形独立性と行列の階数

行列の階数は，行列の行ベクトルあるいは列ベクトルが線形独立かどうかに直接関係する．それを調べるためにまず，$\boldsymbol{a}_1, \ldots, \boldsymbol{a}_m$ を A の行ベクトルとして，行列 A を

$$A = \begin{pmatrix} \boldsymbol{a}_1 \\ \boldsymbol{a}_2 \\ \vdots \\ \boldsymbol{a}_m \end{pmatrix}$$

と書こう．このとき行基本変形とは，(1) $\boldsymbol{a}_i$ を k 倍 $(k \neq 0)$ する，(2) $\boldsymbol{a}_i$ に $\boldsymbol{a}_j$ の k 倍に加える，(3) $\boldsymbol{a}_i$ と $\boldsymbol{a}_j$ を入れ替える，ことであるが，これらによって線形独立な行ベクトルの数は変化しない．これは (1) と (3) については自明．(2) については，

$$\begin{aligned} &\boldsymbol{a}_1, \ldots, \boldsymbol{a}_i, \ldots, \boldsymbol{a}_j, \ldots, \boldsymbol{a}_l \quad \text{が線形独立} \\ \Longleftrightarrow\ &\boldsymbol{a}_1, \ldots, \boldsymbol{a}_i + k\boldsymbol{a}_j, \ldots, \boldsymbol{a}_j, \ldots, \boldsymbol{a}_l \quad \text{が線形独立} \end{aligned}$$

を示せばよいが，これは線形結合

$$\begin{aligned} &x_1\boldsymbol{a}_1 + \cdots + x_i(\boldsymbol{a}_i + k\boldsymbol{a}_j) + \cdots + x_j\boldsymbol{a}_j + \cdots + x_l\boldsymbol{a}_l \\ &= x_1\boldsymbol{a}_1 + \cdots + x_i\boldsymbol{a}_i + \cdots + (x_j + kx_i)\boldsymbol{a}_j + \cdots + x_l\boldsymbol{a}_l \end{aligned}$$

を考えるとき，この係数がすべて 0 であるという条件 $x_j + kx_i = 0$ かつ $x_i = 0$ $(1 \leq i \leq l,\ i \neq j)$ が，条件 $x_i = 0\ (1 \leq i \leq l)$ と同値であることからわかる．

また行列の列の入れ替えは，行ベクトルの成分の順序の入れ替えに対応するので，線形独立な行ベクトルの数は変化しない．

一方で (1)～(3) の行基本変形と列の入れ替えにより，A は定理 2.11 の証明に示された手順によって，

$$A \longrightarrow \left(\begin{array}{cccc:c} 1 & 0 & \cdots & 0 & * \\ 0 & 1 & & \vdots & * \\ \vdots & & \ddots & & \vdots \\ 0 & \cdots & \cdots & 1 & * \\ \hdashline & & & & 0 \\ & & & & \quad\ddots \end{array}\right) \begin{array}{l} \left.\begin{array}{c} \\ \\ \\ \\ \end{array}\right\} \text{階数 } r \\ \\ \\ \end{array}$$

の形に変形される．ここで r は行列 A の階数であり，$*$ の部分には一般に 0 でない成分が残る．このとき線形独立な行ベクトルの最大数は明らかに r であり，これより A の行ベクトルについても，線形独立なものの最大数が $r = \operatorname{rank} A$ であることがわかる．

A の列ベクトルについては，${}^tA$ の行ベクトルについて同様の議論をすればよく，${}^tA$ の行ベクトルのうち線形独立なものの最大数が $\mathrm{rank}\,{}^tA = \mathrm{rank}\,A$ であることがわかる．これより以下の結論が得られる．

定理 4.1 行列 A の線形独立な行ベクトルの最大数と，線形独立な列ベクトルの最大数とは等しく，その値は行列 A の階数 r に一致する．

また階数と正則性との関係を考えれば，この定理と定理 3.15，定理 3.17 から次の結論が得られる．

定理 4.2 n 次行列 A が正則であるための必要十分条件は，線形独立な行 (列) ベクトルの最大数が行列の次数 n に一致することである．

つまり，すべての行 (列) ベクトルを考えてそれらが線形独立であるとき，行列は正則である．

4.1.4 線形独立性と連立 1 次方程式

次に定理 2.11，定理 2.12 の場合と同様に，行列と連立 1 次方程式との関係を考えよう．連立方程式を

$$
\begin{array}{ccccccc}
a_{11}x_1 & + & \cdots & + & a_{1n}x_n & = & b_1 \\
\vdots & & & & & & \vdots \\
a_{m1}x_1 & + & \cdots & + & a_{mn}x_n & = & b_m
\end{array}
$$

とすると，その係数と右辺の定数を並べてできる拡大係数行列 $\widetilde{A}$ は

$$
\widetilde{A} = \left(\begin{array}{ccc:c}
a_{11} & \cdots & a_{1n} & b_1 \\
\vdots & & \vdots & \vdots \\
a_{m1} & \cdots & a_{mn} & b_m
\end{array}\right)
$$

である．この方程式を解くことを考える．

連立方程式を解く際には方程式の両辺を k 倍し，別の方程式に辺々加える操作をくりかえす．例えば，方程式 A と方程式 B から方程式 C が出るとき，拡大係数行列の方程式 A に対応する行と方程式 B に対応する行を定数倍して，方程式 C に対応する行から引けば，その行のすべての成分が 0 になる．

この操作は，拡大係数行列に基本変形 (2) を施すことに相当する．一般に，行基本変形により 0 にならない行の数は，線形独立な行ベクトルの最大数に等しく，これは行列の階数 r に等しい．つまり，

定理 4.3 連立1次方程式の独立な方程式の数と，拡大係数行列 $\widetilde{A}$ の線形独立な行ベクトルの最大数は一致し，その値は行列 $\widetilde{A}$ の階数 r に一致する．

練習問題

4.1 例 4.3 の係数行列 $(\boldsymbol{a}_1, \boldsymbol{a}_2, \boldsymbol{a}_3)$ について，線形独立な列ベクトルの数と，線形独立な行ベクトルの数が等しいことを確かめよ．

4.2 例 2.3〜例 2.5 について，独立な方程式の数と，拡大係数行列の線形独立な行ベクトルの最大数が一致し，その値が階数 r に等しいことを確かめよ．

4.2 空間ベクトルの内積と外積

空間ベクトルには内積 (スカラー積) および外積 (ベクトル積) とよばれる積が定義される．これらの積とその性質について考える．

4.2.1 内積

2次元の空間ベクトル

$$\boldsymbol{a} = \begin{pmatrix} a_1 \\ a_2 \end{pmatrix}, \qquad \boldsymbol{b} = \begin{pmatrix} b_1 \\ b_2 \end{pmatrix}$$

の内積は

$$\boldsymbol{a} \cdot \boldsymbol{b} = a_1 b_1 + a_2 b_2$$

と定義されている．このときベクトル $\boldsymbol{a}$ の長さは

$$\|\boldsymbol{a}\| = \sqrt{{a_1}^2 + {a_2}^2} = (\boldsymbol{a} \cdot \boldsymbol{a})^{1/2}.$$

つまり，ベクトルの長さは内積を通じて求められる．またベクトル $\boldsymbol{a}$ と $\boldsymbol{b}$ のなす角を θ とすると，余弦定理より

$$(a_1 - b_1)^2 + (a_2 - b_2)^2 = ({a_1}^2 + {a_2}^2) + ({b_1}^2 + {b_2}^2) - 2\sqrt{{a_1}^2 + {a_2}^2}\sqrt{{b_1}^2 + {b_2}^2}\cos\theta.$$

これより

$$\cos\theta = \frac{a_1 b_1 + a_2 b_2}{\sqrt{{a_1}^2 + {a_2}^2}\sqrt{{b_1}^2 + {b_2}^2}} = \frac{\boldsymbol{a} \cdot \boldsymbol{b}}{\|\boldsymbol{a}\| \cdot \|\boldsymbol{b}\|}.$$

つまり $\cos\theta$ もまた内積で書かれる．特に $\boldsymbol{a}$ と $\boldsymbol{b}$ が直交することは

$$\boldsymbol{a}\cdot\boldsymbol{b}=0$$

と同値である．

以上の性質は3次元でも同様に成り立つ．3次元のベクトルの内積は

$$\boldsymbol{a}\cdot\boldsymbol{b}=a_1b_1+a_2b_2+a_3b_3$$

と定義され，このときベクトル $\boldsymbol{a}$ の長さは

$$\|\boldsymbol{a}\|=\sqrt{{a_1}^2+{a_2}^2+{a_3}^2}=(\boldsymbol{a}\cdot\boldsymbol{a})^{1/2}$$

であり，やはり余弦定理より

$$\cos\theta=\frac{\boldsymbol{a}\cdot\boldsymbol{b}}{\|\boldsymbol{a}\|\cdot\|\boldsymbol{b}\|}$$

が得られる．

例 4.4 $\mathbf{R}^3$ の標準基底

$$\boldsymbol{e}_1=\begin{pmatrix}1\\0\\0\end{pmatrix},\quad \boldsymbol{e}_2=\begin{pmatrix}0\\1\\0\end{pmatrix},\quad \boldsymbol{e}_3=\begin{pmatrix}0\\0\\1\end{pmatrix}$$

において，$\boldsymbol{e}_i\cdot\boldsymbol{e}_j=\delta_{ij}\ (1\leq i,j\leq 3)$ が成り立つ． □

2次元と3次元の空間ベクトルの内積の自然な一般化として，一般の n 次元空間ベクトルの内積を次のように定義しよう．

定義 4.1 n 次元空間ベクトル

$$\boldsymbol{a}=\begin{pmatrix}a_1\\a_2\\\vdots\\a_n\end{pmatrix},\qquad \boldsymbol{b}=\begin{pmatrix}b_1\\b_2\\\vdots\\b_n\end{pmatrix}$$

の**内積** (inner product) を

$$\boldsymbol{a}\cdot\boldsymbol{b}=a_1b_1+a_2b_2+\cdots+a_nb_n$$

と定義する．

この積は2つのベクトルに対して1つのスカラーを対応させるので，**スカラー積** (scalar product) ともよばれる．また内積を定義すると，その内積にしたがって，n 次元ベクトルの長さを次のように定義することができる．

定義 4.2 n 次元空間ベクトル $\boldsymbol{a}$ の長さは

$$\|\boldsymbol{a}\| = (\boldsymbol{a}\cdot\boldsymbol{a})^{1/2} = \sqrt{{a_1}^2 + {a_2}^2 + \cdots + {a_n}^2}.$$

この量のことを一般にはベクトルの**ノルム** (norm) とよぶ．さらに $\boldsymbol{a}$ と $\boldsymbol{b}$ が $\boldsymbol{0}$ でないとき，$\boldsymbol{a}$ と $\boldsymbol{b}$ のなす角 θ を

$$\cos\theta = \frac{\boldsymbol{a}\cdot\boldsymbol{b}}{\|\boldsymbol{a}\|\cdot\|\boldsymbol{b}\|}$$

によって定義することもできる．特に $\boldsymbol{a}$ と $\boldsymbol{b}$ が直交することは

$$\boldsymbol{a}\cdot\boldsymbol{b} = 0$$

と同値である．

この n 次元の内積について，2 次元および 3 次元で成立している以下の性質がそのまま成り立つ．

定理 4.4 $\boldsymbol{a}$ と $\boldsymbol{b}$ を n 次元空間ベクトル，k を定数として

(1) $\boldsymbol{a}\cdot\boldsymbol{b} = \boldsymbol{b}\cdot\boldsymbol{a}$

(2) $\boldsymbol{a}\cdot(\boldsymbol{b}+\boldsymbol{c}) = \boldsymbol{a}\cdot\boldsymbol{b} + \boldsymbol{a}\cdot\boldsymbol{c}$

(3) $(k\boldsymbol{a})\cdot\boldsymbol{b} = k(\boldsymbol{a}\cdot\boldsymbol{b}) = \boldsymbol{a}\cdot(k\boldsymbol{b})$

(4) $\boldsymbol{a}\cdot\boldsymbol{a} = \|\boldsymbol{a}\|^2 \geq 0$，ただし等号は $\boldsymbol{a} = \boldsymbol{0}$ のときのみ成り立つ．

［**証明**］ 定義に従って成分を書いて確かめればよい． □

内積に関する重要な性質を述べておこう．それは次の 2 つの不等式である．

定理 4.5 $\boldsymbol{a}$ と $\boldsymbol{b}$ を n 次元空間ベクトルとして

(1) $|\boldsymbol{a}\cdot\boldsymbol{b}| \leq \|\boldsymbol{a}\|\|\boldsymbol{b}\|$ （**コーシー・シュワルツの不等式** (Cauchy-Schwarz inequality)）

(2) $\|\boldsymbol{a}+\boldsymbol{b}\| \leq \|\boldsymbol{a}\| + \|\boldsymbol{b}\|$ （**三角不等式** (triangle inequality)）

［**証明**］ (1) $\boldsymbol{a} = \boldsymbol{0}$ のとき成立する．$\boldsymbol{a} \neq \boldsymbol{0}$ のとき，t を実数として

$$0 \leq \|\boldsymbol{a}t + \boldsymbol{b}\|^2 = (\boldsymbol{a}t+\boldsymbol{b})\cdot(\boldsymbol{a}t+\boldsymbol{b}) = \|\boldsymbol{a}\|^2t^2 + 2\boldsymbol{a}\cdot\boldsymbol{b}t + \|\boldsymbol{b}\|^2.$$

これが任意の t に対して成り立つので，判別式 D は

$$\frac{D}{4} = (\boldsymbol{a}\cdot\boldsymbol{b})^2 - \|\boldsymbol{a}\|^2\cdot\|\boldsymbol{b}\|^2 \leq 0.$$

これより与式を得る．等号は $\boldsymbol{a} = \boldsymbol{0}$，または $\boldsymbol{a}t + \boldsymbol{b} = \boldsymbol{0}$ をみたす t が存在するとき（これは $\boldsymbol{b} = \boldsymbol{0}$ を含む）成り立つ．

(2) (1) の Schwarz の不等式より

$$\|\boldsymbol{a}+\boldsymbol{b}\|^2 = \|\boldsymbol{a}\|^2 + 2\boldsymbol{a}\cdot\boldsymbol{b} + \|\boldsymbol{b}\|^2 \leq \|\boldsymbol{a}\|^2 + 2\|\boldsymbol{a}\|\cdot\|\boldsymbol{b}\| + \|\boldsymbol{b}\|^2 = (\|\boldsymbol{a}\| + \|\boldsymbol{b}\|)^2.$$

両辺にあらわれるベクトルのノルムは正であるので，これより与式を得る．等号は $\boldsymbol{a}\cdot\boldsymbol{b} = \|\boldsymbol{a}\|\|\boldsymbol{b}\|$，つまり $\boldsymbol{a}$ または $\boldsymbol{b}$ が $\boldsymbol{0}$，または $\boldsymbol{b} = k\boldsymbol{a}$ かつ $k > 0$ であるとき成り立つ．

□

この定理の証明において，次元が n であることもベクトルの具体的な表式も使われておらず，これらの不等式が定理 4.4 の内積の性質のみを使って証明されていることを確認してほしい．

4.2.2 外積

次に 3 次元の空間ベクトルに対して定義されるもうひとつの積，外積について考えよう．外積は以下の例にもみられるように，特に物理に関連する問題で有用である．この積を定義するために，まずベクトルの右手系と左手系を定義する．同一平面上にない 3 つのベクトル

$$\{\boldsymbol{a}, \boldsymbol{b}, \boldsymbol{c}\}$$

についてこれらが右手系であるとは，ベクトル $\boldsymbol{a}, \boldsymbol{b}, \boldsymbol{c}$ が図 4.1 の左側の図のように順に右手の親指，ひとさし指，中指に対応する位置関係にあることを言う．左手系も同様である．あるいは図 4.1 の右側の図のように「右ネジの向き」という覚え方をすることもある．

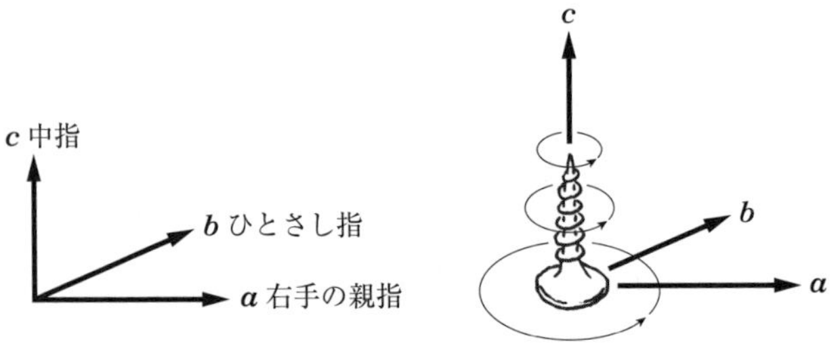

図 4.1　右手系，右ネジ

そこでベクトル $\boldsymbol{a}$ と $\boldsymbol{b}$ の外積を次のように定義する．

定義 4.3　ベクトル $\boldsymbol{a}$ とベクトル $\boldsymbol{b}$ のなす角度を θ $(0 \leq \theta < \pi)$ として

$$\boldsymbol{a}\times\boldsymbol{b} = \begin{cases} \text{大きさ：} & \|\boldsymbol{a}\|\cdot\|\boldsymbol{b}\|\sin\theta \\ \text{向き：} & \text{右ネジの向き　かつ } \boldsymbol{a}, \boldsymbol{b} \text{ に直交} \end{cases}$$

と定義し，これを $\boldsymbol{a}$ と $\boldsymbol{b}$ の**外積** (cross product) とよぶ．

この積は 2 つのベクトルに対して第 3 のベクトルを対応させるので，**ベクトル積** (vector product) ともよばれる．以下，内積と外積を，それぞれ・と × の記号を用いて書く．

例 4.5 原点を基準にベクトル $\boldsymbol{r}$ で示される位置にある質量 m の物体が速度 $\boldsymbol{v}$ で動いているとき，原点に関するこの物体の角運動量 $\boldsymbol{l}$ は

$$\boldsymbol{l} = \boldsymbol{r} \times m\boldsymbol{v} = \begin{cases} \text{大きさ：} & mvr\sin\theta \\ \text{向き：} & \text{右ネジの向き} \end{cases}$$

角運動量については例 4.7 で再び述べる． □

例 4.6 電荷 q を持つ粒子が速度 $\boldsymbol{v}$ で移動するとき，その電荷は周囲に磁場を作る．このとき電荷から位置 $\boldsymbol{r}$ の点に生じている磁場 $\boldsymbol{B}$ は，Biot-Savart（ビオ・サバール）の法則より，

$$\boldsymbol{B} = \frac{\mu_0}{4\pi}\frac{q\boldsymbol{v}}{r^2} \times \frac{\boldsymbol{r}}{r}.$$

ただし μ_0 は真空の透磁率である．最後のベクトル $\boldsymbol{r}/r$ は大きさが 1 で向きは，$\boldsymbol{r}$ と同じであり，磁場 $\boldsymbol{B}$ の大きさを変えずにその向きを指定するために入れてある． □

定理 4.6 ベクトル $\boldsymbol{a}, \boldsymbol{b}, \boldsymbol{c}$ を 3 つの辺とする平行六面体の体積は $(\boldsymbol{a} \times \boldsymbol{b}) \cdot \boldsymbol{c}$.

［**証明**］ 図 4.2 のように，底面の平行四辺形の面積は $\|a\|\|b\|\sin\theta$ であり，この底面から見た平行六面体の高さは $\|c\|\cos\phi$ である．このとき $\boldsymbol{a} \times \boldsymbol{b}$ と $\boldsymbol{c}$ の内積

$$(\boldsymbol{a} \times \boldsymbol{b}) \cdot \boldsymbol{c} = (\|a\|\|b\|\sin\theta) \cdot \|c\| \cdot \cos\phi$$

は平行六面体の体積に等しい． □

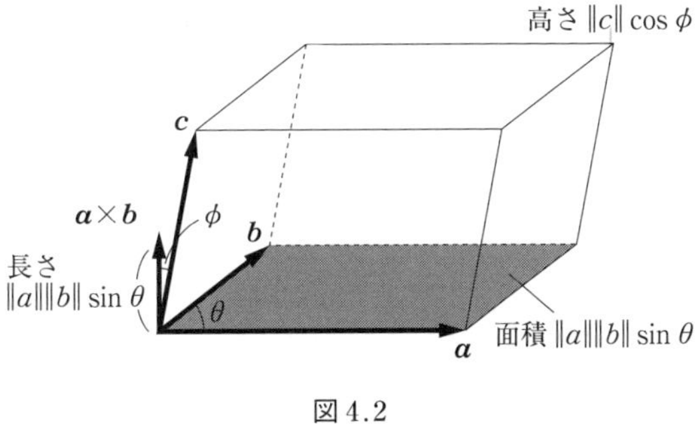

図 4.2

系 4.1 $(\boldsymbol{a}\times\boldsymbol{b})\cdot\boldsymbol{c}=(\boldsymbol{b}\times\boldsymbol{c})\cdot\boldsymbol{a}=(\boldsymbol{c}\times\boldsymbol{a})\cdot\boldsymbol{b}$

［**証明**］ 定理4.6の証明では $\boldsymbol{a}$ と $\boldsymbol{b}$ の作る平行四辺形を底面と考えて体積を求めたが，同様に $\boldsymbol{b}$ と $\boldsymbol{c}$，あるいは $\boldsymbol{c}$ と $\boldsymbol{a}$ の作る平行四辺形を底面として体積を計算しても結果は同じであるので，これより与式を得る． □

外積の基本的な性質を確認しておく．

定理 4.7 k を定数とするとき

(1) $\boldsymbol{a}\times\boldsymbol{a}=\boldsymbol{0}$

(2) $\boldsymbol{a}\times\boldsymbol{b}=-\boldsymbol{b}\times\boldsymbol{a}$

(3) $(k\boldsymbol{a})\times\boldsymbol{b}=k(\boldsymbol{a}\times\boldsymbol{b})=\boldsymbol{a}\times(k\boldsymbol{b})$

(4) $\boldsymbol{a}\times(\boldsymbol{b}+\boldsymbol{c})=\boldsymbol{a}\times\boldsymbol{b}+\boldsymbol{a}\times\boldsymbol{c},\qquad(\boldsymbol{a}+\boldsymbol{b})\times\boldsymbol{c}=\boldsymbol{a}\times\boldsymbol{c}+\boldsymbol{b}\times\boldsymbol{c}$

［**証明**］ (1)～(3) は定義より自明なので (4) を導く．

$$\boldsymbol{d}=\boldsymbol{a}\times(\boldsymbol{b}+\boldsymbol{c})-(\boldsymbol{a}\times\boldsymbol{b}+\boldsymbol{a}\times\boldsymbol{c})$$

とする．この $\boldsymbol{d}$ が零ベクトルであることを示せばよい．そのためには，すべての $\boldsymbol{x}\in\mathbf{R}^3$ に対し $\boldsymbol{x}\cdot\boldsymbol{d}=0$ であることを示せばよい．そこで系4.1を用いて

$$\begin{aligned}\boldsymbol{x}\cdot\boldsymbol{d}&=\boldsymbol{x}\cdot(\boldsymbol{a}\times(\boldsymbol{b}+\boldsymbol{c}))-\boldsymbol{x}\cdot(\boldsymbol{a}\times\boldsymbol{b})-\boldsymbol{x}\cdot(\boldsymbol{a}\times\boldsymbol{c})\\&=(\boldsymbol{b}+\boldsymbol{c})\cdot(\boldsymbol{x}\times\boldsymbol{a})-\boldsymbol{b}\cdot(\boldsymbol{x}\times\boldsymbol{a})-\boldsymbol{c}\cdot(\boldsymbol{x}\times\boldsymbol{a})=0.\end{aligned}$$ □

(4) の証明では，外積の分配則が内積の分配則に帰着されている．

補題 4.1 $\boldsymbol{e}_1,\boldsymbol{e}_2,\boldsymbol{e}_3$ を例4.4の標準基底として

$$\begin{aligned}&\boldsymbol{e}_1\times\boldsymbol{e}_2=-\boldsymbol{e}_2\times\boldsymbol{e}_1=\boldsymbol{e}_3,\qquad \boldsymbol{e}_2\times\boldsymbol{e}_3=-\boldsymbol{e}_3\times\boldsymbol{e}_2=\boldsymbol{e}_1,\\&\boldsymbol{e}_3\times\boldsymbol{e}_1=-\boldsymbol{e}_1\times\boldsymbol{e}_3=\boldsymbol{e}_2,\qquad \boldsymbol{e}_1\times\boldsymbol{e}_1=\boldsymbol{e}_2\times\boldsymbol{e}_2=\boldsymbol{e}_3\times\boldsymbol{e}_3=\boldsymbol{0}.\end{aligned}$$

［**証明**］ 定義から直ちに導かれる． □

内積はベクトルの成分で書かれているが，補題4.1を利用して外積もまたベクトルの成分を使ってあらわすことができる．

定理 4.8

$$\boldsymbol{a}\times\boldsymbol{b}=\begin{vmatrix}a_2&b_2\\a_3&b_3\end{vmatrix}\boldsymbol{e}_1+\begin{vmatrix}a_3&b_3\\a_1&b_1\end{vmatrix}\boldsymbol{e}_2+\begin{vmatrix}a_1&b_1\\a_2&b_2\end{vmatrix}\boldsymbol{e}_3$$

［**証明**］

$$\begin{aligned}\boldsymbol{a}\times\boldsymbol{b}&=(a_1\boldsymbol{e}_1+a_2\boldsymbol{e}_2+a_3\boldsymbol{e}_3)\times(b_1\boldsymbol{e}_1+b_2\boldsymbol{e}_2+b_3\boldsymbol{e}_3)\\&=a_1b_1\boldsymbol{e}_1\times\boldsymbol{e}_1+a_1b_2\boldsymbol{e}_1\times\boldsymbol{e}_2+a_1b_3\boldsymbol{e}_1\times\boldsymbol{e}_3\end{aligned}$$

$$
\begin{aligned}
&+ a_2b_1\boldsymbol{e}_2\times\boldsymbol{e}_1 + a_2b_2\boldsymbol{e}_2\times\boldsymbol{e}_2 + a_2b_3\boldsymbol{e}_2\times\boldsymbol{e}_3\\
&+ a_3b_1\boldsymbol{e}_3\times\boldsymbol{e}_1 + a_3b_2\boldsymbol{e}_3\times\boldsymbol{e}_2 + a_3b_3\boldsymbol{e}_3\times\boldsymbol{e}_3\\
&= (a_2b_3 - a_3b_2)\boldsymbol{e}_1 + (a_3b_1 - a_1b_3)\boldsymbol{e}_2 + (a_1b_2 - a_2b_1)\boldsymbol{e}_3. \qquad \square
\end{aligned}
$$

つまり，各成分が行列式によってあらわされる．この結果は形式的には次のように書くことができる．

$$
\boldsymbol{a}\times\boldsymbol{b} = \begin{vmatrix} \boldsymbol{e}_1 & \boldsymbol{e}_2 & \boldsymbol{e}_3 \\ a_1 & a_2 & a_3 \\ b_1 & b_2 & b_3 \end{vmatrix} = \begin{vmatrix} \boldsymbol{e}_1 & a_1 & b_1 \\ \boldsymbol{e}_2 & a_2 & b_2 \\ \boldsymbol{e}_3 & a_3 & b_3 \end{vmatrix}.
$$

これは第 1 行あるいは第 1 列の成分がベクトルであるので，正しくは行列式とは言えない．しかし行列式の計算規則にしたがって展開すれば定理 4.8 の結果が得られるので，記憶法として便利である．

例 4.7 角運動量をその成分を用いて書く．

$$
\boldsymbol{l} = \boldsymbol{r}\times m\boldsymbol{v} = \begin{vmatrix} \boldsymbol{e}_1 & \boldsymbol{e}_2 & \boldsymbol{e}_3 \\ x & y & z \\ mv_x & mv_y & mv_z \end{vmatrix} = \begin{pmatrix} m(yv_z - zv_y) \\ m(zv_x - xv_z) \\ m(xv_y - yv_x) \end{pmatrix}.
$$

特に運動が xy 面内に制限されるとき，$z = 0$ かつ $v_z = 0$ なので角運動量 $\boldsymbol{l}$ の x 成分および y 成分は 0 であり，z 成分 l_z は

$$
l_z = m(xv_y - yv_x).
$$

位置ベクトル $\boldsymbol{r} = (x, y)$ の物体が速度 $\boldsymbol{v} = (v_x, v_y)$ で平面内を移動しているとき，その面積速度は

$$
\frac{1}{2}|xv_y - yv_x|
$$

で与えられる．つまり，角運動量が保存するとき，その物体の面積速度は不変であり，例えば惑星の公転運動の場合には，これはケプラーの第 2 法則に他ならない． □

定理 4.6 で扱った平行六面体の体積に相当する量を，ベクトルの成分で書いておく．この結果を使えば，系 4.1 を「体積」に帰着させずに証明することができる．

定理 4.9

$$
(\boldsymbol{a}\times\boldsymbol{b})\cdot\boldsymbol{c} = \det\begin{pmatrix} a_1 & b_1 & c_1 \\ a_2 & b_2 & c_2 \\ a_3 & b_3 & c_3 \end{pmatrix}
$$

［**証明**］　定理4.8により $\boldsymbol{a}\times\boldsymbol{b}$ の成分が得られており，その $\boldsymbol{c}$ との内積は

$$(\boldsymbol{a}\times\boldsymbol{b})\cdot\boldsymbol{c}=\begin{vmatrix} a_2 & b_2 \\ a_3 & b_3 \end{vmatrix}c_1+\begin{vmatrix} a_3 & b_3 \\ a_1 & b_1 \end{vmatrix}c_2+\begin{vmatrix} a_1 & b_1 \\ a_2 & b_2 \end{vmatrix}c_3$$
$$=\begin{vmatrix} a_2 & b_2 \\ a_3 & b_3 \end{vmatrix}c_1-\begin{vmatrix} a_1 & b_1 \\ a_3 & b_3 \end{vmatrix}c_2+\begin{vmatrix} a_1 & b_1 \\ a_2 & b_2 \end{vmatrix}c_3.$$

行列式の余因子展開を考えれば，これは

$$\begin{vmatrix} a_1 & b_1 & c_1 \\ a_2 & b_2 & c_2 \\ a_3 & b_3 & c_3 \end{vmatrix}$$

をその第3列で展開したものに等しい．□

つまり3次の行列式 (正確にはその絶対値) は，その列ベクトルの作る平行六面体の体積に等しい．これは3.1.2項で調べた事実，つまりベクトル

$$\boldsymbol{a}=\begin{pmatrix} a_1 \\ a_2 \end{pmatrix},\qquad \boldsymbol{b}=\begin{pmatrix} b_1 \\ b_2 \end{pmatrix}$$

の作る平行四辺形の面積が，これらを列ベクトルとする2次の行列式

$$\begin{vmatrix} a_1 & b_1 \\ a_2 & b_2 \end{vmatrix}$$

の絶対値に等しいという性質の3次元化である．絶対値をとるのは，列ベクトルの順序を変えると，例えば2次元であれば面が裏返しになり行列式の符号が逆になるが，体積や面積の値は正だからである．つまり行列式は，一種の符号付きの体積であると考えてもよい．

4.2.3　空間図形の方程式

3次元の空間において内積と外積が定義されると，その性質を利用して空間図形の方程式を簡単に書くことができる．

空間 $\mathbf{R}^3$ 内の点 P を，原点 O を始点とし P を終点とするベクトル $\boldsymbol{p}$ であらわす．この $\boldsymbol{p}$ を P の位置ベクトルとよび，点 P のことを点 $\boldsymbol{p}$ とよぶこともある．このとき原点から P までの距離 r は，$\boldsymbol{p}$ のノルムによってあらわされる．つまり

$$r^2=\|\boldsymbol{p}\|^2=\boldsymbol{p}\cdot\boldsymbol{p}.$$

位置ベクトル $\boldsymbol{x}$ と $\boldsymbol{p}$ が直交するとき，その内積は

$$0=\boldsymbol{x}\cdot\boldsymbol{p}$$

をみたす．つまり，点の座標，距離，直交性という概念は，いずれもベクトルとそれ

らの内積によって記述され，以下のように，距離と直交性によって定義される図形は，いずれも内積によって表示される．

例えば，位置ベクトル $\boldsymbol{p}$ で示される点を通り，ベクトル $\boldsymbol{a}$ と平行な直線上にある点 $\boldsymbol{x}$ は，t をある実数として

$$\boldsymbol{x} = \boldsymbol{p} + t\boldsymbol{a} \quad (t \in \boldsymbol{R}) \tag{4.2}$$

とあらわされる．逆に，任意の実数 t に対して，(4.2) によって示される点はこの直線上にある．$\boldsymbol{a}$ をこの直線の方向ベクトルとよぶ．さらに

$$\boldsymbol{x} = \begin{pmatrix} x \\ y \\ z \end{pmatrix}, \quad \boldsymbol{p} = \begin{pmatrix} x_0 \\ y_0 \\ z_0 \end{pmatrix}, \quad \boldsymbol{a} = \begin{pmatrix} a \\ b \\ c \end{pmatrix}$$

としてこれを成分で書くと

$$x = x_0 + at, \ y = y_0 + bt, \ z = z_0 + ct.$$

$a \neq 0, \ b \neq 0, \ c \neq 0$ であれば，この直線は

$$\frac{x - x_0}{a} = \frac{y - y_0}{b} = \frac{z - z_0}{c} \qquad (= t)$$

とあらわされる．

また例えば，点 $\boldsymbol{p}$ を通りベクトル $\boldsymbol{n}$ に垂直な平面上にある点 $\boldsymbol{x}$ は

$$0 = \boldsymbol{n} \cdot (\boldsymbol{x} - \boldsymbol{p}) \tag{4.3}$$

をみたす．逆に条件 (4.3) をみたす点 $\boldsymbol{x}$ はすべてこの平面に含まれる．$\boldsymbol{n}$ をこの平面の法線ベクトルとよぶ．その成分を

$$\boldsymbol{n} = \begin{pmatrix} a \\ b \\ c \end{pmatrix}$$

とすると

$$0 = a(x - x_0) + b(y - y_0) + c(z - z_0).$$

つまり，次の平面の方程式が得られる

$$0 = ax + by + cz + (\text{定数}).$$

同様にして，内積および外積を利用することで，種々の空間図形の方程式を容易に書くことができる．

練習問題

4.3　$\boldsymbol{a}, \boldsymbol{b}, \boldsymbol{c}, \boldsymbol{d}$ を $\mathbf{R}^3$ の空間ベクトル，$\boldsymbol{a} \cdot \boldsymbol{b}$ を $\boldsymbol{a}$ と $\boldsymbol{b}$ の内積，$\boldsymbol{a} \times \boldsymbol{b}$ を $\boldsymbol{a}$ と $\boldsymbol{b}$ の外積とするとき，以下の (1)～(3) を示せ．

(1)　$(\boldsymbol{a} \cdot \boldsymbol{b})^2 + \|\boldsymbol{a} \times \boldsymbol{b}\|^2 = \|\boldsymbol{a}\|^2 \|\boldsymbol{b}\|^2$

(2)　$\boldsymbol{a} \times (\boldsymbol{b} \times \boldsymbol{c}) = (\boldsymbol{a} \cdot \boldsymbol{c})\boldsymbol{b} - (\boldsymbol{a} \cdot \boldsymbol{b})\boldsymbol{c}$

(3)　$(\boldsymbol{a} \times \boldsymbol{b}) \cdot (\boldsymbol{c} \times \boldsymbol{d}) = \begin{vmatrix} (\boldsymbol{a} \cdot \boldsymbol{c}) & (\boldsymbol{b} \cdot \boldsymbol{c}) \\ (\boldsymbol{a} \cdot \boldsymbol{d}) & (\boldsymbol{b} \cdot \boldsymbol{d}) \end{vmatrix}$

4.4　以下の空間図形の方程式を示せ．ただし縦ベクトルを $\begin{pmatrix} x \\ y \\ z \end{pmatrix}$ と書いた．

(1)　点 $\boldsymbol{c} = {}^t(a, b, c)$ を中心とし半径が r の球面

(2)　(1)の球面の，点 $\boldsymbol{p} = {}^t(x_0, y_0, z_0)$ を接点とする接平面

(3)　2つの平行でないベクトル $\boldsymbol{a} = {}^t(a_1, a_2, a_3)$ と $\boldsymbol{b} = {}^t(b_1, b_2, b_3)$ に直交する法線ベクトルを持ち，点 $\boldsymbol{p} = {}^t(x_0, y_0, z_0)$ を通る平面

4.5　原点を中心とし半径が r の球面 S_0 と，S_0 上の点 $\boldsymbol{p}$ を中心とし半径が a $(a < 2r)$ の球面 S の共有点をすべて含む平面の方程式を求めよ．

4.6　次の条件式であらわされる図形を求めよ．

$$\begin{vmatrix} 1 & 1 & 1 \\ x & 1 & a \\ y & 0 & b \end{vmatrix} = 0$$

第5章　線形空間

空間ベクトル，$m \times n$ 行列，数列，連続な関数，微分可能な関数，多項式などはそれぞれ固有の性質を持っているが，しかしこれらに共通する構造が存在し，その構造のみから導かれる性質について調べることができる．このようにして得られた結果は，これらの空間ベクトルや行列や関数において，共通して成立する．

線形代数学では，様々な数学的対象に現れる「線形性」に注目し，その性質を調べる．線形性は基本的な概念であり，我々が扱いたい様々な問題は，多くの場合に線形性を持つか，あるいは部分的または近似的に線形性を示す．

5.1　線形空間

5.1.1　線形空間の公理系

まず，いくつかの例について考えてみよう．

例 5.1　2次元の空間ベクトルを考える．ベクトルをその成分によって

$$\boldsymbol{a} = \begin{pmatrix} a_1 \\ a_2 \end{pmatrix}, \quad \boldsymbol{b} = \begin{pmatrix} b_1 \\ b_2 \end{pmatrix}, \quad \boldsymbol{c} = \begin{pmatrix} c_1 \\ c_2 \end{pmatrix}$$

と書く．このとき，これらの和を

$$\boldsymbol{a} + \boldsymbol{b} = \begin{pmatrix} a_1 + b_1 \\ a_2 + b_2 \end{pmatrix}$$

と定義すると，

$$\boldsymbol{a} + \boldsymbol{b} = \begin{pmatrix} a_1 + b_1 \\ a_2 + b_2 \end{pmatrix} = \begin{pmatrix} b_1 + a_1 \\ b_2 + a_2 \end{pmatrix} = \boldsymbol{b} + \boldsymbol{a}.$$

同様に

$$(\boldsymbol{a}+\boldsymbol{b})+\boldsymbol{c}=\begin{pmatrix} a_1+b_1+c_1 \\ a_2+b_2+c_2 \end{pmatrix}=\boldsymbol{a}+(\boldsymbol{b}+\boldsymbol{c}).$$

また，$\boldsymbol{0}=\begin{pmatrix} 0 \\ 0 \end{pmatrix}$とおけば，すべての $\boldsymbol{a}$ に対して $\boldsymbol{a}+\boldsymbol{0}=\boldsymbol{a}$ が成り立ち，$\boldsymbol{a}=\begin{pmatrix} a_1 \\ a_2 \end{pmatrix}$ に対して $-\boldsymbol{a}=\begin{pmatrix} -a_1 \\ -a_2 \end{pmatrix}$ とおくと $\boldsymbol{a}+(-\boldsymbol{a})=\boldsymbol{0}$ が成り立つ．

つまり，ベクトルの間に和 $+$ が定義され，その和は上記の性質を持つ．また特別なベクトル $\boldsymbol{0}$ があり，どのベクトルとの和を考えても結果は元のベクトルに一致する．また，ベクトル $\boldsymbol{a}$ に対応して $-\boldsymbol{a}$ があり，両者の和は $\boldsymbol{0}$ になる．

さらに，k を定数としてベクトルの定数倍を

$$k\boldsymbol{a}=\begin{pmatrix} ka_1 \\ ka_2 \end{pmatrix}$$

と定義すると，定数 k, h とベクトル $\boldsymbol{a}, \boldsymbol{b}$ について

$$\begin{aligned} (k+h)\boldsymbol{a} &= k\boldsymbol{a}+h\boldsymbol{a}, \\ k(\boldsymbol{a}+\boldsymbol{b}) &= k\boldsymbol{a}+k\boldsymbol{b}, \\ (kh)\boldsymbol{a} &= k(h\boldsymbol{a}), \\ 1\cdot\boldsymbol{a} &= \boldsymbol{a} \end{aligned}$$

が成り立つ．つまり，定数倍と和とは整合的に定義されており，特に定数倍について特別な数 1 があり，どのベクトルを 1 倍しても結果は元のベクトルに等しい． □

例 5.2 区間 $I=[a,b]$ を考え，I 上の実数値連続関数の全体からなる集合 $C^0(I)$ を考えよう．f と g が $C^0(I)$ に属するとして，その和

$$f(x)+g(x)$$

を考えると，f と g が連続なら $f+g$ も連続であり，h も $C^0(I)$ に属するとして

$$\begin{aligned} f(x)+g(x) &= g(x)+f(x), \\ (f(x)+g(x))+h(x) &= f(x)+(g(x)+h(x)). \end{aligned}$$

また，定数関数 0 は連続関数であり，

$$f(x)+0=f(x).$$

そして関数 f に対応して関数 $-f$ も連続で，

$$f(x)+(-f(x))=0.$$

さらに関数の実数倍

$$kf(x)$$

を考えるとこれは連続であり以下の性質を持つ．k と k' を実数として

$$
\begin{aligned}
(k+k')f(x) &= kf(x)+k'f(x),\\
k(f(x)+g(x)) &= kf(x)+kg(x),\\
(kk')f(x) &= k(k'f(x)).
\end{aligned}
$$

また，実数 1 を考えると，

$$1\cdot f(x) = f(x)$$

が成り立つ． □

例 5.3 実数を成分とする $m\times n$ 行列の全体 $M_{mn}(\mathbf{R})$ を考える．例えば 2×2 行列を例として

$$A=\begin{pmatrix} a_{11} & a_{12}\\ a_{21} & a_{22}\end{pmatrix},\quad B=\begin{pmatrix} b_{11} & b_{12}\\ b_{21} & b_{22}\end{pmatrix},\quad C=\begin{pmatrix} c_{11} & c_{12}\\ c_{21} & c_{22}\end{pmatrix}$$

とすると，行列の和は

$$A+B=\begin{pmatrix} a_{11}+b_{11} & a_{12}+b_{12}\\ a_{21}+b_{21} & a_{22}+b_{22}\end{pmatrix}$$

であり，これらについて以下の性質が成り立つ

$$
\begin{aligned}
A+B &= B+A,\\
(A+B)+C &= A+(B+C).
\end{aligned}
$$

また，零行列

$$O=\begin{pmatrix} 0 & 0\\ 0 & 0\end{pmatrix}$$

を考えると，すべての行列 A に対して

$$A+O=A.$$

また行列 A に対応して

$$-A=\begin{pmatrix} -a_{11} & -a_{12}\\ -a_{21} & -a_{22}\end{pmatrix}$$

を考えると

$$A+(-A)=O.$$

さらに行列の実数倍

$$kA = \begin{pmatrix} ka_{11} & ka_{12} \\ ka_{21} & ka_{22} \end{pmatrix}$$

について以下の性質が成り立つ．k と h を実数として

$$(k+h)A = kA + hA,$$
$$k(A+B) = kA + kB,$$
$$(kh)A = k(hA).$$

また実数 1 を考えると，すべての A に対し

$$1 \cdot A = A$$

が成り立つ． □

以上の例では，k や h はいずれも実数であったが，k や h が複素数であっても同じ構造を考えることができる．一般に集合 K があり，それが適当な条件をみたすとき，k や h を集合 K の元として同様に議論することができる．これらの k や h を，1.1 節の場合と同じく**スカラー** (scalar) とよぶ．この本では特に断らない限りスカラーは実数であるとし，第 8 章でスカラーが複素数の場合について考える．

以上の性質をまとめて線形空間を次のように定義する．

定義 5.1 (**線形空間**) 集合 V とスカラーの集合 K を考える．V の元の間に演算 $+$ が定義され，また V の元と K の元との間にスカラー倍が定義され，以下の性質をみたすとき，V を K 上の**線形空間** (linear space) とよぶ．

$\boldsymbol{a} \in V$ かつ $\boldsymbol{b} \in V$ のとき $\boldsymbol{a}+\boldsymbol{b} \in V$ であり

(I-1) $(\boldsymbol{a}+\boldsymbol{b})+\boldsymbol{c} = \boldsymbol{a}+(\boldsymbol{b}+\boldsymbol{c})$
(I-2) $\boldsymbol{0} \in V$ が存在し，すべての $\boldsymbol{a} \in V$ に対し $\boldsymbol{a}+\boldsymbol{0} = \boldsymbol{a}$ をみたす．
(I-3) すべての $\boldsymbol{a} \in V$ に対し $-\boldsymbol{a} \in V$ が存在し $\boldsymbol{a}+(-\boldsymbol{a}) = \boldsymbol{0}$ をみたす．
(I-4) $\boldsymbol{a}+\boldsymbol{b} = \boldsymbol{b}+\boldsymbol{a}$

$k \in K$ かつ $\boldsymbol{a} \in V$ のとき $k\boldsymbol{a} \in V$ であり

(II-1) $(h+k)\boldsymbol{a} = h\boldsymbol{a}+k\boldsymbol{a}$
(II-2) $k(\boldsymbol{a}+\boldsymbol{b}) = k\boldsymbol{a}+k\boldsymbol{b}$
(II-3) $(hk)\boldsymbol{a} = h(k\boldsymbol{a})$
(II-4) $1 \in K$ が存在し，すべての $\boldsymbol{a} \in V$ に対し $1 \cdot \boldsymbol{a} = \boldsymbol{a}$ をみたす．

V において $\mathbf{0}$ を**零元** (zero element)，$-\boldsymbol{a}$ を $\boldsymbol{a}$ の**逆元** (inverse element) とよぶ．$-\boldsymbol{a}$ の逆元は $\boldsymbol{a}$ である．また 1 を K の**単位元** (identity element) とよぶ．

$\boldsymbol{a} \in V$ かつ $\boldsymbol{b} \in V$ のとき $\boldsymbol{a}+\boldsymbol{b} \in V$ であることを，V は演算 $+$ に関して閉じていると言う．同様に $k \in K$ かつ $\boldsymbol{a} \in V$ のとき $k\boldsymbol{a} \in V$ であることを，V はスカラー倍に関して閉じていると言う．

演算 $+$ を「和」とよぶことが多い．また $\boldsymbol{x}+(-\boldsymbol{y})$ を $\boldsymbol{x}-\boldsymbol{y}$ と書く．つまり，和が定義され逆元が存在すれば，それらによって差は自然に定義される．

V の元を一般に「ベクトル」とよぶ．例えば例 5.2 では $C^0(I)$ に属する連続関数がベクトルであり，例 5.3 では 2×2 行列がベクトルである．

線形空間は**ベクトル空間** (vector space) ともよばれる．これは 4.1.1 項で考えた空間ベクトルの概念を抽象化して線形空間が得られたことから来る．両者は同じ意味であり，特に区別すべき点はない．線形空間の構造は，空間ベクトルを使って具体的に表示することができる．

$h, k, \ldots$ を実数とするとき，つまりスカラーとして実数をとるとき，Vを実数上の線形空間あるいは**実線形空間** (real linear space) とよぶ．同様に $h, k, \ldots$ を複素数，つまりスカラーとして複素数をとるとき，V を複素数上の線形空間あるいは**複素線形空間** (complex linear space) とよぶ．一般にスカラーとして集合 K の元をとるとき，V を K 上の線形空間とよぶ．

どんな集合と和とスカラー倍でも，公理を満たせば線形空間であり，後の章で証明する様々な構造を共通に持つ．さらに線形空間の例を見てみよう．

例 5.4 (実数 n 個の組の全体 $\mathbf{R}^n$) 和とスカラー倍を

$$\begin{pmatrix} a_1 \\ \vdots \\ a_n \end{pmatrix} + \begin{pmatrix} b_1 \\ \vdots \\ b_n \end{pmatrix} = \begin{pmatrix} a_1+b_1 \\ \vdots \\ a_n+b_n \end{pmatrix},$$

$$k\begin{pmatrix} a_1 \\ \vdots \\ a_n \end{pmatrix} = \begin{pmatrix} ka_1 \\ \vdots \\ ka_n \end{pmatrix}$$

と定義し，零元と逆元をそれぞれ

$$\mathbf{0} = \begin{pmatrix} 0 \\ \vdots \\ 0 \end{pmatrix}, \qquad -\begin{pmatrix} a_1 \\ \vdots \\ a_n \end{pmatrix} = \begin{pmatrix} -a_1 \\ \vdots \\ -a_n \end{pmatrix}$$

とすると，これは線形空間になる．例 5.1 の 2 次元の空間ベクトルの全体は，この例の $n=2$ の場合にあたる．また例 5.3 の 2×2 行列の全体は，この例の $n=4$ の場合と同一視することができる． □

例 5.5 (**数列** $\{a_n\}$ **の全体**) 和とスカラー倍を

$$\{a_n\} + \{b_n\} = \{a_n + b_n\}, \qquad k\{a_n\} = \{ka_n\}$$

と定義し，零元と $\{a_n\}$ の逆元をそれぞれ

$$\{0, 0, 0, \ldots\}, \qquad \{-a_1, -a_2, -a_3, \ldots\}$$

とすると，数列の全体は線形空間になる．これは例 5.4 の $\mathbf{R}^n$ において n を無限大にしたものと考えることができる． □

例 5.6 (**2 次以下の多項式の全体**) 和とスカラー倍を

$$(a_0 + a_1x + a_2x^2) + (b_0 + b_1x + b_2x^2) = (a_0 + b_0) + (a_1 + b_1)x + (a_2 + b_2)x^2,$$
$$k(a_0 + a_1x + a_2x^2) = ka_0 + ka_1x + ka_2x^2$$

と定義し，零ベクトルと $a_0 + a_1x + a_2x^2$ の逆ベクトルをそれぞれ

$$0 + 0x + 0x^2, \qquad -a_0 - a_1x - a_2x^2$$

とすると，これは線形空間になる． □

2 次以下の多項式，つまり 0 次，1 次または 2 次の多項式のことを，高々 2 次の多項式とよぶ．

例 5.7 2 次の多項式の全体を V_2 とするとき，V_2 は上記の和について線形空間にならない．例えば，

$$(a_0 + a_1x + a_2x^2) + (a_0' + a_1'x - a_2x^2) = (a_0 + a_0') + (a_1 + a_1')x$$

を考えればわかるように，2 次式どうしの和は一般には 2 次式とは限らない．つまり，V_2 は和について閉じていない．また V_2 は 2 次の多項式の全体であるので，零ベクトル $0 + 0x + 0x^2$ を含まず，このことからも V_2 が線形空間にならないことがわかる．

□

線形空間は定義 5.1 によって公理的に定義されているので，自明に思える事実であっても，すべて公理から導かなければならない．例えば $0 \cdot \boldsymbol{a} = \boldsymbol{0}$ を導いてみよう．0 はスカラー，$\boldsymbol{a} \in V$ なので $0 \cdot \boldsymbol{a} \in V$．また $1 \cdot \boldsymbol{a} = \boldsymbol{a}$．これより

$$\begin{aligned} \boldsymbol{a} + 0 \cdot \boldsymbol{a} &= 1 \cdot \boldsymbol{a} + 0 \cdot \boldsymbol{a} \\ &= (1 + 0) \cdot \boldsymbol{a} \\ &= 1 \cdot \boldsymbol{a} \\ &= \boldsymbol{a}. \end{aligned}$$

そこで両辺に $\boldsymbol{a}$ の逆元 $-\boldsymbol{a}$ を加えて $0 \cdot \boldsymbol{a} = \boldsymbol{0}$ が得られる．同様に，以下の事実が導かれる．

定理 5.1 以下の (1)〜(5) が成り立つ.

(1) 零元 $\mathbf{0}$ は一意的である.

(2) $0\,\boldsymbol{a} = \mathbf{0}$, $\quad k\,\mathbf{0} = \mathbf{0}$

(3) 元 $\boldsymbol{a}$ に対し, 逆元 $-\boldsymbol{a}$ は一意的に定まる.

(4) $\boldsymbol{a}$ の逆元を $-\boldsymbol{a}$ とし, スカラー -1 とのスカラー倍を $(-1)\boldsymbol{a}$ とするとき, $(-1)\,\boldsymbol{a} = -\boldsymbol{a}$. また, $(-k)\,\boldsymbol{a} = k\,(-\boldsymbol{a}) = -k\,\boldsymbol{a}$.

(5) $k\,\boldsymbol{a} = \mathbf{0}$ ならば $k = 0$ または $\boldsymbol{a} = \mathbf{0}$

［**証明**］ (1) $\mathbf{0}$ と $\bar{\mathbf{0}}$ がいずれも零元であるとすると, $\mathbf{0}$ は零元なので $\bar{\mathbf{0}} + \mathbf{0} = \bar{\mathbf{0}}$, また $\bar{\mathbf{0}}$ は零元なので $\mathbf{0} + \bar{\mathbf{0}} = \mathbf{0}$. このとき $\bar{\mathbf{0}} + \mathbf{0} = \mathbf{0} + \bar{\mathbf{0}}$ よりこれらの左辺は互いに等しいので, 右辺を比較して $\bar{\mathbf{0}} = \mathbf{0}$.

(2) 前半は定理を述べる直前にすでに証明した. 後半は, $k\,\mathbf{0} = k\,(\mathbf{0} + \mathbf{0}) = k\,\mathbf{0} + k\,\mathbf{0}$ として, 両辺に $k\,\mathbf{0}$ の逆元 $-k\,\mathbf{0}$ を加えると $\mathbf{0} = k\,\mathbf{0}$.

(3) $-\boldsymbol{a}$ と $\boldsymbol{b}$ がいずれも $\boldsymbol{a}$ の逆元であるとする. $-\boldsymbol{a}$ は逆元なので $\boldsymbol{a} + (-\boldsymbol{a}) = \mathbf{0}$, これより $\boldsymbol{b} + (\boldsymbol{a} + (-\boldsymbol{a})) = \boldsymbol{b} + \mathbf{0}$. $\boldsymbol{b}$ は $\boldsymbol{a}$ の逆元なので, 左辺は $(\boldsymbol{b} + \boldsymbol{a}) + (-\boldsymbol{a}) = \mathbf{0} + (-\boldsymbol{a}) = -\boldsymbol{a}$, 右辺は $\boldsymbol{b} + \mathbf{0} = \boldsymbol{b}$, これより $-\boldsymbol{a} = \boldsymbol{b}$.

(4) $\mathbf{0} = 0\,\boldsymbol{a} = (1 + (-1))\,\boldsymbol{a} = 1\,\boldsymbol{a} + (-1)\,\boldsymbol{a} = \boldsymbol{a} + (-1)\,\boldsymbol{a}$. よって $(-1)\,\boldsymbol{a}$ は $\boldsymbol{a}$ の逆元. (3) より逆元 $-\boldsymbol{a}$ は一意的なので $-\boldsymbol{a} = (-1)\,\boldsymbol{a}$. また, $\mathbf{0} = 0\,\boldsymbol{a} = (k + (-k))\,\boldsymbol{a} = k\,\boldsymbol{a} + (-k)\boldsymbol{a}$. 両辺に $k\,\boldsymbol{a}$ の逆元 $-k\,\boldsymbol{a}$ を加えると $-k\,\boldsymbol{a} = (-k)\boldsymbol{a}$. さらに $k\,(-\boldsymbol{a}) = k\,((-1)\boldsymbol{a}) = (-1)\,k\,\boldsymbol{a} = -k\,\boldsymbol{a}$.

(5) $k = 0$ のとき (2) より $k\,\boldsymbol{a} = \mathbf{0}$. したがって $k \neq 0$ かつ $k\,\boldsymbol{a} = \mathbf{0}$ のとき $\boldsymbol{a} = \mathbf{0}$ を示せばよい. このとき $k^{-1}k\,\boldsymbol{a} = k^{-1}\mathbf{0}$. 左辺は $1\,\boldsymbol{a} = \boldsymbol{a}$, 右辺は (2) より $\mathbf{0}$ なので $\boldsymbol{a} = \mathbf{0}$. □

最後に, 異なる集合における共通の構造の例をあげておく. 2 次元の空間ベクトル

$$\boldsymbol{a} = \begin{pmatrix} a_1 \\ a_2 \end{pmatrix}, \qquad \boldsymbol{b} = \begin{pmatrix} b_1 \\ b_2 \end{pmatrix}$$

に関して次のような不等式が成り立つ.

$$(a_1 b_1 + a_2 b_2)^2 \leq (a_1{}^2 + a_2{}^2)\,(b_1{}^2 + b_2{}^2).$$

(例題 3.3 および定理 4.5 を参照. あるいは, 両辺の差をとって平方完成すればよい.) このときベクトルの内積を $\langle \boldsymbol{a}, \boldsymbol{b} \rangle = a_1 b_1 + a_2 b_2$ と書くと, この不等式は

$$\langle \boldsymbol{a}, \boldsymbol{b} \rangle^2 \leq \langle \boldsymbol{a}, \boldsymbol{a} \rangle \langle \boldsymbol{b}, \boldsymbol{b} \rangle$$

とあらわされる. また連続関数に関して, 次のような不等式が成立する.

$$\left(\int_a^b f(x) g(x)\,dx \right)^2 \leq \int_a^b f(x)^2\,dx \int_a^b g(x)^2\,dx \qquad (a < b). \tag{5.1}$$

(例 7.5 を参照.) このとき

$$\langle f, g\rangle = \int_a^b f(x)g(x)dx \tag{5.2}$$

とすると，この不等式は次のように書ける．

$$\langle f, g\rangle^2 \leq \langle f, f\rangle\langle g, g\rangle.$$

これらはいずれも本質的には同じもので，Cauchy-Schwarz の不等式に他ならない．線形空間であり，内積があれば（(5.2) もまた内積とよばれる），その内積に対応した Cauchy-Schwarz の不等式が成立することを，7.1 節で示す．つまり，定義 5.1 のように抽象的に定義された線形空間を考え，その公理のみを用いて Schwarz の不等式を証明しておけば，具体的な表式が何であれ線形空間の構造を持ち内積が存在する集合において，いずれも Schwarz の不等式が成り立つ．

例題 5.1

次の空間ベクトルの集合 V_1, V_2 は線形空間をなすか．

$$V_1 = \left\{ \begin{pmatrix} a_0 \\ a_1 \\ 0 \end{pmatrix} \middle| \ a_0, a_1 \in \mathbf{R} \right\}, \qquad V_2 = \left\{ \begin{pmatrix} a_0 \\ a_1 \\ a_2 \end{pmatrix} \middle| \ a_0, a_1 \in \mathbf{R},\ a_2 \neq 0 \right\}$$

【解答】 V_1 は線形空間の構造を持つ．これは例 5.1 と全く同様である．V_2 は線形空間をなさない．これは例 5.7 と同様で，

$$\begin{pmatrix} a_0 \\ a_1 \\ a_2 \end{pmatrix} + \begin{pmatrix} a_0' \\ a_1' \\ -a_2 \end{pmatrix} = \begin{pmatrix} a_0 + a_0' \\ a_1 + a_1' \\ 0 \end{pmatrix}$$

を考えれば，V_2 が和について閉じていないことがわかる．

▶ **参考** V_1 は 2 次元の空間ベクトルの全体，V_2 は 2 次の多項式の全体と同一視することができる．また V_1 は高々 1 次の多項式の全体，つまり 0 次または 1 次の多項式の全体と同一視することができる．

例題 5.2

(1) 実数 0 のみからなる集合 $\{0\}$ において，通常の実数の和と実数倍を考えるとき，$\{0\}$ は線形空間であるか．

(2) 実数全体からなる集合 $\mathbf{R}$ において通常の実数の和と実数倍を考えるとき，$\mathbf{R}$ は線形空間であるか．また，複素数全体からなる集合 $\mathbf{C}$ の場合はどうか．

【解答】 (1) $0+0=0$ かつ $k\cdot 0=0$, 零元 0, 逆元 0 として, $V=\{0\}$ は実数をスカラーとする線形空間である.

(2) 線形空間の公理を確認すればわかる通り, 線形空間をなす. このとき $V=\mathbf{R}$ であり, かつ $K=\mathbf{R}$ である. また, 複素数の場合も $V=\mathbf{C}$ かつ $K=\mathbf{C}$ として線形空間をなす.

▶ **参考** つまり, スカラー自身もまた線形空間になる.

例題 5.3

A を n 次の係数行列, $\boldsymbol{x}$ を n 次の数ベクトルとするとき

(1) 連立 1 次方程式 $A\boldsymbol{x}=\mathbf{0}$ の解の全体が線形空間をなすことを示せ.

(2) $\boldsymbol{x}\in\mathbf{R}^n$ から $A\boldsymbol{x}\in\mathbf{R}^n$ への対応 $f:\boldsymbol{x}\mapsto A\boldsymbol{x}$ の全体からなる集合 S に適当な和とスカラー倍を定義することにより, S が線形空間になることを示せ.

【解答】 (1) $\boldsymbol{x}$ と $\boldsymbol{y}$ が解であるとき, $A(\boldsymbol{x}+\boldsymbol{y})=A\boldsymbol{x}+A\boldsymbol{y}=\mathbf{0}+\mathbf{0}=\mathbf{0}$ なので $\boldsymbol{x}+\boldsymbol{y}$ もまた解である. また k をスカラーとして $A(k\boldsymbol{x})=kA\boldsymbol{x}=k\mathbf{0}=\mathbf{0}$ なので $k\boldsymbol{x}$ もまた解である. その他の公理もみたされる.

(2) $f:\boldsymbol{x}\mapsto A\boldsymbol{x}$, $g:\boldsymbol{x}\mapsto B\boldsymbol{x}$ とするとき, f と g の和 $f+g$ を $f+g:\boldsymbol{x}\mapsto(A+B)\boldsymbol{x}=A\boldsymbol{x}+B\boldsymbol{x}$, また f のスカラー倍 kf を $kf:\boldsymbol{x}\mapsto kA\boldsymbol{x}$ によって定義すれば, 集合 S とこれらの和とスカラー倍は線形空間の公理をみたし, S は線形空間をなす.

▶ **参考** つまり $(f+g)(x)=f(x)+g(x)$, $(kf)(x)=k\cdot f(x)$ である. (1) では解の全体が線形空間をなしていたが, (2) より対応 (関数, あるいは写像) の全体もまた線形空間をなすことがわかる.

練習問題

5.1 n 個の変数 $x_1,x_2,\ldots,x_n$ の実係数の 1 次式の全体

$$V=\{a_1x_1+a_2x_2+\cdots+a_nx_n \mid a_1,a_2,\ldots,a_n\in\mathbf{R}\}$$

が線形空間をなすことを示せ.

5.2 $\mathbf{R}$ 上の連続関数で $f(0)=0$ をみたすものの全体 C に, 例題 5.3「参考」と同じ和とスカラー倍を定義するとき, C は線形空間をなすか.

5.3 xy 平面上でそのグラフが $(1,0)$ を通る高々 2 次の関数の全体は線形空間をなすか.

5.4 $\mathbf{R}$ 上で定義された C^n 級関数の全体は線形空間をなすか.

5.5 実数上の n 次正方行列について,

(1) 対称行列の全体は線形空間をなすか.

(2) 交代行列の全体は線形空間をなすか.

5.6 数列 $\{a_n\}$ に対して和とスカラー倍を例5.5のように定義するとき，

(1) 漸化式 $a_{n+2} = pa_{n+1} + qa_n$ の解の全体は線形空間をなすか．

(2) 漸化式 $a_{n+2} = pa_{n+1} + qa_n + b$ $(b \neq 0)$ の解の全体は線形空間をなすか．

5.7

(1) 2階の微分方程式

$$P(x)\frac{d^2y}{dx^2} + Q(x)\frac{dy}{dx} + R(x)y = 0$$

の解の全体は線形空間であるか．

(2) 2階の微分方程式

$$P(x)\frac{d^2y}{dx^2} + Q(x)\frac{dy}{dx} + R(x)y = S(x)$$

の解の全体は線形空間であるか．

5.8 ただ1つの元からなる集合 $V = \{\boldsymbol{x}\}$ が線形空間になるように和とスカラー倍を定義せよ．

5.2 基底と次元

5.2.1 線形独立と線形従属

4.1節において，空間ベクトルの線形独立と線形従属について考えた．この節では一般の線形空間において，ベクトルの組が線形独立であること，および線形従属であることを定義し，いくつかの例について考える．まず，線形結合を定義しよう．

定義 5.2 V を線形空間，$\boldsymbol{a}_1, \boldsymbol{a}_2, \ldots, \boldsymbol{a}_n$ を V のベクトル，$x_1, x_2, \ldots, x_n$ をスカラーとするとき，

$$x_1\boldsymbol{a}_1 + x_2\boldsymbol{a}_2 + \cdots + x_n\boldsymbol{a}_n$$

をベクトル $\boldsymbol{a}_1, \boldsymbol{a}_2, \ldots, \boldsymbol{a}_n$ の**線形結合**（あるいは**1次結合**，linear combination）とよぶ．

そこで，線形独立と線形従属を以下のように定義する．

定義 5.3 ベクトルの組 $\{\boldsymbol{a}_1, \ldots, \boldsymbol{a}_n\}$ について，$x_1\boldsymbol{a}_1 + \cdots + x_n\boldsymbol{a}_n = \boldsymbol{0}$ をみたす $x_1, x_2, \ldots, x_n$ が $x_1 = \cdots = x_n = 0$ に限るとき，$\{\boldsymbol{a}_1, \ldots, \boldsymbol{a}_n\}$ は**線形独立**（**1次独立**，linearly independent）であると言う．

定義 5.4　ベクトルの組 $\{\boldsymbol{a}_1, \dots, \boldsymbol{a}_n\}$ について，$x_1\boldsymbol{a}_1 + \cdots + x_n\boldsymbol{a}_n = \boldsymbol{0}$ をみたし，かつ $x_1 = \cdots = x_n = 0$ とは異なる $x_1, x_2, \dots, x_n$ が存在するとき，$\{\boldsymbol{a}_1, \dots, \boldsymbol{a}_n\}$ は**線形従属**（**1 次従属**，linearly dependent）であると言う．

つまり，線形従属とは線形独立でないことであり，ベクトルの組があるとき，それらについて線形独立か線形従属かのどちらか一方が成り立つ．

また，ベクトル $\{\boldsymbol{a}_1, \dots, \boldsymbol{a}_n\}$ の間の関係 $x_1\boldsymbol{a}_1 + \cdots + x_n\boldsymbol{a}_n = \boldsymbol{0}$ を**線形関係**（linear relation）とよぶ．線形関係が自明な場合 $x_1 = \cdots = x_n = 0$ に限られるとき，ベクトルの組は線形独立，自明でない線形関係が存在するとき，ベクトルの組は線形従属である．

線形従属であるとき，ベクトル $\boldsymbol{a}_1, \dots, \boldsymbol{a}_n$ の間にはすべてが 0 ではない $x_1, \dots, x_n$ によって $x_1\boldsymbol{a}_1 + \cdots + x_n\boldsymbol{a}_n = \boldsymbol{0}$ が成り立つ．このとき例えば $x_n \neq 0$ とすると，

$$\boldsymbol{a}_n = -\frac{x_1}{x_n}\boldsymbol{a}_1 - \frac{x_2}{x_n}\boldsymbol{a}_2 - \cdots - \frac{x_{n-1}}{x_n}\boldsymbol{a}_{n-1}.$$

つまり $\boldsymbol{a}_n$ は $\boldsymbol{a}_1, \dots, \boldsymbol{a}_{n-1}$ の線形結合としてあらわされる．これは $\boldsymbol{a}_1, \dots, \boldsymbol{a}_{n-1}$ の線形結合として書けるベクトルの集合に，$\boldsymbol{a}_n$ が属していることを意味する．

例えば空間ベクトル $\boldsymbol{a}_1$ と $\boldsymbol{a}_2$ が平行でないとき，$\boldsymbol{a}_1$ と $\boldsymbol{a}_2$ の線形結合の全体は $\boldsymbol{a}_1$ と $\boldsymbol{a}_2$ を含む平面になり，$\boldsymbol{a}_3$ がその平面に含まれないなら $\boldsymbol{a}_1, \boldsymbol{a}_2, \boldsymbol{a}_3$ は線形独立，$\boldsymbol{a}_3$ がその平面に含まれるなら $\boldsymbol{a}_1, \boldsymbol{a}_2, \boldsymbol{a}_3$ は線形従属である．線形独立または線形従属な空間ベクトルの例は 4.1.2 項で調べてあるが，さらに例をみてみよう．

例 5.8　3 次元の空間ベクトル

$$\boldsymbol{e}_1 = \begin{pmatrix} 1 \\ 0 \\ 0 \end{pmatrix}, \quad \boldsymbol{e}_2 = \begin{pmatrix} 0 \\ 1 \\ 0 \end{pmatrix}, \quad \boldsymbol{e}_3 = \begin{pmatrix} 0 \\ 0 \\ 1 \end{pmatrix}$$

は線形独立である．なぜなら，条件

$$x_1\boldsymbol{e}_1 + x_2\boldsymbol{e}_2 + x_3\boldsymbol{e}_3 = \boldsymbol{0}$$

より

$$\begin{pmatrix} x_1 \\ 0 \\ 0 \end{pmatrix} + \begin{pmatrix} 0 \\ x_2 \\ 0 \end{pmatrix} + \begin{pmatrix} 0 \\ 0 \\ x_3 \end{pmatrix} = \begin{pmatrix} 0 \\ 0 \\ 0 \end{pmatrix}$$

なので，これより $x_1 = x_2 = x_3 = 0$ である．　□

例 5.8 において 3 つのベクトル $\boldsymbol{e}_1, \boldsymbol{e}_2, \boldsymbol{e}_3$ は 1 つの平面に含まれておらず，その結果として線形独立である．

例 5.9 3 次元の空間ベクトル

$$\boldsymbol{e}_1 = \begin{pmatrix} 1 \\ 0 \\ 0 \end{pmatrix}, \quad \boldsymbol{e}_2 = \begin{pmatrix} 0 \\ 1 \\ 0 \end{pmatrix}, \quad \boldsymbol{a} = \begin{pmatrix} 1 \\ 2 \\ 0 \end{pmatrix}$$

は線形従属である．なぜなら，条件

$$x_1\boldsymbol{e}_1 + x_2\boldsymbol{e}_2 + x\boldsymbol{a} = \boldsymbol{0}$$

より

$$x_1 + x = 0 \quad \text{かつ} \quad x_2 + 2x = 0$$

が得られ，これより例えば

$$-\boldsymbol{e}_1 - 2\boldsymbol{e}_2 + \boldsymbol{a} = \boldsymbol{0}$$

が成り立つ． □

このとき $\boldsymbol{a} = \boldsymbol{e}_1 + 2\boldsymbol{e}_2$，つまり $\boldsymbol{a}$ は $\boldsymbol{e}_1$ と $\boldsymbol{e}_2$ の作る平面（これは xy 平面である）に含まれ，$\boldsymbol{e}_1, \boldsymbol{e}_2, \boldsymbol{a}$ は線形従属である．

例 5.10 例 5.9 において 3 次元の空間ベクトル

$$\boldsymbol{e}_1 = \begin{pmatrix} 1 \\ 0 \\ 0 \end{pmatrix}, \qquad \boldsymbol{e}_2 = \begin{pmatrix} 0 \\ 1 \\ 0 \end{pmatrix}$$

は線形独立である．なぜなら，条件

$$x_1\boldsymbol{e}_1 + x_2\boldsymbol{e}_2 = \boldsymbol{0}$$

より

$$\begin{pmatrix} x_1 \\ 0 \\ 0 \end{pmatrix} + \begin{pmatrix} 0 \\ x_2 \\ 0 \end{pmatrix} = \begin{pmatrix} 0 \\ 0 \\ 0 \end{pmatrix}$$

が得られ，これより $x_1 = x_2 = 0$ が成り立つ． □

$\boldsymbol{e}_1, \boldsymbol{e}_2$ は線形独立であり，同様にして $\boldsymbol{e}_1, \boldsymbol{a}$ は線形独立，$\boldsymbol{e}_2, \boldsymbol{a}$ も線形独立であることを示すことができるが，例 5.9 より 3 つのベクトル $\boldsymbol{e}_1, \boldsymbol{e}_2, \boldsymbol{a}$ は線形従属である．

例 5.11 2次元の空間ベクトル

$$\boldsymbol{e}_1 = \begin{pmatrix} 1 \\ 0 \end{pmatrix}, \qquad \boldsymbol{e}_2 = \begin{pmatrix} 0 \\ 1 \end{pmatrix}$$

は線形独立である．導出は例 5.10 と同様. □

例 5.12 2次元の空間ベクトル

$$\boldsymbol{f}_1 = \begin{pmatrix} 1 \\ 1 \end{pmatrix}, \qquad \boldsymbol{f}_2 = \begin{pmatrix} -1 \\ 1 \end{pmatrix}$$

は線形独立である．なぜなら，条件

$$x_1\boldsymbol{f}_1 + x_2\boldsymbol{f}_2 = \boldsymbol{0}$$

より

$$\begin{pmatrix} x_1 \\ x_1 \end{pmatrix} + \begin{pmatrix} -x_2 \\ x_2 \end{pmatrix} = \begin{pmatrix} 0 \\ 0 \end{pmatrix}.$$

これより

$$x_1 - x_2 = 0, \qquad x_1 + x_2 = 0$$

が得られ，これより $x_1 = x_2 = 0$ となる. □

例 5.13 2次元の空間ベクトル

$$\boldsymbol{f}_1 = \begin{pmatrix} 1 \\ 1 \end{pmatrix}, \qquad \boldsymbol{a} = \begin{pmatrix} 2 \\ 2 \end{pmatrix}$$

は線形従属である．なぜなら，条件

$$x_1\boldsymbol{f}_1 + x\boldsymbol{a} = \boldsymbol{0}$$

より

$$\begin{pmatrix} x_1 \\ x_1 \end{pmatrix} + \begin{pmatrix} 2x \\ 2x \end{pmatrix} = \begin{pmatrix} 0 \\ 0 \end{pmatrix}.$$

これより $x_1 + 2x = 0$．よって例えば $-2\boldsymbol{f}_1 + \boldsymbol{a} = \boldsymbol{0}$ が成り立つ. □

例 5.13 では $\boldsymbol{a} = 2\boldsymbol{f}_1$，つまり $\boldsymbol{a}$ は $\boldsymbol{f}_1$ を含む直線に含まれ，ベクトルの組 $\boldsymbol{f}_1, \boldsymbol{a}$ は線形従属である．それに対し例 5.12 では，$\boldsymbol{f}_1$ を含む直線に $\boldsymbol{f}_2$ は含まれず，$\boldsymbol{f}_1, \boldsymbol{f}_2$ は線形独立である．

一般に空間ベクトルにおいて，2次元平面内で線形独立なベクトルは2つまでであり，1つのベクトルを含む直線にもう1つが含まれるときこの2つのベクトルは線形従属，含まれないとき線形独立である．

また，3次元空間内で線形独立なベクトルは3つまでであり，2つのベクトルを含む平面にもう1つが含まれるときこの3つは線形従属，含まれないとき線形独立，また1つのベクトルを含む直線にもう1つが含まれるときこれらは線形従属，含まれないとき線形独立である．

例 5.14 4つの 2×2 行列

$$\begin{aligned} E_{11} &= \begin{pmatrix} 1 & 0 \\ 0 & 0 \end{pmatrix}, \qquad E_{12} = \begin{pmatrix} 0 & 1 \\ 0 & 0 \end{pmatrix}, \\ E_{21} &= \begin{pmatrix} 0 & 0 \\ 1 & 0 \end{pmatrix}, \qquad E_{22} = \begin{pmatrix} 0 & 0 \\ 0 & 1 \end{pmatrix} \end{aligned} \tag{5.3}$$

は線形独立である．実際，条件

$$x_{11}\begin{pmatrix} 1 & 0 \\ 0 & 0 \end{pmatrix} + x_{12}\begin{pmatrix} 0 & 1 \\ 0 & 0 \end{pmatrix} + x_{21}\begin{pmatrix} 0 & 0 \\ 1 & 0 \end{pmatrix} + x_{22}\begin{pmatrix} 0 & 0 \\ 0 & 1 \end{pmatrix} = \begin{pmatrix} 0 & 0 \\ 0 & 0 \end{pmatrix}$$

より $x_{11} = x_{12} = x_{21} = x_{22} = 0$ が得られる． □

これは実数を4つ指定してベクトルが決まるという意味で $\mathbf{R}^4$ であるが，直線，平面というイメージは描きにくい．しかし，定義に従って線形独立，線形従属が判定される．

例 5.15 高々2次の多項式の全体を考えるとき，例えば $\{1, x, x^2\}$ は線形独立である．なぜなら，$a_0 \cdot 1 + a_1 \cdot x + a_2 \cdot x^2$ が定数関数0に恒等的に等しいという条件から，$a_0 = a_1 = a_2 = 0$ が得られる． □

これも実数を3つ指定してベクトルが決まるという意味で $\mathbf{R}^3$ である．線形空間は抽象的であっても，いずれも n をある自然数として $\mathbf{R}^n$ と同じ構造を持つ（さもなくば次元は無限大である）ということが後で示される．

数ベクトルについて，線形独立という概念と行列の階数とを結びつける結果を，既に証明されたものも含めてまとめておく．まず，n 次の縦ベクトル $\boldsymbol{a}_1, \dots, \boldsymbol{a}_m$ $(m \leq n)$ を考え，P を n 次行列とするとき，P が正則であるなら

$$\boldsymbol{a}_1, \dots, \boldsymbol{a}_m \text{ が線形独立} \iff P\boldsymbol{a}_1, \dots, P\boldsymbol{a}_m \text{ が線形独立}$$

が成り立つ．実際，P および P^{-1} を左からかけることで，線形関係 $\mathbf{0} = x_1\boldsymbol{a}_1 + \cdots + x_m\boldsymbol{a}_m$ と $\mathbf{0} = x_1P\boldsymbol{a}_1 + \cdots + x_mP\boldsymbol{a}_m$ とが同値であることがわかるので，この結論がしたがう．また定理4.1と定理4.2を再びまとめておく．

定理 5.2 (1) $m \times n$ 行列 A の線形独立な行ベクトルの最大数と，線形独立な列ベクトルの最大数とは等しく，その値は行列 A の階数 r に等しい．
(2) n 次行列 A が正則であるための必要十分条件は，A のすべての n 個の行ベクトルが線形独立なことであり，これはすべての n 個の列ベクトルが線形独立であることと同値である．

5.2.2 線形空間の基底

まず具体例を見てみよう．3 次元空間 $V = \mathbf{R}^3$ のベクトル

$$\boldsymbol{e}_1 = \begin{pmatrix} 1 \\ 0 \\ 0 \end{pmatrix}, \quad \boldsymbol{e}_2 = \begin{pmatrix} 0 \\ 1 \\ 0 \end{pmatrix}, \quad \boldsymbol{e}_3 = \begin{pmatrix} 0 \\ 0 \\ 1 \end{pmatrix} \tag{5.4}$$

を考える．このとき以下の (1) と (2) が成り立つ．

(1) $V = \mathbf{R}^3$ のすべてのベクトル $\boldsymbol{a}$ は，$\boldsymbol{e}_1, \boldsymbol{e}_2, \boldsymbol{e}_3$ の線形結合としてあらわされる．

$$\boldsymbol{a} = \begin{pmatrix} a_1 \\ a_2 \\ a_3 \end{pmatrix} = a_1\boldsymbol{e}_1 + a_2\boldsymbol{e}_2 + a_3\boldsymbol{e}_3.$$

(2) $\boldsymbol{e}_1, \boldsymbol{e}_2, \boldsymbol{e}_3$ は線形独立である．

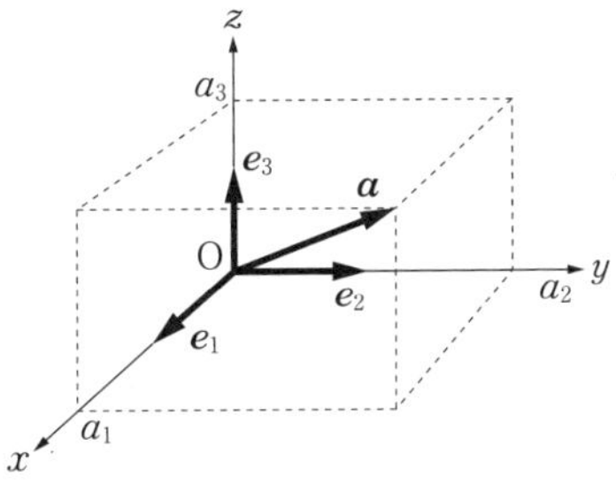

図 5.1

(1) が成り立つとき，ベクトル $\boldsymbol{e}_1, \boldsymbol{e}_2, \boldsymbol{e}_3$ から，V のすべてのベクトルが得られる．このとき $\boldsymbol{e}_1, \boldsymbol{e}_2, \boldsymbol{e}_3$ に，V の他のベクトル $\boldsymbol{f}$ を加えても，それらの線形結合として V の任意のベクトル $\boldsymbol{a}$ をあらわすことができる．つまり，$\boldsymbol{e}_1, \boldsymbol{e}_2, \boldsymbol{e}_3, \boldsymbol{f}$ からも，V のすべてのベクトルが得られる．しかしこのとき $\boldsymbol{e}_1, \boldsymbol{e}_2, \boldsymbol{e}_3, \boldsymbol{f}$ は線形独立ではなく，$\boldsymbol{f}$ は $\boldsymbol{e}_1, \boldsymbol{e}_2, \boldsymbol{e}_3$ の線形結合としてあらわされるので，$\boldsymbol{a}$ は結局 $\boldsymbol{e}_1, \boldsymbol{e}_2, \boldsymbol{e}_3$ のみを使ってあらわされる．

一方で $\boldsymbol{e}_1, \boldsymbol{e}_2, \boldsymbol{e}_3$ は線形独立なので，このうちの 2 つのベクトルだけでは，V の任

意の元を得ることはできない．例えば $\boldsymbol{e}_1$ と $\boldsymbol{e}_2$ のみを使って，V の元である $\boldsymbol{e}_3$ をこれらの線形結合として書くことはできない．

つまり (2) は，$\{\boldsymbol{e}_1, \boldsymbol{e}_2, \boldsymbol{e}_3\}$ が，V のすべての元を得るために必要な最小の数のベクトルの組であることを示している．

(1) と (2) が成り立つとき，$\{\boldsymbol{e}_1, \boldsymbol{e}_2, \boldsymbol{e}_3\}$ は V の基底であると言う．基底が 3 つのベクトルからなるとき V は 3 次元であると言い，

$$\dim V = 3$$

と書く．

また同様に，(4.1) の $\boldsymbol{e}_1, \boldsymbol{e}_2, \ldots, \boldsymbol{e}_n$ は $V = \mathbf{R}^n$ の基底であり，これらを $\mathbf{R}^n$ の**標準基底** (standard basis) とよぶ．$\mathbf{R}^n$ の基底は n 個のベクトルからなるので $\mathbf{R}^n$ は n 次元の線形空間である．

一般に，線形空間 V の基底と次元を以下のように定義する．

定義 5.5 線形空間 V のベクトルの組 $\{\boldsymbol{u}_1, \ldots, \boldsymbol{u}_n\}$ が次の (1) と (2) をみたすとき，$\{\boldsymbol{u}_1, \ldots, \boldsymbol{u}_n\}$ を V の**基底** (basis) とよぶ．

(1) V の任意のベクトルは，$\boldsymbol{u}_1, \ldots, \boldsymbol{u}_n$ の線形結合としてあらわされる．

(2) $\{\boldsymbol{u}_1, \ldots, \boldsymbol{u}_n\}$ は線形独立である．

定義 5.6 線形空間 V の基底をなすベクトルの数 n を V の**次元** (dimension) とよび

$$\dim V = n$$

と書く．

例 5.16 例 5.3 で調べたように，2×2 行列の全体 $M_{22}(\mathbf{R})$ は線形空間をなす．このとき例 5.14 の (5.3) は $M_{22}(\mathbf{R})$ の 1 つの基底を与える．実際，これらは線形独立であり，$M_{22}(\mathbf{R})$ の任意の元

$$A = \begin{pmatrix} a_{11} & a_{12} \\ a_{21} & a_{22} \end{pmatrix} \in M_{22}(\mathbf{R})$$

は $A = a_{11}E_{11} + a_{12}E_{12} + a_{21}E_{21} + a_{22}E_{22}$ とあらわされる．このとき $M_{22}(\mathbf{R})$ の次元は $\dim M_{22}(\mathbf{R}) = 4$ である． □

例 5.17 高々 2 次の多項式の全体 V を考えるとき，例えば $\{1, x, x^2\}$ は 3 つの基底をなす．なぜなら，高々 2 次の多項式はすべてこれらの線形結合 $a_0 \cdot 1 + a_1 \cdot x + a_2 \cdot x^2$ としてあらわされ，また $a_0 + a_1 x + a_2 x^2 = 0$ が恒等的に成り立つなら a_0

$= a_1 = a_2 = 0$ であるから，したがって $1, x, x^2$ は線形独立である．このとき V の次元は $\dim V = 3$ である． □

このあと述べるように，1つの線形空間において，基底のとり方は無数にある．しかしどの基底をとっても，基底に含まれるベクトルの数 n は一定であり，この n が線形空間 V の次元 $\dim V$ を与える．基底と次元，特に基底をなすベクトルの数が一定であることについては，5.2.3 項で議論する．

V のベクトル $\boldsymbol{a}$ を基底 $\{\boldsymbol{u}_1, \boldsymbol{u}_2, \ldots, \boldsymbol{u}_n\}$ の線形結合として

$$\boldsymbol{a} = a_1\boldsymbol{u}_1 + \cdots + a_n\boldsymbol{u}_n$$

と書くとき，$a_1, a_2, \ldots, a_n$ を基底 $\{\boldsymbol{u}_1, \boldsymbol{u}_2, \ldots, \boldsymbol{u}_n\}$ に関する $\boldsymbol{a}$ の**成分**とよび，特に a_j を第 j 成分とよぶ．通常我々が空間ベクトルの成分とよんでいるものは，標準基底 $\boldsymbol{e}_1, \boldsymbol{e}_2, \ldots, \boldsymbol{e}_n$ に関する成分のことである．基底を決めると，その基底に関する成分は一意的であることが次の定理からわかる．

定理 5.3 V を K 上の n 次元の線形空間とする．ベクトル $\boldsymbol{a} \in V$ を $\boldsymbol{u}_1, \boldsymbol{u}_2, \ldots, \boldsymbol{u}_k \in V$ を用いて $\boldsymbol{a} = x_1\boldsymbol{u}_1 + x_2\boldsymbol{u}_2 + \cdots + x_k\boldsymbol{u}_k$ $(x_1, x_2, \ldots, x_k \in K)$ とあらわすとき，$\boldsymbol{u}_1, \boldsymbol{u}_2, \ldots, \boldsymbol{u}_k$ が線形独立ならば $x_1, x_2, \ldots, x_k$ は一意的に定まる．

［**証明**］ $\boldsymbol{a} = x_1\boldsymbol{u}_1 + x_2\boldsymbol{u}_2 + \cdots + x_k\boldsymbol{u}_k = y_1\boldsymbol{u}_1 + y_2\boldsymbol{u}_2 + \cdots + y_k\boldsymbol{u}_k$ とすると $(x_1 - y_1)\boldsymbol{u}_1 + (x_2 - y_2)\boldsymbol{u}_2 + \cdots + (x_k - y_k)\boldsymbol{u}_k = \boldsymbol{0}$．ここで $\boldsymbol{u}_1, \boldsymbol{u}_2, \ldots, \boldsymbol{u}_k$ は線形独立なので，$x_1 - y_1 = 0$，$x_2 - y_2 = 0$，…，$x_k - y_k = 0$．よって，すべての $j = 1, 2, \ldots, k$ に対して $x_j = y_j$． □

3次元空間 $V = \mathbf{R}^3$ のベクトル

$$\boldsymbol{f}_1 = \begin{pmatrix} 0 \\ 1 \\ 1 \end{pmatrix}, \quad \boldsymbol{f}_2 = \begin{pmatrix} 1 \\ 0 \\ 1 \end{pmatrix}, \quad \boldsymbol{f}_3 = \begin{pmatrix} 1 \\ 2 \\ 0 \end{pmatrix}$$

を考える．これらもまた $\mathbf{R}^3$ の基底をなしている．実際，3次元の空間 $\mathbf{R}^3$ において $\boldsymbol{0}$ でないベクトルを3つ用意し，これらが同一直線上になく同一平面内にも含まれないとき，この3つのベクトルは線形独立で，$\mathbf{R}^3$ の基底の条件をみたす．$\boldsymbol{f}_1$, $\boldsymbol{f}_2$, $\boldsymbol{f}_3$ を標準基底 (5.4) を使ってあらわすと

$$\boldsymbol{f}_1 = \boldsymbol{e}_2 + \boldsymbol{e}_3, \quad \boldsymbol{f}_2 = \boldsymbol{e}_1 + \boldsymbol{e}_3, \quad \boldsymbol{f}_3 = \boldsymbol{e}_1 + 2\boldsymbol{e}_2.$$

一般に線形空間 V において，$\{\boldsymbol{u}_1, \boldsymbol{u}_2, \ldots, \boldsymbol{u}_n\}$ と $\{\boldsymbol{v}_1, \boldsymbol{v}_2, \ldots, \boldsymbol{v}_n\}$ がいずれも V の基底であるとき，各基底ベクトル $\boldsymbol{v}_j$ を基底 $\{\boldsymbol{u}_j\}$ の線形結合として次のように書く．

$$\boldsymbol{v}_j = \sum_{i=1}^{n} p_{ij}\boldsymbol{u}_i. \tag{5.5}$$

($p_{ij}\boldsymbol{u}_i$ の添字 i の位置に注意). このとき, 行列

$$P = [p_{ij}]$$

を基底 $\{\boldsymbol{u}_i\}$ から基底 $\{\boldsymbol{v}_j\}$ を作る基底の**変換行列** (transformation matrix) とよぶ. (5.5)は行列の積の規則にしたがって

$$\begin{pmatrix} \boldsymbol{v}_1 & \cdots & \boldsymbol{v}_n \end{pmatrix} = \begin{pmatrix} \boldsymbol{u}_1 & \cdots & \boldsymbol{u}_n \end{pmatrix} P \tag{5.6}$$

とあらわされる.

定理 5.4 基底 $\{\boldsymbol{u}_j\}$ から基底 $\{\boldsymbol{v}_j\}$ を作る変換行列を P, 基底 $\{\boldsymbol{v}_j\}$ から基底 $\{\boldsymbol{w}_j\}$ を作る変換行列を Q とすると, 基底 $\{\boldsymbol{u}_j\}$ から基底 $\{\boldsymbol{w}_j\}$ を作る変換行列は PQ で与えられる.

[**証明**] 条件より

$$\begin{pmatrix} \boldsymbol{v}_1 & \cdots & \boldsymbol{v}_n \end{pmatrix} = \begin{pmatrix} \boldsymbol{u}_1 & \cdots & \boldsymbol{u}_n \end{pmatrix} P,$$
$$\begin{pmatrix} \boldsymbol{w}_1 & \cdots & \boldsymbol{w}_n \end{pmatrix} = \begin{pmatrix} \boldsymbol{v}_1 & \cdots & \boldsymbol{v}_n \end{pmatrix} Q.$$

これより

$$\begin{pmatrix} \boldsymbol{w}_1 & \cdots & \boldsymbol{w}_n \end{pmatrix} = \begin{pmatrix} \boldsymbol{u}_1 & \cdots & \boldsymbol{u}_n \end{pmatrix} PQ.$$

□

定理 5.5 基底の変換行列は正則である.

[**証明**] 定理 5.4 において $\boldsymbol{w}_j = \boldsymbol{u}_j$ の場合を考えると $\begin{pmatrix} \boldsymbol{u}_1 & \cdots & \boldsymbol{u}_n \end{pmatrix} = \begin{pmatrix} \boldsymbol{u}_1 & \cdots & \boldsymbol{u}_n \end{pmatrix} PQ$. このとき, $\boldsymbol{u}_1, \ldots, \boldsymbol{u}_n$ は線形独立であり, どの $\boldsymbol{u}_j$ も他の $\boldsymbol{u}_k$ によってあらわされないので, この条件をみたす行列 PQ は $PQ = E$ のみである (もし $PQ \neq E$ に対して条件がみたされるなら, 自明でない線形関係が存在し, $\boldsymbol{u}_1, \ldots, \boldsymbol{u}_n$ は線形従属である). したがって P は正則で, $P^{-1} = Q$.

□

このとき (5.6) より

$$\begin{pmatrix} \boldsymbol{v}_1 & \cdots & \boldsymbol{v}_n \end{pmatrix} P^{-1} = \begin{pmatrix} \boldsymbol{u}_1 & \cdots & \boldsymbol{u}_n \end{pmatrix}.$$

つまり, $\{\boldsymbol{u}_i\}$ から $\{\boldsymbol{v}_j\}$ への変換行列を P とすると, $\{\boldsymbol{v}_j\}$ から $\{\boldsymbol{u}_i\}$ への変換行列は P^{-1} である.

ベクトル $\boldsymbol{a}$ の基底 $\{\boldsymbol{u}_j\}$ に関する成分を $x_1, \ldots, x_n$, 基底 $\{\boldsymbol{v}_j\}$ に関する成分を $y_1, \ldots, y_n$ とすると, $\boldsymbol{a} = x_1\boldsymbol{u}_1 + \cdots + x_n\boldsymbol{u}_n = y_1\boldsymbol{v}_1 + \cdots + y_n\boldsymbol{v}_n$. このとき, $\{\boldsymbol{u}_j\}$ から $\{\boldsymbol{v}_j\}$ への変換行列を P として

$$\boldsymbol{a} = \begin{pmatrix} \boldsymbol{u}_1 & \cdots & \boldsymbol{u}_n \end{pmatrix} \begin{pmatrix} x_1 \\ \vdots \\ x_n \end{pmatrix} = \begin{pmatrix} \boldsymbol{u}_1 & \cdots & \boldsymbol{u}_u \end{pmatrix} PP^{-1} \begin{pmatrix} x_1 \\ \vdots \\ x_n \end{pmatrix}$$
$$= \begin{pmatrix} \boldsymbol{v}_1 & \cdots & \boldsymbol{v}_n \end{pmatrix} P^{-1} \begin{pmatrix} x_1 \\ \vdots \\ x_n \end{pmatrix}.$$

これより

$$\begin{pmatrix} y_1 \\ \vdots \\ y_n \end{pmatrix} = P^{-1} \begin{pmatrix} x_1 \\ \vdots \\ x_n \end{pmatrix}. \tag{5.7}$$

つまり基底を行列 P で変換すると，その成分は P^{-1} で変換される．

5.2.3 基底の存在と次元の一意性

線形空間 V において，基底が存在し V の次元が一意的に定まることを証明しておこう．

定義 5.7 V を線形空間とする．V に有限の n 個からなる線形独立なベクトルの組が存在し，$n+1$ 個のベクトルの組はすべて線形従属であるとき，V は有限次元であると言う．

定理 5.6 V を線形空間とする. V が有限次元であるなら, V には基底が存在する.

［**証明**］ 定義 5.7 の条件をみたす n 個のベクトルを $\boldsymbol{u}_1, \boldsymbol{u}_2, \dots, \boldsymbol{u}_n$ とする．これらは線形独立なので定義 5.5 の条件 (2) をみたす．そこで V の任意のベクトル $\boldsymbol{a}$ をとると，条件より $\boldsymbol{u}_1, \boldsymbol{u}_2, \dots, \boldsymbol{u}_n, \boldsymbol{a}$ は線形従属なので,

$$x_1\boldsymbol{u}_1 + x_2\boldsymbol{u}_2 + \cdots + x_n\boldsymbol{u}_n + x\boldsymbol{a} = \boldsymbol{0}$$

をみたし，かつすべてが 0 ではない $x_1, x_2, \dots, x_n, x$ が存在する．このとき $x = 0$ ならば,

$$x_1\boldsymbol{u}_1 + x_2\boldsymbol{u}_2 + \cdots + x_n\boldsymbol{u}_n = \boldsymbol{0}$$

であり，すべてが 0 ではない $x_1, x_2, \dots, x_n$ が存在するので，$\boldsymbol{u}_1, \boldsymbol{u}_2, \dots, \boldsymbol{u}_n$ が線形独立であることに反する．したがって $x \neq 0$．このとき

$$\boldsymbol{a} = -\frac{x_1}{x}\boldsymbol{u}_1 - \frac{x_2}{x}\boldsymbol{u}_2 - \cdots - \frac{x_n}{x}\boldsymbol{u}_n$$

とあらわされ，$\boldsymbol{u}_1, \boldsymbol{u}_2, \dots, \boldsymbol{u}_n$ は定義 5.5 の条件 (1) をみたす． □

定理 5.7 V を線形空間とする．V において，$\{\boldsymbol{u}_1, \boldsymbol{u}_2, \dots, \boldsymbol{u}_n\}$ と $\{\boldsymbol{v}_1, \boldsymbol{v}_2, \dots, \boldsymbol{v}_m\}$ がいずれも V の基底であるなら $n = m$.

［**証明**］ $m \geq n$ として一般性を失わない．$\{\boldsymbol{u}_j\}$ は V の基底なので，$\{\boldsymbol{v}_j\}$ は $\{\boldsymbol{u}_j\}$ であらわされる．

$$\begin{aligned} \boldsymbol{v}_1 &= p_{11}\boldsymbol{u}_1 + p_{21}\boldsymbol{u}_2 + \cdots + p_{n1}\boldsymbol{u}_n, \\ \boldsymbol{v}_2 &= p_{12}\boldsymbol{u}_1 + p_{22}\boldsymbol{u}_2 + \cdots + p_{n2}\boldsymbol{u}_n, \\ &\vdots \\ \boldsymbol{v}_m &= p_{1m}\boldsymbol{u}_1 + p_{2m}\boldsymbol{u}_2 + \cdots + p_{nm}\boldsymbol{u}_n. \end{aligned} \tag{5.8}$$

そこで，条件

$$y_1\boldsymbol{v}_1 + y_2\boldsymbol{v}_2 + \cdots + y_m\boldsymbol{v}_m = \boldsymbol{0} \tag{5.9}$$

を考える．(5.9) に (5.8) を代入すると，

$$\begin{aligned} & y_1(p_{11}\boldsymbol{u}_1 + p_{21}\boldsymbol{u}_2 + \cdots + p_{n1}\boldsymbol{u}_n) \\ & + y_2(p_{12}\boldsymbol{u}_1 + p_{22}\boldsymbol{u}_2 + \cdots + p_{n2}\boldsymbol{u}_n) \\ & + \cdots \\ & + y_m(p_{1m}\boldsymbol{u}_1 + p_{2m}\boldsymbol{u}_2 + \cdots + p_{nm}\boldsymbol{u}_n) = \boldsymbol{0}. \end{aligned}$$

$\boldsymbol{u}_1, \boldsymbol{u}_2, \dots, \boldsymbol{u}_n$ は線形独立なので，その係数は 0 になり，以下の式が成り立つ．

$$\begin{aligned} p_{11}y_1 + p_{12}y_2 + \cdots + p_{1m}y_m &= 0, \\ p_{21}y_1 + p_{22}y_2 + \cdots + p_{2m}y_m &= 0, \\ &\vdots \\ p_{n1}y_1 + p_{n2}y_2 + \cdots + p_{nm}y_m &= 0. \end{aligned} \tag{5.10}$$

$m > n$ のとき，すべてが 0 ではない $y_1, y_2, \dots, y_m$ で連立方程式 (5.10) をみたすものが存在するので，(5.9) より $\boldsymbol{v}_1, \boldsymbol{v}_2, \dots, \boldsymbol{v}_m$ が線形従属となり，これらが基底であるという仮定に反する．したがって $m = n$. □

有限次元の線形空間 V において基底が存在し，基底をなすベクトルの数が一意的に定まることが保証されたので，定義 5.6 にあるように，その数を V の次元と定義できる．

あらゆる自然数 n に対し n 個のベクトルで 1 次独立な組があるとき，V は無限次元であると言う．無限次元のベクトル空間の例としては，数列 $\{a_n\}$ のなす線形空間，実数上で連続な関数の全体，微分可能な関数の全体などがあげられる．

例題 5.4

3 つのベクトル

$$\begin{aligned} \boldsymbol{a}_1 &= (-2, 1, 3), \\ \boldsymbol{a}_2 &= (1, -2, 0), \\ \boldsymbol{a}_3 &= (p, q, -2) \end{aligned}$$

が線形独立であるために p，q がみたすべき条件を求めよ．

【解答】 $\boldsymbol{a}_1, \boldsymbol{a}_2, \boldsymbol{a}_3$ を行ベクトルとする行列を A とする．定理 5.2 の (2) より，A が正則であるための条件を求めればよく，これは $\det A \neq 0$ と同値である．つまり

$$0 \neq \begin{vmatrix} -2 & 1 & 3 \\ 1 & -2 & 0 \\ p & q & -2 \end{vmatrix} = 3(2p + q - 2). \quad これより \quad 2p + q - 2 \neq 0.$$ □

▶ **参考** 例題 2.7 を参照．

例題 5.5

(1) 2×2 の実対称行列の全体 W_1 は実数上の線形空間をなす．このとき W_1 の基底の例を示し，その次元を求めよ．

(2) 複素数が成分の 2×2 の対称行列の全体 W_2 は複素数上の線形空間をなす．このとき W_2 の基底の例を示し，その次元を求めよ．

【解答】 (1) (2) いずれも対称行列であるための条件は $\begin{pmatrix} a & b \\ c & d \end{pmatrix}$ において $b=c$．ただし a, b, c, d は (1) の場合は実数，(2) の場合は複素数である．基底は例えば

$$\begin{pmatrix} 1 & 0 \\ 0 & 0 \end{pmatrix}, \quad \begin{pmatrix} 0 & 0 \\ 0 & 1 \end{pmatrix}, \quad \begin{pmatrix} 0 & 1 \\ 1 & 0 \end{pmatrix}.$$

次元は $\dim W_1 = 3$，$\dim W_2 = 3$． □

▶ **参考** W_1 は集合としては W_2 の部分集合であり，かつ W_1 は実数をスカラーとする線形空間，W_2 は複素数をスカラーとする線形空間である．

▶ **参考** 成分が複素数の対称行列は複素対称行列とよばれる．ただし，対称行列の複素化に相当するのは後に導入するエルミート行列であり，複素対称行列ではない．

例題 5.6

$\mathbf{R}^2$ のベクトル

$$\boldsymbol{e}_1 = \begin{pmatrix} 1 \\ 0 \end{pmatrix}, \quad \boldsymbol{e}_2 = \begin{pmatrix} 0 \\ 1 \end{pmatrix}, \quad \boldsymbol{f}_1 = \begin{pmatrix} \cos\theta \\ \sin\theta \end{pmatrix}, \quad \boldsymbol{f}_2 = \begin{pmatrix} -\sin\theta \\ \cos\theta \end{pmatrix}$$

を考えると，$\{\boldsymbol{e}_1, \boldsymbol{e}_2\}$ および $\{\boldsymbol{f}_1, \boldsymbol{f}_2\}$ は，いずれも $\mathbf{R}^2$ の基底をなす．このとき，基底の変換 $\{\boldsymbol{e}_1, \boldsymbol{e}_2\} \mapsto \{\boldsymbol{f}_1, \boldsymbol{f}_2\}$ の変換行列 $P(\theta)$ を求めよ．また，

$$\boldsymbol{x} = x_1\boldsymbol{e}_1 + x_2\boldsymbol{e}_2 = y_1\boldsymbol{f}_1 + y_2\boldsymbol{f}_2, \qquad \begin{pmatrix} y_1 \\ y_2 \end{pmatrix} = Q(\theta)\begin{pmatrix} x_1 \\ x_2 \end{pmatrix}$$

とするとき，成分に対する変換行列 $Q(\theta)$ を求めよ．

【解答】 $\begin{pmatrix} \boldsymbol{e}_1 & \boldsymbol{e}_2 \end{pmatrix} P(\theta) = \begin{pmatrix} \boldsymbol{f}_1 & \boldsymbol{f}_2 \end{pmatrix}$ より

$$P(\theta) = \begin{pmatrix} \cos\theta & -\sin\theta \\ \sin\theta & \cos\theta \end{pmatrix}. \quad また \quad Q(\theta) = P(\theta)^{-1} = P(-\theta).$$ □

▶ **参考** 例題 1.8 を参照．

練習問題

5.9　以下の問に答えよ．

(1) 複素数の全体 $\mathbf{C}$ を実数 $\mathbf{R}$ 上の線形空間とみなすとき，複素数 1 と i が線形空間 $\mathbf{C}$ の基底をなすことを示せ．

(2) 例題 5.5(2) の W_2 を実数 $\mathbf{R}$ 上の線形空間とみなすとき，その基底の例を示し次元を求めよ．

5.10　$\boldsymbol{u}_1, \boldsymbol{u}_2, \dots, \boldsymbol{u}_m$ を線形独立な m 次の数ベクトル，A, B を $m \times n$ 行列とする．このとき，以下の (1) と (2) を示せ．

(1) $\begin{pmatrix} \boldsymbol{u}_1 & \boldsymbol{u}_2 & \cdots & \boldsymbol{u}_m \end{pmatrix} A = O$ ならば $A = O$.

(2) $\begin{pmatrix} \boldsymbol{u}_1 & \boldsymbol{u}_2 & \cdots & \boldsymbol{u}_m \end{pmatrix} A = \begin{pmatrix} \boldsymbol{u}_1 & \boldsymbol{u}_2 & \cdots & \boldsymbol{u}_m \end{pmatrix} B$ ならば $A = B$.

5.11　ベクトル $\boldsymbol{u}_1, \boldsymbol{u}_2, \dots, \boldsymbol{u}_n$ は線形独立，$P = [p_{ij}]$ は $n \times m$ 行列であるとして，ベクトル $\boldsymbol{v}_1, \boldsymbol{v}_2, \dots, \boldsymbol{v}_m$ を次のように定める．

$$\boldsymbol{v}_j = \sum_{i=1}^{n} p_{ij} \boldsymbol{u}_i.$$

(1) $m = n$ の場合，P が正則ならば $\boldsymbol{v}_1, \dots, \boldsymbol{v}_n$ は線形独立であることを示せ．

(2) $m \leq n$ であるとき，P の階数が m ならば $\boldsymbol{v}_1, \dots, \boldsymbol{v}_m$ は線形独立であることを示せ．

5.12　実数を成分とする n 次の数ベクトル $\boldsymbol{a}_1, \boldsymbol{a}_2, \dots, \boldsymbol{a}_n$ が線形独立であるための必要十分条件は

$$\det \begin{pmatrix} \langle \boldsymbol{a}_1, \boldsymbol{a}_1 \rangle & \langle \boldsymbol{a}_1, \boldsymbol{a}_2 \rangle & \cdots & \langle \boldsymbol{a}_1, \boldsymbol{a}_n \rangle \\ \langle \boldsymbol{a}_2, \boldsymbol{a}_1 \rangle & \langle \boldsymbol{a}_2, \boldsymbol{a}_2 \rangle & \cdots & \langle \boldsymbol{a}_2, \boldsymbol{a}_n \rangle \\ \vdots & & & \vdots \\ \langle \boldsymbol{a}_n, \boldsymbol{a}_1 \rangle & \langle \boldsymbol{a}_n, \boldsymbol{a}_2 \rangle & \cdots & \langle \boldsymbol{a}_n, \boldsymbol{a}_n \rangle \end{pmatrix} \neq 0$$

で与えられることを示せ．ただし，$\langle \boldsymbol{a}_i, \boldsymbol{a}_j \rangle$ はベクトル $\boldsymbol{a}_i$ と $\boldsymbol{a}_j$ の内積である．

注：一般に実数を成分とする n 次の数ベクトル m 個 $\boldsymbol{a}_1, \boldsymbol{a}_2, \dots, \boldsymbol{a}_m$ $(m \leq n)$ に対して $(G)_{ij} = \langle \boldsymbol{a}_i, \boldsymbol{a}_j \rangle$ として G を定義するとき，$\det G$ を **Gram（グラム）行列式** (Gram determinant) とよび，$\boldsymbol{a}_1, \boldsymbol{a}_2, \dots, \boldsymbol{a}_m$ が線形独立であることと $\det G \neq 0$ とが同値である．

5.13　開区間 I 上で定義された $C^{(n-1)}$ 級の関数 $f_1(x), f_2(x), \dots, f_n(x)$ が線形従属ならば，

$$W(f_1, f_2, \dots, f_n) = \det \begin{pmatrix} f_1(x) & f_2(x) & \cdots & f_n(x) \\ f_1'(x) & f_2'(x) & \cdots & f_n'(x) \\ \vdots & \vdots & & \vdots \\ f_1^{(n-1)}(x) & f_2^{(n-1)}(x) & \cdots & f_n^{(n-1)}(x) \end{pmatrix}$$

として，すべての $x \in I$ に対して $W(f_1, f_2, \dots, f_n) = 0$ であることを示せ．

注：$W(f_1, f_2, \dots, f_n)$ を $f_1, f_2, \dots, f_n$ の **Wronski（ロンスキー）行列式**（あるいは**ロンスキアン**，Wronski determinant, Wronskian）とよぶ．$f_1, f_2, \dots, f_n$ が I 上で線形従属ならば，すべての $x \in I$ に対して $W = 0$ である．その対偶をとると，ある $x_0 \in I$ に対して $W \neq 0$ ならば，$f_1, f_2, \dots, f_n$ は I 上で線形独立である．

コラム　線形と線型

線形代数は以前は線型代数と記されることが多く，現在でも「線形」の文字を使わずに「線型」と書く数学者はめずらしくない．「線型代数」という言葉の正確な由来についてはわからなかったが，文字自体の持つ意味としては，「形」は外にあらわれた形，目に見える姿，「型」はかたちのもとになるもの，基準となる一定のわく，タイプ，ということなので，「型」の方が内在的な構造を指しており，その意味で「線型」が，文字としてよりふさわしいと言えるだろう．

この本では，全国の大学での講義の名称が，現在は「線形代数学」になっていることをふまえて，「線形」の文字を使うことにした．

5.3 部分空間

5.3.1 部分空間の定義と例

線形空間 V の部分集合 W を考える．W が W の元だけで再び線形空間になっているとき，W は V の部分空間であると言う．まず例を見てみよう．

例 5.18 3次元の空間ベクトルの全体

$$V_3 = \left\{ \begin{pmatrix} a_1 \\ a_2 \\ a_3 \end{pmatrix} \middle| \, a_1, a_2, a_3 \in \mathbf{R} \right\}$$

は実数上の線形空間をなし，$\dim V_3 = 3$．このとき

$$V_2 = \left\{ \begin{pmatrix} a_1 \\ a_2 \\ 0 \end{pmatrix} \middle| \, a_1, a_2 \in \mathbf{R} \right\}$$

とすると $V_2 \subseteq V_3$，つまり V_2 は V_3 の部分集合で，さらに V_2 自身が線形空間となる．実際，

$$\text{和} \qquad \begin{pmatrix} a_1 \\ a_2 \\ 0 \end{pmatrix} + \begin{pmatrix} b_1 \\ b_2 \\ 0 \end{pmatrix} = \begin{pmatrix} a_1 + b_1 \\ a_2 + b_2 \\ 0 \end{pmatrix},$$

$$\text{スカラー倍} \qquad k\begin{pmatrix} a_1 \\ a_2 \\ 0 \end{pmatrix} = \begin{pmatrix} ka_1 \\ ka_2 \\ 0 \end{pmatrix}$$

によって V_3 と同じ和とスカラー倍が定義され，それらについて閉じていて，さらに

$$\text{零元} \quad \mathbf{0} = \begin{pmatrix} 0 \\ 0 \\ 0 \end{pmatrix}, \qquad \text{逆元} \quad -\begin{pmatrix} a_1 \\ a_2 \\ 0 \end{pmatrix} = \begin{pmatrix} -a_1 \\ -a_2 \\ 0 \end{pmatrix}$$

が V_2 に含まれ，線形空間の公理をみたしていることがわかる．このとき $\dim V_2 = 2$ である．

また(5.4)の $\boldsymbol{e}_1, \boldsymbol{e}_2, \boldsymbol{e}_3$ は V_3 の1組の基底をなし，このうち $\boldsymbol{e}_1, \boldsymbol{e}_2$ が V_2 の基底をなす．□

部分空間を次のように定義する．

定義 5.8 V を K 上の線形空間，W は V の部分集合であるとする．W が V の演算と同じ演算に関して，V と同じ K 上の線形空間になっているとき，W は V の**線形部分空間**（あるいは**部分空間**，linear subspace, subspace）であると言う．

例 5.19

$$V_1 = \left\{ \begin{pmatrix} a_1 \\ 0 \\ 0 \end{pmatrix} \middle| \, a_1 \in \mathbf{R} \right\}$$

とすると $V_1 \subseteq V_3$，つまり V_1 は V_3 の部分集合で，さらに V_1 自身が線形空間となる．実際，

$$\text{和} \qquad \begin{pmatrix} a_1 \\ 0 \\ 0 \end{pmatrix} + \begin{pmatrix} b_1 \\ 0 \\ 0 \end{pmatrix} = \begin{pmatrix} a_1 + b_1 \\ 0 \\ 0 \end{pmatrix},$$

$$\text{スカラー倍} \qquad k\begin{pmatrix} a_1 \\ 0 \\ 0 \end{pmatrix} = \begin{pmatrix} ka_1 \\ 0 \\ 0 \end{pmatrix}$$

として V_3 と同じ和とスカラー倍が定義され，それらについて閉じており，さらに

$$\text{零元} \quad \mathbf{0} = \begin{pmatrix} 0 \\ 0 \\ 0 \end{pmatrix}, \qquad \text{逆元} \quad -\begin{pmatrix} a_1 \\ 0 \\ 0 \end{pmatrix} = \begin{pmatrix} -a_1 \\ 0 \\ 0 \end{pmatrix}$$

を含み，線形空間の公理をみたしていることがわかる．このとき $\dim V_1 = 1$ であり，(5.4)の $\boldsymbol{e}_1$ が V_1 の基底をなす．またこの V_1 は，V_2 の部分空間でもある．□

空間ベクトルとしては，V_3 は3次元空間内のベクトルの全体，V_2 は xy 平面内のベクトルの全体，V_1 は x 軸に含まれるベクトルの全体である．原点はこれらのすべてに共通しており，零元に対応する．

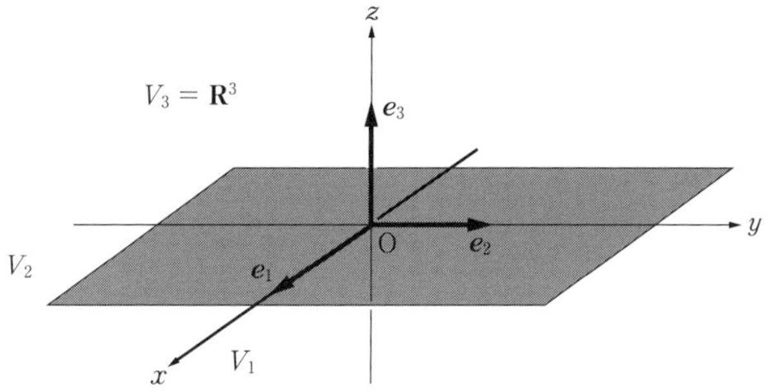

図 5.2

また，対応

$$\begin{pmatrix} a_1 \\ a_2 \\ 0 \end{pmatrix} \longleftrightarrow \begin{pmatrix} a_1 \\ a_2 \end{pmatrix} \in \mathbf{R}^2, \qquad \begin{pmatrix} a_1 \\ 0 \\ 0 \end{pmatrix} \longleftrightarrow a_1 \in \mathbf{R}$$

を考えれば，V_2 は $\mathbf{R}^2$ と，V_1 は $\mathbf{R}$ と同じ構造を持つことがわかる．

例 5.20 零元 $\mathbf{0}$ だけからなる集合 $V_0 = \{\mathbf{0}\}$ を考える．これは

$$\text{和} \quad \mathbf{0} + \mathbf{0} = \mathbf{0}, \qquad \text{スカラー倍} \quad k\,\mathbf{0} = \mathbf{0},$$
$$\text{零元} \quad \mathbf{0}, \qquad \text{逆元} \quad -\mathbf{0} = \mathbf{0}$$

として線形空間をなす．1つのベクトル $\mathbf{0}$ は定義に従えば線形従属なので（なぜならば $x\,\mathbf{0} = \mathbf{0}$ をみたす $x \neq 0$ が存在する）V_0 に基底は存在せず，次元は $\dim V_0 = 0$ であると定める． □

以上の例においては，部分空間がひとつの系列を作っている．

$$V_0 \subseteq V_1 \subseteq V_2 \subseteq V_3.$$

ここで V_0 は V_3 の最小の部分空間，V_3 自身は V_3 の最大の部分空間である．

一般に，線形空間 V の部分空間で $\{\mathbf{0}\}$ でも V 自身でもないものを，V の真部分空間とよぶ．

例 5.21 高々 2 次の多項式の全体

$$V = \{a_0 + a_1x + a_2x^2 \mid a_0, a_1, a_2 \in \mathbf{R}\}$$

は線形空間をなす．また，高々 1 次の多項式の全体

$$W = \{a_0 + a_1x \mid a_0, a_1 \in \mathbf{R}\}$$

はその部分空間である (このことは，簡単に確かめられる)． □

このとき，対応

$$a_0 + a_1x + a_2x^2 \longleftrightarrow \begin{pmatrix} a_0 \\ a_1 \\ a_2 \end{pmatrix} \in \mathbf{R}^3, \qquad a_0 + a_1x \longleftrightarrow \begin{pmatrix} a_0 \\ a_1 \\ 0 \end{pmatrix} \in \mathbf{R}^3$$

を考えれば，多項式を元とするこれらの線形空間は，例 5.18 の V_3, V_2 と同じ構造を持つことがわかる．

例 5.22 実数を成分とする 2 次正方行列の全体

$$V = \left\{ \begin{pmatrix} a & b \\ c & d \end{pmatrix} \middle| \, a, b, c, d \in \mathbf{R} \right\}$$

は実数上の線形空間をなす．そのうち

$$W = \left\{ \begin{pmatrix} a & b \\ c & d \end{pmatrix} \middle| \, a, b, c, d \in \mathbf{R}, \ a + d = 0 \right\}$$

は V の部分空間である．実際，行列の和

$$\begin{pmatrix} a & b \\ c & d \end{pmatrix} + \begin{pmatrix} a' & b' \\ c' & d' \end{pmatrix} = \begin{pmatrix} a + a' & b + b' \\ c + c' & d + d' \end{pmatrix}$$

において

$$(a + a') + (d + d') = (a + d) + (a' + d') = 0 + 0 = 0.$$

また，スカラー倍

$$k\begin{pmatrix} a & b \\ c & d \end{pmatrix} = \begin{pmatrix} ka & kb \\ kc & kd \end{pmatrix}$$

において

$$ka + kd = k(a + d) = k \cdot 0 = 0$$

が成り立つので，W は和とスカラー倍について閉じている．また，W は

$$\text{零元} \ \begin{pmatrix} 0 & 0 \\ 0 & 0 \end{pmatrix}, \quad \text{逆元} \ \begin{pmatrix} -a & -b \\ -c & -d \end{pmatrix}$$

を含み，線形空間の他の公理をみたすことも確かめられる．$a+d$ は行列のトレースであり，W はトレースの値が 0 の正方行列の全体である．

V は以下の 4 つのベクトルの線形結合として得られ，これらが V の基底をなす．

$$\begin{pmatrix} 0 & 1 \\ 0 & 0 \end{pmatrix}, \quad \begin{pmatrix} 0 & 0 \\ 1 & 0 \end{pmatrix}, \quad \begin{pmatrix} 1 & 0 \\ 0 & -1 \end{pmatrix}, \quad \begin{pmatrix} 1 & 0 \\ 0 & 1 \end{pmatrix}.$$

W は，これらのうちのはじめの 3 つのベクトルの線形結合として得られ，これらの 3 つのベクトルが W の基底をなす． □

一般に，K 上の n 次元の線形空間 V を考えるとき，V に属するベクトル $\boldsymbol{a}_1, \boldsymbol{a}_2, \ldots, \boldsymbol{a}_r$ の線形結合の全体

$$\mathrm{Span}\,(\boldsymbol{a}_1, \boldsymbol{a}_2, \ldots, \boldsymbol{a}_r) = \{x_1\boldsymbol{a}_1 + x_2\boldsymbol{a}_2 + \cdots + x_r\boldsymbol{a}_r \mid x_1, x_2, \ldots, x_r \in K\}$$

は線形空間をなし，V の部分空間になる．この $\mathrm{Span}\,(\boldsymbol{a}_1, \boldsymbol{a}_2, \ldots, \boldsymbol{a}_r)$ を，ベクトル $\boldsymbol{a}_1, \boldsymbol{a}_2, \ldots, \boldsymbol{a}_r$ によって**生成される空間** (generated space)，あるいは**張られる空間** (spanned space) とよび，$\boldsymbol{a}_1, \boldsymbol{a}_2, \ldots, \boldsymbol{a}_r$ をこの空間の**生成系** (generating set) とよぶ．

この記号において，$\boldsymbol{a}_1, \boldsymbol{a}_2, \ldots, \boldsymbol{a}_r$ が線形独立であることは仮定されていない．例えば，(5.4) の 3 つのベクトル $\boldsymbol{e}_1, \boldsymbol{e}_2, \boldsymbol{e}_3$ は線形独立であり，$V = \mathbf{R}^3$ を生成するので $V = \mathrm{Span}\,(\boldsymbol{e}_1, \boldsymbol{e}_2, \boldsymbol{e}_3)$ であるが，$\boldsymbol{e}_1, \boldsymbol{e}_2, \boldsymbol{e}_3$ に V の他のベクトル $\boldsymbol{f}$ を加えても，V の任意のベクトルはそれらの線形結合としてあらわされるので，$\boldsymbol{e}_1, \boldsymbol{e}_2, \boldsymbol{e}_3, \boldsymbol{f}$ は線形従属であり，かつ $V = \mathbf{R}^3$ を生成し，$V = \mathrm{Span}\,(\boldsymbol{e}_1, \boldsymbol{e}_2, \boldsymbol{e}_3, \boldsymbol{f})$ である．

例 5.23 例 5.18 の部分空間 V_2 は $\boldsymbol{e}_1, \boldsymbol{e}_2$ によって生成され，例 5.19 の部分空間 V_1 は $\boldsymbol{e}_1$ によって生成される．つまり

$$V_2 = \mathrm{Span}\,(\boldsymbol{e}_1, \boldsymbol{e}_2), \qquad V_1 = \mathrm{Span}\,(\boldsymbol{e}_1).$$ □

5.3.2 部分空間であるための条件

W が V の部分空間であるための条件を，より簡潔にまとめることができる．まず W は V の演算を演算としてそれについて閉じている．このとき $W \subseteq V$ なので，$\boldsymbol{a}, \boldsymbol{b} \in W$ であれば当然 $\boldsymbol{a}, \boldsymbol{b} \in V$ であり，$\boldsymbol{a}, \boldsymbol{b}$ については V の元として例えば 5.1 節の線形空間の公理 (I-1)

$$\boldsymbol{a} + \boldsymbol{b} = \boldsymbol{b} + \boldsymbol{a}$$

は元々みたされている．公理 (I-2) および公理 (II-1) から公理 (II-4) も，同様にみたされている．

さらに，もし W が演算について閉じていれば

$$(-1)\boldsymbol{a} = -\boldsymbol{a} \in W$$

より W は逆元を含み，さらに W が空集合でなければ $\boldsymbol{a} \in W$ をとって

$$0\,\boldsymbol{a} = \boldsymbol{0} \in W$$

より W は零元を含む．したがって，W が V の部分空間であるための条件は，W が空集合ではなく，かつ V の演算について閉じていることだけであるということがわかる．

定義 5.9 V は K 上の線形空間，W は V の空でない部分集合．このとき W が V の部分空間であるとは

$$\text{I.}\quad \boldsymbol{a} \in W,\ \boldsymbol{b} \in W \quad \text{ならば} \quad \boldsymbol{a} + \boldsymbol{b} \in W$$
$$\text{II.}\quad k \in K,\ \boldsymbol{a} \in W \quad \text{ならば} \quad k\boldsymbol{a} \in W$$

が成り立つことである．

この定義は，さらに次のようにまとめることができる．

定理 5.8

$$\text{III.}\quad k, h \in K,\ \boldsymbol{a}, \boldsymbol{b} \in W \quad \text{ならば} \quad k\boldsymbol{a} + h\boldsymbol{b} \in W$$

とすると，

$$\text{I かつ II} \iff \text{III}$$

[**証明**]
(⇒) II より $k\boldsymbol{a} \in W, h\boldsymbol{b} \in W$，そこで I より $k\boldsymbol{a} + h\boldsymbol{b} \in W$.
(⇐) $k = h = 1$ として I，$h = 0$ として II を得る． □

つまり III がみたされるとき，III と I かつ II とは同値で，したがって W は演算について閉じており，このとき W は線形空間になる．W が部分空間であることを示すためには，W が空集合ではなく，かつ III が成り立つことだけを示せばよい．

例題 5.7

以下の (1)～(3) は $V = \mathbf{R}^3$ の部分空間をなすか．

(1) $V_1 = \left\{ \begin{pmatrix} x \\ y \\ z \end{pmatrix} \middle| \, x, y, z \in \mathbf{R}, x + y + z = 0 \right\}$

(2) $V_2 = \left\{ \begin{pmatrix} x \\ y \\ z \end{pmatrix} \middle| \, x, y, z \in \mathbf{R},\ x + y + z = 1 \right\}$

(3) $V_3 = \left\{ \begin{pmatrix} x \\ y \\ z \end{pmatrix} \middle| x, y, z \in \mathbf{R},\ xyz = 0 \right\}$

【解答】 (1) $\boldsymbol{a}_1, \boldsymbol{a}_2 \in V_1$ のとき $k\boldsymbol{a}_1 + h\boldsymbol{a}_2 \in V_1$ であり，部分空間である．

(2) 例えば零元を含んでおらず，部分空間にならない．

(3)

$$\begin{pmatrix} 1 \\ 1 \\ 0 \end{pmatrix} \in V_3,\ \begin{pmatrix} 0 \\ 0 \\ 1 \end{pmatrix} \in V_3 \quad \text{であるが} \quad \begin{pmatrix} 1 \\ 1 \\ 0 \end{pmatrix} + \begin{pmatrix} 0 \\ 0 \\ 1 \end{pmatrix} = \begin{pmatrix} 1 \\ 1 \\ 1 \end{pmatrix} \notin V_3$$

であり，和について閉じておらず，部分空間にならない． □

▶ **参考** 部分空間の構造は，例 5.18 や例 5.19 からもわかるように，$\mathbf{R}^n$ 内の $\mathbf{R}^m$ $(m \leq n)$ のことであるとして理解できる．$\mathbf{R}^3$ の空間ベクトルの場合には，部分空間とは，原点 (零元) のみからなる集合，あるいは原点を含む 1 つの直線，または原点を含む 1 つの平面，あるいは $\mathbf{R}^3$ 自身のことである．(3) は 3 つの平面の和集合であるが部分空間にはならない．

例題 5.8

$M_{22}(\mathbf{R})$ を 2 次の実行列の全体とするとき，以下の(1), (2)において $W_1, W_2, W_1 \cap W_2, W_1 \cup W_2$ は部分空間か．ただし $X = \begin{pmatrix} 0 & 1 \\ 1 & 0 \end{pmatrix}$ とする．

(1) $W_1 = \{A \in M_{22}(\mathbf{R}) \mid {}^tA = A\}$,　　$W_2 = \{A \in M_{22}(\mathbf{R}) \mid {}^tA = -A\}$

(2) $W_1 = \{A \in M_{22}(\mathbf{R}) \mid \mathrm{tr}\, A = 0\}$,　　$W_2 = \{A \in M_{22}(\mathbf{R}) \mid AX = XA\}$

【解答】 (1) $A, B \in W_1$ ならば ${}^tA = A, {}^tB = B$ なので，${}^t(A+B) = {}^tA + {}^tB = A + B$，また k をスカラーとして ${}^t(kA) = k\,{}^tA = kA$．よって W_1 は部分空間．W_2 も同様．次に，$A \in W_1 \cap W_2$ ならば ${}^tA = A$ かつ ${}^tA = -A$ なので $A = -A$ より $A = O$．これより $W_1 \cap W_2 = \{O\}$ であり，これは部分空間である．また $\begin{pmatrix} 0 & 1 \\ 1 & 0 \end{pmatrix} \in W_1 \subset W_1 \cup W_2$, $\begin{pmatrix} 0 & -1 \\ 1 & 0 \end{pmatrix} \in W_2 \subset W_1 \cup W_2$ であるが

$$\begin{pmatrix} 0 & 1 \\ 1 & 0 \end{pmatrix} + \begin{pmatrix} 0 & -1 \\ 1 & 0 \end{pmatrix} = \begin{pmatrix} 0 & 0 \\ 2 & 0 \end{pmatrix} \notin W_1 \cup W_2$$

なので $W_1 \cup W_2$ は和について閉じておらず，部分空間ではない．

(2) 例 5.22 で示したように，W_1 は部分空間をなす．また

$$\begin{pmatrix} a & b \\ c & d \end{pmatrix} X = X \begin{pmatrix} a & b \\ c & d \end{pmatrix}, \qquad X = \begin{pmatrix} 0 & 1 \\ 1 & 0 \end{pmatrix}$$

より $a=d$ かつ $b=c$ であるので，W_2 は $\begin{pmatrix} a & b \\ b & a \end{pmatrix}$ の形の 2 次行列の全体，$W_1 \cap W_2$ は $\begin{pmatrix} 0 & b \\ b & 0 \end{pmatrix}$ の形の 2 次行列の全体であり，いずれも和とスカラー倍について閉じており，部分空間をなす．また $\begin{pmatrix} 1 & 0 \\ 0 & -1 \end{pmatrix} \in W_1 \subset W_1 \cup W_2$，$\begin{pmatrix} 1 & 0 \\ 0 & 1 \end{pmatrix} \in W_2 \subset W_1 \cup W_2$ であるが

$$\begin{pmatrix} 1 & 0 \\ 0 & -1 \end{pmatrix} + \begin{pmatrix} 1 & 0 \\ 0 & 1 \end{pmatrix} = \begin{pmatrix} 2 & 0 \\ 0 & 0 \end{pmatrix} \notin W_1 \cup W_2$$

なので $W_1 \cup W_2$ は和について閉じておらず，部分空間ではない．　□

例題 5.9

V は線形空間，$\boldsymbol{a}_1, \boldsymbol{a}_2, \dots, \boldsymbol{a}_r \in V$,

$$W = \mathrm{Span}\,(\boldsymbol{a}_1, \boldsymbol{a}_2, \dots, \boldsymbol{a}_r)$$

とする．

(1) W は $\boldsymbol{a}_1, \boldsymbol{a}_2, \dots, \boldsymbol{a}_r$ を含む最小の線形空間であることを示せ．

(2) $\boldsymbol{a}_1, \boldsymbol{a}_2, \dots, \boldsymbol{a}_r$ が線形独立ならば W の基底をなすことを示せ．

【解答】 (1) W は $\boldsymbol{a}_1, \boldsymbol{a}_2, \dots, \boldsymbol{a}_r$ の線形結合の全体からなる線形空間であり，$\boldsymbol{a}_1, \boldsymbol{a}_2, \dots, \boldsymbol{a}_r$ を含む．次に，$\boldsymbol{a}_1, \boldsymbol{a}_2, \dots, \boldsymbol{a}_r$ を含む任意の線形空間を W' とすると，W' は線形空間であるため $\boldsymbol{a}_1, \boldsymbol{a}_2, \dots, \boldsymbol{a}_r$ の線形結合をすべて含むので $W \subseteq W'$．つまり W は $\boldsymbol{a}_1, \boldsymbol{a}_2, \dots, \boldsymbol{a}_r$ を含むすべての線形空間に含まれる．

(2) $W = \mathrm{Span}\,(\boldsymbol{a}_1, \boldsymbol{a}_2, \dots, \boldsymbol{a}_r)$ であるので $\boldsymbol{a}_1, \boldsymbol{a}_2, \dots, \boldsymbol{a}_r$ は W を生成し，定義 5.5 の (1) をみたす．さらに線形独立ならば定義 5.5 の (2) をみたし，W の基底をなす．　□

練習問題

5.14　実数列 $\{a_n\}$ の全体は，$\{a_n\}+\{b_n\}=\{a_n+b_n\}$ を和とし，$k\{a_n\}=\{ka_n\}$ (kは実数) をスカラー倍として線形空間 V をなす．このとき収束する実数列の全体 W は V の部分空間であるか．

5.15　2 次の実行列の全体 $M_{22}(\mathbf{R})$ は線形空間をなす．このとき以下の W_1, W_2, W_3 は $M_{22}(\mathbf{R})$ の部分空間であるか．

(1) 行列 $X \in M_{22}(\mathbf{R})$ に対して $AX = XA$ をみたす行列 A の全体 W_1

(2) $\det A = 0$ をみたす行列 A の全体 W_2

(3) $A^2 = O$ をみたす行列 A の全体 W_3

5.16　V を $\mathbf{R}$ 上で定義された微分可能な関数のなす線形空間とするとき，以下の W_1, W_2, W_3 は V の部分空間であるか．

(1)　$W_1 = \{f(x) \in V \mid f(0) = 0\}$

(2)　$W_2 = \{f(x) \in V \mid f(0) = 1\}$

(3)　$W_3 = \{f(x) \in V \mid xf'(x) - f(x) = 0\}$

5.17　$[a, b]$ 上の連続関数全体のなす線形空間を V とし，$g_0 \in V$ とするとき $\int_a^b f(x)g_0(x)\,dx = 0$ をみたす $f \in V$ の全体 W は V の部分空間をなすか．

5.18　3つのベクトル

$$\boldsymbol{a}_1 = \begin{pmatrix} 2 \\ 0 \\ 1 \end{pmatrix}, \quad \boldsymbol{a}_2 = \begin{pmatrix} 1 \\ 1 \\ 0 \end{pmatrix}, \quad \boldsymbol{a}_3 = \begin{pmatrix} 4 \\ 2 \\ 1 \end{pmatrix}$$

によって生成される線形空間 $V = \mathrm{Span}\,(\boldsymbol{a}_1, \boldsymbol{a}_2, \boldsymbol{a}_3)$ は，$\boldsymbol{a}_1, \boldsymbol{a}_2, \boldsymbol{a}_3$ のうちの 2 つによって生成されることを示せ．

5.19　V を線形空間，W_1 と W_2 を V の部分空間，かつ $W_1 \subset W_2$ とする．このとき W_1 は W_2 の部分空間であることを示せ．

5.20　$\mathbf{R}$ を実数上の線形空間と考えるとき，$\mathbf{R}$ の部分空間は $\{0\}$ と $\mathbf{R}$ のみであることを示せ．

5.4　和空間，直和，直積

5.4.1　和空間と直和

線形空間 W_1 と W_2 から新たに線形空間を構成することを考える．特に 2 つの線形空間から，より小さい部分空間を作ること，2 つの線形空間の「和」および「積」をとることでより大きな線形空間を作ることを考えよう．まず，線形空間の共通部分について，次の定理が成り立つ．

定理 5.9　V を線形空間，W_1, W_2 を V の部分空間とする．このとき W_1 と W_2 の共通部分 $W_1 \cap W_2$ は V の部分空間である．

［**証明**］　$\mathbf{0} \in W_1$，$\mathbf{0} \in W_2$ なので $\mathbf{0} \in W_1 \cap W_2$．したがって $W_1 \cap W_2$ が部分空間であることを示すには，この集合が演算について閉じていることを示せばよい．そこで

$$\boldsymbol{a} \in W_1 \cap W_2, \qquad \boldsymbol{b} \in W_1 \cap W_2$$

であるなら

$$\boldsymbol{a} \in W_1 \quad \text{かつ} \quad \boldsymbol{a} \in W_2, \qquad \boldsymbol{b} \in W_1 \quad \text{かつ} \quad \boldsymbol{b} \in W_2.$$

このとき W_1 は部分空間なので，$\boldsymbol{a} \in W_1$，$\boldsymbol{b} \in W_1$ より $\boldsymbol{a} + \boldsymbol{b} \in W_1$，また W_2 は部分空間なので $\boldsymbol{a} \in W_2$，$\boldsymbol{b} \in W_2$ より $\boldsymbol{a} + \boldsymbol{b} \in W_2$．したがって $\boldsymbol{a} + \boldsymbol{b} \in W_1 \cap W_2$．つまり $W_1 \cap W_2$

は和について閉じている．また k をスカラーとして，W_1 は部分空間なので $k\boldsymbol{a} \in W_1$, W_2 は部分空間なので $k\boldsymbol{a} \in W_2$. したがって $k\boldsymbol{a} \in W_1 \cap W_2$. よって $W_1 \cap W_2$ はスカラー倍について閉じている． □

2つの部分空間からその共通部分をとることで，より小さな線形空間が得られた．そこで2つの部分空間の合併 $W_1 \cup W_2$ は線形空間になっているだろうか．以下の例からわかるように，それは成り立たない．

例 5.24 線形空間 $\mathbf{R}^3$ の2つの部分空間

$$W_1 = \left\{ \begin{pmatrix} x \\ y \\ 0 \end{pmatrix} \middle| x, y \in \mathbf{R} \right\}, \qquad W_2 = \left\{ \begin{pmatrix} x \\ x \\ z \end{pmatrix} \middle| x, z \in \mathbf{R} \right\}$$

を考える．これらの共通部分は

$$W_1 \cap W_2 = \left\{ \begin{pmatrix} x \\ x \\ 0 \end{pmatrix} \middle| x \in \mathbf{R} \right\}$$

であり，定理5.9で示した通り部分空間であって，その次元は $\dim W_1 \cap W_2 = 1$. 一方，

$$\boldsymbol{a} = \begin{pmatrix} 1 \\ 0 \\ 0 \end{pmatrix}, \qquad \boldsymbol{b} = \begin{pmatrix} 0 \\ 0 \\ 1 \end{pmatrix}$$

とすると $\boldsymbol{a} \in W_1$ なので $\boldsymbol{a} \in W_1 \cup W_2$, また $\boldsymbol{b} \in W_2$ なので $\boldsymbol{b} \in W_1 \cup W_2$, しかし

$$\boldsymbol{a} + \boldsymbol{b} = \begin{pmatrix} 1 \\ 0 \\ 1 \end{pmatrix}$$

は W_1 にも W_2 にも属しておらず $\boldsymbol{a} + \boldsymbol{b} \notin W_1 \cup W_2$. つまり $W_1 \cup W_2$ は和について閉じていない．したがって $W_1 \cup W_2$ は線形空間ではない． □

つまり，2つの部分空間 W_1, W_2 の和として集合としての和をとっても，それはベクトルの線形結合をすべて含むとは限らず，一般には演算について閉じていないため部分空間にならない．そこで次のような「和空間」を定義して，それが線形空間になることを示そう．和空間は集合としての和ではなく線形空間としての和である．

定義 5.10 V を線形空間，W_1, W_2 を V の部分空間とする．このとき

$$W_1 + W_2 = \{\boldsymbol{x} \mid \boldsymbol{x} = \boldsymbol{a} + \boldsymbol{b},\ \boldsymbol{a} \in W_1,\ \boldsymbol{b} \in W_2\}$$

を W_1 と W_2 の**和空間** (sum of W_1 and W_2) とよぶ．

和空間は W_1 の任意の元と W_2 の任意の元の線形結合をすべて含む．$W_1 + W_2$ とは $W_1 \cup W_2$ から生成される線形空間のことである．$W_1 + W_2$ が線形空間であることを以下に示そう．

定理 5.10 V を線形空間，W_1, W_2 を V の部分空間とする．このとき $W_1 + W_2$ は V の部分空間である．

［**証明**］ $\boldsymbol{0} \in W_1$，$\boldsymbol{0} \in W_2$ なので $\boldsymbol{0} \in W_1 + W_2$．そこで $W_1 + W_2$ が演算について閉じていることを示す．

$$\boldsymbol{x} \in W_1 + W_2, \qquad \boldsymbol{x}' \in W_1 + W_2$$

であるなら

$$\begin{aligned} \boldsymbol{x} &= \boldsymbol{a} + \boldsymbol{b}, \quad & \boldsymbol{a} \in W_1, \quad & \boldsymbol{b} \in W_2, \\ \boldsymbol{x}' &= \boldsymbol{a}' + \boldsymbol{b}', \quad & \boldsymbol{a}' \in W_1, \quad & \boldsymbol{b}' \in W_2 \end{aligned}$$

と書ける．このとき

$$\boldsymbol{x} + \boldsymbol{x}' = (\boldsymbol{a} + \boldsymbol{b}) + (\boldsymbol{a}' + \boldsymbol{b}') = (\boldsymbol{a} + \boldsymbol{a}') + (\boldsymbol{b} + \boldsymbol{b}').$$

ここで $\boldsymbol{a} + \boldsymbol{a}' \in W_1$，$\boldsymbol{b} + \boldsymbol{b}' \in W_2$ なので $\boldsymbol{x} + \boldsymbol{x}' \in W_1 + W_2$．これより $W_1 + W_2$ は和について閉じている．また k をスカラーとして

$$k\boldsymbol{x} = k(\boldsymbol{a} + \boldsymbol{b}) = k\boldsymbol{a} + k\boldsymbol{b}.$$

ここで $k\boldsymbol{a} \in W_1$，$k\boldsymbol{b} \in W_2$ なので $k\boldsymbol{x} \in W_1 + W_2$．これより $W_1 + W_2$ はスカラー倍について閉じている． □

特に $W_1 \cap W_2 = \{\boldsymbol{0}\}$ であるとき，以下に示すように，$W_1 + W_2$ の元 $\boldsymbol{x}$ の W_1 と W_2 への分解 $\boldsymbol{x} = \boldsymbol{x}_1 + \boldsymbol{x}_2$，$\boldsymbol{x}_1 \in W_1$，$\boldsymbol{x}_2 \in W_2$ は一意的になる．この条件をみたすとき，$W_1 + W_2$ は直和であると言う．

定義 5.11 W_1 と W_2 を部分空間，$W = W_1 + W_2$ とする．$W_1 \cap W_2 = \{\boldsymbol{0}\}$ であるとき，W は W_1 と W_2 の**直和** (direct sum) であると言い，$W = W_1 \oplus W_2$ と書く．

定理 5.11 部分空間 W_1 と W_2 について，以下の (1) と (2) は同値である．

(1) $W_1 + W_2$ は直和 $W_1 \oplus W_2$ である．

(2) W の任意の元 $\boldsymbol{x}$ を $\boldsymbol{x} = \boldsymbol{x}_1 + \boldsymbol{x}_2$，$\boldsymbol{x}_1 \in W_1$，$\boldsymbol{x}_2 \in W_2$ とあらわすとき，このあらわし方は一意的である．

［**証明**］ (1) ⇒ (2) $\boldsymbol{x} \in W$ を $\boldsymbol{x} = \boldsymbol{x}_1 + \boldsymbol{x}_2 = \boldsymbol{y}_1 + \boldsymbol{y}_2$, $\boldsymbol{x}_1, \boldsymbol{y}_1 \in W_1$, $\boldsymbol{x}_2, \boldsymbol{y}_2 \in W_2$ と2通りにあらわしたとする．このとき

$$\boldsymbol{x}_1 - \boldsymbol{y}_1 = \boldsymbol{y}_2 - \boldsymbol{x}_2$$

であり，左辺は W_1 の元，右辺は W_2 の元なので，両辺は $W_1 \cap W_2 = \{\mathbf{0}\}$ の元であり $\mathbf{0}$ に一致する．したがって $\boldsymbol{x}_1 = \boldsymbol{y}_1$ かつ $\boldsymbol{x}_2 = \boldsymbol{y}_2$ であり，分解は一意的．

(2) ⇒ (1) $W_1 \cap W_2 \neq \{\mathbf{0}\}$ とすると，$\boldsymbol{w} \in W_1 \cap W_2$ かつ $\boldsymbol{w} \neq \mathbf{0}$ をみたす $\boldsymbol{w}$ が存在する．このとき $\boldsymbol{x}_1 \in W_1$, $\boldsymbol{x}_2 \in W_2$ として $\boldsymbol{x} = \boldsymbol{x}_1 + \boldsymbol{w} + \boldsymbol{x}_2$ を考えると，

$$\begin{aligned} \boldsymbol{x} &= (\boldsymbol{x}_1 + \boldsymbol{w}) + \boldsymbol{x}_2 \qquad \boldsymbol{x}_1 + \boldsymbol{w} \in W_1, \quad \boldsymbol{x}_2 \in W_2 \\ &= \boldsymbol{x}_1 + (\boldsymbol{w} + \boldsymbol{x}_2) \qquad \boldsymbol{x}_1 \in W_1, \quad \boldsymbol{w} + \boldsymbol{x}_2 \in W_2 \end{aligned}$$

であり，一意性に反する． □

部分空間 W_1, W_2 の共通部分，和空間，直和について，例を見ておこう．

例 5.25 線形空間 V とその部分空間を (5.4) の標準基底 $\boldsymbol{e}_1, \boldsymbol{e}_2, \boldsymbol{e}_3$ を用いて以下のように定義する．

$$V = \mathrm{Span}\,(\boldsymbol{e}_1, \boldsymbol{e}_2, \boldsymbol{e}_3) = \left\{ \begin{pmatrix} x \\ y \\ z \end{pmatrix} \middle| \, x, y, z \in \mathbf{R} \right\},$$

$$W_1 = \mathrm{Span}\,(\boldsymbol{e}_1, \boldsymbol{e}_2) = \left\{ \begin{pmatrix} x \\ y \\ 0 \end{pmatrix} \middle| \, x, y \in \mathbf{R} \right\},$$

$$W_2 = \mathrm{Span}\,(\boldsymbol{e}_2, \boldsymbol{e}_3) = \left\{ \begin{pmatrix} 0 \\ y \\ z \end{pmatrix} \middle| \, y, z \in \mathbf{R} \right\},$$

$$W_3 = \mathrm{Span}\,(\boldsymbol{e}_3) = \left\{ \begin{pmatrix} 0 \\ 0 \\ z \end{pmatrix} \middle| \, z \in \mathbf{R} \right\}.$$

このとき

$$W_1 \cap W_2 = \{y\boldsymbol{e}_2 \mid y \in \mathbf{R}\}$$

であり，これは V の1次元の部分空間．これらの和空間は

$$W_1 + W_2 = V.$$

また

$$W_1 \cap W_3 = \{\mathbf{0}\}$$

であり，これは V の0次元の部分空間．これらの和空間は

$$W_1 + W_3 = V.$$

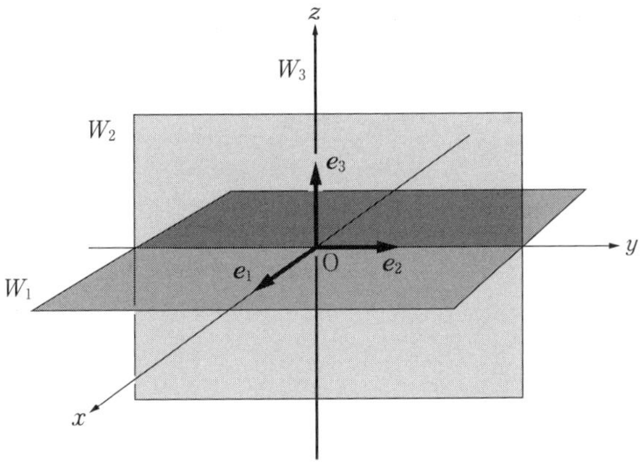

図 5.3

特にこのとき，共通部分が $\{\mathbf{0}\}$ なので $W_1 + W_3$ は直和であり，$V = W_1 \oplus W_3$. また $W_2 \cap W_3 = W_3$，$W_2 + W_3 = W_2$ が成り立つ．これらの次元は以下のようになる．

$$\dim(W_1 + W_2) = \dim(W_1 + W_3) = \dim V = 3,$$
$$\dim W_1 = \dim W_2 = 2, \qquad \dim W_3 = 1,$$
$$\dim(W_1 \cap W_2) = 1, \qquad \dim(W_1 \cap W_3) = 0.$$

□

部分空間 W_1, W_2 とその共通部分，および和空間の次元について，以下のような関係がある．

定理 5.12 部分空間 W_1 と W_2 について，以下の (1)〜(3) が成り立つ．

(1) $W_1 \subseteq W_2$ ならば $\dim W_1 \leq \dim W_2$

(2) (1) において $\dim W_1 = \dim W_2$ であるなら $W_1 = W_2$

(3) $\dim(W_1 + W_2) = \dim W_1 + \dim W_2 - \dim(W_1 \cap W_2)$

(3) は**次元定理**とよばれることがある．証明の前に次の補題を示しておく．

補題 5.1 V を線形空間，$\boldsymbol{u}_1, \boldsymbol{u}_2, \ldots, \boldsymbol{u}_r \in V$ は線形独立であるとする．このとき，$\boldsymbol{u}_1, \ldots, \boldsymbol{u}_r$ にベクトル $\boldsymbol{u}_{r+1}, \ldots, \boldsymbol{u}_n \in V$ を加えて，V の基底 $\boldsymbol{u}_1, \ldots, \boldsymbol{u}_r, \boldsymbol{u}_{r+1}, \ldots, \boldsymbol{u}_n$ を作ることができる．

［**証明**］ $\boldsymbol{u}_1, \ldots, \boldsymbol{u}_r$ が生成する V の部分空間を V_r とする．$V_r \subseteq V$ であるが，さらに $V_r = V$ ならば $\boldsymbol{u}_1, \ldots, \boldsymbol{u}_r$ が V の基底であり，0 個のベクトルを加えて定理の結論は成立．$V_r \neq V$ ならば $\boldsymbol{u}_1, \ldots, \boldsymbol{u}_r$ の線形結合ではあらわせない V のベクトルが存在するので，その

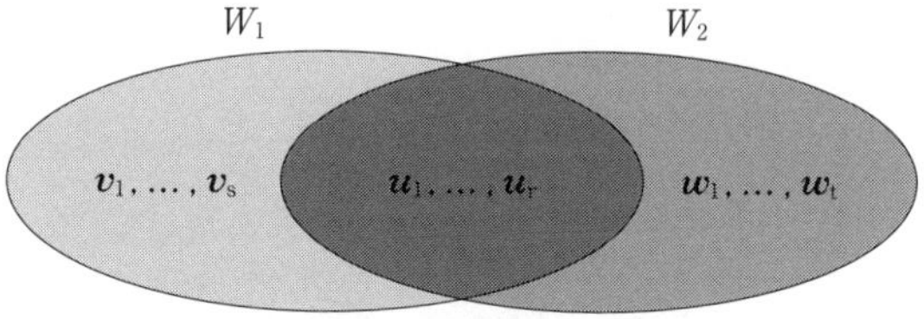

図5.4

1つを $\boldsymbol{u}_{r+1}$ とすると，$\boldsymbol{u}_1, \ldots, \boldsymbol{u}_r, \boldsymbol{u}_{r+1}$ は線形独立であり，これらが生成する V の部分空間を V_{r+1} とする．$V_{r+1} = V$ ならば $\boldsymbol{u}_1, \ldots, \boldsymbol{u}_r, \boldsymbol{u}_{r+1}$ が V の基底であり，定理の結論は成立．$V_{r+1} \neq V$ ならば $\boldsymbol{u}_{r+2}$ をとり，以下これをくり返すと，V は有限次元なので，有限回のくり返しの後に $V_n = V$ となる．このとき $\boldsymbol{u}_1, \ldots, \boldsymbol{u}_r, \cdots, \boldsymbol{u}_n$ は V の基底である． □

［**定理 5.12 の証明**］ (1)〜(2) W_1 の基底にベクトルを加えて W_2 の基底を作ることを考えれば，補題5.1より自明．

(3) $\dim(W_1 \cap W_2) = r$ とし，さらに $\dim W_1 = r + s, \dim W_2 = r + t$ とする．このとき $\dim(W_1 + W_2) = r + s + t$ であることを示せばよい．そこで $W_1 \cap W_2$ の基底 $\boldsymbol{u}_1, \boldsymbol{u}_2, \ldots, \boldsymbol{u}_r$ にベクトルを加えて，W_1 の基底 $\boldsymbol{u}_1, \ldots, \boldsymbol{u}_r, \boldsymbol{v}_1, \ldots, \boldsymbol{v}_s$ と W_2 の基底 $\boldsymbol{u}_1, \ldots, \boldsymbol{u}_r, \boldsymbol{w}_1, \ldots, \boldsymbol{w}_t$ を作ると，このとき $\boldsymbol{u}_1, \ldots, \boldsymbol{u}_r, \boldsymbol{v}_1, \ldots, \boldsymbol{v}_s, \boldsymbol{w}_1, \ldots, \boldsymbol{w}_t$ が $W_1 + W_2$ の基底になり (3) が成立する．以下，定義に従ってこのことを示す．

$W_1 + W_2$ の任意の元 $\boldsymbol{x}$ は，ある $\boldsymbol{a} \in W_1$, $\boldsymbol{b} \in W_2$ によって $\boldsymbol{x} = \boldsymbol{a} + \boldsymbol{b}$ とあらわされ，$\boldsymbol{a}$ は $\boldsymbol{u}_1, \ldots, \boldsymbol{u}_r, \boldsymbol{v}_1, \ldots, \boldsymbol{v}_s$ の，$\boldsymbol{b}$ は $\boldsymbol{u}_1, \ldots, \boldsymbol{u}_r$, $\boldsymbol{w}_1, \ldots, \boldsymbol{w}_t$ の線形結合なので，すべての $\boldsymbol{x} = \boldsymbol{a} + \boldsymbol{b}$ は $\boldsymbol{u}_1, \ldots, \boldsymbol{u}_r, \boldsymbol{v}_1, \ldots, \boldsymbol{v}_s, \boldsymbol{w}_1, \ldots, \boldsymbol{w}_t$ の線形結合としてあらわされる．次に

$$\sum_{i=1}^{r} x_i \boldsymbol{u}_i + \sum_{i=1}^{s} y_i \boldsymbol{v}_i + \sum_{i=1}^{t} z_i \boldsymbol{w}_i = \boldsymbol{0}$$

が成り立つとする．このとき

$$\sum_{i=1}^{r} x_i \boldsymbol{u}_i + \sum_{i=1}^{s} y_i \boldsymbol{v}_i = -\sum_{i=1}^{t} z_i \boldsymbol{w}_i$$

と書くと，左辺は W_1 の元，右辺は W_2 の元なので，両辺は $W_1 \cap W_2$ の元であり，したがって $\boldsymbol{u}_1, \ldots, \boldsymbol{u}_r$ の線形結合 $\sum_{i=1}^{r} \xi_i \boldsymbol{u}_i$ としてあらわされる．このとき右辺は $-\sum_{i=1}^{t} z_i \boldsymbol{w}_i = \sum_{i=1}^{r} \xi_i \boldsymbol{u}_i$ となり，$\boldsymbol{u}_1, \ldots, \boldsymbol{u}_r, \boldsymbol{w}_1, \ldots, \boldsymbol{w}_t$ は線形独立なので，$\xi_1 = \cdots = \xi_r = 0$, $z_1 = \cdots = z_t = 0$．したがって右辺は $\boldsymbol{0}$．このとき左辺の $\boldsymbol{u}_1, \ldots, \boldsymbol{u}_r, \boldsymbol{v}_1, \ldots, \boldsymbol{v}_s$ は線形独立なので $x_1 = \cdots = x_r = 0$, $y_1 = \cdots = y_s = 0$ よって $\boldsymbol{u}_1, \ldots, \boldsymbol{u}_r, \boldsymbol{v}_1, \ldots, \boldsymbol{v}_s, \boldsymbol{w}_1, \ldots, \boldsymbol{w}_t$ は線形独立． □

例 5.26 例 5.25 において，$\dim(W_1 + W_2) = \dim V = 3$, $\dim W_1 = \dim W_2 = 2$, $\dim(W_1 \cap W_2) = 1$ なので次元定理は $3 = 2 + 2 - 1$ として成り立っている．

□

定理 5.12 の (3) より一般に

$$\dim(W_1 + W_2) \leq \dim W_1 + \dim W_2$$

であり，特に和空間が直和 $W_1 \oplus W_2$ であるとき，$W_1 \cap W_2 = \{\mathbf{0}\}$ なので

$$\dim(W_1 \oplus W_2) = \dim W_1 + \dim W_2$$

が成り立つ．空間の直和をこれによって定義することもできる．

定理 5.13 部分空間 W_1 と W_2 について，以下の (1) と (2) は同値である．

(1) $W_1 + W_2$ は直和 $W_1 \oplus W_2$ である．

(2) $\dim(W_1 + W_2) = \dim W_1 + \dim W_2$

［**証明**］ 次元定理より，$W_1 \cap W_2 = \{\mathbf{0}\}$ と (2) とは同値である． □

V の部分空間 $W_1, W_2, \ldots, W_k$ についても，同様に直和が定義される．定理 5.14 は定理 6.11 で，また定理 5.14 と定理 5.15 は付録 A で必要になる．

定義 5.12 $W_1, W_2, \ldots, W_k$ を部分空間，$W = W_1 + W_2 + \cdots + W_k$ とする．このとき，W の任意の元 $\boldsymbol{x}$ を $\boldsymbol{x} = \boldsymbol{x}_1 + \boldsymbol{x}_2 + \cdots + \boldsymbol{x}_k$，$\boldsymbol{x}_j \in W_j\ (j = 1, 2, \ldots, k)$ とあらわすあらわし方が一意的であるとき，W は $W_1, W_2, \ldots, W_k$ の**直和**であると言い，$W = W_1 \oplus W_2 \oplus \cdots \oplus W_k$ と書く．

定理 5.14 部分空間 $W_1, W_2, \ldots, W_k$ について，以下の (1)～(3) は同値である．

(1) $W = W_1 + W_2 + \cdots + W_k$ は直和 $W = W_1 \oplus W_2 \oplus \cdots \oplus W_k$ である．

(2) $W_j \cap (W_1 + \cdots + W_{j-1} + W_{j+1} + \cdots + W_k) = \{\mathbf{0}\} \qquad (j = 1, 2, \ldots, k)$

(3) $\dim(W_1 + W_2 + \cdots + W_k) = \dim W_1 + \dim W_2 + \cdots + \dim W_k$

［**証明**］ $U_j = W_1 + \cdots + W_{j-1} + W_{j+1} + \cdots + W_k$ と書くと $W = W_j + U_j$ である．そこで k に関する帰納法で証明する．$k = 2$ のとき，定義 5.11，定理 5.11 および定理 5.13 より成立．$k > 2$ として，$k - 1$ に対して (1)～(3) が同値であるとする．このとき

(1)⇒(3) (1) と定義 5.12 より分解は一意的なので W_1 と U_1 についても分解は一意的で $W = W_1 \oplus U_1$．このとき $\dim W = \dim W_1 + \dim U_1 = \dim W_1 + \sum_{j=2}^{k} \dim W_j = \sum_{j=1}^{k} \dim W_j$.

(3)⇒(2) $W = W_j + U_j$ なので $\dim W \leq \dim W_j + \dim U_j \leq \dim W_j + \sum_{i \neq j} \dim W_i = \dim W$.

これより $\dim W = \dim W_j + \dim U_j$．よって定理 5.13 より $W_j \cap U_j = \{\mathbf{0}\}$．つまり (2) が得られた．

(2)⇒(1) W の元 $\boldsymbol{x}$ が $\boldsymbol{x} = \sum_{i=1}^{k} \boldsymbol{x}_i = \sum_{i=1}^{k} \boldsymbol{y}_i$ とあらわされたとすると，$\boldsymbol{x}_j - \boldsymbol{y}_j = \sum_{i \neq j} (\boldsymbol{y}_i - \boldsymbol{x}_i)$．このとき左辺は W_j の元，右辺は U_j の元なので (2) より両辺は $\mathbf{0}$ に等しく，これより $\boldsymbol{x}_j = \boldsymbol{y}_j$．これがすべての j について同様に成り立つので，分解は一意的． □

和空間 $W = W_1 + W_2$ において $\mathbf{0} = \boldsymbol{x}_1 + \boldsymbol{x}_2$，$\boldsymbol{x}_1 \in W_1$，$\boldsymbol{x}_2 \in W_2$ から $\boldsymbol{x}_1 = \mathbf{0}$ かつ $\boldsymbol{x}_2 = \mathbf{0}$ が結論されることと，W が直和 $W_1 \oplus W_2$ であることとは同値である．なぜなら，$\boldsymbol{x} = \boldsymbol{x}_1 + \boldsymbol{x}_2 = \boldsymbol{y}_1 + \boldsymbol{y}_2$，$\boldsymbol{y}_1 \in W_1$，$\boldsymbol{y}_2 \in W_2$ ならば $\mathbf{0} = (\boldsymbol{x}_1 - \boldsymbol{y}_1) + (\boldsymbol{x}_2 - \boldsymbol{y}_2)$ より $\boldsymbol{x}_1 = \boldsymbol{y}_1$，$\boldsymbol{x}_2 = \boldsymbol{y}_2$ が結論され分解は一意的．逆に分解が一意的なら $\mathbf{0} = \mathbf{0} + \mathbf{0}$ から $\boldsymbol{x}_1 = \mathbf{0}$，$\boldsymbol{x}_2 = \mathbf{0}$ が導かれる．

全く同様に，和空間 $W = W_1 + W_2 + \cdots + W_k$ において $\mathbf{0} = \boldsymbol{x}_1 + \boldsymbol{x}_2 + \cdots + \boldsymbol{x}_k$，$\boldsymbol{x}_j \in W_j\ (j = 1, 2, \dots, k)$ から $\boldsymbol{x}_j = \mathbf{0}$ が結論されることと，W が直和 $W_1 \oplus W_2 \oplus \cdots \oplus W_k$ であることとは同値である．このことを定理として書いておこう．

定理 5.15 部分空間 $W_1, W_2, \dots, W_k$ について，以下の (1) と (2) は同値である．

(1) $W = W_1 + W_2 + \cdots + W_k$ は直和 $W = W_1 \oplus W_2 \oplus \cdots \oplus W_k$ である．

(2) $\mathbf{0} = \boldsymbol{x}_1 + \cdots + \boldsymbol{x}_k$ かつ $\boldsymbol{x}_1 \in W_1$，$\boldsymbol{x}_2 \in W_2$，…，$\boldsymbol{x}_k \in W_k$ ならば $\boldsymbol{x}_j = \mathbf{0}\ (j = 1, 2, \dots, k)$ である．

5.4.2 線形空間の直積

線形空間の「積」にあたる直積空間を考える．ここで言う「直積」は，一般には**テンソル積** (tensor product) とよばれ，付録 E で詳しく解説するが，ここでは実用上必要な定義と性質についてまとめておこう．

V_1 と V_2 を線形空間とする．このとき V_1 の元 $\boldsymbol{a}$ と V_2 の元 $\boldsymbol{b}$ の組 $(\boldsymbol{a}, \boldsymbol{b})$ を 1 つの元と考えるとき，その全体を V_1 と V_2 の**直積集合** (product set, Cartesian product) とよび $V_1 \times V_2$ と書く．つまり

$$V_1 \times V_2 = \{(\boldsymbol{a}, \boldsymbol{b}) \mid \boldsymbol{a} \in V_1, \boldsymbol{b} \in V_2\}.$$

直積集合 $V_1 \times V_2$ は元の集合であり，このままでは線形空間ではない．

そこで $V_1 \times V_2$ に和とスカラー倍を，V_1, V_2 における和，スカラー倍と整合的に導入し，この場合の $(\boldsymbol{a}, \boldsymbol{b})$ を $\boldsymbol{a} \otimes \boldsymbol{b}$ と書く．$\boldsymbol{a} \otimes \boldsymbol{b}$ は以下の性質をみたすものとする．

$$(\boldsymbol{a}_1 + \boldsymbol{a}_2) \otimes \boldsymbol{b} = \boldsymbol{a}_1 \otimes \boldsymbol{b} + \boldsymbol{a}_2 \otimes \boldsymbol{b},$$
$$\boldsymbol{a} \otimes (\boldsymbol{b}_1 + \boldsymbol{b}_2) = \boldsymbol{a} \otimes \boldsymbol{b}_1 + \boldsymbol{a} \otimes \boldsymbol{b}_2,$$
$$(k\boldsymbol{a}) \otimes \boldsymbol{b} = \boldsymbol{a} \otimes (k\boldsymbol{b}) = k(\boldsymbol{a} \otimes \boldsymbol{b}) \qquad (k \text{ はスカラー}).$$

このとき，$\boldsymbol{a} \otimes \boldsymbol{b}$ の全体は線形空間をなし，その線形空間を V_1 と V_2 の**直積** (direct product) とよび，$V_1 \otimes V_2$ と書く．3 つの線形空間 V_1, V_2, V_3 の直積は $V_1 \otimes V_2 \otimes V_3 = (V_1 \otimes V_2) \otimes V_3$ によって定義され，N 個の線形空間の直積 $V_1 \otimes \cdots \otimes V_N$ も，同様に定義される．

$\boldsymbol{a} \in V_1$，$\boldsymbol{b} \in V_2$ とするとき，$\{\boldsymbol{e}_1, \boldsymbol{e}_2, \dots, \boldsymbol{e}_n\}$ を V_1 の基底，$\{\boldsymbol{f}_1, \boldsymbol{f}_2, \dots, \boldsymbol{f}_m\}$ を V_2 の

基底として

$$\boldsymbol{a} \otimes \boldsymbol{b} = \left(\sum_{i=1}^{n} a_i \boldsymbol{e}_i\right) \otimes \left(\sum_{j=1}^{m} b_j \boldsymbol{f}_j\right) = \sum_{i=1}^{n}\sum_{j=1}^{m} a_i b_j \left(\boldsymbol{e}_i \otimes \boldsymbol{f}_j\right)$$

が得られる．この $\{\boldsymbol{e}_i \otimes \boldsymbol{f}_j\}$ $(i = 1, 2, \dots, n,\ j = 1, 2, \dots, m)$ が $V_1 \otimes V_2$ の基底をなす．これより $\dim V_1 = n$，$\dim V_2 = m$ であるとき，$V_1 \otimes V_2$ の次元は

$$\dim\left(V_1 \otimes V_2\right) = \left(\dim V_1\right)\left(\dim V_2\right) = nm$$

となる．

例 5.27　線形空間 V_1 の基底を

$$\boldsymbol{e}_1 = \begin{pmatrix} 1 \\ 0 \end{pmatrix}, \qquad \boldsymbol{e}_2 = \begin{pmatrix} 0 \\ 1 \end{pmatrix},$$

線形空間 V_2 の基底を

$$\boldsymbol{f}_1 = \begin{pmatrix} 1 \\ 0 \\ 0 \end{pmatrix}, \quad \boldsymbol{f}_2 = \begin{pmatrix} 0 \\ 1 \\ 0 \end{pmatrix}, \quad \boldsymbol{f}_3 = \begin{pmatrix} 0 \\ 0 \\ 1 \end{pmatrix}$$

とすると，このとき以下の 6 つの元は直積 $V_1 \otimes V_2$ の基底をなす．

$$\boldsymbol{e}_1 \otimes \boldsymbol{f}_1 = \begin{pmatrix} 1 \\ 0 \end{pmatrix} \otimes \begin{pmatrix} 1 \\ 0 \\ 0 \end{pmatrix}, \quad \boldsymbol{e}_1 \otimes \boldsymbol{f}_2 = \begin{pmatrix} 1 \\ 0 \end{pmatrix} \otimes \begin{pmatrix} 0 \\ 1 \\ 0 \end{pmatrix}, \quad \boldsymbol{e}_1 \otimes \boldsymbol{f}_3 = \begin{pmatrix} 1 \\ 0 \end{pmatrix} \otimes \begin{pmatrix} 0 \\ 0 \\ 1 \end{pmatrix},$$

$$\boldsymbol{e}_2 \otimes \boldsymbol{f}_1 = \begin{pmatrix} 0 \\ 1 \end{pmatrix} \otimes \begin{pmatrix} 1 \\ 0 \\ 0 \end{pmatrix}, \quad \boldsymbol{e}_2 \otimes \boldsymbol{f}_2 = \begin{pmatrix} 0 \\ 1 \end{pmatrix} \otimes \begin{pmatrix} 0 \\ 1 \\ 0 \end{pmatrix}, \quad \boldsymbol{e}_2 \otimes \boldsymbol{f}_3 = \begin{pmatrix} 0 \\ 1 \end{pmatrix} \otimes \begin{pmatrix} 0 \\ 0 \\ 1 \end{pmatrix}. \square$$

$V_1 = \mathbf{R}^n, V_2 = \mathbf{R}^m$ の場合を考えよう．線形空間 V_1 と V_2 の直積 $V_1 \otimes V_2$ があるとき，$\boldsymbol{x}_1 \in V_1$ に対して $\boldsymbol{x}_1 \mapsto A\boldsymbol{x}_1$，また $\boldsymbol{x}_2 \in V_2$ に対して $\boldsymbol{x}_2 \mapsto B\boldsymbol{x}_2$ として作用する演算子を $A \otimes B$ と書く．この $A \otimes B$ は 1 つの行列として表示することができる．例えば $V_1 = V_2 = \mathbf{R}^2$ であるとき，$V_1 \otimes V_2 = \mathbf{R}^2 \otimes \mathbf{R}^2$ を $2 \times 2 = 4$ 次元の線形空間 $\mathbf{R}^4$ と考えて，その標準基底の間の対応を

$$\begin{pmatrix} 1 \\ 0 \end{pmatrix} \otimes \begin{pmatrix} 1 \\ 0 \end{pmatrix} \leftrightarrow \begin{pmatrix} 1 \\ 0 \\ 0 \\ 0 \end{pmatrix}, \qquad \begin{pmatrix} 1 \\ 0 \end{pmatrix} \otimes \begin{pmatrix} 0 \\ 1 \end{pmatrix} \leftrightarrow \begin{pmatrix} 0 \\ 1 \\ 0 \\ 0 \end{pmatrix},$$

$$\begin{pmatrix} 0 \\ 1 \end{pmatrix} \otimes \begin{pmatrix} 1 \\ 0 \end{pmatrix} \leftrightarrow \begin{pmatrix} 0 \\ 0 \\ 1 \\ 0 \end{pmatrix}, \qquad \begin{pmatrix} 0 \\ 1 \end{pmatrix} \otimes \begin{pmatrix} 0 \\ 1 \end{pmatrix} \leftrightarrow \begin{pmatrix} 0 \\ 0 \\ 0 \\ 1 \end{pmatrix} \tag{5.11}$$

とすると

$$A = \begin{pmatrix} a_{11} & a_{12} \\ a_{21} & a_{22} \end{pmatrix}, \qquad B = \begin{pmatrix} b_{11} & b_{12} \\ b_{21} & b_{22} \end{pmatrix}$$

に対して

$$A \otimes B \leftrightarrow \begin{pmatrix} a_{11}B & a_{12}B \\ a_{21}B & a_{22}B \end{pmatrix} = \begin{pmatrix} a_{11}b_{11} & a_{11}b_{12} & a_{12}b_{11} & a_{12}b_{12} \\ a_{11}b_{21} & a_{11}b_{22} & a_{12}b_{21} & a_{12}b_{22} \\ a_{21}b_{11} & a_{21}b_{12} & a_{22}b_{11} & a_{22}b_{12} \\ a_{21}b_{21} & a_{21}b_{22} & a_{22}b_{21} & a_{22}b_{22} \end{pmatrix} \tag{5.12}$$

とあらわされる[*12]．実際，例えば$\begin{pmatrix} 1 \\ 0 \end{pmatrix} \otimes \begin{pmatrix} 1 \\ 0 \end{pmatrix}$に $A \otimes B$ を作用させると

$$A\begin{pmatrix} 1 \\ 0 \end{pmatrix} \otimes B\begin{pmatrix} 1 \\ 0 \end{pmatrix} = \begin{pmatrix} a_{11} \\ a_{21} \end{pmatrix} \otimes \begin{pmatrix} b_{11} \\ b_{21} \end{pmatrix}.$$

これは$\begin{pmatrix} 1 \\ 0 \\ 0 \\ 0 \end{pmatrix}$に(5.12)の4次行列を作用させた結果得られる$\begin{pmatrix} a_{11}b_{11} \\ a_{11}b_{21} \\ a_{21}b_{11} \\ a_{21}b_{21} \end{pmatrix}$に対応する．他の基底ベクトルについても同様である．

例 5.28 N 個の素子を考える．それぞれの素子は on または off の2つの状態のうちのいずれかをとるとし，on の状態に$\begin{pmatrix} 1 \\ 0 \end{pmatrix}$，off の状態に$\begin{pmatrix} 0 \\ 1 \end{pmatrix}$を対応させる．このとき N 個の素子全体の状態として可能なものは

$$\boldsymbol{x} = \boldsymbol{x}_1 \otimes \boldsymbol{x}_2 \otimes \cdots \otimes \boldsymbol{x}_N, \qquad \boldsymbol{x}_j = \begin{pmatrix} 1 \\ 0 \end{pmatrix} \ \text{または} \ \begin{pmatrix} 0 \\ 1 \end{pmatrix}$$

の 2^N 個の状態であり，このとき E を2次の単位行列として，j 番目の素子にのみ E とは異なる作用をする行列

*12 これを **Kronecker（クロネッカー）積** (Kronecker product) とよぶ．

$$A_j = E \otimes \cdots \otimes E \otimes \begin{pmatrix} 1 & 0 \\ 0 & -1 \end{pmatrix} \otimes E \otimes \cdots \otimes E$$

を考えれば，j 番目の素子が on のとき $A_j\boldsymbol{x} = \boldsymbol{x}$，off のとき $A_j\boldsymbol{x} = -\boldsymbol{x}$ なので

$$\left(\sum_{j=1}^{N} A_j\right)\boldsymbol{x} = \Big((\text{on の素子の数}) - (\text{off の素子の数})\Big)\boldsymbol{x}$$

が得られる． □

例題 5.10

線形空間

$$V = \left\{ \begin{pmatrix} x \\ y \\ z \end{pmatrix} \middle| x, y, z \in \mathbf{R} \right\}$$

の部分空間を

$$W_1 = \left\{ \begin{pmatrix} x \\ y \\ z \end{pmatrix} \middle| x, y, z \in \mathbf{R},\ \ x + y + z = 0 \right\},$$

$$W_2 = \left\{ \begin{pmatrix} x \\ y \\ 0 \end{pmatrix} \middle| x, y \in \mathbf{R} \right\}, \qquad W_3 = \left\{ \begin{pmatrix} 0 \\ y \\ z \end{pmatrix} \middle| y, z \in \mathbf{R},\ \ y = z \right\}$$

とするとき

(1) $W_1 \cap W_2$，$W_1 + W_2$ を求めよ．$W_1 + W_2$ は直和であるか．

(2) $W_1 \cap W_3$，$W_1 + W_3$ を求めよ．$W_1 + W_3$ は直和であるか．

【解答】 (1) $W_1 \cap W_2$ に属するための条件は $x + y + z = 0$ かつ $z = 0$，つまり $x + y = 0$ かつ $z = 0$ なので

$$W_1 \cap W_2 = \left\{ t\begin{pmatrix} 1 \\ -1 \\ 0 \end{pmatrix} \middle| t \in \mathbf{R} \right\}.$$

これは V の 1 次元の部分空間である．また

$$\begin{pmatrix} -1 \\ 0 \\ 1 \end{pmatrix} \in W_1, \quad \begin{pmatrix} 1 \\ 0 \\ 0 \end{pmatrix}, \begin{pmatrix} 0 \\ 1 \\ 0 \end{pmatrix} \in W_2$$

は $W_1 + W_2$ の元であり，かつ線形独立で，V を生成する．これより $W_1 + W_2 = V$．$W_1 \cap W_2 \neq \{\mathbf{0}\}$ なので $W_1 + W_2$ は直和ではない．

(2) $W_1 \cap W_3$ に属するための条件は $x + y + z = 0$ かつ $x = 0$ かつ $y = z$，これより x

$= y = z = 0$ なので $W_1 \cap W_3 = \{\mathbf{0}\}$. また

$$\begin{pmatrix} 1 \\ 0 \\ -1 \end{pmatrix}, \quad \begin{pmatrix} 0 \\ 1 \\ -1 \end{pmatrix} \in W_1, \qquad \begin{pmatrix} 0 \\ 1 \\ 1 \end{pmatrix} \in W_3$$

は $W_1 + W_3$ の元であり，かつ線形独立で，V を生成する．これより $W_1 + W_3 = V$. $W_1 \cap W_3 = \{\mathbf{0}\}$ なので $W_1 + W_3$ は直和である． □

例題 5.11

それぞれ x, y を変数とする実係数の高々 1 次および高々 2 次の多項式全体のなす線形空間を

$$V_2 = \{a_0 + a_1 x \mid a_0, a_1 \in \mathbf{R}\}, \qquad V_3 = \{b_0 + b_1 y + b_2 y^2 \mid b_0, b_1, b_2 \in \mathbf{R}\}$$

とするとき，線形空間

$$V = \{f(x)g(y) \mid f \in V_2,\ \ g \in V_3\}$$

の基底を 1 組示し，V の次元を求めよ．

【解答】 $f(x) = a_0 + a_1 x \in V_2$, $g(y) = b_0 + b_1 y + b_2 y^2 \in V_3$ とすると，

$$f(x)g(y) = \left(\sum_{i=0}^{1} a_i x^i\right)\left(\sum_{j=0}^{2} b_j y^j\right) = \sum_{i=0}^{1}\sum_{j=0}^{2} a_i b_j x^i y^j.$$

したがって，任意の $f(x)g(y)$ は $\{x^i y^j\}$ $(i = 0, 1,\ \ j = 0, 1, 2)$ の線形結合としてあらわされる．また

$$\sum_{i=0}^{1}\sum_{j=0}^{2} c_{ij} x^i y^j = 0$$

が恒等的に成り立つなら，$c_{ij} = 0$ $(i = 0, 1,\ \ j = 0, 1, 2)$ なので $\{x^i y^j\}$ は線形独立．したがって $\{x^i y^j\}$ $(i = 0, 1, j = 0, 1, 2)$ は V の 1 つの基底をなす．このとき $\dim V = (\dim V_2)(\dim V_3) = 2 \times 3 = 6$. □

▶ **参考** V は $V_2 \otimes V_3$ と同じ構造を持つ．

練習問題

5.21 2 次の実正方行列全体のなす線形空間とその部分空間を以下のように定義する．

$$V = \left\{ \begin{pmatrix} a & b \\ c & d \end{pmatrix} \middle| a, b, c, d \in \mathbf{R} \right\}$$

$$W_1 = \left\{ \begin{pmatrix} a & b \\ c & d \end{pmatrix} \middle| a, b, c, d \in \mathbf{R},\ \ a + d = 0,\ \ b = c \right\}$$

$$W_2 = \left\{ \begin{pmatrix} a & b \\ c & d \end{pmatrix} \middle| a, b, c, d \in \mathbf{R},\ \ a - d = 0,\ \ b = c \right\}$$

(1) W_1, W_2 が V の部分空間であることを示せ．

(2) $W_1 \cap W_2$ の基底を 1 組求めよ．

(3) $\dim(W_1 \cap W_2)$ を求めよ．

(4) $W_1 + W_2$ は直和であるか．

5.22

(1) $\mathrm{Span}(\boldsymbol{a}_1, \ldots, \boldsymbol{a}_n) = \mathrm{Span}(\boldsymbol{a}_1, \ldots, \boldsymbol{a}_r) + \mathrm{Span}(\boldsymbol{a}_{r+1}, \ldots, \boldsymbol{a}_n)$ を示せ．

(2) $\mathrm{Span}(\boldsymbol{a}_1, \ldots, \boldsymbol{a}_n)$ の次元は，$\boldsymbol{a}_j$ を列ベクトルとする行列 $A = (\boldsymbol{a}_1, \ldots, \boldsymbol{a}_n)$ の階数に等しいことを示せ．

5.23

$$\boldsymbol{a}_1 = \begin{pmatrix} 1 \\ 0 \\ 1 \\ 1 \end{pmatrix}, \quad \boldsymbol{a}_2 = \begin{pmatrix} 0 \\ 1 \\ 0 \\ 1 \end{pmatrix}, \quad \boldsymbol{a}_3 = \begin{pmatrix} 1 \\ 1 \\ -1 \\ 0 \end{pmatrix}, \quad \boldsymbol{a}_4 = \begin{pmatrix} 1 \\ -1 \\ 1 \\ 0 \end{pmatrix}$$

とするとき

(1) ベクトルの組$\{\boldsymbol{a}_1, \boldsymbol{a}_2, \boldsymbol{a}_3\}$ が線形独立であることを示せ．

(2) $\boldsymbol{a}_1, \boldsymbol{a}_2$ によって生成される線形空間を

$$W_1 = \mathrm{Span}(\boldsymbol{a}_1, \boldsymbol{a}_2) = \{x_1\boldsymbol{a}_1 + x_2\boldsymbol{a}_2 \mid x_1, x_2 \in \mathbf{R}\},$$

$\boldsymbol{a}_3, \boldsymbol{a}_4$ によって生成される線形空間を

$$W_2 = \mathrm{Span}(\boldsymbol{a}_3, \boldsymbol{a}_4) = \{x_3\boldsymbol{a}_3 + x_4\boldsymbol{a}_4 \mid x_3, x_4 \in \mathbf{R}\}$$

とするとき，$\dim(W_1 \cap W_2)$ と $\dim(W_1 + W_2)$ を求めよ．

5.24　V を実数を係数とする高々 n 次の多項式のなす線形空間，

$$W_1 = \left\{ g \,\middle|\, g \in V, \int_{-1}^{1} g(x)\,dx = 0 \right\}, W_2 = \left\{ g \,\middle|\, g(x) = \text{定数} \right\} \text{とするとき}$$

(1) W_1, W_2 が V の部分空間であることを示せ．

(2) $V = W_1 \oplus W_2$であることを示せ．

5.25　$M_n(\mathbf{R})$ を実数上の n 次行列全体のなす線形空間，W_1 を n 次対称行列の全体，W_2 を n 次交代行列の全体とするとき，

$$M_n(\mathbf{R}) = W_1 \oplus W_2$$

であることを示せ．

5.26　$\left\{\begin{pmatrix} 1 \\ 0 \end{pmatrix}, \begin{pmatrix} 0 \\ 1 \end{pmatrix}\right\}$ を V_1 の標準基底，$\left\{\begin{pmatrix} 1 \\ 0 \end{pmatrix}, \begin{pmatrix} 0 \\ 1 \end{pmatrix}\right\}$ を V_2 の標準基底とするとき，$\boldsymbol{e}_1 = \begin{pmatrix} 1 \\ 0 \end{pmatrix}$，$\boldsymbol{e}_2 = \begin{pmatrix} 0 \\ 1 \end{pmatrix}$ として $\{\boldsymbol{e}_i \otimes \boldsymbol{e}_j\}$ $(i, j = 1, 2)$ は $V_1 \otimes V_2$ の基底をなす．このとき，これとは異なる $V_1 \otimes V_2$ の基底の例を示せ．

5.27　V を線形空間，W_1, W_2 をその部分空間とする．このとき $W_1 \cup W_2$ が V の部分空間ならば，$W_1 \subseteq W_2$ または $W_2 \subseteq W_1$ であることを示せ．

コラム 直積と量子力学，量子情報

磁性物質は磁性を持つ多数の原子から構成されている．これらの原子の磁化の方向が，上向きまたは下向きの 2 通りのどちらかであるとしよう．このように単純化された模型をイジング模型とよぶ．このとき，N 個の原子の状態は 2^N 通りが可能であり，上向きの状態を $\begin{pmatrix} 1 \\ 0 \end{pmatrix}$，下向きの状態を $\begin{pmatrix} 0 \\ 1 \end{pmatrix}$ として，原子状態 φ は次のようにベクトルの直積によってあらわされる．

$$\varphi = \boldsymbol{a}_1 \otimes \boldsymbol{a}_2 \otimes \cdots \otimes \boldsymbol{a}_N, \qquad \boldsymbol{a}_j = \begin{pmatrix} 1 \\ 0 \end{pmatrix} \text{ または } \begin{pmatrix} 0 \\ 1 \end{pmatrix}.$$

ちなみにイジングというのは人間の名前である．彼はレンツの法則で有名なレンツの研究室の大学院生であったとき，レンツから学位論文のテーマとしてこの模型を提案されて詳しく調べた．その後イジング模型は，この分野で知らない者がないほど広く定着している．

（古典的な）コンピューターでは，1 回の操作によって状態 c を状態 c' に変えることができる．しかしミクロのレベルでは，原子などの状態は量子力学にしたがって変化し，状態は線形結合

$$\sum_{\alpha} c_\alpha \varphi_\alpha$$

によってあらわされる．ただし α は上記の 2^N 個の状態を区別する添字である．このとき，1 回の操作によって，たくさんの係数 c_α が $c_\alpha \to c'_\alpha$ として同時に変化する．これを利用してより少ない操作で多くの計算結果を得ようとするのが（非常に単純化されているが）量子計算の基本原理の一つである．

このように状態の直積という概念は，応用上あるいは実用上不可欠なものであるが，線形代数の初等的な教科書では，説明されることがほとんどない．

第6章　線形写像

線形空間から線形空間への写像である線形写像について考える．例えば連立1次方程式は，線形写像の言葉で書き直して一般的に分類することができる．線形写像を導入することによって，線形空間の持つ豊富な構造があきらかになる．

6.1　線形写像

6.1.1　写像

まず写像に関する一般的な概念を定義しておく．集合 X の元 $\boldsymbol{x}$ に対し集合 Y の元 $\boldsymbol{y}$ を1つ対応させる規則を，X から Y への**写像** (mapping, map) とよぶ．写像 f によって，X の元 $\boldsymbol{x}$ が Y の元 $\boldsymbol{y}$ にうつるとき

$$\begin{array}{rcl} f: X & \to & Y \\ \boldsymbol{x} & \mapsto & \boldsymbol{y} = f(\boldsymbol{x}) \end{array}$$

と書く．$f(\boldsymbol{x})$ を元 $\boldsymbol{x}$ の f による**像** (image of $\boldsymbol{x}$) とよぶ．元 $\boldsymbol{x}$ に写像 f を作用させて得られた元と考えて，$f(\boldsymbol{x})$ を $f\boldsymbol{x}$ と書くこともある．2つの写像 f と g がすべての $\boldsymbol{x}$ に対して $f(\boldsymbol{x}) = g(\boldsymbol{x})$ をみたすとき，f と g は等しいと言い $f = g$ と書く．集合 X から集合 X への写像（つまり自分自身への写像）を**変換** (transformation) とよぶ．特に，X の元 $\boldsymbol{x}$ に対し $\boldsymbol{x}$ 自身を対応させる写像を**恒等写像** (identity mapping) あるいは**恒等変換** (identity transformation) とよび，1，I などの文字であらわす．

6.1.2　全射，単射

写像 $f: X \to Y$ を考える．すべての Y の元 $\boldsymbol{y}$ に，$f(\boldsymbol{x}) = \boldsymbol{y}$ となる $\boldsymbol{x} \in X$ が存在するとき，f を**全射** (surjection) あるいは**上への写像** (onto mapping) とよぶ．

$\boldsymbol{x}$ に対応する $f(\boldsymbol{x})$ は1つに決まるので，「$\boldsymbol{x}_1 = \boldsymbol{x}_2$ ならば $f(\boldsymbol{x}_1) = f(\boldsymbol{x}_2)$」が成り

立っている．さらにその逆である「$f(\boldsymbol{x}_1) = f(\boldsymbol{x}_2)$ ならば $\boldsymbol{x}_1 = \boldsymbol{x}_2$」がみたされるとき，$f(\boldsymbol{x})$ に対応する $\boldsymbol{x}$ は1つに決まり，このとき f を**単射** (injection) あるいは **1対1写像** (one to one mapping) とよぶ．これは，写像 f による X の元と Y の元との対応が1対1であることを示している．

f が全射かつ単射であるとき，f は**全単射** (bijection) であると言う．

例 6.1 $X = [-1, 1]$ から $Y = [-1, 1]$ への写像 $y = f(x) = x^2$ を考える．f は全射ではない．なぜなら，$y \in Y$ のうち $y < 0$ をみたす y に対して，$y = x^2$ をみたす $x \in X$ は存在しない．また f は単射ではない．なぜなら，$x \neq 0$ のとき f は2対1の写像であり，1つの y に対して2つの x が対応する．上記の定義に沿って言えば，$y_1, y_2 > 0$ のとき，$y_1 = {x_1}^2$ より $x_1 = \pm\sqrt{y_1}$，かつ $y_2 = {x_2}^2$ より $x_2 = \pm\sqrt{y_2}$ なので，$y_1 = y_2$ から $x_1 = x_2$ は結論されない．

しかし集合 $Y^+ = [0, 1]$ を考え，f を X から Y^+ への写像と考えると，f は全射である．なぜなら，すべての $y \in Y^+$ に対して $y = x^2$ をみたす $x \in X$ が存在している．しかし写像は $x \neq 0$ のとき2対1であり，f は単射ではない．

f の定義域を $X^+ = [0, 1]$ に制限し，f を X^+ から Y への写像と考えると，f は1対1になり単射である．しかし $y < 0$ をみたす $y \in Y$ に対して $y = x^2$ をみたす $x \in X$ は存在しないので，f は全射ではない．

f を X^+ から Y^+ への写像と考えるとき，f は全単射である． □

6.1.3 逆写像

Y の元 $\boldsymbol{y}$ に対して $\boldsymbol{y} = f(\boldsymbol{x})$ をみたす X の元 $\boldsymbol{x}$ を，元 $\boldsymbol{y}$ の f による**逆像** (inverse image of $\boldsymbol{y}$) とよぶ．逆像は一般には1つとは限らず，2つ以上の場合も，0個の場合もある．しかし写像 f が単射であるなら，$\boldsymbol{y}$ に対応する X の元は存在するときにはただ1つであり，さらに f が全射であるなら，$\boldsymbol{y}$ に対応する X の元が必ず存在するので，f が全単射であるとき，Y を定義域とする逆向きの写像が定義できる．これを f の**逆写像** (inverse mapping) とよび，f^{-1} と書く．このとき，I を恒等写像として $f^{-1} \circ f = I$ が成り立つ．

6.1.4 合成写像

すべての $\boldsymbol{x} \in X$ に対して $f(\boldsymbol{x})$ が写像 g の定義域に含まれ，$f(\boldsymbol{x})$ に対して $g(f(\boldsymbol{x}))$ が定まるとき，$\boldsymbol{x}$ から $g(f(\boldsymbol{x}))$ への対応が定まる．これを f と g の**合成写像**

(composite mapping) あるいは f と g の**積** (product) とよび，$g(f(\boldsymbol{x})) = g \circ f(\boldsymbol{x})$ と書く．

6.1.5 像，逆像

X の部分集合 $A \subseteq X$ の f による**像** (image of A) を

$$f(A) = \{\boldsymbol{y} \mid \boldsymbol{y} = f(\boldsymbol{x}),\ \boldsymbol{x} \in A\}$$

と定義する．これは部分集合 A の元の，f による行き先の全体である．特に集合 X 自身の f による像を

$$\begin{aligned} f(X) &= \{\boldsymbol{y} \mid \boldsymbol{y} = f(\boldsymbol{x}),\ \boldsymbol{x} \in X\} \\ &\equiv \mathrm{Im}\, f \end{aligned}$$

と書き，これを f の**像** (image of f) とよぶ．

次に Y の部分集合 $B \subseteq Y$ の f による**逆像** (inverse image of B) を

$$f^{-1}(B) = \{\boldsymbol{x} \mid \boldsymbol{x} \in X,\ f(\boldsymbol{x}) \in B\}$$

と定義する．これは f によって Y の部分集合 B の元にうつされる X の元の全体である．特に集合 B がただ1つの元 b からなる場合，$B = \{b\}$ の逆像 $f^{-1}(\{b\})$ を元 b の全逆像とよび $f^{-1}(b)$ と書く．

f に逆写像が存在しない場合にも，一般に集合の逆像は存在する．簡単な例を見ておこう．

例 6.2 $X = [-1, 1]$ から $Y^+ = [0, 1]$ への写像 $y = f(x) = x^2$ を考える．このとき，X の部分集合 $[0, 1] \subset X$ の像は

$$f([0, 1]) = [0, 1]$$

しかしこの $[0, 1]$ の逆像は

$$f^{-1}([0, 1]) = [-1, 1]$$

である．また，$f: X \to Y^+$ は全射であるが，単射ではない．実際，$x \neq 0$ のとき f は2対1の写像であり，したがって f に逆写像は存在しない．しかしながら定義域を $X^+ = [0, 1]$ に制限すれば $f: X^+ \to Y^+$ は全単射で，このとき逆写像が存在し $f^{-1}(y) = \sqrt{y}$ である． □

6.1.6 線形写像

次に線形写像を定義しよう．

定義 6.1 V と V' を K 上の線形空間とする．このとき写像 $f: V \to V'$ が以下の条件をみたすとき，f を V から V' への**線形写像**（あるいは**1次写像**，linear mapping）とよぶ．

(1) 任意の $\boldsymbol{x}_1, \boldsymbol{x}_2 \in V$ に対し　$f(\boldsymbol{x}_1 + \boldsymbol{x}_2) = f(\boldsymbol{x}_1) + f(\boldsymbol{x}_2)$

(2) 任意の $k \in K$ と $\boldsymbol{x} \in V$ に対し　$f(k\boldsymbol{x}) = kf(\boldsymbol{x})$

f が線形写像であれば，V における和 $\boldsymbol{x}_1 + \boldsymbol{x}_2$ は，f によって V' における和 $f(\boldsymbol{x}_1) + f(\boldsymbol{x}_2)$ にうつり，また V におけるスカラー倍 $k\boldsymbol{x}$ は，f によって V' におけるスカラー倍 $kf(\boldsymbol{x})$ にうつる．つまり

$$f: \boldsymbol{x}_1 + \boldsymbol{x}_2 \mapsto f(\boldsymbol{x}_1) + f(\boldsymbol{x}_2) \quad \text{かつ} \quad f: k\boldsymbol{x} \mapsto kf(\boldsymbol{x}).$$

定義 6.1 の 2 つの性質 (1), (2) をあわせて**線形性** (linearity) とよぶ（これは行列式に関連して 3.2 節の(3.8)で既に紹介した）．写像 f が線形性を持つとき，f は**線形** (linear) であると言う．線形写像とは，線形空間 V から線形空間 V' への，線形性を持つ写像のことである．

特に V から V 自身への線形写像，つまり $V' = V$ の場合の線形写像を，**線形変換**（あるいは**1次変換**，linear transformation）とよぶ．

定理 6.1 V, V' は線形空間，f は $V \to V'$ の線形写像であるとする．このとき V の零元を $\mathbf{0}$，V' の零元を $\mathbf{0}'$ として，$f(\mathbf{0}) = \mathbf{0}'$．

［**証明**］ V の零元を $\mathbf{0}$ とするとき，$\mathbf{0} = \mathbf{0} + \mathbf{0}$ なので，f が線形であるなら

$$f(\mathbf{0}) = f(\mathbf{0} + \mathbf{0}) = f(\mathbf{0}) + f(\mathbf{0}).$$

$f(\mathbf{0})$ は V' の元であり，V' は線形空間なので，V' に $f(\mathbf{0})$ の逆元 $-f(\mathbf{0})$ が存在する．そこで両辺に $-f(\mathbf{0})$ を加えて

$$f(\mathbf{0}) + (-f(\mathbf{0})) = f(\mathbf{0}) + f(\mathbf{0}) + (-f(\mathbf{0})).$$

これより $\mathbf{0}' = f(\mathbf{0})$ が得られる． □

つまり、写像が線形であれば，零元は必ず零元にうつることがわかる．

V' において零元 $\mathbf{0}'$ のみからなる集合 $\{\mathbf{0}'\}$ を考える．このとき，$\{\mathbf{0}'\}$ の f による逆像を

$$\begin{aligned} f^{-1}(\{\mathbf{0}'\}) &= \{\boldsymbol{x} \mid \boldsymbol{x} \in \boldsymbol{V},\ \boldsymbol{f}(\boldsymbol{x}) = \mathbf{0}'\} \\ &\equiv \mathrm{Ker}\, \boldsymbol{f} \end{aligned}$$

と書き，これを f の**核** (kernel) とよぶ．核は V の元のうち写像 f によって $\mathbf{0}'$ にうつされるものの全体である．線形写像による像 $\mathrm{Im}\, f$ と核 $\mathrm{Ker}\, f$ は今後くりかえし登場する重要な概念である．

V のすべての元 $\boldsymbol{x}$ を V' の零元 $\mathbf{0}'$ にうつす写像 $f(\boldsymbol{x}) = \mathbf{0}'$ は線形写像であるための条件をみたしており，これを零写像とよぶ．つまり，零写像においては $\mathrm{Ker}\, f = V$ である．

例 6.3 $V = \mathbf{R}, V' = \mathbf{R}$ として，$y = f(x) = cx$ (c は定数) とすると，これは線形写像である．実際，

$$
\begin{aligned}
f(x_1 + x_2) &= c(x_1 + x_2) \\
&= cx_1 + cx_2 = f(x_1) + f(x_2), \\
f(kx) &= c \cdot kx \\
&= k \cdot cx = kf(x)
\end{aligned}
$$

が成り立つ． □

同様に $V = \mathbf{R}^n, V' = \mathbf{R}$ の場合にも，n 個の変数の 1 次式を考えて線形写像が得られる．

例 6.4 $y = f(x) = cx^2$ は線形写像ではない．実際，

$$
\begin{aligned}
f(x_1 + x_2) &= c(x_1 + x_2)^2 = c{x_1}^2 + 2cx_1x_2 + c{x_2}^2 \\
&= f(x_1) + 2cx_1x_2 + f(x_2)
\end{aligned}
$$

また

$$
\begin{aligned}
f(kx) &= c(kx)^2 \\
&= k^2cx^2 = k^2f(x).
\end{aligned}
$$

□

例 6.5 ベクトルに行列をかけることは線形写像の一種である．実際，$\boldsymbol{x}_1, \boldsymbol{x}_2, \boldsymbol{x}$ を $\mathbf{R}^n$ のベクトル，k を実数，A を $m \times n$ 行列として，$\boldsymbol{x} \mapsto A\boldsymbol{x}$ は $\mathbf{R}^n$ から $\mathbf{R}^m$ への写像であり，以下のように線形性を持つ．

$$
\begin{aligned}
A(\boldsymbol{x}_1 + \boldsymbol{x}_2) &= A\boldsymbol{x}_1 + A\boldsymbol{x}_2, \\
A(k\boldsymbol{x}) &= k \cdot A\boldsymbol{x}.
\end{aligned}
$$

□

例 6.6 例 6.5 に関連して特に，連立一次方程式

$$
\begin{array}{llll}
a_{11}x_1 & + a_{12}x_2 + \cdots + a_{1n}x_n & = c_1, \\
a_{21}x_1 & + \qquad \cdots \quad + a_{2n}x_n & = c_2, \\
\vdots & & \vdots \\
a_{m1}x_1 & + \qquad \cdots \quad + a_{mn}x_n & = c_m
\end{array}
$$

を考える．これはベクトル $\boldsymbol{x}$ と $\boldsymbol{c}$ を

$$\boldsymbol{x} = \begin{pmatrix} x_1 \\ \vdots \\ x_n \end{pmatrix} \in \mathbf{R}^n, \qquad \boldsymbol{c} = \begin{pmatrix} c_1 \\ \vdots \\ c_m \end{pmatrix} \in \mathbf{R}^m,$$

係数行列 A を

$$A = \begin{pmatrix} a_{11} & a_{12} & \cdots & a_{1n} \\ a_{21} & & & a_{2n} \\ \vdots & & & \vdots \\ a_{m1} & \cdots & \cdots & a_{mn} \end{pmatrix}$$

として

$$A\boldsymbol{x} = \boldsymbol{c}$$

と書ける．このとき，解の全体 W は

$$W = \{\boldsymbol{x} \mid f(\boldsymbol{x}) = \boldsymbol{c}\}$$

であり，この W は解が一意的であれば1つのベクトルからなる集合，解が存在しなければ空集合，解が無限にあれば無限個の元を含んだ集合である．W の構造については6.2節で詳しく調べる． □

例 6.7 高々2次の多項式の全体を V とする．V が線形空間をなすことは例5.6で確認した．この線形空間 V において微分 D，つまり $D(g(x)) = g'(x)$ を考えると，これは線形性を持つ．実際，$g(x)$ と $D(g(x))$ は線形空間 V の元であり，かつ

$$\begin{aligned} D(g_1(x) + g_2(x)) &= (g_1(x) + g_2(x))' = g_1{}'(x) + g_2{}'(x) \\ &= D(g_1(x)) + D(g_2(x)) \end{aligned}$$

および

$$\begin{aligned} D(kg(x)) &= (kg(x))' = kg'(x) \\ &= kD(g(x)) \end{aligned}$$

が成り立つ．このとき，例えば多項式 $g(x) = a + bx + cx^2$ を成分 a, b, c を持つ $\mathbf{R}^3$ のベクトルに対応させてこの微分を書いてみると

$$\begin{array}{ccc} g(x) = a + bx + cx^2 & \leftrightarrow & \begin{pmatrix} a \\ b \\ c \end{pmatrix} \\ D\downarrow & & \downarrow \\ g'(x) = b + 2cx & \leftrightarrow & \begin{pmatrix} b \\ 2c \\ 0 \end{pmatrix} = \begin{pmatrix} 0 & 1 & 0 \\ 0 & 0 & 2 \\ 0 & 0 & 0 \end{pmatrix} \begin{pmatrix} a \\ b \\ c \end{pmatrix}. \end{array}$$

つまり V における微分は，対応する $\mathbf{R}^3$ の数ベクトルに行列

$$D = \begin{pmatrix} 0 & 1 & 0 \\ 0 & 0 & 2 \\ 0 & 0 & 0 \end{pmatrix}$$

をかけることに相当する． □

線形写像が複数あるとき，その合成写像について考えよう．V, V', V'' を K 上の線形空間，f を V から V' への線形写像，g を V' から V'' への線形写像とするとき，これらの合成写像 $g \circ f$ は V から V'' への線形写像になる．実際，$k \in K$，$\boldsymbol{x}_1, \boldsymbol{x}_2 \in V$ とするとき，

$$\begin{aligned} g \circ f(\boldsymbol{x}_1 + \boldsymbol{x}_2) &= g(f(\boldsymbol{x}_1 + \boldsymbol{x}_2)) = g(f(\boldsymbol{x}_1) + f(\boldsymbol{x}_2)) \\ &= g(f(\boldsymbol{x}_1)) + g(f(\boldsymbol{x}_2)) = g \circ f(\boldsymbol{x}_1) + g \circ f(\boldsymbol{x}_2), \\ g \circ f(k\boldsymbol{x}_1) &= g(f(k\boldsymbol{x}_1)) = g(k \cdot f(\boldsymbol{x}_1)) = k \cdot g(f(\boldsymbol{x}_1)) = k\,(g \circ f(\boldsymbol{x}_1)) \end{aligned}$$

が成り立つ．

また，V, V' を K 上の線形空間，f, g を V から V' への線形写像とするとき，線形写像の和 $f + g$，およびスカラー倍 kf を次のように定義する．

$$(f + g)(\boldsymbol{x}) = f(\boldsymbol{x}) + g(\boldsymbol{x}), \qquad (kf)(\boldsymbol{x}) = k \cdot f(\boldsymbol{x}).$$

V から V' への線形写像の全体は，線形写像を元とし，これらの和とスカラー倍を演算として線形空間になる．これらが線形空間の公理をみたすことは，線形写像の和とスカラー倍が，線形空間 V' における和とスカラー倍に帰着されていることから直ちにわかる (確かめてみよう)．この V から V' への線形写像全体のなす線形空間を $\mathrm{Hom}\,(V, V')$ と書く．

例題 6.1

$\mathbf{R}^2$ から $\mathbf{R}^2$ への以下の写像は線形写像か．

(1) $\begin{pmatrix} x \\ y \end{pmatrix} \mapsto \begin{pmatrix} 2x + y \\ y \end{pmatrix}$　　(2) $\begin{pmatrix} x \\ y \end{pmatrix} \mapsto \begin{pmatrix} 2x + y \\ y \end{pmatrix} + \begin{pmatrix} 1 \\ 2 \end{pmatrix}$

(3) $\begin{pmatrix} x \\ y \end{pmatrix} \mapsto \begin{pmatrix} 2x + y \\ y^2 \end{pmatrix}$　　(4) $\begin{pmatrix} x \\ y \end{pmatrix} \mapsto \begin{pmatrix} 1 \\ 2 \end{pmatrix}$

【解答】 (1) 線形写像である．例 6.5 において

$$A = \begin{pmatrix} 2 & 1 \\ 0 & 1 \end{pmatrix}$$

として得られる．

(2) (3) 線形写像でない．それぞれ $\begin{pmatrix} 1 \\ 2 \end{pmatrix}$ および y^2 があるために定義6.1をみたさない．

(4) 線形写像でない．定義6.1をみたさない． □

▶ **参考** (4) において $\begin{pmatrix} x \\ y \end{pmatrix} \mapsto \begin{pmatrix} 0 \\ 0 \end{pmatrix}$ ならば条件をみたし，線形写像である．

例題 6.2

$\mathbf{R}^2$ から $\mathbf{R}^2$ への写像 f を

$$f : \begin{pmatrix} x \\ y \end{pmatrix} \mapsto \begin{pmatrix} v \\ w \end{pmatrix} = \begin{pmatrix} 1 & 2 \\ 2 & 4 \end{pmatrix} \begin{pmatrix} x \\ y \end{pmatrix}$$

とするとき，$\mathrm{Ker}\, f$ と $\mathrm{Im}\, f$ を求めよ．

【解答】 $\mathrm{Ker}\, f$ は，$\mathbf{R}^2$ の元のうち条件 $0 = v = x + 2y$，$0 = w = 2x + 4y$ をみたすものの全体であるので

$$\mathrm{Kcr}\, f = \left\{ \begin{pmatrix} -2t \\ t \end{pmatrix} \middle| \, t \in \mathbf{R} \right\}.$$

$\mathrm{Im}\, f$ は，x, y を実数とするとき $v = x + 2y$，$w = 2x + 4y$ をみたす v, w の全体として得られるので

$$\mathrm{Im}\, f = \left\{ \begin{pmatrix} t \\ 2t \end{pmatrix} \middle| \, t \in \mathbf{R} \right\}.$$ □

練習問題

6.1 ${}^t\mathbf{R}^4$ から ${}^t\mathbf{R}^3$ への写像 $f(x_1, x_2, x_3, x_4) = (x_1 + x_2, x_3, 0)$ は線形写像であるか．また $g(x_1, x_2, x_3, x_4) = (x_1 + x_2, x_3, 1)$ および $h(x_1, x_2, x_3, x_4) = ({x_1}^2 x_2, x_3, 0)$ は線形写像であるか．ただし，${}^t\mathbf{R}^n$ は n 次の横ベクトルの全体である．

6.2 n 次の実正方行列全体のなす線形空間を $M_n(\mathbf{R})$，また $X, P, Q \in M_n(\mathbf{R})$ とするとき，以下の写像は線形変換であるか．

(1) $X \mapsto PX$ (2) $X \mapsto XP$ (3) $X \mapsto PXQ$ (4) $X \mapsto PX - XP$

(5) $X \mapsto PX + Q$ (6) $X \mapsto XPX$

6.3 収束する実数列 $\{a_n\}$ 全体のなす線形空間を V とする．このとき写像 $f : \{a_n\} \mapsto \alpha = \lim_{n \to \infty} a_n$ は線形写像であるか．

6.4 高々 n 次の多項式

$$f(x) = a_0 + a_1 x + a_2 x^2 + \cdots + a_n x^n$$

の全体のなす線形空間を V とするとき，以下の写像は線形写像であるか．

(1) $(Tf)(x) = f(x+c)$ (c は定数) によって定義される写像 $T: V \to V$

(2) $(Df)(x) = \dfrac{df}{dx}(x)$ によって定義される写像 $D: V \to V$

(3) $(D_1 f)(x) = e^x \dfrac{d}{dx}(e^{-x} f(x))$ によって定義される写像 $D_1: V \to V$

(4) $(Sf)(x) = \displaystyle\int_{-1}^{1} f(x)\,dx$ によって定義される写像 $S: V \to \mathbf{R}$

6.5　練習問題6.4において $n=2$ とし，(1)〜(4) のうち線形写像であるものについて，その核を求めよ．

6.6　A を n 次実正方行列，$\boldsymbol{x} \in \mathbf{R}^n$，線形写像 f を $f: \boldsymbol{x} \to A\boldsymbol{x}$ と定義する．このとき，$A^2 = A$ ならば $\mathrm{Im}\, f \cap \mathrm{Ker}\, f = \{\mathbf{0}\}$ であることを証明せよ．

6.2　線形写像，線形方程式の解の構造

6.2.1　線形写像の像と逆像

まず，線形写像の像と逆像に関していくつかの定理を示す．

定理 6.2　V と V' は線形空間，f は $V \to V'$ の線形写像，W を V の部分空間，W' を V' の部分空間とする．このとき，

(1) $f(W)$ は V' の部分空間である．

(2) $f^{-1}(W')$ は V の部分空間である．

［**証明**］　(1) $\mathbf{0} \in W$，$f(\mathbf{0}) = \mathbf{0}'$ なので $f(W)$ は零元 $\mathbf{0}'$ を含む．そこで $\boldsymbol{y}_1, \boldsymbol{y}_2 \in f(W)$ とすると

$$\boldsymbol{y}_1 = f(\boldsymbol{x}_1), \qquad \boldsymbol{y}_2 = f(\boldsymbol{x}_2)$$

をみたす $\boldsymbol{x}_1 \in W$，$\boldsymbol{x}_2 \in W$ が存在する．このとき

$$\boldsymbol{y}_1 + \boldsymbol{y}_2 = f(\boldsymbol{x}_1) + f(\boldsymbol{x}_2) = f(\boldsymbol{x}_1 + \boldsymbol{x}_2) \in f(W).$$

つまり $\boldsymbol{y}_1 + \boldsymbol{y}_2$ は $f(W)$ の元であり，$f(W)$ は和について閉じている．また

$$k\boldsymbol{y}_1 = kf(\boldsymbol{x}_1) = f(k\boldsymbol{x}_1) \in f(W).$$

つまり $k\boldsymbol{y}_1$ は $f(W)$ の元であり，$f(W)$ はスカラー倍について閉じている．これより $f(W)$ は V' の部分空間である．

(2) $f(\mathbf{0}) = \mathbf{0}' \in W'$ なので $f^{-1}(W')$ は零元 $\mathbf{0}$ を含む．そこで $\boldsymbol{x}_1, \boldsymbol{x}_2 \in f^{-1}(W')$ とすると

$$f(\boldsymbol{x}_1) = \boldsymbol{y}_1, \qquad f(\boldsymbol{x}_2) = \boldsymbol{y}_2$$

をみたす $\boldsymbol{y}_1 \in W'$，$\boldsymbol{y}_2 \in W'$ が存在する．このとき

$$f(\boldsymbol{x}_1 + \boldsymbol{x}_2) = f(\boldsymbol{x}_1) + f(\boldsymbol{x}_2) = \boldsymbol{y}_1 + \boldsymbol{y}_2 \in W'.$$

つまり $\boldsymbol{x}_1+\boldsymbol{x}_2$ は $f^{-1}(W')$ の元であり，$f^{-1}(W')$ は和について閉じている．また，

$$f(k\boldsymbol{x}_1)=kf(\boldsymbol{x}_1)=k\boldsymbol{y}_1\in W'.$$

つまり $k\boldsymbol{x}_1$ は $f^{-1}(W')$ の元であり，$f^{-1}(W')$ はスカラー倍について閉じている．これより $f^{-1}(W')$ は V の部分空間である． □

つまり，線形写像による部分空間の像は部分空間になり，部分空間の逆像もまた部分空間になる．

V を線形空間とするとき，V 自身は V の最大の部分空間である．なぜなら，V は V の最大の部分集合であり，かつ V 自身が線形空間だからである．また $\mathbf{0}$ だけからなる集合 $\{\mathbf{0}\}$ は V の最小の部分空間である．これらの事実と定理 6.2 より次の系が成り立つ．

系 6.1 線形空間 V から V' への線形写像を f とするとき

(1) $\mathrm{Im}\,f=f(V)$ は V' の部分空間である．
(2) $\mathrm{Ker}\,f=f^{-1}(\{\mathbf{0}'\})$ は V の部分空間である．

例えば $\mathbf{R}^n$ から $\mathbf{R}^m$ への線形写像 $f:\boldsymbol{x}\mapsto A\boldsymbol{x}$ を考えよう．ただし $\boldsymbol{x}\in\mathbf{R}^n$，$A$ は $m\times n$ 行列である．このとき $\mathbf{R}^n$ の標準基底を $\boldsymbol{e}_1,\boldsymbol{e}_2,\dots,\boldsymbol{e}_n$ とすると，任意の $\boldsymbol{x}\in\mathbf{R}^n$ は $\boldsymbol{x}=x_1\boldsymbol{e}_1+x_2\boldsymbol{e}_2+\cdots+x_n\boldsymbol{e}_n$ とあらわされ，このとき $A\boldsymbol{x}$ は $A\boldsymbol{x}=x_1A\boldsymbol{e}_1+x_2A\boldsymbol{e}_2+\cdots+x_nA\boldsymbol{e}_n$ とあらわされる．つまり $A\boldsymbol{e}_1,A\boldsymbol{e}_2,\dots,A\boldsymbol{e}_n$ が $\mathbf{R}^n$ の f による像 $\mathrm{Im}\,f$ を生成する．各 $A\boldsymbol{e}_j=\boldsymbol{a}_j$ は行列 A の列ベクトルであるから，以上により次の結果が得られた．

定理 6.3 $A=(\boldsymbol{a}_1,\boldsymbol{a}_2,\dots,\boldsymbol{a}_n)$ は $\boldsymbol{a}_j\ (j=1,2,\dots,n)$ を列ベクトルとする $m\times n$ 行列，$\boldsymbol{x}\in\mathbf{R}^n$，$f:\boldsymbol{x}\mapsto A\boldsymbol{x}$ を $\mathbf{R}^n$ から $\mathbf{R}^m$ への線形写像とする．このとき

$$\mathrm{Im}\,f=\mathrm{Span}\,(\boldsymbol{a}_1,\boldsymbol{a}_2,\dots,\boldsymbol{a}_n).$$

像 $\mathrm{Im}\,f$ と核 $\mathrm{Ker}\,f$ について，一般に以下の結果が成り立つ．

定理 6.4 V と V' をそれぞれ n 次元と m 次元の線形空間，f を $V\to V'$ の線形写像，$\boldsymbol{u}_1,\dots,\boldsymbol{u}_r,\boldsymbol{u}_{r+1},\dots,\boldsymbol{u}_n$ を V の基底，$\boldsymbol{u}_{r+1},\dots,\boldsymbol{u}_n$ を $\mathrm{Ker}\,f$ の基底とする．このとき $f(\boldsymbol{u}_1),\dots,f(\boldsymbol{u}_r)$ は $\mathrm{Im}\,f$ の基底である．

［**証明**］ $\boldsymbol{y}\in\mathrm{Im}\,f$ をとると，$\boldsymbol{y}$ に対して $f(\boldsymbol{x})=\boldsymbol{y}$ をみたす $\boldsymbol{x}\in V$ が存在する．$\boldsymbol{x}$ は V の基底を用いて $\boldsymbol{x}=x_1\boldsymbol{u}_1+\cdots+x_r\boldsymbol{u}_r+x_{r+1}\boldsymbol{u}_{r+1}+\cdots+x_n\boldsymbol{u}_n$ と書ける．このとき $\boldsymbol{y}=f(\boldsymbol{x})=x_1f(\boldsymbol{u}_1)+\cdots+x_rf(\boldsymbol{u}_r)+\mathbf{0}'+\cdots+\mathbf{0}'$，つまり任意の $\boldsymbol{y}\in\mathrm{Im}\,f$ は $f(\boldsymbol{u}_1),\dots,f(\boldsymbol{u}_r)$ の線形結合としてあらわされる．次に

$$x_1 f(\boldsymbol{u}_1) + \cdots + x_r f(\boldsymbol{u}_r) = \boldsymbol{0}'$$

を仮定する．このとき $f(x_1\boldsymbol{u}_1 + \cdots + x_r\boldsymbol{u}_r) = \boldsymbol{0}'$ となるので $x_1\boldsymbol{u}_1 + \cdots + x_r\boldsymbol{u}_r$ は $\mathrm{Ker}\, f$ の元，したがって $\boldsymbol{u}_{r+1}, \ldots, \boldsymbol{u}_n$ の線形結合である．つまり

$$x_1\boldsymbol{u}_1 + \cdots + x_r\boldsymbol{u}_r = y_{r+1}\boldsymbol{u}_{r+1} + \cdots + y_n\boldsymbol{u}_n.$$

$\boldsymbol{u}_1, \ldots, \boldsymbol{u}_r, \boldsymbol{u}_{r+1}, \ldots, \boldsymbol{u}_n$ は基底であり線形独立なので上式より $x_1 = \cdots = x_r = y_{r+1} = \cdots = y_n = 0$．これより $f(\boldsymbol{u}_1), \ldots, f(\boldsymbol{u}_r)$ は線形独立である．　□

次の系は**次元定理**とよばれることがある．

系 6.2　線形空間 V から V' への線形写像を f とする．このとき

$$\dim V = \dim(\mathrm{Ker}\, f) + \dim(\mathrm{Im}\, f).$$

［**証明**］　$\dim V = n$，$\dim(\mathrm{Im}\, f) = r$，$\dim(\mathrm{Ker}\, f) = n - r$ より成立．　□

このとき $\mathrm{Ker}\, f$ は $n-r$ 次元の線形空間であるが，写像 f によって 0 次元の線形空間 $\{\boldsymbol{0}'\}$ にうつされる．つまり $n-r$ 次元の空間が f によって「つぶれる」．この次元 $\dim(\mathrm{Ker}\, f) = n - r$ を f の**退化次数** (nullity) とよび，$\mathrm{null}\, f$ と書く．

6.2.2　線形方程式の解の構造

線形写像によって作られる方程式の解の構造について調べる．その典型例として，連立 1 次方程式を考えよう．方程式

$$\begin{array}{l} a_{11}x_1 + a_{12}x_2 + \cdots + a_{1n}x_n = c_1, \\ a_{21}x_1 + \qquad \cdots \qquad + a_{2n}x_n = c_2, \\ \vdots \qquad\qquad\qquad\qquad\qquad \vdots \\ a_{m1}x_1 + \qquad \cdots \qquad + a_{mn}x_n = c_m \end{array} \tag{6.1}$$

は行列を用いて

$$A\boldsymbol{x} = \boldsymbol{c}$$

と書ける．ここで

$$A = \begin{pmatrix} a_{11} & a_{12} & \cdots & a_{1n} \\ a_{21} & & & a_{2n} \\ \vdots & & & \vdots \\ a_{m1} & \cdots & & a_{mn} \end{pmatrix}, \quad \boldsymbol{x} = \begin{pmatrix} x_1 \\ \vdots \\ x_n \end{pmatrix}, \quad \boldsymbol{c} = \begin{pmatrix} c_1 \\ \vdots \\ c_m \end{pmatrix}.$$

つまり (6.1) は行列 A を作用させるという線形写像によって $\boldsymbol{c}$ にうつる $\boldsymbol{x}$ をすべて求めるという問題だと考えることができる．

一般に，V から V' への線形写像 f があるとき，$f(\boldsymbol{x}) = \boldsymbol{c}$ を線形方程式とよび，条件をみたす $\boldsymbol{x}$ をすべて求めることを，線形方程式を解くと言う．線形方程式の解を求めるために，まず次の方程式を考えよう．

$$f(\boldsymbol{x}) = \boldsymbol{0}'$$

これを元の $f(\boldsymbol{x}) = \boldsymbol{c}$ に付随する**斉次方程式** (homogeneous equation) とよぶ．この条件をみたす $\boldsymbol{x}$ の全体は $\mathrm{Ker}\, f$ に一致する．$\mathrm{Ker}\, f$ は V の部分空間なので，その元は1組の基底 $\{\boldsymbol{v}_1, \ldots, \boldsymbol{v}_k\}$ を用いて

$$\boldsymbol{x} = x_1\boldsymbol{v}_1 + \cdots + x_k\boldsymbol{v}_k$$

とあらわされる．このとき各 $\boldsymbol{v}_j$ を**基本解** (fundamental solution) とよび，基本解によって張られる $f(\boldsymbol{x}) = \boldsymbol{0}'$ の解の全体 (つまり $\mathrm{Ker}\, f$) を，この方程式の**解空間** (solution space) とよぶ．

次に，方程式 $f(\boldsymbol{x}) = \boldsymbol{c}$ を考える．もし $\boldsymbol{c}$ が $\mathrm{Im}\, f$ に含まれるなら，$f(\boldsymbol{x}_0) = \boldsymbol{c}$ をみたす $\boldsymbol{x}_0 \in V$ が存在し，方程式は解を持つ．このとき方程式をみたすすべての $\boldsymbol{x}$ は，$\boldsymbol{x} = \boldsymbol{x}_0 + \boldsymbol{x}'$, $\boldsymbol{x}' \in \mathrm{Ker}\, f$ とあらわされることを示そう．まず $\boldsymbol{x}$ が $f(\boldsymbol{x}) = \boldsymbol{c}$ をみたすなら，

$$f(\boldsymbol{x} - \boldsymbol{x}_0) = f(\boldsymbol{x}) - f(\boldsymbol{x}_0) = \boldsymbol{c} - \boldsymbol{c} = \boldsymbol{0}.$$

よって

$$\boldsymbol{x} - \boldsymbol{x}_0 = \boldsymbol{x}' \in \mathrm{Ker}\, f.$$

つまり $\boldsymbol{x} = \boldsymbol{x}_0 + \boldsymbol{x}'$ かつ $\boldsymbol{x}' \in \mathrm{Ker}\, f$ が成り立つ．逆に $\boldsymbol{x}$ が $\boldsymbol{x} = \boldsymbol{x}_0 + \boldsymbol{x}'$ とあらわされるなら，

$$f(\boldsymbol{x}) = f(\boldsymbol{x}_0 + \boldsymbol{x}') = f(\boldsymbol{x}_0) + f(\boldsymbol{x}') = \boldsymbol{c} + \boldsymbol{0} = \boldsymbol{c}.$$

つまり $\boldsymbol{x}$ は $f(\boldsymbol{x}) = \boldsymbol{c}$ をみたす．以上の議論によって，次の定理が示された．

定理 6.5 線形方程式

$$f(\boldsymbol{x}) = \boldsymbol{c}$$

が解を持つとき，$\boldsymbol{x}_0$ をその1つの解とすると，

$$\boldsymbol{x} \text{ は } f(\boldsymbol{x}) = \boldsymbol{c} \text{ の解} \iff \boldsymbol{x} = \boldsymbol{x}_0 + \boldsymbol{x}', \boldsymbol{x}' \in \mathrm{Ker}\, f$$

特に連立1次方程式について考えると，斉次方程式 $A\boldsymbol{x} = \boldsymbol{0}'$ が自明な解のみを持つならば $\mathrm{Ker}\, f = \{\boldsymbol{0}\}$ であり，このとき定理 6.5 より，方程式 $A\boldsymbol{x} = \boldsymbol{c}$ の解は存在すれば一意的である．一般に次の結果が成り立つ．

定理 6.6 線形空間 V から V' への線形写像を f とするとき

$$\mathrm{Ker}\, f = \{\mathbf{0}\} \iff f\ \text{は単射}$$

［**証明**］ $(\Rightarrow)$ $\mathbf{0}'$ を V' の零元とする．V の元 $\boldsymbol{x}_1, \boldsymbol{x}_2$ が $f(\boldsymbol{x}_1) = f(\boldsymbol{x}_2)$ をみたすなら

$$\mathbf{0}' = f(\boldsymbol{x}_1) - f(\boldsymbol{x}_2) = f(\boldsymbol{x}_1 - \boldsymbol{x}_2).$$

これより $\boldsymbol{x}_1 - \boldsymbol{x}_2 \in \mathrm{Ker}\, f = \{\mathbf{0}\}$ なので $\boldsymbol{x}_1 - \boldsymbol{x}_2 = \mathbf{0}$ より $\boldsymbol{x}_1 = \boldsymbol{x}_2$．よって定義より f は単射．

$(\Leftarrow)$ f は線形写像なので $f(\mathbf{0}) = \mathbf{0}'$．よって $\mathbf{0} \in \mathrm{Ker}\, f$．次に任意に $\boldsymbol{x} \in \mathrm{Ker}\, f$ をとると $f(\boldsymbol{x}) = \mathbf{0}'$．$f$ は単射であるので $f(\boldsymbol{x}) = f(\mathbf{0})$ より $\boldsymbol{x} = \mathbf{0}$．これより $\mathrm{Ker}\, f = \{\mathbf{0}\}$． □

例 6.8 連立 1 次方程式

$$x + y + z = 6 \tag{6.2}$$
$$2x + 3y + 4z = 16 \tag{6.3}$$
$$3x + 4y + 5z = 22 \tag{6.4}$$

を考える．(6.2) と (6.3) を辺々加えると (6.4) が得られ，この 3 つの方程式のうち独立なものは 2 つである．そこで方程式を解いてみると，

$(6.2) \times (-2) + (6.3)$

$$y + 2z = 4 \tag{6.5}$$

$(6.2) - (6.5)$

$$x - z = 2$$

これより

$$\begin{aligned} x &= 2 + t \\ y &= 4 - 2t \\ z &= t \qquad (t \in \mathbf{R}). \end{aligned}$$

これは，

$$\begin{pmatrix} x \\ y \\ z \end{pmatrix} = \begin{pmatrix} 2 \\ 4 \\ 0 \end{pmatrix} + t\begin{pmatrix} 1 \\ -2 \\ 1 \end{pmatrix}$$

と書けるが，第 1 項は $A\boldsymbol{x} = \boldsymbol{c}$ の 1 つの解 $\boldsymbol{x}_0$ であり，第 2 項は $A\boldsymbol{x} = \mathbf{0}'$ の解全体の作る部分空間，つまり $\mathrm{Ker}\, f = \left\{ t\begin{pmatrix} 1 \\ -2 \\ 1 \end{pmatrix} \middle|\, t \in \mathbf{R} \right\}$ の元である． □

この様子を示したのが図 6.1 である．方程式 $A\boldsymbol{x} = \boldsymbol{c}$ をみたす解 $\boldsymbol{x}$ の全体は直線に対応し，直線上の 1 点 $\boldsymbol{x}_0$ に $\mathrm{Ker}\, f$ を加えることでその直線の全体が得られる．ま

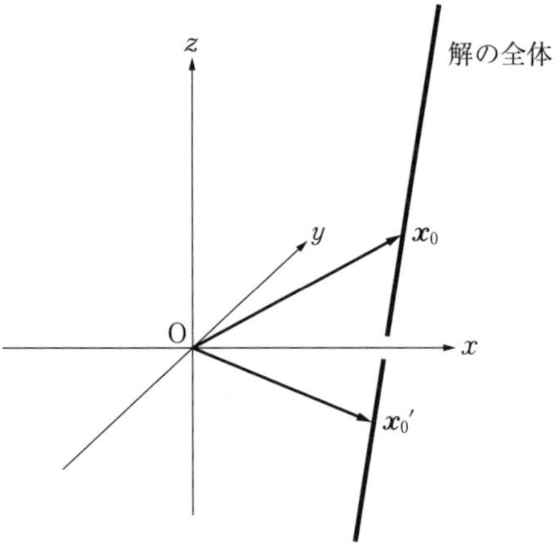

図6.1 線形方程式の解の構造

たこのとき，直線上の別の1点 $\boldsymbol{x}_0{}'$ に $\mathrm{Ker}\, f$ を加えても同じ直線が得られる．つまり $\boldsymbol{x}_0$ として $A\boldsymbol{x} = \boldsymbol{c}$ をみたすベクトルを何であれ1つ見つけて，それに $\mathrm{Ker}\, f$ を加えることで解の全体が得られる．

例 6.9 図6.2のRC回路を考える．回路における電位差の関係は

$$V_0 = RI + \frac{Q}{C}$$

とあらわされる．ただし，I は電流，Q はコンデンサーの電荷，R は抵抗，C はコンデンサーの容量，V_0 は直流電源の電圧である．抵抗を流れた電流はコンデンサーの上の極板にたまる．毎秒 I クーロンが極板に流れこみ，その分だけ極板の電荷 Q が増加するので

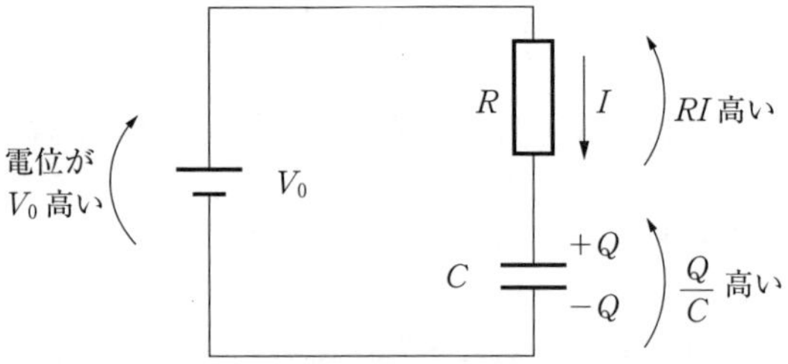

図6.2 RC回路

$$I = \frac{dQ}{dt}.$$

これは一種の電荷保存則であるとみなせる．これらより，

$$R\frac{dQ}{dt} + \frac{Q}{C} = V_0$$

つまり

$$\frac{dQ}{dt} + \frac{1}{RC}Q = \frac{V_0}{R}. \tag{6.6}$$

(6.6)の左辺は $D = \dfrac{d}{dt} + \dfrac{1}{RC}$ として DQ と書けるが，この演算子 D は微分と定数倍の和であり，簡単に確かめられるように $Q \mapsto DQ$ は線形写像である．したがって(6.6)は線形の方程式であり，この微分方程式の解は定理6.5に示された構造を持つ．

そこでまず $\mathrm{Ker}\, D$ を求めよう．つまり

$$\frac{dQ}{dt} + \frac{1}{RC}Q = 0$$

の解の全体を求める．方程式は

$$\frac{dQ}{dt} = -\frac{1}{RC}Q$$

とあらわされ，解は

$$Q = A\exp\left(-\frac{1}{RC}t\right) \qquad (A \text{ は定数}).$$

このとき，A は実数であり

$$\mathrm{Ker}\, D = \{Ae^{-\frac{1}{RC}t} \mid A \in \mathbf{R}\}.$$

つまり $\mathrm{Ker}\, D$ は $\{e^{-\frac{1}{RC}t}\}$ を基底とする1次元の線形空間をなす．次に $DQ = V_0/R$ をみたすベクトル Q を1つ求める．解を探すと，定数関数 $Q = CV_0$ は (6.6) の1つの解である．なぜなら

$$\frac{d}{dt}(CV_0) + \frac{1}{RC}CV_0 = 0 + \frac{V_0}{R} = \frac{V_0}{R}.$$

これらの結果と定理6.5より，この回路の方程式をみたす電荷 $Q(t)$ は

$$Q(t) = CV_0 + Ae^{-\frac{1}{RC}t}, \qquad A \in \mathbf{R}$$

によって与えられる．特に $t = 0$ でコンデンサーの電荷が0，つまり $Q(0) = 0$ であ

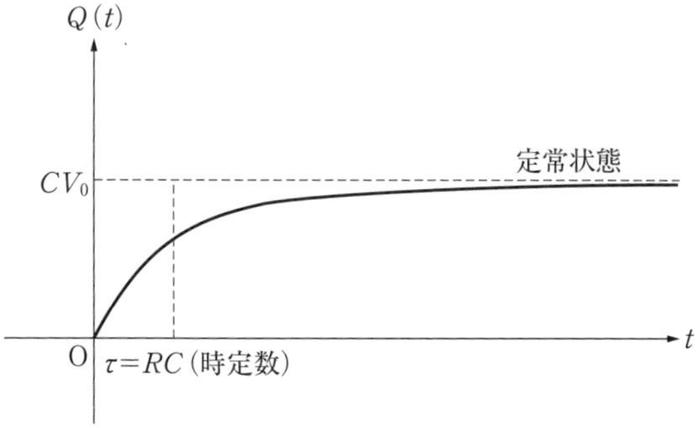

図6.3　コンデンサーの電荷の時間変化

る場合には

$$0 = CV_0 + A, \quad \text{よって} \quad A = -CV_0.$$

このとき

$$Q(t) = CV_0(1 - e^{-\frac{1}{RC}t}).$$

これを図6.3に示しておく．

コンデンサーの電荷は，はじめ0から増大し，CV_0 に近付く．$\tau = RC$ 程度の時間がたつと $1/e$ 程度の変化が終わるので，この τ を回路の変化に要する時間の目安として時定数とよぶ．実際の回路では τ は 10^{-3} 秒ほどの値をとる．回路は時定数程度の時間をかけて主な変化を終え，そのあと理論的には無限の時間をかけて定常値 CV_0 に収束していく．実際には電荷の値はすぐにおよそ CV_0 になり，あとは外部からの摇動によって小さく振動しながらほぼ CV_0 の値をとり続けるだろう[*13]．　□

例題 6.3

$\mathbf{R}^3$ の線形変換を $f : \boldsymbol{x} \mapsto A\boldsymbol{x}$ とし，線形方程式 $A\boldsymbol{x} = \boldsymbol{b}$ を考える．ただし

$$A = \begin{pmatrix} -2 & 1 & 3 \\ 1 & -2 & 0 \\ p & q & -2 \end{pmatrix}, \qquad \boldsymbol{b} = \begin{pmatrix} -5 \\ 1 \\ 1 \end{pmatrix}.$$

(1) $q \neq 2 - 2p$ のとき，$\mathrm{Ker}\, f$ と $\mathrm{Im}\, f$ を求めよ．

(2) $q = 2 - 2p$ のとき，$\mathrm{Ker}\, f$ と $\mathrm{Im}\, f$ を求めよ．

(3) (2) の場合に，$\boldsymbol{b} \in \mathrm{Im}\, f$ であるための条件を求めよ．

＊13　この方程式については，南 和彦「微分積分講義」(裳華房，2010) の例3.28において定数変化法で解を求め，さらに変数分離形の方程式としても解を求めてある．

【解答】 方程式 $A\boldsymbol{x} = \boldsymbol{b}$ に付随する斉次方程式 $A\boldsymbol{x} = \boldsymbol{0}$ を考えると

$$-2x + y + 3z = 0, \tag{6.7}$$

$$x - 2y \quad = 0, \tag{6.8}$$

$$px + qy - 2z = 0. \tag{6.9}$$

(6.8) より $x = 2t, y = t$ と書ける．このとき (6.7) より $z = t$，(6.9) より

$$(2p + q - 2)t = 0. \tag{6.10}$$

(1) $q \neq 2 - 2p$ のとき，(6.10) より $t = 0$ のみが条件をみたし，このとき $x = y = z = 0$. よって $\mathrm{Ker}\, f = \{\boldsymbol{0}\}$. また $\mathrm{Im}\, f$ は A の列ベクトルによって生成されるが，$q \neq 2 - 2p$ のとき $\det A \neq 0$ であり，これらは線形独立で $\mathbf{R}^3$ を生成する．よって $\mathrm{Im}\, f = \mathbf{R}^3$.

(2) $q = 2 - 2p$ のとき，(6.10) は任意の実数 t に対してみたされ，$x = 2t, y = t, z = t$ であるので

$$\mathrm{Ker}\, f = \left\{ t\begin{pmatrix} 2 \\ 1 \\ 1 \end{pmatrix} \middle|\, t \in \mathbf{R} \right\}.$$

$\mathrm{Im}\, f$ は A の列ベクトルによって生成されるが，このとき $\det A = 0$ なので列ベクトルのうち線形独立なものは最大 2 つである．このとき例えば第 1 列と第 3 列の列ベクトル 2 つの組が線形独立なので

$$\mathrm{Im}\, f = \left\{ x_1\begin{pmatrix} -2 \\ 1 \\ p \end{pmatrix} + x_2\begin{pmatrix} 3 \\ 0 \\ -2 \end{pmatrix} \middle|\, x_1, x_2 \in \mathbf{R} \right\}.$$

(3) 条件

$$x_1\begin{pmatrix} -2 \\ 1 \\ p \end{pmatrix} + x_2\begin{pmatrix} 3 \\ 0 \\ -2 \end{pmatrix} = \begin{pmatrix} -5 \\ 1 \\ 1 \end{pmatrix}$$

をみたす x_1, x_2 が存在するために p のみたすべき条件を求めると，上式より $x_1 = 1$, $x_2 = -1$ と定まり，このとき $p = -1$. □

▶ **参考** この問題は例題 2.7 を $\mathrm{Ker}\, f$ と $\mathrm{Im}\, f$ によって書いたものである．(1) の条件がみたされるとき，定理 6.5 と定理 6.6 より解は一意的である．

例題 6.4

質量 m の物体がバネ定数 $m\omega^2$ のバネにつながれて上下に動くときの運動方程式

$$m\frac{d^2y}{dt^2} = -m\omega^2 y + mg$$

の一般解を求めよ．ただし g は重力加速度の大きさである．

【解答】 方程式を

$$m\frac{d^2y}{dt^2}+m\omega^2y=mg \tag{6.11}$$

と書く．これは線形の方程式であり，付随する斉次方程式は

$$m\frac{d^2y}{dt^2}+m\omega^2y=0. \tag{6.12}$$

まず (6.12) について考える．解を $y=e^{\lambda t}$ とおいて (6.12) に代入すると $(m\lambda^2+m\omega^2)e^{\lambda t}=0$ より

$$m\lambda^2+m\omega^2=0. \tag{6.13}$$

これより $\lambda=\pm i\omega$．このとき $y=e^{\lambda t}=e^{\pm i\omega t}=\cos\omega t\pm i\sin\omega t$ の実部と虚部はそれぞれ方程式をみたし，かつ線形独立である．定数係数の2階斉次線形常微分方程式の独立な解は2つなので，(6.12) の解は C_1, C_2 を定数として

$$y=C_1\cos\omega t+C_2\sin\omega t$$

によって与えられる．ここで $\cos\omega t, \sin\omega t$ が基本解である．次に (6.11) は定数関数 $y=g/\omega^2$ を解として持つので，定理6.5より (6.11) の一般解は

$$y=\frac{g}{\omega^2}+C_1\cos\omega t+C_2\sin\omega t. \qquad \square$$

▶ **参考** (6.13) をこの方程式の特性方程式とよぶ．一般に定数係数の n 階斉次線形常微分方程式が n 個の独立な解を持ち，それらが特性方程式の解から得られることを既知とした（これによって，微分方程式が代数方程式に帰着する）．定数関数 $y=g/\omega^2$ は重力とバネの弾性力がつりあって物体が静止を続ける状態であり，物体は一般にこのつりあいの点を中心に単振動する．単振動の2つの独立な解は2次元の線形空間を生成する．

練習問題

6.7 連立方程式 $A\boldsymbol{x}=\boldsymbol{c}$ を考える．ただし

$$A=\begin{pmatrix}1&4&5\\2&5&7\\0&2&2\end{pmatrix},\quad \boldsymbol{x}=\begin{pmatrix}x\\y\\z\end{pmatrix},\quad \boldsymbol{c}=\begin{pmatrix}a\\b\\c\end{pmatrix}$$

であり，対応する線形写像を $f:\boldsymbol{x}\mapsto A\boldsymbol{x}$ とする．

(1) $\mathrm{Ker}\,f$ およびその線形空間としての次元を求めよ．

(2) $\mathrm{Im}\,f$ およびその線形空間としての次元を求めよ．

(3) 方程式 $A\boldsymbol{x}=\boldsymbol{c}$ が解をもつために a, b, c のみたすべき条件を求めよ．

6.8 連立1次方程式 $A\boldsymbol{x}=\boldsymbol{b}$,

$$A=\begin{pmatrix}1&-1&1\\2&-1&0\\1&0&-1\end{pmatrix},\quad \boldsymbol{x}=\begin{pmatrix}x\\y\\z\end{pmatrix},\quad \boldsymbol{b}=\begin{pmatrix}-1\\1\\k\end{pmatrix}$$

と線形写像 $f:\boldsymbol{x}\mapsto A\boldsymbol{x}$ を考える．

(1) Ker fを求めよ．

(2) 方程式に解が存在するとき，k の値を求めよ．

(3) 一般に

$$\boldsymbol{x} + \mathrm{Ker}\, f = \{\boldsymbol{x} + \boldsymbol{x}' \mid \boldsymbol{x}' \in \mathrm{Ker}\, f\}$$

と書くとき，方程式の 2 つの解を $\boldsymbol{x}_1, \boldsymbol{x}_2$ として，$\boldsymbol{x}_1 + \mathrm{Ker}\, f$ と $\boldsymbol{x}_2 + \mathrm{Ker}\, f$ とが集合として一致することを証明せよ．

6.9　$\mathbf{R}^4$ から $\mathbf{R}^3$ への次の線形写像を考える．

$$f : \boldsymbol{x} \mapsto A\boldsymbol{x} \quad ただし \quad A = \begin{pmatrix} 1 & 0 & -1 & -2 \\ -1 & 1 & 2 & 3 \\ 2 & 1 & -1 & -3 \end{pmatrix}.$$

(1) A の行ベクトルのうち 1 次独立なものはいくつあるか．

(2) $f(\boldsymbol{x}) = \boldsymbol{b}$ が解を持つような $\boldsymbol{b} \in \mathbf{R}^3$ の全体は線形空間をなすか．

(3) $f(\boldsymbol{x}) = \begin{pmatrix} 0 \\ 0 \\ 0 \end{pmatrix}$ をみたす $\boldsymbol{x} \in \mathbf{R}^4$ の全体のなす線形空間 W の次元を求めよ．

6.10　電気回路の電位差に関する次の方程式の一般解を求めよ．

$$L\frac{dI}{dt} + \frac{Q}{C} = V, \qquad I = \frac{dQ}{dt}.$$

ただし，I は電流，Q はコンデンサーの電気量，L はコイルのインダクタンス，C はコンデンサーの容量，V は直流電源の電圧である．

6.11　バネにつながれた物体に関する次の運動方程式の一般解を求めよ．

$$m\frac{d^2y}{dt^2} = -m{\omega_0}^2 y - k\frac{dy}{dt} + mg \qquad \left(\omega_0 > \frac{k}{2m}\right).$$

ただし，m は物体の質量，$m{\omega_0}^2$ はバネのバネ定数，$-k\dfrac{dy}{dt}$ は抵抗力，g は重力加速度の大きさである．

コラム　アフィン空間

A を正則な n 次行列，$\boldsymbol{x}$ を n 次のベクトルとして，$f : \boldsymbol{x} \mapsto A\boldsymbol{x}$ は線形変換である．このとき $\boldsymbol{b}$ を n 次のベクトルとして

$$f : \boldsymbol{x} \mapsto A\boldsymbol{x} + \boldsymbol{b}$$

を**アフィン変換** (affine transformation) とよぶ．つまりアフィン変換とは（正則な線形変換）＋（平行移動）であると言える．

例えば$\mathbf{R}^2$において，原点を通る直線$y = ax$上にあるベクトルの全体は，$\mathbf{R}^2$の1次元の部分空間（つまり線形空間）をなすが，直線$y = ax + b$を考えるなら，これは$(0, b)$を原点とみなせば，1次元の線形空間になり，また同様に直線上のいずれか1点を原点とみなしても，1次元の線形空間になる．このようにして原点を決めることで線形空間とみなせる集合を，アフィン空間（affine space）とよぶ．

アフィン空間の典型例は，連立1次方程式の解の集合である．連立方程式が斉次であるとき，その解の全体は線形空間Wをなし，これは解空間とよばれる．連立方程式が斉次でないとき，1つの解$\boldsymbol{b}$を任意に選ぶと，$\boldsymbol{b} + W$の全体が連立方程式の解の全体になる．つまりこれは解$\boldsymbol{b}$を中心に広がる線形空間Wであり，アフィン空間の1つの例になっている．

6.3　同型写像，表現行列

6.3.1　線形空間の同型

まず，2つの線形空間VとV'があるとき，これらが同型であるということを定義する．

定義 6.2　線形空間VからV'への線形写像fを考える．fが全単射（つまり上への1対1写像）であるとき，fをVからV'への**同型写像**（isomorphism）とよび，同型写像が存在するときVとV'とは**同型**（isomorphic）であると言い，これを$V \cong V'$と書く．

簡単な例を見てみよう．

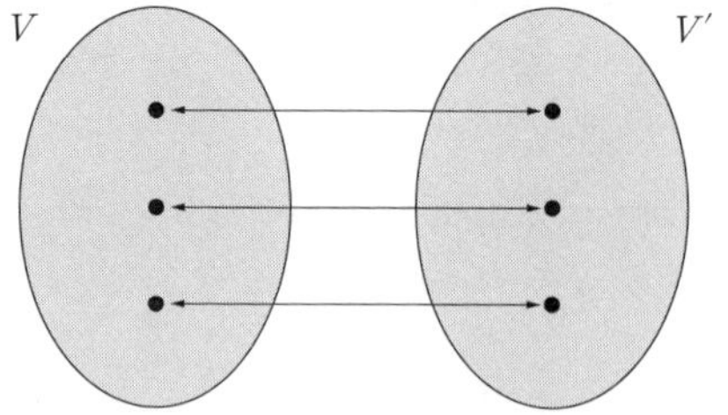

図6.4　線形空間の同型

例 6.10　高々 2 次の多項式の全体と $\mathbf{R}^3$ とは，次の対応によって同型である．

$$g(x) = a + bx + cx^2 \in V \quad \longmapsto \quad \begin{pmatrix} a \\ b \\ c \end{pmatrix} \in \mathbf{R}^3$$

多項式 g から係数 a, b, c は定まり，逆に a, b, c から g が定まる．g から a, b, c への対応は，線形写像でありかつ全単射である．□

例 6.11　実 2 次行列の全体と $\mathbf{R}^4$ とは同型である．

$$\begin{pmatrix} a & b \\ c & d \end{pmatrix} \in M_{22}(\mathbf{R}) \quad \longmapsto \quad \begin{pmatrix} a \\ b \\ c \\ d \end{pmatrix} \in \mathbf{R}^4$$

行列の 4 つの成分 a, b, c, d から $\mathbf{R}^4$ のベクトルの 4 つの成分 a, b, c, d への対応は，線形写像でありかつ全単射である．線形空間として和とスカラー倍のみを考え，積を考えないとき，両者は線形空間として同型である．□

線形空間 V と V' が同型であるとき，同型写像 f は全単射なのでその逆写像 f^{-1} が存在し，やはり全単射である．また線形空間としての構造は f によってそのまま V' にうつされる．例えば，V の線形独立なベクトルの組は V' の線形独立なベクトルの組にうつされ，したがって V の部分空間は V' の同じ次元の部分空間にうつされる．

次に，一般に有限次元の線形空間は，ある数ベクトル空間と同型であることを証明する．

定理 6.7　K 上の有限次元の線形空間 $V(\neq \{\mathbf{0}\})$ は，ある $\mathbf{K}^n$ $(n \in \mathbf{N})$ と同型である，すなわち $V \cong \mathbf{K}^n$.

［**証明**］　線形空間 V が有限次元であるなら，$\dim V = n$ として V には n 個のベクトルからなる基底 $\{\boldsymbol{u}_1, \ldots, \boldsymbol{u}_n\}$ が存在し，任意の $\boldsymbol{x} \in V$ は

$$\boldsymbol{x} = x_1\boldsymbol{u}_1 + \cdots + x_n\boldsymbol{u}_n$$

とあらわされる．このとき

$$\boldsymbol{x} \mapsto \begin{pmatrix} x_1 \\ \vdots \\ x_n \end{pmatrix}$$

は $V \to \mathbf{K}^n$ の同型写像である．□

例えば，実数上の線形空間 V と V' の次元が等しければ，$V \cong \mathbf{R}^n$ かつ $V' \cong \mathbf{R}^n$

であり，このとき $V \cong V'$ が導かれる．

つまり，抽象的な公理系によって線形空間を定義し，公理のみを用いてその構造を調べてきたが，実際には有限次元の実線形空間は，同じ次元の数ベクトル空間 $\mathbf{R}^n$ とみなしてよいことがわかる．

6.3.2 線形写像の行列による表現

次に，線形写像 f が一般に行列によって表現されることを見てみよう．この行列を f の表現行列とよぶ．まずいくつかの具体例を調べてみよう．

例 6.12 連立1次方程式 $A\boldsymbol{x} = \boldsymbol{b}$ を考える．ここで A は $m \times n$ の係数行列，$\boldsymbol{x} \in \mathbf{R}^n, \boldsymbol{b} \in \mathbf{R}^m$ である．これは線形写像 $\boldsymbol{x} \mapsto A\boldsymbol{x}$ によって $\boldsymbol{b}$ にうつるベクトル $\boldsymbol{x}$ を求めるという問題であり，線形写像は行列 A によって定義されている． □

例 6.13 $V = \mathbf{R}^2$ から $V' = \mathbf{R}^2$ への線形写像

$$f\left(\begin{pmatrix} x \\ y \end{pmatrix}\right) = \begin{pmatrix} x + 2y \\ 3x + 4y \end{pmatrix} = \begin{pmatrix} 1 & 2 \\ 3 & 4 \end{pmatrix}\begin{pmatrix} x \\ y \end{pmatrix}$$

を考える．これは，V の基底として標準基底

$$\boldsymbol{e}_1 = \begin{pmatrix} 1 \\ 0 \end{pmatrix}, \qquad \boldsymbol{e}_2 = \begin{pmatrix} 0 \\ 1 \end{pmatrix}$$

をとり，V' の基底としても標準基底

$$\boldsymbol{e}_1' = \begin{pmatrix} 1 \\ 0 \end{pmatrix}, \qquad \boldsymbol{e}_2' = \begin{pmatrix} 0 \\ 1 \end{pmatrix}$$

をとるとき，V のベクトル $\boldsymbol{x} = x\boldsymbol{e}_1 + y\boldsymbol{e}_2$ を V' のベクトル $\boldsymbol{x}' = (x + 2y)\boldsymbol{e}_1' + (3x + 4y)\boldsymbol{e}_2'$ にうつす写像であり，その係数の間の関係が行列によって与えられている．

□

したがって，写像 f は同じでも V と V' の基底を変更すれば，行列は見かけ上は変わる．基底の変換と行列との関係については定理 6.8 で扱う．

例 6.14 $\mathbf{R}^2$ の1次変換のうち，k 倍の相似拡大と角度 θ の回転はそれぞれ

$$\begin{pmatrix} x \\ y \end{pmatrix} \mapsto \begin{pmatrix} k & 0 \\ 0 & k \end{pmatrix}\begin{pmatrix} x \\ y \end{pmatrix}, \qquad \begin{pmatrix} x \\ y \end{pmatrix} \mapsto \begin{pmatrix} \cos\theta & -\sin\theta \\ \sin\theta & \cos\theta \end{pmatrix}\begin{pmatrix} x \\ y \end{pmatrix}$$

で与えられる．点 P を直線 $y = kx$ に関して線対称に反転させた点を P' とすると，

PP' の中点が $y = kx$ 上にあり，また PP' と $y = kx$ とが直交することから，(簡単な計算により) P から P' への変換は

$$\begin{pmatrix} x \\ y \end{pmatrix} \mapsto \begin{pmatrix} x' \\ y' \end{pmatrix} = \begin{pmatrix} \dfrac{1-k^2}{1+k^2} & \dfrac{2k}{1+k^2} \\ \dfrac{2k}{1+k^2} & -\dfrac{1-k^2}{1+k^2} \end{pmatrix} \begin{pmatrix} x \\ y \end{pmatrix}$$

$$= \begin{pmatrix} \cos 2\alpha & \sin 2\alpha \\ \sin 2\alpha & -\cos 2\alpha \end{pmatrix} \begin{pmatrix} x \\ y \end{pmatrix} \tag{6.14}$$

で与えられることがわかる．ただし $\tan\alpha = k$ であり，(6.14) は $k \to \pm\infty$ に対応する $\alpha = \pm\pi/2$ についても成り立つ．またこのとき

$$\begin{pmatrix} \cos 2\alpha & \sin 2\alpha \\ \sin 2\alpha & -\cos 2\alpha \end{pmatrix} \begin{pmatrix} 1 & 0 \\ 0 & -1 \end{pmatrix} = \begin{pmatrix} \cos 2\alpha & -\sin 2\alpha \\ \sin 2\alpha & \cos 2\alpha \end{pmatrix}.$$

ここで左辺は $y = 0$ および $y = kx$ に関する反転の合成であり，右辺は角度 2α の回転である．つまり回転は反転の繰り返しとして生成される． □

以上の例では数ベクトルの間の線形写像を行列であらわした．少し違う例を見てみよう．

例 6.15 g を高々 2 次の多項式とするとき，微分

$$D : g(x) \mapsto \frac{d}{dx} g(x)$$

を考えると，例 6.7 で既に調べたように，これは線形写像である．このとき，基底として $\{1, x, x^2\}$ をとると，多項式 $g(x) = a + bx + cx^2$ のこの基底に関する成分は a, b, c，その微分 $Dg(x) = b + 2cx$ のこの基底に関する成分は $b, 2c, 0$ なので，このとき微分 D は以下のように，成分の間の変換則として行列であらわされた．

$$\begin{pmatrix} a \\ b \\ c \end{pmatrix} \mapsto \begin{pmatrix} b \\ 2c \\ 0 \end{pmatrix} = \begin{pmatrix} 0 & 1 & 0 \\ 0 & 0 & 2 \\ 0 & 0 & 0 \end{pmatrix} \begin{pmatrix} a \\ b \\ c \end{pmatrix}.$$

これが微分 D の行列による表現である． □

例 6.16 同じく g を高々 2 次の多項式として「平行移動」

$$T : g(x) \mapsto Tg(x) = g(x+h)$$

を考えると，$T(g_1(x) + g_2(x)) = g_1(x+h) + g_2(x+h) = Tg_1(x) + Tg_2(x)$，$T(kg(x)) = kg(x+h) = k \cdot Tg(x)$ より T は線形写像である．このとき，

$$
\begin{aligned}
Tg(x) &= g(x+h) \\
&= a + b(x+h) + c(x+h)^2 \\
&= (a + hb + h^2c) + (b + 2hc)x + cx^2
\end{aligned}
$$

であるから，平行移動 T は係数の間の変換則として，次のように行列であらわされる．

$$
\begin{pmatrix} a \\ b \\ c \end{pmatrix} \mapsto \begin{pmatrix} a + hb + h^2c \\ b + 2hc \\ c \end{pmatrix} = \begin{pmatrix} 1 & h & h^2 \\ 0 & 1 & 2h \\ 0 & 0 & 1 \end{pmatrix}\begin{pmatrix} a \\ b \\ c \end{pmatrix}.
$$

これが線形写像 T の行列による表現である．□

例 6.17　g を高々 2 次の多項式として，再び

$$
T : g(x) \mapsto Tg(x) = g(x+h)
$$

を考える．このとき，

$$
\begin{aligned}
g(x+h) &= \sum_{n=0}^{\infty} \frac{g^{(n)}(x)}{n!} h^n \\
&= g(x) + \frac{g'(x)}{1!} h^1 + \frac{g''(x)}{2!} h^2 + 0 \qquad (6.15) \\
&= \left(1 + \frac{h}{1!}\frac{d}{dx} + \frac{h^2}{2!}\frac{d^2}{dx^2}\right) g(x).
\end{aligned}
$$

ここでは x を固定し，g を x を中心として Taylor の公式で展開した．g は高々 2 次の多項式なので，展開の 3 次以上の項は 0 になる．次に，例 6.15 で得られた微分を表現する行列を同じ文字 D で書いて，(6.15) に対応して次の量を計算してみる．

$$
\begin{aligned}
&\left(1 + \frac{h}{1!}D + \frac{h^2}{2!}D^2\right)\begin{pmatrix} a \\ b \\ c \end{pmatrix} \\
&= \left(\begin{pmatrix} 1 & 0 & 0 \\ 0 & 1 & 0 \\ 0 & 0 & 1 \end{pmatrix} + \frac{h}{1!}\begin{pmatrix} 0 & 1 & 0 \\ 0 & 0 & 2 \\ 0 & 0 & 0 \end{pmatrix} + \frac{h^2}{2!}\begin{pmatrix} 0 & 1 & 0 \\ 0 & 0 & 2 \\ 0 & 0 & 0 \end{pmatrix}^2\right)\begin{pmatrix} a \\ b \\ c \end{pmatrix} \\
&= \begin{pmatrix} a \\ b \\ c \end{pmatrix} + \frac{h}{1!}\begin{pmatrix} b \\ 2c \\ 0 \end{pmatrix} + \frac{h^2}{2!}\begin{pmatrix} 2c \\ 0 \\ 0 \end{pmatrix} \\
&= \begin{pmatrix} 1 & h & h^2 \\ 0 & 1 & 2h \\ 0 & 0 & 1 \end{pmatrix}\begin{pmatrix} a \\ b \\ c \end{pmatrix} = T\begin{pmatrix} a \\ b \\ c \end{pmatrix}.
\end{aligned}
$$

最後に現れた行列 T は，例 6.16 で得られた平行移動を表現する行列である．またこの T を h の関数として $T(h)$ と書くとき

$$\lim_{h\to 0}\frac{T(h)-T(0)}{h}=D$$

であることも確かめられる． □

一般に，線形空間 V から線形空間 V' への線形写像 f が行列によってあらわされることを示す．V の 1 組の基底 $\{\boldsymbol{u}_1, \dots, \boldsymbol{u}_n\}$ と V' の 1 組の基底 $\{\boldsymbol{u}_1', \dots, \boldsymbol{u}_m'\}$ をとる．このとき，写像 f による各 $\boldsymbol{u}_j$ の像は

$$\begin{aligned} f: \boldsymbol{u}_1 &\mapsto f(\boldsymbol{u}_1)=\sum_{s=1}^{m} a_{s1}\boldsymbol{u}_s', \\ f: \boldsymbol{u}_2 &\mapsto f(\boldsymbol{u}_2)=\sum_{s=1}^{m} a_{s2}\boldsymbol{u}_s', \\ &\vdots \\ f: \boldsymbol{u}_n &\mapsto f(\boldsymbol{u}_n)=\sum_{s=1}^{m} a_{sn}\boldsymbol{u}_s'. \end{aligned}$$

ただし，$f(\boldsymbol{u}_j)$ は V' の基底 $\{\boldsymbol{u}_s'\}$ の線形結合であらわされることを使った．a_{sj} は V の基底 $\{\boldsymbol{u}_j\}$ と，写像 f と，V' の基底 $\{\boldsymbol{u}_s'\}$ によって定まる定数である．このとき，一般に V の元 $\boldsymbol{x}=\sum_{j=1}^{n} x_j\boldsymbol{u}_j$ をとると，$\boldsymbol{x}$ の写像 f による像は

$$\begin{aligned} f: \boldsymbol{x}=\sum_{j=1}^{n} x_j\boldsymbol{u}_j \mapsto f(\boldsymbol{x}) &= f\left(\sum_{j=1}^{n} x_j\boldsymbol{u}_j\right)=\sum_{j=1}^{n} x_j f(\boldsymbol{u}_j) \\ &= \sum_{j=1}^{n} x_j\left(\sum_{s=1}^{m} a_{sj}\boldsymbol{u}_s'\right)=\sum_{s=1}^{m}\left(\sum_{j=1}^{n} a_{sj}x_j\right)\boldsymbol{u}_s' \end{aligned} \tag{6.16}$$

元 $\boldsymbol{x}$ の $\{\boldsymbol{u}_j\}$ に関する成分 $x_1, x_2, \dots, x_n$ から，その像 $f(\boldsymbol{x})$ の $\{\boldsymbol{u}_s'\}$ に関する成分を得るためには，以下のように $A=[a_{sj}]$ として行列 A を左からかければよいことがわかる．

$$\begin{pmatrix} x_1 \\ x_2 \\ \vdots \\ x_n \end{pmatrix} \mapsto \begin{pmatrix} \sum_{j=1}^{n} a_{1j}x_j \\ \sum_{j=1}^{n} a_{2j}x_j \\ \vdots \\ \sum_{j=1}^{n} a_{mj}x_j \end{pmatrix} = \begin{pmatrix} a_{11} & a_{12} & \cdots & a_{1n} \\ a_{21} & & \cdots & a_{2n} \\ \vdots & & & \vdots \\ a_{m1} & & \cdots & a_{mn} \end{pmatrix}\begin{pmatrix} x_1 \\ x_2 \\ \vdots \\ x_n \end{pmatrix} \tag{6.17}$$

つまり，V と V' の基底を固定するとき，V から V' への線形写像 f はある行列 A

で表現される．これを f の**行列による表現** (matrix representation)，また A を f の**表現行列** (representation matrix) とよぶ．逆に行列 A が与えられれば，(6.17) によって線形写像が定義され，あらかじめ指定された基底の下で，線形写像と行列とは1対1に対応する．

また，線形写像 f と g の表現行列がそれぞれ A と B であるなら，(6.17) より明らかに，写像の和 $f+g$ の表現行列は $A+B$ であり，写像のスカラー倍 kf の表現行列は kA である．また合成写像 $g\circ f$ の表現行列は BA で与えられる．これは p. 11 の表にある1次変換の合成の場合と同様である．

線形空間 V と V' の基底を取り替えると，表現行列もまた変化する．基底の取り替えと表現行列との関係について，次の定理が成り立つ．

定理 6.8 線形空間 V の基底 $\{\boldsymbol{u}_j\}$ から基底 $\{\boldsymbol{v}_j\}$ を作る変換行列を P，線形空間 V' の基底 $\{\boldsymbol{u}_j{}'\}$ から基底 $\{\boldsymbol{v}_j{}'\}$ を作る変換行列を Q とする．このとき，線形写像 $f: V\to V'$ の，基底 $\{\boldsymbol{u}_j\}$ と $\{\boldsymbol{u}_j{}'\}$ に関する表現行列を A，基底 $\{\boldsymbol{v}_j\}$ と $\{\boldsymbol{v}_j{}'\}$ に関する表現行列を B とすると

$$B = Q^{-1}AP.$$

［**証明**］ ベクトル $\boldsymbol{w}\in V$ の基底 $\{\boldsymbol{u}_j\}$ に関する成分を $x_1,\dots,x_n$，基底 $\{\boldsymbol{v}_j\}$ に関する成分を $y_1,\dots,y_n$，またベクトル $f(\boldsymbol{w})\in V'$ の基底 $\{\boldsymbol{u}_j{}'\}$ に関する成分を $x_1{}',\dots,x_m{}'$，基底 $\{\boldsymbol{v}_j{}'\}$ に関する成分を $y_1{}',\dots,y_m{}'$ とすると，これらの間の関係は図 6.5 のようになる．つまり，表現行列 A, B と成分との関係は

$$\begin{pmatrix} x_1{}' \\ \vdots \\ x_m{}' \end{pmatrix} = A\begin{pmatrix} x_1 \\ \vdots \\ x_n \end{pmatrix}, \qquad \begin{pmatrix} y_1{}' \\ \vdots \\ y_m{}' \end{pmatrix} = B\begin{pmatrix} y_1 \\ \vdots \\ y_n \end{pmatrix}. \tag{6.18}$$

また (5.7) より，基底の取り替えによってベクトルの成分は次のように変換される．

$$\begin{pmatrix} y_1 \\ \vdots \\ y_n \end{pmatrix} = P^{-1}\begin{pmatrix} x_1 \\ \vdots \\ x_n \end{pmatrix}, \qquad \begin{pmatrix} y_1{}' \\ \vdots \\ y_n{}' \end{pmatrix} = Q^{-1}\begin{pmatrix} x_1{}' \\ \vdots \\ x_n{}' \end{pmatrix}. \tag{6.19}$$

基底の変換行列 P, Q は正則なので，(6.18) の第1式および (6.19) より

$$\begin{pmatrix} y_1{}' \\ \vdots \\ y_m{}' \end{pmatrix} = Q^{-1}AP\begin{pmatrix} y_1 \\ \vdots \\ y_n \end{pmatrix}.$$

これが任意の $\boldsymbol{w}\in V$ に対して成り立つので，(6.18) の第2式より $B = Q^{-1}AP$. □

特に $V = V'$ であり，かつ基底 $\{\boldsymbol{u}_j\}$ と $\{\boldsymbol{u}_j{}'\}$，基底 $\{\boldsymbol{v}_j\}$ と $\{\boldsymbol{v}_j{}'\}$ がベクトルの順序を含めてそれぞれ一致するとき，基底の変換行列もまた一致し $P = Q$ となる．このとき，線形変換 f の表現行列 A と B の間の関係は

$$V \qquad\qquad\qquad\qquad\qquad\qquad V'$$

$$\text{基底}\ \{\boldsymbol{u}_i\} \qquad\qquad\qquad\qquad \text{基底}\ \{\boldsymbol{u}_i'\}$$

$$\text{成分}\ \begin{pmatrix} x_1 \\ \vdots \\ x_n \end{pmatrix} \quad \overset{A}{\longmapsto} \quad \text{成分}\ \begin{pmatrix} x_1' \\ \vdots \\ x_n' \end{pmatrix} = A \begin{pmatrix} x_1 \\ \vdots \\ x_n \end{pmatrix}$$

$$\downarrow P \qquad\qquad\qquad\qquad\qquad\qquad \downarrow Q$$

$$\text{基底}\ \{\boldsymbol{v}_i\} \qquad\qquad\qquad\qquad \text{基底}\ \{\boldsymbol{v}_i'\}$$

$$\text{成分}\ \begin{pmatrix} y_1 \\ \vdots \\ y_n \end{pmatrix} = P^{-1} \begin{pmatrix} x_1 \\ \vdots \\ x_n \end{pmatrix} \quad \overset{B}{\longmapsto} \quad \text{成分}\ \begin{pmatrix} y_1' \\ \vdots \\ y_n' \end{pmatrix} = B \begin{pmatrix} y_1 \\ \vdots \\ y_n \end{pmatrix} \text{ かつ } \begin{pmatrix} y_1' \\ \vdots \\ y_n' \end{pmatrix} = Q^{-1} \begin{pmatrix} x_1' \\ \vdots \\ x_n' \end{pmatrix}$$

図 6.5　基底の変換とベクトルの成分

$$B = P^{-1}AP. \tag{6.20}$$

行列 A と B に対して(6.20)をみたす正則な行列 P が存在するとき，A と B は**相似** (similar) であると言う．行列の相似は定義 2.3 の同値関係の一種である．また互いに相似な行列 A と B は，同一の線形変換 f を異なる基底によって表現したものとみなすことができる．

定理 6.3 では線形写像 $f: \boldsymbol{x} \mapsto A\boldsymbol{x}$ を考え，A の列ベクトルが f による像 $\mathrm{Im}\, f$ を生成することを示した．したがって $\mathrm{Im}\, f$ の次元は A の列ベクトルのうち線形独立なものの最大数に等しく，これは行列 A の階数に一致する．一般に線形空間 V から V' への線形写像 f についても，像 $\mathrm{Im}\, f$ の次元は対応する表現行列の階数に一致することを示す．

定理 6.9　f は $V \to V'$ の線形写像，A をその 1 つの表現行列とするとき

$$\dim\,(\mathrm{Im}\, f) = \mathrm{rank}\, A.$$

［**証明**］　定理 6.4 の証明と同じ記号を使う．V の基底として $\boldsymbol{u}_1, \dots, \boldsymbol{u}_r, \boldsymbol{u}_{r+1}, \dots, \boldsymbol{u}_n$ をとる．また $f(\boldsymbol{u}_1), \dots, f(\boldsymbol{u}_r)$ は V' の部分空間 $\mathrm{Im}\, f$ の基底であるので，これを延長して V' の基底を作ることができる．このとき，これらの基底に関する f の表現行列は，(6.16)と(6.17)より定理 2.5 の $E_{mn}(r)$ に一致し，$r = \dim\,(\mathrm{Im}\, f)$ は行列 $E_{mn}(r)$ の階数 $\mathrm{rank}\, E_{mn}(r)$ としてあらわれる．V, V' の基底としてこれらとは異なるものをとるなら，基底の変換行列をそれぞれ P, Q とすると，新しい基底に関する f の表現行列は定理 6.8 より $A = Q^{-1}E_{mn}(r)P$ であり，P, Q は正則なので，$\mathrm{rank}\, A = \mathrm{rank}\, E_{mn}(r) = r$.　□

この $r = \dim\,(\mathrm{Im}\, f)$ を，線形写像 f の**階数** (rank) とよび，$\mathrm{rank}\, f$ と書く．$\dim V = n$，$\dim V' = m$ として，線形写像 $f: V \to V'$ の表現行列は，V, V' にそれぞれ

適当な基底をとることで定理2.5の $m \times n$ 行列 $E_{mn}(r)$ に一致する．つまり線形写像は，空間の次元 n, m と階数 r によって分類される．

例題 6.5

線形空間 V と V' が同型であり，同型写像 $f: V \to V'$ が与えられているとする．このとき $\dim V = n$, $\dim V' = m$ として $n = m$ かつ $\operatorname{rank} f = n$ であることを示せ．

【解答】 次元定理 (系 6.2) より

$$\dim V = \dim(\operatorname{Ker} f) + \dim(\operatorname{Im} f).$$

このとき f は同型写像であり V から V' への全単射なので，まず全射であることから $\operatorname{Im} f = V'$，単射であることから $\operatorname{Ker} f = \{\mathbf{0}\}$．これらより $\dim V = 0 + \dim(\operatorname{Im} f) = \dim V'$．さらに $\operatorname{rank} f = \dim(\operatorname{Im} f) = \dim V = n$． □

例題 6.6

C^∞ 級関数 $\left\{\dfrac{1}{\sqrt{2\pi}}, \dfrac{\sin x}{\sqrt{\pi}}, \dfrac{\cos x}{\sqrt{\pi}}\right\}$ を基底とする実線形空間を V とする．

(1) 線形写像 F を，$g \in V$ に対して $F(g) = \dfrac{dg}{dx}$ とするとき，上記の基底に関する F の表現行列 A を求めよ．

(2) 線形写像 F の退化次数と階数を求めよ．

【解答】 (1) $\boldsymbol{e}_1 = \dfrac{1}{\sqrt{2\pi}}$, $\boldsymbol{e}_2 = \dfrac{\sin x}{\sqrt{\pi}}$, $\boldsymbol{e}_3 = \dfrac{\cos x}{\sqrt{\pi}}$ とおくと，$F(\boldsymbol{e}_1) = 0$, $F(\boldsymbol{e}_2) = \dfrac{\cos x}{\sqrt{\pi}} = \boldsymbol{e}_3$, $F(\boldsymbol{e}_3) = \dfrac{-\sin x}{\sqrt{\pi}} = -\boldsymbol{e}_2$．よって (6.17) より

$$A = \begin{pmatrix} 0 & 0 & 0 \\ 0 & 0 & -1 \\ 0 & 1 & 0 \end{pmatrix}.$$

(2) F の階数は $\dim(\operatorname{Im} F) = \operatorname{rank} A = 2$．退化次数は $\dim(\operatorname{Ker} F) = \dim \mathbf{R}^3 - \dim(\operatorname{Im} F) = 1$． □

▶ **参考** 定数関数 $\dfrac{1}{\sqrt{2\pi}}$ が V の1次元の部分空間を張っているが，これは微分によって0次元の部分空間 $\{\mathbf{0}\}$ にうつされ，したがって退化次数は1である．

例題 6.7

$\mathbf{R}^2$ において標準基底 $\{\boldsymbol{e}_1, \boldsymbol{e}_2\} = \left\{\begin{pmatrix} 1 \\ 0 \end{pmatrix}, \begin{pmatrix} 0 \\ 1 \end{pmatrix}\right\}$ および基底 $\{\boldsymbol{f}_1, \boldsymbol{f}_2\} = \left\{\begin{pmatrix} \cos\varphi \\ \sin\varphi \end{pmatrix},\right.$

$\begin{pmatrix} -\sin\varphi \\ \cos\varphi \end{pmatrix}\Big\}$ を考える．

(1) ベクトル $\boldsymbol{a} = \begin{pmatrix} a \\ b \end{pmatrix}$ の標準基底 $\{\boldsymbol{e}_1, \boldsymbol{e}_2\}$ に関する成分と，基底 $\{\boldsymbol{f}_1, \boldsymbol{f}_2\}$ に関する成分を求めよ．

(2) 例 6.14 の 3 つの 1 次変換，つまり k 倍の相似変換，角度 θ の回転，直線 $y = kx$ に関する折り返しの，標準基底 $\{\boldsymbol{e}_1, \boldsymbol{e}_2\}$ に関する表現行列と，基底 $\{\boldsymbol{f}_1, \boldsymbol{f}_2\}$ に関する表現行列を求めよ．

【解答】 (1) $\boldsymbol{a}$ の標準基底 $\{\boldsymbol{e}_1, \boldsymbol{e}_2\}$ に関する成分は定義より $\begin{pmatrix} a \\ b \end{pmatrix}$ である．$\{\boldsymbol{e}_1, \boldsymbol{e}_2\}$ から $\{\boldsymbol{f}_1, \boldsymbol{f}_2\}$ への基底の変換行列を P とすると $(\boldsymbol{e}_1, \boldsymbol{e}_2)P = (\boldsymbol{f}_1, \boldsymbol{f}_2)$．これより

$$P = \begin{pmatrix} \cos\varphi & -\sin\varphi \\ \sin\varphi & \cos\varphi \end{pmatrix}.$$

よって，ベクトル $\boldsymbol{a}$ の基底 $\{\boldsymbol{f}_1, \boldsymbol{f}_2\}$ に関する成分は

$$\begin{pmatrix} a' \\ b' \end{pmatrix} = P^{-1}\begin{pmatrix} a \\ b \end{pmatrix} = \begin{pmatrix} a\cos\varphi + b\sin\varphi \\ -a\sin\varphi + b\cos\varphi \end{pmatrix}.$$

これを図示すると図 6.6 のようになる．

(2) 標準基底 $\{\boldsymbol{e}_1, \boldsymbol{e}_2\}$ に関する表現行列は，定義より例 6.14 に与えられたもの自身である．相似変換および回転の，基底 $\{\boldsymbol{f}_1, \boldsymbol{f}_2\}$ に関する表現行列はそれぞれ

$$P^{-1}\begin{pmatrix} k & 0 \\ 0 & k \end{pmatrix}P = \begin{pmatrix} k & 0 \\ 0 & k \end{pmatrix},$$

$$P^{-1}\begin{pmatrix} \cos\theta & -\sin\theta \\ \sin\theta & \cos\theta \end{pmatrix}P = \begin{pmatrix} \cos\theta & -\sin\theta \\ \sin\theta & \cos\theta \end{pmatrix}.$$

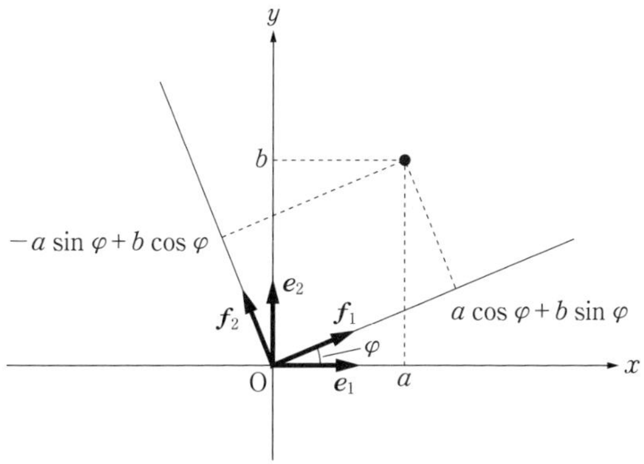

図 6.6

また，折り返しについては

$$P^{-1}\begin{pmatrix} \cos 2\alpha & \sin 2\alpha \\ \sin 2\alpha & -\cos 2\alpha \end{pmatrix}P = \begin{pmatrix} \cos 2(\varphi-\alpha) & -\sin 2(\varphi-\alpha) \\ -\sin 2(\varphi-\alpha) & -\cos 2(\varphi-\alpha) \end{pmatrix}. \qquad \square$$

▶ **参考** 標準基底 $\{\boldsymbol{e}_1, \boldsymbol{e}_2\}$ を角度 φ だけ回転させて得られる基底が $\{\boldsymbol{f}_1, \boldsymbol{f}_2\}$ である．したがって，相似変換および回転の表現行列は，この基底の変換によって不変である．直線 $y = kx$ が x 軸となす角が α であるため，$\varphi = \alpha$ のとき直線に関する折り返しは基底ベクトルのうちの1つに関する反転になり，その表現行列は単純な形をとる．

練習問題

6.12 $V = \{a + bx + cx^2 \mid a, b, c \in \mathbf{R}\}$ は実係数の高々2次の多項式の全体，$W_1 = \{g \mid g \in V, \int_{-1}^{1} g(x)\,dx = 0\}$，$W_2 = \{g \mid g(x) = a,\ a \in \mathbf{R}\}$ とする．

(1) 例6.10の同型写像を F として，V の基底 $\{1, x, x^2\}$ の F による像を求めよ．

(2) W_1, W_2 の像 $F(W_1), F(W_2)$ を求め，$\mathbf{R}^3 = F(W_1) \oplus F(W_2)$ を示せ．

6.13 関数 $\{\sin x, \cos x\}$ によって生成される実数上の線形空間を V とする．V の基底として $\{\sin x, \cos x\}$ をとるとき

(1) 線形写像 $T_1 : f(x) \to f(x+\alpha)$ の表現行列 A を求めよ．

(2) 線形写像 $T_2 : f(x) \mapsto f(x) + f(x+\alpha) + f(x+2\alpha)$ の表現行列を求めよ．

6.14 関数 $\{e^x \sin x, e^x \cos x\}$ によって生成される実数上の線形空間を V とする．V の基底として $\{e^x \sin x, e^x \cos x\}$ をとるとき

(1) 線形写像 $D = \dfrac{d}{dx}$ の表現行列 D を求めよ．

(2) D^n と D^{-1} を求めよ．

6.15 V を実数を成分とする2次行列全体のなす線形空間，$A = \begin{pmatrix} a & b \\ c & d \end{pmatrix}$ として，$f : X \mapsto [A, X] = AX - XA$ を考える．このとき

(1) f が V の線形変換であることを示せ．

(2) 基底 $\{E_{11}, E_{12}, E_{21}, E_{22}\} = \left\{\begin{pmatrix} 1 & 0 \\ 0 & 0 \end{pmatrix}, \begin{pmatrix} 0 & 1 \\ 0 & 0 \end{pmatrix}, \begin{pmatrix} 0 & 0 \\ 1 & 0 \end{pmatrix}, \begin{pmatrix} 0 & 0 \\ 0 & 1 \end{pmatrix}\right\}$ に関する f の表現行列を求めよ．

6.16 線形写像 $f : \boldsymbol{x} \mapsto A\boldsymbol{x}$ ただし $\boldsymbol{x} \in \mathbf{R}^3$，$A = \begin{pmatrix} a_1 & a_2 & a_3 \\ b_1 & b_2 & b_3 \end{pmatrix}$ を考える．

(1) $\mathbf{R}^3, \mathbf{R}^2$ の標準基底に関する f の表現行列を求めよ．

(2) $\mathbf{R}^3$ の基底 $\left\{\begin{pmatrix} 0 \\ 1 \\ 0 \end{pmatrix}, \begin{pmatrix} 1 \\ 0 \\ 0 \end{pmatrix}, \begin{pmatrix} 0 \\ 0 \\ 1 \end{pmatrix}\right\}$ と $\mathbf{R}^2$ の基底 $\left\{\begin{pmatrix} 0 \\ 1 \end{pmatrix}, \begin{pmatrix} -1 \\ 0 \end{pmatrix}\right\}$ に関する f の表現行列

を求めよ．

6.17 線形写像 f, g について，以下の (1) と (2) を示せ．

(1) $f: V \to V', g: V' \to V''$ であるとき $\operatorname{rank} g \circ f \leq \min\{\operatorname{rank} f, \operatorname{rank} g\}$.

(2) f, g がいずれも $V \to V'$ の写像であるとき，$\operatorname{rank}(f+g) \leq \operatorname{rank} f + \operatorname{rank} g$.

6.4 固有値，固有ベクトル

6.4.1 固有値，固有ベクトル，固有空間

行列の固有値，固有ベクトルについて考える．これらによって行列のはたらきをより詳細に把握し，また対応する線形写像を幾何的に理解することができる．

まず次のように，ベクトルに行列を作用させることを考えよう．

$$\begin{pmatrix} 3 & 0 \\ 0 & -2 \end{pmatrix}\begin{pmatrix} 1 \\ 0 \end{pmatrix} = 3\begin{pmatrix} 1 \\ 0 \end{pmatrix}, \qquad \begin{pmatrix} 3 & 0 \\ 0 & -2 \end{pmatrix}\begin{pmatrix} 0 \\ 1 \end{pmatrix} = -2\begin{pmatrix} 0 \\ 1 \end{pmatrix}.$$

行列によってベクトルが変換される．このとき，上記のように行列が対角行列であれば，ベクトル $\begin{pmatrix} 1 \\ 0 \end{pmatrix}$ は方向を変えずに 3 倍され，ベクトル $\begin{pmatrix} 0 \\ 1 \end{pmatrix}$ は方向を変えずに -2 倍される．つまりこの行列は，x 方向に 3 倍，y 方向に -2 倍の線形変換を引き起こすことがわかる．この 3 と -2 は行列の対角成分の値である．

一般に対角行列とは限らない場合にも同様の表示が得られれば，行列による線形変換の様子を具体的に理解することができる．そこで行列の固有値と固有ベクトルを次のように定義する．

定義 6.3 V を線形空間，$f: V \mapsto V$ を線形変換とする．このとき，スカラー λ と ($\mathbf{0}$ でない) ベクトル $\boldsymbol{p} \in V$ で

$$f(\boldsymbol{p}) = \lambda \boldsymbol{p} \tag{6.21}$$

をみたすものが存在するとき，λ を線形変換 f の**固有値** (eigenvalue)，$\boldsymbol{p}$ を f の (λ に対する，あるいは λ に属する) **固有ベクトル** (eigenvector) とよぶ[*14]．

実数 $\mathbf{R}$ 上の線形空間 V はある $\mathbf{R}^n$ と同型であり，線形変換 f は $\mathbf{R}$ 上の n 次正方行列 A によってあらわさる．このとき $\boldsymbol{p} \in \mathbf{R}^n$ として (6.21) より

＊14 eigenvalue, eigenvector の eigen は「固有の」という意味のドイツ語であり「アイゲン」と発音する．

$$A\boldsymbol{p} = \lambda\boldsymbol{p} \tag{6.22}$$

が得られる．(6.22) が成り立つとき，λ を行列 A の固有値，$\boldsymbol{p}$ を行列 A の固有ベクトルとよぶ．複素数 $\mathbf{C}$ 上の線形空間についても同様に，$\boldsymbol{p} \in \mathbf{C}^n$，かつ A を $\mathbf{C}$ 上の n 次正方行列として (6.22) が得られる．

例 6.18

$$\begin{pmatrix} 4 & -2 \\ -1 & 5 \end{pmatrix}\begin{pmatrix} 2 \\ 1 \end{pmatrix} = 3\begin{pmatrix} 2 \\ 1 \end{pmatrix}.$$

このとき，固有値は 3，固有ベクトルは $\begin{pmatrix} 2 \\ 1 \end{pmatrix}$ である． □

固有ベクトルの (0 でない) スカラー倍もまた固有ベクトルである．固有ベクトルを示すときには，スカラー倍の違いは無視して，固有ベクトルを 1 つ代表として書けばよい．

定義 6.4 V の部分集合

$$W(\lambda) = \{\boldsymbol{x} \in V \mid f(\boldsymbol{x}) = \lambda\boldsymbol{x}\}$$

を固有値 λ に対する (あるいは λ に属する) **固有空間** (eigenspace) とよぶ．

つまり固有空間とは，同じ固有値 λ に属するすべての固有ベクトルと零ベクトルからなる集合である．容易にわかるように，$W(\lambda)$ は V の部分空間をなしている．

例 6.19 例 6.18 について，後の例 6.20 で確かめるように，$\lambda = 3$ に対する固有ベクトルは $\begin{pmatrix} 2 \\ 1 \end{pmatrix}$ だけである．このとき，$\lambda = 3$ に対する固有空間は

$$\begin{aligned} W(3) &= \{\boldsymbol{x} \in \mathbf{R}^2 \mid A\boldsymbol{x} = 3\boldsymbol{x}\} \\ &= \left\{ t\begin{pmatrix} 2 \\ 1 \end{pmatrix} \middle| \, t \in \mathbf{R} \right\}. \end{aligned}$$

これは V の 1 次元の部分空間である． □

同じ λ に対する固有ベクトルで線形独立なものが k 個あるとき，固有空間 $W(\lambda)$ はこれら k 個の固有ベクトルで張られる k 次元の部分空間になる．

6.4.2 固有値，固有ベクトルを求める

(6.22) の行列表示で，固有値と固有ベクトルを求めてみよう．行列 A のすべての

固有値 λ と，対応する固有ベクトル $\boldsymbol{p}$ を求めたい．そこで

$$A = \begin{pmatrix} a_{11} & \cdots & a_{1n} \\ a_{21} & \cdots & a_{2n} \\ \vdots & & \vdots \\ a_{n1} & \cdots & a_{nn} \end{pmatrix}, \qquad \boldsymbol{p} = \begin{pmatrix} x_1 \\ \vdots \\ x_n \end{pmatrix}$$

と書くと，条件 (6.22) は

$$\begin{array}{ccccccccc} (a_{11}-\lambda)x_1 & + & a_{12}x_2 & + & \cdots & + & a_{1n}x_n & = & 0, \\ a_{21}x_1 & + & (a_{22}-\lambda)x_2 & + & \cdots & + & a_{2n}x_n & = & 0, \\ \vdots & & & & & & & \vdots & \\ a_{n1}x_n & + & a_{n2}x_2 & + & \cdots & + & (a_{nn}-\lambda)x_n & = & 0 \end{array} \tag{6.23}$$

とあらわされる．この連立方程式が $\boldsymbol{p} \neq \boldsymbol{0}$ をみたす解，つまり自明でない解を持つための必要十分条件は，定理 2.13 と定理 3.17 より

$$0 = \begin{vmatrix} a_{11}-\lambda & a_{12} & \cdots & a_{1n} \\ a_{21} & a_{22}-\lambda & \cdots & a_{2n} \\ \vdots & \vdots & \ddots & \vdots \\ a_{n1} & a_{n2} & \cdots & a_{nn}-\lambda \end{vmatrix}. \tag{6.24}$$

この右辺は単位行列 E を用いて $|A-\lambda E|$ と書ける．そこで λ の多項式として

$$\Phi_A(\lambda) = \det(\lambda E - A)$$

を考えて，これを A の**固有多項式**（あるいは**特性多項式**，いずれも characteristic polynomial あるいは secular function）とよび，また $\Phi_A(\lambda)=0$ を A の**固有方程式**（**特性方程式**，characteristic equation，secular equation）とよぶ．固有方程式の解 $\lambda_1, \lambda_2, \ldots, \lambda_n$ がすべて得られれば，固有値はすべて得られる*15．固有値は（複素数の範囲内で）行列の次数と同じ n 個だけ存在し，このとき固有多項式は

$$\Phi_A(\lambda) = (\lambda-\lambda_1)(\lambda-\lambda_2)\cdots(\lambda-\lambda_n)$$

と因数分解される．λ が固有方程式の m 重解であるとき，固有値 λ の**重複度**（multiplicity）は m であると言う．固有値 λ がわかれば，(6.23) より固有ベクトルが求められる．

方程式 (6.23) の係数行列の行列式 (6.24) が 0 であるとき，係数行列の階数を r とすると $r<n$ が成り立っている．このとき，定理 2.13 より (6.23) をみたす線形独立なベクトルは $n-r$ 個であり，$\dim W(\lambda) = n-r$．ここで $n-r \geq 1$ なので，それ

＊15 特性方程式の解を行列 A の**特性根**（characteristic root）とよぶ．つまり特性根が A の固有値を与える．

ぞれの固有値に属する固有ベクトルは，少なくとも1つは必ず存在する．

例 6.20 例6.18の行列

$$A=\begin{pmatrix} 4 & -2 \\ -1 & 5 \end{pmatrix}$$

の固有値と固有ベクトルをすべて求める．つまり

$$A\begin{pmatrix} x \\ y \end{pmatrix}=\lambda\begin{pmatrix} x \\ y \end{pmatrix} \tag{6.25}$$

をみたすλと$\begin{pmatrix} x \\ y \end{pmatrix}$を求める．固有方程式は

$$\begin{aligned} 0 &= \det\begin{pmatrix} \lambda-4 & 2 \\ 1 & \lambda-5 \end{pmatrix} \\ &= (\lambda-4)(\lambda-5)-2 \\ &= (\lambda-3)(\lambda-6). \end{aligned}$$

したがって固有値は$\lambda=3,6$．それぞれの固有値に対する固有ベクトルは，例えば$\lambda=3$のとき条件(6.25)は

$$\begin{pmatrix} 4 & -2 \\ -1 & 5 \end{pmatrix}\begin{pmatrix} x \\ y \end{pmatrix}=3\begin{pmatrix} x \\ y \end{pmatrix}$$

であり，これより$x-2y=0$．よって例えば$\boldsymbol{p}_3=\begin{pmatrix} 2 \\ 1 \end{pmatrix}$．また同様に$\lambda=6$のとき$\boldsymbol{p}_6=\begin{pmatrix} 1 \\ -1 \end{pmatrix}$が条件をみたすことがわかる． □

この例で得られた2つの固有ベクトルは線形独立であり，$\mathbf{R}^2$の基底をなしている．したがって$\mathbf{R}^2$の任意のベクトル$\boldsymbol{x}$は，この2つの固有ベクトルの線形結合としてあらわされる．つまり

$$\boldsymbol{x}=x_3\boldsymbol{p}_3+x_6\boldsymbol{p}_6 \qquad (x_3, x_6 \in \mathbf{R}).$$

そこで，ベクトル$\boldsymbol{x}$に行列Aを作用させると，

$$\begin{aligned} A\boldsymbol{x} &= Ax_3\boldsymbol{p}_3+Ax_6\boldsymbol{p}_6 \\ &= 3x_3\boldsymbol{p}_3+6x_6\boldsymbol{p}_6. \end{aligned}$$

これより，行列Aの作用は$\boldsymbol{p}_3$の方向に3倍，$\boldsymbol{p}_6$の方向に6倍の拡大であるということがわかる．つまり行列Aは各固有空間の中では，それぞれ3倍と6倍の単純な定数倍として作用する．固有値と固有ベクトルはこのように，写像を分解し幾何的に

理解する手段を与える．

では次のように，ベクトルを回転させる線形写像についてはどうであろうか．行列を作用させることですべてのベクトルが角度 θ の回転をうけるなら，写像は例 6.20 の場合のようにいくつかの方向への拡大や縮小としてはあらわされないが，しかし上に述べた手順で固有値と固有ベクトルを計算することはできる．

例 6.21 ベクトルを原点のまわりに角度 θ だけ回転させる写像は

$$\boldsymbol{x} \mapsto R(\theta)\boldsymbol{x}, \qquad R(\theta) = \begin{pmatrix} \cos\theta & -\sin\theta \\ \sin\theta & \cos\theta \end{pmatrix}$$

で与えられる．そこでこの行列 $R(\theta)$ の固有値と固有ベクトルを求めよう．固有方程式は

$$\begin{aligned} 0 &= \det\begin{pmatrix} \lambda - \cos\theta & \sin\theta \\ -\sin\theta & \lambda - \cos\theta \end{pmatrix} \\ &= \lambda^2 - 2\cos\theta\cdot\lambda + (\sin^2\theta + \cos^2\theta) \\ &= \lambda^2 - (e^{i\theta} + e^{-i\theta})\lambda + 1 \\ &= (\lambda - e^{i\theta})(\lambda - e^{-i\theta}). \end{aligned}$$

したがって固有値は

$$\lambda = e^{i\theta}, e^{-i\theta}.$$

ただしここで，オイラーの関係式 $e^{i\theta} = \cos\theta + i\sin\theta$ から得られる $\cos\theta = (e^{i\theta} + e^{-i\theta})/2$ を利用した．それぞれの固有値に対する固有ベクトルとしては

$$\lambda = e^{i\theta}\ のとき \begin{pmatrix} i \\ 1 \end{pmatrix}, \quad \lambda = e^{-i\theta}\ のとき \begin{pmatrix} 1 \\ i \end{pmatrix}$$

が得られる．つまり，固有値が実数ではなくなる． □

例 6.21 では，固有方程式は実数の解を持たなかった．しかし一般に，複素数を係数とする n 次方程式は，代数学の基本定理より，複素数 $\mathbf{C}$ の中に重複度を含めて n 個の解を持つ．したがって，固有値は複素数の範囲内に必ず n 個存在する．そして固有値がわかれば固有ベクトルは計算できる*16．

＊16 スカラーとして実数をとり，実数の範囲内で議論するときには，例 6.21 のような場合「($\mathbf{R}^2$ の線形変換としては) 固有値は存在しない」という言い方をする．

6.4.3 固有値，固有ベクトル，固有空間の性質

固有値，固有ベクトル，固有空間の一般的な性質について調べる．

定理 6.10 A と B が相似，つまりある正則な行列 P が存在して

$$B = P^{-1}AP$$

とあらわされるとき，A と B の固有多項式は一致する．

［**証明**］ 行列式の性質 $\det AB = \det BA$ を使って，固有多項式を以下のように変形する．

$$\begin{aligned}\Phi_B(\lambda) &= \det(\lambda E - B)\\ &= \det(\lambda E - P^{-1}AP) = \det P^{-1}(\lambda E - A)P\\ &= \det(\lambda E - A)PP^{-1} = \det(\lambda E - A)\\ &= \Phi_A(\lambda).\end{aligned}$$

つまり，互いに相似な行列の固有値は一致する．また (6.20) より，互いに相似な行列は，同じ線形変換の異なる基底による表現行列であり，このとき固有多項式は，行列表現の基底の取り方によらず定まる．この多項式を線形変換 f の固有多項式とよぶ[*17]． □

例 6.22 例 6.20 の A について，$\begin{pmatrix} 2 \\ 1 \end{pmatrix}$ は，固有ベクトル $\boldsymbol{p}_3$ の標準基底 $\{\boldsymbol{e}_1, \boldsymbol{e}_2\}$ に関する成分である．このとき，標準基底 $\{\boldsymbol{e}_1, \boldsymbol{e}_2\}$ から基底 $\{\boldsymbol{p}_3, \boldsymbol{p}_6\}$ への基底の変換行列を P とすると，$\begin{pmatrix} \boldsymbol{e}_1 & \boldsymbol{e}_2 \end{pmatrix} P = \begin{pmatrix} \boldsymbol{p}_3 & \boldsymbol{p}_6 \end{pmatrix}$．これより

$$P = \begin{pmatrix} 2 & 1 \\ 1 & -1 \end{pmatrix}, \qquad P^{-1} = \frac{1}{3}\begin{pmatrix} 1 & 1 \\ 1 & -2 \end{pmatrix}$$

が得られる．このとき行列 A を次のように書くことができる．

$$A = P\begin{pmatrix} 3 & 0 \\ 0 & 6 \end{pmatrix}P^{-1} \tag{6.26}$$

(計算して確かめてみよう)．実際，固有値 3 に対する固有ベクトルを考えると

$$\begin{aligned}A\begin{pmatrix} 2 \\ 1 \end{pmatrix} &= P\begin{pmatrix} 3 & 0 \\ 0 & 6 \end{pmatrix}P^{-1}\begin{pmatrix} 2 \\ 1 \end{pmatrix} = P\begin{pmatrix} 3 & 0 \\ 0 & 6 \end{pmatrix}\begin{pmatrix} 1 \\ 0 \end{pmatrix}\\ &= P \cdot 3\begin{pmatrix} 1 \\ 0 \end{pmatrix} = 3\begin{pmatrix} 2 \\ 1 \end{pmatrix}.\end{aligned}$$

固有値 6 に対する固有ベクトルについても同様である．つまり，標準基底に関する成

＊17 $\det(P^{-1}AP) = \det A$，$\mathrm{tr}(P^{-1}AP) = \mathrm{tr}\,A$ なので，トレースと行列式も不変である．これらをそれぞれ f のトレース，f の行列式とよぶ．

分を P^{-1} によって基底 $\{\boldsymbol{p}_3, \boldsymbol{p}_6\}$ に関する成分に変換し，基底 $\{\boldsymbol{p}_3, \boldsymbol{p}_6\}$ の下では A は対角行列としてあらわされ，そして P によって再び標準基底に関する成分に戻した，それが (6.26) である． □

一般に，線形変換の固有ベクトルについて次の結果が成り立つ．また対応する表現行列の固有ベクトルについても同じ結果が成り立つ．

定理 6.11 $\boldsymbol{p}_1, \boldsymbol{p}_2, \ldots, \boldsymbol{p}_s$ が線形変換 f のそれぞれ相異なる固有値に属する固有ベクトルであるとき，$\boldsymbol{p}_1, \boldsymbol{p}_2, \ldots, \boldsymbol{p}_s$ は線形独立である．

［**証明**］ $\lambda_1, \lambda_2, \ldots, \lambda_s$ を互いに値が異なる固有値，$\boldsymbol{p}_1, \boldsymbol{p}_2, \ldots, \boldsymbol{p}_s$ をそれぞれに対する固有ベクトルとする．このとき，$\boldsymbol{p}_1, \ldots, \boldsymbol{p}_s$ が線形従属であるなら，$\boldsymbol{p}_1, \ldots, \boldsymbol{p}_{k-1}$ は線形独立かつ $\boldsymbol{p}_1, \ldots, \boldsymbol{p}_{k-1}, \boldsymbol{p}_k$ が線形従属であるような k $(2 \leq k \leq s)$ が存在する．このとき $\boldsymbol{p}_k$ は定数 $c_1, \ldots, c_{k-1}$ を用いて

$$\boldsymbol{p}_k = c_1\boldsymbol{p}_1 + \cdots + c_{k-1}\boldsymbol{p}_{k-1} \tag{6.27}$$

とあらわされる．(6.27) の両辺に f を作用させると，$f(\boldsymbol{p}_j) = \lambda_j\boldsymbol{p}_j$ より

$$\lambda_k\boldsymbol{p}_k = c_1\lambda_1\boldsymbol{p}_1 + \cdots + c_{k-1}\lambda_{k-1}\boldsymbol{p}_{k-1}$$

(6.27) の両辺に λ_k をかけると，

$$\lambda_k\boldsymbol{p}_k = c_1\lambda_k\boldsymbol{p}_1 + \cdots + c_{k-1}\lambda_k\boldsymbol{p}_{k-1}$$

辺々引くと

$$\boldsymbol{0} = c_1(\lambda_1 - \lambda_k)\boldsymbol{p}_1 + \cdots + c_{k-1}(\lambda_{k-1} - \lambda_k)\boldsymbol{p}_{k-1}$$

$\boldsymbol{p}_1, \ldots, \boldsymbol{p}_{k-1}$ は線形独立なので係数はすべて 0．このとき $\lambda_i \neq \lambda_j$ $(i \neq j)$ なので $c_1 = c_2 = \cdots = c_{k-1} = 0$．すると (6.27) より $\boldsymbol{p}_k = \boldsymbol{0}$ となり矛盾． □

λ_i, λ_j を相異なる固有値とするとき，ベクトル $\boldsymbol{x}$ が $\boldsymbol{x} \in W(\lambda_i) \cap W(\lambda_j)$ をみたすなら，$\boldsymbol{x} \in W(\lambda_i)$ より $f(\boldsymbol{x}) = \lambda_i\boldsymbol{x}$，また $\boldsymbol{x} \in W(\lambda_j)$ より $f(\boldsymbol{x}) = \lambda_j\boldsymbol{x}$ なので，辺々引いて

$$\boldsymbol{0} = (\lambda_i - \lambda_j)\boldsymbol{x}.$$

$\lambda_i \neq \lambda_j$ より $\boldsymbol{x} = \boldsymbol{0}$．よって $W(\lambda_i) \cap W(\lambda_j) = \{\boldsymbol{0}\}$ である．

また，$\lambda_i, \lambda_j, \lambda_k$ を相異なる固有値とするとき，$\boldsymbol{x} \in W(\lambda_i) \cap (W(\lambda_j) + W(\lambda_k))$ をみたす $\boldsymbol{x} \neq \boldsymbol{0}$ が存在すると仮定すると，ある c_j, c_k が存在して $\boldsymbol{x} = c_j\boldsymbol{x}_j + c_k\boldsymbol{x}_k$，$\boldsymbol{x} \in W(\lambda_i)$，$\boldsymbol{x}_j \in W(\lambda_j)$，$\boldsymbol{x}_k \in W(\lambda_k)$ が成り立つが，このとき $\boldsymbol{x}, \boldsymbol{x}_j, \boldsymbol{x}_k$ は線形従属になり定理 6.11 に反する．したがって $W(\lambda_i) \cap (W(\lambda_j) + W(\lambda_k)) = \{\boldsymbol{0}\}$．同様にして定理 5.14 の (2) が導かれる．これより，次の結果が得られる．

定理 6.12 相異なる固有値 $\lambda_1, \lambda_2, \ldots, \lambda_s$ に対応する固有空間を $W(\lambda_1), W(\lambda_2), \ldots, W(\lambda_s)$ とすると，固有空間の和空間は直和

$$W(\lambda_1) \oplus W(\lambda_2) \oplus \cdots \oplus W(\lambda_s)$$

になる．

最後に，行列であらわされていない一般の線形写像の固有値の例として，応用上重要な微分演算子の固有値と固有ベクトルを考えておこう．以下の2つの例では，線形空間の次元は無限大である．

例 6.23 $\mathbf{R}$ 上で定義され無限回微分可能な関数の全体 $C^\infty(\mathbf{R})$ は線形空間をなす．そこで線形写像

$$f : y \mapsto \frac{d}{dx}y$$

を考え，その固有値を λ とすると

$$\frac{d}{dx}y = \lambda y.$$

この方程式の解 y は

$$y = Ce^{\lambda x} \qquad (C \text{ は定数}).$$

つまり，固有値 λ に対する固有ベクトルは $Ce^{\lambda x}$ である． □

例 6.24 同じく $C^\infty(\mathbf{R})$ において線形写像

$$F : y \mapsto \frac{d^2}{dx^2}y$$

を考え，その固有値を $-\lambda\ (\lambda > 0)$ とすると

$$\frac{d^2}{dx^2}y = -\lambda y.$$

この方程式の解 y は

$$\begin{aligned} y &= C_1 \sin(\sqrt{\lambda}x) + C_2 \cos(\sqrt{\lambda}x) \qquad (C_1, C_2 \text{ は定数}), \\ &= C \sin(\sqrt{\lambda}x + \delta) \qquad (C,\ \delta \text{ は定数}). \end{aligned}$$

これが固有値 $-\lambda$ に対する固有ベクトルであり，この場合，同じ λ に対し線形独立な固有ベクトルが2つ存在する． □

例題 6.8

次の行列の固有値と固有ベクトルを求めよ．

(1) $\begin{pmatrix} 2 & 3 \\ 1 & 4 \end{pmatrix}$ (2) $\begin{pmatrix} 3 & 1 & 1 \\ 1 & 2 & 0 \\ 1 & 0 & 2 \end{pmatrix}$

【解答】 (1) 固有方程式は

$$0 = \det\begin{pmatrix} \lambda-2 & -3 \\ -1 & \lambda-4 \end{pmatrix} = \lambda^2 - 6\lambda + 5 = (\lambda-1)(\lambda-5).$$

よって固有値は $\lambda = 1, 5$. 対応する固有ベクトルは，(6.25) より

$$\begin{pmatrix} \lambda-2 & -3 \\ -1 & \lambda-4 \end{pmatrix}\begin{pmatrix} x \\ y \end{pmatrix} = \begin{pmatrix} 0 \\ 0 \end{pmatrix}$$

をみたす x, y を求めると

$$\lambda = 1 \text{ に対して} \begin{pmatrix} 3 \\ -1 \end{pmatrix}, \qquad \lambda = 5 \text{ に対して} \begin{pmatrix} 1 \\ 1 \end{pmatrix}.$$

(2) 同様にして，固有値は $\lambda = 1, 2, 4$, 対応する固有ベクトルはそれぞれ

$$\begin{pmatrix} -1 \\ 1 \\ 1 \end{pmatrix}, \quad \begin{pmatrix} 0 \\ 1 \\ -1 \end{pmatrix}, \quad \begin{pmatrix} 2 \\ 1 \\ 1 \end{pmatrix}.$$

□

例題 6.9

次の行列の固有値と対応する固有空間を求めよ．

$$\begin{pmatrix} 1 & 0 & 0 \\ 1 & 2 & 1 \\ 1 & 1 & 2 \end{pmatrix}$$

【解答】 固有値は $\lambda = 3, 1, 1$. それぞれに対する固有ベクトルは，例えば

$$\begin{pmatrix} 0 \\ 1 \\ 1 \end{pmatrix} \text{ および } \begin{pmatrix} 0 \\ 1 \\ -1 \end{pmatrix}, \quad \begin{pmatrix} 1 \\ 0 \\ -1 \end{pmatrix}.$$

固有空間はそれぞれ

$$W(3) = \left\{ t\begin{pmatrix} 0 \\ 1 \\ 1 \end{pmatrix} \middle|\, t \in \mathbf{R} \right\},$$

$$W(1) = \left\{ s\begin{pmatrix} 0 \\ 1 \\ -1 \end{pmatrix} + t\begin{pmatrix} 1 \\ 0 \\ -1 \end{pmatrix} \middle|\, s, t \in \mathbf{R} \right\}.$$

□

▶ **参考** $W(1)$ は 2 次元の線形空間であり，$W(1)$ の元（ただし $\mathbf{0}$ でないもの）の全体が

$\lambda = 1$ に対する固有ベクトルの全体に一致する．

例題 6.10

以下の行列について考える．

$$A = \begin{pmatrix} a_1 & & & \\ & a_2 & & * \\ & & \ddots & \\ & & & a_n \end{pmatrix}, \qquad B = \begin{pmatrix} B_{11} & B_{12} \\ O & B_{22} \end{pmatrix}.$$

ただし，A は上三角行列，B_{11}, B_{22} はそれぞれ n 次，m 次の正方行列，O は零行列である．

(1) A の固有値を求めよ．

(2) B の固有多項式を B_{11}, B_{22} の固有多項式であらわせ．

【解答】 (1) A の固有方程式は，E を単位行列として

$$0 = \det(\lambda E - A) = (\lambda - a_1)(\lambda - a_2)\cdots(\lambda - a_n).$$

よって，求める固有値は $a_1, a_2, \ldots, a_n$.

(2) B の固有多項式は，E_n, E_m をそれぞれ n 次，m 次の単位行列として

$$\det(\lambda E - B) = \det(\lambda E_n - B_{11})\det(\lambda E_m - B_{22}).$$

つまり B の固有多項式は，B_{11} の固有多項式と B_{22} の固有多項式の積である．

▶ **参考** (1) 三角行列はその対角成分 $a_1, a_2, \ldots, a_n$ が固有値である．(2) ブロック三角行列の固有値は，その対角ブロックの固有値から得られる． □

例題 6.11

A を n 次正方行列，その n 個の固有値を $\lambda_1, \ldots, \lambda_n$ とする．このとき，以下の (1)～(4) を示せ．

(1) 転置行列 ${}^tA$ の固有値は A の固有値と一致する．

(2) $\det A = \lambda_1\lambda_2\cdots\lambda_n$

(3) A が正則であるための必要十分条件は，$\lambda_j \neq 0$ $(j = 1, \ldots, n)$

(4) Aが正則であるとき，逆行列 A^{-1} の固有値は $\lambda_1^{-1}, \ldots, \lambda_n^{-1}$

【解答】 (1) ${}^tA$ の固有多項式は $\det(\lambda E - {}^tA) = \det{}^t(\lambda E - A) = \det(\lambda E - A)$．よって ${}^tA$ と A の固有方程式は一致し，したがって固有値も一致する．

(2) 一般に固有多項式は $\det(\lambda E - A) = (\lambda - \lambda_1)(\lambda - \lambda_2)\cdots(\lambda - \lambda_n)$ と因数分解される．そこで $\lambda = 0$ とすると $\det(-A) = (-\lambda_1)(-\lambda_2)\cdots(-\lambda_n)$，つまり $(-1)^n\det A = (-1)^n \lambda_1\lambda_2\cdots\lambda_n$．これより与式を得る．

(3) 条件$\det A \neq 0$と(2)よりしたがう．

(4) A^{-1}の固有値をλとすると，Aが正則ならばA^{-1}も正則なので(3)より$\lambda \neq 0$であり，かつλはA^{-1}の固有方程式の解として得られる．つまり$0 = \det(\lambda E - A^{-1}) = \det A^{-1}(\lambda A - E) = \det \lambda A^{-1}(A - \lambda^{-1}E) = \lambda^n(\det A^{-1}) \det(A - \lambda^{-1}E)$．このとき$\lambda^n(\det A^{-1}) \neq 0$なので$\det(A - \lambda^{-1}E) = 0$．よって$\lambda^{-1}$は$A$の固有値であり，$\lambda^{-1} = \lambda_1, \ldots, \lambda_n$．□

練習問題

6.18　以下の行列の固有値と固有ベクトルを求めよ．

(1) $\begin{pmatrix} 2 & 1 \\ 4 & -1 \end{pmatrix}$　(2) $\begin{pmatrix} 6 & -3 & -7 \\ -1 & 2 & 1 \\ 5 & -3 & -6 \end{pmatrix}$　(3) $\begin{pmatrix} a & b & b \\ b & a & b \\ b & b & a \end{pmatrix}$　$(b \neq 0)$

6.19　次の行列を考える．

$$A = \begin{pmatrix} 2 & 1 \\ 1 & 2 \end{pmatrix}.$$

(1) Aの固有値と固有ベクトルを求めよ．

(2) nを自然数として$A^n\begin{pmatrix} 3 \\ 1 \end{pmatrix}$を求めよ．

6.20　kを実数として，次の行列Aを考える．

$$A = \begin{pmatrix} 2 & k-1 & k-1 \\ 0 & k & k \\ 0 & k-1 & k+1 \end{pmatrix}.$$

(1) Aの固有値と固有ベクトルを求めよ．

(2) $F : \boldsymbol{x} \to A\boldsymbol{x}$が単射であるために$k$のみたすべき条件を求めよ．

6.21　Vを高々2次の多項式全体のなす線形空間，$T : f(x) \mapsto f(1+2x)$をVの線形変換とする．このとき，Tの固有値と固有ベクトルを求めよ．

6.22　n次正方行列$A = [a_{ij}]$が

$$a_{ij} \geq 0, \quad \sum_{k=1}^{n} a_{ik} = 1 \quad (i, j = 1, \ldots, n)$$

をみたし，a_{ij}を確率と考えるとき，Aを確率行列とよぶ．このとき，以下の(1)と(2)を示せ．

(1) Aは1を固有値として持つ．

(2) Aの固有値をλとして$|\lambda| \leq 1$.

6.23

(1) $A = \begin{pmatrix} 0.2 & 0.6 \\ 0.8 & 0.4 \end{pmatrix}$の固有値と固有ベクトルを求め$\lim_{n\to\infty} A^n\begin{pmatrix} 1 \\ 0 \end{pmatrix}$求めよ．

(2) $\begin{pmatrix} 0.2 & 0.4 & 0.4 \\ 0.6 & 0.2 & 0.2 \\ 0.4 & 0.2 & 0.4 \end{pmatrix}$ の固有値を小数点以下4位まで求めよ．

6.24 A と B を n 次正方行列とするとき，AB と BA の固有多項式が一致することを示せ．

コラム　固有状態と spd 軌道

微分方程式

$$-\frac{\hbar^2}{2m}\frac{\partial^2}{\partial x^2}\varphi(x) = E\varphi(x)$$

を考えよう．この方程式はシュレーディンガー (Schrödinger) 方程式とよばれ，粒子の状態を記述する量子力学の基礎方程式である．ここで $\hbar$ は定数，m は粒子の質量で，

$$-\frac{\hbar^2}{2m}\frac{\partial^2}{\partial x^2}$$

は線形演算子，その固有値 E が粒子のエネルギーである．方程式の解は

$$\varphi(x) = C\sin\left(\frac{\sqrt{2mE}}{\hbar}x + \delta\right) \qquad (C, \delta \text{ は定数}).$$

ここで $\varphi(x)$ は波動関数とよばれ，$|\varphi(x)|^2$ が位置 x で粒子が観測される確率密度であると解釈される．粒子が $0 \leq x \leq L$ に完全に閉じ込められているとすると，位置 $x=0, L$ で確率密度は 0 になるので

$$\begin{aligned} 0 &= \varphi(0) = C\sin\delta, \\ 0 &= \varphi(L) = C\sin\left(\frac{\sqrt{2mE}}{\hbar}L + \delta\right). \end{aligned}$$

これより，例えば $\delta = 0$ に対し

$$\frac{\sqrt{2mE}}{\hbar}L = n\pi \qquad (n = 1, 2, 3, \cdots).$$

この境界条件の下で可能な固有値は

$$E_n = \frac{1}{2m}\left(\frac{n\pi\hbar}{L}\right)^2 \qquad (n = 1, 2, 3, \cdots).$$

この E_n が粒子のエネルギーであり，運動エネルギー $p^2/2m$ が量子化されたものである．つまり $0 \leq x \leq L$ に閉じ込められた粒子のエネルギーは特定の

離散的な値のみが可能で，その値は粒子の質量と領域の幅に依存し，n^2 に比例している．

読者は高校で化学を勉強した際に，原子核にとらえられた電子が s 軌道，p 軌道，d 軌道などの特定の軌道をとることを学んだと思う．これらは特定の領域にとらえられた粒子の軌道とエネルギーが特定のものに制限されることの反映であり，上記の量子力学的計算を 3 次元で実行すれば，s 軌道，p 軌道，d 軌道などが導かれる．つまり s, p, d というのは，実は固有ベクトルを区別する記号であった．

6.5 行列の対角化

6.5.1 行列の対角化

行列の対角化について考える．まず例 6.22 の (6.26) を導いてみよう．

例 6.25 例 6.22 で扱った行列

$$A = \begin{pmatrix} 4 & -2 \\ -1 & 5 \end{pmatrix}$$

について考える．A には 2 つの相異なる固有値と，それぞれに対応する固有ベクトルがあった．つまり

$$A\begin{pmatrix} 2 \\ 1 \end{pmatrix} = 3\begin{pmatrix} 2 \\ 1 \end{pmatrix}, \qquad A\begin{pmatrix} 1 \\ -1 \end{pmatrix} = 6\begin{pmatrix} 1 \\ -1 \end{pmatrix}. \tag{6.28}$$

このとき，固有ベクトル

$$\boldsymbol{p}_3 = \begin{pmatrix} 2 \\ 1 \end{pmatrix}, \qquad \boldsymbol{p}_6 = \begin{pmatrix} 1 \\ -1 \end{pmatrix}$$

を列ベクトルとする行列

$$P = \begin{pmatrix} \boldsymbol{p}_3 & \boldsymbol{p}_6 \end{pmatrix} = \begin{pmatrix} 2 & 1 \\ 1 & -1 \end{pmatrix}$$

を考えると，(6.28) はまとめて次のように書ける．

$$A\begin{pmatrix} 2 & 1 \\ 1 & -1 \end{pmatrix} = \begin{pmatrix} 2 & 1 \\ 1 & -1 \end{pmatrix}\begin{pmatrix} 3 & 0 \\ 0 & 6 \end{pmatrix} \quad \text{つまり} \quad AP = P\begin{pmatrix} 3 & 0 \\ 0 & 6 \end{pmatrix}.$$

このとき，P が正則なので

$$P^{-1}AP = \Lambda, \qquad \Lambda = \begin{pmatrix} 3 & 0 \\ 0 & 6 \end{pmatrix}. \tag{6.29}$$

行列 Λ は対角行列で，対角成分は行列 A の固有値，また P は対応する固有ベクトルを順に列ベクトルとして並べてできる正則な行列である． □

行列 A を (6.29) の形にあらわすことを A の対角化とよぶ．行列の対角化を，一般に以下のように定義する．

定義 6.5 A を n 次正方行列とする．このとき正則な n 次正方行列 P が存在して

$$P^{-1}AP = \Lambda, \qquad \Lambda = \begin{pmatrix} \lambda_1 & & & \\ & \lambda_2 & & \\ & & \ddots & \\ & & & \lambda_n \end{pmatrix} \tag{6.30}$$

とあらわすことができるとき，A は**対角化可能** (diagonalizable) であると言い，行列 A を (6.30) の形にあらわすことを，A の**対角化** (diagonalization) とよぶ．

つまり A が対角化可能であるとき，A はある対角行列 Λ に相似である．(6.20) と定理 6.10 および例 6.22 からわかるように，A は適当な基底の変換によって対角行列 Λ に変換され，Λ の対角成分が A の固有値を与える．

例 6.26 $A = \begin{pmatrix} 1 & 0 & 0 \\ 0 & 1 & 1 \\ 0 & 1 & 1 \end{pmatrix}$ の固有値と固有ベクトルを求めると

$$A\begin{pmatrix} 1 \\ 0 \\ 0 \end{pmatrix} = \begin{pmatrix} 1 \\ 0 \\ 0 \end{pmatrix}, \quad A\begin{pmatrix} 0 \\ 1 \\ 1 \end{pmatrix} = 2\begin{pmatrix} 0 \\ 1 \\ 1 \end{pmatrix}, \quad A\begin{pmatrix} 0 \\ 1 \\ -1 \end{pmatrix} = 0 \cdot \begin{pmatrix} 0 \\ 1 \\ -1 \end{pmatrix}.$$

これより

$$AP = P\begin{pmatrix} 1 & 0 & 0 \\ 0 & 2 & 0 \\ 0 & 0 & 0 \end{pmatrix}, \qquad P = \begin{pmatrix} 1 & 0 & 0 \\ 0 & 1 & 1 \\ 0 & 1 & -1 \end{pmatrix}.$$

Pは正則である．このとき $P^{-1}AP$ は固有値 $1, 2, 0$ を対角成分とする対角行列になる． □

この例からもわかるように，対角化する際に固有値と固有ベクトルを並べる順序は任意である．つまり，A を対角化する P は一意的ではない．

例 6.27　対角化された表式を利用して，例 6.25 の行列 A の n 乗を計算してみよう．$A = P\Lambda P^{-1}$ なので

$$\begin{aligned} A^n &= \overbrace{(P\Lambda P^{-1})(P\Lambda P^{-1})\cdots(P\Lambda P^{-1})}^{n\text{ 個}} \\ &= P\Lambda(P^{-1}P)\Lambda(P^{-1}P)\cdots(P^{-1}P)\Lambda P^{-1} \\ &= P\Lambda^n P^{-1} \\ &= P\begin{pmatrix} 3^n & 0 \\ 0 & 6^n \end{pmatrix}P^{-1} \end{aligned}$$

とあらわされ，A^n が見通しよく計算できる．□

すべての行列が対角化できるわけではない．対角化可能であるための必要十分条件が存在する．

定理 6.13　A を n 次正方行列とするとき

$$A \text{ は対角化可能} \iff A \text{ は線形独立な } n \text{ 個の固有ベクトルを持つ．}$$

［**証明**］　$(\Rightarrow)$ A が対角化可能であるなら，正則な行列 P が存在して(6.30)が成り立つ．このとき $AP = P\Lambda$ なので，$P = \begin{pmatrix} \boldsymbol{p}_1 & \cdots & \boldsymbol{p}_n \end{pmatrix}$ とすると

$$A\boldsymbol{p}_j = \lambda_j \boldsymbol{p}_j \qquad (j = 1, \dots, n).$$

つまり，P の列ベクトル $\boldsymbol{p}_1, \dots, \boldsymbol{p}_n$ が A の固有ベクトルであり，P は正則なので，これら n 個の列ベクトルは線形独立．

$(\Leftarrow)$ n 個の固有ベクトルを $\boldsymbol{p}_1, \dots, \boldsymbol{p}_n$ とすると $AP = P\Lambda$ が成り立ち，これらは線形独立なので $P = \begin{pmatrix} \boldsymbol{p}_1 & \cdots & \boldsymbol{p}_n \end{pmatrix}$ として P は正則．したがって $P^{-1}AP = \Lambda$ とあらわされ，A は対角化可能．□

例えば n 個の固有値の値がすべて異なるとき，6.4.2 項で述べたように，それぞれの固有値に対して固有ベクトルは少なくとも 1 つ必ず存在し，これらは定理 6.11 より線形独立なので，したがって合計 n 個の固有ベクトルが $\mathbf{R}^n$ の基底をなし，行列は対角化可能である．

一般に，行列 A のすべての相異なる固有値 $\lambda_1, \lambda_2, \dots, \lambda_s$ $(s \leq n)$ を考え，固有値 λ_j に対応する固有空間を $W(\lambda_j)$ とするとき，それらの和空間 $W(\lambda_1) + W(\lambda_2) + \cdots + W(\lambda_s)$ を考えると，定理 6.12 よりこの和空間は直和であり，また A の固有ベクトルのすべてから生成される．そこで定理 6.13 より次の結論を得る．

定理 6.14　A を n 次正方行列とするとき，上記の記号で

$$A \text{ は対角化可能} \iff \mathbf{R}^n = W(\lambda_1) \oplus W(\lambda_2) \oplus \cdots \oplus W(\lambda_s).$$

6.5.2 対角化可能でない例

対角化が可能でない行列の例を調べておく．次の行列の固有値と固有ベクトルを求めてみよう．

$$B_0 = \begin{pmatrix} 1 & 1 \\ 0 & 1 \end{pmatrix}.$$

固有方程式は

$$\begin{aligned} 0 &= \det(\lambda E - B_0) \\ &= \begin{vmatrix} \lambda - 1 & -1 \\ 0 & \lambda - 1 \end{vmatrix} = (\lambda - 1)^2. \end{aligned}$$

これより固有値は $\lambda = 1, 1$ であり，対応する固有ベクトルは，条件

$$\begin{pmatrix} 1 & 1 \\ 0 & 1 \end{pmatrix}\begin{pmatrix} x \\ y \end{pmatrix} = 1 \cdot \begin{pmatrix} x \\ y \end{pmatrix}$$

をみたす x と y を求めると

$$\begin{aligned} x + y &= x \\ y &= y \end{aligned}$$

より x は任意かつ $y = 0$. これより固有ベクトルは

$$\begin{pmatrix} x \\ y \end{pmatrix} = \begin{pmatrix} 1 \\ 0 \end{pmatrix}$$

のみである．つまり B_0 は2次の行列であるが固有ベクトルで線形独立なものは1つだけであり，定理6.13の条件をみたしていない．

この例をもう少し詳しく調べてみよう．行列

$$B_k = \begin{pmatrix} 1 & 1 \\ k^2 & 1 \end{pmatrix}$$

を考えると，固有値は $\lambda = 1 - k$，$1 + k$，対応する固有ベクトルは

$$\begin{pmatrix} x \\ y \end{pmatrix} = \begin{pmatrix} 1 \\ -k \end{pmatrix}, \quad \begin{pmatrix} 1 \\ k \end{pmatrix}$$

であることがわかる．$k \neq 0$ のときこれらは線形独立で B_k は対角化可能である．$k \to 0$ のとき $B_k \to B_0$ であるが，このとき2つの固有ベクトルは一致し，B_0 は対角化可能でない．

つまり k をパラメータとする行列の集合を考えたとき，対角化が可能でないのは $k = 0$ のときのみであり，行列の集合の中で対角化可能でないものはむしろ特別な場

合であることがわかる．

行列が n 次であれば，固有方程式は n 次の方程式であり，行列の成分が実数であっても複素数であっても，固有方程式は複素数の範囲内で n 個の解を持つ．つまり固有値は複素数の範囲内に必ず n 個存在する．それに対し，上記の B_0 の例からもわかるように，n 次行列に固有ベクトルが必ず n 個存在するとは限らない．ただし 6.4.2 項で述べたように，それぞれの固有値に対し，固有ベクトルは少なくとも 1 つは存在する．

6.5.3　行列の多項式

行列の多項式を導入する．まず c_j $(j = 0, 1, \ldots, k)$ を実数として λ の多項式

$$f(\lambda) = c_0\lambda^k + c_1\lambda^{k-1} + \cdots + c_{k-1}\lambda^1 + c_k$$

を考える．最後の項 c_k は $c_k\lambda^0 = c_k \cdot 1$ である．このとき，$f(\lambda)$ に対応する行列の多項式を

$$f(A) = c_0A^k + c_1A^{k-1} + \cdots + c_{k-1}A^1 + c_kE$$

と定義する．ただし，A は n 次行列，E は n 次の単位行列である．

このとき，**Cayley-Hamilton（ケイリー・ハミルトン）の定理**[*18] (Cayley-Hamilton theorem) とよばれる次の定理が成り立つ．

定理 6.15 (Cayley-Hamilton)　$\Phi_A(\lambda) = \det(\lambda E - A)$ を A の固有多項式とする．このとき

$$\Phi_A(A) = O.$$

ただし，右辺は n 次の零行列である．

A が対角化可能であるときには，この定理の証明は簡単である．実際，

$$A = P\Lambda P^{-1}, \qquad \Lambda = \begin{pmatrix} \lambda_1 & & \\ & \ddots & \\ & & \lambda_n \end{pmatrix}$$

と書けるので

$$A^k = \overbrace{(P\Lambda P^{-1})(P\Lambda P^{-1})\cdots(P\Lambda P^{-1})}^{k\text{ 個}} = P\Lambda^k P^{-1}$$

＊18　Hamilton-Cayley の定理とよばれることも多い．

$$= P\begin{pmatrix} \lambda_1^k & & \\ & \ddots & \\ & & \lambda_n^k \end{pmatrix} P^{-1}. \tag{6.31}$$

$\Phi_A(A)$ は行列の多項式であり，(6.31)の定数倍と和から得られるので

$$\Phi_A(A) = P\begin{pmatrix} \Phi_A(\lambda_1) & & \\ & \ddots & \\ & & \Phi_A(\lambda_n) \end{pmatrix} P^{-1}.$$

固有値 $\lambda_1, \ldots, \lambda_n$ は $\Phi_A(\lambda) = 0$ の解なので，$\Phi_A(\lambda_j) = 0$ $(j = 1, 2, \ldots, n)$．これより $\Phi_A(A) = O$ である．

また，$f(A)$ の固有値について次の定理が成り立つ．

定理 6.16 A を n 次正方行列，A の n 個の固有値を $\lambda_1, \ldots, \lambda_n$ とする．このとき $f(A)$ の固有値は

$$f(\lambda_1),\ \ldots\ , f(\lambda_n)$$

で与えられる．

この定理は Frobenius（フロベニウス）の定理とよばれることがある．$\boldsymbol{p}_j$ が λ_j に対する固有ベクトルならば $A\boldsymbol{p}_j = \lambda_j \boldsymbol{p}_j$，これより $A^k \boldsymbol{p}_j = \lambda_j^k \boldsymbol{p}_j$ であるので

$$f(A)\boldsymbol{p}_j = f(\lambda_j)\boldsymbol{p}_j.$$

つまり λ_j が A の固有値であれば，$f(\lambda_j)$ は $f(A)$ の固有値である．一般には固有値の重複度を含めて定理が成り立つことを示さなければならないが，A が対角化可能であればこれは(6.31)より直ちに導かれる．

定理 6.15 と定理 6.16 は，行列の対角化ではなく三角化を考えることで，より一般にスカラーを複素数として証明される．この証明は 8.1.6 項で述べる．

例 6.28 2 次行列

$$A = \begin{pmatrix} a & b \\ c & d \end{pmatrix}$$

について考える．固有多項式は

$$\begin{aligned} \Phi_A(\lambda) &= \begin{vmatrix} \lambda - a & -b \\ -c & \lambda - d \end{vmatrix} \\ &= \lambda^2 - (a+d)\lambda + (ad - bc) \end{aligned}$$

であるので，Cayley-Hamilton の定理より

$$A^2-(a+d)A+(ad-bc)E=O.$$

ここで $a+d=\mathrm{tr}\,A$，$ad-bc=\det A$ である．□

例題 6.12

次の行列について考える．

$$A=\begin{pmatrix}2&-1&1\\1&0&1\\1&-1&2\end{pmatrix}$$

(1) A を対角化せよ．

(2) A^3 を A^2 と A および単位行列 E を用いてあらわせ．

【解答】 (1) A の固有多項式は $\Phi_A(\lambda)=\lambda^3-4\lambda^2+5\lambda-2=(\lambda-1)^2(\lambda-2)$．したがって固有値は $\lambda=1$ (重複度 2) および $\lambda=2$．対応する固有ベクトルは，例えば

$$\begin{pmatrix}1\\1\\0\end{pmatrix},\quad\begin{pmatrix}0\\1\\1\end{pmatrix}\quad\text{および}\quad\begin{pmatrix}1\\1\\1\end{pmatrix}.$$

これら 3 つの固有ベクトルは線形独立なので，A は対角化可能であり

$$P^{-1}AP=\begin{pmatrix}1&0&0\\0&1&0\\0&0&2\end{pmatrix},\qquad P=\begin{pmatrix}1&0&1\\1&1&1\\0&1&1\end{pmatrix}.$$

(2) Cayley-Hamilton の定理より

$$O=\Phi_A(A)=A^3-4A^2+5A-2E.$$

これより $A^3=4A^2-5A+2E$．□

例題 6.13

次の連立微分方程式を解け．

$$\frac{dx_1(t)}{dt}=x_2(t),$$
$$\frac{dx_2(t)}{dt}=-2x_1(t)+3x_2(t).$$

ただし，$x_1(0)=a$，$x_2(0)=b$ である．

【解答】 方程式は

$$\frac{d}{dt}X(t)=AX(t).$$

ただし,

$$X(t)=\begin{pmatrix} x_1(t) \\ x_2(t) \end{pmatrix},\qquad A=\begin{pmatrix} 0 & 1 \\ -2 & 3 \end{pmatrix}.$$

A を対角化すると

$$P^{-1}AP=\begin{pmatrix} 1 & 0 \\ 0 & 2 \end{pmatrix},\qquad P=\begin{pmatrix} 1 & 1 \\ 1 & 2 \end{pmatrix}. \tag{6.31}$$

これより

$$\frac{d}{dt}X(t)=P\begin{pmatrix} 1 & 0 \\ 0 & 2 \end{pmatrix}P^{-1}X(t). \tag{6.32}$$

そこで $Y(t)=P^{-1}X(t)=\begin{pmatrix} y_1(t) \\ y_2(t) \end{pmatrix}$ とおくと, $y_1(t)=2x_1(t)-x_2(t)$, $y_2(t)=-x_1(t)+x_2(t)$ であり, また(6.32)より

$$\frac{d}{dt}\begin{pmatrix} y_1(t) \\ y_2(t) \end{pmatrix}=\begin{pmatrix} 1 & 0 \\ 0 & 2 \end{pmatrix}\begin{pmatrix} y_1(t) \\ y_2(t) \end{pmatrix}.$$

これより $\dfrac{dy_1(t)}{dt}=y_1(t)$, $\dfrac{dy_2(t)}{dt}=2y_2(t)$. よって $y_1(t)=C_1e^t$, $y_2(t)=C_2e^{2t}$ (C_1, C_2 は定数). さらに $x_1(0)=a$, $x_2(0)=b$ より $C_1=2a-b$, $C_2=-a+b$. これより

$$x_1(t)=(2a-b)e^t+(-a+b)e^{2t}$$
$$x_2(t)=(2a-b)e^t+2(-a+b)e^{2t}.$$

□

▶ **参考** 付録Bの例B.2を参照.

例題 6.14

漸化式 $x_{n+2}=3x_{n+1}-2x_n$ は行列を用いて次のようにあらわされる.

$$\begin{pmatrix} x_{n+1} \\ x_{n+2} \end{pmatrix}=\begin{pmatrix} 0 & 1 \\ -2 & 3 \end{pmatrix}\begin{pmatrix} x_n \\ x_{n+1} \end{pmatrix}.$$

このとき一般項 x_n を求めよ. ただし, $x_1=a$, $x_2=b$ である.

【解答】 係数行列を A とすると A は(6.31)のように対角化される. これより

$$\begin{pmatrix} x_{n-1} \\ x_n \end{pmatrix}=A\begin{pmatrix} x_{n-2} \\ x_{n-1} \end{pmatrix}=A^2\begin{pmatrix} x_{n-3} \\ x_{n-2} \end{pmatrix}=\cdots=A^{n-2}\begin{pmatrix} x_1 \\ x_2 \end{pmatrix}$$
$$=P\begin{pmatrix} 1 & 0 \\ 0 & 2^{n-2} \end{pmatrix}P^{-1}\begin{pmatrix} x_1 \\ x_2 \end{pmatrix}=\begin{pmatrix} 2-2^{n-2} & -1+2^{n-2} \\ 2-2^{n-1} & -1+2^{n-1} \end{pmatrix}\begin{pmatrix} a \\ b \end{pmatrix}.$$

これよりいずれの成分からも $x_n=(2-2^{n-1})a+(-1+2^{n-1})b$ を得る. □

▶ **参考** 行列 A は例題6.13の A と同じものである. 漸化式の特性方程式 $\lambda^2-3\lambda+2=0$ の解は $\lambda=1, 2$ であり, これらは A の固有値に一致する.

練習問題

6.25　次の行列を考える．

$$A = \begin{pmatrix} 2 & 3 \\ 1 & 4 \end{pmatrix}$$

(1)　A を対角化することにより A^n を求めよ．

(2)　Cayley-Hamilton の定理により A^n を求めよ．

6.26　以下の行列が対角化可能であるかどうか調べよ．

(1) $\begin{pmatrix} 6 & -3 & -7 \\ -1 & 2 & 1 \\ 5 & -3 & -6 \end{pmatrix}$　(2) $\begin{pmatrix} 0 & 1 & 0 \\ 2 & 0 & -2 \\ 0 & 1 & 0 \end{pmatrix}$

6.27　実 n 次行列 A が $A^2 = A$ をみたすとき*19，以下の (1) と (2) を示せ．

(1)　A の固有値が取り得る値は 0 および 1 である．

(2)　A は対角化可能である．

6.28　k 乗してはじめて 1 になる複素数 (1 の原始 k 乗根) を ω とすると，因数分解 $x^k - a^k = (x-a)(x-\omega a)(x-\omega^2 a)\cdots(x-\omega^{k-1}a) = \prod_{j=0}^{k-1}(x-\omega^j a)$ が成り立つ．これを利用して A^k の固有多項式を因数分解することにより，$f(x) = x^k$ の場合について定理 6.16 を証明せよ．

6.29　A を n 次行列，行列 $\lambda E - A$ の余因子行列を $\mathrm{adj}\,(\lambda E - A) = B$ とすると，定理 3.14 より，A の固有多項式を $\Phi_A(\lambda) = \det\,(\lambda E - A)$ として $\Phi_A(\lambda)E = (\lambda E - A)B = B(\lambda E - A)$ が成り立つ．このことを利用して，Cayley-Hamilton の定理を証明せよ．

---

*19　$A^2 = A$ をみたす行列は**冪等行列** (idempotent matrix) とよばれる．

コラム　ケイリー・ハミルトンの定理の正しくない証明

次のように考えてみよう．固有多項式 $\Phi_A(\lambda) = \det(\lambda E - A)$ において $\lambda = A$ とすると

$$\Phi_A(A) = \det(AE - A) = \det O = 0.$$

これにより証明された．

この証明は，ケイリー・ハミルトンの定理の正しくない証明としてよく知られているものである．何がおかしいのか，すぐにわかるであろうか．

行列の多項式を導入する際には，多項式 $f(\lambda)$ の λ を行列 A で置き替えたものを，行列 $f(A)$ と定義した．このときは，λ に A を代入したと考えても支障をきたさなかった．なぜかというと，多項式は積とスカラー倍と和によって作られ，スカラー λ と行列 A も，積とスカラー倍と和について同じ規則をみたすからである．

しかし固有多項式は，λ を含む行列の行列式として定義されている．このとき行列 $\lambda E - A$ の各成分で λ を A に置き替えると，例えば $(1, 1)$ 成分として $A - a_{11}$ という n 次行列とスカラーとの差という定義されない量が現れる．さらにそれを成分とする行列の行列式も定義されない．また $\det(\lambda E - A)$ は行列式なのでその値はスカラーであるが，ケイリー・ハミルトンの定理の右辺は n 次の零行列 O である．

λE は実数 λ を対角成分とするスカラー行列であるが，λ に行列 A を代入して得られる行列は $AE = A$ である．λE にあらわれる積はスカラー倍であり，AE にあらわれる積は行列と行列の積なので，λ を行列 A にそのまま置き替えることはできない．

行列の多項式に対して使われる $f(A)$ という記号は，多項式 $f(\lambda)$ との形式的な対応がわかりやすく便利な記号であるが，これはスカラー λ に行列 A をいつでも単純に代入してよいことを意味しているわけではない，ということである．

第7章　内積空間

ベクトルの和やスカラー倍は，元から元への対応とみなすことができる．線形写像もまた，線形空間における元から元への対応である．ここまで我々は，元の対応とそれによって成り立つ構造について考えて来た．

この章では，ベクトルに付随する「量」，例えばベクトルの大きさ，ベクトルの間の距離などについて考える．これらは内積を通じて定義される．

7.1　内　積

7.1.1　線形空間における内積

まず，空間ベクトルの内積を考えよう．ベクトル $\boldsymbol{a}$ と $\boldsymbol{b}$ の内積 $\langle \boldsymbol{a}, \boldsymbol{b} \rangle$ は成分の積を通じて定義され，また $\|\boldsymbol{a}\|, \|\boldsymbol{b}\|$ をそれぞれベクトル $\boldsymbol{a}, \boldsymbol{b}$ の長さ，θ を $\boldsymbol{a}$ と $\boldsymbol{b}$ の間の角度として

$$\langle \boldsymbol{a}, \boldsymbol{b} \rangle = \|\boldsymbol{a}\| \cdot \|\boldsymbol{b}\| \cos\theta$$

とあらわされる．

この内積を，一般の線形空間において導入したい．しかし線形空間は公理的に定義されており，ベクトルの成分や長さや角度によって内積を定義しようとしても，例えば連続関数からなる線形空間などにおいて，これらの量が直ちに自然に求められるわけではない．

一般に内積は次のように定義される．ここでスカラーは実数とする．

定義 7.1　V を実線形空間とする．このとき $\boldsymbol{a}, \boldsymbol{b} \in V$ から $\langle \boldsymbol{a}, \boldsymbol{b} \rangle \in \mathbf{R}$ への対応で次の性質を持つものがあるとき，$\langle \boldsymbol{a}, \boldsymbol{b} \rangle$ を $\boldsymbol{a}$ と $\boldsymbol{b}$ の**内積** (inner product, scalar product) とよぶ．

(1) $\langle \boldsymbol{a}, \boldsymbol{b} \rangle = \langle \boldsymbol{b}, \boldsymbol{a} \rangle$

(2) $\langle \boldsymbol{a} + \boldsymbol{b}, \boldsymbol{c} \rangle = \langle \boldsymbol{a}, \boldsymbol{c} \rangle + \langle \boldsymbol{b}, \boldsymbol{c} \rangle$　(したがって $\langle \boldsymbol{a}, \boldsymbol{b} + \boldsymbol{c} \rangle = \langle \boldsymbol{a}, \boldsymbol{b} \rangle + \langle \boldsymbol{a}, \boldsymbol{c} \rangle$)

(3) k を実数として $\langle k\boldsymbol{a}, \boldsymbol{b}\rangle = k\langle \boldsymbol{a}, \boldsymbol{b}\rangle$ （したがって $\langle \boldsymbol{a}, k\boldsymbol{b}\rangle = k\langle \boldsymbol{a}, \boldsymbol{b}\rangle$）

(4) $\langle \boldsymbol{a}, \boldsymbol{a}\rangle \geq 0$　等号は $\boldsymbol{a} = \boldsymbol{0}$ の場合にのみ成り立つ．

$\mathbf{R}^3$ または一般に $\mathbf{R}^n$ において既に導入した内積は，これらの性質をみたす．また内積に関連する性質を議論した際には，(1)～(4) の性質だけが使われていたことが確認できるだろう．そこで2つのベクトルからスカラーへの写像で (1)～(4) の条件をみたすものがあるとき，スカラー $\langle \boldsymbol{a}, \boldsymbol{b}\rangle$ を $\boldsymbol{a}$ と $\boldsymbol{b}$ の「内積」とよぶことにする．

内積を使って，ベクトルに関する以下の量を定義する．ベクトルの大きさ，または長さ（または**ノルム** (norm) とよぶ）を

$$\|\boldsymbol{a}\| = \sqrt{\langle \boldsymbol{a}, \boldsymbol{a}\rangle}$$

と定義する．ベクトル $\boldsymbol{a}$ と $\boldsymbol{b}$ のなす角を θ として

$$\cos\theta = \frac{\langle \boldsymbol{a}, \boldsymbol{b}\rangle}{\|\boldsymbol{a}\| \cdot \|\boldsymbol{b}\|}. \tag{7.1}$$

この右辺の絶対値が1を超えないことは，後に出てくる Cauchy-Schwarz（コーシー・シュワルツ）の不等式から導かれる．またこれより，2つのベクトルが**直交**する (be orthogonal) ことを

$$\boldsymbol{a} \text{ と } \boldsymbol{b} \text{ が直交} \iff \langle \boldsymbol{a}, \boldsymbol{b}\rangle = 0$$

と定義する．すぐ後に示すように，$\boldsymbol{b} = \boldsymbol{0}$ のときすべての $\boldsymbol{a}$ に対して $\langle \boldsymbol{a}, \boldsymbol{b}\rangle = 0$ が成り立つ．これより $\boldsymbol{0}$ はすべてのベクトルと直交する．ベクトル $\boldsymbol{a}$ と $\boldsymbol{b}$ の間の**距離** (distance) は

$$\|\boldsymbol{a} - \boldsymbol{b}\| = \sqrt{\langle \boldsymbol{a} - \boldsymbol{b}, \boldsymbol{a} - \boldsymbol{b}\rangle}.$$

$\mathbf{R}^n$ の場合に，これらの大きさや角度や距離が，我々が扱って来た大きさや角度や距離に一致することは簡単に確かめられる．このようにして内積の定義された線形空間を，**計量線形空間** (metric linear space) あるいは**内積空間** (inner product space) とよぶ．

また2つの計量線形空間 V と V' が同型であり，その同型写像 $f: V \to V'$ が内積を保つとき，つまり，任意の $\boldsymbol{a}, \boldsymbol{b} \in V$ に対して

$$\langle f(\boldsymbol{a}), f(\boldsymbol{b})\rangle = \langle \boldsymbol{a}, \boldsymbol{b}\rangle$$

が成り立つとき，V と V' は**計量同型** (isomorphic as metric linear space) であると言い，このとき f を**計量同型写像** (isomorphism) とよぶ．

例 7.1

$$\mathbf{R}^n = \left\{ \begin{pmatrix} x_1 \\ \vdots \\ x_n \end{pmatrix} \middle| \, x_i \in \mathbf{R} \right\}$$

を考える．ベクトル

$$\boldsymbol{a} = \begin{pmatrix} a_1 \\ \vdots \\ a_n \end{pmatrix}, \qquad \boldsymbol{b} = \begin{pmatrix} b_1 \\ \vdots \\ b_n \end{pmatrix}$$

に対して

$$\langle \boldsymbol{a}, \boldsymbol{b} \rangle = a_1 b_1 + \cdots + a_n b_n \tag{7.2}$$

と定義すると，これは定義 7.1 の (1)～(4) をみたし，内積である．この内積を $\mathbf{R}^n$ の**標準内積** (canonical inner product) とよぶ．このとき，ベクトルのノルムは

$$\|\boldsymbol{a}\| = \sqrt{\langle \boldsymbol{a}, \boldsymbol{a} \rangle} = \sqrt{a_1{}^2 + \cdots + a_n{}^2}$$

であり，距離，角度等についても既知の表式が得られる[*20]．　□

例 7.2　区間 $I = [a, b]$ 上で定義された，高々 n 次の多項式全体のなす線形空間 V_n を考える．このとき $f, g \in V_n$ に対し

$$\langle f, g \rangle = \int_a^b f(x) g(x) dx \tag{7.3}$$

とすると，これは定義 7.1(1)～(4) の内積であるための条件をみたす[*21]．このとき，多項式 f のノルムは

$$\|f\| = \left(\int_a^b f(x)^2 \, dx \right)^{\frac{1}{2}}.$$

f と g のなす“角 θ”は

$$\cos\theta = \frac{\langle f, g \rangle}{\|f\| \cdot \|g\|}$$

より得られる．　□

＊20　$V = \mathbf{R}^n$ に内積として標準内積 (7.2) を導入し，その結果 2 点間の距離が $\|\boldsymbol{a} - \boldsymbol{b}\| = \sqrt{(a_1 - b_1)^2 + \cdots + (a_n - b_n)^2}$ で与えられるとき，V を n 次元の **Euclid（ユークリッド）空間** (Euclidean space) とよぶ．

＊21　区間 $[a, b]$ を n 等分して，$x_j = a + (b - a) j/n$ に対し $\langle f, g \rangle = \sum_{j=1}^{n} f(x_j) g(x_j) \Delta x$ ($\Delta x = (b - a)/n$) とすると，$\langle f, g \rangle$ は標準内積 (7.2) と同じ構造を持つ．ここで $n \to \infty$ としたものが (7.3) であると考えることができる．

例 7.3 実数を成分とする $m\times n$ 行列の全体 $M_{mn}(\mathbf{R})$ を考える．このとき，ベクトル

$$A=\begin{pmatrix} a_{11} & a_{12} & \cdots & a_{1n} \\ a_{21} & & & \vdots \\ \vdots & & & \vdots \\ a_{m1} & \cdots & \cdots & a_{mn} \end{pmatrix},\qquad B=\begin{pmatrix} b_{11} & b_{12} & \cdots & b_{1n} \\ b_{21} & & & \vdots \\ \vdots & & & \vdots \\ b_{m1} & \cdots & \cdots & b_{mn} \end{pmatrix}$$

に対し

$$\langle A,B\rangle=\mathrm{tr}(A^tB)=\sum_{i=1}^{m}\sum_{j=1}^{n}a_{ij}b_{ij}$$

とすると，これは内積であるための条件をみたす．このとき行列 A のノルムは

$$\|A\|=\sqrt{\langle A,A\rangle}=\sqrt{\sum_{i=1}^{m}\sum_{j=1}^{n}{a_{ij}}^2}. \tag{7.4}$$

このノルムは付録Bで再び登場する． □

7.1.2 内積の性質

内積の持ついくつかの性質に注意しておく．まず任意の $\boldsymbol{x}\in V$ に対し $\langle \boldsymbol{x},\boldsymbol{0}\rangle=0$ であることは，直ちに導かれる．実際 $\langle \boldsymbol{x},\boldsymbol{0}\rangle=\langle \boldsymbol{x},0\cdot\boldsymbol{x}\rangle=0\cdot\langle \boldsymbol{x},\boldsymbol{x}\rangle=0$ である．また，非常によく使われる次の性質が成り立つ．

(1) 任意の $\boldsymbol{x}\in V$ に対し $\langle \boldsymbol{x},\boldsymbol{a}\rangle=0$ ならば $\boldsymbol{a}=\boldsymbol{0}$.

(2) 任意の $\boldsymbol{x}\in V$ に対し $\langle \boldsymbol{x},\boldsymbol{b}\rangle=\langle \boldsymbol{x},\boldsymbol{c}\rangle$ ならば $\boldsymbol{b}=\boldsymbol{c}$.

実際，$\boldsymbol{x}=\boldsymbol{a}$ とすると $0=\langle \boldsymbol{a},\boldsymbol{a}\rangle=\|\boldsymbol{a}\|^2$，これより $\boldsymbol{a}=\boldsymbol{0}$ であり (1) が成り立つ．また，(1) において $\boldsymbol{a}=\boldsymbol{b}-\boldsymbol{c}$ として (2) が得られる．

定理 7.1 V を実内積空間，$\boldsymbol{a},\boldsymbol{b}\in V$ とするとき

(1) $|\langle \boldsymbol{a},\boldsymbol{b}\rangle|\le\|\boldsymbol{a}\|\cdot\|\boldsymbol{b}\|$，等号は $\boldsymbol{a}=\boldsymbol{0}$，または k を実数として $\boldsymbol{b}=k\boldsymbol{a}$ のとき（つまり $\boldsymbol{a}$ と $\boldsymbol{b}$ が線形従属であるとき）成り立つ．
（**コーシー・シュワルツの不等式** (Cauchy-Schwarz inequality)）

(2) $\|\boldsymbol{a}+\boldsymbol{b}\|\le\|\boldsymbol{a}\|+\|\boldsymbol{b}\|$，等号は $\boldsymbol{a}=\boldsymbol{0}$，または $k\ge 0$ として $\boldsymbol{b}=k\boldsymbol{a}$ のとき成り立つ． （**三角不等式** (triangle inequality)）

(3) $\boldsymbol{a}$ と $\boldsymbol{b}$ が直交しているとき，つまり $\langle \boldsymbol{a},\boldsymbol{b}\rangle=0$ であるとき，
$\|\boldsymbol{a}+\boldsymbol{b}\|^2=\|\boldsymbol{a}\|^2+\|\boldsymbol{b}\|^2$ （**ピタゴラスの定理** (Pythagorean theorem)）

(4) $\|\boldsymbol{a}\|^2+\|\boldsymbol{b}\|^2=\dfrac{1}{2}(\|\boldsymbol{a}+\boldsymbol{b}\|^2+\|\boldsymbol{a}-\boldsymbol{b}\|^2)$ （**中線定理**(parallelogram law)）

(5) $\langle \boldsymbol{a}, \boldsymbol{b} \rangle = \dfrac{1}{4}(\|\boldsymbol{a}+\boldsymbol{b}\|^2 - \|\boldsymbol{a}-\boldsymbol{b}\|^2)$

［**証明**］ (1) $\boldsymbol{a}=\boldsymbol{0}$ ならば等号が成り立つ．$\boldsymbol{a} \neq \boldsymbol{0}$ であるとき

$$\begin{aligned} 0 \leq \|x\boldsymbol{a}+\boldsymbol{b}\|^2 &= \langle x\boldsymbol{a}+\boldsymbol{b}, x\boldsymbol{a}+\boldsymbol{b} \rangle \\ &= \langle x\boldsymbol{a}, x\boldsymbol{a} \rangle + \langle x\boldsymbol{a}, \boldsymbol{b} \rangle + \langle \boldsymbol{b}, x\boldsymbol{a} \rangle + \langle \boldsymbol{b}, \boldsymbol{b} \rangle \\ &= \|\boldsymbol{a}\|^2 x^2 + 2\langle \boldsymbol{a}, \boldsymbol{b} \rangle x + \|\boldsymbol{b}\|^2. \end{aligned}$$

任意の実数 x に対してこれが成り立つので，

$$\frac{(\text{判別式})}{4} = \langle \boldsymbol{a}, \boldsymbol{b} \rangle^2 - \|\boldsymbol{a}\|^2 \cdot \|\boldsymbol{b}\|^2 \leq 0.$$

等号は $x\boldsymbol{a}+\boldsymbol{b}=\boldsymbol{0}$ をみたす x が存在するとき成り立つ．

(2)～(5)

$$\begin{aligned} \|\boldsymbol{a}+\boldsymbol{b}\|^2 &= \|\boldsymbol{a}\|^2 + 2\langle \boldsymbol{a}, \boldsymbol{b} \rangle + \|\boldsymbol{b}\|^2, \\ \|\boldsymbol{a}-\boldsymbol{b}\|^2 &= \|\boldsymbol{a}\|^2 - 2\langle \boldsymbol{a}, \boldsymbol{b} \rangle + \|\boldsymbol{b}\|^2. \end{aligned}$$

これより (3)～(5) が導かれる．(2) は (1) を用いて

$$\|\boldsymbol{a}+\boldsymbol{b}\|^2 = \|\boldsymbol{a}\|^2 + 2\langle \boldsymbol{a}, \boldsymbol{b} \rangle + \|\boldsymbol{b}\|^2 \leq \|\boldsymbol{a}\|^2 + 2\|\boldsymbol{a}\|\|\boldsymbol{b}\| + \|\boldsymbol{b}\|^2 = (\|\boldsymbol{a}\| + \|\boldsymbol{b}\|)^2.$$

等号は $\langle \boldsymbol{a}, \boldsymbol{b} \rangle = \|\boldsymbol{a}\|\|\boldsymbol{b}\|$ のとき成り立つが，そのための条件は $\boldsymbol{a}=\boldsymbol{0}$，または $\boldsymbol{b}=k\boldsymbol{a}$ に対し $\langle \boldsymbol{a}, \boldsymbol{b} \rangle = k\|\boldsymbol{a}\|^2$，$\|\boldsymbol{a}\|\|\boldsymbol{b}\| = \|\boldsymbol{a}\|\|k\boldsymbol{a}\| = |k| \cdot \|\boldsymbol{a}\|^2$ より $k=|k|$ である． □

証明に使われているのは内積の性質 (1)～(4) のみである．また Cauchy-Schwarz の不等式 (Schwarz の不等式とよばれることが多い) より，(7.1) において

$$\left| \frac{\langle \boldsymbol{a}, \boldsymbol{b} \rangle}{\|\boldsymbol{a}\| \cdot \|\boldsymbol{b}\|} \right| \leq 1$$

であることが保証される．

実際には，一般の線形空間においてベクトルの間の角度の値を計算することは少ないであろう．特に第 8 章で扱うようにスカラーが複素数の場合には，内積の値は一般には複素数であり，θ が実数になるとは限らなくなる．しかしそういった場合にも，ベクトルの直交という概念は常に重要な役割を果たす．

例 7.4　線形空間

$$\mathbf{R}^n = \left\{ \left. \begin{pmatrix} x_1 \\ \vdots \\ x_n \end{pmatrix} \right| x_i \in \mathbf{R} \right\}$$

において内積として標準内積 (7.2) をとると，Schwarz の不等式は例 7.1 と同じ記号で

$$(a_1 b_1 + \cdots + a_n b_n)^2 \leq (a_1{}^2 + \cdots + a_n{}^2)(b_1{}^2 + \cdots + b_n{}^2).$$ □

例 7.5 例 7.2 において，内積 (7.3) に関する Schwarz の不等式は

$$\left(\int_a^b f(x)g(x)dx\right)^2 \leq \int_a^b f(x)^2 dx \int_a^b g(x)^2 dx.$$

また，ベクトル f と g が直交するとき，つまり

$$\int_a^b f(x)g(x)dx = 0$$

が成り立つとき，次の関係式が成立し，これは Pythagoras（ピタゴラス）の定理に相当する．

$$\int_a^b (f(x) + g(x))^2 dx = \int_a^b f(x)^2 dx + \int_a^b g(x)^2 dx.$$ □

7.1.3 $\mathbf{R}^2$ のいろいろな内積

例えば，線形空間

$$\mathbf{R}^2 = \left\{ \left(\begin{array}{c} x_1 \\ x_2 \end{array} \right) \middle| x_1, x_2 \in \mathbf{R} \right\}$$

において我々は標準内積

$$\langle \boldsymbol{a}, \boldsymbol{b} \rangle = a_1 b_1 + a_2 b_2$$

を導入し，Schwarz の不等式や Pythagoras の定理を証明した．しかし，同じ線形空間 $\mathbf{R}^2$ において，標準内積とは異なる内積を導入することができ，このときこれらの関係式も，標準内積の場合とは見かけの上では異なるものになる．

例えば，$\mathbf{R}^2$ のベクトル $\boldsymbol{a}$ と $\boldsymbol{b}$ からスカラー $\mathbf{R}$ への次の対応を考える．

$$\langle \boldsymbol{a}, \boldsymbol{b} \rangle_\alpha = a_1 b_1 + a_2 b_2 + \alpha(a_1 b_2 + a_2 b_1) \quad (-1 < \alpha < 1). \tag{7.5}$$

これは $-1 < \alpha < 1$ のとき，内積であるための条件をみたす．つまり

$$\begin{aligned} \langle \boldsymbol{a}, \boldsymbol{b} \rangle_\alpha &= \langle \boldsymbol{b}, \boldsymbol{a} \rangle_\alpha \\ \langle \boldsymbol{a} + \boldsymbol{b}, \boldsymbol{c} \rangle_\alpha &= \langle \boldsymbol{a}, \boldsymbol{c} \rangle_\alpha + \langle \boldsymbol{b}, \boldsymbol{c} \rangle_\alpha \\ \langle k\boldsymbol{a}, \boldsymbol{b} \rangle_\alpha &= k \langle \boldsymbol{a}, \boldsymbol{b} \rangle_\alpha \\ \langle \boldsymbol{a}, \boldsymbol{a} \rangle_\alpha &\geq 0 \end{aligned}$$

が成り立ち，特に $\alpha = 0$ のとき $\langle \boldsymbol{a}, \boldsymbol{b} \rangle_\alpha$ は標準内積に一致する．このとき，この内積に関する Schwarz の不等式は

$$(a_1 b_1 + a_2 b_2 + \alpha(a_1 b_2 + a_2 b_1))^2 \leq (a_1{}^2 + a_2{}^2 + 2\alpha a_1 a_2)(b_1{}^2 + b_2{}^2 + 2\alpha b_1 b_2)$$

である．これは直接証明することもできるが，内積 $\langle \boldsymbol{a}, \boldsymbol{b} \rangle_\alpha$ に関する Schwarz の不

等式と考えて，定理 7.1 の証明がそのまま成り立つことに注意すればよい．また Pythagoras の定理に関して，例えばベクトル

$$\boldsymbol{a} = \begin{pmatrix} 1 \\ 0 \end{pmatrix}, \qquad \boldsymbol{b} = \begin{pmatrix} 1 \\ \sqrt{3} \end{pmatrix}$$

のなす角は標準内積に関して $\pi/3$ であるが，$\alpha = -1/\sqrt{3}$ のとき

$$\langle \boldsymbol{a}, \boldsymbol{b} \rangle_{-\frac{1}{\sqrt{3}}} = 0.$$

したがって $\boldsymbol{a}$ と $\boldsymbol{b}$ はこの内積に関しては直交し，Pythagoras の定理

$$\|\boldsymbol{a} + \boldsymbol{b}\|_\alpha^2 = \|\boldsymbol{a}\|_\alpha^2 + \|\boldsymbol{b}\|_\alpha^2$$

が成り立つ．

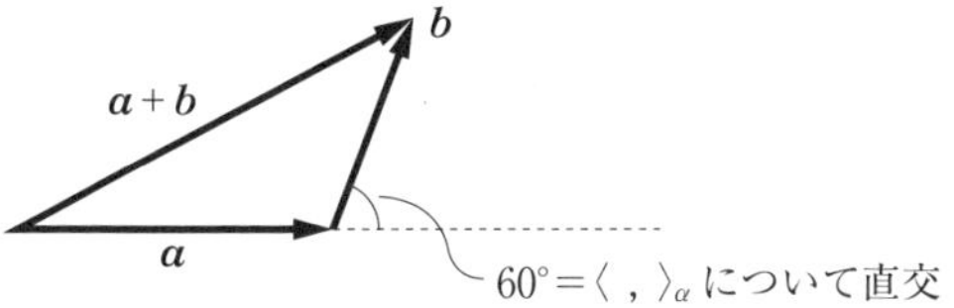

図 7.1　Pythagoras の定理

内積はいわば線形空間に「量」を定義するものであって，同一の線形空間においても異なる内積を導入すれば，ベクトルのノルムや距離や，ベクトルが直交するかどうかが変わる．そしてあたらしい内積について，その内積に関する Schwarz の不等式や三角不等式などが成り立ち，それらの証明は内積の記号を使って書けばどの内積の場合にも同じである．

例題 7.1

$\mathbf{R}^2$ におけるベクトルの標準内積を

$$\langle \boldsymbol{x}, \boldsymbol{y} \rangle_0 = x_1 y_1 + x_2 y_2, \quad \boldsymbol{x} = \begin{pmatrix} x_1 \\ x_2 \end{pmatrix}, \quad \boldsymbol{y} = \begin{pmatrix} y_1 \\ y_2 \end{pmatrix}$$

とする．このとき $\langle\ ,\ \rangle_1$ を次のように定義する．

$$\langle \boldsymbol{x}, \boldsymbol{y} \rangle_1 = \langle \boldsymbol{x}, A\boldsymbol{y} \rangle_0, \qquad A = \begin{pmatrix} 3 & 2 \\ 2 & 3 \end{pmatrix}.$$

(1) $\langle \boldsymbol{x}, \boldsymbol{y} \rangle_1$ もまた $\mathbf{R}^2$ の内積であることを示せ．

(2) 内積 $\langle\ ,\ \rangle_1$ に関する Schwarz の不等式を，x_1, x_2, y_1, y_2 を用いて書き，それを証明せよ．

(3) $\langle \boldsymbol{x}, \boldsymbol{x} \rangle_1 = 1$ をみたす $\boldsymbol{x}$ の成分 x_1, x_2 の全体を，$x_1 x_2$ 平面上に図示せよ．

【解答】 (1) 定義7.1の(1)〜(4)をそれぞれ確認する．

(2) 内積は

$$\langle \boldsymbol{x}, \boldsymbol{y} \rangle_1 = 3x_1y_1 + 2x_1y_2 + 2x_2y_1 + 3x_2y_2.$$

Schwarzの不等式は $|\langle \boldsymbol{x}, \boldsymbol{y} \rangle_1|^2 \leq \langle \boldsymbol{x}, \boldsymbol{x} \rangle_1 \langle \boldsymbol{y}, \boldsymbol{y} \rangle_1$. つまり

$$(3x_1y_1 + 2x_1y_2 + 2x_2y_1 + 3x_2y_2)^2 \leq (3{x_1}^2 + 4x_1x_2 + 3{x_2}^2)(3{y_1}^2 + 4y_1y_2 + 3{y_2}^2).$$

証明は定理7.1の(1)の証明において $\langle\ ,\ \rangle$ を $\langle\ ,\ \rangle_1$ に置き替えればよい．

(3) A を対角化すると

$$P^{-1}AP = \begin{pmatrix} 5 & 0 \\ 0 & 1 \end{pmatrix}, \quad \text{ただし } P = P^{-1} = \frac{1}{\sqrt{2}}\begin{pmatrix} 1 & 1 \\ 1 & -1 \end{pmatrix}.$$

このとき

$$1 = \langle \boldsymbol{x}, \boldsymbol{x} \rangle_1 = (x_1, x_2)\begin{pmatrix} 3 & 2 \\ 2 & 3 \end{pmatrix}\begin{pmatrix} x_1 \\ x_2 \end{pmatrix} = (x_1, x_2)P\begin{pmatrix} 5 & 0 \\ 0 & 1 \end{pmatrix}P^{-1}\begin{pmatrix} x_1 \\ x_2 \end{pmatrix}.$$

これより $X = (x_1 + x_2)/\sqrt{2}$, $Y = (x_1 - x_2)/\sqrt{2}$ として $1 = 5X^2 + Y^2$. □

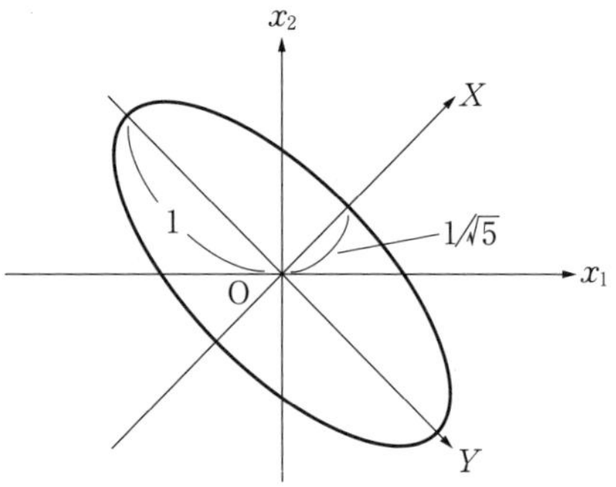

図7.2

▶ **参考** 内積(7.5)は $A = \begin{pmatrix} 1 & \alpha \\ \alpha & 1 \end{pmatrix}$ として得られる．(3)の結果より，内積 $\langle\ ,\ \rangle_1$ に関する円は，内積 $\langle\ ,\ \rangle_0$ に関する楕円であることがわかる．

例題 7.2

高々2次の多項式の全体からなるベクトル空間 V において

$$\langle f, g \rangle = \int_{-1}^{1} f(x)g(x) \cdot w(x)\, dx, \quad f, g \in V$$

を考える．ただし $w(x)$ は区間 $[-1, 1]$ 上で連続な関数である．

(1) $[-1,1]$ 上で $w(x) > 0$ ならば，$\langle f, g\rangle$ は内積の条件をみたすことを示せ．

以下，$w(x) = 1$ とする．

(2) $f(x) = x^2$ と $g(x) = x$ が直交することを示せ．

(3) $f(x) = x^2$，$g(x) = x$ の両方と直交する V の元を1つ求めよ．ただし V の零元（定数関数0）を除く．

【解答】 (1) 定義7.1の (1)～(4) をそれぞれ確認する．

(2)
$$\langle x^2, x\rangle = \int_{-1}^{1} x^2 \cdot x \cdot 1\ dx = \frac{1}{4}x^4\Big|_{-1}^{1} = 0.$$

(3) 求める元を $a + bx + cx^2$ とすると
$$0 = \langle x^2, a + bx + cx^2\rangle = \int_{-1}^{1} x^2 \cdot (a + bx + cx^2) \cdot 1\, dx,$$
$$0 = \langle x, a + bx + cx^2\rangle = \int_{-1}^{1} x \cdot (a + bx + cx^2) \cdot 1\, dx.$$

これより $\dfrac{a}{3} + \dfrac{c}{5} = 0$，$b = 0$．よって例えば $1 - \dfrac{5}{3}x^2$．

▶ **注**　(1)において $\langle f, f\rangle = 0$ ならば $f = 0$ であることを示す際に，被積分関数が連続であることを利用する．

練習問題

7.1　$\mathbf{R}^n$ の内積を $\langle\ ,\ \rangle$，A, B, C を n 次の実行列として，(1) と (2) を示せ．

(1) 任意の $\boldsymbol{u}, \boldsymbol{v} \in \mathbf{R}^n$ に対して $\langle \boldsymbol{u}, A\boldsymbol{v}\rangle = 0$ ならば $A = O$

(2) 任意の $\boldsymbol{u}, \boldsymbol{v} \in \mathbf{R}^n$ に対して $\langle \boldsymbol{u}, B\boldsymbol{v}\rangle = \langle \boldsymbol{u}, C\boldsymbol{v}\rangle$ ならば $B = C$

7.2　2次行列 A と B の内積を $\langle A, B\rangle = \mathrm{tr}\,(A\,{}^tB)$ とするとき，$\begin{pmatrix} 1 & 1 \\ 1 & 1 \end{pmatrix}$，$\begin{pmatrix} 1 & -1 \\ 1 & 1 \end{pmatrix}$，$\begin{pmatrix} 1 & 1 \\ -1 & 1 \end{pmatrix}$ のすべてと直交する行列を求めよ．

7.3　実数をスカラーとし，$\{\sin x, \cos x\}$ を基底とする線形空間を V とする．$f, g \in V$ に対し $\langle f, g\rangle = f(0)g(0) + f\left(\dfrac{\pi}{2}\right)g\left(\dfrac{\pi}{2}\right)$ は V の内積である．このとき $f(\theta) = \sin\theta + \cos\theta$ として，$\|f + g\|^2 = \|f\|^2 + \|g\|^2$ (Pythagoras の定理) をみたす $g(\theta)$ のうち，ノルムが1のものを求めよ．

7.4　$\mathbf{R}^2$ における標準内積を $\langle \boldsymbol{x}, \boldsymbol{y}\rangle$ として
$$(\boldsymbol{x}, \boldsymbol{y}) = \langle \boldsymbol{x}, A\boldsymbol{y}\rangle, \qquad A = \begin{pmatrix} 1 & \alpha \\ \beta & 2 \end{pmatrix}$$

とするとき，$(\boldsymbol{x}, \boldsymbol{y})$ が内積であるために，α と β がみたすべき条件を求めよ．

7.5　練習問題 5.12 の Gram 行列式についての問題で数ベクトルと標準内積に関して導いた結論が，一般のベクトルと内積においても同じく成立することを示せ．

7.6　実数列 $\{x_1, x_2, x_3, \cdots\}$ で $\sum_{j=1}^{\infty} |x_j|^2 < \infty$ なるものの全体を V とする．

(1)　V が例 5.5 の和とスカラー倍について閉じていることを示せ．

(2)　任意の $\boldsymbol{x} = \{x_1, x_2, x_3, \cdots\}$，$\boldsymbol{y} = \{y_1, y_2, y_3, \cdots\} \in V$ に対し $\langle \boldsymbol{x}, \boldsymbol{y} \rangle = \sum_{j=1}^{\infty} x_j y_j$ が収束し，内積の条件をみたすことを示せ．

コラム　シュワルツとシュワルツ

コーシー・シュワルツの不等式で知られるシュワルツは，H. A. Schwarz という名前の 1843 年生まれのドイツの数学者である．一方で，超関数で知られる L. Schwartz という数学者がいるが，こちらは 1915 年生まれのフランスの数学者である．二人の名前はよく似ているがスペルが異なっていて，シュワルツの不等式の Schwarz には t がない（筆者は講義の際によくこれを間違える）．

筆者の専門である可解模型の分野では，1940 年代に活躍した女性研究者のカウフマンが知られているが，その名前の綴りは B. Kaufman である．一方で結び目理論の優れた研究者にも（こちらは男性の）カウフマンがいるが，その名前の綴りは L. H. Kauffman である．調べてみると，カウフマンはドイツ語圏に多く見られる苗字で，f が 1 つか 2 つか，そして n が 1 つか 2 つかに応じて，$2 \times 2 = 4$ 通りのカウフマンさんたちが，実際におられるようである．

7.2　正規直交基底

7.2.1　正規直交基底

まずベクトルの規格化を定義する．$\boldsymbol{a}$ のノルムが 1，つまり $\boldsymbol{a}$ が

$$\|\boldsymbol{a}\| = \sqrt{\langle \boldsymbol{a}, \boldsymbol{a} \rangle} = 1$$

をみたすとき，$\boldsymbol{a}$ は**正規** (normal) であると言う．またベクトル $\boldsymbol{a}'$ から

$$\boldsymbol{a} = \frac{1}{\|\boldsymbol{a}'\|}\boldsymbol{a}' \quad \text{したがって} \quad \|\boldsymbol{a}\| = 1$$

とすることで正規なベクトル $\boldsymbol{a}$ を作ることを，$\boldsymbol{a}'$ の**正規化**あるいは**規格化**（いずれも normalization）と言う．つまり，$\boldsymbol{0}$ でないベクトルであればそれ自身のノルムで割って，元のベクトルのスカラー倍でノルムが 1 のベクトルを作ることができる．

そこで正規かつ互いに直交する基底を導入する．

定義 7.2 線形空間 V のベクトル $\{\boldsymbol{e}_1, \boldsymbol{e}_2, \ldots, \boldsymbol{e}_k\}$ が正規かつ互いに直交するとき，つまり

$$\langle \boldsymbol{e}_i, \boldsymbol{e}_i \rangle = 1,$$
$$\langle \boldsymbol{e}_i, \boldsymbol{e}_j \rangle = 0 \quad (i \neq j)$$

をみたすとき，これらを V における**正規直交系**（orthonormal system, orthonormal set）とよび，特にこれらが V の基底をなすとき，V の**正規直交基底**（orthonormal basis）とよぶ．

正規かつ互いに直交することはまとめて

$$\langle \boldsymbol{e}_i, \boldsymbol{e}_j \rangle = \delta_{ij}$$

と書くことができる．ここで δ_{ij} は Kronecker のデルタである．

ベクトルのノルムも，ベクトルが互いに直交するということも，内積を使って定義されている．そしてある内積で直交している 2 つのベクトルも，別の内積で直交しているとは限らない．したがって，基底が正規直交基底であるかどうかは内積に応じて変わる．

例 7.6

$$\mathbf{R}^n = \left\{ \begin{pmatrix} x_1 \\ \vdots \\ x_n \end{pmatrix} \middle| \, x_1, \ldots, x_n \in \mathbf{R} \right\} \qquad \square$$

において内積として標準内積 $\langle \boldsymbol{a}, \boldsymbol{b} \rangle = a_1 b_1 + \cdots + a_n b_n$ をとると，

$$\left\{ \begin{pmatrix} 1 \\ 0 \\ \vdots \\ 0 \end{pmatrix}, \begin{pmatrix} 0 \\ 1 \\ \vdots \\ 0 \end{pmatrix}, \ldots, \begin{pmatrix} 0 \\ 0 \\ \vdots \\ 1 \end{pmatrix} \right\}$$

は正規直交基底である．これは $\mathbf{R}^n$ の標準基底である．

互いに直交するベクトルに関して次の定理が成り立つ．

定理 7.2　ベクトル $\boldsymbol{a}_1, \boldsymbol{a}_2, \ldots, \boldsymbol{a}_k$ がいずれも $\mathbf{0}$ でなく互いに直交するとき，これらは線形独立である．

［**証明**］　条件

$$x_1\boldsymbol{a}_1 + x_2\boldsymbol{a}_2 + \cdots + x_k\boldsymbol{a}_k = \mathbf{0}$$

が成り立つと仮定する．このとき $\langle \boldsymbol{a}_i, \boldsymbol{a}_j \rangle = 0\ (i \neq j)$ なので，両辺と $\boldsymbol{a}_j$ との内積をとると $x_j\langle \boldsymbol{a}_j, \boldsymbol{a}_j \rangle = 0$ より $x_j = 0\ (j = 1, 2, \ldots, k)$ が得られる．　□

また，任意の有限次元の線形空間について次の定理が成り立つ．

定理 7.3　V を n 次元の実線形空間，$\{\boldsymbol{u}_1, \boldsymbol{u}_2, \ldots, \boldsymbol{u}_n\}$ を V の1つの基底とする．そこで V の元 $\boldsymbol{a}, \boldsymbol{b}$ を

$$\boldsymbol{a} = a_1\boldsymbol{u}_1 + \cdots + a_n\boldsymbol{u}_n,$$
$$\boldsymbol{b} = b_1\boldsymbol{u}_1 + \cdots + b_n\boldsymbol{u}_n$$

とあらわすとき

$$\langle \boldsymbol{a}, \boldsymbol{b} \rangle = a_1b_1 + \cdots + a_nb_n$$

と定義すれば，$\langle \boldsymbol{a}, \boldsymbol{b} \rangle$ は $\boldsymbol{a}$ と $\boldsymbol{b}$ の内積である．

［**証明**］　定義 7.1 の条件 (1)～(4) を確認すればよい．　□

つまり，任意の有限次元線形空間には内積が定義できる．このとき，定理 7.3 の内積に関して基底 $\{\boldsymbol{u}_1, \boldsymbol{u}_2, \ldots, \boldsymbol{u}_n\}$ は正規直交基底になる．つまり，任意の基底に対し，その基底を正規直交基底とする内積が存在する．またこの内積は標準内積と形式的に一致している．任意の n 次元の実線形空間は $\mathbf{R}^n$ と同型であったが，これよりさらに，標準内積を内積とする $\mathbf{R}^n$ と計量同型であることがわかる．

次に，正規直交基底を具体的に構成することを考える．次の方法は **Gram-Schmidt（グラム・シュミット）の直交化法** (Gram-Schmidt orthonormalization) とよばれる．

定理 7.4　(Gram-Schmidt)　$\{\boldsymbol{e}_1, \ldots, \boldsymbol{e}_k\}$ は V の正規直交系，$\{\boldsymbol{e}_1, \ldots, \boldsymbol{e}_k, \boldsymbol{a}\}$ は線形独立であるとする．このとき

$$\boldsymbol{a}' = \boldsymbol{a} - \sum_{i=1}^{k} \langle \boldsymbol{a}, \boldsymbol{e}_i \rangle \boldsymbol{e}_i, \qquad \boldsymbol{e}_{k+1} = \frac{\boldsymbol{a}'}{\|\boldsymbol{a}'\|}$$

とすると，$\{\boldsymbol{e}_1, \ldots, \boldsymbol{e}_k, \boldsymbol{e}_{k+1}\}$ は V の正規直交系である．

正規直交系とは，各々が正規であり，かつ互いに直交するベクトルの集合であった．一般に基底よりも少ない数の（したがって基底であるためにはまだベクトルの数がたりないような）正規直交系があるとき，その系のベクトルのすべてと直交し，かつノルムが1のベクトルを新たに作る手続き，つまり正規直交系を延長する具体的な手続きを，定理7.4は与えている．

［**証明**］ $\{\boldsymbol{e}_1, \ldots, \boldsymbol{e}_k, \boldsymbol{a}\}$ は線形独立で，$\boldsymbol{a}'$ はこれらの0でない係数による線形結合なので $\boldsymbol{a}' \neq \boldsymbol{0}$ である．そこでまず直交性を示す．$\langle \boldsymbol{e}_i, \boldsymbol{e}_j \rangle = \delta_{ij}$ なので

$$\begin{aligned}\langle \boldsymbol{a}', \boldsymbol{e}_j \rangle &= \langle \boldsymbol{a}, \boldsymbol{e}_j \rangle - \sum_{i=1}^{k} \langle \boldsymbol{a}, \boldsymbol{e}_i \rangle \langle \boldsymbol{e}_i, \boldsymbol{e}_j \rangle \\ &= \langle \boldsymbol{a}, \boldsymbol{e}_j \rangle - \langle \boldsymbol{a}, \boldsymbol{e}_j \rangle \\ &= 0.\end{aligned}$$

したがって $\boldsymbol{a}'$ と $\boldsymbol{e}_j$ $(j = 1, \ldots, k)$ とは直交する．さらに $\boldsymbol{e}_{k+1} = \boldsymbol{a}'/\|\boldsymbol{a}'\|$ は規格化されており正規である．□

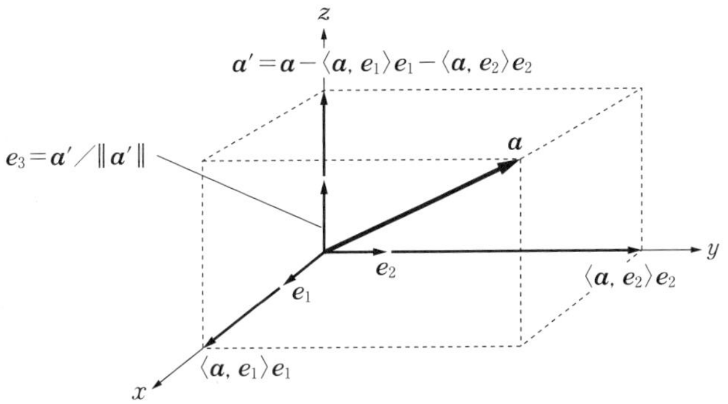

図7.3

Gram-Schmidtの直交化法を，$\mathbf{R}^3$ の場合について図示しておく．与えられたベクトル $\boldsymbol{a}$ から，$\{\boldsymbol{e}_1, \boldsymbol{e}_2\}$ の張る空間に属する成分を引き，$\{\boldsymbol{e}_1, \boldsymbol{e}_2\}$ に直交する成分だけを残したのが $\boldsymbol{a}'$ である．$\boldsymbol{a}'$ が得られれば，それを規格化して $\boldsymbol{e}_3$ が得られる．

定理 7.5　V が有限次元の実線形空間（ただし $V \neq \{\boldsymbol{0}\}$）であり内積が定義されているとき，$V$ にはこの内積に関する正規直交基底が存在する．

［**証明**］ $V \neq \{\boldsymbol{0}\}$ ならば規格化されたベクトル $\boldsymbol{e}_1$ をとることができ，Gram-Schmidtの直交化法で正規かつ直交するベクトル $\boldsymbol{e}_2$ を構成すると，$\{\boldsymbol{e}_1, \boldsymbol{e}_2\}$ は正規直交系であり，定理7.2より線形独立．以下，Gram-Schmidtの直交化法を繰り返すことにより，有限回の手続きで正規直交基底 $\{\boldsymbol{e}_1, \boldsymbol{e}_2, \ldots, \boldsymbol{e}_n\}$ が得られる．□

定理 5.6 で線形空間に基底が存在することを証明したが，定理 7.5 ではさらに，与えられた内積に関して正規かつ直交という条件をみたす基底の存在が保証された．

7.2.2 直交補空間

直交性を手がかりに，線形空間を部分空間に分解しよう．V を線形空間とし，W_1 と W_2 をその部分空間とする．任意の $\boldsymbol{x}_1 \in W_1$，$\boldsymbol{x}_2 \in W_2$ に対して $\langle \boldsymbol{x}_1, \boldsymbol{x}_2 \rangle = 0$ が成り立つなら，部分空間 W_1 と W_2 は**直交**する (be orthogonal) と言い，$W_1 \perp W_2$ と書く．また $V = W_1 \oplus W_2$ が成り立つとき，W_1 と W_2 は互いに**補空間** (complementary space) であると言う．W_1 と W_2 は零元 $\mathbf{0}$ を共有するので，補空間は補集合とは異なる．また，補空間は一意的ではない．

例 7.7 $\mathbf{R}^3$ において

$$W_1 = \left\{ \begin{pmatrix} x \\ y \\ 0 \end{pmatrix} \middle| \, x, y \in \mathbf{R} \right\}, \quad W_2 = \left\{ t \begin{pmatrix} 0 \\ 1 \\ 1 \end{pmatrix} \middle| \, t \in \mathbf{R} \right\}, \quad W_3 = \left\{ t \begin{pmatrix} 0 \\ 0 \\ 1 \end{pmatrix} \middle| \, t \in \mathbf{R} \right\}$$

とすると，W_1 と W_2 は互いに補空間であり，また W_1 と W_3 も互いに補空間である．

□

そこで W の補空間で W に直交するものを考える．

定義 7.3 V を内積空間，W をその部分空間とする．このとき

$$W^{\perp} = \{\boldsymbol{x} \in V \mid {}^{\forall}\boldsymbol{y} \in W, \langle \boldsymbol{x}, \boldsymbol{y} \rangle = 0\}$$

を W の**直交補空間** (orthogonal complement) とよぶ．

例 7.7 では W_1 と W_3 が互いに直交補空間であり，W_1 と W_2 は互いに補空間であるが直交していない．また W_2 と W_3 は互いに補空間ではない．

定義 7.3 の $W^{\perp}$ は，W のすべての元と直交する元の全体である．以下，$W^{\perp}$ が部分空間であることと，W の補空間であることを示しておく．

定理 7.6 $W^{\perp}$ は V の部分空間である．

［**証明**］ 部分空間の定義をみたすことを確認すればよい． □

定理 7.7 V は W と $W^{\perp}$ の直和である，つまり $V = W \oplus W^{\perp}$.

［**証明**］ $\{\boldsymbol{e}_1, \dots, \boldsymbol{e}_r\}$ を W の 1 つの正規直交基底とする．任意の $\boldsymbol{x} \in V$ を

$$\boldsymbol{x} = \boldsymbol{x}_1 + \boldsymbol{x}_2, \qquad \boldsymbol{x}_1 = \sum_{i=1}^{r} \langle \boldsymbol{x}, \boldsymbol{e}_i \rangle \boldsymbol{e}_i$$

と書く．このとき $\boldsymbol{x}_2 = \boldsymbol{x} - \boldsymbol{x}_1$ は (Gram-Schmidt の直交化法の場合と同様に) $\boldsymbol{e}_1, \dots, \boldsymbol{e}_r$ と直交するので，W のすべての元と直交し，$\boldsymbol{x}_2 \in W^{\perp}$．したがって $V = W + W^{\perp}$．次に $\boldsymbol{x} \in W \cap W^{\perp}$ とすると，$\boldsymbol{x} \in W$ かつ $\boldsymbol{x} \in W^{\perp}$ なので $\langle \boldsymbol{x}, \boldsymbol{x} \rangle = 0$．これより $\boldsymbol{x} = \boldsymbol{0}$．したがって $W \cap W^{\perp} = \{\boldsymbol{0}\}$．以上より $V = W \oplus W^{\perp}$． □

線形空間 V を $V = W_1 \oplus W_2$ と直和に分解するとき，V の元 $\boldsymbol{x}$ は，$\boldsymbol{x} = \boldsymbol{x}_1 + \boldsymbol{x}_2$，$\boldsymbol{x}_1 \in W_1$，$\boldsymbol{x}_2 \in W_2$ と一意的に分解される．このとき $\boldsymbol{x}_1$ を，$\boldsymbol{x}$ の W_1 への**射影** (projection) とよぶ．特に W_1 と W_2 が直交しているとき，$\boldsymbol{x}_1$ を $\boldsymbol{x}$ の W_1 への正射影とよぶことがある．同様に，$\boldsymbol{x}_2$ は $\boldsymbol{x}$ の W_2 への正射影である．

$\boldsymbol{x}$ から射影 $\boldsymbol{x}_1$ への写像

$$P : \boldsymbol{x} = \boldsymbol{x}_1 + \boldsymbol{x}_2 \mapsto \boldsymbol{x}_1$$

を考えると，これが V から W_1 への線形写像であることはすぐに確かめられる (あるいは V から V への線形変換とみなすこともできる)．この線形写像 P を，V の W_1 への**射影** (projection) とよぶ．射影については，8.2.3 項で詳しく扱う．

例 7.8 線形空間 V の 1 つの正規直交基底を $\{\boldsymbol{e}_1, \boldsymbol{e}_2, \dots, \boldsymbol{e}_r, \boldsymbol{e}_{r+1}, \dots, \boldsymbol{e}_n\}$ とし，このうち $\{\boldsymbol{e}_1, \dots, \boldsymbol{e}_r\}$ で張られる部分空間を W とすると，$\{\boldsymbol{e}_{r+1}, \dots, \boldsymbol{e}_n\}$ によって張られる部分空間の元は W のすべての元と直交し，また W のすべての元と直交する V の元はこれでつくされる．したがって，この部分空間が $W^{\perp}$ である．特に $\mathbf{R}^3$ において (5.4) の標準基底 $\{\mathbf{e}_1, \mathbf{e}_2, \mathbf{e}_3\}$ を考えると，例えば

$$W = \mathrm{Span}(\boldsymbol{e}_1, \boldsymbol{e}_2) = \left\{ \begin{pmatrix} a_1 \\ a_2 \\ 0 \end{pmatrix} \middle| \, a_1, a_2 \in \mathbf{R} \right\}$$

に対して

$$W^{\perp} = \mathrm{Span}(\boldsymbol{e}_3) = \left\{ \begin{pmatrix} 0 \\ 0 \\ a_3 \end{pmatrix} \middle| \, a_3 \in \mathbf{R} \right\}.$$

P を V の W への射影とすると

$$P : \begin{pmatrix} a_1 \\ a_2 \\ a_3 \end{pmatrix} \mapsto \begin{pmatrix} a_1 \\ a_2 \\ 0 \end{pmatrix}.$$

□

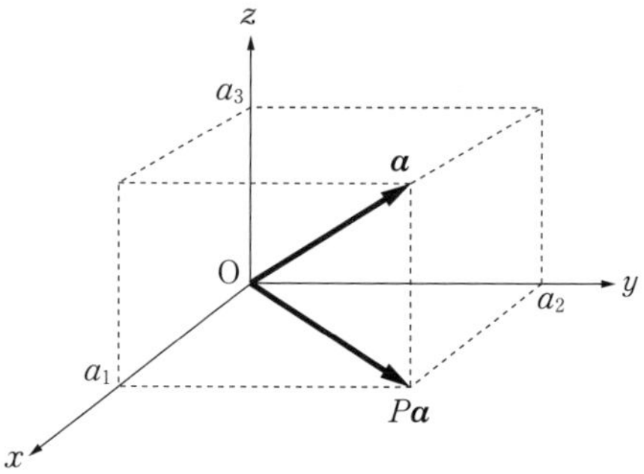

図7.4 射影

定理 7.8 V を内積空間，W, W_1, W_2 をその部分空間とするとき

(1) $(W^{\perp})^{\perp} = W$

(2) $W_1 \subseteq W_2 \iff W_1^{\perp} \supseteq W_2^{\perp}$

(3) $(W_1 + W_2)^{\perp} = W_1^{\perp} \cap W_2^{\perp}$

(4) $(W_1 \cap W_2)^{\perp} = W_1^{\perp} + W_2^{\perp}$

［**証明**］ (1) 定理 7.7 より自明．あるいは W の正規直交基底をとり，それを延長して V の正規直交基底を作ると，与式の左辺と右辺が同じ基底によって張られることがわかる．

(2) W_1 の正規直交基底を延長して W_2, V の正規直交基底を作れば明らか．

(3) (4) $W_1 \cap W_2$ の正規直交基底を延長して W_1, W_2, V の正規直交基底を作ると，与式の両辺が同じ基底によって張られることがわかる． □

7.2.3 Fourier 級数

関数の作る線形空間における正規直交基底の重要な例として，**Fourier (フーリエ) 級数** (Fourier series) を紹介しておく*22．区間 $I = [-\pi, \pi]$ 上の連続関数の全体からなる線形空間 $C^0(I)$ において，内積を

$$\langle f, g \rangle = \int_{-\pi}^{\pi} f(x)g(x)\,dx \tag{7.6}$$

とする．このとき

$$\left\{ \frac{1}{\sqrt{2\pi}}, \frac{\cos x}{\sqrt{\pi}}, \frac{\sin x}{\sqrt{\pi}}, \frac{\cos 2x}{\sqrt{\pi}}, \frac{\sin 2x}{\sqrt{\pi}}, \ldots, \frac{\cos nx}{\sqrt{\pi}}, \frac{\sin nx}{\sqrt{\pi}} \right\} \tag{7.7}$$

---

*22 このとき基底をなすベクトルの数は一般には無限個になる．

は正規かつ互いに直交する．実際，$j \neq k$ のとき

$$\begin{aligned}\langle \sin jx, \sin kx\rangle &= \int_{-\pi}^{\pi} \sin jx \sin kx \, dx \\ &= \int_{-\pi}^{\pi} \frac{1}{2}[\cos (j-k)x - \cos (j+k)x] dx \\ &= \frac{1}{2}\left[\frac{\sin(j-k)x}{j-k} - \frac{\sin(j+k)x}{j+k}\right]_{-\pi}^{\pi} \\ &= 0\end{aligned}$$

が成り立つ．また $j = k$ のとき

$$\begin{aligned}\langle \sin jx, \sin jx\rangle &= \int_{-\pi}^{\pi} \sin^2 jx \, dx \\ &= \int_{-\pi}^{\pi} \frac{1}{2}(1-\cos 2jx)\, dx \\ &= \pi.\end{aligned}$$

したがって $\left\|\frac{1}{\sqrt{\pi}}\sin jx\right\| = 1$．他の組み合わせについても同様である．このとき，主として微分方程式に関連して，また理学や工学への応用上も非常に重要な次の定理が成り立つ．

定理 7.9 (Fourier 級数展開)　f は周期関数かつ区分的に単調[*23]であるとする．特に f の周期を 2π として[*24]，次の展開が成り立つ[*25]．

$$\begin{aligned}f(x) = a_0\frac{1}{\sqrt{2\pi}} + a_1\frac{\cos x}{\sqrt{\pi}} + a_2\frac{\cos 2x}{\sqrt{\pi}} + \cdots \\ + b_1\frac{\sin x}{\sqrt{\pi}} + b_2\frac{\sin 2x}{\sqrt{\pi}} + \cdots.\end{aligned}$$

ただし，$a_0 = \frac{1}{\sqrt{2\pi}}\int_{-\pi}^{\pi} f(x)\, dx$,

---

＊23　区間 I において区分的に単調とは，I の有限個の小区間への分割 $a = x_0 < x_1 < \cdots < x_n = b$ が存在し，各小区間 $x_{k-1} < x < x_k$ において f が単調で，かつ $x \to x_{k-1}+0$ と $x \to x_k - 0$ での f の極限が存在するということである．ただし Fourier 展開は，これより少ない条件でも成り立つ．

＊24　変数 x について周期が T であるとき，$y = 2\pi x/T$ とすれば，変数 y について周期を 2π にすることができる．

＊25　f が $x = a$ で不連続な場合には，右辺の級数は $x = a$ で $(f(a-0) + f(a+0))/2$ に収束する．定理の証明と Fourier 級数の具体例については，例えば寺沢寛一「自然科学者のための数学概論」(岩波書店，1983) を参照．

$$a_n = \frac{1}{\sqrt{\pi}}\int_{-\pi}^{\pi} f(x)\cos nx\,dx, \quad b_n = \frac{1}{\sqrt{\pi}}\int_{-\pi}^{\pi} f(x)\sin nx\,dx \quad (n = 1, 2, 3, \ldots).$$

この定理にあらわれる係数 a_n と b_n は，Gram-Schmidt の直交化法にあらわれる係数と同じ規則にしたがっていることに注意しよう．つまり，内積の記号を用いて

$$a_0 = \left\langle f, \frac{1}{\sqrt{2\pi}} \right\rangle, \quad a_n = \left\langle f, \frac{\cos nx}{\sqrt{\pi}} \right\rangle, \quad b_n = \left\langle f, \frac{\sin nx}{\sqrt{\pi}} \right\rangle$$

と書ける．つまり Fourier 級数によって，周期的な関数は三角関数からなる正規直交基底で展開される．

例 7.9 線形空間 V と W を，それぞれ

$$\left\{ \frac{1}{\sqrt{2\pi}}, \frac{\sin x}{\sqrt{\pi}}, \frac{\cos x}{\sqrt{\pi}}, \frac{\sin 2x}{\sqrt{\pi}}, \frac{\cos 2x}{\sqrt{\pi}}, \ldots \right\}, \qquad \left\{ \frac{\sin x}{\sqrt{\pi}}, \frac{\cos x}{\sqrt{\pi}} \right\}$$

によって生成される関数の全体とする（したがって W は V の 2 次元の部分空間である）．このとき加法定理より

$$\begin{aligned} \sin(x+a) &= \cos a \cdot \sin x + \sin a \cdot \cos x \\ &= \sqrt{\pi}\cos a \cdot \frac{\sin x}{\sqrt{\pi}} + \sqrt{\pi}\sin a \cdot \frac{\cos x}{\sqrt{\pi}} \end{aligned}$$

と書けるので，関数 $\sin(x+a)$ は部分空間 W の元である．

例 7.10 $f(x) = |x|\ (-\pi \leq x \leq \pi)$，かつ $f(x+2\pi) = f(x)$ とする．この関数の Fourier 展開は

$$|x| = \frac{\pi}{2} - \frac{4}{\pi}\left(\frac{\cos x}{1^2} + \frac{\cos 3x}{3^2} + \frac{\cos 5x}{5^2} + \cdots \right) \qquad (-\pi \leq x \leq \pi).$$

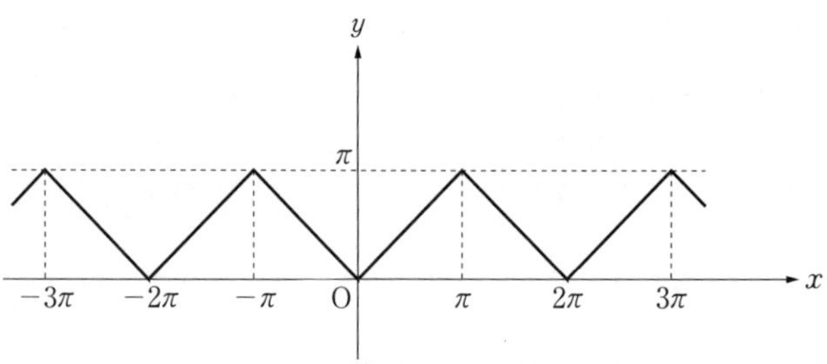

図 7.5

右辺は滑らかな関数の和であるが，左辺は微分可能でない点を周期的に含む．これは右辺が有限和の場合には起こり得ないことで，無限項の和をとってはじめて実現する．さらに $x=0$ とすると

$$0=\frac{\pi}{2}-\frac{4}{\pi}\left(1+\frac{1}{3^2}+\frac{1}{5^2}+\cdots\right).$$

したがって

$$\frac{\pi^2}{8}=1+\frac{1}{3^2}+\frac{1}{5^2}+\frac{1}{7^2}+\cdots.$$

左辺は円周率の 2 乗であり，右辺は自然数のみを用いて書かれている．　□

つまり線形代数の応用として，例 6.9 において RC 回路の電流を求めることができたが，一方で線形空間の構造を通じて，円周率の展開公式を得ることもできた．

例題 7.3

$\mathbf{R}^4$ において

$$\boldsymbol{a}_1=\begin{pmatrix}1\\1\\0\\0\end{pmatrix},\quad \boldsymbol{a}_2=\begin{pmatrix}0\\1\\0\\1\end{pmatrix},\quad \boldsymbol{a}_3=\begin{pmatrix}0\\0\\1\\1\end{pmatrix}$$

が生成する部分空間を W とする．

(1) $\boldsymbol{e}_1=\boldsymbol{a}_1/\|\boldsymbol{a}_1\|$ を含む W の正規直交基底を 1 組求めよ．

(2) W の直交補空間 $W^\perp$ を求めよ．

【解答】 (1)

$$\boldsymbol{e}_1=\frac{\boldsymbol{a}_1}{\|\boldsymbol{a}_1\|}=\frac{1}{\sqrt{2}}\begin{pmatrix}1\\1\\0\\0\end{pmatrix}.$$

$$\boldsymbol{a}_2{}'=\boldsymbol{a}_2-\langle\boldsymbol{a}_2,\boldsymbol{e}_1\rangle\boldsymbol{e}_1=\frac{1}{2}\begin{pmatrix}-1\\1\\0\\2\end{pmatrix},\quad \boldsymbol{e}_2=\frac{\boldsymbol{a}_2{}'}{\|\boldsymbol{a}_2{}'\|}=\frac{1}{\sqrt{6}}\begin{pmatrix}-1\\1\\0\\2\end{pmatrix}.$$

$$\boldsymbol{a}_3{}'=\boldsymbol{a}_3-\langle\boldsymbol{a}_3,\boldsymbol{e}_1\rangle\boldsymbol{e}_1-\langle\boldsymbol{a}_3,\boldsymbol{e}_2\rangle\boldsymbol{e}_2=\frac{1}{3}\begin{pmatrix}1\\-1\\3\\1\end{pmatrix},\quad \boldsymbol{e}_3=\frac{\boldsymbol{a}_3{}'}{\|\boldsymbol{a}_3{}'\|}=\frac{1}{2\sqrt{3}}\begin{pmatrix}1\\-1\\3\\1\end{pmatrix}.$$

(2) W に直交する $4-3=1$ 次元の部分空間を求めればよい．$\boldsymbol{e}_1, \boldsymbol{e}_2, \boldsymbol{e}_3$ と直交するベクトルの成分を順に x, y, z, w とすると，条件 $x+y=0$，$-x+y+2w=0$，$x-y+3z+w=0$ より $y=z=-x$，$w=x$．これより

$$W^{\perp}=\left\{t\begin{pmatrix}1\\-1\\-1\\1\end{pmatrix}\middle|\, t\in\mathbf{R}\right\}.$$

□

例題 7.4

関数 $1, x, x^2, \ldots, x^n$ を基底とする線形空間 V_n に，次の内積を定義する．

$$\langle f,g\rangle=\int_{-1}^{1}f(x)g(x)dx$$

(1) $\langle x^k, x^l\rangle$ $(k,l=0,1,2,\ldots)$ の値を求めよ．

(2) $1, x, x^2$ の順に Gram-Schmidt の直交化法を適用することで，V_2 の正規直交基底 $\{e_0(x), e_1(x), e_2(x)\}$ を求めよ．

【解答】

(1) $\langle x^k, x^{m-k}\rangle=0$ (m は奇数)，$\langle x^k, x^{m-k}\rangle=2/(m+1)$ (m は偶数)．

(2) $a_0(x)=1$, $e_0(x)=\dfrac{a_0(x)}{\|a_0(x)\|}=\sqrt{\dfrac{1}{2}}\cdot 1$, $a_1(x)=x-\langle x, e_0(x)\rangle e_0(x)=x$,

$e_1(x)=\dfrac{a_1(x)}{\|a_1(x)\|}=\sqrt{\dfrac{3}{2}}x$,　$a_2(x)=x^2-\langle x^2, e_0(x)\rangle e_0(x)-\langle x^2, e_1(x)\rangle e_1(x)=x^2-\dfrac{1}{3}$,

$e_2(x)=\dfrac{a_2(x)}{\|a_2(x)\|}=\sqrt{\dfrac{5}{2}}\dfrac{3}{2}\left(x^2-\dfrac{1}{3}\right)$.

□

▶ **参考**　一般に V_n において

$$e_k(x)=\sqrt{\frac{2k+1}{2}}P_k(x),\quad P_k(x)=\frac{1}{2^k k!}\frac{d^k}{dx^k}(x^2-1)^k\quad(k=0,1,2,\ldots)$$

が成り立つ．ここで $P_k(x)$ は Legendre（ルジャンドル）多項式とよばれ，重力や Coulomb（クーロン）力のポテンシャルに代表される $1/|\boldsymbol{r}-\boldsymbol{r}_0|$ 型の関数や，量子力学における角運動量などに関連して現れる重要な直交多項式（互いに直交する多項式）である[*26]．

＊26　この例題と練習問題 7.8, 7.9 からもわかるように，関数 $1, x, x^2, \ldots, x^n$ を Gram-Schmidt の直交化法により異なる内積で直交化することで，応用上重要な種々の直交多項式が得られる．南 和彦「微分積分講義」（裳華房，2010）の練習問題 2.16, 2.17, 2.18 に，これらのみたす微分方程式がある．直交多項式の定義は文献によって符号，規格化等が異なる場合があるので注意が必要である．

例題 7.5

次の関数を Fourier 級数に展開せよ．

$$f(x+2\pi)=f(x) \quad かつ \quad f(x)=\begin{cases} -1 & (-\pi<x<0) \\ 1 & (0<x<\pi). \end{cases}$$

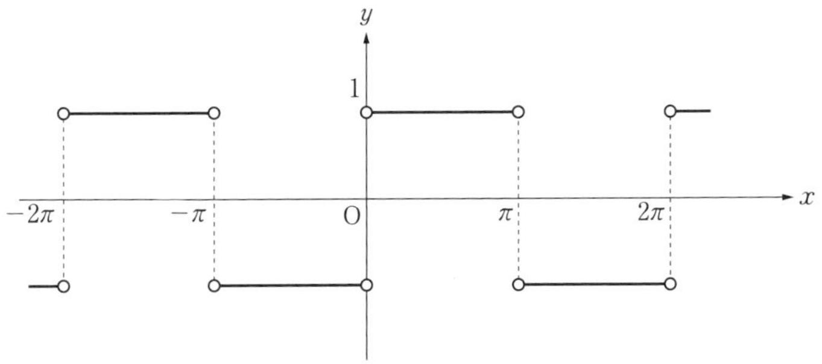

図 7.6

【解答】 定理 7.9 にしたがって係数を求めると，展開のうち偶関数である項の係数 a_n はすべて 0 であり，$b_n=\dfrac{1}{\sqrt{\pi}}\dfrac{4}{n}$ (n は奇数)，$b_n=0$ (n は偶数)．これより

$$f(x)=\frac{4}{\pi}\sum_{n=1}^{\infty}\frac{\sin(2n-1)x}{2n-1}=\frac{4}{\pi}\left(\frac{\sin x}{1}+\frac{\sin 3x}{3}+\frac{\sin 5x}{5}+\cdots\right) \qquad (-\pi<x<\pi).$$

□

▶ **参考** $x=0$ において f は不連続であるが，右辺は $\dfrac{1}{2}(f(-0)+f(+0))=\dfrac{1}{2}(-1+1)=0$ に一致する．

練習問題

7.7 V を内積 $\langle\ ,\ \rangle$ を持つ線形空間とする．

(1) $\{\boldsymbol{e}_1,\boldsymbol{e}_2,\dots,\boldsymbol{e}_n\}$ を V の 1 つの正規直交基底とするとき，任意の $\boldsymbol{x}\in V$ は $\boldsymbol{x}=\langle\boldsymbol{x},\boldsymbol{e}_1\rangle\boldsymbol{e}_1+\langle\boldsymbol{x},\boldsymbol{e}_2\rangle\boldsymbol{e}_2+\cdots+\langle\boldsymbol{x},\boldsymbol{e}_n\rangle\boldsymbol{e}_n$ とあらわされることを示せ．

(2) $\{\boldsymbol{e}_1,\boldsymbol{e}_2,\dots,\boldsymbol{e}_r\}$ を V の 1 つの正規直交系とするとき，

$$\|\boldsymbol{x}\|^2\geq|\langle\boldsymbol{x},\boldsymbol{e}_1\rangle|^2+|\langle\boldsymbol{x},\boldsymbol{e}_2\rangle|^2+\cdots+|\langle\boldsymbol{x},\boldsymbol{e}_r\rangle|^2 \quad \text{(Bessel (ベッセル) の不等式)}$$

が成り立つことを示せ．また任意の $\boldsymbol{x}\in V$ に対して等号

$$\|\boldsymbol{x}\|^2=|\langle\boldsymbol{x},\boldsymbol{e}_1\rangle|^2+|\langle\boldsymbol{x},\boldsymbol{e}_2\rangle|^2+\cdots+|\langle\boldsymbol{x},\boldsymbol{e}_r\rangle|^2 \quad \text{(Parseval (パーセバル) の等式)}$$

が成り立つのは $\{\boldsymbol{e}_1,\boldsymbol{e}_2,\dots,\boldsymbol{e}_r\}$ が V の基底をなすときのみであることを示せ．

7.8 関数 1, x, x^2, …, x^n を基底とする線形空間 V_n に，次の内積を定義する．

$$\langle f, g\rangle = \int_0^\infty f(x)g(x)e^{-x}dx$$

(1) $\langle f, g\rangle$ が内積の条件をみたすことを確かめよ．

(2) $\langle x^k, x^{m-k}\rangle = m!$ $(k, m = 0, 1, 2, \dots,$ かつ $m - k \geq 0)$ を導け．

(3) $1, x, x^2$ の順に，Gram-Schmidt の直交化法を適用することで，V_2 の正規直交基底 $\{e_0(x), e_1(x), e_2(x)\}$ を求めよ．

7.9 関数 1, x, x^2, …, x^n を基底とする線形空間 V_n に，次の内積を定義する．

$$\langle f, g\rangle = \int_{-\infty}^\infty f(x)g(x)e^{-x^2}dx$$

(1) $\langle f, g\rangle$ が内積の条件をみたすことを確かめよ．

(2) $\langle x^l, x^{(2m+1)-l}\rangle = 0$，$\langle x^l, x^{2m-l}\rangle = \sqrt{\pi}\dfrac{1}{2}\dfrac{3}{2}\cdots\dfrac{2m-1}{2} = \sqrt{\pi}\dfrac{(2m-1)!!}{2^m}$

$(l, m = 0, 1, 2, \dots,$ かつ $2m - l \geq 0)$ を導け．

(3) $1, x, x^2$ の順に，Gram-Schmidt の直交化法を適用することで，V_2 の正規直交基底 $\{e_0(x), e_1(x), e_2(x)\}$ を求めよ．

7.10 V を実内積空間，$W_0 = \{\boldsymbol{a}_1, \boldsymbol{a}_2, \dots, \boldsymbol{a}_r\}$ は r 個の元からなる V の部分集合，

$$W_0^T = \{\boldsymbol{x} \in V \mid \langle \boldsymbol{x}, \boldsymbol{a}_j\rangle = 0,\ \ j = 1, 2, \dots, r\}$$

とするとき，$(W_0^T)^\perp$ は W_0 を含む最小の部分空間であることを示せ．

7.11 次の関数を Fourier 級数に展開せよ．

(1) $f(x) = x\ (-\pi < x < \pi)$ かつ $f(x + 2\pi) = f(x)$

(2) $f(x) = x^2\ (-\pi \leq x \leq \pi)$ かつ $f(x + 2\pi) = f(x)$

7.3 いろいろな行列

7.3.1 内積と転置行列

特別な性質を持ついくつかの行列について議論する．その際に内積と転置行列の概念が鍵になるので，ここでは実行列について，次の定理を示しておく．成分が複素数の場合については，対応する構造について第8章で議論する．

定理 7.10 A を実 n 次行列，$\langle\ ,\ \rangle$ を n 次ベクトルの標準内積とするとき，任意の $\boldsymbol{x}, \boldsymbol{y} \in \mathbf{R}^n$ に対して

$$\langle A\boldsymbol{x}, \boldsymbol{y}\rangle = \langle \boldsymbol{x}, {}^tA\boldsymbol{y}\rangle$$

が成り立つ．

例えば A が 2 次の場合には

$$A = \begin{pmatrix} a_{11} & a_{12} \\ a_{21} & a_{22} \end{pmatrix}, \quad \boldsymbol{x} = \begin{pmatrix} x_1 \\ x_2 \end{pmatrix}, \quad \boldsymbol{y} = \begin{pmatrix} y_1 \\ y_2 \end{pmatrix}$$

とすると

$$\begin{aligned} A\boldsymbol{x} &= \begin{pmatrix} a_{11} & a_{12} \\ a_{21} & a_{22} \end{pmatrix}\begin{pmatrix} x_1 \\ x_2 \end{pmatrix} = \begin{pmatrix} a_{11}x_1 + a_{12}x_2 \\ a_{21}x_1 + a_{22}x_2 \end{pmatrix}, \\ \langle A\boldsymbol{x}, \boldsymbol{y}\rangle &= (a_{11}x_1 + a_{12}x_2)y_1 + (a_{21}x_1 + a_{22}x_2)y_2 \\ &= y_1a_{11}x_1 + y_1a_{12}x_2 + y_2a_{21}x_1 + y_2a_{22}x_2. \end{aligned}$$

また同様に

$$\begin{aligned} {}^tA\boldsymbol{y} &= \begin{pmatrix} a_{11} & a_{21} \\ a_{12} & a_{22} \end{pmatrix}\begin{pmatrix} y_1 \\ y_2 \end{pmatrix} = \begin{pmatrix} a_{11}y_1 + a_{21}y_2 \\ a_{12}y_1 + a_{22}y_2 \end{pmatrix}, \\ \langle \boldsymbol{x}, {}^tA\boldsymbol{y}\rangle &= y_1a_{11}x_1 + y_1a_{12}x_2 + y_2a_{21}x_1 + y_2a_{22}x_2. \end{aligned}$$

［**定理 7.10 の証明**］ 上記の計算を一般の n 次の場合について書き下すと，左右両辺とも

$$\sum_{i=1}^{n}\sum_{j=1}^{n} y_i a_{ij} x_j$$

に一致する． □

7.3.2 直交行列と直交変換

内積や直交性の概念と強く結びついた行列である直交行列を導入しよう．

定義 7.4 $A = [a_{ij}]$ を実 n 次行列とするとき，その列ベクトルの全体

$$\{\boldsymbol{a}_1, \boldsymbol{a}_2, \ldots, \boldsymbol{a}_n\} = \left\{\begin{pmatrix} a_{11} \\ \vdots \\ a_{n1} \end{pmatrix}, \begin{pmatrix} a_{12} \\ \vdots \\ a_{n2} \end{pmatrix}, \ldots, \begin{pmatrix} a_{1n} \\ \vdots \\ a_{nn} \end{pmatrix}\right\}$$

が $\mathbf{R}^n$ の正規直交基底をなすとき，つまり，条件

$$\langle \boldsymbol{a}_i, \boldsymbol{a}_j\rangle = \delta_{ij} \qquad (i, j = 1, 2, \ldots, n)$$

をみたすとき，A を**直交行列** (orthogonal matrix) とよび，n 次の直交行列の全体を $O(n)$ と書く．

例 7.11 単位行列

$$\begin{pmatrix} 1 & 0 \\ 0 & 1 \end{pmatrix}, \quad \begin{pmatrix} 1 & 0 & 0 \\ 0 & 1 & 0 \\ 0 & 0 & 1 \end{pmatrix} \quad \text{および} \quad \begin{pmatrix} 1 & 0 & \cdots & 0 \\ 0 & 1 & \cdots & 0 \\ \vdots & \vdots & & \vdots \\ 0 & 0 & \cdots & 1 \end{pmatrix}$$

において，列ベクトルはそれぞれ $\mathbf{R}^2$，$\mathbf{R}^3$ および $\mathbf{R}^n$ の正規直交基底であり，これらはいずれも直交行列である． □

例 7.12 回転行列

$$R(\theta) = \begin{pmatrix} \cos\theta & -\sin\theta \\ \sin\theta & \cos\theta \end{pmatrix}$$

において

$$\left\{ \begin{pmatrix} \cos\theta \\ \sin\theta \end{pmatrix}, \begin{pmatrix} -\sin\theta \\ \cos\theta \end{pmatrix} \right\}$$

は $\mathbf{R}^2$ の正規直交基底であり，$R(\theta)$ は直交行列である． □

定義より直交行列の列ベクトルの全体は線形独立なので，直交行列は正則である．直交行列を特徴付ける定理を証明しておく．

定理 7.11 実 n 次行列 A が直交行列であるための必要十分条件は

$$A\,{}^tA = {}^tAA = E \qquad (\text{つまり } A^{-1} = {}^tA).$$

特にこれより，A が直交行列であれば，${}^tA, A^{-1}$ もまた直交行列である．

［**証明**］

$$\begin{aligned} A \in O(n) &\iff \{\boldsymbol{a}_1, \boldsymbol{a}_2, \dots, \boldsymbol{a}_n\} \text{ が } \mathbf{R}^n \text{ の正規直交基底} \\ &\iff \langle \boldsymbol{a}_i, \boldsymbol{a}_j \rangle = \delta_{ij} \text{ つまり } \sum_{k=1}^{n} a_{ki}a_{kj} = \delta_{ij} \\ &\iff \sum_{k=1}^{n} ({}^tA)_{ik}(A)_{kj} = \delta_{ij} \text{ つまり } {}^tAA = E. \end{aligned}$$

よって ${}^tA = A^{-1}$．したがって定理 2.4 より $A\,{}^tA = E$ も成り立つ．このとき ${}^tA$，A^{-1} が直交行列であるのは定義より明らか． □

${}^tAA = E$ を成分で書くと次のようになる．

$$\begin{pmatrix} a_{11} & \cdots & a_{n1} \\ a_{12} & \cdots & a_{n2} \\ & & \\ a_{1n} & \cdots & a_{nn} \end{pmatrix} \begin{pmatrix} a_{11} & a_{12} & & a_{1n} \\ \vdots & \vdots & & \vdots \\ a_{n1} & a_{n2} & & a_{nn} \end{pmatrix} = \begin{pmatrix} 1 & & & \\ & 1 & & \\ & & \ddots & \\ & & & 1 \end{pmatrix}.$$

${}^tA$ の行ベクトルと A の列ベクトルが同一の正規直交基底なので，右辺が単位行列になることは容易に納得できる．

また $A \in O(n)$ ならば ${}^tA \in O(n)$ なので，

$$\{(a_{11}, a_{12}, \dots, a_{1n}), (a_{21}, a_{22}, \dots, a_{2n}), \dots, (a_{n1}, a_{n2}, \dots, a_{nn})\}$$

もまた ${}^t\mathbf{R}^n$ の正規直交基底である．つまり一般に，行列の列ベクトルが正規直交基底をなすとき，行ベクトルもまた正規直交基底をなすことがわかる．これは直感的に説明することが難しい結果ではないだろうか*27．

例 7.13 回転行列

$$R(\theta) = \begin{pmatrix} \cos\theta & -\sin\theta \\ \sin\theta & \cos\theta \end{pmatrix}$$

において

$${}^tR(\theta) = \begin{pmatrix} \cos\theta & \sin\theta \\ -\sin\theta & \cos\theta \end{pmatrix} = R(-\theta) = R(\theta)^{-1}.$$

このとき，$R(\theta)$ の列ベクトル，および行ベクトル

$$\left\{ \begin{pmatrix} \cos\theta \\ \sin\theta \end{pmatrix}, \begin{pmatrix} -\sin\theta \\ \cos\theta \end{pmatrix} \right\} \qquad \{(\cos\theta, -\sin\theta), (\sin\theta, \cos\theta)\}$$

を考えると，これらはそれぞれ $\mathbf{R}^2$ および ${}^t\mathbf{R}^2$ の正規直交基底をなす． □

定理 7.12 直交行列の積は直交行列である．

［**証明**］ A_1 と A_2 を直交行列，つまり ${}^tA_1 = A_1^{-1}$ かつ ${}^tA_2 = A_2^{-1}$ とする．このとき

$${}^t(A_1A_2)(A_1A_2) = {}^tA_2\,{}^tA_1A_1A_2 = {}^tA_2A_2 = E.$$ □

定理 7.13 A が直交行列ならば $\det A = \pm 1$.

［**証明**］ ${}^tAA = E$ の両辺の行列式をとると，左辺と右辺はそれぞれ

$$\det({}^tAA) = \det{}^tA \cdot \det A = (\det A)^2, \qquad \det E = 1.$$

したがって $(\det A)^2 = 1$．これより $\det A = \pm 1$. □

例 7.12 と例 6.21 からもわかるように，直交行列は成分を実数とする実行列であるが，固有値は一般には実数とは限らず複素数になる場合がある．固有ベクトルの成分も一般には複素数である．しかしこのとき次の定理が成り立つ．

定理 7.14 直交行列の固有値を λ とすると $|\lambda| = 1$．つまり θ をある実数として $\lambda = e^{i\theta}$ とあらわされる．

［**証明**］ A を n 次直交行列，λ をその固有値，$\boldsymbol{p}$ を λ に対する固有ベクトルとすると

$$A\boldsymbol{p} = \lambda\boldsymbol{p}. \tag{7.8}$$

このとき両辺の転置行列をとると，$\boldsymbol{p}$ もまた行列なので左辺は ${}^t(A\boldsymbol{p}) = {}^t\boldsymbol{p}\,{}^tA$，右辺は

*27 次の例 7.13 と例題 7.6 の参考を参照．

${}^t(\lambda \boldsymbol{p}) = \lambda\, {}^t\boldsymbol{p}$. さらに両辺の複素共役をとると ${}^t\overline{\boldsymbol{p}}\, {}^t\overline{A} = \overline{\lambda}\, {}^t\overline{\boldsymbol{p}}$ が成り立つ[*28]. これと (7.8) より

$$ {}^t\overline{\boldsymbol{p}}\, {}^t\overline{A} A \boldsymbol{p} = \overline{\lambda}\, {}^t\overline{\boldsymbol{p}} \lambda \boldsymbol{p}. $$

ここで A は直交行列なので，${}^t\overline{A} = {}^tA = A^{-1}$. したがって ${}^t\overline{A}A = E$. これより

$$ {}^t\overline{\boldsymbol{p}}\boldsymbol{p} = \overline{\lambda}\lambda\, {}^t\overline{\boldsymbol{p}}\boldsymbol{p}. $$

$\boldsymbol{p}$ の成分 x_j は一般に複素数であるが，$\boldsymbol{p} \neq \boldsymbol{0}$ より ${}^t\overline{\boldsymbol{p}}\boldsymbol{p} = |x_1|^2 + |x_2|^2 + \cdots + |x_n|^2 \neq 0$. これより $|\lambda|^2 = \overline{\lambda}\lambda = 1$. つまり $|\lambda| = 1$. □

直交行列の性質として次の定理を証明しておく.

定理 7.15 以下の (1)～(4) は同値である.

(1) A は n 次直交行列である.

(2) 任意の $\boldsymbol{x} \in \mathbf{R}^n$, $\boldsymbol{y} \in \mathbf{R}^n$ に対して $\langle A\boldsymbol{x}, A\boldsymbol{y} \rangle = \langle \boldsymbol{x}, \boldsymbol{y} \rangle$

(3) 任意の $\boldsymbol{x} \in \mathbf{R}^n$ に対して $\|A\boldsymbol{x}\| = \|\boldsymbol{x}\|$

(4) A は正規直交基底を正規直交基底にうつす.

［**証明**］ A が直交行列であることと ${}^tAA = E$ とが同値である. そこで

(1) ⇒ (2) $\langle A\boldsymbol{x}, A\boldsymbol{y} \rangle = \langle \boldsymbol{x}, {}^tAA\boldsymbol{y} \rangle = \langle \boldsymbol{x}, E\boldsymbol{y} \rangle = \langle \boldsymbol{x}, \boldsymbol{y} \rangle$.

(2) ⇒ (1) 条件より $\langle \boldsymbol{x}, \boldsymbol{y} \rangle = \langle A\boldsymbol{x}, A\boldsymbol{y} \rangle = \langle \boldsymbol{x}, {}^tAA\boldsymbol{y} \rangle$. これが任意の $\boldsymbol{x} \in \mathbf{R}^n$, $\boldsymbol{y} \in \mathbf{R}^n$ に対して成り立つならば ${}^tAA = E$. これより A は直交行列.

(2) ⇒ (3) $\boldsymbol{x} = \boldsymbol{y}$ とすると $\|A\boldsymbol{x}\|^2 = \|\boldsymbol{x}\|^2$ であり，かつ $\|A\boldsymbol{x}\| \geq 0$, $\|\boldsymbol{x}\| \geq 0$ より $\|A\boldsymbol{x}\| = \|\boldsymbol{x}\|$.

(3) ⇒ (2) $\|A(\boldsymbol{x} + \boldsymbol{y})\|^2 = \|\boldsymbol{x} + \boldsymbol{y}\|^2$ より

$$ \|A\boldsymbol{x}\|^2 + 2\langle A\boldsymbol{x}, A\boldsymbol{y} \rangle + \|A\boldsymbol{y}\|^2 = \|\boldsymbol{x}\|^2 + 2\langle \boldsymbol{x}, \boldsymbol{y} \rangle + \|\boldsymbol{y}\|^2. $$

このとき $\|A\boldsymbol{x}\|^2 = \|\boldsymbol{x}\|^2$, $\|A\boldsymbol{y}\|^2 = \|\boldsymbol{y}\|^2$ なので $\langle A\boldsymbol{x}, A\boldsymbol{y} \rangle = \langle \boldsymbol{x}, \boldsymbol{y} \rangle$.

(2) (3) ⇒ (4) A によって内積とノルムが不変なので，正規直交基底は正規直交基底にうつされる.

(4) ⇒ (1) $\mathbf{R}^n$ の標準基底は A の列ベクトルにうつされる. このとき標準基底は正規直交基底なので，A の列ベクトルもまた正規直交基底である. □

つまり，直交行列による線形変換によって内積は不変であり，その結果として内積にかかわる性質が保たれる. 例えば，ベクトルのノルムが不変であり，正規直交基底は正規直交基底にうつされる. また $\{\boldsymbol{e}_j\}$ が $\mathbf{R}^n$ の標準基底であるとき，$\{A\boldsymbol{e}_j\}$ は行列 A の列ベクトルであり，A の列ベクトルの全体が $\mathbf{R}^n$ の正規直交基底である.

直交行列を表現行列とする線形変換を直交変換とよぶ. 直交変換は次のように定義される.

---

*28 行列 A のすべての成分をその複素共役に変えて得られる行列を $\overline{A}$ と書く (p.259 を参照).

定義 7.5 内積空間 V と，V の線形変換 f を考える．f によって内積の値が不変，つまり，任意の $\boldsymbol{x}, \boldsymbol{y} \in V$ に対し

$$\langle f(\boldsymbol{x}), f(\boldsymbol{y}) \rangle = \langle \boldsymbol{x}, \boldsymbol{y} \rangle$$

が成り立つとき，f を**直交変換** (orthogonal transformation)，あるいは等長変換とよぶ．

このとき，次の定理が成り立つ．

定理 7.16 V は内積空間，f は V の線形変換，$\{\boldsymbol{e}_1, \boldsymbol{e}_2, \dots, \boldsymbol{e}_n\}$ は V の正規直交基底，$A = [a_{ij}]$ はこの基底に関する f の表現行列であるとする．このとき，次の (1) と (2) は同値である．

(1) f は直交変換である．

(2) f の表現行列 A は直交行列である．

［**証明**］ 基底ベクトル $\boldsymbol{e}_i$ の f による像を，同じ基底 $\{\boldsymbol{e}_1, \boldsymbol{e}_2, \dots, \boldsymbol{e}_n\}$ によって展開すると，展開の係数として表現行列 A の成分が現れる．

$$f(\boldsymbol{e}_i) = \sum_{k=1}^{n} a_{ki}\boldsymbol{e}_k \qquad (i = 1, 2, \dots, n) \tag{7.9}$$

(1) ⇒ (2) f が内積の値を変えないなら

$$\begin{aligned} \langle \boldsymbol{e}_i, \boldsymbol{e}_j \rangle &= \langle f(\boldsymbol{e}_i), f(\boldsymbol{e}_j) \rangle = \left\langle \sum_{k=1}^{n} a_{ki}\boldsymbol{e}_k, \sum_{l=1}^{n} a_{lj}\boldsymbol{e}_l \right\rangle \\ &= \sum_{k=1}^{n}\sum_{l=1}^{n} a_{ki}a_{lj}\langle \boldsymbol{e}_k, \boldsymbol{e}_l \rangle = \sum_{k=1}^{n} a_{ki}a_{kj}. \end{aligned} \tag{7.10}$$

このとき，左辺は δ_{ij} に等しく，$a_{ki} = ({}^tA)_{ik}$，$a_{kj} = (A)_{kj}$ なので

$$\delta_{ij} = \sum_{k=1}^{n} ({}^tA)_{ik}(A)_{kj} \quad \text{つまり} \quad E = {}^tAA.$$

(2) ⇒ (1) A が直交行列ならば

$$\sum_{k=1}^{n} a_{ki}a_{kj} = \delta_{ij} \quad (i,\ j = 1, 2, \dots, n).$$

このとき，(7.10) と同じ計算により左辺は $\langle f(\boldsymbol{e}_i), f(\boldsymbol{e}_j) \rangle$ に等しく，また右辺は $\langle \boldsymbol{e}_i, \boldsymbol{e}_j \rangle$ に等しいので

$$\langle f(\boldsymbol{e}_i), f(\boldsymbol{e}_j) \rangle = \langle \boldsymbol{e}_i, \boldsymbol{e}_j \rangle.$$

このとき，V の任意の元 $\boldsymbol{x} = \sum_{i=1}^{n} x_i\boldsymbol{e}_i$，$\boldsymbol{y} = \sum_{j=1}^{n} y_j\boldsymbol{e}_j$ について

$$\langle f(\boldsymbol{x}), f(\boldsymbol{y}) \rangle = \left\langle f\Big(\sum_{i=1}^{n} x_i\boldsymbol{e}_i\Big), f\Big(\sum_{j=1}^{n} y_j\boldsymbol{e}_j\Big) \right\rangle = \sum_{i,j=1}^{n} x_iy_j\langle f(\boldsymbol{e}_i), f(\boldsymbol{e}_j) \rangle,$$

$$\langle \boldsymbol{x}, \boldsymbol{y} \rangle = \left\langle \sum_{i=1}^{n} x_i\boldsymbol{e}_i, \sum_{j=1}^{n} y_j\boldsymbol{e}_j \right\rangle = \sum_{i,j=1}^{n} x_iy_j\langle \boldsymbol{e}_i, \boldsymbol{e}_j \rangle.$$

これより与式が成り立つ． □

7.3.3 対称行列と対称変換

前節で直交行列について議論したのと同様にして，1.2.2 項で導入した対称行列の性質を調べる．対称行列の定義を示しておこう．

定義 7.6 実正方行列 A が ${}^tA = A$ (つまり $A = [a_{ij}]$ として $a_{ji} = a_{ij}$) をみたすとき，A を**対称行列** (symmetric matrix) とよぶ．

対称行列は以下のような性質を持つ．

定理 7.17 対称行列の固有値は実数である．

［**証明**］ A を n 次対称行列，λ をその固有値，$\boldsymbol{p}$ を λ に対する固有ベクトルとすると，

$$A\boldsymbol{p} = \lambda\boldsymbol{p}. \tag{7.11}$$

このとき両辺の転置行列をとると，$\boldsymbol{p}$ もまた行列なので左辺は ${}^t(A\boldsymbol{p}) = {}^t\boldsymbol{p}\,{}^tA$，右辺は ${}^t(\lambda\boldsymbol{p}) = \lambda\,{}^t\boldsymbol{p}$．さらに両辺の複素共役をとって ${}^t\overline{\boldsymbol{p}}\,{}^t\overline{A} = \overline{\lambda}\,{}^t\overline{\boldsymbol{p}}$．これと (7.11) より

$${}^t\overline{\boldsymbol{p}}\,{}^t\overline{A}A\boldsymbol{p} = \overline{\lambda}\,{}^t\overline{\boldsymbol{p}}\lambda\boldsymbol{p}.$$

ここで A は対称行列なので ${}^t\overline{A} = {}^tA = A$．したがって ${}^t\overline{A}A\boldsymbol{p} = AA\boldsymbol{p} = \lambda^2\boldsymbol{p}$．これより

$$\lambda^2\,{}^t\overline{\boldsymbol{p}}\boldsymbol{p} = \overline{\lambda}\lambda\,{}^t\overline{\boldsymbol{p}}\boldsymbol{p}.$$

$\boldsymbol{p}$ の成分を x_j として，$\boldsymbol{p} \neq \boldsymbol{0}$ より ${}^t\overline{\boldsymbol{p}}\boldsymbol{p} = |x_1|^2 + |x_2|^2 + \cdots + |x_n|^2 \neq 0$．したがって $\lambda^2 = \overline{\lambda}\lambda$．このとき $\lambda = 0$ ならば λ は実数．$\lambda \neq 0$ ならば $\lambda = \overline{\lambda}$ よりやはり λ は実数． □

定理 7.18 対称行列の相異なる固有値に属する固有ベクトルは互いに直交する．

［**証明**］ A を n 次対称行列，

$$A\boldsymbol{p}_1 = \lambda_1\boldsymbol{p}_1,\ \ A\boldsymbol{p}_2 = \lambda_2\boldsymbol{p}_2 \quad \text{かつ} \quad \lambda_1 \neq \lambda_2$$

とすると

$$\begin{aligned}\lambda_1\langle\boldsymbol{p}_1, \boldsymbol{p}_2\rangle &= \langle\lambda_1\boldsymbol{p}_1, \boldsymbol{p}_2\rangle = \langle A\boldsymbol{p}_1, \boldsymbol{p}_2\rangle \\ &= \langle\boldsymbol{p}_1, {}^tA\boldsymbol{p}_2\rangle = \langle\boldsymbol{p}_1, A\boldsymbol{p}_2\rangle = \langle\boldsymbol{p}_1, \lambda_2\boldsymbol{p}_2\rangle = \lambda_2\langle\boldsymbol{p}_1, \boldsymbol{p}_2\rangle.\end{aligned}$$

これより $(\lambda_1 - \lambda_2)\langle\boldsymbol{p}_1, \boldsymbol{p}_2\rangle = 0$．このとき $\lambda_1 \neq \lambda_2$ なので $\langle\boldsymbol{p}_1, \boldsymbol{p}_2\rangle = 0$．つまり $\boldsymbol{p}_1$ と $\boldsymbol{p}_2$ は直交する． □

対称行列を表現行列とする線形変換を対称変換とよぶ．対称変換は次のように定義される．

定義 7.7 V を内積空間，f を V の線形変換とする．任意の $\boldsymbol{x}, \boldsymbol{y} \in V$ に対し

$$\langle f(\boldsymbol{x}), \boldsymbol{y}\rangle = \langle\boldsymbol{x}, f(\boldsymbol{y})\rangle$$

が成り立つとき，f を**対称変換** (symmetric transformation) とよぶ．

このとき，次の定理が成り立つ．

定理 7.19 V は内積空間，f は V の線形変換，$\{\boldsymbol{e}_1, \boldsymbol{e}_2, \ldots, \boldsymbol{e}_n\}$ は V の正規直交基底，$A = [a_{ij}]$ はこの基底に関する f の表現行列であるとする．このとき，次の (1) と (2) は同値である．

(1) f は対称変換である．

(2) f の表現行列 A は対称行列である．

［**証明**］ 表現行列 A の成分について，定理 7.16 と同様に (7.9) が成り立つ．そこで

(1) ⇒ (2)

$$\langle f(\boldsymbol{e}_i), \boldsymbol{e}_j\rangle = \left\langle \sum_{k=1}^{n} a_{ki}\boldsymbol{e}_k, \boldsymbol{e}_j \right\rangle = \sum_{k=1}^{n} a_{ki}\langle \boldsymbol{e}_k, \boldsymbol{e}_j\rangle = a_{ji},$$

$$\langle \boldsymbol{e}_i, f(\boldsymbol{e}_j)\rangle = \left\langle \boldsymbol{e}_i, \sum_{k=1}^{n} a_{kj}\boldsymbol{e}_k \right\rangle = \sum_{k=1}^{n} a_{kj}\langle \boldsymbol{e}_i, \boldsymbol{e}_k\rangle = a_{ij}.$$

f が対称変換ならば $\langle f(\boldsymbol{e}_i), \boldsymbol{e}_j\rangle = \langle \boldsymbol{e}_i, f(\boldsymbol{e}_j)\rangle$ なので，これより $a_{ji} = a_{ij}$.

(2) ⇒ (1) V の任意の元 $\boldsymbol{x} = \sum_{i=1}^{n} x_i\boldsymbol{e}_i$, $\boldsymbol{y} = \sum_{j=1}^{n} y_j\boldsymbol{e}_j$ について

$$\begin{aligned}\langle f(\boldsymbol{x}), \boldsymbol{y}\rangle &= \left\langle f\Big(\sum_{i=1}^{n} x_i\boldsymbol{e}_i\Big), \sum_{j=1}^{n} y_j\boldsymbol{e}_j \right\rangle \\ &= \sum_{i=1}^{n}\sum_{j=1}^{n} x_i y_j \langle f(\boldsymbol{e}_i), \boldsymbol{e}_j\rangle = \sum_{i=1}^{n}\sum_{j=1}^{n} x_i y_j a_{ji}.\end{aligned}$$

同様に

$$\langle \boldsymbol{x}, f(\boldsymbol{y})\rangle = \sum_{i=1}^{n}\sum_{j=1}^{n} x_i y_j \langle \boldsymbol{e}_i, f(\boldsymbol{e}_j)\rangle = \sum_{i=1}^{n}\sum_{j=1}^{n} x_i y_j a_{ij}.$$

したがって $a_{ji} = a_{ij}$ ならば $\langle f(\boldsymbol{x}), \boldsymbol{y}\rangle = \langle \boldsymbol{x}, f(\boldsymbol{y})\rangle$. □

7.3.4 対称行列の直交行列による対角化

対称行列は直交行列によって対角化されることを示す．そのためにまず，行列を三角行列にすること，つまり行列の**三角化** (triangulation) について考える．

定理 7.20 (**三角化**) 実 n 次行列 A の固有値がすべて実数ならば，ある n 次直交行列 P が存在して，$P^{-1}AP$ を上三角行列にすることができる，つまり

$$P^{-1}AP = \begin{pmatrix} \lambda_1 & & * \\ & \lambda_2 & \\ & & \ddots & \\ & & & \lambda_n \end{pmatrix}$$

ここで，左下の成分はすべて 0，対角成分 $\lambda_1, \lambda_2, \ldots, \lambda_n$ は A の固有値である．

［**証明**］ 帰納法で証明する．行列の次数が1のとき成立している．次数が $n-1$ のとき成立していると仮定する．A の固有値 λ_1 と，λ_1 に対する固有ベクトル $\boldsymbol{p}_1$ をとると

$$A\boldsymbol{p}_1 = \lambda_1\boldsymbol{p}_1. \tag{7.12}$$

このとき λ_1 は実数なので $\boldsymbol{p}_1$ の成分を実数にとることができ，またベクトル $\boldsymbol{p}_1$ は規格化しておく．そこで，$\{\boldsymbol{p}_1, \boldsymbol{u}_2, \ldots, \boldsymbol{u}_n\}$ が $\mathbf{R}^n$ の正規直交基底となるように $\boldsymbol{u}_2, \ldots, \boldsymbol{u}_n$ をとると $P = \begin{pmatrix} \boldsymbol{p}_1 & \boldsymbol{u}_2 & \cdots & \boldsymbol{u}_n \end{pmatrix}$ は直交行列であり

$$A\begin{pmatrix} \boldsymbol{p}_1 & \boldsymbol{u}_2 & \cdots & \boldsymbol{u}_n \end{pmatrix} = \begin{pmatrix} \boldsymbol{p}_1 & \boldsymbol{u}_2 & \cdots & \boldsymbol{u}_n \end{pmatrix}\left(\begin{array}{c|c} \lambda_1 & * \\ \hline 0 & \\ \vdots & A_{n-1} \\ 0 & \end{array}\right)$$

が成り立つ．これより

$$P^{-1}AP = \left(\begin{array}{c|c} \lambda_1 & * \\ \hline 0 & \\ \vdots & A_{n-1} \\ 0 & \end{array}\right). \tag{7.13}$$

ここで，A_{n-1} は $n-1$ 次の実行列である．A の固有方程式は，E_{n-1} を $n-1$ 次の単位行列として

$$0 = \Phi_A(\lambda) = \left|\begin{array}{c|c} \lambda-\lambda_1 & * \\ \hline 0 & \\ \vdots & \lambda E_{n-1} - A_{n-1} \\ 0 & \end{array}\right|$$
$$= (\lambda-\lambda_1)\det(\lambda E_{n-1} - A_{n-1}).$$

よって A_{n-1} の固有値は $\lambda_2, \ldots, \lambda_n$，つまり A の固有値から λ_1 を除いたものであり，すべて実数である．したがって帰納法の仮定により，$n-1$ 次の直交行列 P_{n-1} が存在して，A_{n-1} は次のように三角化される．

$$P_{n-1}^{-1}A_{n-1}P_{n-1} = \begin{pmatrix} \lambda_2 & & * \\ & \ddots & \\ & & \lambda_n \end{pmatrix}.$$

このとき

$$U = P\left(\begin{array}{c|ccc} 1 & 0 & \cdots & 0 \\ \hline 0 & & & \\ \vdots & & P_{n-1} & \\ 0 & & & \end{array}\right)$$

とすると U は直交行列で

$$U^{-1}AU = \left(\begin{array}{c|ccc} 1 & 0 & \cdots & 0 \\ \hline 0 & & & \\ \vdots & & P_{n-1}^{-1} & \\ 0 & & & \end{array}\right)P^{-1}AP\left(\begin{array}{c|ccc} 1 & 0 & \cdots & 0 \\ \hline 0 & & & \\ \vdots & & P_{n-1} & \\ 0 & & & \end{array}\right)$$

$$
= \left(\begin{array}{c|ccc} 1 & 0 & \cdots & 0 \\ \hline 0 & & & \\ \vdots & & P_{n-1}^{-1} & \\ 0 & & & \end{array}\right)\left(\begin{array}{c|c} \lambda_1 & * \\ \hline 0 & \\ \vdots & A_{n-1} \\ 0 & \end{array}\right)\left(\begin{array}{c|ccc} 1 & 0 & \cdots & 0 \\ \hline 0 & & & \\ \vdots & & P_{n-1} & \\ 0 & & & \end{array}\right)
$$

$$
= \left(\begin{array}{c|c} \lambda_1 & * \\ \hline 0 & \\ \vdots & P_{n-1}^{-1}A_{n-1}P_{n-1} \\ 0 & \end{array}\right)
$$

$$
= \begin{pmatrix} \lambda_1 & & & \\ 0 & \lambda_2 & * & \\ \vdots & & \ddots & \\ 0 & & & \lambda_n \end{pmatrix}. \qquad \square
$$

証明からわかるように，三角化において A の固有値 λ_j の順序は任意であり，例えば λ_j を，その大きさの順に並べることができる．

次の定理は重要である．

定理 7.21 行列 A が対称行列であるなら，A は直交行列 P によって対角化される．つまり A に対してある P が存在して

$$
P^{-1}AP = \begin{pmatrix} \lambda_1 & & \\ & \ddots & \\ & & \lambda_n \end{pmatrix} \tag{7.14}
$$

とあらわされる．

［**証明**］ A が対称行列であるなら，対称行列の固有値は実数なので，定理 7.20 よりある直交行列 P が存在して $P^{-1}AP$ は上三角行列になる．このとき ${}^t(P^{-1}AP)$ は下三角行列であるが，${}^t(P^{-1}AP) = {}^tP\,{}^tA\,{}^tP^{-1} = P^{-1}AP$ より上三角行列でもあるので，$P^{-1}AP$ は対角行列である． □

(7.14) の両辺は対角行列なので ${}^t(P^{-1}AP) = P^{-1}AP$ が成り立ち，これより ${}^tA = A$ が導かれる．つまり，直交行列 P によって (7.14) のように対角化されるなら A は対称である．このとき (7.14) の右辺において λ_j がすべて実数であるなら A の成分は実数であるが，λ_j が一般に複素数の場合には A の成分も一般には複素数になり，A は成分が複素数でかつ ${}^tA = A$ をみたす行列，つまり複素対称行列になる．

以上の議論から，A が実対称行列であることが，A が直交行列によって実の対角行列に対角化されるための必要十分条件であることがわかる．

定理 7.21 において，行列 P の列ベクトルが A の固有ベクトルを与える．P は直交行列なので，A の固有空間について次の結論を得る．

定理 7.22 行列 A の相異なる固有値を $\lambda_1, \lambda_2, \ldots, \lambda_s$, 固有値 λ_j に対する固有空間を $W(\lambda_j)$ とするとき,

$$A \text{ は対称行列} \iff \mathbf{R}^n = W(\lambda_1) \oplus W(\lambda_2) \oplus \cdots \oplus W(\lambda_s) \text{ であり,}$$
$$\text{かつ すべての } W(\lambda_j) \text{ は互いに直交する.}$$

例題 7.6

2次の直交行列をすべて求め, その行列式を計算せよ.

【解答】 $A = \begin{pmatrix} a & b \\ c & d \end{pmatrix}$ とおくと, 条件より

$$E = {}^tAA = \begin{pmatrix} a & c \\ b & d \end{pmatrix}\begin{pmatrix} a & b \\ c & d \end{pmatrix} = \begin{pmatrix} a^2+c^2 & ab+cd \\ ab+cd & b^2+d^2 \end{pmatrix}.$$

これより $a^2+c^2=1$, $ab+cd=0$, $b^2+d^2=1$. 第1式より $a=\cos\theta$, $c=\sin\theta$ $(0 \leq \theta < 2\pi)$ とおける. すると第2式と第3式より $d=\pm\cos\theta$, $b=\mp\sin\theta$ (複号同順). これより

$$A^+ = \begin{pmatrix} \cos\theta & -\sin\theta \\ \sin\theta & \cos\theta \end{pmatrix}, \qquad A^- = \begin{pmatrix} \cos\theta & \sin\theta \\ \sin\theta & -\cos\theta \end{pmatrix}.$$

行列式の値は $\det A^+ = 1$, $\det A^- = -1$. □

▶ **参考** 例 6.14 からわかるように, A^+ は回転, A^- は直線に関する反転 (あるいは鏡映) に相当し, 同じく例 6.14 からわかるように, 回転は鏡映の積として得られる. つまり2次の直交行列は鏡映から生成される. 一般に n 次の直交行列について, その固有値 λ は $|\lambda|=1$ をみたすので, $\lambda=1, -1$ または $e^{i\theta}$ の形の複素数であるが, 直交行列の固有方程式は実数を係数とする n 次方程式なので, $e^{i\theta}$ が固有値であれば $e^{-i\theta}$ もまた固有値になる. そこで固有値を $e^{i\theta}$, $e^{-i\theta}$ の順に並べ, 例 6.21 の逆の変換を考えることで, 直交行列 A が次のようなブロック対角行列であらわされることを導くことができる.

$$P^{-1}AP = \begin{pmatrix} 1 & & & & & & & & & & \\ & \ddots & & & & & & & & O & \\ & & 1 & & & & & & & & \\ & & & -1 & & & & & & & \\ & & & & \ddots & & & & & & \\ & & & & & -1 & & & & & \\ & & & & & & \cos\theta_1 & -\sin\theta_1 & & & \\ & & & & & & \sin\theta_1 & \cos\theta_1 & & & \\ & O & & & & & & & \ddots & & \\ & & & & & & & & & \cos\theta_s & -\sin\theta_s \\ & & & & & & & & & \sin\theta_s & \cos\theta_s \end{pmatrix}$$

ただし P は n 次の直交行列である. このとき, 対角成分の -1 は鏡映であり, 回転行列も

また2回の鏡映によって生成される．一般に，任意の n 次直交行列は鏡映の積としてあらわされることが知られている．

例題 7.7

次の対称行列を直交行列で対角化せよ．

(1) $\begin{pmatrix} 1 & a \\ a & 1 \end{pmatrix}$ $(a \neq 0)$ (2) $\begin{pmatrix} 2 & 0 & 1 \\ 0 & 1 & 0 \\ 1 & 0 & 2 \end{pmatrix}$

【解答】 (1) 固有値は $\lambda = 1 + a,\ 1 - a$. それぞれに対する（規格化された）固有ベクトルは，例えば

$$\frac{1}{\sqrt{2}}\begin{pmatrix} 1 \\ 1 \end{pmatrix} \quad \text{および} \quad \frac{1}{\sqrt{2}}\begin{pmatrix} 1 \\ -1 \end{pmatrix}.$$

これより

$$\begin{pmatrix} 1 & a \\ a & 1 \end{pmatrix}P = P\begin{pmatrix} 1+a & 0 \\ 0 & 1-a \end{pmatrix}, \qquad P = \frac{1}{\sqrt{2}}\begin{pmatrix} 1 & 1 \\ 1 & -1 \end{pmatrix}.$$

(2) 固有値は $\lambda = 3, 1, 1$. それぞれに対する（規格化された）固有ベクトルは，例えば

$$\frac{1}{\sqrt{2}}\begin{pmatrix} 1 \\ 0 \\ 1 \end{pmatrix} \quad \text{および} \quad \begin{pmatrix} 0 \\ 1 \\ 0 \end{pmatrix}, \quad \frac{1}{\sqrt{2}}\begin{pmatrix} 1 \\ 0 \\ -1 \end{pmatrix}.$$

これより

$$\begin{pmatrix} 2 & 0 & 1 \\ 0 & 1 & 0 \\ 1 & 0 & 2 \end{pmatrix}P = P\begin{pmatrix} 3 & 0 & 0 \\ 0 & 1 & 0 \\ 0 & 0 & 1 \end{pmatrix}, \qquad P = \begin{pmatrix} 1/\sqrt{2} & 0 & 1/\sqrt{2} \\ 0 & 1 & 0 \\ 1/\sqrt{2} & 0 & -1/\sqrt{2} \end{pmatrix}.$$

□

▶ **参考** 対称行列なので固有値はすべて実数であり，異なる固有値に属する固有ベクトルは互いに直交している．(1) 規格化された固有ベクトルを列ベクトルとすると直交行列が得られる．(2) $\lambda = 1$ に属する2次元の固有空間 $W(1)$ については，固有ベクトルとして $W(1)$ のどの基底をとっても対角化できるが，規格化されて互いに直交する基底を選ぶと，P が直交行列になる．(1)(2) いずれの場合にも，列ベクトルの符号はそれぞれ任意にとれるので，$\det P$ の値は ± 1 どちらの値でも選ぶことができる．

例題 7.8

次の対称行列を直交行列で対角化せよ．

$$A = \begin{pmatrix} 0 & 0 & 0 & 1 \\ 0 & 0 & 1 & 0 \\ 0 & 1 & 0 & 0 \\ 1 & 0 & 0 & 0 \end{pmatrix}$$

【解答】 固有値は $\lambda = 1, 1, -1, -1$. それぞれに対応する（規格化された）固有ベクトルは，例えば

$$\frac{1}{\sqrt{2}}\begin{pmatrix} 1 \\ 0 \\ 0 \\ 1 \end{pmatrix}, \quad \frac{1}{\sqrt{2}}\begin{pmatrix} 0 \\ 1 \\ 1 \\ 0 \end{pmatrix} \quad \text{および} \quad \frac{1}{\sqrt{2}}\begin{pmatrix} 0 \\ 1 \\ -1 \\ 0 \end{pmatrix}, \quad \frac{1}{\sqrt{2}}\begin{pmatrix} 1 \\ 0 \\ 0 \\ -1 \end{pmatrix}.$$

これより

$$AP = P\begin{pmatrix} 1 & 0 & 0 & 0 \\ 0 & 1 & 0 & 0 \\ 0 & 0 & -1 & 0 \\ 0 & 0 & 0 & -1 \end{pmatrix}, \qquad P = \frac{1}{\sqrt{2}}\begin{pmatrix} 1 & 0 & 0 & 1 \\ 0 & 1 & 1 & 0 \\ 0 & 1 & -1 & 0 \\ 1 & 0 & 0 & -1 \end{pmatrix}.$$

【別解】 A は (5.12) を用いて行列の直積として

$$A = \begin{pmatrix} 0 & 1 \\ 1 & 0 \end{pmatrix} \otimes \begin{pmatrix} 0 & 1 \\ 1 & 0 \end{pmatrix}$$

とあらわされる．このとき $\begin{pmatrix} 0 & 1 \\ 1 & 0 \end{pmatrix}$ の固有値と規格化された固有ベクトルは

$$\lambda = 1 \text{ に対して } \frac{1}{\sqrt{2}}\begin{pmatrix} 1 \\ 1 \end{pmatrix}, \quad \lambda = -1 \text{ に対して } \frac{1}{\sqrt{2}}\begin{pmatrix} 1 \\ -1 \end{pmatrix}.$$

これより A の固有値と固有ベクトルは

$$\lambda = 1\cdot 1 \quad \frac{1}{\sqrt{2}}\begin{pmatrix} 1 \\ 1 \end{pmatrix} \otimes \frac{1}{\sqrt{2}}\begin{pmatrix} 1 \\ 1 \end{pmatrix}, \quad \lambda = 1\cdot(-1) \quad \frac{1}{\sqrt{2}}\begin{pmatrix} 1 \\ 1 \end{pmatrix} \otimes \frac{1}{\sqrt{2}}\begin{pmatrix} 1 \\ -1 \end{pmatrix},$$

$$\lambda = (-1)\cdot 1 \quad \frac{1}{\sqrt{2}}\begin{pmatrix} 1 \\ -1 \end{pmatrix} \otimes \frac{1}{\sqrt{2}}\begin{pmatrix} 1 \\ 1 \end{pmatrix}, \quad \lambda = (-1)\cdot(-1) \quad \frac{1}{\sqrt{2}}\begin{pmatrix} 1 \\ -1 \end{pmatrix} \otimes \frac{1}{\sqrt{2}}\begin{pmatrix} 1 \\ -1 \end{pmatrix}.$$

これより $AP = P\Lambda$，ただし

$$\Lambda = \begin{pmatrix} 1 & 0 \\ 0 & -1 \end{pmatrix} \otimes \begin{pmatrix} 1 & 0 \\ 0 & -1 \end{pmatrix} = \begin{pmatrix} 1 & 0 & 0 & 0 \\ 0 & 1\cdot(-1) & 0 & 0 \\ 0 & 0 & (-1)\cdot 1 & 0 \\ 0 & 0 & 0 & (-1)\cdot(-1) \end{pmatrix},$$

$$P = \frac{1}{\sqrt{2}}\begin{pmatrix} 1 & 1 \\ 1 & -1 \end{pmatrix} \otimes \frac{1}{\sqrt{2}}\begin{pmatrix} 1 & 1 \\ 1 & -1 \end{pmatrix} = \frac{1}{2}\begin{pmatrix} 1 & 1 & 1 & 1 \\ 1 & -1 & 1 & -1 \\ 1 & 1 & -1 & -1 \\ 1 & -1 & -1 & 1 \end{pmatrix}.$$

□

練習問題

7.12 次の行列を直交行列で対角化せよ.

(1) $\begin{pmatrix} 1 & 0 & -1 \\ 0 & 1 & 1 \\ -1 & 1 & 0 \end{pmatrix}$ (2) $\begin{pmatrix} 0 & 1 & 0 & 0 \\ 1 & 0 & 0 & 0 \\ 0 & 0 & 0 & -1 \\ 0 & 0 & -1 & 0 \end{pmatrix}$

7.13 6.5節で対角化した以下の行列を三角化せよ.

(1) $\begin{pmatrix} 4 & -2 \\ -1 & 5 \end{pmatrix}$ (2) $\begin{pmatrix} 2 & -1 & 1 \\ 1 & 0 & 1 \\ 1 & -1 & 2 \end{pmatrix}$

7.14 $\mathbf{R}^3$ のベクトル $\boldsymbol{x} = \begin{pmatrix} x \\ y \\ z \end{pmatrix}$ を, z 軸を中心に xy 平面内で角度 α 回転し, x 軸を中心に yz 平面内で角度 β 回転して得られるベクトル $\boldsymbol{x}'$ を求めよ.

7.15 V は (7.7) を基底とする実数上の線形空間, V の内積を (7.6) とするとき, 線形変換 $T: f(x) \mapsto Tf(x) = f(x+a)$ が直交変換であることを示せ.

7.16 交代行列の固有値は0または純虚数であることを示せ.

7.17 成分の値が ±1 で各行が互いに直交する行列を Hadamard (アダマール) 行列 (Hadamard matrix) とよぶ. n 次の Hadamard 行列を H_n と書く.

(1) H_n $(n = 1, 2, 3, 4)$ の例をあげよ.

(2) $\det H_n$ として可能な値を求めよ.

コラム 最小二乗法

数値的な計算や測定の結果としてデータを得て, 結果は直線上にならぶことが予想されているとする. データに誤差が含まれる場合には, これらは完全に直線の上には乗らないが, 本来は乗るはずの直線をデータから推定しようとするとき, 最小二乗法を利用することができる. 求める直線を $y = ax + b$, 得られたデータを (x_1, y_1), (x_2, y_2), …, (x_n, y_n) とするとき

$$f = \sum_{j=1}^{n} (ax_j + b - y_j)^2 \tag{I}$$

が最小になるように, a と b を決める.

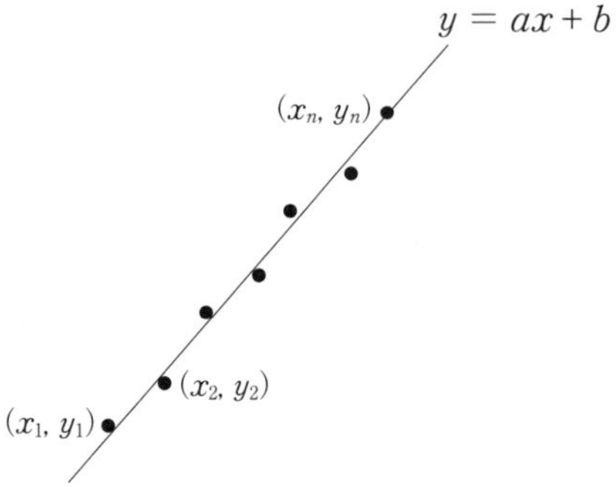

つまり直線とデータの差の二乗の和が最も小さくなるように直線を決める．(単純に差の和をとると，正の値の差と負の値の差が打ち消し合い，大きくずれていても和が小さくなる場合がある．また，二乗の和がベクトルのノルムに相当するため，より系統的な取り扱いが可能になる．) f が極小値をとるための必要条件は，

$$0 = \frac{\partial f}{\partial a} = \sum_{j=1}^{n} 2(ax_j + b - y_j)x_j, \quad 0 = \frac{\partial f}{\partial b} = \sum_{j=1}^{n} 2(ax_j + b - y_j). \quad \text{(II)}$$

このとき

$$A = \begin{pmatrix} x_1 & 1 \\ \vdots & \vdots \\ x_n & 1 \end{pmatrix}, \qquad \boldsymbol{y} = \begin{pmatrix} y_1 \\ \vdots \\ y_n \end{pmatrix}$$

とすると (I) と (II) はそれぞれ

$$f = \left\| A \begin{pmatrix} a \\ b \end{pmatrix} - \boldsymbol{y} \right\|^2, \qquad {}^tAA \begin{pmatrix} a \\ b \end{pmatrix} = {}^tA\boldsymbol{y}$$

とあらわされる．つまり f はベクトルのノルムから得られ，また A はデータによって定まる係数行列で，$\det({}^tAA) \neq 0$ のとき a と b は一意的に定まる．

7.4 二次形式

7.4.1 二次形式

変数 x, y の 2 次同次式，つまりどの項についても x と y の次数の和が 2 である多項式と行列との関係を考えよう．例えば次の式は 2 次同次式であり，行列を使ってあらわすことができる．

$$f(x, y) = x^2 + 4xy + 3y^2$$

$$= (x, y)\begin{pmatrix} 1 & 2 \\ 2 & 3 \end{pmatrix}\begin{pmatrix} x \\ y \end{pmatrix}.$$

ここで，中央の行列は対称行列であり，この行列を調べることで，二次曲線や二次曲面を分類することができる．

定義 7.8 (**二次形式**)　$x_1, x_2, \dots, x_n \in \mathbf{R}$ とするとき

$$f(x_1, x_2, \dots, x_n) = \sum_{i=1}^{n}\sum_{j=1}^{n} a_{ij}x_i x_j = {}^t\boldsymbol{x}A\boldsymbol{x}, \quad \boldsymbol{x} = \begin{pmatrix} x_1 \\ \vdots \\ x_n \end{pmatrix} \tag{7.15}$$

を**二次形式** (quadratic form) とよび，A をその係数行列とよぶ．

二次形式をあらわす際に，$A[\boldsymbol{x}] = {}^t\boldsymbol{x}A\boldsymbol{x}$ という記号がしばしば使われる．$x_i x_j = x_j x_i$ であるので，下に述べる例からもわかるように，係数行列 A は常に対称行列にとることができる．

7.4.2 二次曲線と固有値，固有ベクトル

係数行列の固有値，固有ベクトルを調べることによって二次曲線を分類する．例えば

$$1 = \frac{3}{4}x^2 + \frac{1}{2}xy + \frac{3}{4}y^2 \quad (= f(x, y))$$

を考えよう．この右辺は 2 次同次式であり，次のように書くことができる．

$$f(x, y) = (x, y)A\begin{pmatrix} x \\ y \end{pmatrix}, \qquad A = \frac{1}{4}\begin{pmatrix} 3 & 1 \\ 1 & 3 \end{pmatrix}.$$

ここで xy の係数は 1/2 なので，A の (1, 2) 成分 a_{12} と (2, 1) 成分 a_{21} は，$a_{12}xy + a_{21}yx = xy/2$ がみたされるように，つまり $a_{12} + a_{21} = 1/2$ がみたされるようにすればよいので，$a_{12} = a_{21} = 1/4$ を選んで A が対称行列になるようにしておく．このことは後の計算のために重要である．

そこで行列 A の固有値と固有ベクトルを求める．固有方程式は

$$0 = \det(\lambda E - A) = \begin{vmatrix} \lambda - \dfrac{3}{4} & -\dfrac{1}{4} \\ -\dfrac{1}{4} & \lambda - \dfrac{3}{4} \end{vmatrix} = (\lambda - 1)\left(\lambda - \frac{1}{2}\right).$$

したがって固有値は$\lambda = 1, 1/2$．それぞれに対する固有ベクトルは

$$\lambda = 1 \text{ に対し } \frac{1}{\sqrt{2}}\begin{pmatrix} 1 \\ 1 \end{pmatrix}, \qquad \lambda = \frac{1}{2} \text{ に対し } \frac{1}{\sqrt{2}}\begin{pmatrix} 1 \\ -1 \end{pmatrix}.$$

ここで固有ベクトルは規格化してノルムを1にしてある．これより

$$A\frac{1}{\sqrt{2}}\begin{pmatrix} 1 & 1 \\ 1 & -1 \end{pmatrix} = \frac{1}{\sqrt{2}}\begin{pmatrix} 1 & 1 \\ 1 & -1 \end{pmatrix}\begin{pmatrix} 1 & 0 \\ 0 & 1/2 \end{pmatrix}$$

が成り立つので，

$$A = P\begin{pmatrix} 1 & 0 \\ 0 & 1/2 \end{pmatrix}P^{-1}, \qquad P = \frac{1}{\sqrt{2}}\begin{pmatrix} 1 & 1 \\ 1 & -1 \end{pmatrix}.$$

Aは対称行列なので，2つの固有ベクトルは互いに直交しており，また固有ベクトルのノルムを1にしたので，その結果としてPは直交行列になっている．そこで

$$\begin{aligned} f(x, y) &= (x, y)A\begin{pmatrix} x \\ y \end{pmatrix} = (x, y)P\begin{pmatrix} 1 & 0 \\ 0 & 1/2 \end{pmatrix}P^{-1}\begin{pmatrix} x \\ y \end{pmatrix} \\ &= (X, Y)\begin{pmatrix} 1 & 0 \\ 0 & 1/2 \end{pmatrix}\begin{pmatrix} X \\ Y \end{pmatrix} = X^2 + \left(\frac{Y}{\sqrt{2}}\right)^2. \end{aligned}$$

ただし，Pが直交行列であり$P^{-1} = {}^tP$であることより

$$(x, y)P = (X, Y) \quad \text{かつ} \quad P^{-1}\begin{pmatrix} x \\ y \end{pmatrix} = {}^tP\begin{pmatrix} x \\ y \end{pmatrix} = \begin{pmatrix} X \\ Y \end{pmatrix}$$

が成り立つことを使った．これより

$$1 = f(x, y) = X^2 + \left(\frac{Y}{\sqrt{2}}\right)^2. \tag{7.16}$$

これはX軸，Y軸に平行な軸を持つ楕円である．X軸は$Y = 0$で特徴付けられるので$0 = Y = (x - y)/\sqrt{2}$，同様にY軸は$0 = X = (x + y)/\sqrt{2}$で与えられ，これらはAの固有ベクトルを方向ベクトルとして持つ．つまり曲線$1 = f(x, y)$は，係数行列の固有ベクトルの方向を軸とし，固有値によって長径と短径が定まる楕円である．

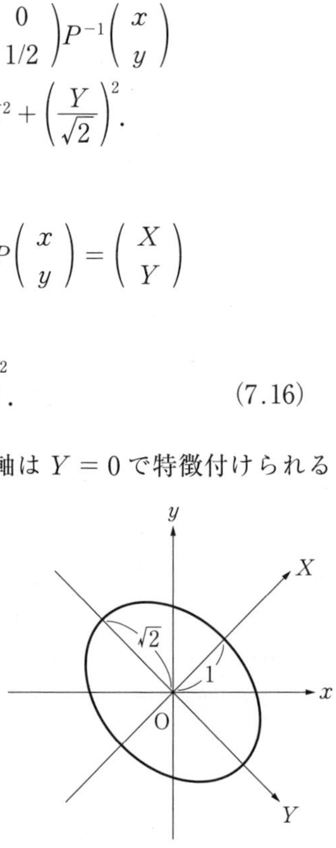

図7.7　楕円

例えばもし，固有ベクトルが同じで固有値が1と$-1/2$であるなら，曲線の方程式は

$$1 = X^2 - \left(\frac{Y}{\sqrt{2}}\right)^2$$

であり，これは双曲線である．同様に，一般に二次曲線に行列に対応させ，その行列の固有値によって曲線を分類することができる．

2次同次式を行列で書く際に，例えば

$$\begin{aligned} f(x, y) &= \frac{3}{4}x^2 + \frac{1}{2}xy + \frac{3}{4}y^2 \\ &= (x, y)\,\frac{1}{4}\begin{pmatrix} 3 & 3/2 \\ 1/2 & 3 \end{pmatrix}\begin{pmatrix} x \\ y \end{pmatrix} = (x, y)B\begin{pmatrix} x \\ y \end{pmatrix} \end{aligned}$$

とすることもできるが，このとき B は対称行列ではないので，$B = PQP^{-1}$ と対角化した際に P は直交行列でなくなる（係数の選び方によっては，B が対角化可能でなくなることもある）．このとき B の固有値を λ_1, λ_2 とすると

$$f(x, y) = (x, y)\,P\begin{pmatrix} \lambda_1 & 0 \\ 0 & \lambda_2 \end{pmatrix}P^{-1}\begin{pmatrix} x \\ y \end{pmatrix}.$$

ここで新しい変数として

$$(X, Y) = (x, y)P, \qquad \begin{pmatrix} X' \\ Y' \end{pmatrix} = P^{-1}\begin{pmatrix} x \\ y \end{pmatrix}$$

をとっても，一般には $P^{-1} \neq {}^tP$ であるため $X \neq X'$ かつ $Y \neq Y'$ であり，f を (7.16) のような簡単な形に書くことができない．つまり，行列を対称行列にとっておくことで，より見通しのよい議論ができるようになる．

7.4.3 二次形式の標準形

一般に，n 個の変数 $x_1, x_2, \ldots, x_n$ の二次形式 f について調べよう．この場合も係数行列 A は対称行列にとることができ，このとき A は対角化可能であり実の固有値を持つ．また A は直交行列 P によって対角化され，$\boldsymbol{y} = P^{-1}\boldsymbol{x}$ とすると

$$f = \lambda_1 {y_1}^2 + \lambda_2 {y_2}^2 + \cdots + \lambda_n {y_n}^2 \tag{7.17}$$

とあらわされる．ここで λ_j は A の固有値であり，$\lambda_1, \ldots, \lambda_p > 0$, $\lambda_{p+1}, \ldots, \lambda_{p+q} < 0$, $\lambda_{p+q+1} = \cdots = \lambda_n = 0$ とすると，$p + q = r$ は行列 A の階数である．さらに $z_j = \sqrt{\lambda_j}\,y_j\ (1 \leq j \leq p)$, $z_j = \sqrt{-\lambda_j}\,y_j\ (p+1 \leq j \leq p+q)$, $z_j = y_j\ (p+q+1 \leq j \leq n)$，とすると

$$f = {z_1}^2 + \cdots + {z_p}^2 - z_{p+1}^2 - \cdots - z_{p+q}^2$$

が得られる．これを二次形式の**標準形** (canonical form) とよび，標準系への変数変換を**主軸変換** (transformation to principal axis) とよぶ．このとき次の定理は基本的であり，**Sylvester (シルヴェスタ) の慣性法則** (Sylvester's law of inertia) とよばれる．

定理 7.23 (**Sylvester の慣性法則**) 二次形式の標準形は一意的である．つまり，正則な線形変換によって二次形式を標準形に直したとき，p と q の値は一意的である．

［**証明**］ P と Q を正則な行列として，変換

$$\boldsymbol{y} = P^{-1}\boldsymbol{x}, \quad \boldsymbol{z} = Q^{-1}\boldsymbol{x} \tag{7.18}$$

によってそれぞれ以下の標準形が得られたとする．

$$\begin{aligned} f &= {y_1}^2 + \cdots + {y_p}^2 - y_{p+1}^2 - \cdots - y_{p+q}^2 \\ &= {z_1}^2 + \cdots + {z_s}^2 - z_{s+1}^2 - \cdots - z_{s+t}^2 \end{aligned} \tag{7.19}$$

ここで $p+q$ と $s+t$ は A の階数 r に等しく，行列の階数は一意的なので $p+q=s+t$ が成り立つ．そこで $p<s$ と仮定する．(7.19) の標準形において $y_1 = \cdots = y_p = 0$, $z_{s+1} = \cdots = z_{s+t} = \cdots = z_n = 0$ をみたす $\boldsymbol{x}$ を求める．この $\boldsymbol{x}$ は (7.18) より得られる $\boldsymbol{x}$ に関する連立1次方程式

$$\begin{aligned} y_j &= 0 \qquad (1 \leq j \leq p), \\ z_j &= 0 \qquad (s+1 \leq j \leq n) \end{aligned}$$

の解であるが，$p<s$ と仮定したので，方程式の数 $p+(n-s)$ は変数の数 n よりも少なく，自明でない解 $\boldsymbol{x}$ が存在する．

このときこの $\boldsymbol{x}$ に対し，(7.19) より

$$-y_{p+1}^2 - \cdots - y_{p+q}^2 = {z_1}^2 + \cdots + {z_s}^2$$

が得られるが，y_i, z_j は実数なので $y_{p+1} = \cdots = y_{p+q} = 0$, $z_1 = \cdots = z_s = 0$. これよりすべての z_j が0に等しい．ここで Q は正則なので(7.18)より $\boldsymbol{x} = \boldsymbol{0}$ と定まり，自明でない解が存在することに矛盾．よって $p \geq s$. 同様に $p \leq s$ が得られるので，$p = s$. □

この (p, q) を二次形式の**符号** (signature) とよぶ．p は係数行列 A の正の固有値の数，q は A の負の固有値の数である．また二次形式 f がすべての $\boldsymbol{x}(\neq \boldsymbol{0})$ に対して正 (または非負) であるとき，f および対称行列 A は**正値** (positive-definite) (または**半正値** (positive-semidefinite), **非負値** (non-negative)) であると言う．f が正値であるのは，A のすべての固有値が正のときであり，このとき $(p, q) = (n, 0)$ である．また f および A が半正値であるのは，A のすべての固有値が非負のときであり，このとき $q = 0$ である．**負値** (negative-definite), **半負値** (negative-semidefinite), **非正値** (non-positive) についても同様である．

符号数が一致する二次形式は，互いに同値であると言う．これは定義2.3の同値関係の一種である．互いに同値な二次形式は，主軸変換とその逆変換によって互いにうつりあう．

二次形式が正値であるための必要十分条件をあげておく．

定理 7.24 A を n 次対称行列，A_k を A の第1行から第 k 行，および第1列から第 k 列によって作られる主小行列式とするとき

$$A \text{ のすべての固有値が正} \iff |A_k| > 0 \quad (1 \leq k \leq n).$$

［**証明**］ $(\Rightarrow)$ 行列 A のすべての固有値が正であるなら，A を係数行列とする二次形式はすべての $\boldsymbol{x}(\neq \boldsymbol{0})$ に対して $A[\boldsymbol{x}] > 0$ をみたし，このとき $\boldsymbol{x} = [x_j]$ において $x_{k+1} = x_{k+2} = \cdots = x_n = 0$ としても $A[\boldsymbol{x}] > 0$，これより $A_k[\boldsymbol{x}] > 0$．したがって行列 A_k のすべての固有値が正であり，$|A_k| > 0$．

$(\Leftarrow)$ n についての帰納法による．$n = 1$ のとき成り立つ．$n-1$ 次の行列において成り立つと仮定する．n 次行列 A に関する問題を $n-1$ 次の問題に帰着するために，A を次のように分解する．

$$A = {}^tP\begin{pmatrix} A_{n-1} & \boldsymbol{0} \\ {}^t\boldsymbol{0} & a_n - {}^t\boldsymbol{a}A_{n-1}^{-1}\boldsymbol{a} \end{pmatrix}P, \qquad P = \begin{pmatrix} E_{n-1} & A_{n-1}^{-1}\boldsymbol{a} \\ O & 1 \end{pmatrix}.$$

ここで A_{n-1} は $n-1$ 次の対称行列である．両辺の行列式をとると $|A| = |A_{n-1}|(a_n - {}^t\boldsymbol{a}A_{n-1}^{-1}\boldsymbol{a})$．仮定より $|A| = |A_n| > 0$，$|A_{n-1}| > 0$ なので $a_n - {}^t\boldsymbol{a}A_{n-1}^{-1}\boldsymbol{a} > 0$．帰納法の仮定より A_{n-1} の固有値もすべて正なので

$$\begin{pmatrix} A_{n-1} & \boldsymbol{0} \\ {}^t\boldsymbol{0} & a_n - {}^t\boldsymbol{a}A_{n-1}^{-1}\boldsymbol{a} \end{pmatrix}$$

の固有値はすべて正．ここで P は正則な変数変換に対応するので，定理 7.23 より A の固有値もすべて正である． □

二次形式 $A[\boldsymbol{x}]$ が負値であるための条件は，二次形式 $-A[\boldsymbol{x}]$ が正値であることであり，定理 7.24 より次の結果が得られる．

$$A \text{ のすべての固有値が負} \iff (-1)^k|A_k| > 0 \quad (1 \leq k \leq n).$$

7.4.4 二次曲線の分類

一般に，符号数を用いて**二次曲線** (quadratic curve) を分類することができる．二次曲線

$$a_{11}x^2 + a_{22}y^2 + (a_{12} + a_{21})xy + 2b_1x + 2b_2y + c = 0$$

を考えよう．これを行列を用いて次のようにあらわす．

$$(x, y)\begin{pmatrix} a_{11} & a_{12} \\ a_{21} & a_{22} \end{pmatrix}\begin{pmatrix} x \\ y \end{pmatrix} + 2(b_1, b_2)\begin{pmatrix} x \\ y \end{pmatrix} + c = 0.$$

また，同じ曲線を次のようにあらわすことができる．

$$(x, y, 1)\begin{pmatrix} a_{11} & a_{12} & b_1 \\ a_{21} & a_{22} & b_2 \\ b_1 & b_2 & c \end{pmatrix}\begin{pmatrix} x \\ y \\ 1 \end{pmatrix} = 0. \tag{7.20}$$

このとき，係数行列を

$$A = \begin{pmatrix} a_{11} & a_{12} \\ a_{21} & a_{22} \end{pmatrix}, \qquad \widetilde{A} = \begin{pmatrix} a_{11} & a_{12} & b_1 \\ a_{21} & a_{22} & b_2 \\ b_1 & b_2 & c \end{pmatrix}$$

として，A および $\widetilde{A}$ の符号数を考えよう．まず，A の符号数が $(2, 0)$ であるとき，(7.20) は，x，y についての平方完成と二次形式を標準形に直す変数変換によって次のように変形される．

$$(x_1, x_2, 1)\begin{pmatrix} 1 & 0 & 0 \\ 0 & 1 & 0 \\ 0 & 0 & k \end{pmatrix}\begin{pmatrix} x_1 \\ x_2 \\ 1 \end{pmatrix} = 0.$$

これより

$$x_1{}^2 + x_2{}^2 + k = 0.$$

これは，$k < 0$ のとき楕円，$k = 0$ のとき $x_1 = x_2 = 0$ であり xy 平面上の1点，$k > 0$ のとき空集合である．これらはそれぞれ，$\widetilde{A}$ の符号数 $(2, 1)$，$(2, 0)$，$(3, 0)$ に対応する．

同様にして，二次曲線を行列 A および $\widetilde{A}$ の符号によって分類することができる．その結果を一覧表にしておく．

A の符号数	$\widetilde{A}$ の符号数	図形
$(2, 0)$	$(3, 0)$	ϕ
$(2, 0)$	$(2, 1)$	楕円
$(2, 0)$	$(2, 0)$	1点
$(1, 1)$	$(2, 1)$	双曲線
$(1, 1)$	$(1, 1)$	交わる2つの曲線
$(1, 0)$	$(2, 1)$	放物線
$(1, 0)$	$(2, 0)$	ϕ
$(1, 0)$	$(1, 1)$	平行な2つの直線
$(1, 0)$	$(1, 0)$	1つの直線

楕円，双曲線，放物線が本来の意味での二次曲線であり，その他はこれらの特別な場合として，二次曲線が2つの直線に分離したり，1点や空集合になっているものと考えることができる．また A の符号数が $(1,0)$ のとき，$\widetilde{A}$ の符号数は $(3,0)$ にはならない．

同様に，変数が3つの場合を考えて，3次元空間内の**二次曲面**（quadric, quadric surface）もまた符号数によって分類することができる*29．

例題 7.9

xy 平面上 r を原点からの距離，θ を x 軸からの回転角として曲線

$$\frac{1}{r} = 1 + e\cos\theta \qquad (e \geq 0) \tag{7.21}$$

を考える．ここで e は定数である．

(1) 極座標表示を $x = r\cos\theta$, $y = r\sin\theta$ として，x と y がみたす方程式を示せ．

(2) (7.21) はいかなる曲線であるか，e の値に応じて分類せよ．

【解答】 (1) $\cos\theta = \dfrac{x}{r}$, $\sin\theta = \dfrac{y}{r}$, $x^2 + y^2 = r^2$ なので $\dfrac{1}{r} = 1 + e\dfrac{x}{r}$ より $1 - ex = r$. そこで両辺を2乗して

$$(1-e^2)x^2 + y^2 + 2ex - 1 = 0. \tag{7.22}$$

(2) (7.22) の係数行列は

$$A = \begin{pmatrix} 1-e^2 & 0 \\ 0 & 1 \end{pmatrix}, \qquad \widetilde{A} = \begin{pmatrix} 1-e^2 & 0 & e \\ 0 & 1 & 0 \\ e & 0 & -1 \end{pmatrix}.$$

$\widetilde{A}$ の符号数が e によらず $(2,1)$ であることが示されるので，A の符号数を e に応じて分類すると，(7.22) は $0 \leq e < 1$ のとき A の符号数が $(2,0)$ で楕円（特に $e = 0$ のとき円），$e = 1$ のとき符号数が $(1,0)$ で放物線，$1 < e$ のとき符号数が $(1,1)$ で双曲線． □

▶ **参考** (7.21) は $1/r$ ポテンシャルによる引力の中で運動する質点の軌道であり，例えば太陽からの万有引力を受けて運動する惑星や彗星の軌道を求める問題（Kepler（ケプラー）問題とよばれる）の解である．また斥力の場合は $1/r = -1 + e\cos\theta$ が解になり，これも (7.22) をみたす．定数 e は離心率とよばれ，惑星や彗星の軌道は，離心率に応じて楕円や放物線や双曲線になる．

---

*29 あとがきにあげた参考文献[齋藤 1]に詳しい分類がある．

練習問題

7.18　以下の二次形式の符号数を求めよ．

(1) $\frac{3}{4}x_1{}^2+\frac{1}{2}x_1x_2+\frac{3}{4}x_2{}^2$　(2) $\frac{1}{4}x_1{}^2+\frac{3}{2}x_1x_2+\frac{1}{4}x_2{}^2$　(3) $x_1{}^2+2x_1x_2+x_2{}^2$

7.19　以下の二次形式の符号数を求めよ．

(1) $x_1{}^2+x_2{}^2+4x_3{}^2+2x_1x_3-4x_2x_3$

(2) $x_1{}^2+x_3{}^2+2x_1x_2+2x_2x_3+2x_1x_3-2x_2x_4$

(3) $x_2{}^2+x_3{}^2-4x_4{}^2+2x_2x_4-2x_1x_3-4x_1x_4$

7.20　A を対称行列とするとき，${}^tRAR=\mathrm{diag}\,(1,\dots,1,-1,\dots,-1,0,\dots,0)$ をみたす正則な行列 R が存在することを示せ．

7.21　以下の (1) と (2) を示せ．

(1) B を任意の n 次実行列とするとき，$A={}^tBB$ は半正値である．

(2) n 次実対称行列 A が半正値であるなら，ある n 次実行列 B が存在して $A={}^tBB$ とあらわされる．

7.22　f を $x_1,x_2,\dots,x_n$ を変数とし対称行列 A を係数行列とする二次形式とするとき，条件 $x_1{}^2+x_2{}^2+\cdots+x_n{}^2=1$ の下での f の最大値，最小値は，それぞれ A の最大固有値 $\lambda_{\max}$，最小固有値 $\lambda_{\min}$ で与えられることを示せ．

コラム　ヒルベルト空間とは何か

内積を持つ線形空間で，その内積から定まるノルムに関して完備[*30]であるものをヒルベルト（Hilbert）空間とよぶ．空間の次元は有限でも無限大でもどちらでもよい．古い定義では完備性の他に可分性も仮定する場合がある[*31]．有理数を完備化したものが実数であるが，大雑把に言って，内積空間を完備化したものがヒルベルト空間であると考えることができる．

量子力学では多くの場合，波動関数とよばれる関数や，より一般に量子的な状態がヒルベルト空間の元であるとして，物理量の期待値などを議論する[*32]．量子力学はその基本的な構造は，ヒルベルト空間における固有値問題であるとみなすことができる．

＊30　収束に関する Cauchy（コーシー）条件をみたす数列を Cauchy 列とよぶ．有理数からなる Cauchy 列は有理数または無理数に収束する．有理数の中で考えた場合，有理数の数列で無理数に収束するものは，有理数の中にその極限を見つけられず，有理数の中では「収束しない」．有理数に無理数をつけ加えて実数の中で考えた場合には，実数の Cauchy 列は実数の中にその極限が存在し，実数の中で必ず収束する．

このように Cauchy 列が収束するとき，その体系は「完備」であると言い，上の例で有理数に無理数をつけ加えたように，収束先をすべてつけ加えて完備にすることを「完備化」とよぶ．

＊31　von Neumann（フォン・ノイマン）「量子力学の数学的基礎」（みすず書房，1957）

＊32　p.270 のコラムを参照.

第8章　複素行列

ここまで，いくつかの例外を除いてスカラーは実数であるとしてきた．この章ではスカラーは複素数であるとして，$\mathbf{C}$ 上の行列つまり**複素行列** (complex matrix) について考える．

8.1　ユニタリ行列，エルミート行列

8.1.1　複素数，複素行列

まず複素数について確認しよう．実数 x, y と $i^2 = -1$ をみたす i を用いて

$$z = x + yi$$

とあらわされる数を**複素数** (complex number) とよび，その全体を $\mathbf{C}$ と書く．i は虚数単位とよばれ，x を z の実部，y を z の虚部とよぶ．$y = 0$ のとき z は実数であり，$x = 0$ かつ $y \neq 0$ の場合，z は純虚数であると言う．

複素数を平面上の点として表示することがある．2次元の平面上に x 軸と y 軸をとり，複素数 $z = x + yi$ を平面上の点 (x, y) に対応させる．この平面を**複素数平面** (complex plane) とよぶ．

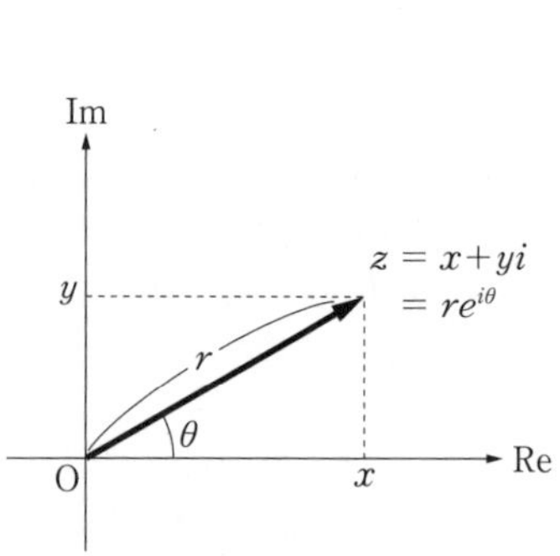

図 8.1　複素数平面

複素数 $z = x + yi$ に共役な複素数 $\bar{z}$ を $\bar{z} = x - yi$ と定義する．このとき $z\bar{z} = x^2 + y^2 = |z|^2$，ここで，$|z|$ は常に0または正の実数であり，この $|z|$ を複素数 z の絶対値とよぶ．$|z|$ は複素数平面における原点から z までの距離のことである．

複素数平面上の点を (x, y) ではなく，絶対値 $r = |z|$ と x 軸からの回転角 θ を用いて (r, θ) によってあらわすことがある．これを複素数の極形式とよび，このとき θ を z の偏角とよぶ．偏

角 θ は通常は $0 \leqq \theta < 2\pi$ と定義しておく．

極形式において (r, θ) と複素数 z との対応は基本的に 1 対 1 であるが，原点 $(0, 0)$ だけは例外で，$r = 0$ かつ $0 \leqq \theta < 2\pi$ のすべてが $z = 0$ に対応する．

8.1.2 複素数上の計量線形空間

スカラーを複素数とする線形空間を**複素線形空間** (complex linear space) とよぶ．線形空間の公理系に変更はないが，内積を特徴付ける 4 つの公理については，スカラーが複素数であることに対応して，以下のように複素共役に関する性質が追加される．スカラーを実数に制限すると，これらは定義 7.1 に一致する．

$$\begin{aligned} \langle \boldsymbol{b}, \boldsymbol{a} \rangle &= \overline{\langle \boldsymbol{a}, \boldsymbol{b} \rangle}, \\ \langle \boldsymbol{a} + \boldsymbol{b}, \boldsymbol{c} \rangle &= \langle \boldsymbol{a}, \boldsymbol{c} \rangle + \langle \boldsymbol{b}, \boldsymbol{c} \rangle, \\ \langle k\boldsymbol{a}, \boldsymbol{b} \rangle &= k \langle \boldsymbol{a}, \boldsymbol{b} \rangle, \\ \langle \boldsymbol{a}, \boldsymbol{a} \rangle &\geq 0, \qquad \text{等号は } \boldsymbol{a} = \boldsymbol{0} \text{ のときのみ成立する．} \end{aligned}$$

これを**複素内積** (complex inner product) あるいは**エルミート内積** (Hermitian inner product) とよぶ．また，複素内積の定義された複素線形空間を，**複素計量線形空間**，**複素内積空間** (complex inner product space) あるいは**ユニタリ空間** (unitary space) とよぶ．

このとき例えば

$$\langle \boldsymbol{a}, k\boldsymbol{b} \rangle = \overline{k} \langle \boldsymbol{a}, \boldsymbol{b} \rangle$$

が成り立つ．なぜなら

$$\langle \boldsymbol{a}, k\boldsymbol{b} \rangle = \overline{\langle k\boldsymbol{b}, \boldsymbol{a} \rangle} = \overline{k \langle \boldsymbol{b}, \boldsymbol{a} \rangle} = \overline{k}\ \overline{\langle \boldsymbol{b}, \boldsymbol{a} \rangle} = \overline{k}\ \langle \boldsymbol{a}, \boldsymbol{b} \rangle.$$

以下，7.1 節での議論と全く同様に，内積によってベクトルのノルムと距離が定義される．ベクトル $\boldsymbol{a}$ のノルムは

$$\|\boldsymbol{a}\| = \sqrt{\langle \boldsymbol{a}, \boldsymbol{a} \rangle}.$$

ベクトル $\boldsymbol{a}$ と $\boldsymbol{b}$ の間の距離は

$$\|\boldsymbol{a} - \boldsymbol{b}\| = \sqrt{\langle \boldsymbol{a} - \boldsymbol{b}, \boldsymbol{a} - \boldsymbol{b} \rangle}.$$

複素内積の例を考えてみよう．成分が複素数である 2 つの数ベクトル

$$\boldsymbol{a} = \begin{pmatrix} a_1 \\ \vdots \\ a_n \end{pmatrix}, \quad \boldsymbol{b} = \begin{pmatrix} b_1 \\ \vdots \\ b_n \end{pmatrix} \quad (a_i, b_j \in \mathbf{C})$$

に対して

$$\langle \boldsymbol{a}, \boldsymbol{b} \rangle = a_1\overline{b_1} + \cdots + a_n\overline{b_n} = \sum_{i=1}^{n} a_i\overline{b_i}$$

とすると，これは内積の条件をみたす．これを $\mathbf{C}^n$ の**標準内積**とよぶ．実際，

$$\langle \boldsymbol{b}, \boldsymbol{a} \rangle = \sum_{i=1}^{n} b_i\overline{a_i} = \overline{\sum_{i=1}^{n} a_i\overline{b_i}} = \overline{\langle \boldsymbol{a}, \boldsymbol{b} \rangle},$$

$$\langle k\boldsymbol{a}, \boldsymbol{b} \rangle = \sum_{i=1}^{n} ka_i\overline{b_i} = k\sum_{i=1}^{n} a_i\overline{b_i} = k\langle \boldsymbol{a}, \boldsymbol{b} \rangle,$$

$$\langle \boldsymbol{a}, k\boldsymbol{b} \rangle = \sum_{i=1}^{n} a_i\overline{kb_i} = \overline{k}\sum_{i=1}^{n} a_i\overline{b_i} = \overline{k}\langle \boldsymbol{a}, \boldsymbol{b} \rangle$$

が成り立つ．またベクトル $\boldsymbol{a}$ のノルムは

$$\begin{aligned}\|\boldsymbol{a}\|^2 &= \langle \boldsymbol{a}, \boldsymbol{a} \rangle \\ &= a_1\overline{a_1} + \cdots + a_n\overline{a_n} \\ &= |a_1|^2 + \cdots + |a_n|^2\end{aligned}$$

であり，これは常に0または正の実数である．また，例7.3と同様に，複素数を成分とする $m \times n$ 行列 $A = [a_{ij}]$，$B = [b_{ij}]$ に対し，

$$\langle A, B \rangle = \mathrm{tr}\,(AB^*) = \sum_{i=1}^{m}\sum_{j=1}^{n} a_{ij}\overline{b}_{ij} \tag{8.1}$$

とすると，これは内積であるための条件をみたす．このとき行列 A のノルムは

$$\|A\| = \sqrt{\langle A, A \rangle} = \sqrt{\sum_{i=1}^{m}\sum_{j=1}^{n} |a_{ij}|^2} \tag{8.2}$$

で与えられる．

また，内積の性質を用いて証明された定理7.1なども同様に成り立つ．例えば

(1) $|\langle \boldsymbol{a}, \boldsymbol{b} \rangle| \leqq \|\boldsymbol{a}\| \cdot \|\boldsymbol{b}\|$ （**コーシー・シュワルツの不等式**）

(2) $\|\boldsymbol{a} + \boldsymbol{b}\| \leqq \|\boldsymbol{a}\| + \|\boldsymbol{b}\|$ （**三角不等式**）

が成り立つ．証明は，内積がエルミート内積であることに注意して，定理7.1の証明と対応する議論をすればよい．例えば (1) であれば，x を実数として

$$\begin{aligned}0 \leqq \|x\boldsymbol{a} + \boldsymbol{b}\|^2 &= \langle x\boldsymbol{a}, x\boldsymbol{a} \rangle + \langle x\boldsymbol{a}, \boldsymbol{b} \rangle + \langle \boldsymbol{b}, x\boldsymbol{a} \rangle + \langle \boldsymbol{b}, \boldsymbol{b} \rangle \\ &= \|\boldsymbol{a}\|^2 x^2 + 2\,\mathrm{Re}\,\langle \boldsymbol{a}, \boldsymbol{b} \rangle x + \|\boldsymbol{b}\|^2.\end{aligned}$$

これより $|\mathrm{Re}\,\langle \boldsymbol{a}, \boldsymbol{b} \rangle|^2 \leqq \|\boldsymbol{a}\|^2 \cdot \|\boldsymbol{b}\|^2$ が得られる．このとき $\boldsymbol{a}$ を $e^{i\theta}\boldsymbol{a}$ で置き替えても右辺の $\|\boldsymbol{a}\|^2 \cdot \|\boldsymbol{b}\|^2$ は変わらず，そこで θ を変えて左辺の最大値をとることで与式が得られる．

その他，定理 7.4 の Gram-Schmidt の直交化法など，内積の 4 つの性質のみを用いて導かれる結果は，実の内積をエルミート内積に置き替えて同様に成立する．

2 つのユニタリ空間 V と V' が同型であり，その同型写像 $f: V \to V'$ がエルミート内積を保つとき，つまり，任意の $\boldsymbol{a}, \boldsymbol{b} \in V$ に対して

$$\langle f(\boldsymbol{a}), f(\boldsymbol{b}) \rangle = \langle \boldsymbol{a}, \boldsymbol{b} \rangle$$

が成り立つとき，V と V' は**ユニタリ同型** (isomorphic as unitary space) であると言い，このとき f を**ユニタリ同型写像** (unitary isomorphism) とよぶ．任意の n 次元の複素線形空間が，標準内積を内積とする $\mathbf{C}^n$ とユニタリ同型になることは，スカラーが実数の場合と同様にして示される．

8.1.3 随伴行列と随伴変換

A は複素行列であるとする．

$$A = [a_{ij}], \qquad a_{ij} \in \mathbf{C}.$$

このとき，A の**共役行列** (conjugate matrix) を

$$\overline{A} = [\overline{a}_{ij}],$$

また**随伴行列** (adjoint matrix) を

$$A^* = {}^t\overline{A}, \qquad \text{つまり} \quad A^* = [a^*_{ij}] \text{ として } a^*_{ij} = \overline{a}_{ji}$$

と定義する*33．特に成分が実数であるとき，$\overline{A} = A$ なので，

$$A^* = {}^t\overline{A} = {}^tA.$$

つまり随伴行列は，成分が実数の場合には転置行列に帰着する．随伴行列について，転置行列の場合と同様に以下の (1)～(5) の性質が成り立つ．

定理 8.1

(1) $(A^*)^* = A$

(2) $(kA)^* = \overline{k}A^*$ (k は複素数)

(3) $(A+B)^* = A^* + B^*$

(4) $(AB)^* = B^*A^*$

(5) A が正則であるとき $(A^*)^{-1} = (A^{-1})^*$

[証明] (1)～(3) は定義より自明． (4) $(AB)^* = \overline{{}^t(AB)} = \overline{{}^tB\,{}^tA} = \overline{{}^tB}\,\overline{{}^tA} = B^*A^*$.
(5) $E = AA^{-1}$ より $E = (AA^{-1})^* = (A^{-1})^*A^*$ これより $(A^*)^{-1} = (A^{-1})^*$ □

---

*33 A^* を A の**エルミート共役** (Hermitian conjugate) とよぶこともある．

定理 8.2　A を n 次の複素行列, A^* をその随伴行列とするとき, 任意の x, $y \in \mathbf{C}^n$ に対し

$$\langle A\boldsymbol{x}, \boldsymbol{y}\rangle = \langle \boldsymbol{x}, A^*\boldsymbol{y}\rangle$$

が成り立つ.

定理 7.10 の証明と同様に直接計算して確認することができる. ここでは定理 7.10 の証明を基底を用いて書き直しておこう.

[**証明**]　$\{\boldsymbol{e}_1, \boldsymbol{e}_2, \dots, \boldsymbol{e}_n\}$ を $\mathbf{C}^n$ の標準基底とすると

$$\langle A\boldsymbol{e}_i, \boldsymbol{e}_j\rangle = \left\langle \sum_{k=1}^{n} a_{ki}\boldsymbol{e}_k, \boldsymbol{e}_j\right\rangle = \sum_{k=1}^{n} a_{ki}\langle \boldsymbol{e}_k, \boldsymbol{e}_j\rangle = a_{ji}.$$

同様に $\langle \boldsymbol{e}_i, A^*\boldsymbol{e}_j\rangle = \overline{a^*{}_{ij}} = a_{ji}$ である. そこで $\mathbf{C}^n$ の任意の元 $\boldsymbol{x} = \sum_{i=1}^{n} x_i\boldsymbol{e}_i$, $\boldsymbol{y} = \sum_{j=1}^{n} y_j\boldsymbol{e}_j$ について

$$\langle A\boldsymbol{x}, \boldsymbol{y}\rangle = \sum_{i,j=1}^{n} x_i\overline{y}_j\langle A\boldsymbol{e}_i, \boldsymbol{e}_j\rangle = \sum_{i,j=1}^{n} \overline{y}_j a_{ji} x_i,$$

$$\langle \boldsymbol{x}, A^*\boldsymbol{y}\rangle = \sum_{i,j=1}^{n} x_i\overline{y}_j\langle \boldsymbol{e}_i, A^*\boldsymbol{e}_j\rangle = \sum_{i,j=1}^{n} \overline{y}_j a_{ji} x_i.$$

これより与式が成り立つ.　□

そこで随伴変換を次のように定義する.

定義 8.1　V を n 次元複素内積空間, f を V の線形変換とする. このとき任意の $\boldsymbol{x}, \boldsymbol{y} \in V$ に対し

$$\langle f(\boldsymbol{x}), \boldsymbol{y}\rangle = \langle \boldsymbol{x}, f^*(\boldsymbol{y})\rangle$$

をみたす線形変換 f^* を, f の**随伴変換** (adjoint transformation) とよぶ.

線形変換 f が与えられたとき, その表現行列を A として線形変換 $\boldsymbol{x} \mapsto A^*\boldsymbol{x}$ を考えれば, 定理 8.2 よりこの変換は f の随伴変換 f^* を与える.

また, 随伴変換 f^* は存在するなら一意的である. なぜなら, 線形変換 g もまた $\langle f(\boldsymbol{x}), \boldsymbol{y}\rangle = \langle \boldsymbol{x}, g(\boldsymbol{y})\rangle$ をみたすなら,

$$0 = \langle f(\boldsymbol{x}), \boldsymbol{y}\rangle - \langle \boldsymbol{x}, g(\boldsymbol{y})\rangle = \langle \boldsymbol{x}, f^*(\boldsymbol{y})\rangle - \langle \boldsymbol{x}, g(\boldsymbol{y})\rangle = \langle \boldsymbol{x}, f^*(\boldsymbol{y}) - g(\boldsymbol{y})\rangle.$$

これが任意の $\boldsymbol{x} \in V$ に対して成り立つなら $f^*(\boldsymbol{y}) - g(\boldsymbol{y}) = \boldsymbol{0}$. これより任意の $\boldsymbol{y} \in V$ に対し $g(\boldsymbol{y}) = f^*(\boldsymbol{y})$ であるので, $g = f^*$ が成り立つ.

8.1.4 ユニタリ行列とユニタリ変換

直交行列の複素化であるユニタリ行列を導入する．

定義 8.2 n 次の複素行列 U が

$$U^*U = UU^* = E \quad \text{つまり} \quad U^{-1} = U^*$$

をみたすとき，U を**ユニタリ行列** (unitary matrix) とよぶ．

ユニタリ行列において特に成分が実数のとき，上の条件は ${}^tUU = U{}^tU = E$ に一致し，このとき U は直交行列である．また，ユニタリ行列は定義より明らかに正則で，その逆行列は $U^{-1} = U^*$ で与えられ，$U^{-1} = U^*$ もまたユニタリ行列である．n 次のユニタリ行列の全体を $U(n)$ と書く．

定理 8.3 $U = \begin{pmatrix} \boldsymbol{u}_1 & \boldsymbol{u}_2 & \cdots & \boldsymbol{u}_n \end{pmatrix}$ とするとき，

U はユニタリ行列 $\iff$ 列ベクトル $\{\boldsymbol{u}_1, \boldsymbol{u}_2, \ldots, \boldsymbol{u}_n\}$ は $\mathbf{C}^n$ の正規直交基底．

［**証明**］ 内積がエルミート内積であることに注意して，証明は定理 7.11 と同様． □

定理 8.4 ユニタリ行列の積はユニタリ行列である．

［**証明**］ U_1 と U_2 をユニタリ行列，つまり $U_1^{-1} = U_1^*$ かつ $U_2^{-1} = U_2^*$ とする．このとき

$$(U_1U_2)^* (U_1U_2) = U_2^*U_1^*U_1U_2 = U_2^*U_2 = E.$$ □

定理 8.5 U がユニタリ行列ならば $|\det U| = 1$.

［**証明**］ $U^*U = E$ の両辺の行列式をとると，左辺と右辺はそれぞれ

$$\det(U^*U) = \det U^* \cdot \det U = \overline{\det U} \cdot \det U = |\det U|^2, \qquad \det E = 1.$$

これより $|\det U|^2 = 1$．したがって $\det U$ の複素数としての絶対値の大きさは $|\det U| = 1$. □

定理 8.3，定理 8.4，定理 8.5 の証明は，直交行列の場合のそれぞれ定理 7.11，定理 7.12，定理 7.13 の証明において，行列の成分が実数であったのを一般に複素数とし，実の内積を複素内積に置き替え，転置行列を随伴行列に置き替えて自然に得られた．以下の定理についても同様である．

定理 8.6 ユニタリ行列の固有値を λ とすると $|\lambda| = 1$. つまり θ を実数として $\lambda = e^{i\theta}$ とあらわされる．

［**証明**］ 定理 7.14 の証明において，直交行列をユニタリ行列に置き替え，${}^t\overline{U} = U^* = U^{-1}$ に注意する． □

定理 8.7 以下の (1)～(4) は同値である.

(1) U は n 次ユニタリ行列である.

(2) 任意の $\boldsymbol{x} \in \mathbf{C}^n$, $\boldsymbol{y} \in \mathbf{C}^n$ に対して $\langle U\boldsymbol{x}, U\boldsymbol{y} \rangle = \langle \boldsymbol{x}, \boldsymbol{y} \rangle$

(3) 任意の $\boldsymbol{x} \in \mathbf{C}^n$ に対して $\|U\boldsymbol{x}\| = \|\boldsymbol{x}\|$

(4) U は正規直交基底を正規直交基底にうつす.

［**証明**］ 定理 7.15 の証明において，直交行列をユニタリ行列に置き替え，**R** を **C** に置き替え，転置行列 ${}^tA$ を随伴行列 U^* に置き替える. □

つまり直交行列の場合と同様に，ユニタリ行列による変換によってエルミート内積は不変であり，その結果としてベクトルのノルムも不変である. そして内積が不変なので，ユニタリ行列は正規直交基底を正規直交基底にうつす.

そこでユニタリ変換を次のように定義する.

定義 8.3 複素内積空間 V と，V の線形変換 f を考える. f によってエルミート内積の値が不変，つまり，任意の $\boldsymbol{x}, \boldsymbol{y} \in V$ に対して

$$\langle f(\boldsymbol{x}), f(\boldsymbol{y}) \rangle = \langle \boldsymbol{x}, \boldsymbol{y} \rangle$$

が成り立つとき，f を**ユニタリ変換** (unitary transformation) とよぶ.

このとき，次の定理が成り立つ.

定理 8.8 V は複素内積空間，f は V の線形変換，$\{\boldsymbol{e}_1, \boldsymbol{e}_2, \ldots, \boldsymbol{e}_n\}$ は V の正規直交基底，$A = [a_{ij}]$ はこの基底に関する f の表現行列であるとする. このとき，次の (1) と (2) は同値である.

(1) f はユニタリ変換である.

(2) f の表現行列 A はユニタリ行列である.

［**証明**］ 定理 7.16 の証明を複素化する. □

8.1.5 エルミート行列とエルミート変換

対称行列の複素化であるエルミート行列を定義しよう.

定義 8.4 複素行列 A が $A^* = A$ つまり $A = [a_{ij}]$ として $\overline{a}_{ji} = a_{ij}$ をみたすとき，A を**エルミート行列** (Hermitian matrix[*34]) とよぶ.

エルミート行列において特に成分が実数のとき，上の条件は ${}^tA = A$ に一致し，エルミート行列は対称行列に帰着する．

またエルミート行列の成分において特に $i = j$ とすれば $\overline{a}_{ii} = a_{ii}$，つまりエルミート行列の対角成分は実数である．

定理 8.9　エルミート行列の固有値は実数である．

［**証明**］ A をエルミート行列，λ をその固有値，$\boldsymbol{p}$ を λ に対する固有ベクトルとすると，

$$A\boldsymbol{p} = \lambda\boldsymbol{p}.$$

このとき両辺の随伴行列をとると，$\boldsymbol{p}$ もまた複素行列なので左辺は $(A\boldsymbol{p})^* = \boldsymbol{p}^*A^*$，右辺は $(\lambda\boldsymbol{p})^* = \boldsymbol{p}^*\overline{\lambda}$ となり，したがって

$$\boldsymbol{p}^*A^* = \boldsymbol{p}^*\overline{\lambda}.$$

この左辺に $A\boldsymbol{p}$，右辺にそれに等しい $\lambda\boldsymbol{p}$ をそれぞれ右からかけて

$$\boldsymbol{p}^*A^*A\boldsymbol{p} = \boldsymbol{p}^*\overline{\lambda}\lambda\boldsymbol{p}.$$

ここで $\boldsymbol{p}^*A^*A\boldsymbol{p} = \boldsymbol{p}^*AA\boldsymbol{p} = \lambda^2\boldsymbol{p}^*\boldsymbol{p}$ なので

$$\lambda^2\boldsymbol{p}^*\boldsymbol{p} = \overline{\lambda}\lambda\boldsymbol{p}^*\boldsymbol{p}.$$

$\boldsymbol{p}$ は零ベクトルではないので $\boldsymbol{p}^*\boldsymbol{p} = \|\boldsymbol{p}\|^2 \neq 0$，したがって $\lambda^2 = \overline{\lambda}\lambda$．このとき $\lambda = 0$ ならば λ は実数．$\lambda \neq 0$ ならば $\lambda = \overline{\lambda}$ よりやはり λ は実数．　□

つまり対称行列に関する定理 7.17 の証明を複素化して，定理の証明が得られた．

例 8.1　以下の行列は **Pauli（パウリ）行列** (Pauli matrices) とよばれる．

$$\sigma_x = \begin{pmatrix} 0 & 1 \\ 1 & 0 \end{pmatrix},\quad \sigma_y = \begin{pmatrix} 0 & -i \\ i & 0 \end{pmatrix},\quad \sigma_z = \begin{pmatrix} 1 & 0 \\ 0 & -1 \end{pmatrix}.$$

これらはすべてエルミート行列である．実際，

$$\sigma_y^* = {}^t\overline{\sigma_y} = \overline{{}^t\begin{pmatrix} 0 & -i \\ i & 0 \end{pmatrix}} = \overline{\begin{pmatrix} 0 & i \\ -i & 0 \end{pmatrix}} = \begin{pmatrix} 0 & -i \\ i & 0 \end{pmatrix} = \sigma_y.$$

σ_x, σ_z についても同様である．また，固有方程式はいずれの場合も

$$0 = \Phi(\lambda) = \lambda^2 - 1 = (\lambda - 1)(\lambda + 1).$$

これより固有値は $\lambda = 1, -1$ であり，これらは実数である．　□

定理 8.10　エルミート行列の相異なる固有値に属する固有ベクトルは互いに直交する．

＊34　エルミート (Hermite) という人名から来る名前なので大文字で始まるが，小文字にすることも多い．

[**証明**] 定理 7.18 の証明において，対称行列をエルミート行列に置き替え，転置行列 ${}^tA$ を随伴行列 A^* に置き替え，固有値が実数であることから $\langle \boldsymbol{p}_1, \lambda_2\boldsymbol{p}_2\rangle = \overline{\lambda_2}\langle \boldsymbol{p}_1, \boldsymbol{p}_2\rangle = \lambda_2 \langle \boldsymbol{p}_1, \boldsymbol{p}_2\rangle$ が成り立つことに注意する． □

エルミート変換を次のように定義する．

定義 8.5 V を複素内積空間，f を V の線形変換とする．任意の $\boldsymbol{x}, \boldsymbol{y} \in V$ に対し

$$\langle f(\boldsymbol{x}), \boldsymbol{y}\rangle = \langle \boldsymbol{x}, f(\boldsymbol{y})\rangle$$

が成り立つとき，f を**エルミート変換** (Hermitian transformation) とよぶ．

このとき，次の定理が成り立つ．

定理 8.11 V は複素内積空間，f は V の線形変換，$\{\boldsymbol{e}_1, \boldsymbol{e}_2, \ldots, \boldsymbol{e}_n\}$ は V の正規直交基底，$A = [a_{ij}]$ はこの基底に関する f の表現行列であるとする．このとき，次の (1) と (2) は同値である．

(1) f はエルミート変換である．
(2) f の表現行列 A はエルミート行列である．

[**証明**] 定理 7.19 の証明において対称行列，対称変換をそれぞれエルミート行列，エルミート変換に置き替え，エルミート内積の性質 $\langle \boldsymbol{e}_i, a_{kj}\boldsymbol{e}_k\rangle = \overline{a_{kj}}\langle \boldsymbol{e}_i, \boldsymbol{e}_k\rangle$ に注意する． □

ここで交代行列の複素化である歪エルミート行列[*35] (あるいは反エルミート行列，エルミート交代行列) を定義しよう．

定義 8.6 複素行列 A が $A^* = -A$ つまり $A = [a_{ij}]$ として $\overline{a_{ji}} = -a_{ij}$ をみたすとき，A を**歪エルミート行列** (skew-Hermitian matrix) あるいは**反エルミート行列** (anti-hermitian matrix) とよぶ．

歪エルミート行列において特に成分が実数のとき，上の条件は ${}^tA = -A$ となり，歪エルミート行列は交代行列に帰着する．

また歪エルミート行列の成分において特に $i = j$ とすれば $\overline{a}_{ii} = -a_{ii}$，つまり歪エルミート行列の対角成分は 0 または純虚数である．

$f^* = -f$ をみたす変換を，歪エルミート変換とよぶ．

＊35 歪は「わい」と読む．

8.1.6 複素行列の三角化と対角化

複素数の範囲内で考えるとき，行列の**三角化**について実数の場合の定理 7.20 よりも一般的な次の定理が成り立つ．

定理 8.12 (三角化) A が n 次複素行列であるとき，ある n 次ユニタリ行列 U が存在して，$U^{-1}AU$ を上三角行列にすることができる，つまり

$$U^{-1}AU = \begin{pmatrix} \lambda_1 & & & * \\ & \lambda_2 & & \\ & & \ddots & \\ & & & \lambda_n \end{pmatrix}$$

ここで，左下の成分はすべて 0，対角成分 $\lambda_1, \lambda_2, \ldots, \lambda_n$ は A の固有値である．

［**証明**］ 定理 7.20 の証明を複素化する．ただしいまの場合，固有値 λ_j，固有ベクトル $\boldsymbol{p}_j$ の成分は一般に複素数であり，U は成分が一般に複素数のユニタリ行列になる． □

つまり実行列の場合には，固有値が実数であるという条件の下で直交行列による三角化が可能であったが，複素行列については，複素数の範囲内で三角化は常に可能である．定理 7.20 の場合と同様に，固有値は任意の順番に並べることができる．

このとき，6.5.3 項で考えた行列の多項式に関して，定理 6.16 が証明される．定理 6.16 は，より一般にスカラーを複素数として成立する．

［**定理 6.16 の証明**］ ユニタリ行列 U によって $U^{-1}AU$ を上三角行列にするとき，$U^{-1}A^kU$ もまた上三角行列になる．

$$U^{-1}A^kU = (U^{-1}AU)^k = \begin{pmatrix} \lambda_1^k & & & * \\ & \lambda_2^k & & \\ & & \ddots & \\ & & & \lambda_n^k \end{pmatrix}.$$

このとき $U^{-1}f(A)U$ は対角成分が $f(\lambda_j)$ の上三角行列になり，$f(A)$ の固有多項式は $\Phi_{f(A)}(\lambda) = \det(\lambda E - f(A)) = \det(UU^{-1}(\lambda E - f(A)) = \det(U^{-1}(\lambda E - f(A))U) = \det(\lambda E - U^{-1}f(A)U) = (\lambda - f(\lambda_1))(\lambda - f(\lambda_2)) \cdots (\lambda - f(\lambda_n))$．これより定理を得る． □

また定理 6.15 の Cayley-Hamilton の定理も，一般にスカラーを複素数として証明することができる．

［**定理 6.15 の証明**］ A の固有値を $\lambda_1, \lambda_2, \ldots, \lambda_n$ とするとき，A の固有多項式は $\Phi_A(\lambda) = (\lambda - \lambda_1)(\lambda - \lambda_2) \cdots (\lambda - \lambda_n)$．そこで定理 8.12 により A をユニタリ行列 U によって

三角化することを考え，$A-\lambda E=U\,(U^{-1}AU-\lambda E)\,U^{-1}$ を利用すると

$$\begin{aligned}\Phi_A(A) &= (A-\lambda_1 E)(A-\lambda_2 E)\cdots(A-\lambda_n E)\\ &= U\,(U^{-1}AU-\lambda_1 E)(U^{-1}AU-\lambda_2 E)\cdots(U^{-1}AU-\lambda_n E)\,U^{-1}.\end{aligned} \tag{8.3}$$

このとき

$$U^{-1}AU-\lambda_j E=\begin{pmatrix}\lambda_1-\lambda_j & & & * \\ & \lambda_2-\lambda_j & & \\ & & \ddots & \\ & & & \lambda_n-\lambda_j\end{pmatrix}$$

は上三角行列であり，かつ j 番目の対角成分が $\lambda_j-\lambda_j=0$ である．これを (8.3) に代入すると，以下，直接計算して $\Phi_A(A)=O$ が得られる． □

さらに複素行列の対角化については，実行列の場合の定理 6.13，定理 6.14 と同様に次の結果が成り立つ．

定理 8.13 A を n 次複素行列，そのすべての相異なる固有値を $\lambda_1,\dots,\lambda_s$，固有値 λ_j に属する固有空間を $W(\lambda_j)$ とするとき

A は対角化可能 $\iff$ A は線形独立な n 個の固有ベクトルを持つ．
$\iff$ $\mathbf{C}^n=W(\lambda_1)\oplus W(\lambda_2)\oplus\cdots\oplus W(\lambda_s)$

［**証明**］ 定理 6.13 と定理 6.14 の証明においてスカラーを実数ではなく複素数とする． □

またエルミート行列の対角化について，次の重要な定理が成り立つ．

定理 8.14 行列 A がエルミート行列であるなら，A はユニタリ行列 U によって対角化される．つまり A に対してあるユニタリ行列 U が存在して

$$U^{-1}AU=\begin{pmatrix}\lambda_1 & & \\ & \ddots & \\ & & \lambda_n\end{pmatrix} \tag{8.4}$$

とあらわされる．

［**証明**］ 定理 8.12 より A に対しあるユニタリ行列 U が存在して $U^{-1}AU$ は上三角行列になる．このとき $(U^{-1}AU)^*$ は下三角行列であるが，$(U^{-1}AU)^*=U^{-1}A^*U=U^{-1}AU$ より上三角行列でもあるので，$U^{-1}AU$ は対角行列である． □

定理 8.14 の逆は成り立たない．つまり複素行列 A があるユニタリ行列 U によって (8.4) の形にあらわされたとしても，右辺において λ_j は一般には複素数であり，このとき定理 7.21 の直後の議論に対応して両辺の随伴行列を考えても，$\Lambda^* \neq \Lambda$ なので $A^* = A$ を導くことはできない（その代わり $\Lambda^*\Lambda = \Lambda\Lambda^*$ より $A^*A = AA^*$ が導かれる）．

(8.4) をみたし，かつ λ_j が実数ならば A はエルミートである．一般に複素行列 A がユニタリ行列によって対角化されるための必要十分条件は $A^*A = AA^*$ であり，これは定理 8.18 で証明する．

例題 8.1

Pauli 行列

$$\sigma^x = \begin{pmatrix} 0 & 1 \\ 1 & 0 \end{pmatrix}, \quad \sigma^y = \begin{pmatrix} 0 & -i \\ i & 0 \end{pmatrix}, \quad \sigma^z = \begin{pmatrix} 1 & 0 \\ 0 & -1 \end{pmatrix}$$

について考える．E を 2 次の単位行列とする．

(1) 以下の関係式を示せ．

$$\sigma^x\sigma^y = -\sigma^y\sigma^x = i\sigma^z, \quad \sigma^y\sigma^z = -\sigma^z\sigma^y = i\sigma^x, \quad \sigma^z\sigma^x = -\sigma^x\sigma^z = i\sigma^y,$$

$$(\sigma^x)^2 = (\sigma^y)^2 = (\sigma^z)^2 = E, \qquad \sigma^x\sigma^y\sigma^z = iE.$$

(2) $[A, B] = AB - BA$ とするとき，$\left[\frac{1}{2}\sigma^x, \frac{1}{2}\sigma^y\right]$，$\left[\frac{1}{2}\sigma^y, \frac{1}{2}\sigma^z\right]$，$\left[\frac{1}{2}\sigma^z, \frac{1}{2}\sigma^x\right]$ を $\sigma^x, \sigma^y, \sigma^z$ を用いてあらわせ．

(3) $\sigma^x, \sigma^y, \sigma^z, E$ の実数係数の線形結合の全体が，2 次エルミート行列の全体に一致することを示せ．

【解答】 (1) 直接計算して確かめる．

(2)
$$\left[\frac{1}{2}\sigma^x, \frac{1}{2}\sigma^y\right] = i\frac{1}{2}\sigma^z, \quad \left[\frac{1}{2}\sigma^y, \frac{1}{2}\sigma^z\right] = i\frac{1}{2}\sigma^x, \quad \left[\frac{1}{2}\sigma^z, \frac{1}{2}\sigma^x\right] = i\frac{1}{2}\sigma^y.$$

(3) エルミート行列の対角成分が実数であることに注意して，定義にしたがって確認する． □

▶ **参考**　Pauli 行列はエルミートかつユニタリであり，量子力学等に関連して極めて重要な行列である．

例題 8.2

例題 8.1 の Pauli 行列のうち σ^y について詳しく調べよう．

(1) σ^y の固有値と固有ベクトルを求めよ．またこれらが互いに直交していることを確かめよ．

(2) σ^y をユニタリ行列によって対角化せよ．

【解答】 (1) 固有値は $0=\det(\lambda E-\sigma^y)=(\lambda-1)(\lambda+1)$ より $\lambda=1,-1$．対応する固有ベクトルは例えば，$\boldsymbol{u}_1=\begin{pmatrix}1\\i\end{pmatrix}$，$\boldsymbol{u}_{-1}=\begin{pmatrix}i\\1\end{pmatrix}$．このとき

$$\langle\boldsymbol{u}_1,\boldsymbol{u}_{-1}\rangle=1\cdot\bar{i}+i\cdot\bar{1}=1\cdot(-i)+i\cdot 1=0.$$

よって $\boldsymbol{u}_1$ と $\boldsymbol{u}_{-1}$ は直交している．

(2) (1) で得られた固有ベクトルについて

$$\langle\boldsymbol{u}_1,\boldsymbol{u}_1\rangle=1\cdot\bar{1}+i\cdot\bar{i}=1\cdot 1+i\cdot(-i)=2,$$
$$\langle\boldsymbol{u}_{-1},\boldsymbol{u}_{-1}\rangle=i\cdot\bar{i}+1\cdot\bar{1}=i\cdot(-i)+1\cdot 1=2.$$

これより $\boldsymbol{u}_1$ と $\boldsymbol{u}_{-1}$ のノルムはいずれも $\sqrt{2}$ なので，行列 $U=\left(\dfrac{1}{\sqrt{2}}\boldsymbol{u}_1,\dfrac{1}{\sqrt{2}}\boldsymbol{u}_{-1}\right)$ を考えると

$$\sigma^y U=U\begin{pmatrix}1&0\\0&-1\end{pmatrix},\qquad U=\frac{1}{\sqrt{2}}\begin{pmatrix}1&i\\i&1\end{pmatrix}.$$

このとき U はユニタリ行列で，かつ $U^*\sigma^y U$ は対角行列になる． □

▶ **参考** エルミート行列は，固有値が実数であり，ユニタリ行列によって対角化される．内積がエルミート内積であることに注意．

例題 8.3

歪エルミート行列 A は，あるエルミート行列 B を用いて iB とあらわされることを示せ．

【解答】 歪エルミート行列 A に対し $B=A/i$ とすると，$B^*=(A/i)^*=A^*/(-i)=(-A)/(-i)=A/i=B$．これより B は $A=iB$ をみたし，かつエルミートである． □

▶ **参考** 例えば $A=\begin{pmatrix}0&-1\\1&0\end{pmatrix}$ は交代行列なので歪エルミートでもある．このとき A を実数の範囲内で対称行列を使って書くことはできないが，複素数の範囲内では $A=iB$，$B=\begin{pmatrix}0&i\\-i&0\end{pmatrix}$ とあらわされ，このとき B はエルミートである．

例題 8.4

(1) 任意の $\boldsymbol{x}\in\mathbf{R}^2$ に対し $\langle A\boldsymbol{x},\boldsymbol{x}\rangle=0$ をみたす2次行列 $A\ (\neq O)$ の例をあげよ．

(2) A が n 次対称行列であるとき，任意の $\boldsymbol{x} \in \mathbf{R}^n$ に対し $\langle A\boldsymbol{x}, \boldsymbol{x}\rangle = 0$ ならば $A = O$ であることを示せ．

(3) A が n 次複素行列であるとき，任意の $\boldsymbol{x} \in \mathbf{C}^n$ に対し $\langle A\boldsymbol{x}, \boldsymbol{x}\rangle = 0$ ならば $A = O$ であることを示せ．

【解答】 (1) 例えば内積として標準内積をとるとき，$A = \begin{pmatrix} 0 & -1 \\ 1 & 0 \end{pmatrix}$，$\boldsymbol{x} = \begin{pmatrix} x \\ y \end{pmatrix}$ とすると $\langle A\boldsymbol{x}, \boldsymbol{x}\rangle = (-y)\,x + xy = 0$.

(2) 任意の $\boldsymbol{x}, \boldsymbol{y} \in \boldsymbol{R}^n$ に対して

$$
\begin{aligned}
0 &= \langle A\,(\boldsymbol{x}+\boldsymbol{y}), \boldsymbol{x}+\boldsymbol{y}\rangle = \langle A\boldsymbol{x}, \boldsymbol{x}\rangle + \langle A\boldsymbol{x}, \boldsymbol{y}\rangle + \langle A\boldsymbol{y}, \boldsymbol{x}\rangle + \langle A\boldsymbol{y}, \boldsymbol{y}\rangle \\
&= \langle A\boldsymbol{x}, \boldsymbol{y}\rangle + \langle A\boldsymbol{y}, \boldsymbol{x}\rangle. \qquad (8.5)
\end{aligned}
$$

A が対称行列ならば $\langle A\boldsymbol{y}, \boldsymbol{x}\rangle = \langle \boldsymbol{y}, A\boldsymbol{x}\rangle = \langle A\boldsymbol{x}, \boldsymbol{y}\rangle$ なので任意の $\boldsymbol{x}, \boldsymbol{y} \in \mathbf{R}^n$ に対して $\langle A\boldsymbol{x}, \boldsymbol{y}\rangle = 0$. これより $A = O$.

(3) (2) の (8.5) が任意の $\boldsymbol{x}, \boldsymbol{y} \in \mathbf{C}^n$ に対して同様に成り立ち，さらに

$$
\begin{aligned}
0 &= \langle A\,(\boldsymbol{x}+i\boldsymbol{y}), \boldsymbol{x}+i\boldsymbol{y}\rangle = \langle A\boldsymbol{x}, \boldsymbol{x}\rangle - i\langle A\boldsymbol{x}, \boldsymbol{y}\rangle + i\langle A\boldsymbol{y}, \boldsymbol{x}\rangle + \langle A\boldsymbol{y}, \boldsymbol{y}\rangle \\
&= -\,i\langle A\boldsymbol{x}, \boldsymbol{y}\rangle + i\langle A\boldsymbol{y}, \boldsymbol{x}\rangle. \qquad (8.6)
\end{aligned}
$$

(8.5) と (8.6) より任意の $\boldsymbol{x}, \boldsymbol{y} \in \mathbf{C}^n$ に対し $\langle A\boldsymbol{x}, \boldsymbol{y}\rangle = 0$. これより $A = O$. □

▶ **参考** (2) において行列 A は対称行列であったが，(3) において行列 A は任意の複素行列である．複素数において成り立つという条件は，実数において成り立つという条件よりも，強い制限を与える．(3) は 2 次行列の場合であれば $\boldsymbol{x}$ として例えば $\begin{pmatrix} 1 \\ 0 \end{pmatrix}, \begin{pmatrix} 0 \\ 1 \end{pmatrix}, \begin{pmatrix} 1 \\ 1 \end{pmatrix}, \begin{pmatrix} 1 \\ i \end{pmatrix}$ を代入して直接確かめることができる．一般の n 次行列についても同様である．

練習問題

8.1 A と B がエルミート行列であるとき $A+B$，$AB+BA$，$i\,(AB-BA)$ もまたエルミート行列であることを示せ．

8.2 以下の (1)〜(3) を示せ．

(1) $\det A^* = \det \overline{A} = \overline{\det A}$

(2) A がエルミート行列であるとき $\det A$ は実数である．

(3) A が歪エルミート行列であるとき $\det A$ は A が偶数次のとき実数，奇数次のとき 0 または純虚数である．

8.3 歪エルミート行列の固有値は 0 または純虚数であることを示せ．

8.4 $\boldsymbol{a}, \boldsymbol{b}$ を3次の数ベクトル，また $\sigma^x, \sigma^y, \sigma^z$ を Pauli 行列として $\boldsymbol{\sigma} = (\sigma^x, \sigma^y, \sigma^z)$ と書くとき

$$(\boldsymbol{\sigma}\cdot\boldsymbol{a})(\boldsymbol{\sigma}\cdot\boldsymbol{b}) = (\boldsymbol{a}\cdot\boldsymbol{b})\,E + i\boldsymbol{\sigma}\cdot(\boldsymbol{a}\times\boldsymbol{b})$$

を示せ．ただし，E は2次の単位行列，$\boldsymbol{a}\cdot\boldsymbol{b}$ は $\boldsymbol{a}$ と $\boldsymbol{b}$ の内積，$\boldsymbol{a}\times\boldsymbol{b}$ は $\boldsymbol{a}$ と $\boldsymbol{b}$ の外積である．

8.5 A をエルミート行列とするとき，$R^*AR = \mathrm{diag}\,(1, \ldots, 1, -1, \ldots, -1, 0, \ldots, 0)$ をみたす正則な行列 R が存在することを示せ．

注：二次形式において，スカラーを複素数とし，対称行列をエルミート行列に置き替えたものを**エルミート形式** (Hermitian form) とよぶ．

8.6 以下の (1) と (2) を示せ．

(1) B を任意の n 次複素行列とするとき，$A = B^*B$ は半正値である．

(2) n 次エルミート行列 A が半正値であるなら，ある n 次複素行列 B が存在して $A = B^*B$ とあらわされる．

8.7 A を n 次行列とするとき，Hadamard (アダマール) の不等式 (Hadamard's inequality)

$$|\det A|^2 \leqq \prod_{j=1}^{n} \left(\sum_{i=1}^{n} |a_{ij}|^2 \right)$$

を証明せよ．特に M を定数として $|\det A| \leqq n^{n/2}M^n$ が成り立つことを示せ．

コラム　波動関数とヒルベルト空間

2乗可積分な関数，つまり

$$\int_{-\infty}^{\infty} |f(x)|^2\,dx < \infty$$

をみたす関数 f の全体は線形空間をなし（例えばコーシー・シュワルツの不等式などを使って示すことができる），さらにヒルベルト空間であることを示すことができる．

量子力学では，例えば粒子の状態は波動関数とよばれる複素数値の関数 $\varphi(x)$ であらわされ，$|\varphi(x)|^2$ がその粒子が観測される確率の密度であり，したがって $|\varphi(x)|^2$ の積分は確率の総和である1に等しく有限である．このとき $\varphi(x)$ の全体は複素線形空間をなし，さらにヒルベルト空間でもあることが導かれる．その意味で「波動関数はヒルベルト空間の元である」という説明がなされる．ただしこのとき考えている積分はルベーグの意味の積分であり（高校および大学の初年次で勉強する）リーマンの意味の積分ではない．

8.2 同時対角化，正規行列，スペクトル分解

8.2.1 不変部分空間

定義 8.7 V を線形空間，f を V 上の線形変換，W を V の部分空間とする．このとき

$$\boldsymbol{x} \in W \quad \text{ならば} \quad f(\boldsymbol{x}) \in W$$

が成り立つとき，W は f によって不変である，あるいは **f-不変** (f-invariant) (A を f の表現行列として，**A-不変** (A-invariant) と言うこともある)．またこのとき，W は f の**不変部分空間** (invariant subspace) であると言う．

これは W の像 $f(W)$ が W 自身に含まれるということである．V はすべての線形変換 f に対して f-不変である．また $\{\mathbf{0}\}$ もすべての f に対して f-不変である．

例 8.2 $\mathbf{R}^3$ において xy 平面への射影

$$f : \begin{pmatrix} x \\ y \\ z \end{pmatrix} \mapsto \begin{pmatrix} x \\ y \\ 0 \end{pmatrix}$$

を考える．このとき，xy 平面内のベクトルからなる $\mathbf{R}^3$ の部分空間

$$W = \left\{ \begin{pmatrix} x \\ y \\ 0 \end{pmatrix} \middle| \, x, y \in \mathbf{R} \right\}$$

は f-不変である．また $\mathbf{R}^3$ において線形変換 g を

$$g : \begin{pmatrix} x \\ y \\ z \end{pmatrix} \mapsto \begin{pmatrix} ax + by \\ cx + dy \\ 0 \end{pmatrix}$$

とすると，W は g-不変である．また線形変換 h を

$$h : \begin{pmatrix} x \\ y \\ z \end{pmatrix} \mapsto \begin{pmatrix} ax + by + pz \\ cx + dy + qz \\ rz \end{pmatrix}$$

とすると，W は h-不変である． □

f-不変な部分空間 W_1 の基底を $\{\boldsymbol{u}_1, \boldsymbol{u}_2, \dots, \boldsymbol{u}_r\}$ とし，それを延長して線形空間 V

の基底 $\{\boldsymbol{u}_1, \boldsymbol{u}_2, \dots, \boldsymbol{u}_r, \boldsymbol{u}_{r+1}, \dots, \boldsymbol{u}_n\}$ を作る．このとき，ベクトル $\boldsymbol{x} \in W_1$ のこの基底に関する成分を x_j とすると $x_{r+1} = \cdots = x_n = 0$ であり，さらに $f(W_1) \subseteq W_1$ であることから，f の表現行列 A は次のように小行列に分割される．

$$A = \left(\begin{array}{c|c} A_{11} & A_{12} \\ \hline O & A_{22} \end{array}\right), \qquad \begin{pmatrix} x_1 \\ \vdots \\ x_r \\ 0 \\ \vdots \\ 0 \end{pmatrix} \in W_1.$$

ただし A_{11} は r 次の正方行列である．$\boldsymbol{x} \in W_1$ のとき $A\boldsymbol{x} \in W_1$ となることは，積をとって直ちに確かめられる．

さらに $V = W_1 \oplus W_2$ であり，かつ W_1 と W_2 がそれぞれ f-不変であるなら，f の表現行列 A は次のように分割される．

$$A = \left(\begin{array}{c|c} A_{11} & O \\ \hline O & A_{22} \end{array}\right), \quad \begin{pmatrix} x_1 \\ \vdots \\ x_r \\ 0 \\ \vdots \\ 0 \end{pmatrix} \in W_1, \quad \begin{pmatrix} 0 \\ \vdots \\ 0 \\ x_{r+1} \\ \vdots \\ x_n \end{pmatrix} \in W_2. \qquad (8.7)$$

$\boldsymbol{x} \in W_1$ のとき $A\boldsymbol{x} \in W_1$，また $\boldsymbol{x} \in W_2$ のとき $A\boldsymbol{x} \in W_2$ となることは，やはり積をとって直ちに確かめられる．

(8.7) の A のように，行列がブロックに分割され，対角ブロックでないブロックがすべて零行列であるとき，A を**ブロック対角行列** (block-diagonal matrix) とよぶ．

例 8.3 例 8.2 の変換 h の，例 8.2 の基底に関する表現行列を A とすると

$$A = \begin{pmatrix} a & b & p \\ c & d & q \\ 0 & 0 & r \end{pmatrix}.$$

このとき

$$W_1 = \left\{ \begin{pmatrix} x \\ y \\ 0 \end{pmatrix} \middle| \, x, y \in \mathbf{R} \right\}, \qquad W_2 = \left\{ \begin{pmatrix} 0 \\ 0 \\ z \end{pmatrix} \middle| \, z \in \mathbf{R} \right\}$$

とすると，$\mathbf{R}^3 = W_1 \oplus W_2$．$W_1$ は f-不変であるが，W_2 は f-不変でない．$p = q = 0$ のとき，行列 A は block-diagonal になり，このとき W_2 もまた f-不変である．□

一般に，V の部分空間 $W_1, W_2, \dots, W_m$ が f-不変であり，かつ $V = W_1 \oplus W_2 \oplus \cdots \oplus W_m$ であるとする．このとき，各 W_j の基底によって作られる V の基底を考えると，この基底に関する f の表現行列は，block-diagonal になる．

$$A = \begin{pmatrix} A_1 & & & \\ & A_2 & & \\ & & \ddots & \\ & & & A_m \end{pmatrix}$$

写像 f を不変部分空間 W_j に制限した写像を f_j とする．つまり写像 f は各部分空間 W_j において，それぞれ写像 f_j として作用する．このとき f_j は W_j の線形変換であり，小行列 A_j は f_j の表現行列である．このとき写像 f は $f_1, f_2, \dots, f_m$ の**直和**であると言い，$f = f_1 \oplus f_2 \oplus \cdots \oplus f_m$ と書く．

8.2.2 可換性と同時対角化可能性

次の可換性と同時対角化可能性との関係は，量子力学等への応用の上でも非常に重要である．

n 次複素行列 A と B が $AB = BA$ をみたすとき，A と B は**交換可能**あるいは**可換**（いずれも commutative）であると言う．

このとき，A の相異なる固有値 λ_j $(j = 1, 2, \dots, s)$ に対する固有空間 $V(\lambda_j)$ を考えると，$\boldsymbol{x} \in V(\lambda_j)$ ならば $A\boldsymbol{x} = \lambda_j \boldsymbol{x} \in V(\lambda_j)$ である．また，A と B は可換なので，$A(B\boldsymbol{x}) = BA\boldsymbol{x} = B\lambda_j \boldsymbol{x} = \lambda_j (B\boldsymbol{x})$ であり，$B\boldsymbol{x}$ もまた A の固有ベクトルであり，$B\boldsymbol{x} \in V(\lambda_j)$ である．

A と B がどちらも対角化可能であるとき，次の定理が成り立つ．

定理 8.15 n 次複素行列 A と B がいずれも対角化可能であるとする．このとき A と B が可換であるなら，適当な正則行列 P をとって $P^{-1}AP$ と $P^{-1}BP$ を同時に対角行列にできる．

［**証明**］ A の固有値 λ_j に対する固有空間を $V(\lambda_j)$ とする．$\dim V(\lambda_j) = m_j$ とすれば，A は対角化可能なので $\sum_j m_j = n$ が成り立つ．このとき，A の固有ベクトルを列ベクトルとする行列を P_A とすれば，$P_A^{-1}AP_A$ は対角行列になる．

A と B は可換なので，$\boldsymbol{x} \in V(\lambda_j)$ ならば $B\boldsymbol{x} \in V(\lambda_j)$ である．つまり，$V(\lambda_j)$ は B-不変である．したがって，P_A において A の固有ベクトルを固有値 λ_j の大きさの順に並べておけば，$P_A^{-1}BP_A$ は block-diagonal になる．

このとき，$P_A^{-1}BP_A$ において $V(\lambda_j)$ に対応する block を B_j とすると，すべての B_j は対角化可能である．なぜなら，行列 B_j の固有ベクトルの数を μ_j とすれば，B の固有ベクトル

の数は $\sum_j \mu_j$ に一致するが，$\mu_j < m_j = V(\lambda_j)$ なる j が存在すれば，$\sum_j \mu_j < n$ となり，B が対角化可能であることに反する．

これより各 $V(\lambda_j)$ において線形独立な B の固有ベクトルが m_j 個存在することがわかるので，これらを $V(\lambda_j)$ の基底にとると，このとき $V(\lambda_j)\,(j = 1, 2, \ldots, s)$ の基底の全体は $\mathbf{C}^n$ の基底をなし，この基底ベクトルを列ベクトルとする行列を P とすれば，$P^{-1}AP$ と $P^{-1}BP$ はいずれも対角行列である． □

A や B が対角化可能とは限らないときにも，A と B が可換であれば同時三角化が可能である．それを示すために，まず次の定理を証明する．

定理 8.16 n 次複素行列 A と B が可換であるとき，A と B の共通の固有ベクトルが少なくとも 1 つ存在する．

［**証明**］ A の 1 つの固有値 λ_j に対する固有空間を $V(\lambda_j)$ とする．このとき，A と B は可換なので，$\boldsymbol{x} \in V(\lambda_j)$ ならば $B\boldsymbol{x} \in V(\lambda_j)$ であり，適当な正則行列 P によって $P^{-1}BP$ は block-diagonal になる．$V(\lambda_j)$ に対応する block を B_j とすると，行列 B_j には固有ベクトルが少なくとも 1 つは存在するので，これより $V(\lambda_j)$ に属する B の固有ベクトルが少なくとも 1 つ存在する．これを $\boldsymbol{p}_1$ とすれば，$\boldsymbol{p}_1$ は A と B の共通の固有ベクトルである． □

定理 8.17 n 次複素行列 A と B が可換であるとき，適当なユニタリ行列 U をとって $U^{-1}AU$ と $U^{-1}BU$ は同時に上三角行列にできる．

［**証明**］ A と B の共通の固有ベクトルを $\boldsymbol{p}_1$ とする（ただし $\boldsymbol{p}_1$ は規格化しておく）．定理 7.20 の証明において固有値と固有ベクトルの成分を一般に複素数とし，$U = (\boldsymbol{p}_1, \boldsymbol{u}_2, \ldots, \boldsymbol{u}_n)$ をユニタリ行列として

$$U^{-1}AU = \left(\begin{array}{c|c} \lambda_1 & * \\ \hline 0 & \\ \vdots & A_{n-1} \\ 0 & \end{array}\right), \qquad U^{-1}BU = \left(\begin{array}{c|c} \mu_1 & * \\ \hline 0 & \\ \vdots & B_{n-1} \\ 0 & \end{array}\right)$$

が成り立つ．ここで A と B が可換であることから A_{n-1} と B_{n-1} の可換性が導かれ，以下，帰納法によって定理 7.20 と同様に証明される． □

定理 8.15 における変換行列 P は一般にはユニタリとは限らないが，定理 8.17 における変換行列 U はユニタリである．

8.2.3 正規行列とスペクトル分解

実行列の場合には，対称行列であることが，直交行列によって対角化されて実の対角行列であらわされるための必要十分条件であった．複素行列の場合に，行列がユニ

タリ行列によって対角化されて成分が一般に複素数の対角行列であらわされるための必要十分条件を考えよう．

定義 8.8 n 次複素行列 A が $AA^* = A^*A$ をみたすとき，A を**正規行列** (normal matrix) とよぶ．

A がエルミート行列であれば $A^* = A$ なので A は正規行列である．また，U がユニタリ行列であれば $U^* = U^{-1}$ なので U は正規行列である．

定理 8.18 A を n 次複素行列とするとき

$$A \text{ は正規行列} \iff A \text{ はユニタリ行列によって対角化される．}$$

［**証明**］ ($\Rightarrow$) A が正規行列であれば A と A^* が可換なので，あるユニタリ行列 U によって $U^{-1}AU$ と $U^{-1}A^*U$ は同時に上三角行列になる．このとき $U^{-1}A^*U$ が上三角であれば $(U^{-1}A^*U)^* = U^{-1}AU$ は下三角行列であるので，$U^{-1}AU$ は上三角行列かつ下三角行列であり，対角行列である．

($\Leftarrow$) U をユニタリ行列として，$U^{-1}AU$ が対角行列ならば $(U^{-1}AU)^* = U^{-1}A^*U$ も対角行列であり，したがって互いに可換であり

$$(U^{-1}AU)(U^{-1}A^*U) = (U^{-1}A^*U)(U^{-1}AU).$$

これより $AA^* = A^*A$ が得られる． □

エルミート行列については，定理 8.10 より，異なる固有値に属する固有ベクトルは互いに直交している．一般に正規行列についても同じことが成り立つ．

定理 8.19 正規行列の相異なる固有値に属する固有ベクトルは互いに直交する．

［**証明**］ 正規行列 A はあるユニタリ行列 U によって対角化される．このとき U の列ベクトルが A の固有ベクトルであり，これらは互いに直交する． □

正規行列 A の相異なる固有値 $\lambda_1, \lambda_2, \ldots, \lambda_s$ に対応する固有空間をそれぞれ $W(\lambda_1)$, $W(\lambda_2), \ldots, W(\lambda_s)$ とする．一般に，固有空間の和空間は直和になるが，A は対角化可能なのでこの直和は $\mathbf{C}^n$ に一致する．さらにユニタリ行列によって対角化されることから，$W(\lambda_j)$ は互いに直交する．また定理 8.18 にあるように逆も成り立ち，定理 7.22 の複素化として次の定理が成り立つ．

定理 8.20 A は正規行列 $\iff$ $\mathbf{C}^n = W(\lambda_1) \oplus W(\lambda_2) \oplus \cdots \oplus W(\lambda_s)$ であり，かつ すべての $W(\lambda_j)$ は互いに直交する．

一般に，正規変換を次のように定義する．

定義 8.9　V を n 次元複素内積空間，f を V の線形変換とする．変換 f が $ff^* = f^*f$（つまり $f \circ f^* = f^* \circ f$）をみたすとき，$f$ は**正規変換** (normal transformation) であると言う．

このとき，次の定理が成り立つ．

定理 8.21　V は複素内積空間，f は V の線形変換，$\{\boldsymbol{e}_1, \boldsymbol{e}_2, \ldots, \boldsymbol{e}_n\}$ は V の正規直交基底，$A = [a_{ij}]$ はこの基底に関する f の表現行列であるとする．このとき，次の (1) と (2) は同値である．

(1) f は正規変換である．
(2) 表現行列 A は正規行列である．

［**証明**］　条件は，任意の $\boldsymbol{x} \in V$，$\boldsymbol{y} \in V$ に対して $\langle \boldsymbol{x}, ff^*\boldsymbol{y} \rangle = \langle \boldsymbol{x}, f^*f\boldsymbol{y} \rangle$ が成り立つことであり，これは $\langle f^*\boldsymbol{x}, f^*\boldsymbol{y} \rangle = \langle f\boldsymbol{x}, f\boldsymbol{y} \rangle$ と同値である．そこで内積をエルミート内積に置き替えて，以下，定理 7.16 の証明と同様．□

7.2.2 項で射影を導入した．一般に線形空間 V を

$$V = W_1 \oplus W_2 \oplus \cdots \oplus W_s \tag{8.8}$$

と部分空間の直和に分解するとき，$\boldsymbol{x} \in V$ は

$$\boldsymbol{x} = \boldsymbol{x}_1 + \boldsymbol{x}_2 + \cdots + \boldsymbol{x}_s, \qquad \boldsymbol{x}_j \in W_j$$

と一意的に分解される．このとき，線形写像

$$P_j : \boldsymbol{x} \mapsto \boldsymbol{x}_j$$

を**射影** (projection) とよぶ．特に (8.8) においてすべての W_j が互いに直交するとき，(8.8) を直交分解とよび，

$$V = W_1 \perp W_2 \perp \cdots \perp W_s$$

と書く．このとき P_j を**直交射影** (orthogonal projection) とよぶ[*36]．

線形写像としての射影の性質を調べよう．以下，直交射影について考える．

定理 8.22　P を V の線形変換とするとき

$$P \text{ は射影である} \iff P^2 = P, \qquad P^* = P$$

［**証明**］　($\Rightarrow$) P が W への射影であるとする．このとき $P^2 = P$ は自明．$\boldsymbol{x}, \boldsymbol{y} \in V$ を $\boldsymbol{x} = \boldsymbol{x}_1 + \boldsymbol{x}_2$，$\boldsymbol{x}_1 \in W$，$\boldsymbol{x}_2 \in W^\perp$ および $\boldsymbol{y} = \boldsymbol{y}_1 + \boldsymbol{y}_2$，$\boldsymbol{y}_1 \in W$，$\boldsymbol{y}_2 \in W^\perp$ と分解するとき，

＊36　直交射影を単に射影とよぶことも多い．

$$\langle P\boldsymbol{x}, \boldsymbol{y}\rangle = \langle \boldsymbol{x}_1, \boldsymbol{y}_1 + \boldsymbol{y}_2\rangle = \langle \boldsymbol{x}_1, \boldsymbol{y}_1\rangle = \langle \boldsymbol{x}_1 + \boldsymbol{x}_2, \boldsymbol{y}_1\rangle = \langle \boldsymbol{x}, P\boldsymbol{y}\rangle.$$

これより $P^* = P$ も成り立つ.

($\Leftarrow$) P による V の像を W とする. $\boldsymbol{x}_1 \in W$ ならば $\boldsymbol{x}_1 = P\boldsymbol{x}$ なる $\boldsymbol{x} \in V$ が存在するので，このとき $P\boldsymbol{x}_1 = P(P\boldsymbol{x}) = P^2\boldsymbol{x} = P\boldsymbol{x} = \boldsymbol{x}_1$ より $P : \boldsymbol{x}_1 \mapsto \boldsymbol{x}_1$. 次に $\boldsymbol{x}_2 \in W^{\perp}$ ならば $\langle P\boldsymbol{x}_2, \boldsymbol{y}\rangle = \langle \boldsymbol{x}_2, P^*\boldsymbol{y}\rangle = \langle \boldsymbol{x}_2, P\boldsymbol{y}\rangle = 0$ (なぜなら $\boldsymbol{x}_2 \in W^{\perp}$ であり，かつ $\boldsymbol{y} \in V$ に対し $P\boldsymbol{y} \in W$ である). これが任意の $\boldsymbol{y} \in V$ に対して成り立つので，$P\boldsymbol{x}_2 = \boldsymbol{0}$，つまり $P : \boldsymbol{x}_2 \mapsto \boldsymbol{0}$. 以上より，$P$ は W への射影である. □

これより P の固有値を λ として $\lambda^2 - \lambda = 0$. つまり射影とは，エルミート変換であり，かつ固有値がすべて 1 または 0 であるもの，と言うことができる.

定理 8.23 W_1, W_2 を V の部分空間，W_1, W_2 への射影をそれぞれ P_1, P_2 とする. このとき

$$W_1 \text{ と } W_2 \text{ は直交する} \iff P_1P_2 = 0$$

［証明］ ($\Rightarrow$) W_1 と W_2 が直交するなら，$\boldsymbol{x} \in V$ に対し $P_2\boldsymbol{x} \in W_2 \subset W_1^{\perp}$ なので，$P_1(P_2\boldsymbol{x}) = \boldsymbol{0}$. これが任意の $\boldsymbol{x} \in V$ に対して成り立つので，$P_1P_2 = 0$.

($\Leftarrow$) $P_1P_2 = 0$ ならば，任意の $\boldsymbol{x}_1 \in W_1$，$\boldsymbol{x}_2 \in W_2$ に対し

$$\langle \boldsymbol{x}_1, \boldsymbol{x}_2\rangle = \langle P_1\boldsymbol{x}_1, P_2\boldsymbol{x}_2\rangle = \langle \boldsymbol{x}_1, P_1P_2\boldsymbol{x}_2\rangle = 0.$$

これより W_1 と W_2 は直交する. □

同様に，W_2 と W_1 が直交することは，$P_2P_1 = 0$ と同値であり，したがって $P_1P_2 = 0$ と $P_2P_1 = 0$ とは同値である.

T を V の正規変換とする. このとき，T の相異なる値の固有値を $\lambda_1, \lambda_2, \ldots, \lambda_s$ とし，対応する固有空間をそれぞれ $W(\lambda_1), W(\lambda_2), \ldots, W(\lambda_s)$ とすると，$V = W(\lambda_1) \oplus W(\lambda_2) \oplus \cdots \oplus W(\lambda_s)$ が成り立ち，さらに $W(\lambda_i)$ と $W(\lambda_j)$ は $i \neq j$ のとき直交することが，定理 8.20 から導かれる. そこで $W(\lambda_j)$ への射影を P_j とすると，

$$I = P_1 + P_2 + \cdots + P_s, \qquad P_iP_j = 0 \quad (i \neq j). \tag{8.9}$$

このとき，正規変換 T を次のようにあらわすことができる.

定義 8.10 上記の記号のもとで

$$T = \lambda_1P_1 + \lambda_2P_2 + \cdots + \lambda_sP_s \tag{8.10}$$

これを T の**スペクトル分解** (spectral decomposition) とよぶ[*37]. 正規変換が決まれば，その固有値と固有空間は一意的に定まり，また固有空間への射影 P_j が一意的であることはすぐにわかるので，スペクトル分解は一意的である. また (8.10) の形

の変換が正規変換であることは直接計算して直ちにわかる．つまり，正規変換とは固有値と射影によって (8.10) のようにあらわされる変換のことである．このとき同様にして次の定理が成り立つ．

定理 8.24 T を正規変換とするとき

(1) T はユニタリ変換 $\Longleftrightarrow$ T の固有値はすべて絶対値が 1 の複素数

(2) T はエルミート変換 $\Longleftrightarrow$ T の固有値はすべて実数

(3) T は歪エルミート変換 $\Longleftrightarrow$ T の固有値は 0 または純虚数

［**証明**］ (1)〜(3) T のスペクトル分解を

$$T = \lambda_1 P_1 + \lambda_2 P_2 + \cdots + \lambda_s P_s$$

とすると，

$$T^* = \bar{\lambda}_1 P_1 + \bar{\lambda}_2 P_2 + \cdots + \bar{\lambda}_s P_s,$$
$$TT^* = |\lambda_1|^2 P_1 + |\lambda_2|^2 P_2 + \cdots + |\lambda_s|^2 P_s$$

であるので，以下，定義より明らか． □

正規変換の固有値がすべて実数であるとき，変換はエルミート変換であるが，特に固有値がすべて正 (あるいは非負) であるとき，これを正値 (半正値) エルミート変換とよぶ．このとき，次の正値 (半正値) エルミート変換が定義でき，$(\sqrt{T})^2 = T$ が成り立つ．

$$\sqrt{T} = \sqrt{\lambda_1} P_1 + \sqrt{\lambda_2} P_2 + \cdots + \sqrt{\lambda_s} P_s.$$

T がエルミート変換ならば T^2 は半正値エルミート変換である．これは実数 x において $x^2 \geq 0$ が成り立つことに対応している．また，T を任意の線形変換として，TT^* は半正値エルミート変換である．これは複素数 z において $z\bar{z} = |z|^2 \geq 0$ が成り立つことに対応している．

同様のことを，行列を使って議論することができる．例えば A を n 次のエルミート行列とすると，A はあるユニタリ行列 U によって対角化される．

$$U^*AU = \begin{pmatrix} \lambda_1 & & & \\ & \lambda_2 & & \\ & & \ddots & \\ & & & \lambda_n \end{pmatrix} = \lambda_1 \Lambda_1 + \lambda_2 \Lambda_2 + \cdots + \lambda_n \Lambda_n.$$

＊37 線形空間の次元が無限大であるとき，線形写像は多くの場合このスペクトル分解を基礎にして取り扱われる．このとき一般に，離散的な固有値 $\lambda_1, \ldots, \lambda_r$ の他に連続スペクトル λ が現れ，(8.10) の右辺の和は積分に移行する．

ここで Λ_j は (j, j) 成分が 1，その他の成分がすべて 0 の n 次行列である．このとき

$$A = \lambda_1 P_1 + \cdots + \lambda_s P_s, \qquad P_l = \sum_j U\Lambda_j U^*. \tag{8.11}$$

ただし第 2 式右辺の和は，λ_j の値が互いに等しいすべての j についてとるものとする．このとき，$P_j^2 = P_j$ かつ $P_j{}^* = P_j$，および (8.9) がみたされる．

定理 8.25 次の (1) と (2) は同値である．

(1) エルミート行列 A の固有値がすべて正（あるいは非負）

(2) 任意の $\boldsymbol{x}$ ($\neq \mathbf{0}$) に対し $\langle A\boldsymbol{x}, \boldsymbol{x}\rangle > 0$（あるいは $\langle A\boldsymbol{x}, \boldsymbol{x}\rangle \geq 0$）

［**証明**］ 正の場合について証明する．非負の場合についても同様である．

(1) ⇒ (2) A の分解 (8.11) において $\lambda_j > 0$, $P_j = P_j^2$ である．そこで $\langle P_j\boldsymbol{x}, \boldsymbol{x}\rangle = \langle P_j^2\boldsymbol{x}, \boldsymbol{x}\rangle = \langle P_j\boldsymbol{x}, P_j\boldsymbol{x}\rangle = \|P_j\boldsymbol{x}\|^2 \geq 0$．このとき $\boldsymbol{x} \neq \mathbf{0}$ ならば少なくとも 1 つの j に対して $\|P_j\boldsymbol{x}\|^2 > 0$ なので $\langle A\boldsymbol{x}, \boldsymbol{x}\rangle = \sum_{j=1}^{s} \lambda_j \|P_j\boldsymbol{x}\|^2 > 0$.

(2) ⇒ (1) $\boldsymbol{x}$ として A の固有値 λ_j に対する固有ベクトル $\boldsymbol{e}_j$ をとれば $0 < \langle A\boldsymbol{e}_j, \boldsymbol{e}_j\rangle = \langle \lambda_j \boldsymbol{e}_j, \boldsymbol{e}_j\rangle = \lambda_j \|\boldsymbol{e}_j\|^2$．これより $\lambda_j > 0$. □

固有値がすべて正（あるいは非負）であるエルミート行列を，正値（あるいは半正値）エルミート行列とよぶ．このとき次の定理が成り立つ．

定理 8.26 任意の正則な複素行列 A は，正値エルミート行列 H とユニタリ行列 U との積として一意的にあらわされる．

［**証明**］ $H = \sqrt{AA^*}$ とおくと，A は正則であり固有値は 0 でないので，H は正値エルミート行列である．このとき $A = HU$ をみたす U を考えると，U はユニタリ行列である．なぜなら，

$$UU^* = (H^{-1}A)(H^{-1}A)^* = H^{-1}AA^*H^{-1} = H^{-1}H^2H^{-1} = E.$$

もう一組の H' と U' が存在して $A = H'U'$ をみたすとすると，$A = H'U' = HU$ より $H' = HUU'^{-1}$ なので，

$$H'^2 = H'H' = H'H'^* = (HUU'^{-1})(HUU'^{-1})^* = HH^* = H^2.$$

ここで H と H' は正値エルミート行列であり，分解 (8.11) において $\lambda_j > 0$ なので，$H'^2 = H^2$ より $H' = H$ が得られる．これより $U' = U$．よって分解は一意的である． □

同様にして，任意の正則な実行列 A が，固有値が正の対称行列 H と，ある直交行列 P の積として，$A = HP$ と一意的にあらわされることがわかる．証明は随伴行列を転置行列で置き替えて同様である．これらは複素数 z に対する極形式 $z = re^{i\theta}$ の一般化である．

例題 8.5

V を線形空間，W を V の部分空間，$\{\boldsymbol{e}_1, \boldsymbol{e}_2, \ldots, \boldsymbol{e}_r\}$ を W の正規直交基底とするとき，W への射影 P は

$$P\boldsymbol{x} = \sum_{j=1}^{r} \langle \boldsymbol{x}, \boldsymbol{e}_j \rangle \boldsymbol{e}_j \qquad (\boldsymbol{x} \in V)$$

によって与えられることを示せ．

【解答】 $\{\boldsymbol{e}_1, \ldots, \boldsymbol{e}_r\}$ を延長して V の正規直交基底 $\{\boldsymbol{e}_1, \ldots, \boldsymbol{e}_r, \boldsymbol{e}_{r+1}, \ldots, \boldsymbol{e}_n\}$ を作ると，$\{\boldsymbol{e}_{r+1}, \ldots, \boldsymbol{e}_n\}$ が W の直交補空間 $W^\perp$ の基底をなし，$V = W \oplus W^\perp$．このとき $\boldsymbol{x} = \sum_{j=1}^{n} x_j \boldsymbol{e}_j$ とすると，$\boldsymbol{e}_j$ との内積をとって $\langle \boldsymbol{x}, \boldsymbol{e}_j \rangle = x_j$．これより $\boldsymbol{x} = \boldsymbol{x}_1 + \boldsymbol{x}_2$，$\boldsymbol{x}_1 = \sum_{j=1}^{r} \langle \boldsymbol{x}, \boldsymbol{e}_j \rangle \boldsymbol{e}_j \in W$，$\boldsymbol{x}_2 = \sum_{j=r+1}^{n} \langle \boldsymbol{x}, \boldsymbol{e}_j \rangle \boldsymbol{e}_j \in W^\perp$ と分解される．このとき $P : \boldsymbol{x} = \boldsymbol{x}_1 + \boldsymbol{x}_2 \mapsto \boldsymbol{x}_1$ は W への射影．□

▶ **参考**　$\langle \boldsymbol{x}, \boldsymbol{e}_j \rangle \boldsymbol{e}_j$ は，$\{\boldsymbol{e}_j\}$ の張る V の1次元部分空間を W_j として，$\boldsymbol{x}$ の W_j への正射影である．この正射影は，定理 7.4 の Gram-Schmidt の直交化法や，練習問題 7.7 の Bessel の不等式と Parseval の等式にも現れる．

例題 8.6

複素行列 $R(\theta)$ を

$$R(\theta) = \begin{pmatrix} 1 & 0 \\ 0 & 1 \end{pmatrix} \cos\frac{\theta}{2} - i \begin{pmatrix} 0 & 1 \\ 1 & 0 \end{pmatrix} \sin\frac{\theta}{2}$$

とするとき，

$$Y = \begin{pmatrix} 0 & -i \\ i & 0 \end{pmatrix} \quad と \quad Z = R(\theta) \begin{pmatrix} 1 & 0 \\ 0 & -1 \end{pmatrix} R(-\theta)$$

が同時対角化可能であるために θ のみたすべき条件を求めよ．

【解答】 Y, Z はいずれもエルミート行列であり対角化可能．このとき

$$Z = \begin{pmatrix} 1 & 0 \\ 0 & -1 \end{pmatrix} \cos\theta - \begin{pmatrix} 0 & -i \\ i & 0 \end{pmatrix} \sin\theta$$

であり，

$$YZ = \begin{pmatrix} -\sin\theta & i\cos\theta \\ i\cos\theta & -\sin\theta \end{pmatrix}, \qquad ZY = \begin{pmatrix} -\sin\theta & -i\cos\theta \\ -i\cos\theta & -\sin\theta \end{pmatrix}$$

となるので，Y と Z が同時対角化可能であるための条件 $YZ = ZY$ より $\cos\theta = 0$．これより $\theta = \pm\dfrac{\pi}{2}$．□

▶ **参考** $\sigma^2 = E$ であるとき，付録 B で述べるように $e^{-i\theta\frac{1}{2}\sigma} = E\cos\dfrac{\theta}{2} - i\sigma\sin\dfrac{\theta}{2}$ が成り立つ．つまり $R(\theta) = e^{-i\theta\frac{1}{2}\sigma^x}$ である．Z は $\sigma^z = \begin{pmatrix} 1 & 0 \\ 0 & -1 \end{pmatrix}$ を $R(\theta)$ によって「回転」したもので，σ^z と σ^y の線形結合になっている． □

例題 8.7

(1) 任意の複素行列 A は，エルミート行列 B と C によって $A = B + iC$ と一意的にあらわされることを示せ．

(2) A が正規行列であることと $BC = CB$ とが同値であることを示せ．

【解答】 (1) $B = \dfrac{A + A^*}{2}, C = \dfrac{A - A^*}{2i}$ とすると $A = B + iC$ かつ B と C はエルミート．A が $A = B + iC = B' + iC'$ と 2 通りにあらわされたとすると，$(B - B') + i(C - C') = O$．両辺の随伴行列をとると，B, B', C, C' はエルミートなので $(B - B') - i(C - C') = O$．これより $B = B'$ かつ $C = C'$．

(2) $AA^* = A^*A$ は $(B + iC)(B - iC) = (B - iC)(B + iC)$ であり，これは $BC = CB$ と同値である． □

▶ **参考** (1) は複素数 $z = x + iy$ において $x = (z + \bar{z})/2, y = (z - \bar{z})/2i$ であることの一般化である．

練習問題

8.8 A を正則な行列とし，正値エルミート行列 H とユニタリ行列 U を用いて $A = HU$ とあらわすとき，A が正規行列であることと $HU = UH$ とが同値であることを示せ．

8.9 以下の (1) と (2) を示せ．

(1) A が正規行列であるとき，A と A^* は同じユニタリ行列 U によって対角化され，その固有値は互いに複素共役である．

(2) A が正規行列であるための必要十分条件は，任意の $\boldsymbol{x}$ に対して $\|A\boldsymbol{x}\| = \|A^*\boldsymbol{x}\|$ が成り立つことである．

8.10 正規行列 A がある自然数 n に対して $A^n = O$ をみたすならば $A = O$ であることを示せ．

8.11 $A = [a_{ij}]$ を n 次の複素行列，その固有値を $\lambda_1, \lambda_2, \ldots, \lambda_n$ とするとき

$$\sum_{j=1}^{n} |\lambda_j|^2 \leqq \sum_{i=1}^{n} \sum_{j=1}^{n} |a_{ij}|^2$$

であり，特に等号は A が正規行列のときに成り立つことを示せ．

8.12 A を n 次のエルミート行列，E を n 次の単位行列とする．このとき，以下の (1)〜(4) を示せ．

(1) $E + iA$ は正則である．

(2) $U = (E - iA)(E + iA)^{-1}$ はユニタリで，固有値として -1 を持たない．

(3) $E + U$ は正則である．

(4) $A = -i(E - U)(E + U)^{-1}$ はエルミートである．

注：(2), (4) の変換は **Cayley (ケイリー) 変換** (Cayley transformation) とよばれる．Cayley 変換によって, 固有値として -1 をもたないユニタリ行列とエルミート行列とが 1 対 1 に対応する．

付録A　Jordan 標準形

複素数をスカラーとするすべての正方行列は，適当な基底の変換によってJordan標準形とよばれる特定の形の行列に変換される．つまりこれらの行列はいずれかの標準形に属し，その意味で完全に分類される，Jordan 標準形は対角行列と冪零行列によって構成される．そこでまず冪零行列について考えよう．

A.1 冪零行列

定義 A.1　A を n 次正方行列とする．ある自然数 m が存在して $A^m = O$ が成り立つとき，A は**冪零行列**[*38](nilpotent matrix) であると言う．

定理 A.1　以下の(1)～(3)は同値である．

(1) A は冪零行列，つまりある自然数 m が存在して $A^m = O$

(2) A の固有値はすべて 0

(3) A の次数を n として $A^n = O$

［**証明**］ (1) ⇒ (2) A の固有値をλ，対応する固有ベクトルを$\boldsymbol{u}$とすると $A\boldsymbol{u} = \lambda\boldsymbol{u}$．$A$をくり返し作用させて $A^m\boldsymbol{u} = \lambda^m\boldsymbol{u}$．$A^m = O$ なので $\lambda^m = 0$，よって $\lambda = 0$．

(2) ⇒ (3) A の固有値がすべて 0 なので，A の固有多項式は $\Phi_A(\lambda) = \lambda^n$．このときCayley-Hamilton の定理より $O = \Phi_A(A) = A^n$．

(3) ⇒ (1) n は自然数であるので(1)がみたされる．□

A が冪零行列ならば A は正則でない．これは $A^m = O$ の両辺の行列式をとれば，$\det(A^m) = 0$ より $(\det A)^m = 0$，これより $\det A = 0$ であることから明らかである(固有値がすべて 0 であることからも明らかである)．

＊38 「冪零」は，「べきれい」または「べきぜろ」と読む．

定理 A.2 m 次行列 A が $A^{m-1} \neq O$ かつ $A^m = O$ をみたすとき，正則な行列 P が存在して，A は次のようにあらわされる．

$$P^{-1}AP = \begin{pmatrix} 0 & 1 & 0 & & \\ & 0 & 1 & & \\ & & & \ddots & 1 \\ & & & & 0 \end{pmatrix} \quad (= J_m(0)) \qquad (\text{A.1})$$

［**証明**］ $A^{m-1} \neq O$ なので $A^{m-1}\boldsymbol{u}_1 \neq \boldsymbol{0}$ をみたすベクトル $\boldsymbol{u}_1$ が存在する．このとき $\boldsymbol{u}_2 = A\boldsymbol{u}_1, \boldsymbol{u}_3 = A\boldsymbol{u}_2 = A^2\boldsymbol{u}_1, \ldots, \boldsymbol{u}_m = A\boldsymbol{u}_{m-1} = A^{m-1}\boldsymbol{u}_1$ とおくと，$A^{m-1}\boldsymbol{u}_1 \neq \boldsymbol{0}$ なのでこれらはいずれも $\boldsymbol{0}$ とは異なるが，$A\boldsymbol{u}_m = A^m\boldsymbol{u}_1 = \boldsymbol{0}$ である．そこで行列 P を $P = \begin{pmatrix} \boldsymbol{u}_m & \boldsymbol{u}_{m-1} & \cdots & \boldsymbol{u}_1 \end{pmatrix}$ とすると (A.1) の記号で $AP = PJ_m(0)$ が成り立つ ($J_m(0)$ は定義 A.3 で導入される Jordan 細胞 $J_m(\lambda)$ の特別な場合である)．あとは P が正則であることを示せばよい．そこで

$$c_m\boldsymbol{u}_m + c_{m-1}\boldsymbol{u}_{m-1} + \cdots + c_2\boldsymbol{u}_2 + c_1\boldsymbol{u}_1 = \boldsymbol{0} \qquad (\text{A.2})$$

を仮定する．(A.2)に左から A^{m-1} を作用させると，$A^{m-1}\boldsymbol{u}_l = \boldsymbol{0}$ $(l \geq 2)$ より $c_1A^{m-1}\boldsymbol{u}_1 = \boldsymbol{0}$，ここで $A^{m-1}\boldsymbol{u}_1 \neq \boldsymbol{0}$ なので $c_1 = 0$．次に A^{m-2} を作用させると $c_2A^{m-2}\boldsymbol{u}_2 = c_2A^{m-1}\boldsymbol{u}_1 = \boldsymbol{0}$ より $c_2 = 0$．同様にして $c_3 = c_4 = \cdots = c_m = 0$．よって $\boldsymbol{u}_m, \boldsymbol{u}_{m-1}, \ldots, \boldsymbol{u}_1$ は線形独立で，P は正則である． □

つまり A が冪零行列であるとき，上記の性質を持つベクトル $\boldsymbol{u}_m, \boldsymbol{u}_{m-1}, \ldots, \boldsymbol{u}_1$ が存在する．特に $\boldsymbol{u}_m$ は A の固有値0に対する固有ベクトルである．これらのベクトルは定理 A.8 の証明で再び現れる．

例 A.1 (A.1) の記号で，$J_1(0)$ は成分が0の1次行列であり $J_1(0) = (0)$．また $J_2(0)$ は

$$J_2(0)^2 = \begin{pmatrix} 0 & 1 \\ 0 & 0 \end{pmatrix}^2 = \begin{pmatrix} 0 & 0 \\ 0 & 0 \end{pmatrix}$$

をみたし，$J_3(0)$ は

$$J_3(0)^2 = \begin{pmatrix} 0 & 1 & 0 \\ 0 & 0 & 1 \\ 0 & 0 & 0 \end{pmatrix}^2 = \begin{pmatrix} 0 & 0 & 1 \\ 0 & 0 & 0 \\ 0 & 0 & 0 \end{pmatrix}, \quad J_3(0)^3 = \begin{pmatrix} 0 & 1 & 0 \\ 0 & 0 & 1 \\ 0 & 0 & 0 \end{pmatrix}^3 = \begin{pmatrix} 0 & 0 & 0 \\ 0 & 0 & 0 \\ 0 & 0 & 0 \end{pmatrix}$$

をみたす． □

例 A.2

$$A = \begin{pmatrix} 2 & 4 \\ -1 & -2 \end{pmatrix} \quad \text{とすると} \quad A^2 = \begin{pmatrix} 0 & 0 \\ 0 & 0 \end{pmatrix}$$

が成り立つ．このとき，定理 A.2 で導いたように，A は次のように分解される．

$$AP = P\begin{pmatrix} 0 & 1 \\ 0 & 0 \end{pmatrix}, \qquad P = \begin{pmatrix} 2 & -1 \\ -1 & 1 \end{pmatrix}.$$

このとき $A = PJ_2(0)P^{-1}$ より $A^2 = (PJ_2(0)P^{-1})(PJ_2(0)P^{-1}) = PJ_2(0)^2P^{-1} = POP^{-1} = O$ であることが確かめられる．A は，1.2 節の(1.4)で調べた行列である． □

m 次行列についても，一般に $J_m(0)^m = O$ が成り立つので，正則な行列 P による基底の変換で $J_m(0)$ に変換される行列は冪零であることがわかる．

A.2 Jordan 標準形

Jordan 標準形について議論する．行列が対角化可能であれば，線形空間 V を固有空間に分解して行列は対角化される．行列が対角化可能とは限らないときは，V を広義固有空間に分解して行列を Jordan 標準形であらわす．対角形は Jordan 標準形の特別な場合である．

定義 A.2 V を n 次元複素線形空間，f を V の線形変換，λ は f の固有値であるとする．このとき，I を恒等変換として

$$W(\lambda) = \{\boldsymbol{x} \in V \mid (f - \lambda I)^n \boldsymbol{x} = \boldsymbol{0}\}$$

を f の固有値 λ に対する**広義固有空間** (generalized eigenspace) とよぶ．

ここで $f(\boldsymbol{x}) = f\boldsymbol{x}$ と略記した(例えば $(f - \lambda I)\boldsymbol{x} = f(\boldsymbol{x}) - \lambda\boldsymbol{x}$ である)．$W(\lambda)$ が V の部分空間であり，かつ f-不変であることは，定義から直ちに確認できる．また固有値 λ に対する固有空間 $V(\lambda)$ は，$W(\lambda)$ の部分空間である．6.4.2 項で示したように，固有値 λ に対して固有ベクトルは少なくとも 1 つ存在するので，$W(\lambda)$ は $\{\boldsymbol{0}\}$ ではない．$W(\lambda)$ の次元については，次の定理が成り立つ．

定理 A.3 f の固有値 λ に対する広義固有空間を $W(\lambda)$，固有値 λ の重複度を m とすると

$$\dim W(\lambda) = m.$$

[**証明**] f の表現行列を n 次行列 A とする．定理 8.12 より A を適当なユニタリ行列 U によって上三角行列に変換し，その対角成分は A の固有値であり，また最初の m 個の対角成分を λ にすることができる．このとき次の(A.3)の左の関係式が成立する．

$$U^*AU - \lambda E = \begin{pmatrix} 0 & & & & & \\ & \ddots & & & * & \\ & & 0 & & & \\ & & & \lambda_k - \lambda & & \\ & & & & \ddots & \\ & & & & & \lambda_l - \lambda \end{pmatrix}, \quad \begin{pmatrix} y_1 \\ \vdots \\ y_m \\ 0 \\ \vdots \\ 0 \end{pmatrix} \tag{A.3}$$

ここで $\lambda_k, \dots, \lambda_l \neq \lambda$ である．このとき $U^*AU - \lambda E$ を，左上が m 次の，右下が $n-m$ 次の正方行列になるように区分けすると，左上の小行列は対角成分がすべて 0 であり，右下の小行列は対角成分がすべて 0 でない上三角行列である．このとき，定理 A.1 より左上の小行列は冪零行列であり，右下の小行列はその冪が零行列になることはない．したがって，$(U^*AU - \lambda E)^n \boldsymbol{y} = \boldsymbol{0}$ をみたすベクトル $\boldsymbol{y}$ はその第 i 成分を y_i として，((A.3) の右に示したような) $y_{m+1} = \cdots = y_n = 0$ をみたすベクトルである．このとき条件をみたす $\boldsymbol{y}$ の全体は m 次元の部分空間をなす．行列 U は正則で，$(U^*AU - \lambda E)^n = U^*(A - \lambda E)^n U$ であるので，$(A - \lambda E)^n \boldsymbol{x} = \boldsymbol{0}$ をみたす $\boldsymbol{x}$ の全体も m 次元の部分空間をなす． □

系 A.1 f の固有値 λ に属する固有空間を $V(\lambda)$，固有値 λ の重複度を m とすると

$$\dim V(\lambda) \leq m.$$

［**証明**］ $V(\lambda) \subseteq W(\lambda)$ より明らか． □

広義固有空間 $W(\lambda)$ に関して，以下の定理が成り立つ．

定理 A.4 V を n 次元複素線形空間，f を V の線形変換，λ_1 と λ_2 は f の固有値であるとする．このとき，$\lambda_1 \neq \lambda_2$ ならば

$$W(\lambda_1) \cap W(\lambda_2) = \{\boldsymbol{0}\}$$

であり，したがって $W(\lambda_1)$ と $W(\lambda_2)$ の和空間 $W(\lambda_1) + W(\lambda_2)$ は直和 $W(\lambda_1) \oplus W(\lambda_2)$ である．

［**証明**］ $\boldsymbol{x} \in W(\lambda_1) \cap W(\lambda_2)$ かつ $\boldsymbol{x} \neq \boldsymbol{0}$ をみたす $\boldsymbol{x}$ が存在すると仮定して矛盾を導く．まず $\boldsymbol{x} \in W(\lambda_1)$ なので $(f - \lambda_1 I)^n \boldsymbol{x} = \boldsymbol{0}$，したがって，ある自然数 p $(1 \leq p \leq n-1)$ が存在して，$(f - \lambda_1 I)^p \boldsymbol{x} \neq \boldsymbol{0}$ かつ $(f - \lambda_1 I)^{p+1} \boldsymbol{x} = \boldsymbol{0}$ である．そこでこの p に対し $\boldsymbol{u}_1 = (f - \lambda_1 I)^p \boldsymbol{x}$ とおくと $\boldsymbol{u}_1 \neq \boldsymbol{0}$ であり，かつ

$$(f - \lambda_1 I)\boldsymbol{u}_1 = \boldsymbol{0} \quad \text{よって} \quad f(\boldsymbol{u}_1) = \lambda_1 \boldsymbol{u}_1.$$

つまり $\boldsymbol{u}_1$ は固有値 λ_1 に対する f の固有ベクトルである．

このとき，$(f - \lambda_2 I)\boldsymbol{u}_1 = (\lambda_1 - \lambda_2)\boldsymbol{u}_1 \neq \boldsymbol{0}$．同様に $(f - \lambda_2 I)^n \boldsymbol{u}_1 = (\lambda_1 - \lambda_2)^n \boldsymbol{u}_1 \neq \boldsymbol{0}$ であるが，一方で $\boldsymbol{x} \in W(\lambda_2)$ でもあるなら

$$(f - \lambda_2 I)^n \boldsymbol{u}_1 = (f - \lambda_2 I)^n (f - \lambda_1 I)^p \boldsymbol{x}$$

$$= (f-\lambda_1 I)^p (f-\lambda_2 I)^n \boldsymbol{x} = (f-\lambda_1 I)^p \boldsymbol{0} = \boldsymbol{0}$$

であり，これは矛盾. □

定理 A.5 V を n 次元複素線形空間，f を V の線形変換，$\lambda_1, \lambda_2, \ldots, \lambda_k$ は f の固有値であり $\lambda_i \neq \lambda_j \ (i \neq j)$ をみたすとする．このとき和空間 $W(\lambda_1) + W(\lambda_2) + \cdots + W(\lambda_k)$ は直和

$$W(\lambda_1) \oplus W(\lambda_2) \oplus \cdots \oplus W(\lambda_k)$$

である.

［**証明**］ 帰納法で証明する.

$$V_k = W(\lambda_1) + W(\lambda_2) + \cdots + W(\lambda_k)$$

とおく．$k=1$ のとき $V_1 = W(\lambda_1)$．$k=2$ のとき，定理 A.4 より $V_2 = W(\lambda_1) + W(\lambda_2) = W(\lambda_1) \oplus W(\lambda_2)$ であり成立．そこで $k \geq 3$ をみたす k について $k-1$ で成立していると仮定する.

このとき $\boldsymbol{x}_1 \in W(\lambda_1), \boldsymbol{x}_2 \in W(\lambda_2), \ldots, \boldsymbol{x}_k \in W(\lambda_k)$ として条件

$$\boldsymbol{x}_1 + \boldsymbol{x}_2 + \cdots + \boldsymbol{x}_k = \boldsymbol{0} \tag{A.4}$$

を考える．(A.4)の両辺に $(f-\lambda_k I)^n$ を作用させると，$(f-\lambda_k I)^n \boldsymbol{x}_k = \boldsymbol{0}$ なので

$$(f-\lambda_k I)^n \boldsymbol{x}_1 + (f-\lambda_k I)^n \boldsymbol{x}_2 + \cdots + (f-\lambda_k I)^n \boldsymbol{x}_{k-1} + \boldsymbol{0} = \boldsymbol{0} \tag{A.5}$$

このとき $W(\lambda_j)$ は f-不変であるので $(f-\lambda_k I)$ によっても不変であり $(f-\lambda_k I)^n \boldsymbol{x}_j \in W(\lambda_j)$．一方，帰納法の仮定により $V_{k-1} = W(\lambda_1) + W(\lambda_2) + \cdots + W(\lambda_{k-1})$ は直和なので，定理 5.15 と (A.5) より $j = 1, 2, \ldots, k-1$ に対して $(f-\lambda_k I)^n \boldsymbol{x}_j = \boldsymbol{0}$，つまり $\boldsymbol{x}_j \in W(\lambda_k)$．したがって $\boldsymbol{x}_j \in W(\lambda_j) \cap W(\lambda_k)$ であり，定理 A.4 より $\boldsymbol{x}_j = \boldsymbol{0}$．これが $j = 1, 2, \ldots, k-1$ に対して成り立ち，このとき(A.4)から $\boldsymbol{x}_k = \boldsymbol{0}$ もしたがう．結局，条件(A.4)から $\boldsymbol{x}_j = \boldsymbol{0}$ が導かれたので，定理 5.15 より V_k も直和である. □

相異なる固有値が s 個あるとき，$k = s$ とすると次の定理が成り立つ.

定理 A.6 V を n 次元複素線形空間，f を V の線形変換，$\lambda_1, \lambda_2, \ldots, \lambda_s$ が f の互いに相異なる固有値のすべてであるとすると，

$$V = W(\lambda_1) \oplus W(\lambda_2) \oplus \cdots \oplus W(\lambda_s).$$

［**証明**］ $W(\lambda_1) \oplus W(\lambda_2) \oplus \cdots \oplus W(\lambda_s) = V_s$ とすると $V_s \subseteq V$ である．一方，固有値の数は重複も含めて数えるとき V の次元に等しいので，定理 A.3 より $\dim W(\lambda_1) + \dim W(\lambda_2) + \cdots + \dim W(\lambda_s) = n$ が成り立つ．そこで定理 5.14 より $\dim V_s = \sum_{j=1}^{s} \dim W(\lambda_j) = n = \dim V$，よって $V_s = V$. □

このとき，固有値 λ に対する固有空間 $V(\lambda)$ は $V(\lambda) \subseteq W(\lambda)$ をみたすので，次の定理が成り立つ.

定理 A.7　f の固有値 λ_j に対する固有空間 $V(\lambda_j)$ が，同じ λ_j に対する広義固有空間 $W(\lambda_j)$ に一致すること，つまり $V(\lambda_j) = W(\lambda_j)$ $(j = 1, 2, \ldots, s)$ が，f が対角化可能であるための必要十分条件である．

以上で線形空間 V が f の広義固有空間 $W(\lambda_j)$ によって直和に分解されることがわかった．そこでそれぞれの $W(\lambda_j)$ において，f がどのような行列で表現されるのかを調べよう．これらの表現行列は Jordan 細胞とよばれる特定の型の行列で構成される．このことを示すのが，以下の議論の目標である．

n 次複素行列は，定理 8.12 よりユニタリ行列によって上三角行列に変換され，その対角成分は行列の固有値である．このとき定理 A.3 の証明からわかるように，対角成分の値に対応して，線形空間 V は広義固有空間 $W(\lambda)$ に分割される．さらに $W(\lambda)$ は f-不変なので，$\boldsymbol{x} \in W(\lambda)$ であれば $f(\boldsymbol{x}) \in W(\lambda)$ であり，したがって適当な基底の下で，f の表現行列 A は各 $W(\lambda_j)$ に対応して block-diagonal に分割される．つまり

$$A = \begin{pmatrix} A_1 & & & \\ & A_2 & & \\ & & \ddots & \\ & & & A_s \end{pmatrix}, \qquad A_j = \begin{pmatrix} \lambda_j & & * \\ & \ddots & \\ & & \lambda_j \end{pmatrix}. \tag{A.6}$$

ここで A_j は対角成分がすべて λ_j の上三角行列である．この行列をさらに次のように分解する．

$$A_j = \lambda_j E_j + B_j, \qquad B_j = \begin{pmatrix} 0 & & & \\ & 0 & * & \\ & & \ddots & \\ & & & 0 \end{pmatrix}.$$

ただし E_j は A_j と同じ次数の単位行列であり，B_j は対角成分がすべて 0 の上三角行列である．計算によって容易に確かめられるように，B_j が m_j 次の行列であれば $B_j^{m_j} = O$ が成り立つ．つまり B_j は冪零行列である（ただし $B_j^{m_j - 1} \neq O$ かどうかはわからない）．ここで定理 A.2 を考えれば，B_j は適当な基底の変換によって，(A.1) の形の行列に分解されるのではないかと予想できる．そこでまず行列 $J_n(\lambda)$ を以下のように定義しよう．

定義 A.3　対角成分がすべて λ，第 $(j, j+1)$ 成分がすべて 1，その他の成分がすべて 0 である n 次正方行列を，n 次の **Jordan（ジョルダン）細胞**（Jordan cell）あるいは **Jordan（ジョルダン）ブロック**（Jordan block）とよび，$J_n(\lambda)$ と書く．つまり

$$J_1(\lambda) = (\lambda),\quad J_2(\lambda) = \begin{pmatrix} \lambda & 1 \\ 0 & \lambda \end{pmatrix},\quad J_3(\lambda) = \begin{pmatrix} \lambda & 1 & 0 \\ 0 & \lambda & 1 \\ 0 & 0 & \lambda \end{pmatrix},$$

一般に

$$J_n(\lambda) = \begin{pmatrix} \lambda & 1 & & \\ & \lambda & 1 & \\ & & \ddots & 1 \\ & & & \lambda \end{pmatrix}. \tag{A.7}$$

さらに Jordan 細胞を対角ブロックとする block-diagonal な行列を **Jordan (ジョルダン) 行列**(Jordan matrix)とよぶ．(すべての Jordan 細胞が 1 次であるとき，Jordan 行列は対角行列である．) そこで次の定理が成り立つ．

定理 A.8　V を m 次元複素線形空間，B を m 次複素行列とする．もし $B^m = O$ がみたされるなら，適当な基底の変換によって B は $\lambda = 0$ の Jordan 細胞を対角ブロックとする block-diagonal な行列に変換される．

$B = O$ ならば定理は成立．$B \neq O$ として，m についての帰納法で証明することを考える．$m = 1$ のときは成立する．そこで，すべての $k \leq m-1$ において成立するならば $k = m$ でも成立することを示したい．

そこで，ある $k(\leq m)$ に対して $B^{k-1} \neq O$ かつ $B^k = O$ であるとする．このとき $B^{k-1}\boldsymbol{u}_1 \neq \boldsymbol{0}$ をみたすベクトル $\boldsymbol{u}_1$ が存在するので，定理 A.2 の証明と同様に $\boldsymbol{u}_2 = B\boldsymbol{u}_1$，$\boldsymbol{u}_3 = B\boldsymbol{u}_2 = B^2\boldsymbol{u}_1, \dots, \boldsymbol{u}_k = B\boldsymbol{u}_{k-1} = B^{k-1}\boldsymbol{u}_1$ とおくと，$\{\boldsymbol{u}_k, \boldsymbol{u}_{k-1}, \dots, \boldsymbol{u}_1\}$ は線形独立で，V の k 次元部分空間 W を張り，W は B-不変，かつ B の W における表現行列は Jordan 細胞 $J_k(0)$ に一致する．

そこで $W = V$ であれば定理は成立している．$W \neq V$ のとき，V が $V = U \oplus W$ と分解され，U もまた B-不変であることを示せば，$\dim U < m$ であることから帰納法の仮定により定理が成立する．

つまり，次の補題 A.1 が示されれば定理 A.8 が証明される．

補題 A.1　V を m 次元複素線形空間，g を V の線形変換，B を g の表現行列，B はある $k(\leq m)$ に対し $B^{k-1} \neq O$ かつ $B^k = O$ をみたすとする．このとき，W を上記の V の部分空間とすると，ある g-不変な V の部分空間 U が存在して，

$$V = U \oplus W.$$

［**証明**］ V の g-不変な部分空間 U で $U \cap W = \{\mathbf{0}\}$ をみたすものを考える．部分空間 $\{\mathbf{0}\}$ は条件をみたすので，このような部分空間は必ず存在する．そこでこれらのうち次元が最大のものを U とすると，$V = U \oplus W$ が成り立つことを示す．

いま $U \cap W = \{\mathbf{0}\}$ は仮定されているので，$V = U + W$ を示せばよい．そこで $\boldsymbol{a} \in V$ であり，かつ $\boldsymbol{a} \notin U + W$ なる元 $\boldsymbol{a}$ の存在を仮定して矛盾を導く．$B^k\boldsymbol{a} = \mathbf{0} \in U + W$ なので，ある自然数 $l\,(1 \leq l \leq k)$ が存在して $B^{l-1}\boldsymbol{a} \notin U + W$ かつ $B^l\boldsymbol{a} \in U + W$ となる．そこで $\boldsymbol{u} \in U$ および W の基底 $\{B^{k-1}\boldsymbol{u}_1, B^{k-2}\boldsymbol{u}_1, \ldots, B\boldsymbol{u}_1, \boldsymbol{u}_1\}$ と $c_j \in \mathbf{C}$ を用いて

$$B^l\boldsymbol{a} = \boldsymbol{u} + (c_{k-1}B^{k-1}\boldsymbol{u}_1 + c_{k-2}B^{k-2}\boldsymbol{u}_1 + \cdots + c_1B\boldsymbol{u}_1 + c_0\boldsymbol{u}_1)$$

と書ける．両辺に B^{k-1} を作用させると，

$$B^{k-1}B^l\boldsymbol{a} = B^{k-1}\boldsymbol{u} + (\mathbf{0} + \mathbf{0} + \cdots + \mathbf{0} + c_0B^{k-1}\boldsymbol{u}_1).$$

$l \geq 1$ より $(k-1) + l > k$ なので左辺は $\mathbf{0}$ である．U と W は B-不変なので $B^{k-1}\boldsymbol{u} \in U$ かつ $c_0B^{k-1}\boldsymbol{u}_1 \in W$，このとき，$U \cap W = \{\mathbf{0}\}$ なので $B^{k-1}\boldsymbol{u} = \mathbf{0}$ かつ $c_0B^{k-1}\boldsymbol{u}_1 = \mathbf{0}$，よって $B^{k-1}\boldsymbol{u}_1 \neq \mathbf{0}$ より $c_0 = 0$.

そこで

$$B^{l-1}\boldsymbol{a} = \boldsymbol{b} + (c_{k-1}B^{k-2}\boldsymbol{u}_1 + c_{k-2}B^{k-3}\boldsymbol{u}_1 + \cdots + c_1\boldsymbol{u}_1 + \mathbf{0})$$

によって定義される $\boldsymbol{b}$ を考えると，$c_{k-1}B^{k-2}\boldsymbol{u}_1 + c_{k-2}B^{k-3}\boldsymbol{u}_1 + \cdots + c_1\boldsymbol{u}_1 + \mathbf{0} \in W$ なので $B^{l-1}\boldsymbol{a} \notin U + W$ の仮定より $\boldsymbol{b} \notin U + W$，したがって $\boldsymbol{b} \notin U$，$\boldsymbol{b} \notin W$．このとき

$$B^l\boldsymbol{a} = B\boldsymbol{b} + (c_{k-1}B^{k-1}\boldsymbol{u}_1 + c_{k-2}B^{k-2}\boldsymbol{u}_1 + \cdots + c_1B\boldsymbol{u}_1 + \mathbf{0})$$

なので $B\boldsymbol{b} = \boldsymbol{u}$ であり，$\boldsymbol{u} \in U$ より $B\boldsymbol{b} \in U$.

これより，仮定をみたす $\boldsymbol{a}$ が存在するなら，$\boldsymbol{b} \notin U$，$\boldsymbol{b} \notin W$ かつ $B\boldsymbol{b} = \boldsymbol{u} \in U$ をみたす $\boldsymbol{b}$ が存在する．そこで U と $\boldsymbol{b}$ から生成される部分空間 U_1 を考えると，$\dim U_1 = \dim U + 1 > \dim U$ であり，$B\boldsymbol{b} = \boldsymbol{u} \in U$ より U_1 は B-不変で，$\boldsymbol{b} \notin W$ より $U_1 \cap W = \{\mathbf{0}\}$．これは条件をみたす部分空間の中で U の次元が最大であることに矛盾する． □

$B^l\boldsymbol{a} \in U + W$ であるので $B^l\boldsymbol{a}$ を U の元 $\boldsymbol{u}$ と W の基底で展開しておき，このとき $B^{l-1}\boldsymbol{a} \notin U + W$ を調べて $\boldsymbol{b} \notin U + W$ の存在を示した．

$B\boldsymbol{x} = \boldsymbol{u}_1$ をみたす $\boldsymbol{x}$ は存在しない．これは両辺に B^{k-1} を作用させると $B^{k-1}B\boldsymbol{x} = B^{k-1}\boldsymbol{u}_1$ であるが，左辺が $\mathbf{0}$，右辺が $\mathbf{0}$ とは異なるので矛盾することからわかる．このことは(A.1)の表示を利用して条件をみたす $\boldsymbol{u}_1, B\boldsymbol{u}_1, \ldots, B^{k-1}\boldsymbol{u}_1$ を具体的に作ってみることでも確かめることができる．

以上により，行列 A はそれぞれの広義固有空間 $W(\lambda_j)$ において行列 $A_j = \lambda_jE_j + B_j$ の形に変換され，B_j は適当な基底を選ぶことで(一般には複数の)Jordan 細胞 $J_k(0)$ であらわされ，したがって A_j は $J_k(\lambda_j)$ であらわされることがわかった．

つまり A は適当な基底の変換によって Jordan 行列に変換される．行列 A を変換して得られる Jordan 行列を，A の **Jordan（ジョルダン）標準形** (Jordan normal form, Jordan canonical form) とよぶ．最後に Jordan 標準形が Jordan 細胞の並べ方を除いて一意的であることを示す．

定理 A.9 m 次行列 B があある $k\ (\leq m)$ に対し $B^{k-1} \neq O$ かつ $B^k = O$ をみたすとする．このとき B の Jordan 行列は，Jordan 細胞の並べ方を除いて一意的である．

［**証明**］ B の Jordan 標準形における ν 次 Jordan 細胞 $J_\nu(0)$ の数を l_ν とする．l_ν が B のみによって定まることを示せばよい．そこで B^j の階数を r_j とすると，r_j は B のみによって定まるので，l_ν が r_j であらわされれば，l_ν は B のみで定まることがわかる．

Jordan 細胞 $J_\nu(0)$ について（例 A.1 からもわかるように）$J_\nu(0)^{\nu-1} \neq O$ かつ $J_\nu(0)^\nu = O$ である．したがって $B^{k-1} \neq O$ かつ $B^k = O$ より，B の Jordan 細胞のうち最大のものは $J_k(0)$ である．そこでまず $J_\nu(0)$ の次数 ν と個数 l_ν を行列 B の次数 m と比較すると

$$m = l_1 + 2l_2 + \cdots + kl_k \tag{A.8}$$

B^1 の階数について考えると，$J_\nu(0)$ の階数は $\nu - 1$ なので

$$r_1 = l_2 + 2l_3 + \cdots + (k-1)\,l_k \tag{A.9}$$

B^2 の階数について考えると，$J_\nu(0)^2$ の階数は $\nu - 2$ なので

$$r_2 = l_3 + 2l_4 + \cdots + (k-2)\,l_k \tag{A.10}$$

同様に B^{k-2}, B^{k-1}, B^k の階数まで順に考えて

$$\begin{aligned} &\vdots \\ r_{k-2} &= l_{k-1} + 2l_k \\ r_{k-1} &= l_k \\ r_k &= 0 \end{aligned} \tag{A.11}$$

このとき (A.8)～(A.11) から，l_ν が r_j であらわされることがわかる． □

定理 A.9 より，それぞれの $A_j = \lambda_j E + B_j$ の Jordan 行列が，Jordan 細胞の並べ方を除いて一意的に定まることがわかった．したがって複素行列 A について次の定理が得られた．

定理 A.10 行列 A の Jordan 標準形は Jordan 細胞の並べ方を除いて一意的である．

以上の議論からわかるように，複素数をスカラーとするとき，行列 A の Jordan 標準形の存在が保証される．実数をスカラーとするときには，固有値が実数であるなど，付加的な条件が必要になる．

行列 A が与えられたとき，その Jordan 標準形を具体的に求めることを考えよう．まず A の固有方程式から A の固有値がすべて求められる．このとき定理 A.5 より，V は A のそれぞれの固有値 λ_j に対応する広義固有空間 $W(\lambda_j)$ の直和に分解され，A は適当な基底の下で block-diagonal な行列に変換される．このとき各 block A_j は，正則な行列 P_j によって対角成分が固有値 λ_j である Jordan 細胞 $J_m(\lambda_j)$ の直和に変換される．

そこで例えば，A_j が次の Jordan 行列に変換された場合を考えてみよう．

$$P_j^{-1}A_jP_j = \begin{pmatrix} \lambda_j & 0 & 0 & 0 \\ 0 & \lambda_j & 1 & 0 \\ 0 & 0 & \lambda_j & 1 \\ 0 & 0 & 0 & \lambda_j \end{pmatrix}.$$

これは 1 次の Jordan 細胞 $J_1(\lambda_j)$ と 3 次の細胞 $J_3(\lambda_j)$ の直和である．そこで標準基底を

$$\boldsymbol{e}_1 = \begin{pmatrix} 1 \\ 0 \\ 0 \\ 0 \end{pmatrix}, \quad \boldsymbol{e}_2 = \begin{pmatrix} 0 \\ 1 \\ 0 \\ 0 \end{pmatrix}, \quad \boldsymbol{e}_3 = \begin{pmatrix} 0 \\ 0 \\ 1 \\ 0 \end{pmatrix}, \quad \boldsymbol{e}_4 = \begin{pmatrix} 0 \\ 0 \\ 0 \\ 1 \end{pmatrix}$$

とすると，$\boldsymbol{e}_1$ と $\boldsymbol{e}_2$ は $T_j = P_j^{-1}A_jP_j$ の固有ベクトルであり，$(T_j - \lambda_jE_j)\boldsymbol{e}_1 = \boldsymbol{0}$, $(T_j - \lambda_jE_j)\boldsymbol{e}_2 = \boldsymbol{0}$ をみたす．さらに $(T_j - \lambda_jE_j)\boldsymbol{v} = \boldsymbol{e}_1$ をみたす $\boldsymbol{v}$ は存在しないが，$(T_j - \lambda_jE_j)\boldsymbol{e}_3 = \boldsymbol{e}_2$, $(T_j - \lambda_jE_j)\boldsymbol{e}_4 = \boldsymbol{e}_3$ が成り立ち，そして $(T_j - \lambda_jE_j)\boldsymbol{w} = \boldsymbol{e}_4$ をみたす $\boldsymbol{w}$ は存在しない．

このとき

$$(P_j^{-1}A_jP_j - \lambda_jE_j)\boldsymbol{e}_1 = \boldsymbol{0} \quad \text{より} \quad A_j(P_j\boldsymbol{e}_1) = \lambda_j(P_j\boldsymbol{e}_1)$$

よって $P_j\boldsymbol{e}_1$ は固有ベクトル，同様に $P_j\boldsymbol{e}_2$ も固有ベクトル．また

$$(P_j^{-1}A_jP_j - \lambda_jE_j)\boldsymbol{e}_3 = \boldsymbol{e}_2 \quad \text{より} \quad (A_j - \lambda_jE_j)(P_j\boldsymbol{e}_3) = (P_j\boldsymbol{e}_2)$$

同様に $(A_j - \lambda_jE_j)(P_j\boldsymbol{e}_4) = (P_j\boldsymbol{e}_3)$.

これらの $P_j\boldsymbol{e}_1, P_j\boldsymbol{e}_2, P_j\boldsymbol{e}_3, P_j\boldsymbol{e}_4$ は行列 P_j の列ベクトルである．上記の条件をみたすベクトルの存在とその数を調べることにより，Jordan 標準形が求められる．また，1 つの Jordan 細胞に対応して常に 1 つの固有ベクトルが存在することもわかる．

これらのベクトルは，定理 A.2 で導入したベクトル $\boldsymbol{u}_m, \boldsymbol{u}_{m-1}, \ldots, \boldsymbol{u}_1$ に他ならない．これらを求めるためにまず固有ベクトル $\boldsymbol{u}_m$ を求め，以下，定義に従って $\boldsymbol{u}_{m-1}$, $\boldsymbol{u}_{m-2}, \cdots$ を求め，条件をみたす $\boldsymbol{u}_j$ が存在しなくなれば，その Jordan 細胞はそこで終わる．

例 A.3 次の行列の Jordan 標準形と変換行列を求めよう．

$$A=\begin{pmatrix}0 & -2\\ 1 & 3\end{pmatrix},\qquad B=\begin{pmatrix}4 & 4\\ -1 & 0\end{pmatrix}.$$

A の固有値を求めると，$\lambda=1,2$ である．$\lambda=1$ に対応する固有ベクトル $\boldsymbol{u}_1$，$\lambda=2$ に対応する固有ベクトル $\boldsymbol{u}_2$ を求めると，

$$\boldsymbol{u}_1=\begin{pmatrix}2\\ -1\end{pmatrix},\qquad \boldsymbol{u}_2=\begin{pmatrix}-1\\ 1\end{pmatrix}.$$

このとき，変換行列 P は $P=\begin{pmatrix}\boldsymbol{u}_1 & \boldsymbol{u}_2\end{pmatrix}$ として得られるので

$$P^{-1}AP=\begin{pmatrix}1 & 0\\ 0 & 2\end{pmatrix},\qquad P=\begin{pmatrix}2 & -1\\ -1 & 1\end{pmatrix}.$$

次に B の固有値を求めると，$\lambda=2,2$ である．$\lambda=2$ に対応する固有ベクトル $\boldsymbol{u}_2$ を求めると，

$$\boldsymbol{u}_1=\begin{pmatrix}2\\ -1\end{pmatrix}$$

が得られ，また他には存在しないことがわかる．そこで $(B-2E)\boldsymbol{u}_2=\boldsymbol{u}_1$ をみたす $\boldsymbol{u}_2$ を求めると，

$$(B-2E)\begin{pmatrix}x\\ y\end{pmatrix}=\begin{pmatrix}2\\ -1\end{pmatrix}\quad より\quad x+2y=1. \tag{A.12}$$

条件(A.12)をみたす $\boldsymbol{u}_2$ としては，例えば

$$\boldsymbol{u}_2=\begin{pmatrix}-1\\ 1\end{pmatrix}$$

をとることができ，このとき変換行列 P は $P=\begin{pmatrix}\boldsymbol{u}_1 & \boldsymbol{u}_2\end{pmatrix}$ となるので

$$P^{-1}BP=\begin{pmatrix}2 & 1\\ 0 & 2\end{pmatrix},\qquad P=\begin{pmatrix}2 & -1\\ -1 & 1\end{pmatrix}.$$

条件(A.12)は一般には $x=1-2t$，$y=t$ としてみたされ，このとき

$$P^{-1}BP=\begin{pmatrix}2 & 1\\ 0 & 2\end{pmatrix},\qquad P=\begin{pmatrix}2 & 1-2t\\ -1 & t\end{pmatrix}$$

が成り立つ．いまの場合，すべての t に対して P は正則である． □

例 A.4　次の行列の Jordan 標準形と変換行列を求めよう．

$$A = \begin{pmatrix} 1 & -6 & 4 \\ 1 & 2 & -1 \\ 1 & -2 & 2 \end{pmatrix}, \qquad B = \begin{pmatrix} 0 & -8 & 6 \\ -1 & -2 & 3 \\ -2 & -8 & 8 \end{pmatrix}.$$

まず A の固有値を求めると，$\lambda = 1, 2, 2$ である．$\lambda = 1$ に対応する固有ベクトル $\boldsymbol{u}_1$，$\lambda = 2$ に対応する固有ベクトル $\boldsymbol{u}_2$ を求めると，

$$\boldsymbol{u}_1 = \begin{pmatrix} 1 \\ 2 \\ 3 \end{pmatrix}, \qquad \boldsymbol{u}_2 = \begin{pmatrix} 2 \\ 1 \\ 2 \end{pmatrix}.$$

$\lambda = 2$ に対応する固有ベクトルは $\boldsymbol{u}_2$ だけである．次にまず $(A - E)\boldsymbol{v} = \boldsymbol{u}_1$ をみたす $\boldsymbol{v}$ を探すと，これは存在しないことがわかる．また $(A - 2E)\boldsymbol{u}_3 = \boldsymbol{u}_2$ をみたす $\boldsymbol{u}_3$ を求めると，

$$(A - 2E)\begin{pmatrix} x \\ y \\ z \end{pmatrix} = \begin{pmatrix} 2 \\ 1 \\ 2 \end{pmatrix} \quad \text{より} \quad \boldsymbol{u}_3 = \begin{pmatrix} 2 \\ 0 \\ 1 \end{pmatrix}.$$

さらに $(A - 2E)\boldsymbol{v} = \boldsymbol{u}_3$ をみたす $\boldsymbol{v}$ を求めると，これは存在しないことがわかる．このとき変換行列 P は $P = (\boldsymbol{u}_1, \boldsymbol{u}_2, \boldsymbol{u}_3)$ となるので，以上より，

$$P^{-1}AP = \begin{pmatrix} 1 & 0 & 0 \\ 0 & 2 & 1 \\ 0 & 0 & 2 \end{pmatrix}, \qquad P = \begin{pmatrix} 1 & 2 & 2 \\ 2 & 1 & 0 \\ 3 & 2 & 1 \end{pmatrix}.$$

次に B の固有値を求めると，$\lambda = 2, 2, 2$ である．固有ベクトルを求めると，

$$\boldsymbol{u}_1 = \begin{pmatrix} 1 \\ 2 \\ 3 \end{pmatrix}, \qquad \boldsymbol{u}_2 = \begin{pmatrix} 2 \\ 1 \\ 2 \end{pmatrix}$$

であり，固有ベクトルはこれ以外には存在しない．このとき，$(B - 2E)\boldsymbol{v} = \boldsymbol{u}_1$ をみたす $\boldsymbol{v}$ を求めると，これは存在しないことがわかる．また $(B - 2E)\boldsymbol{u}_3 = \boldsymbol{u}_2$ をみたす $\boldsymbol{u}_3$ を求めると，

$$(B - 2E)\begin{pmatrix} x \\ y \\ z \end{pmatrix} = \begin{pmatrix} 2 \\ 1 \\ 2 \end{pmatrix} \quad \text{より} \quad -x - 4y + 3z = 1$$

が得られる．これをみたし，行列 P が正則であるような $\boldsymbol{u}_3$ を探すと，例えば

$$\boldsymbol{u}_3 = \begin{pmatrix} 2 \\ 0 \\ 1 \end{pmatrix}.$$

さらに $(B-2E)\boldsymbol{v} = \boldsymbol{u}_3$ をみたす $\boldsymbol{v}$ を探すと，これは存在しないことがわかる．このとき変換行列 P は $P = \begin{pmatrix} \boldsymbol{u}_1 & \boldsymbol{u}_2 & \boldsymbol{u}_3 \end{pmatrix}$ となるので，以上より，

$$P^{-1}BP = \begin{pmatrix} 2 & 0 & 0 \\ 0 & 2 & 1 \\ 0 & 0 & 2 \end{pmatrix}, \qquad P = \begin{pmatrix} 1 & 2 & 2 \\ 2 & 1 & 0 \\ 3 & 2 & 1 \end{pmatrix}.$$

□

A を正方行列とするとき，A の固有多項式 $\Phi_A(x)$ を考えると，定理 6.15 より行列の多項式として $\Phi_A(A) = O$ が成立する．そこで $f(A) = O$ をみたす多項式 $f(x)$ のうち，次数が最小のもの(ただし 0 次ではないもの)を考えて，それを最小多項式とよぶ．

定義 A.4 (最小多項式) A を正方行列とする．0 でない次数の多項式 $g(x)$ で $g(A) = O$ をみたすもののうち，次数が最小で最高次の係数が 1 であるものを，A の**最小多項式** (minimal polynomial) とよぶ．

最小多項式は一意的である．なぜなら，$\varphi_1(x)$ と $\varphi_2(x)$ がいずれも最小多項式であるなら $\varphi_1(A) - \varphi_2(A) = O - O = O$ がみたされるが，$h(x) = \varphi_1(x) - \varphi_2(x)$ の次数は $\varphi_1(x)$ と $\varphi_2(x)$ よりも低く，最小多項式の定義より，最小多項式よりも低い次数で $h(A) = O$ をみたす多項式は $h(x) = 0$ のみなので，$\varphi_1(x) = \varphi_2(x)$ が結論される．

$f(A) = O$ をみたすすべての多項式 $f(x)$ は最小多項式で割り切れる．なぜなら，最小多項式を $\varphi(x)$ として，$f(x)$ を $\varphi(x)$ で割った余りを $h(x)$ とするなら

$$f(x) = \varphi(x)g(x) + h(x).$$

ここで $g(x)$ と $h(x)$ は多項式であり，$h(x)$ の次数は $\varphi(x)$ の次数よりも低い．このとき対応する行列 A の多項式を考えると

$$O = f(A) = \varphi(A)g(A) + h(A).$$

$\varphi(A) = O$ なので $h(A) = O$ であるが，最小多項式の定義より，条件をみたす多項式は $h(x) = 0$ のみで，これより $f(x)$ は $\varphi(x)$ で割り切れる．(したがって，固有多項式 $\Phi_A(x)$ は最小多項式 $\varphi(x)$ で割り切れる．)

Jordan 細胞 $J_n(\lambda)$ の最小多項式は $\varphi(x) = (x-\lambda)^n$ である．このことを示すには $J_n(\lambda) - \lambda E$ の最小多項式が x^n であることを示せばよい．そこで例 A.1 と同様に $(J_n(\lambda) - \lambda E)^k = J_n(0)^k$ を計算すると，多項式 $f(x)$ の次数 l が $1 \leq l \leq n-1$ のと

き $f(J_n(0)) \neq O$, かつ $f(x) = x^n$ のとき $f(J_n(0)) = O$ であることが容易に確かめられる.

最小多項式の，より具体的な形を求めてみよう．行列 A の固有多項式は，A のすべての相異なる固有値を $\lambda_1, \lambda_2, \ldots, \lambda_s$, また各 λ_j の重複度を m_j として

$$\Phi_A(x) = (x-\lambda_1)^{m_1}(x-\lambda_2)^{m_2}\cdots(x-\lambda_s)^{m_s}$$

であり，このとき $\Phi_A(A) = O$ が成り立つ．これに対して，最小多項式について次の定理が成り立つ.

定理 A.11 A のすべての相異なる固有値を $\lambda_1, \lambda_2, \ldots, \lambda_s$, 各 λ_j に属する Jordan 細胞のうち最大の細胞の次数を ν_j とするとき，A の最小多項式 $\varphi(x)$ は

$$\varphi(x) = (x-\lambda_1)^{\nu_1}(x-\lambda_2)^{\nu_2}\cdots(x-\lambda_s)^{\nu_s}.$$

[証明] $\Phi_A(x)$ が $\varphi(x)$ で割り切れるので $\varphi(x)$ は,

$$\varphi(x) = (x-\lambda_1)^{k_1}(x-\lambda_2)^{k_2}\cdots(x-\lambda_s)^{k_s} \qquad (0 \leq k_j \leq m_j)$$

の形をとる．一方，P を正則な行列として $\varphi(A) = O$ ならば $\varphi(P^{-1}AP) = O$ であり，その逆も正しいので，A が既に Jordan 標準形に変換されているとして一般性を失わない．そこで A は行列 A_j を対角成分とする block-diagonal な行列であり，各 A_j は Jordan 細胞を対角成分とする block-diagonal な行列であるとすることができる.

このとき，$\varphi(A)$ は行列 $\varphi(A_j)$ を対角成分とする block-diagonal な行列になるが，$\varphi(A) = O$ がみたされるのは，すべての j に対して $\varphi(A_j)$ が零行列になるときである．そこで $\varphi(A_j)$ を調べると，$k_j < \nu_j$ のとき $\varphi(A_j)$ は零行列とは異なり，$k_j = \nu_j$ のときはじめて零行列になる．これより定理は証明された. □

つまり，複数の Jordan 細胞に分割される A_j が存在するとき，最小多項式の次数は固有多項式の次数よりも低くなる.

A のすべての Jordan 細胞の大きさが 1 であるとき，A は対角化可能であり，また逆も正しい．つまり，ν_j がすべて 1 で最小多項式の根がすべて単根であることが，A が対角化可能であることと同値である.

最小多項式は行列の単因子とよばれる多項式を調べることからも得られ，これによって単因子を経由して最小多項式から Jordan 標準形を求めることもできる*39.

線形変換は表現行列によってあらわされ，複素数をスカラーとする行列はすべて，ある Jordan 標準形に変換される．つまり $\mathbf{C}^n$ の線形変換は，Jordan 標準形によって完全に分類される.

---

*39 単因子についてはあとがきにあげた参考文献 [齋藤 1] に詳しい説明がある.

付録 B　行列の微分と積分，無限級数

行列の微分と積分，および無限級数を考え，特に行列の指数関数について調べる．自然科学において演算子の指数関数が多く現れるため，行列の指数関数は実用の上でも非常に重要である．またこれらは，付録 C の Lie 群と Lie 環の理論に関連する．

B.1　行列の微分と積分

成分が変数 x の関数 $a_{ij}(x)$ である行列を $A(x) = [a_{ij}(x)]$ と書く．このときすべての $\lim_{x \to a} a_{ij}(x)$ が存在するならば，行列 $A(x)$ の $x \to a$ での極限が存在すると言い，$\lim_{x \to a} A(x)$ と書く．また，

$$\lim_{x \to a} A(x) = A(a)$$

が成り立つとき，$A(x)$ は $x = a$ で連続であると言う．また，

$$\lim_{x \to a} \frac{A(x) - A(a)}{x - a}$$

が存在するならば，$A(x)$ は $x = a$ で微分可能であると言い，$A'(a) = [a'_{ij}(a)]$ を $A(x)$ の $x = a$ での微分係数とよぶ．その他の微分に関する種々の概念も，実関数および複素関数の場合と同様に定義される．

以下，正方行列について考えよう．行列 $A(x), B(x)$，および関数 $c(x)$ が微分可能であるとして，以下の関係式が成り立つ．

$$\begin{aligned}
(A(x) + B(x))' &= A'(x) + B'(x), \\
(c(x)A(x))' &= c'(x)A(x) + c(x)A'(x), \\
(A(x)B(x))' &= A'(x)B(x) + A(x)B'(x).
\end{aligned}$$

また，行列 $A(x)$ が微分可能で，かつ $A(x)$ に逆行列が存在するとき

$$(A(x)^{-1})' = -A(x)^{-1}A'(x)A(x)^{-1} \tag{B.1}$$

が成り立つ．実際，上記の条件の下で $A(x)^{-1}$ が微分可能であることは直ちにわか

り，$A(x)A(x)^{-1}=E$ の両辺を微分すれば

$$A'(x)A(x)^{-1}+A(x)(A(x)^{-1})'=O.$$

これより(B.1)が得られる．これは関数の微分 $(1/f(x))'=-f'(x)/f(x)^2$ の一般化である．

行列のすべての成分 $a_{ij}(x)$ が Taylor 展開可能であり，$a_{ij}(x)=\sum_{n=0}^{\infty}\frac{1}{n!}a_{ij}^{(n)}(x_0)(x-x_0)^n$ とあらわされるなら，これらをまとめて行列として書くことができる．

$$A(x)=\sum_{n=0}^{\infty}\frac{1}{n!}A^{(n)}(x_0)(x-x_0)^n.$$

ただし $(A^{(n)}(x))_{ij}=a_{ij}^{(n)}(x)$ である．

また，行列のすべての成分 $a_{ij}(x)$ が $[a,b]$ において積分可能であり，

$$b_{ij}=\int_a^b a_{ij}(x)\,dx$$

であるなら，$B=[b_{ij}]$ としてこれらを以下のようにまとめて行列として書くことができる．

$$B=\int_a^b A(x)\,dx.$$

次に行列のノルムを導入しよう．

定義 B.1　$A=[a_{ij}]$ を n 次行列とするとき

$$\|A\|^2=\sum_{i=1}^{n}\sum_{j=1}^{n}|a_{ij}|^2$$

として，$\|A\|$ を行列 A の**ノルム** (norm) とよぶ．

このノルムは (7.4) と (8.2) で扱った．$\|A\|$ は次の性質を持つ．

定理 B.1　A, B を n 次行列とするとき，以下の(1)〜(4)が成り立つ．

(1) $\|A\|\geq 0$,　特に $\|A\|=0$ ならば $A=O$
(2) $\|kA\|=|k|\,\|A\|$　(k はスカラー)
(3) $\|A+B\|\leq\|A\|+\|B\|$
(4) $\|AB\|\leq\|A\|\|B\|$,　特に $\|A^n\|\leq\|A\|^n$

［**証明**］ (1), (2)は定義より自明である．

(3) $A = [a_{ij}]$, $B = [b_{ij}]$ として，成分に対する三角不等式と Schwarz の不等式を考えると

$$\begin{aligned}\|A+B\|^2 &= \sum_{ij=1}^{n} |a_{ij}+b_{ij}|^2 \le \sum_{ij=1}^{n} \left(|a_{ij}|^2 + 2|a_{ij}|\,|b_{ij}| + |b_{ij}|^2\right) \\ &\le \sum_{ij=1}^{n} |a_{ij}|^2 + 2\sqrt{\sum_{ij=1}^{n} |a_{ij}|^2}\sqrt{\sum_{ij=1}^{n} |b_{ij}|^2} + \sum_{ij=1}^{n} |b_{ij}|^2 \\ &= \|A\|^2 + 2\|A\|\|B\| + \|B\|^2 = (\|A\| + \|B\|)^2.\end{aligned}$$

(4) 同様に

$$\begin{aligned}\|AB\|^2 &= \sum_{ij=1}^{n} \left|\sum_{k=1}^{n} a_{ik}b_{kj}\right|^2 \le \sum_{ij=1}^{n} \left(\sum_{k=1}^{n} |a_{ik}|\,|b_{kj}|\right)^2 \\ &\le \sum_{ij=1}^{n} \left(\sum_{k=1}^{n} |a_{ik}|^2\right)\left(\sum_{l=1}^{n} |b_{lj}|^2\right) \\ &= \left(\sum_{i=1}^{n}\sum_{k=1}^{n} |a_{ik}|^2\right)\left(\sum_{j=1}^{n}\sum_{l=1}^{n} |b_{lj}|^2\right) = \|A\|^2\|B\|^2.\end{aligned}$$

これより第1式を得る．さらに $A = B$ とすれば $\|A^2\| \le \|A\|^2$ であり，以下，帰納法により第2式が示される． □

B.2 行列の冪級数

A を n 次行列として

$$\sum_{k=0}^{\infty} a_k A^k = a_0 E + a_1 A + a_2 A^2 + a_3 A^3 + \cdots$$

を考える．これは行列 A の冪(べき)によって作られる級数である．

定理 B.2 A を n 次正方行列とするとき，P を正則な n 次行列として

$$\sum_{k=0}^{\infty} a_k A^k \quad と \quad \sum_{k=0}^{\infty} a_k (P^{-1}AP)^k$$

は，どちらも収束するか，どちらも発散し，収束するならば固有値は等しい．

［**証明**］ $(P^{-1}AP)^k = (P^{-1}AP)(P^{-1}AP)\cdots(P^{-1}AP) = P^{-1}A^kP$ なので

$$\sum_{k=0}^{N} a_k (P^{-1}AP)^k = \sum_{k=0}^{N} a_k (P^{-1}A^kP) = P^{-1}\left(\sum_{k=0}^{N} a_k A^k\right)P.$$

行列 P は N に依存しないので，$N \to \infty$ としたとき両辺の収束発散は一致する．また P は正則なので，収束するとき両辺の固有値は等しい． □

定理 B.3 A を n 次正方行列，その固有値を $\lambda_1, \ldots, \lambda_n$ として，行列の冪級数

$$\sum_{k=0}^{\infty} a_k A^k \tag{B.2}$$

を考える．

(1) x の冪級数 $\sum_{k=0}^{\infty} a_k x^k$ の収束半径を ρ とするとき，A のすべての固有値 λ_j が $|\lambda_j| < \rho$ をみたすなら(B.2)は収束する．また $|\lambda_j| > \rho$ をみたす固有値が存在するなら(B.2)は発散する．

(2) $\sum_{k=0}^{\infty} a_k A^k$ が収束するとき，その固有値は $\sum_{k=0}^{\infty} a_k \lambda_1^k, \dots, \sum_{k=0}^{\infty} a_k \lambda_n^k$ である．

A が対角化可能であるなら，ある正則な行列 P が存在し，A の固有値を対角成分とする対角行列を Λ として $A = P\Lambda P^{-1}$ となる．このとき $A^k = P\Lambda^k P^{-1}$ なので，

$$\sum_{k=0}^{M} a_k A^k = \sum_{k=0}^{M} a_k (P\Lambda^k P^{-1}) = P\left(\sum_{k=0}^{M} a_k \Lambda^k\right)P^{-1}.$$

$\sum_{k=0}^{M} a_k \Lambda^k$ は対角行列であり，その対角成分は $\sum_{k=0}^{M} a_k \lambda_j^k$ $(j = 1, 2, \dots, n)$ である．これより(1), (2)がしたがう．対角化可能でない場合も含めて証明するためには，A を対角化する代わりに A の Jordan 標準形を考えて同様に議論する．

［**証明**］　(1) A を正則な n 次行列 P によって Jordan 標準形にすることができる．

$$P^{-1}AP = \Lambda + N$$

ただし，Λ は A の固有値を対角成分とする対角行列であり，また N は対角成分が 0 の上三角行列で，$N\Lambda = \Lambda N$ かつ $N^n = O$ である．定理 B.2 より，$\sum_{k=0}^{\infty} a_k A^k$ の収束発散と固有値を調べるためには，$\sum_{k=0}^{\infty} a_k (P^{-1}AP)^k$ の収束発散と固有値を調べればよい．そこで

$$\begin{aligned}(P^{-1}AP)^k = (\Lambda + N)^k &= \sum_{l=0}^{k} \binom{k}{l} \Lambda^{k-l} N^l \\ &= \binom{k}{0}\Lambda^k + \binom{k}{1}\Lambda^{k-1}N^1 + \cdots + \binom{k}{k}N^k.\end{aligned}$$

このとき $N^n = O$ なので，$\sum_{k=0}^{\infty} a_k (P^{-1}AP)^k$ を展開して l が等しい項をまとめると，次の形の級数のみがあらわれることがわかる．

$$\sum_{k=l}^{\infty} a_k \binom{k}{l} \Lambda^{k-l} N^l \qquad (l = 0, 1, \dots, n-1). \tag{B.3}$$

冪級数 $\sum_{k=0}^{\infty} a_k x^k$ を項別に l 回微分して $1/l!$ をかけると $\sum_{k=l}^{\infty} a_k \binom{k}{l} x^{k-l}$ が得られる．また N^l は k に依存しない．したがって (B.3) の収束発散は $\sum_{k=0}^{\infty} a_k \Lambda^k$ の収束発散と一致する．このとき $\sum_{k=0}^{\infty} a_k x^k$ が $x = \lambda_1, \lambda_2, \dots, \lambda_n$ に対して収束するならば $\sum_{k=0}^{\infty} a_k \Lambda^k$ は収束し，いずれ

かの $x=\lambda_j$ に対して発散するならば $\sum_{k=0}^{\infty} a_k\Lambda^k$ は発散する．

(2) このとき $\sum_{k=0}^{\infty} a_k(P^{-1}AP)^k$ は上三角行列であるが，(B.3) の $\Lambda^{k-l}N^l$ の対角成分は $l \geq 1$ のとき 0 なので，(B.3) において $l=0$ の項のみを考えて $\sum_{k=0}^{\infty} a_k(P^{-1}AP)^k$ の対角成分は $\sum_{n=0}^{\infty} a_n\lambda_j^n$ $(j=1,2,\ldots,n)$ であり，これらが固有値を与える．□

(1)の証明に対応する計算の具体例が例 B.3 にある．

定理 B.4　A を n 次正方行列とするとき，以下の(1)と(2)は同値である．

(1) $A^k \to O \quad (k\to\infty)$

(2) A の固有値を $\lambda_1,\ldots,\lambda_n$ とするとき，すべての j に対して $|\lambda_j|<1$

［**証明**］ (1)⇒(2) 固有値 λ_j に対する固有ベクトルを $\boldsymbol{u}_j$ とすると，

$$A\boldsymbol{u}_j=\lambda_j\boldsymbol{u}_j, \qquad A^k\boldsymbol{u}_j=\lambda_j^k\boldsymbol{u}_j.$$

$k\to\infty$ のとき $A^k\to O$. これより $k\to\infty$ で $\lambda_j^k\to 0$ なので $|\lambda_j|<1$.

(2)⇒(1) A を正則な n 次行列 P によって Jordan 標準形に変形すると

$$P^{-1}AP=\Lambda+N. \tag{B.4}$$

ただし，Λ は A の固有値を対角成分とする対角行列であり，また N は $N\Lambda=\Lambda N$ かつ $N^n=O$ をみたす．このとき(B.4)の両辺の k 乗を考えると，左辺は $(P^{-1}AP)^k=P^{-1}A^kP$ であり，右辺は

$$(\Lambda+N)^k=\sum_{l=0}^{k}\binom{k}{l}\Lambda^{k-l}N^l. \tag{B.5}$$

$N^n=O$ なので(B.5)の右辺で $l\geq n$ をみたす項は O になり，したがって k が大きいときも右辺は $0\leq l\leq n-1$ についての和になる．このとき $|\lambda_j|<1$ より $k\to\infty$ で $\Lambda^{k-l}\to O$ なので (右辺) $\to O$. これより $A^k\to O$.　□

行列の等比級数

$$\sum_{k=0}^{\infty} A^k=E+A+A^2+A^3+\cdots$$

を考えよう．これは展開

$$\frac{1}{1-x}=1+x+x^2+x^3+\cdots$$

に対応する．この級数は A の固有値を λ_j として $|\lambda_j|<1$ $(j=1,2,\ldots,n)$ ならば収束し，行列として $(E-A)^{-1}$ に一致する．実際，

$$(E-A)(E+A+A^2+\cdots+A^k)=E-A^{k+1} \tag{B.6}$$

であり，$k\to\infty$ のとき定理B.4より $E-A^{k+1}\to E$ である．

次の冪級数によって定義される写像

$$A \mapsto \sum_{n=0}^{\infty}\frac{1}{n!}A^n = E+\frac{1}{1!}A+\frac{1}{2!}A^2+\frac{1}{3!}A^3+\cdots$$

を行列 A の**指数関数** (exponential function) とよび，e^A または $\exp A$ と書く．

定理 B.5 すべての n 次正方行列 A に対して $\exp A$ は収束し，その固有値は A の固有値を $\lambda_j (j=1,2,\ldots,n)$ として $e^{\lambda_j} (j=1,2,\ldots,n)$ で与えられる．

［**証明**］ 級数 $\sum_{k=0}^{\infty}\frac{1}{k!}x^k$ の収束半径は ∞ なので，$\sum_{k=0}^{\infty}\frac{1}{k!}\lambda_j^k$ は収束し，その値は e^{λ_j}，したがって定理B.3の(1), (2)より定理が得られる． □

例 B.1 $A=xX$，$X=\begin{pmatrix}0 & -1\\ 1 & 0\end{pmatrix}$ とすると $X^2=-E$ なので，

$$\begin{aligned}\exp A &= E+\frac{x}{1!}X-\frac{x^2}{2!}E-\frac{x^3}{3!}X+\frac{x^4}{4!}E+\cdots\\ &= E\left(1-\frac{x^2}{2!}+\frac{x^4}{4!}+\cdots\right)+X\left(\frac{x}{1!}-\frac{x^3}{3!}+\cdots\right)\\ &= E\cos x+X\sin x=\begin{pmatrix}\cos x & -\sin x\\ \sin x & \cos x\end{pmatrix}.\end{aligned}$$

また，$B=xY$，$Y=\begin{pmatrix}0 & 1\\ 1 & 0\end{pmatrix}$ とすると $Y^2=E$ なので同様にして，

$$\exp B = E\cosh x+Y\sinh x=\begin{pmatrix}\cosh x & \sinh x\\ \sinh x & \cosh x\end{pmatrix}.$$

□

定理 B.6 n 次行列 A と B が可換，つまり $AB=BA$ ならば

$$\exp(A+B)=(\exp A)(\exp B).$$

特に $(\exp A)^{-1}=\exp(-A)$ である．

［**証明**］ A と B は可換なので二項定理より

$$\frac{1}{k!}(A+B)^k=\frac{1}{k!}\sum_{l=0}^{k}\frac{k!}{l!(k-l)!}A^lB^{k-l}=\sum_{l=0}^{k}\frac{A^l}{l!}\frac{B^{k-l}}{(k-l)!}.$$

そこで，

$$\left\| \sum_{k=0}^{2m} \frac{1}{k!}(A+B)^k - \left(\sum_{k=0}^{m} \frac{A^k}{k!}\right)\left(\sum_{k=0}^{m} \frac{B^k}{k!}\right) \right\| = \left\| \sum_{k,l} \frac{A^k}{k!}\frac{B^l}{l!} \right\|. \tag{B.7}$$

右辺の和は $m<k$, $m<l$, $k+l \leq 2m$ をみたす k と l についてとる．このような (k,l) は $m(m+1)$ 個あり，$\|A\| \leq C$, $\|B\| \leq C$ をみたし，かつ $1 \leq C$ をみたす定数 C をとると $\|A\|^k \|B\|^l \leq C^k C^l = C^{k+l} \leq C^{2m}$, また $m<k$, $m<l$ なので，(B.7) の右辺は

$$m(m+1)\frac{C^{2m}}{m!m!} \to 0 \qquad (m \to \infty)$$

でおさえられ，0 に収束する．また $B = -A$ とおいて後半の結果を得る．□

定理 B.3 の証明からわかるように，$A(x) = \exp xA$ の各成分は，A の固有値を λ_j として $e^{x\lambda_j}$ から作られる解析関数であり，項別に微分可能である．したがって

$$\exp xA = E + \frac{x}{1!}A + \frac{x^2}{2!}A^2 + \frac{x^3}{3!}A^3 + \cdots$$

は x について項別に微分可能で

$$\begin{aligned} \frac{d}{dx}(\exp xA) &= O + \frac{1}{1!}A + \frac{2x}{2!}A^2 + \frac{3x^2}{3!}A^3 + \cdots \\ &= A\left(E + \frac{x}{1!}A + \frac{x^2}{2!}A^2 + \cdots\right) = A \exp xA \end{aligned}$$

が成り立つ．

この事実およびこの型の方程式の解の一意性より，一般に連立微分方程式が行列で

$$\frac{d}{dx}X(x) = AX(x), \qquad X(0) = X_0$$

と書けるとき，方程式の解は

$$X(x) = (\exp xA)X_0$$

で与えられることがわかる．そこで例えば $X(x) = (\exp xA)(\exp xB)$ の微分を考えると

$$\begin{aligned} X'(x) &= (\exp xA)'(\exp xB) + (\exp xA)(\exp xB)' \\ &= A(\exp xA)(\exp xB) + (\exp xA)B(\exp xB). \end{aligned}$$

もし A と B が可換なら

$$X'(x) = (A+B)(\exp xA)(\exp xB) = (A+B)X(x).$$

この微分方程式の解は

$$X(x) = (\exp x(A+B))X(0).$$

$X(0)=E$ なので，$x=1$ として定理 B.6 が再び得られる．

行列の対数関数は次の冪級数で定義される．

$$\log(E+A)=\sum_{k=1}^{\infty}\frac{(-1)^{k-1}}{k}A^k=A-\frac{1}{2}A^2+\frac{1}{3}A^3-\frac{1}{4}A^4+\cdots$$

この級数は A の固有値を λ_j として $|\lambda_j|<1$ $(j=1,2,\dots,n)$ ならば収束する．$|x|<1$ において

$$\exp(\log(1+x))=1+x$$

が成り立ち，対応して $\log(E+A)$ が収束するとき

$$\exp(\log(E+A))=E+A$$

が成立する．

例 B.2　次の連立微分方程式を考える．

$$\frac{dx_1(t)}{dt}=\qquad\qquad x_2(t),$$

$$\frac{dx_2(t)}{dt}=-2x_1(t)+3x_2(t).$$

ただし $x_1(0)=a$，$x_2(0)=b$ である．方程式は

$$\frac{d}{dt}X(t)=AX(t).$$

ただし

$$A=\begin{pmatrix}0&1\\-2&3\end{pmatrix},\qquad X(t)=\begin{pmatrix}x_1(t)\\x_2(t)\end{pmatrix}$$

と書ける．このとき A は対角化可能で，

$$A=P\Lambda P^{-1},\quad \Lambda=\begin{pmatrix}1&0\\0&2\end{pmatrix},\quad P=\begin{pmatrix}1&1\\1&2\end{pmatrix}$$

と書けるので解は

$$\begin{aligned}X(t)&=\exp(tA)X(0)\\&=P\exp(t\Lambda)P^{-1}X(0)\\&=P\begin{pmatrix}e^t&0\\0&e^{2t}\end{pmatrix}P^{-1}X(0),\qquad X(0)=\begin{pmatrix}a\\b\end{pmatrix}.\end{aligned}$$

これは 6.5 節の例題 6.13 と同じ微分方程式である．　□

例 B.3 次の連立微分方程式を考える.

$$\frac{dx_1(t)}{dt} = 2x_1(t) + x_2(t),$$

$$\frac{dx_2(t)}{dt} = \qquad 2x_2(t).$$

ただし $x_1(0) = a$, $x_2(0) = b$ である. 方程式は

$$\frac{d}{dt}X(t) = AX(t).$$

ただし

$$A = \begin{pmatrix} 2 & 1 \\ 0 & 2 \end{pmatrix}, \qquad X(t) = \begin{pmatrix} x_1(t) \\ x_2(t) \end{pmatrix}$$

と書ける. このとき A は対角化可能ではないが,

$$A = 2E + N, \qquad N = \begin{pmatrix} 0 & 1 \\ 0 & 0 \end{pmatrix}$$

と分解され, このとき $N^2 = O$ なので, 定理 B.3 の証明と同様に,

$$A^k = \sum_{l=0}^{k} \binom{k}{l} (2E)^{k-l} N^l = \binom{k}{0}(2E)^k + \binom{k}{1}(2E)^{k-1}N.$$

これより

$$\begin{aligned}
\exp tA &= \sum_{k=0}^{\infty} \frac{t^k}{k!} A^k = \sum_{k=0}^{\infty} \frac{t^k}{k!}((2E)^k + k(2E)^{k-1}N) \\
&= \sum_{k=0}^{\infty} \frac{t^k}{k!}(2E)^k + t\sum_{k=1}^{\infty} \frac{t^{k-1}}{(k-1)!}(2E)^{k-1}N \\
&= \exp(2tE) + t\exp(2tE)N \\
&= e^{2t}(E + tN).
\end{aligned}$$

よって解は

$$X(t) = e^{2t}(E + tN)X(0).$$

いまの場合, $2E$ と N は可換なので, 定理 B.6 と $N^2 = O$ より

$$\exp tA = e^{t(2E+N)} = e^{2tE}e^{tN} = e^{2tE}\sum_{n=0}^{\infty}\frac{(tN)^n}{n!} = e^{2t}(E + tN)$$

として求めることもできる.

例 B.4　次の微分方程式を考える．

$$\frac{d^2x(t)}{dt^2} - 3\frac{dx(t)}{dt} + 2x(t) = 0$$

ただし $x(0) = a$，$x'(0) = b$ である．ここで，$x_1(t) = x(t)$，$x_2(t) = \dfrac{dx_1(t)}{dt}$ とおくと，

$$\frac{dx_1(t)}{dt} = \qquad x_2(t),$$

$$\frac{dx_2(t)}{dt} = -2x_1(t) + 3x_2(t).$$

これは例 B.2 の連立微分方程式である．

定理 B.6 では A と B の可換性が仮定されていた．A と B が可換とは限らないとき，次の定理が成り立つ．

定理 B.7　A, B を n 次行列とするとき

$$(\exp tA)(\exp tB) = \exp\left(t(A+B) + \frac{1}{2}t^2[A,B] + O(t^3)\right).$$

ただし，$[A,B] = AB - BA$ であり，t^n $(n \geq 3)$ を係数とする行列を $O(t^3)$ と書いた．

［**証明**］　C_0, C_1, C_2 を n 次行列として

$$(\exp tA)(\exp tB) = \exp\left(C_0 + C_1 t + C_2 t^2 + O(t^3)\right)$$

とする．$t = 0$ を代入すると $E \cdot E = \exp C_0$ なので $C_0 = O$．そこで左辺は

$$\left(E + \frac{1}{1!}tA + \frac{1}{2!}t^2A^2 + O(t^3)\right)\left(E + \frac{1}{1!}tB + \frac{1}{2!}t^2B^2 + O(t^3)\right)$$

$$= E + t(A+B) + \frac{1}{2}t^2(A^2 + 2AB + B^2) + O(t^3).$$

右辺は

$$E + \frac{1}{1!}\left(C_1t + C_2t^2 + O(t^3)\right) + \frac{1}{2!}\left(C_1t + C_2t^2 + O(t^3)\right)^2 + O(t^3)$$

$$= E + C_1t + \left(C_2 + \frac{1}{2}C_1{}^2\right)t^2 + O(t^3).$$

これらを比較して

$$A + B = C_1, \qquad \frac{1}{2}(A^2 + 2AB + B^2) = C_2 + \frac{1}{2}C_1^2.$$

これより

$$C_2 = \frac{1}{2}(AB - BA) = \frac{1}{2}[A, B]. \qquad \square$$

この定理はさらに拡張され，t^n の項が一般的に求められ，**Baker-Campbell-Hausdorff（ベイカー・キャンベル・ハウスドルフ）の公式**（Baker-Campbell-Hausdorff formula）とよばれている．定理 B.6 からわかるように，$O(t^3)$ の項は $[A, B] = O$ のとき O になる．

最後に，次の **Lie-Trotter（リー・トロッター）公式**（Lie-Trotter formula）を証明しよう．

定理 B.8（Lie-Trotter）

$$\lim_{m\to\infty}\left(\exp\frac{A}{m}\exp\frac{B}{m}\right)^m = \exp\,(A + B)$$

［**証明**］ 定理 B.7 と定理 B.6 より，

$$\left(\exp\frac{A}{m}\exp\frac{B}{m}\right)^m = \left(\exp\left(\frac{1}{m}(A+B) + O\left(\frac{1}{m^2}\right)\right)\right)^m = \exp\left((A+B) + O\left(\frac{1}{m}\right)\right).$$

両辺で $m \to \infty$ として定理を得る． □

Baker-Campbell-Hausdorff の公式と Lie-Trotter 公式（Trotter 公式ともよばれる）は，Lie 群論，場の理論，統計力学などで非常に重要である．Trotter 公式は拡張され統計力学に応用されて鈴木・Trotter 変換とよばれ，さらに指数積の展開公式に発展している*40．

練習問題

B.1 A を実 n 次行列とするとき

(1) ${}^t(\exp A) = \exp {}^tA$ を示せ．

(2) A が交代行列ならば $\exp A$ は直交行列であることを示せ．また，すべての実数 x に対し $\exp xA$ が直交行列ならば A は交代行列であることを示せ．

(3) A が対称行列ならば $\exp A$ は正値対称行列（固有値がすべて正の対称行列）であることを示せ．また，すべての実数 x に対し $\exp xA$ が対称行列ならば A は対称行列であることを示せ．

B.2 A を複素 n 次行列とするとき

(1) $(\exp A)^* = \exp A^*$ を示せ．

＊40 鈴木増雄「統計力学」（岩波書店，1994）

(2) A が歪エルミート行列ならば $\exp A$ はユニタリ行列であることを示せ．また，すべての実数 x に対し $\exp xA$ がユニタリ行列ならば A は歪エルミート行列であることを示せ．

(3) A がエルミート行列ならば $\exp A$ は正値エルミート行列（固有値がすべて正のエルミート行列）であることを示せ．また，すべての実数 x に対し $\exp xA$ がエルミート行列ならば A はエルミート行列であることを示せ．

以下，A, B, L は正方行列であるとする．

B.3 $\det \exp A = \exp(\mathrm{tr}\, A)$ を示せ．

B.4 n 次行列 $X(t)$ は，すべての成分が微分可能で $|X(t)| \neq 0$ であるとする．

(1) $\dfrac{1}{|X(t)|}\dfrac{d}{dt}|X(t)| = \mathrm{tr}\left((X(t)^{-1}\dfrac{d}{dt}X(t)\right)$ を示せ．

(2) $X(t) = \exp tA$ とすることで $\det \exp A = \exp(\mathrm{tr}\, A)$ を示せ．

B.5 A, B が $\|A\| \leq a$ かつ $\|B\| \leq a$ をみたすとき，以下の(1), (2)を示せ．

(1) $\|A^n - B^n\| \leq na^{n-1}\|A - B\|$

(2) $\|\exp A - \exp B\| \leq e^a\|A - B\|$

B.6 次の式を証明せよ．

$$e^L A e^{-L} = A + [L, A] + \frac{1}{2!}[L, [L, A]] + \frac{1}{3!}[L, [L, [L, A]]] + \cdots$$

B.7 $[[A, B], A] = [[A, B], B] = 0$ であるとき次の関係を示せ．

$$e^A e^B = e^{A+B} e^{\frac{1}{2}[A, B]}$$

B.8 $\{A, B\} = ABA^{-1}B^{-1}$，$[A, B] = AB - BA$ として以下の(1), (2)を示せ．

(1) $\{\exp tA, \exp tB\} = \exp\left(t^2[A, B] + O(t^3)\right)$

(2) $\displaystyle\lim_{m\to\infty}\left\{\exp\frac{A}{m}, \exp\frac{B}{m}\right\}^{m^2} = \exp[A, B]$

B.9 $X(t) = \exp(iLt) A \exp(-iLt)$ は，積分方程式

$$X(t) = A + i\int_0^t [L, X(s)]\, ds$$

の解であることを示せ．

B.10 $[A, B] = AB - BA$ とするとき，久保の恒等式

$$[A, e^{-\beta H}] = e^{-\beta H}\int_0^\beta e^{tH}[H, A]e^{-tH}\, dt$$

を証明せよ．

付録C　行列のなす群，Lie 群，Lie 環

正則な行列のなす群は Lie 群の典型例である．さらに，Lie 群に対応する線形空間として Lie 環を導入する．

C.1　一般線形群，Lie 群と Lie 環

まず群の定義を述べよう．群は演算を持つ集合のうち最も基本的なものと考えることができる．

定義 C.1（群）　集合 G において，$a, b \in G$ に対し演算 ab が定義されて $ab \in G$ であり，以下の(1)～(3)をみたすとき，G は**群** (group) であると言う．

(1) $a(bc) = (ab)c$

(2) $e \in G$ が存在し，すべての $a \in G$ に対し $ae = ea = a$

(3) すべての $a \in G$ に対し $a^{-1} \in G$ が存在し，$aa^{-1} = a^{-1}a = e$

e を単位元，a に対する a^{-1} を a の逆元とよぶ．さらに任意の a と b に対し $ab = ba$ が成り立つとき，その群は可換群であると言う．

例 C.1　整数の全体 $\mathbf{Z}$ は和を演算として群をなす．実際，a, b, c が整数であるとき，$a + b$ は整数であり，(1) $a + (b + c) = (a + b) + c$，(2) 0 は整数であり $a + 0 = 0 + a = a$，(3) 整数 a に対し $-a$ もまた整数で $a + (-a) = (-a) + a = 0$，が成り立つ．しかし $\mathbf{Z}$ は積を演算としては群にならない．なぜなら，(1) $a(bc) = (ab)c$，(2) 1 は整数であり $a \cdot 1 = 1 \cdot a = a$ は成り立つが，整数 a に対して $1/a$ は一般には整数ではなく，$\mathbf{Z}$ の中に逆元が存在するとは限らない．　□

n 次行列の全体 $M_{nn}(\mathbf{R})$ が和を演算として群をなすことは整数の場合と同様にして確かめられる．しかし $M_{nn}(\mathbf{R})$ は積を演算とすると群にはならない．なぜなら，行列 $A \in M_{nn}(\mathbf{R})$ に対して一般には逆行列 A^{-1} が存在するとは限らないからである．しかし正則な実行列の全体

$$GL(n, \mathbf{R}) = \{A \in M_{nn}(\mathbf{R}) \mid \det A \neq 0\}$$

を考えるなら，$GL(n, \mathbf{R})$ は積について群をなす．いまスカラーを実数としているので，$GL(n, \mathbf{R})$ を実数上の**一般線形群** (general linear group) とよぶ．

群 G の部分集合 H が G と同じ演算について群をなすとき，H は G の**部分群** (subgroup) であると言う．例えば行列式の値が 1 である実行列の全体

$$SL(n, \mathbf{R}) = \{A \in M_{nn}(\mathbf{R}) \mid \det A = 1\}$$

は積について群をなし，$GL(n, \mathbf{R})$ の部分群である．これを実数上の**特殊線形群** (special linear group) とよぶ．また，**直交群** (orthogonal group)

$$O(n) = \{R \in M_{nn}(\mathbf{R}) \mid {}^tRR = E\}$$

および**特殊直交群** (special orthogonal group)

$$SO(n) = \{R \in M_{nn}(\mathbf{R}) \mid {}^tRR = E, \det R = 1\}$$

も $GL(n, \mathbf{R})$ の部分群であり，特に $GL(n, \mathbf{R})$ の閉じた部分集合である*41．$SO(n)$ を**回転群** (rotation group) とよぶこともある．

同様に，スカラーを複素数として複素数上の一般線形群 $GL(n, \mathbf{C})$ が定義される．例えば，**ユニタリ群** (unitary group)

$$U(n) = \{U \in M_{nn}(\mathbf{C}) \mid U^*U = E\}$$

および**特殊ユニタリ群** (special unitary group)

$$SU(n) = \{U \in M_{nn}(\mathbf{C}) \mid U^*U = E, \det U = 1\}$$

は $GL(n, \mathbf{C})$ の部分群であり，またその閉じた部分集合である．

これらの群においては，行列成分が実数または複素数であり，連続なパラメータになっている．$GL(n, \mathbf{R})$ の要素である行列 A は，n^2 個の成分を持ち，かつそれらが $\det A \neq 0$ をみたす $\mathbf{R}^{n^2}$ 内の 1 点であり，その近傍に局所的に $\mathbf{R}^{n^2}$ の座標を入れることができる．$SL(n, \mathbf{R})$ の要素 A は，n^2 個の成分を持ち，かつそれらが $\det A = 1$ をみたす $\mathbf{R}^{n^2}$ 内の曲面上の 1 点であり，曲面上でその近傍に局所的に $\mathbf{R}^{n^2-1}$ の座標を入れることができる．群から $\mathbf{R}^m$ への写像と逆写像が存在して微分可能であり，また群の演算も微分可能であるとき*42，その群は **Lie（リー）群** (Lie group) であると言う*43．上記の一般線形群 $GL(n, K)\,(K = \mathbf{R}, \mathbf{C})$ およびその閉じた部分群は Lie 群の典型例であり*44，これらを**線形 Lie（リー）群** (linear Lie group) とよぶ．

---

*41 記号 $O(n)$ は既に 7.3.2 項で導入してある．

*42 このとき実は解析的であることも導かれる．

*43 群の演算に関する連続性のみを仮定した場合，これを連続群（あるいは位相群）とよぶ．

つまり Lie 群は，連続変数を含む群であり，かつ各点の近傍に $\mathbf{R}^m$ の構造を入れることができるもの ― 多様体 ― であり，かつその $\mathbf{R}^m$ への対応と群の演算がいずれも十分な微分可能性を持つもの，群であり同時に微分可能な多様体であるものと言ってよい．

例えば 1 変数関数において，微分 $D = \dfrac{d}{dx}$ は平行移動を生成する．実際

$$\begin{aligned} f(x+h) &= f(x) + \frac{h}{1!}Df(x) + \frac{h^2}{2!}D^2f(x) + \frac{h^3}{3!}D^3f(x) + \cdots \\ &= \exp(hD)f(x). \end{aligned}$$

つまり $\exp(hD)$ は大きさ h の平行移動を生成する演算子である．これに対応して D を無限小の平行移動の生成子とよぶことがある．

そこで，$\mathbf{R}^2$ における回転とその微分について考えてみよう．半径 a の円周上の点の位置ベクトルを，その回転角 θ で微分すると

$$\frac{d}{d\theta}\begin{pmatrix} a\cos\theta \\ a\sin\theta \end{pmatrix} = \begin{pmatrix} -a\sin\theta \\ a\cos\theta \end{pmatrix} = \begin{pmatrix} 0 & -1 \\ 1 & 0 \end{pmatrix}\begin{pmatrix} a\cos\theta \\ a\sin\theta \end{pmatrix}.$$

ここで右辺の行列を

$$D = \begin{pmatrix} 0 & -1 \\ 1 & 0 \end{pmatrix}$$

とすると，θ による微分は行列 D を作用させることに対応する．そこで回転についても平行移動の場合と同様に，微分に相当する行列 D の指数関数を考えてみよう．$D^2 = -E$ より，例 B.1 と同様にして

$$\begin{aligned} \exp(\theta D) &= E + \frac{\theta}{1!}D + \frac{\theta^2}{2!}D^2 + \frac{\theta^3}{3!}D^3 + \cdots \\ &= \begin{pmatrix} \cos\theta & -\sin\theta \\ \sin\theta & \cos\theta \end{pmatrix}. \end{aligned}$$

つまり $\exp(\theta D)$ は大きさ θ の回転を生成する演算子 $R(\theta)$ に一致する．これに対応して，D は無限小回転を生成すると言うことがある．

$\mathbf{R}^2$ における回転を生成する行列 $R(\theta)$ の全体は $SO(2)$ であり，Lie 群をなしている．このとき t を実数として

$$\exp(tX) \in SO(2)$$

をみたす行列 X の全体は行列 D を基底とする線形空間をなしている．曲線や曲面を

＊44　一般に Lie 群の閉じた部分群は Lie 群であることが証明されている．

各点の近傍で線形化したものが接線や接平面であった．この X のなす線形空間は，$SO(2)$ を原点の近傍で線形化した「接空間」であるとみなすことができる．

G を行列のなす Lie 群とするとき，任意の実数 t に対して

$$\exp(tX) \in G \tag{C.1}$$

をみたす行列 X の全体を，G の Lie 環とよぶ．Lie 群 G の Lie 環を対応するドイツ文字を使って $\mathfrak{g}$ と書く．例えば $SO(2)$ の Lie 環を $\mathfrak{so}(2)$ と書く．Lie 環は対応する Lie 群の「接空間」であり，Lie 群の局所構造を与え，そして線形である．Lie 群における種々の構造に対して，Lie 環において対応する構造が存在し，一方を調べることでもう一方の性質がわかる．

簡単に確かめられるように，$GL(n, \mathbf{R})$ の Lie 環 $\mathfrak{gl}(n, \mathbf{R})$ は任意の n 次実行列である．上記の回転の例については，$SO(2)$ の Lie 環 $\mathfrak{so}(2)$ は，${}^tX = -X$ をみたす 2 次の実交代行列の全体である．また付録Bの練習問題 B.1 と B.2 にあるように，例えば $U(n)$ の Lie 環 $\mathfrak{u}(n)$ は，$X^* = -X$ をみたす歪エルミート行列の全体である．

主な線形 Lie 群について，対応する線形 Lie 環を本の最後の見返しにまとめてある．

Lie 環は一般には次のように抽象的に定義される．

定義 C.2 (Lie 環)　g を線形空間とするとき，$x, y \in g$ に対し積 $[x, y]$ が定義され，以下の(1)～(4)をみたすとき，g は **Lie**（リー）**環** (Lie algebra) であると言う．

(1)　$[x+y, z] = [x, z] + [y, z]$

(2)　$[ax, y] = a[x, y]$　　(a はスカラー)

(3)　$[x, y] = -[y, x]$

(4)　$[x, [y, z]] + [y, [z, x]] + [z, [x, y]] = 0$　　(Jacobi の恒等式)

この積 $[x, y]$ を **Lie の括弧積** (Lie bracket) あるいは **Lie 積**とよぶ．つまり Lie 環とは，線形空間にさらに(1)～(4)の性質を持つ Lie 積 $[x, y]$ を導入したものである．

はじめに紹介した $GL(n, K)\,(K = \mathbf{R}, \mathbf{C})$ の一連の部分群について，(C.1)の X の全体が Lie 環をなすことを確かめておこう．確かめるべきことは，まず条件をみたす X の全体 g が部分空間をなすこと，つまり (i) $X \in g$ ならば k をスカラーとして $kX \in g$，(ii) $X \in g$ かつ $Y \in g$ ならば $X + Y \in g$．次に Lie 積を交換子 $[X, Y] = XY - YX$ によって定義して，(iii) $X \in g$ かつ $Y \in g$ ならば $[X, Y] \in g$ を示す．この $[X, Y]$ は定義 C.2 の(1)～(4)をみたしている．

［**証明**］　(i) $X \in g$ ならば任意の実数 t に対し $\exp(tX) \in G$ なので実数 kt に対して $\exp(tkX) \in G$，よって $kX \in g$．

(ii) $X, Y \in g$ ならば任意の実数 t に対し $\exp(tX) \in G$ かつ $\exp(tY) \in G$．このとき，定理 B.8 の Trotter 公式より，

$$\lim_{n\to\infty}\left(\exp\frac{tX}{n}\exp\frac{tY}{n}\right)^n = \exp(t(X+Y)). \tag{C.2}$$

G は群なので $(\exp(tX/n)\exp(tY/n))^n \in G$．さらに G は $GL(n, K)$ において閉じているので，(C.2)において任意の t に対して $\exp(t(X+Y)) \in G$，したがって $X+Y \in g$．

(iii) $X, Y \in g$ ならば $\exp(tX) \in G$ かつ $\exp(tY) \in G$．したがって

$$\exp(tX)\exp(tY)\exp(-tX)\exp(-tY) \in G.$$

付録Bの練習問題 B.8(2)より，$\{A, B\} = ABA^{-1}B^{-1}$ として

$$\lim_{m\to\infty}\left\{\exp\frac{tX}{m},\ \exp\frac{tY}{m}\right\}^{m^2} = \exp t^2[X, Y].$$

$\{\exp(tX/m), \exp(tY/m)\}^{\pm m^2} \in G$ なので，以下(ii)と同様に $[X, Y] \in G$．　□

可換な群にスカラー倍を導入したものが線形空間であるが，さらに乗法を導入していくつかの性質を要請したものを「代数」とよぶ．Lie 環は代数にもなっており，その意味で Lie 環のことを **Lie（リー）代数** (Lie algebra) とよぶ．

練習問題

C.1　群の定義 C.1 において，(1)および $ea = a$ と $a^{-1}a = e$ から，$ae = a$ と $aa^{-1} = e$ が導かれることを示せ．

C.2　A, B, C を n 次正方行列，$[A, B] = AB - BA$ とするとき，以下の(1)～(6)を証明せよ．

(1) $[B, A] = -[A, B]$

(2) $a[A, B] = [aA, B] = [A, aB]$

(3) $[A+B, C] = [A, C] + [B, C]$，$[A, B+C] = [A, B] + [A, C]$

(4) $[A, [B, C]] + [B, [C, A]] + [C, [A, B]] = O$　(Jacobi の恒等式)

(5) $[A, BC] = [A, B]C + B[A, C]$

(6) $[A, B^n] = \sum_{m=0}^{n-1} B^m[A, B]B^{n-m-1}$．特に B と $[A, B]$ が可換であるなら $[A, B^n] = nB^{n-1}[A, B]$．ただし $B^0 = E$ とする．

付録 D　非負行列，Perron-Frobenius の定理

成分が正または非負の行列は，確率行列などに関連して重要であり，特にその最大固有値が問題になる場合が多い．この章では，非負行列の最大固有値に関する基本的な結果である Perron-Frobenius の定理について考える．

D.1　成分が正の行列，非負の行列

行列 $A = [a_{ij}]$，$B = [b_{ij}]$ について，すべての i と j に対して $a_{ij} > b_{ij}$ (あるいは $a_{ij} \geq b_{ij}$) であることを，$A > B$ (あるいは $A \geq B$) と書く．特に $A > O$ は，A のすべての成分が $a_{ij} > 0$ をみたすことを示している．$A > O$ の行列を**正行列** (positive matrix)，$A \geq O$ の行列を**非負行列** (non-negative matrix) とよぶ．また，数ベクトルについても同様に，$\boldsymbol{x} > \boldsymbol{0}$ は $\boldsymbol{x}$ のすべての成分が正であることを示している．

次の定理の (1)～(3) は，非負行列においてすべての固有値の絶対値が 1 より小さいという条件を言いかえたものである．

定理 D.1　A を $A \geq O$ をみたす n 次行列，E を n 次の単位行列，$\boldsymbol{b}$ と $\boldsymbol{x}$ を n 次のベクトルとする．このとき以下の (1)～(3) は同値である．

(1) 任意の $\boldsymbol{b} \geq \boldsymbol{0}$ に対し，$(E - A)\boldsymbol{x} = \boldsymbol{b}$ をみたす $\boldsymbol{x} \geq \boldsymbol{0}$ が存在する．

(2) $\boldsymbol{x} > A\boldsymbol{x}$ をみたす $\boldsymbol{x} > \boldsymbol{0}$ が存在する．

(3) $k \to \infty$ のとき $A^k \to O$

［**証明**］ (1)⇒(2)　$\boldsymbol{b} > \boldsymbol{0}$ をみたす $\boldsymbol{b}$ をとると (1) より $(E - A)\boldsymbol{x} = \boldsymbol{b}$ をみたす $\boldsymbol{x}$ が存在し，これは $\boldsymbol{x} = A\boldsymbol{x} + \boldsymbol{b}$ を意味する．このとき $\boldsymbol{b} > \boldsymbol{0}$ なので $\boldsymbol{x} > A\boldsymbol{x}$ かつ $\boldsymbol{x} > \boldsymbol{0}$.

(2)⇒(3)

$$(E + A + \cdots + A^k)(E - A) = E - A^{k+1} \tag{D.1}$$

が成り立つ．そこで (2) の条件をみたす $\boldsymbol{x}$ をとると，$A \geq O$，$\boldsymbol{x} > \boldsymbol{0}$ なので

$$(E + A + \cdots + A^k)(E - A)\boldsymbol{x} = (E - A^{k+1})\boldsymbol{x} = \boldsymbol{x} - A^{k+1}\boldsymbol{x} \leq \boldsymbol{x}.$$

そこで左辺において $\boldsymbol{u} = (E - A)\boldsymbol{x}$ とおくと，$\boldsymbol{u} = \boldsymbol{x} - A\boldsymbol{x} > \boldsymbol{0}$ なので左辺は k について

単調増加，さらに上に有界なので $k \to \infty$ で収束する．したがって

$$\lim_{k\to\infty} A^k \boldsymbol{u} = \lim_{k\to\infty} \{(E + A + \cdots + A^k)\boldsymbol{u} - (E + A + \cdots + A^{k-1})\boldsymbol{u}\}$$
$$= \boldsymbol{0}$$

ここで $\boldsymbol{u} > \boldsymbol{0}$ なので $A^k \to O\ (k \to \infty)$．

(3)⇒(1)　$k \to \infty$ のとき $A^k \to O$ であるなら，(D.1) において $k \to \infty$ とすると $(E - A)$ は正則であり

$$(E - A)^{-1} = E + A + A^2 + \cdots$$

この右辺において $A \geq O$ なので $(E - A)^{-1} \geq O$．これより $(E - A)\boldsymbol{x} = \boldsymbol{b}$ に対し解 $\boldsymbol{x} = (E - A)^{-1}\boldsymbol{b}$ が存在し，$(E - A)^{-1} \geq O$ かつ $\boldsymbol{b} \geq \boldsymbol{0}$ より $\boldsymbol{x} \geq \boldsymbol{0}$．□

定理 B.4 より，条件 (3) は ($A \geq O$ とは限らない一般の行列 A において) すべての固有値の絶対値が 1 よりも小さいことと同値である．

D.2 既 約 性

n 次正方行列 P において，各行に 1 が 1 つ，各列に 1 が 1 つあり，その他の成分がすべて 0 であるとき，P を**置換行列** (permutation matrix) とよぶ．

例 D.1　以下の行列はいずれも置換行列である．

$$\begin{pmatrix} 1 & 0 \\ 0 & 1 \end{pmatrix}, \quad \begin{pmatrix} 0 & 1 \\ 1 & 0 \end{pmatrix}, \quad \begin{pmatrix} 0 & 1 & 0 \\ 0 & 0 & 1 \\ 1 & 0 & 0 \end{pmatrix}.$$

P が置換行列ならば ${}^tP$ も置換行列である．また P は直交行列である．実際，${}^tPP = E$ であることは定義より容易に確かめられる．置換行列は基底の変換行列としては，基底の順序の入れ替えを引き起こす．□

定義 D.1　n 次置換行列 P を適当にとり，A_{11} と A_{22} を正方行列として

$$P^{-1}AP = \begin{pmatrix} A_{11} & A_{12} \\ O & A_{22} \end{pmatrix} \tag{D.2}$$

と変形できるとき，n 次行列 A は**可約** (reducible) であると言い，A が可約でないとき，A は**既約** (irreducible) であると言う．

つまり A が可約であれば，基底の順序の入れ替えによって A を (D.2) の形に変形することができ，このとき A を線形写像と見るなら，小行列 A_{11} に対応して A-不変な部分空間が存在する．

次の定理は適当な条件の下で非負行列の冪が正行列になることを示している．

定理 D.2 n 次行列 A が $A \geq O$ で既約かつ対角成分が 0 でないなら，$A^{n-1} > O$.

［**証明**］ $A = tE + A_0$ $(t > 0, A_0 \geq O)$ とおく．このとき P を置換行列として $P^{-1}(tE)P = tE$ なので，A が既約であることと A_0 が既約であることとは同値である．そこで行列 $B = \begin{pmatrix} \boldsymbol{b}_1 & \boldsymbol{b}_2 & \cdots & \boldsymbol{b}_n \end{pmatrix} \geq O$ を考える．ただし B の各列ベクトル $\boldsymbol{b}_j$ の成分のうち，l_j 個は正，$n - l_j$ 個は 0 であり，$l_j \neq 0$ かつ $n - l_j \neq 0$ としておく．このとき置換行列 P_j を適当にとり，$\boldsymbol{b}_j$ の正の成分をまとめて

$$P_j\boldsymbol{b}_j = \begin{pmatrix} \boldsymbol{u}_j \\ \boldsymbol{0} \end{pmatrix}, \qquad P_jA_0P_j^{-1} = \begin{pmatrix} A_{11} & A_{12} \\ A_{21} & A_{22} \end{pmatrix}$$

と変形できる．ここで $\boldsymbol{u}_j$ は成分がすべて正の l_j 次の列ベクトル，A_{11} と A_{22} はそれぞれ l_j 次と $n - l_j$ 次の正方行列である．

そこで $(tE + A_0)B$ の列ベクトル $(tE + A_0)\boldsymbol{b}_j$ の成分を調べよう．

$$\begin{aligned} P_j(tE + A_0)\boldsymbol{b}_j &= P_j(tE + A_0)P_j^{-1}P_j\boldsymbol{b}_j \\ &= t\begin{pmatrix} \boldsymbol{u}_j \\ \boldsymbol{0} \end{pmatrix} + P_jA_0P_j^{-1}\begin{pmatrix} \boldsymbol{u}_j \\ \boldsymbol{0} \end{pmatrix}. \end{aligned} \tag{D.3}$$

$\boldsymbol{u}_j$ の成分は正であり，$t > 0$，$P_jA_0P_j^{-1} \geq O$ なので，ベクトル (D.3) のはじめの l_j 個の成分は正である．ベクトル (D.3) の残りの $n - l_j$ 個の成分がすべて 0 なら，(D.3) の第 2 項において $A_{21} = O$ のはずであり，これは A_0 が既約であることに反する．よって $(tE + A_0)\boldsymbol{b}_j$ の正の成分の数は，$\boldsymbol{b}_j$ の正の成分の数 l_j 個よりも多い．

つまり，B に $A = tE + A_0$ を左から作用させると，各列ベクトルにおいて値が 0 の成分の数は減少する．行列は n 次なので，$B = E$ として $tE + A_0$ を $n - 1$ 回作用させると

$$(tE + A_0)^{n-1}E > O.$$

これより $A^{n-1} > O$. □

つまり $A = tE + A_0$ を作用させると，tE の正の対角成分のために行列の正の成分の数は減らず，また A_0 が既約であるために値が 0 の成分があればその数は減る．

また $A^{n-1} > O$ ならば，tE の正の対角成分のために $A^m > O$ $(m \geq n - 1)$ が成立する．

この定理によって，非負行列 A_0 と単位行列 E から正行列 $(tE + A_0)^{n-1}$ を作ることができる．

D.3 Perron-Frobenius の定理

正行列（または非負行列）の最大固有値については，次の **Perron-Frobenius（ペロン・フロベニウス）の定理** (Perron-Frobenius theorem) が成立する．正行列や非

負行列は実用上も非常に重要で，特にその最大固有値と対応する固有ベクトルのみが必要になる場合が多く，その際にはこの定理が威力を発揮する[*45].

定理 D.3 (Perron-Frobenius)　n 次行列 A が $A \geq O$ で既約なら，以下の (1)～(3) の条件をみたす固有値 λ と固有ベクトル $\boldsymbol{x}$ が存在する.

(1) $A\boldsymbol{x} = \lambda\boldsymbol{x}$, $\lambda > 0$, $\boldsymbol{x} > \boldsymbol{0}$ であり，A のすべての固有値 λ_j $(j = 1, 2, \ldots, n)$ に対して $|\lambda_j| \leq \lambda$ が成り立つ.

(2) $O \leq B \leq A$ ならば，B のすべての固有値 μ_j $(j = 1, 2, \ldots, n)$ に対して $|\mu_j| \leq \lambda$ が成り立ち，$|\mu_j| = \lambda$ なる μ_j が存在するのは $B = A$ のときに限る.

(3) λ は A の固有多項式の単根である.

つまり，A が非負で既約なら，その最大固有値は重複せずただ1つであり，その値は正で，固有ベクトルの成分もすべて正である．したがって例えば A がさらに対称行列であるとき，A の固有ベクトルは互いに直交するので，A の固有ベクトルとして成分がすべて正のベクトルを見つけることができれば，それが最大固有値に対応するただ1つの固有ベクトルであることが保証される（なぜなら，成分がすべて正のベクトルは互いに直交しないので，条件をみたす固有ベクトルは他に存在しない).

定理の証明のために，次の簡単な補題を確認しておく.

補題 D.1　(1) $A > O$ かつ $\boldsymbol{x} > \boldsymbol{y}$, ならば $A\boldsymbol{x} > A\boldsymbol{y}$

(2) $A \geq O$ かつ $\boldsymbol{x} \geq \boldsymbol{y}$, ならば $A\boldsymbol{x} \geq A\boldsymbol{y}$

(3) $A \geq B$ であり，ある $\boldsymbol{x} > \boldsymbol{0}$ に対し $A\boldsymbol{x} = B\boldsymbol{x}$ ならば $A = B$

(4) $A > B$ かつ $\boldsymbol{x} > \boldsymbol{0}$, ならば $A\boldsymbol{x} > B\boldsymbol{x}$

(5) $A \geq B$ かつ $\boldsymbol{x} \geq \boldsymbol{0}$, ならば $A\boldsymbol{x} \geq B\boldsymbol{x}$

［**証明**］ (1) $A > O$ かつ $\boldsymbol{x} - \boldsymbol{y} > \boldsymbol{0}$ なので $A\boldsymbol{x} - A\boldsymbol{y} = A(\boldsymbol{x} - \boldsymbol{y}) > \boldsymbol{0}$.

(2) (1) と同様.

(3) 条件より $A - B \geq O$ かつ $(A - B)\boldsymbol{x} = \boldsymbol{0}$ である．このとき $\boldsymbol{x}$ の成分がすべて正なので $A - B = O$.

(4) $A - B > O$ かつ $\boldsymbol{x} > \boldsymbol{0}$ より $A\boldsymbol{x} - B\boldsymbol{x} = (A - B)\boldsymbol{x} > \boldsymbol{0}$.

(5) (4) と同様. □

以下の定理の証明では，$A \geq O$ のとき，定理 D.1 の (2), (3) と定理 B.4 により，i) $\boldsymbol{x} > A\boldsymbol{x}$ をみたす $\boldsymbol{x} > \boldsymbol{0}$ が存在する，ii) A の固有値 λ_j について $|\lambda_j| < 1$ である，として i) と ii) が同値であるという事実が，$|\lambda_j|$ の値を評価する際に使われている.

＊45　非負行列については，古屋 茂「行列と行列式」(培風館，1959) に詳しい解説がある.

[**定理 D.3 の証明**]

(1) A の固有値 λ_j $(j=1,2,\ldots,n)$ に対し，$\lambda=\max\{|\lambda_1|,|\lambda_2|,\ldots,|\lambda_n|\}$ とする．このとき k を自然数として $A/(\lambda+1/k)$ の固有値の絶対値は1よりも小さい．そこで定理B.4と定理D.1の(2),(3)より，

$$\boldsymbol{x}_k > \frac{A}{\lambda+1/k}\boldsymbol{x}_k \quad \text{つまり} \quad (\lambda+\frac{1}{k})\boldsymbol{x}_k > A\boldsymbol{x}_k \tag{D.4}$$

をみたす $\boldsymbol{x}_k>\boldsymbol{0}$ が存在する．$\boldsymbol{x}_k$ は規格化して $\|\boldsymbol{x}_k\|=1$ としておく．

このとき $\{\boldsymbol{x}_k\}$ は有界なので，$\{\boldsymbol{x}_k\}$ から収束する部分列 $\{\boldsymbol{x}_l\}$ をとることができる*46．そこで $\boldsymbol{x}_l\to\boldsymbol{x}$ とすると $\boldsymbol{x}_l>\boldsymbol{0}$ なので $\boldsymbol{x}\geq\boldsymbol{0}$．また $\|\boldsymbol{x}_k\|=1$ より $\boldsymbol{x}\neq\boldsymbol{0}$ であり，(D.4)の右式において $\boldsymbol{x}_k$ を $\boldsymbol{x}_l$ として $l\to\infty$ とすると，

$$\lambda\boldsymbol{x}\geq A\boldsymbol{x}, \qquad \boldsymbol{x}\geq\boldsymbol{0} \quad \text{かつ} \quad \boldsymbol{x}\neq\boldsymbol{0}. \tag{D.5}$$

そこで(D.5)において $\lambda>0$ であることを示す．いま $A\geq O$，$\boldsymbol{x}\geq\boldsymbol{0}$ なので $A\boldsymbol{x}\geq\boldsymbol{0}$．したがって(D.5)とあわせて $\boldsymbol{0}\leq A\boldsymbol{x}\leq\lambda\boldsymbol{x}$ なので，もし $\lambda=0$ であるなら，$A\boldsymbol{x}=\boldsymbol{0}$ である．このとき $\boldsymbol{x}\neq\boldsymbol{0}$ なので，$\boldsymbol{x}$ には0でない成分が存在し，それを第 i 成分 x_i とすると，A の第 i 列の成分はすべて0のはずであり，これは A が既約であることに反する．これより $\lambda>0$．

次に(D.5)の左式で等号が成立することを示すために，$\lambda\boldsymbol{x}>A\boldsymbol{x}$ を仮定して矛盾を導く．$\lambda\boldsymbol{x}>A\boldsymbol{x}$ の両辺に左から $(E+A)^{n-1}$ を作用させると，定理D.2より $(E+A)^{n-1}>O$ であるので，補題D.1の(1)により

$$\lambda(E+A)^{n-1}\boldsymbol{x} > (E+A)^{n-1}A\boldsymbol{x} = A(E+A)^{n-1}\boldsymbol{x}. \tag{D.6}$$

ここで $(E+A)^{n-1}\boldsymbol{x}=\boldsymbol{v}$ とすると，$\boldsymbol{x}\geq\boldsymbol{0}$ かつ $\boldsymbol{x}\neq\boldsymbol{0}$ より $\boldsymbol{v}=(E+A)^{n-1}\boldsymbol{x}>\boldsymbol{0}$．このとき(D.6)より $\boldsymbol{v}>(A/\lambda)\boldsymbol{v}$ かつ $\boldsymbol{v}>\boldsymbol{0}$ となるので，定理D.1の(2),(3)と定理B.4より，すべての A の固有値 λ_j に対し $|\lambda_j/\lambda|<1$ である．これは $\lambda=\max\{|\lambda_1|,|\lambda_2|,\ldots,|\lambda_n|\}$ に矛盾する．よって $\lambda\boldsymbol{x}=A\boldsymbol{x}$．

(2) ${}^tA$ も ${}^tA\geq O$ かつ既約で，固有値は A と同じなので，(1)より ${}^tA\boldsymbol{x}=\lambda\boldsymbol{x}$，$\boldsymbol{x}>\boldsymbol{0}$ をみたす $\boldsymbol{x}$ が存在する．このとき，両辺の転置行列を考えて

$${}^t\boldsymbol{x}A=\lambda{}^t\boldsymbol{x}, \qquad {}^t\boldsymbol{x}>{}^t\boldsymbol{0}. \tag{D.7}$$

また B の固有ベクトルを $\boldsymbol{y}=[y_i]$ として $B\boldsymbol{y}=\mu_j\boldsymbol{y}$ であるとき，各成分の絶対値をとって $\boldsymbol{y}^+=[|y_i|]$ と定義する．このとき，$B\geq O$ なので各成分に対する三角不等式より

$$|\mu_j|\boldsymbol{y}^+\leq B\boldsymbol{y}^+. \tag{D.8}$$

${}^t\boldsymbol{x}>{}^t\boldsymbol{0}$，$\boldsymbol{y}^+\geq\boldsymbol{0}$ なので，(D.8)，補題D.1の(5)，(D.7)により

$$|\mu_j|{}^t\boldsymbol{x}\boldsymbol{y}^+\leq{}^t\boldsymbol{x}B\boldsymbol{y}^+\leq{}^t\boldsymbol{x}A\boldsymbol{y}^+=\lambda{}^t\boldsymbol{x}\boldsymbol{y}^+. \tag{D.9}$$

ここで $\boldsymbol{y}^+\neq\boldsymbol{0}$ なので ${}^t\boldsymbol{x}\boldsymbol{y}^+>0$．よって(D.9)より $|\mu_j|\leq\lambda$ が導かれる．

このとき $|\mu_j|=\lambda$ であるなら，(D.9)より $\lambda{}^t\boldsymbol{x}\boldsymbol{y}^+={}^t\boldsymbol{x}B\boldsymbol{y}^+={}^t\boldsymbol{x}A\boldsymbol{y}^+=\lambda{}^t\boldsymbol{x}\boldsymbol{y}^+$．また(D.8)と $B\leq A$ より $\lambda\boldsymbol{y}^+\leq B\boldsymbol{y}^+\leq A\boldsymbol{y}^+$．これと補題D.1の(3)より，

$$\lambda\boldsymbol{y}^+=B\boldsymbol{y}^+=A\boldsymbol{y}^+. \tag{D.10}$$

---

*46　有界な実数列は収束する部分列を含む．定理D.5の証明でもこの事実を使う．

そこで $(E+A)^{n-1}>O$, $\boldsymbol{y}^+\geq\boldsymbol{0}$, $\boldsymbol{y}^+\neq\boldsymbol{0}$ より $(E+A)^{n-1}\boldsymbol{y}^+>\boldsymbol{0}$. このとき $(E+A)^{n-1}\boldsymbol{y}^+=(1+\lambda)^{n-1}\boldsymbol{y}^+$ であることより $\boldsymbol{y}^+>\boldsymbol{0}$ となるので, $B\leq A$ と(D.10)および補題D.1の (3) より $A=B$ が得られる.

(3) A の固有多項式を $\Phi(t)=\det(tE-A)$ とすると, その t による微分は例題3.10を用いると次のように書ける.

$$\Phi'(t)=\sum_{j=1}^{n}\phi_j(t),\qquad \phi_j(t)=\det(tE_{n-1}-A_j). \tag{D.11}$$

ただし A_j は A から第 j 行と第 j 列を除いてできる $n-1$ 次行列, E_{n-1} は $n-1$ 次の単位行列である. このとき, λ は A の固有値なので $\Phi(\lambda)=0$ であるが, さらに $\Phi'(\lambda)>0$ を示せば, λ が単根であることがわかる.

そこで, A の第 j 行と第 j 列をすべて0にして得られる n 次行列を B_j とする. このとき $O\leq B_j\leq A$ であり, さらに B_j は可約なので $B_j\neq A$. これより $O\leq B_j<A$. よって (2) より μ が B_j の固有値ならば $|\mu|<\lambda$ である. このとき, A_j の固有値は B_j の固有値でもあるので, $\lambda\leq t$ をみたす t は A_j の固有値にはならず, A_j の固有多項式 $\phi_j(t)$ において $\phi_j(t)\neq 0$ $(\lambda\leq t)$. さらに t が十分大きいとき j によらず $\phi_j(t)>0$ なので, $\phi_j(t)>0$ $(\lambda\leq t)$. したがって $t=\lambda$ においてすべての j に対して $\phi_j(\lambda)>0$. よって(D.11)より $\Phi'(\lambda)>0$ である. □

(1) の証明では, 点列の極限として固有ベクトルを求め, そのベクトルが条件をみたすことを, A の既約性と定理D.1の (2) の $\boldsymbol{x}>A\boldsymbol{x}$ から示した. (2) では成分についての三角不等式と条件 $B\leq A$ を使って, 固有値の間の大小関係を導いた. $\boldsymbol{x}$ と $\boldsymbol{y}^+$ の成分がすべて非負であるので, (D.9) の評価が可能になる. また, $\boldsymbol{y}^+$ の成分は非負であるが, $|\mu_j|=\lambda$ のとき $\boldsymbol{y}^+$ はAの固有値 λ に対する固有ベクトルになるため, このとき成分がすべて正であることを示す際に, $(E+A)^{n-1}>O$ が利用されている.

A については $A\geq O$ かつ A は既約であるが, B については $O\leq B\leq A$ のみが仮定され, 既約性は仮定されていない.

定理 D.4 (Perron-Frobenius 2)
定理D.3において $A>O$ ならば, (1) において $\lambda_j\neq\lambda$ のとき $|\lambda_j|<\lambda$.

［**証明**］ $A\boldsymbol{y}=\lambda_j\boldsymbol{y}$ とするとき, $|\lambda_j|=\lambda$ ならば $\lambda_j=\lambda$ であることを示す. $\boldsymbol{y}=[y_i]$ とするとき $\boldsymbol{y}^+=[|y_i|]$ と定義すると, $A>O$ なので三角不等式より

$$|\lambda_j|\boldsymbol{y}^+\leq A\boldsymbol{y}^+,\qquad |\lambda_j|=\lambda. \tag{D.12}$$

また ${}^tA$ も ${}^tA\geq O$ かつ既約で, 固有値は A と同じなので, 定理D.3の (1) より, ${}^tA\boldsymbol{x}=\lambda\boldsymbol{x}$, $\boldsymbol{x}>\boldsymbol{0}$ をみたす $\boldsymbol{x}$ が存在する. このとき両辺の転置行列を考えると ${}^t\boldsymbol{x}A=\lambda{}^t\boldsymbol{x}$ となるので

$${}^t\boldsymbol{x}\lambda\boldsymbol{y}^+={}^t\boldsymbol{x}A\boldsymbol{y}^+,\qquad {}^t\boldsymbol{x}>{}^t\boldsymbol{0}. \tag{D.13}$$

(D.12)，(D.13) と補題 D.1 の (3) より $\lambda \boldsymbol{y}^+ = A\boldsymbol{y}^+$，つまり (D.12) において等号が成り立つ．

そこで $A = [a_{ij}]$ とすると，$A > O$ よりすべての i と j に対して $a_{ij} > 0$ なので，(D.12) の三角不等式において等号が成り立つための条件は，すべての y_l の偏角が等しいこと，つまり l によらない θ を用いて $y_l = |y_l|e^{i\theta}$ と書けることである．これを $A\boldsymbol{y} = \lambda_j \boldsymbol{y}$ に代入して $A\boldsymbol{y}^+ = \lambda_j \boldsymbol{y}^+$．以上より $\lambda_j \boldsymbol{y}^+ = A\boldsymbol{y}^+ = \lambda \boldsymbol{y}^+$，ここで $\boldsymbol{y}^+ \neq \boldsymbol{0}$ なので $\lambda_j = \lambda$ がしたがう．

□

$|\lambda_j|$ の値を評価するために絶対値をとり三角不等式が現れるが，このとき，$|\lambda_j| = \lambda$ ならば等号が成り立ち，$\boldsymbol{y}^+$ 自身が最大固有値に対する固有ベクトルになる．

定理 D.5 (Perron–Frobenius 3)　n 次行列 A が $A \geq O$ で一般に可約なら，次の (1) と (2) の条件をみたす固有値 λ と固有ベクトル $\boldsymbol{x}$ が存在する．

(1) $A\boldsymbol{x} = \lambda \boldsymbol{x}$，$\lambda \geq 0$，$\boldsymbol{x} \geq \boldsymbol{0}$ であり，A のすべての固有値 λ_j $(j = 1, 2, \dots, n)$ に対して $|\lambda_j| \leq \lambda$ が成り立つ．

(2) $O \leq B \leq A$ であるとき，B のすべての固有値 μ_j $(j = 1, 2, \dots, n)$ に対して $|\mu_j| \leq \lambda$ が成り立つ．

［**証明**］ A の正の成分を変えず，0 の成分を $1/k$ (k は自然数) に置き替えてできる n 次行列を $A^{(k)}$ とすると，$A^{(k)} > O$ であり $A^{(k)}$ は既約であるので，$A^{(k)}$ は定理 D.3 の条件をみたす．よって，$A^{(k)}\boldsymbol{x}_k = \lambda^{(k)}\boldsymbol{x}_k$，$\lambda^{(k)} > 0$，$\boldsymbol{x}_k > \boldsymbol{0}$ をみたし，$A^{(k)}$ の固有値を $\lambda_j^{(k)}$ $(j = 1, 2, \dots, n)$ として $|\lambda_j^{(k)}| \leq \lambda^{(k)}$ をみたす $\lambda^{(k)}$ と $\boldsymbol{x}_k$ が，各 k に対して存在する．$\|\boldsymbol{x}_k\| = 1$ と規格化しておく．

(1) $\{\boldsymbol{x}_k\}$ は有界なので $\{\boldsymbol{x}_k\}$ から収束する部分列 $\{\boldsymbol{x}_l\}$ をとることができ，$\boldsymbol{x}_l > \boldsymbol{0}$ なので $\boldsymbol{x}_l \to \boldsymbol{x} \geq \boldsymbol{0}$．このとき，$A^{(l)} \geq A^{(l+1)} \geq O$ なので，定理 D.3 の (2) より $\lambda^{(l)} \geq \lambda^{(l+1)}$．また $\lambda^{(l)} > 0$ より $\lambda^{(l)}$ は下に有界．よって $\{\lambda^{(l)}\}$ は収束し $\lambda^{(l)} \to \lambda \geq 0$．これより

$$A\boldsymbol{x} = \lambda \boldsymbol{x}, \quad \lambda \geq 0, \quad \boldsymbol{x} \geq \boldsymbol{0}.$$

ここで $\|\boldsymbol{x}_l\| = 1$ なので $\boldsymbol{x} \neq \boldsymbol{0}$．また $|\lambda_j^{(l)}| \leq \lambda^{(l)}$ において $l \to \infty$ として $|\lambda_j| \leq \lambda$ を得る．

(2) このとき定理 D.1 の (2) より任意の $\epsilon > 0$ に対し

$$(\lambda + \epsilon)\boldsymbol{y} > A\boldsymbol{y}, \qquad \boldsymbol{y} > \boldsymbol{0}$$

をみたす $\boldsymbol{y}$ が存在し，補題 D.1 の (5) より $A\boldsymbol{y} \geq B\boldsymbol{y}$ なので，これより $(\lambda + \epsilon)\boldsymbol{y} > A\boldsymbol{y} \geq B\boldsymbol{y}$．よって定理 D.1 の (2), (3) と定理 B.4 より B の固有値について $|\mu_j| < \lambda + \epsilon$．ここで $\epsilon > 0$ は任意なので $|\mu_j| \leq \lambda$．

□

(1) の証明では，既約な行列 $A^{(k)}$ について定理 D.3 が成り立ち，その $k \to \infty$ の極限として可約な A についての結論を得た．(2) では定理 D.1 の (2) の $\boldsymbol{x} > A\boldsymbol{x}$ を手掛かりに，固有値の大小関係を導いた．

付録E　商空間，双対空間，テンソル積

線形空間の商空間を定義してその基本性質を調べ，内積に関連して Riesz の定理について，またテンソルの計算に関連してその前提である線形空間のテンソル積について，基礎的な事項を確認しておく．

E.1 商空間

定義 E.1　V は線形空間，W はその部分空間，$\boldsymbol{x}, \boldsymbol{y} \in V$ が $\boldsymbol{x} - \boldsymbol{y} \in W$ をみたすとき，$\boldsymbol{x}$ と $\boldsymbol{y}$ は W を**法** (modulus) として**合同** (congruent) であると言い，

$$\boldsymbol{x} \equiv \boldsymbol{y} \pmod{W}$$

と書く．

これは，(1) $\boldsymbol{x} \equiv \boldsymbol{x}$　(2) $\boldsymbol{x} \equiv \boldsymbol{y}$ ならば $\boldsymbol{y} \equiv \boldsymbol{x}$　(3) $\boldsymbol{x} \equiv \boldsymbol{y}$ かつ $\boldsymbol{y} \equiv \boldsymbol{z}$ ならば $\boldsymbol{x} \equiv \boldsymbol{z}$ をみたし，ひとつの同値関係になっている．

一般に，集合に何らかの同値関係が与えられたとき，元 $\boldsymbol{x}$ と同値な元全体のなす部分集合を，$\boldsymbol{x}$ の**同値類** (equivalence class) とよぶ．そこで線形空間 V において，次の同値類を考える．

定義 E.2　V は線形空間，W はその部分空間，$\boldsymbol{x} \in V$ とするとき，

$$[\boldsymbol{x}] = \{\boldsymbol{x} + \boldsymbol{w} \mid \boldsymbol{w} \in W\}$$

を $\boldsymbol{x}$ を代表元とし W を法とする同値類とよぶ．

$\boldsymbol{w}_0 \in W$ であるとき，$[\boldsymbol{x} + \boldsymbol{w}_0] = [\boldsymbol{x}]$ が成り立つ．また，$[\boldsymbol{0}] = W$ は V の部分空間である．さらに同値類 $[\boldsymbol{x}]$ の間の加法とスカラー倍を

$$[\boldsymbol{x}] + [\boldsymbol{y}] = [\boldsymbol{x} + \boldsymbol{y}], \qquad k[\boldsymbol{x}] = [k\boldsymbol{x}]$$

によって定義すると，これらは代表元 $\boldsymbol{x}$ のとり方によらず定まる．実際，$\boldsymbol{x} \equiv \boldsymbol{x}'$ な

らば $\boldsymbol{x}-\boldsymbol{x}'\in W$，$\boldsymbol{y}\equiv\boldsymbol{y}'$ ならば $\boldsymbol{y}-\boldsymbol{y}'\in W$ なので，このとき $(\boldsymbol{x}+\boldsymbol{y})-(\boldsymbol{x}'+\boldsymbol{y}')=(\boldsymbol{x}-\boldsymbol{x}')+(\boldsymbol{y}-\boldsymbol{y}')\in W$．これより $[\boldsymbol{x}+\boldsymbol{y}]=[\boldsymbol{x}'+\boldsymbol{y}']$ であり，$[\boldsymbol{x}]+[\boldsymbol{y}]$ は代表元の選び方によらず同じ集合になる．スカラー倍についても同様である．

このとき，同値類 $[\boldsymbol{x}]$ の全体は，上で定義された和とスカラー倍によって，同値類を元とする線形空間になる．これは線形空間の公理をみたしていることを確かめればよい．例えば零元は $[\mathbf{0}]$，元 $[\boldsymbol{x}]$ の逆元は $[-\boldsymbol{x}]$ であり，結合則 $([\boldsymbol{x}]+[\boldsymbol{y}])+[\boldsymbol{z}]=[\boldsymbol{x}]+([\boldsymbol{y}]+[\boldsymbol{z}])$ は，代表元の結合則 $(\boldsymbol{x}+\boldsymbol{y})+\boldsymbol{z}=\boldsymbol{x}+(\boldsymbol{y}+\boldsymbol{z})$ に帰着される．そこで商空間を以下のように定義する．

定義 E.3（商空間）　同値類 $[\boldsymbol{x}]$ を元とし，上記の和とスカラー倍を演算とする線形空間を，V の W による**商空間**（quotient space）とよび，V/W と書く．

つまり商空間とは，W に含まれるだけの差がある元を同一の元とみなすことで得られる新しい線形空間だと言うことができる．

定理 E.1　$\dim(V/W)=\dim V-\dim W$

［**証明**］　$\{\boldsymbol{u}_1,\dots,\boldsymbol{u}_m\}$ を W の基底，$\{\boldsymbol{u}_1,\dots,\boldsymbol{u}_m,\boldsymbol{u}_{m+1},\dots,\boldsymbol{u}_n\}$ を，それを延長して得られる V の基底とする．このとき，$\{\boldsymbol{u}_{m+1},\dots,\boldsymbol{u}_m\}$ を代表元とする同値類が，V/W の基底であることを示す．

まず，任意の $\boldsymbol{x}\in V$ は，V の基底 $\{\boldsymbol{u}_j\}$ によって $\boldsymbol{x}=\sum_{j=1}^{n}x_j\boldsymbol{u}_j$ とあらわされるので，任意の $[\boldsymbol{x}]\in V/W$ は $[\boldsymbol{x}]=\sum_{j=1}^{n}x_j[\boldsymbol{u}_j]$ とあらわされる．このとき W を法として $\boldsymbol{u}_1\equiv\mathbf{0},\dots,\boldsymbol{u}_m\equiv\mathbf{0}$ なので，$\boldsymbol{u}_1,\dots,\boldsymbol{u}_m,\boldsymbol{u}_{m+1},\dots,\boldsymbol{u}_n$ を代表元とする V/W の元はそれぞれ，

$$[\mathbf{0}],\quad\dots\quad,[\mathbf{0}],\quad[\boldsymbol{u}_{m+1}],\quad\dots\quad,[\boldsymbol{u}_n].$$

つまり任意の $[\boldsymbol{x}]\in V/W$ は $[\boldsymbol{u}_{m+1}],\dots,[\boldsymbol{u}_n]$ によってあらわされる．

次に，x_j をスカラーとして

$$x_{m+1}[\boldsymbol{u}_{m+1}]+\cdots+x_n[\boldsymbol{u}_n]=[\mathbf{0}]$$

とする．これは

$$x_{m+1}\boldsymbol{u}_{m+1}+\cdots+x_n\boldsymbol{u}_n\in W$$

を意味するので，スカラー $y_1,\dots,y_m$ が存在して，

$$x_{m+1}\boldsymbol{u}_{m+1}+\cdots+x_n\boldsymbol{u}_n=y_1\boldsymbol{u}_1+\cdots+y_m\boldsymbol{u}_m.$$

これより

$$y_1\boldsymbol{u}_1+\cdots+y_m\boldsymbol{u}_m-x_{m+1}\boldsymbol{u}_{m+1}-\cdots-x_n\boldsymbol{u}_n=\mathbf{0}.$$

$\{\boldsymbol{u}_1,\dots,\boldsymbol{u}_m,\boldsymbol{u}_{m+1},\dots,\boldsymbol{u}_n\}$ は線形独立なので，

$$y_1=\cdots=y_m=0\quad\text{かつ}\quad x_{m+1}=\cdots=x_n=0.$$

よって $[\boldsymbol{u}_{m+1}],\dots,[\boldsymbol{u}_n]$ は線形独立．

以上よりこれらは V/W の基底をなし，$\dim(V/W)=n-m=\dim V-\dim W$ が成り立つ．　□

例 E.1　線形空間 V を部分空間 W_1 と W_2 の直和に分解する．

$$V = W_1 \oplus W_2$$

この分解によって $\boldsymbol{x} \in V$ は，$\boldsymbol{x} = \boldsymbol{x}_1 + \boldsymbol{x}_2$，$\boldsymbol{x}_1 \in W_1$，$\boldsymbol{x}_2 \in W_2$ と一意的にあらわされる．このとき，

$$[\boldsymbol{x}_1] = \{\boldsymbol{x}_1 + \boldsymbol{x}_2 \mid \boldsymbol{x}_2 \in W_2\}$$

とすると，$[\boldsymbol{x}_1]$ は $\boldsymbol{x}_1$ を代表元とし W_2 を法とする同値類であり，線形空間の間の同型

$$V/W_2 = (W_1 \oplus W_2)/W_2 \cong W_1$$

が成り立つ．このとき $\dim W_1 = m_1$，$\dim W_2 = m_2$ とすると $\dim V = m_1 + m_2$ であり，$\dim (V/W_2) = (m_1 + m_2) - m_2 = m_1 = \dim W_1$ である．　□

E.2　線形汎関数と双対空間

線形空間 V 上で定義されスカラーの値をとる線形関数の全体を考えると，この関数の集合は再び線形空間をなし，これを V の双対空間とよぶ．双対空間はベクトルの内積やテンソルに関連して重要な概念である．

線形空間 V 上で定義されスカラーである複素数(または実数)の値をとる写像 φ を考える．写像 φ が線形であるなら k をスカラーとして

$$\varphi(\boldsymbol{x} + \boldsymbol{y}) = \varphi(\boldsymbol{x}) + \varphi(\boldsymbol{y}),$$
$$\varphi(k\boldsymbol{x}) = k\varphi(\boldsymbol{x})$$

が成り立つ．このとき，ψ もまた線形写像であるとして，線形写像の集合に以下の演算を定義する．

$$(\varphi + \psi)(\boldsymbol{x}) = \varphi(\boldsymbol{x}) + \psi(\boldsymbol{x}),$$
$$(k\varphi)(\boldsymbol{x}) = k\varphi(\boldsymbol{x}).$$

これらの和とスカラー倍によって，φ の全体は定義 5.1 の線形空間の公理 I-1〜II-4 をみたす．実際，零元は恒等的に値が 0 の関数 $\varphi_0(\boldsymbol{x}) = 0$ (このことを $\varphi = 0$ と書くことにする)，φ の逆元 $-\varphi$ は $(-\varphi)(\boldsymbol{x}) = -\varphi(\boldsymbol{x})$ によって定義され，また例えば I-1 と II-3 は，次のようにして確かめられる．

$$\begin{aligned}(\varphi + \psi)(\boldsymbol{x}) &= \varphi(\boldsymbol{x}) + \psi(\boldsymbol{x}) \\ &= \psi(\boldsymbol{x}) + \varphi(\boldsymbol{x}) = (\psi + \varphi)(\boldsymbol{x}),\end{aligned}$$
$$((k_1k_2)\varphi)(\boldsymbol{x}) = k_1k_2\varphi(\boldsymbol{x}) = k_1(k_2\varphi)(\boldsymbol{x}).$$

定義 E.4 線形空間 V 上で定義されスカラーの値をとる線形写像の全体は線形空間をなし，これを V の**双対空間**（双対線形空間，dual space）とよび，V^* と書く．

つまり $V^* = \mathrm{Hom}_K(V, K)$ である．V^* の元である線形関数を，V 上の**線形汎関数**（linear functional）とよぶ．また V 上の線形形式，1次形式とよぶこともある．

そこで V^* の基底について考えよう．まず V の次元を n とし，V のひとつの基底を $\{\boldsymbol{e}_1, \boldsymbol{e}_2, \dots, \boldsymbol{e}_n\}$ とすると，任意の $\boldsymbol{x}, \boldsymbol{y} \in V$ は $\boldsymbol{x} = \sum_{j=1}^{n} x_j \boldsymbol{e}_j$，$\boldsymbol{y} = \sum_{j=1}^{n} y_j \boldsymbol{e}_j$ とあらわされる．このとき，写像 $\boldsymbol{e}_j^*$ を次のように定義する．

$$\boldsymbol{e}_j^* : \boldsymbol{x} = x_1 \boldsymbol{e}_1 + \cdots + x_j \boldsymbol{e}_j + \cdots + x_n \boldsymbol{e}_n \mapsto x_j.$$

この $\boldsymbol{e}_j^*$ は V 上の線形関数である．実際

$$\boldsymbol{e}_j^*(\boldsymbol{x} + \boldsymbol{y}) = x_j + y_j = \boldsymbol{e}_j^*(\boldsymbol{x}) + \boldsymbol{e}_j^*(\boldsymbol{y}),$$
$$\boldsymbol{e}_j^*(k\boldsymbol{x}) = kx_j = k\boldsymbol{e}_j^*(\boldsymbol{x})$$

が成り立つ．またこのとき，

$$\boldsymbol{e}_j^*(\boldsymbol{e}_k) = \boldsymbol{e}_j^*(0 \cdot \boldsymbol{e}_1 + \cdots + 1 \cdot \boldsymbol{e}_k + \cdots + 0 \cdot \boldsymbol{e}_n) = \delta_{jk}. \tag{E.1}$$

そこで次の定理が成り立つ．

定理 E.2 $\{\boldsymbol{e}_1^*, \boldsymbol{e}_2^*, \dots, \boldsymbol{e}_n^*\}$ は V^* の基底をなす．

［**証明**］ φ を V 上の線形関数とする．このとき任意の $\boldsymbol{x} \in V$ に対し

$$\varphi(\boldsymbol{x}) = \varphi\left(\sum_{j=1}^{n} x_j \boldsymbol{e}_j\right) = \sum_{j=1}^{n} x_j \varphi(\boldsymbol{e}_j) = \sum_{j=1}^{n} \varphi_j \boldsymbol{e}_j^*(\boldsymbol{x}).$$

ただし $\varphi(\boldsymbol{e}_j) = \varphi_j$ と書いた．よって任意の $\varphi \in V^*$ は $\{\boldsymbol{e}_1^*, \boldsymbol{e}_2^*, \dots, \boldsymbol{e}_n^*\}$ の線形結合 $\varphi = \sum_{j=1}^{n} \varphi_j \boldsymbol{e}_j^*$ としてあらわされる．次に

$$\varphi_1 \boldsymbol{e}_1^*(\boldsymbol{x}) + \varphi_2 \boldsymbol{e}_2^*(\boldsymbol{x}) + \cdots + \varphi_n \boldsymbol{e}_n^*(\boldsymbol{x}) = 0 \tag{E.2}$$

とする．ここで右辺の0は，V^* の零元つまりすべての $\boldsymbol{x}$ に対して値が0になる恒等関数 $\varphi = 0$ である．そこで $\boldsymbol{x} = \boldsymbol{e}_k$ $(k = 1, 2, \dots, n)$ とすると (E.1) と (E.2) より $\varphi_k = 0$ $(k = 1, 2, \dots, n)$．よって $\{\boldsymbol{e}_1^*, \boldsymbol{e}_2^*, \dots, \boldsymbol{e}_n^*,\}$ は線形独立であり，V^* の基底をなす． □

これより $\dim V = \dim V^*$ であることもわかる．この V^* の基底 $\{\boldsymbol{e}_1^*, \boldsymbol{e}_2^*, \dots, \boldsymbol{e}_n^*\}$ を，V の基底 $\{\boldsymbol{e}_1, \boldsymbol{e}_2, \dots, \boldsymbol{e}_n\}$ の**双対基底**（dual basis，reciprocal basis）とよぶ．

例 E.2

$$\boldsymbol{a} = \begin{pmatrix} a_1 \\ a_2 \\ \vdots \\ a_n \end{pmatrix} \in V \quad \text{および} \quad \boldsymbol{x} = \begin{pmatrix} x_1 \\ x_2 \\ \vdots \\ x_n \end{pmatrix} \in V$$

を考える．このとき，$\boldsymbol{a}^* = {}^t\overline{\boldsymbol{a}}$ として

$$\boldsymbol{a}^* \cdot \boldsymbol{x} = (\overline{a_1}, \overline{a_2}, ..., \overline{a_n}) \begin{pmatrix} x_1 \\ x_2 \\ \vdots \\ x_n \end{pmatrix} = \overline{a_1}x_1 + \overline{a_2}x_2 + \cdots + \overline{a_n}x_n \tag{E.3}$$

となるが，これは V 上の線形関数である．そこで V の標準基底

$$\boldsymbol{e}_1 = \begin{pmatrix} 1 \\ 0 \\ \vdots \\ 0 \end{pmatrix}, \quad \boldsymbol{e}_2 = \begin{pmatrix} 0 \\ 1 \\ \vdots \\ 0 \end{pmatrix}, \quad \ldots, \quad \boldsymbol{e}_n = \begin{pmatrix} 0 \\ 0 \\ \vdots \\ 1 \end{pmatrix}$$

を考えると，このとき

$$\boldsymbol{e}_1^* = (1, 0, \ldots, 0), \quad \boldsymbol{e}_2^* = (0, 1, \ldots, 0), \quad \ldots, \quad \boldsymbol{e}_n^* = (0, 0, \ldots, 1)$$

との間に

$$\boldsymbol{e}_j^* \cdot \boldsymbol{e}_k = \delta_{jk}$$

が成り立つ．また，$(k\boldsymbol{a})^* = (\overline{ka_1}, \overline{ka_2}, \ldots, \overline{ka_n})$ であり，内積において $\langle k\boldsymbol{x}, \boldsymbol{y} \rangle = k\langle \boldsymbol{x}, \boldsymbol{y} \rangle$，$\langle \boldsymbol{x}, k\boldsymbol{y} \rangle = \overline{k}\langle \boldsymbol{x}, \boldsymbol{y} \rangle$ なので

$$\boldsymbol{a}^* \cdot \boldsymbol{x} = \langle \boldsymbol{x}, \boldsymbol{a} \rangle \tag{E.4}$$

として(E.3)は内積の条件をみたす． □

E.3 内積と Riesz の定理

例 E.2 において，V 上の線形関数(E.3)と内積との類似性について調べた．一般に線形空間 V 上の線形汎関数は，V のある元 $\boldsymbol{a}$ との間の内積とみなすことができる．以下このことを導いておこう．

補題 E.1 線形空間 V 上で定義されスカラーの値をとる線形写像 φ を考え，φ の核を

$$W = \mathrm{Ker}\,\varphi = \{\, \boldsymbol{x} \in V \mid \varphi(\boldsymbol{x}) = 0 \,\}$$

とする．このとき φ が恒等的に 0 でないなら，W の直交補空間 $W^{\perp}$ の次元は 1 である．

$$\dim W^{\perp} = 1.$$

［**証明**］ もし $\dim W^{\perp} = 0$ ならば $W = V$ であり，すべての $\boldsymbol{x} \in V$ に対して $\varphi(\boldsymbol{x}) = 0$，つまり φ は恒等的に 0 となり仮定に反するので $\dim W^{\perp} \neq 0$．したがって $\dim W^{\perp} \geq 1$．そこで $\dim W^{\perp} > 1$ と仮定して矛盾を導く．このとき，条件

$$\boldsymbol{x}_1, \boldsymbol{x}_2 \in W^{\perp} \quad \text{かつ} \quad \boldsymbol{x}_1, \boldsymbol{x}_2 \text{ は線形独立}$$

をみたす $\boldsymbol{x}_1, \boldsymbol{x}_2$ が存在する．この $\boldsymbol{x}_1, \boldsymbol{x}_2$ に対し $\varphi(\boldsymbol{x}_1), \varphi(\boldsymbol{x}_2)$ はいずれもスカラーでかつ $\varphi(\boldsymbol{x}_1) \neq 0$，$\varphi(\boldsymbol{x}_2) \neq 0$ がみたされるので，あるスカラー k が存在して

$$\varphi(\boldsymbol{x}_1) = k\varphi(\boldsymbol{x}_2).$$

写像 φ は線形なので

$$\varphi(\boldsymbol{x}_1 - k\boldsymbol{x}_2) = 0.$$

よって $\boldsymbol{x}_1 - k\boldsymbol{x}_2 \in W$ である．一方，$W^{\perp}$ は部分空間なので $\boldsymbol{x}_1$ と $\boldsymbol{x}_2$ の線形結合は $W^{\perp}$ に含まれる．つまり $\boldsymbol{x}_1 - k\boldsymbol{x}_2 \in W^{\perp}$．このとき $W \cap W^{\perp} = \{\boldsymbol{0}\}$ より $\boldsymbol{x}_1 - k\boldsymbol{x}_2 = \boldsymbol{0}$．これは $\boldsymbol{x}_1, \boldsymbol{x}_2$ が線形独立であることに反する．よって $\dim W^{\perp} = 1$． □

定理 E.3 線形空間 V 上で定義されスカラーの値をとる線形写像を φ とする．このとき任意の φ に対して条件

$$\varphi(\boldsymbol{x}) = \langle \boldsymbol{x}, \boldsymbol{a} \rangle$$

をみたす V の元 $\boldsymbol{a}$ がただ 1 つ存在する．

［**証明**］ φ が恒等的に 0 ならば $\boldsymbol{a} = \boldsymbol{0}$ が条件をみたす．φ が恒等的に 0 でないとき，φ の核を W として $\dim W^{\perp} = 1$ なので，$W^{\perp}$ の元 $\boldsymbol{a}_0 (\neq \boldsymbol{0})$ を 1 つとると

$$W^{\perp} = \{k\boldsymbol{a}_0 \mid k \text{ はスカラー}\}.$$

このとき，$\boldsymbol{x} \in V$ を $\boldsymbol{x} = \boldsymbol{x}_1 + k\boldsymbol{a}_0$ $(\boldsymbol{x}_1 \in W, k\boldsymbol{a}_0 \in W^{\perp})$ と書くと，

$$\langle \boldsymbol{x}, \boldsymbol{a}_0 \rangle = \langle \boldsymbol{x}_1 + k\boldsymbol{a}_0, \boldsymbol{a}_0 \rangle = 0 + k\langle \boldsymbol{a}_0, \boldsymbol{a}_0 \rangle. \tag{E.5}$$

このとき(E.5)を用いて

$$\begin{aligned}\varphi(\boldsymbol{x}) &= \varphi(\boldsymbol{x}_1 + k\boldsymbol{a}_0) = 0 + k\varphi(\boldsymbol{a}_0) \\ &= \frac{\langle \boldsymbol{x}, \boldsymbol{a}_0 \rangle}{\langle \boldsymbol{a}_0, \boldsymbol{a}_0 \rangle}\varphi(\boldsymbol{a}_0) = \left\langle \boldsymbol{x}, \frac{\overline{\varphi(\boldsymbol{a}_0)}}{\langle \boldsymbol{a}_0, \boldsymbol{a}_0 \rangle}\boldsymbol{a}_0 \right\rangle.\end{aligned}$$

よって $\boldsymbol{a} = \dfrac{\overline{\varphi(\boldsymbol{a}_0)}}{\langle \boldsymbol{a}_0, \boldsymbol{a}_0 \rangle}$ として $\varphi(\boldsymbol{x}) = \langle \boldsymbol{x}, \boldsymbol{a} \rangle$ と書ける．

次に $\boldsymbol{a}$ の一意性を示す．$\varphi(\boldsymbol{x}) = \langle \boldsymbol{x}, \boldsymbol{a} \rangle = \langle \boldsymbol{x}, \boldsymbol{b} \rangle$ をみたす $\boldsymbol{b}$ が存在するなら，

$$\langle \boldsymbol{x}, \boldsymbol{a} - \boldsymbol{b} \rangle = 0$$

がすべての $\boldsymbol{x} \in V$ に対して成り立つ．特に $\boldsymbol{x} = \boldsymbol{a} - \boldsymbol{b}$ とすると，

$$0 = \langle \boldsymbol{a} - \boldsymbol{b}, \boldsymbol{a} - \boldsymbol{b} \rangle = \|\boldsymbol{a} - \boldsymbol{b}\|^2.$$

これより $\boldsymbol{a} = \boldsymbol{b}$，よって $\boldsymbol{a}$ は一意的である． □

つまり，双対空間 V^* の元は，V のある元 $\boldsymbol{a}$ による内積と1対1に対応する．この定理は **Riesz（リース）の定理**（Riesz theorem）とよばれる[*47]．

$\varphi(\boldsymbol{x}) = \langle \boldsymbol{x}, \boldsymbol{a} \rangle$ であるとき，

$$k\varphi(\boldsymbol{x}) = k\langle \boldsymbol{x}, \boldsymbol{a} \rangle = \langle k\boldsymbol{x}, \boldsymbol{a} \rangle$$

であるので $\boldsymbol{x}$ について線形性が成り立ち，

$$k\varphi(\boldsymbol{x}) = k\langle \boldsymbol{x}, \boldsymbol{a} \rangle = \langle \boldsymbol{x}, \bar{k}\boldsymbol{a} \rangle$$

であるので $k\varphi$ に対応する元は $\bar{k}\boldsymbol{a}$ である．

コラム　ブラケットと双対空間とリースの定理

量子力学では量子状態を $|\varphi\rangle$ などの記号で書き，これをケットとよぶ．またそれに双対な元 $\langle x|$ をブラとよび，これらの間の内積を $\langle x|\varphi\rangle$ と書く，という言い方をすることがある[*48]．このとき内積は，bra-ket によって表示される．（この記号と名前を導入したのはディラックであるが，bracket とは括弧のことであり，これは駄洒落に由来する命名である．）

しかし本来の内積は線形空間 V の2つの元から得られるスカラーのことであり，V と V^* の元の間の積ではない．bra と ket は（E.3）の横ベクトルと縦ベクトルにそれぞれ対応し，$\langle x|\varphi\rangle$ は（E.4）の $\langle \boldsymbol{x}, \boldsymbol{a} \rangle$ に対応すると考えるのが自然である．

つまりディラックの導入した bra-ket の記号は，リースの定理によって示される双対空間の構造と整合的であったということである．

E.4 双線形関数，テンソル積

次に双対空間 V^* の双対空間を考えてみよう．V^* の元は V 上の線形写像 φ であり，双対基底 $\boldsymbol{e}_k^*$ を用いて $\varphi = \sum_{k=1}^{n} \varphi_k \boldsymbol{e}_k^*$ とあらわされる．そこで次のように，双対基底 $\boldsymbol{e}_k^*$ のさらに双対基底を考えてみる．

＊47　一般の Riesz の定理は，次元が無限大の場合を含む Hilbert 空間において証明されている．Hilbert 空間については p. 255 のコラム参照．

＊48　例えば P. A. M. Dirac, "The Principles of Quantum Mechanics"（みすず書房，1963）．

$$(\boldsymbol{e}_k^*)^*: \varphi = \varphi_1\boldsymbol{e}_1^* + \cdots + \varphi_k\boldsymbol{e}_k^* + \cdots + \varphi_n\boldsymbol{e}_n^* \mapsto \varphi_k. \tag{E.6}$$

この写像は線形であり，定理 E.2 と同様にして $\{(\boldsymbol{e}_1^*)^*, (\boldsymbol{e}_2^*)^*, \ldots, (\boldsymbol{e}_n^*)^*\}$ が $(V^*)^*$ の基底をなすことが導かれる．またこのとき(E.6)より

$$(\boldsymbol{e}_k^*)^*(\boldsymbol{e}_j^*) = \delta_{kj}$$

が成り立つ．

一般に，V の元 $\boldsymbol{x} = \sum_{j=1}^{n} x_j\boldsymbol{e}_j$ に対応して $(V^*)^*$ の元

$$\boldsymbol{x}^{**} = \sum_{j=1}^{n} x_j(\boldsymbol{e}_j^*)^*$$

を考えると

$$\begin{aligned} \boldsymbol{x}^{**}(\varphi) &= \sum_{j=1}^{n} x_j(\boldsymbol{e}_j^*)^*(\varphi) = \sum_{j=1}^{n} x_j\varphi_j \\ &= \sum_{j=1}^{n} x_j\varphi(\boldsymbol{e}_j) = \varphi\left(\sum_{j=1}^{n} x_j\boldsymbol{e}_j\right) = \varphi(\boldsymbol{x}). \end{aligned} \tag{E.7}$$

この対応 $\boldsymbol{x} \mapsto \boldsymbol{x}^{**}$ は，V と $(V^*)^*$ との間の同型写像になっている．実際，$\boldsymbol{x} + \boldsymbol{y} \mapsto \boldsymbol{x}^{**} + \boldsymbol{y}^{**}$，$k\boldsymbol{x} \mapsto k\boldsymbol{x}^{**}$ が成り立つのでこれは線形写像である．また $\boldsymbol{e}_j \mapsto (\boldsymbol{e}_j^*)^*$ は基底の間の 1 対 1 対応を与えるので，$\dim V = \dim V^* = \dim (V^*)^*$ であり，これが全単射であることも直ちにわかる．

以上により，対応 $\sum_{j=1}^{n} x_j\boldsymbol{e}_j \mapsto \sum_{j=1}^{n} x_j(\boldsymbol{e}_j^*)^*$ によって次の同型が示された．

定理 E.4 $(V^*)^*$ と V は同型である，つまり $(V^*)^* \cong V$．

この同型は $\boldsymbol{x}$ と $\boldsymbol{x}^{**}$ を対応させるものであり，内積や基底の取り方などには依存しない．その意味でこれを**内在的** (intrinsic) **な同型**あるいは**標準的** (canonical) **な同型**とよぶことがある[*49]．

また，V の双対空間が V^* であり，V^* の双対空間 $(V^*)^*$ を V と同一視できるということは，これらの間の関係は対称（あるいは「双対的」）である．実際，(E.7) の右辺の $\varphi(\boldsymbol{x})$ は，φ を固定したとき $\boldsymbol{x}$ について線形であり，左辺の $\boldsymbol{x}^{**}(\varphi) = \boldsymbol{x}(\varphi)$（$\boldsymbol{x}^{**}$ と $\boldsymbol{x}$ を同一視した）は $\boldsymbol{x}$ を固定したとき φ について線形である．そこで

$$\boldsymbol{x}(\varphi) = \varphi(\boldsymbol{x}) = [\varphi, \boldsymbol{x}]$$

と書いて，これを V と V^* の**双対性をあらわす内積** (duality pairing) とよぶことが

＊49 p. 329 のコラム参照．

ある[*50].

コラム　内在的な同型

有限次元の線形空間は，その次元が同じ n であれば互いに同型である．実際，n 個の基底ベクトルの間の 1 対 1 対応から容易に同型写像を作ることができる．しかし，すべての同型写像が同じ性質を持つわけではない．

例えば V と V^* は同じ次元の線形空間であり，V の基底 $\{\boldsymbol{e}_j\}$ から V^* の基底 $\{\boldsymbol{e}_j^*\}$ への対応 $f : \boldsymbol{e}_j \mapsto \boldsymbol{e}_j^*$ を考えて同型写像が得られる．

しかし後に述べる例 E.4 にあるように，V の基底を変換行列 P によって変換すると，それに対応して V^* の基底は P^{-1} によって変換され，基底の変換に連動して同型写像も変形をうける．

同型写像が基底の取り方に連動して変形することはめずらしくない．基底や内積は線形空間の公理とは別に後から加えたものであるから，これらを通じた同型は，付加的な構造に依存した同型であると言うことができる．

これに対して，定理 E.4 の V と $(V^*)^*$ の同型は，$\boldsymbol{x}$ と $\boldsymbol{x}^{**}$ の対応であり，基底を変更してもこの対応は不変である．このように線形空間の公理のみに依存して成立する同型を，内在的な同型あるいは標準的な同型とよび，標準的な同型が成り立つとき，二つの線形空間を同一視することができる．

V の双対空間 V^* の元は，V 上の線形写像である．同様に，V^* の双対空間 $(V^*)^*$ の元は，V^* 上の線形写像である．V の元は $(V^*)^*$ の元と同一視されるので，V の元は V^* 上の線形写像であるとみなすことができる．つまり線形空間とは線形写像の集合であると見ることができる．

そこで写像が 2 つの変数を持ち，それぞれの変数について線形である場合を考え，そのような写像のなす集合を考えることで，線形空間のある種の「積」を定義してみよう．

定義 E.5　V, W，および U を線形空間とするとき，$V \times W$ 上で定義され，U に

*50　日本語では「内積」という言葉が使われるが，これは定義 7.1 の内積とは別のものであり，区別するために通常は異なる記号が使われる．

値をとる写像 f が以下の性質を持つとき，f を $V\times W\to U$ の**双線形写像** (bilinear map) とよぶ．

$$f(k_1\boldsymbol{x}_1+k_2\boldsymbol{x}_2,\boldsymbol{y})=k_1f(\boldsymbol{x}_1,\boldsymbol{y})+k_2f(\boldsymbol{x}_2,\boldsymbol{y}),$$
$$f(\boldsymbol{x},k_1\boldsymbol{y}_1+k_2\boldsymbol{y}_2)=k_1f(\boldsymbol{x},\boldsymbol{y}_1)+k_2f(\boldsymbol{x},\boldsymbol{y}_2).$$

ただし $\boldsymbol{x},\boldsymbol{x}_1,\boldsymbol{x}_2\in V$，$\boldsymbol{y},\boldsymbol{y}_1,\boldsymbol{y}_2\in W$，また k_1 と k_2 はスカラーである．

このとき，f,g がいずれも双線形写像ならば，k をスカラーとして

$$f+g,\qquad kf$$

も双線形写像になる．このことから，双線形写像の全体が再び線形空間になることは直ちに示される．

例 E.3　V,W をそれぞれ n 次元，m 次元の線形空間とし，$\boldsymbol{x}\in V$，$\boldsymbol{y}\in W$ とする．また $\varphi\in V^*$，$\psi\in W^*$ をそれぞれ V,W からスカラーへの線形写像とする．このとき，写像 $\Phi:(\boldsymbol{x},\boldsymbol{y})\mapsto\varphi(\boldsymbol{x})\psi(\boldsymbol{y})$ は，$V\times W$ からスカラーへの双線形写像である．実際，$\Phi(k_1\boldsymbol{x}_1+k_2\boldsymbol{x}_2,\boldsymbol{y})=\varphi(k_1\boldsymbol{x}_1+k_2\boldsymbol{x}_2)\psi(\boldsymbol{y})=k_1\varphi(\boldsymbol{x}_1)\psi(\boldsymbol{y})+k_2\varphi(\boldsymbol{x}_2)\psi(\boldsymbol{y})=k_1\Phi(\boldsymbol{x}_1,\boldsymbol{y})+k_2\Phi(\boldsymbol{x}_2,\boldsymbol{y})$ なので Φ は $\boldsymbol{x}$ について線形であり，同様に $\boldsymbol{y}$ についても線形である．

次に，この Φ において $\boldsymbol{x}$ と $\boldsymbol{y}$ を固定して (φ,ψ) を変化させ，写像 $\Phi_0:(\varphi,\psi)\mapsto\varphi(\boldsymbol{x})\psi(\boldsymbol{y})$ を考えると，これは $V^*\times W^*$ からスカラーへの双線形写像である．実際，$\Phi_0(k_1\varphi_1+k_2\varphi_2,\psi)=(k_1\varphi_1(\boldsymbol{x})+k_2\varphi_2(\boldsymbol{x}))\psi(\boldsymbol{y})=k_1\varphi_1(\boldsymbol{x})\psi(\boldsymbol{y})+k_2\varphi_2(\boldsymbol{x})\psi(\boldsymbol{y})=k_1\Phi_0(\varphi_1,\psi)+k_2\Phi_0(\varphi_2,\psi)$ なので Φ_0 は φ について線形であり，同様に ψ についても線形である．　□

そこで V と W のテンソル積 $V\otimes W$ を定義するために，$V^*\times W^*$ からスカラーへの双線形写像の全体を U_0 とし，この集合 U_0 の性質を調べよう．

まず V,W の基底をそれぞれ $\{\boldsymbol{e}_i\},\{\boldsymbol{f}_j\}$ とし，その双対基底をそれぞれ $\{\boldsymbol{e}_i^*\},\{\boldsymbol{f}_j^*\}$ とすると，$\{\boldsymbol{e}_i^*\},\{\boldsymbol{f}_j^*\}$ は V^*,W^* の基底である．そこで $\Psi\in U_0$ は双線形なので

$$\begin{aligned}\Psi(\varphi,\psi)&=\Psi\left(\sum_{i=1}^n\varphi_i\boldsymbol{e}_i^*,\sum_{j=1}^m\psi_j\boldsymbol{f}_j^*\right)=\sum_{i=1}^n\sum_{j=1}^m\varphi_i\psi_j\Psi(\boldsymbol{e}_i^*,\boldsymbol{f}_j^*)\\&=\sum_{i=1}^n\sum_{j=1}^m\varphi_i\psi_ju_{ij}.\end{aligned}\tag{E.8}$$

つまり $\Psi(\boldsymbol{e}_i^*,\boldsymbol{f}_j^*)=u_{ij}$ を定めると写像 Ψ が決まる．そこで

$$\Psi_{ij}(\varphi,\psi)=\boldsymbol{e}_i(\varphi)\boldsymbol{f}_j(\psi)$$

とすると，Ψ_{ij} は例 E.3 にあるように双線形であり $\Psi_{ij}(\boldsymbol{e}_k^*,\boldsymbol{f}_l^*)=\boldsymbol{e}_i(\boldsymbol{e}_k^*)\boldsymbol{f}_j(\boldsymbol{f}_l^*)=$

$\delta_{ik}\delta_{jl}$ なので

$$\Psi_{ij}(\varphi,\phi) = \Psi_{ij}\left(\sum_{k=1}^{n} \varphi_k \boldsymbol{e}_k^*, \sum_{l=1}^{n} \phi_l \boldsymbol{f}_l^*\right) = \sum_{k=1}^{n}\sum_{l=1}^{m} \varphi_i \phi_j \Psi_{ij}(\boldsymbol{e}_k^*, \boldsymbol{f}_l^*) = \varphi_i \phi_j.$$

これより

$$\Psi(\varphi,\phi) = \sum_{i=1}^{n}\sum_{j=1}^{m} u_{ij}\Psi_{ij}(\varphi,\phi).$$

つまり U_0 は $\{\Psi_{ij}\}$ によって生成される．また $\{\Psi_{ij}\}$ は線形独立である．実際，$\sum_{i=1}^{n}\sum_{j=1}^{m} x_{ij}\Psi_{ij}(\varphi,\phi) = 0$ であるなら，$\varphi = \boldsymbol{e}_k^*$，$\phi = \boldsymbol{f}_l^*$ を代入して $x_{kl} = 0$ が得られる．以上より $\{\Psi_{ij}\}$ は U_0 の基底をなし，U_0 は $(\dim V)(\dim W) = nm$ 次元の線形空間である．

この Ψ_{ij} は $V \times W$ の元 $(\boldsymbol{e}_i, \boldsymbol{f}_j)$ を指定することで定まる．一般に $\tau: (\boldsymbol{x},\boldsymbol{y}) \mapsto \varphi(\boldsymbol{x})\phi(\boldsymbol{y}) = \boldsymbol{x}(\varphi)\boldsymbol{y}(\phi)$ と定義すれば，τ は双線形写像であり，また $\Psi_{ij} = \tau(\boldsymbol{e}_i, \boldsymbol{f}_j)$ なので，U_0 は $\tau(V \times W)$ によって生成される．

また，一般に $V \times W$ 上の双線形写像を Φ とすると，

$$\Phi(\boldsymbol{x},\boldsymbol{y}) = \Phi\left(\sum_{i=1}^{n} x_i \boldsymbol{e}_i, \sum_{j=1}^{m} y_j \boldsymbol{f}_j\right) = \sum_{i=1}^{n}\sum_{j=1}^{m} x_i y_j \Phi(\boldsymbol{e}_i, \boldsymbol{f}_j).$$

一方で

$$\tau(\boldsymbol{x},\boldsymbol{y}) = \tau\left(\sum_{i=1}^{n} x_i \boldsymbol{e}_i, \sum_{j=1}^{m} y_j \boldsymbol{f}_j\right) = \sum_{i=1}^{n}\sum_{j=1}^{m} x_i y_j \tau(\boldsymbol{e}_i, \boldsymbol{f}_j).$$

そこで $\Phi_0(\tau(\boldsymbol{e}_i, \boldsymbol{f}_j)) = \Phi(\boldsymbol{e}_i, \boldsymbol{f}_j)$ によって定義される線形写像を Φ_0 とすれば，$\Phi = \Phi_0 \circ \tau$ が成り立つ．

この U_0 を V と W のテンソル積 $V \otimes W$ と考える．また U_0 の基底をなす元 $\Psi_{ij} = \tau(\boldsymbol{e}_i, \boldsymbol{f}_j)$ は，抽象的には $\boldsymbol{e}_i \otimes \boldsymbol{f}_j$ という記号であらわされる[*51]．そこで，線形空間 V と W のテンソル積を次のように定義する．

定義 E.6　V, W をそれぞれ n 次元，m 次元の線形空間，$\{\boldsymbol{e}_i\}, \{\boldsymbol{f}_j\}$ をそれぞれ V, W の基底とする．このとき，$\{\boldsymbol{e}_i \otimes \boldsymbol{f}_j\}$ を基底とする mn 次元の線形空間を V と W の**テンソル積** (tensor product) とよび，$V \otimes W$ と書く．ただしここで $\otimes$ は，$\boldsymbol{x}, \boldsymbol{x}_1, \boldsymbol{x}_2 \in V$，$\boldsymbol{y}, \boldsymbol{y}_1, \boldsymbol{y}_2 \in W$，また k をスカラーとして，以下の関係をみたす

＊51　例題 5.11 も参照．

ものとする．

$$(\boldsymbol{x}_1 + \boldsymbol{x}_2) \otimes \boldsymbol{y} = \boldsymbol{x}_1 \otimes \boldsymbol{y} + \boldsymbol{x}_2 \otimes \boldsymbol{y},$$
$$\boldsymbol{x} \otimes (\boldsymbol{y}_1 + \boldsymbol{y}_2) = \boldsymbol{x} \otimes \boldsymbol{y}_1 + \boldsymbol{x} \otimes \boldsymbol{y}_2,$$
$$(k\boldsymbol{x}) \otimes \boldsymbol{y} = k(\boldsymbol{x} \otimes \boldsymbol{y}), \qquad \boldsymbol{x} \otimes (k\boldsymbol{y}) = k(\boldsymbol{x} \otimes \boldsymbol{y}).$$

定義 E.6 のテンソル積は，5.4.2 項で定義されたテンソル積と同じもので，この定義は基底を用いて書かれている．

一般に，$V \times W$ に対応して線形空間 U_0 が存在し，$V \times W$ 上の双線形写像はある線形空間 U_0 上の線形写像として書くことができる．この線形空間 U_0 と定義 E.6 で定義された空間とは同型であることが証明される．同型である空間を同一視すれば，条件をみたす線形空間はただ一つであり，これが V と W のテンソル積 $V \otimes W$ の，基底を用いない普遍的な定義として理解されている (下のコラムを参照)．

コラム　テンソル積の存在

テンソル積は，一般には以下のように写像を通じて定義される．

$$\begin{array}{ccc} V \times W & \xrightarrow{\tau} & U_0 \\ & \overset{\Phi}{\searrow} & \downarrow \Phi_0 \\ & & U \end{array}$$

Φ を $V \times W$ から U への双線形写像とする．このとき線形空間 U_0 と双線形写像 $\tau : V \times W \to U_0$ が存在し，U_0 は $\tau\,(V \times W)$ によって生成され，また任意の Φ に対して $\Phi = \Phi_0 \circ \tau$ をみたす線形写像 $\Phi_0 : U_0 \to U$ が存在する．

そしてこのような線形空間 U_0 と U_0 への写像 τ が (同型を除いて) 一意的に定まる．

V と W から定まるこの線形空間 U_0 を (正確には U_0 と τ の組を) V と W のテンソル積とよび，

$$U_0 = V \otimes W, \qquad \tau(\boldsymbol{x}, \boldsymbol{y}) = \boldsymbol{x} \otimes \boldsymbol{y}$$

と書く[*52]．

最後に，テンソル積に属する元の，基底の変換に対する変換則について考えよう．

＊52　テンソル積については，あとがきで述べた参考文献のうちの[佐武][杉浦・横沼][NSS]に詳しい解説がある．

$\{\boldsymbol{e}_i\}$ と $\{\tilde{\boldsymbol{e}}_i\}$ を線形空間 V の基底とし，その間の変換行列を $P=[\alpha_{ij}]$ とし，さらに $P^{-1}=[\beta_{ij}]$ とすると

$$\tilde{\boldsymbol{e}}_j=\sum_{i=1}^{n}\alpha_{ij}\boldsymbol{e}_i,\qquad \boldsymbol{e}_i=\sum_{j=1}^{n}\beta_{ji}\tilde{\boldsymbol{e}}_j. \tag{E.9}$$

また $\{\boldsymbol{e}_i\},\{\tilde{\boldsymbol{e}}_i\}$ の双対基底を，それぞれ $\{\boldsymbol{e}_i^*\}$，$\{\tilde{\boldsymbol{e}}^*_i\}$ として

$$\tilde{\boldsymbol{e}}_j^*=\sum_{i=1}^{n}\gamma_{ij}\boldsymbol{e}_i^*,\qquad C=[\gamma_{ij}] \tag{E.10}$$

とおくと，

$$\delta_{ij}=\tilde{\boldsymbol{e}}_j^*(\tilde{\boldsymbol{e}}_i)=\left(\sum_{k=1}^{n}\gamma_{kj}\boldsymbol{e}_k^*\right)\left(\sum_{l=1}^{n}\alpha_{li}\boldsymbol{e}_l\right)=\sum_{k=1}^{n}\sum_{l=1}^{n}\gamma_{kj}\alpha_{li}\boldsymbol{e}_k^*(\boldsymbol{e}_l)$$
$$=\sum_{k=1}^{n}\sum_{l=1}^{n}\gamma_{kj}\alpha_{li}\delta_{kl}=\sum_{k=1}^{n}\gamma_{kj}\alpha_{ki}.$$

これより ${}^tC=P^{-1}$，すなわち $\gamma_{ij}=\beta_{ji}$ である．

例 E.4　V を 2 次元の線形空間，$\{\boldsymbol{e}_1,\boldsymbol{e}_2\}$ をその基底，$\{\boldsymbol{e}_1^*,\boldsymbol{e}_2^*\}$ をその双対基底とする．このとき $f:\boldsymbol{e}_j\mapsto\boldsymbol{e}_j^*$ は V と V^* との同型写像を与える．また $\tilde{\boldsymbol{e}}_1=2\boldsymbol{e}_1+\boldsymbol{e}_2$，$\tilde{\boldsymbol{e}}_2=\boldsymbol{e}_1+\boldsymbol{e}_2$ とすると $\{\tilde{\boldsymbol{e}}_1,\tilde{\boldsymbol{e}}_2\}$ は $\{\boldsymbol{e}_1,\boldsymbol{e}_2\}$ とは異なる V の基底である．このとき $\{\boldsymbol{e}_1^*,\boldsymbol{e}_2^*\}$，$\{\tilde{\boldsymbol{e}}_1^*,\tilde{\boldsymbol{e}}_2^*\}$ をそれぞれ $\{\boldsymbol{e}_1,\boldsymbol{e}_2\}$，$\{\tilde{\boldsymbol{e}}_1,\tilde{\boldsymbol{e}}_2\}$ の双対基底とすると，(E.9) および (E.10) より

$$(\tilde{\boldsymbol{e}}_1,\tilde{\boldsymbol{e}}_2)=(\boldsymbol{e}_1,\boldsymbol{e}_2)P,\qquad P=\begin{pmatrix}2&1\\1&1\end{pmatrix},$$

$$\begin{pmatrix}\tilde{\boldsymbol{e}}_1^*\\\tilde{\boldsymbol{e}}_2^*\end{pmatrix}=P^{-1}\begin{pmatrix}\boldsymbol{e}_1^*\\\boldsymbol{e}_2^*\end{pmatrix}=\begin{pmatrix}\boldsymbol{e}_1^*-\boldsymbol{e}_2^*\\-\boldsymbol{e}_1^*+2\boldsymbol{e}_2^*\end{pmatrix}.$$

そこで，新しい基底で同じ同型写像 $\tilde{f}:\tilde{\boldsymbol{e}}_j\mapsto\tilde{\boldsymbol{e}}_j^*$ を考えると，$\tilde{f}:2\boldsymbol{e}_1+\boldsymbol{e}_2\mapsto\boldsymbol{e}_1^*-\boldsymbol{e}_2^*$，$\tilde{f}:\boldsymbol{e}_1+\boldsymbol{e}_2\mapsto-\boldsymbol{e}_1^*+2\boldsymbol{e}_2^*$ より $\tilde{f}:\boldsymbol{e}_1\mapsto2\boldsymbol{e}_1^*-3\boldsymbol{e}_2^*$，$\tilde{f}:\boldsymbol{e}_2\mapsto-3\boldsymbol{e}_1^*+5\boldsymbol{e}_2^*$ であり $\tilde{f}\neq f$．つまりこの同型写像は基底の取り方に連動して変更をうける．□

線形空間 V の元 $\boldsymbol{x}$ を基底 $\{\boldsymbol{e}_i\}$ で展開して

$$\boldsymbol{x}=\sum_{i=1}^{n}x_i\boldsymbol{e}_i$$

と書く．ここで x_i は $\boldsymbol{x}$ の基底 $\{\boldsymbol{e}_i\}$ に関する成分である．基底を $\{\tilde{\boldsymbol{e}}_j\}$ に変換すると

$$\boldsymbol{x} = \sum_{i=1}^{n} x_i \left(\sum_{j=1}^{n} \beta_{ji} \tilde{\boldsymbol{e}}_j \right) = \sum_{j=1}^{n} \left(\sum_{i=1}^{n} \beta_{ji} x_i \right) \tilde{\boldsymbol{e}}_j.$$

このとき，$\boldsymbol{x}$ の $\{\tilde{\boldsymbol{e}}_j\}$ に関する成分を $\tilde{x}_j$ とすると

$$\tilde{\boldsymbol{e}}_j = \sum_{i=1}^{n} \alpha_{ij} \boldsymbol{e}_i \quad \text{に対して} \quad \tilde{x}_j = \sum_{i=1}^{n} \beta_{ji} x_i.$$

つまり基底とその基底に関する成分は，それぞれ P と P^{-1} によって変換される*53．基底の変換に際してその成分が P^{-1} で変換されるベクトルを**反変ベクトル** (contravariant vector) とよぶ．

同様に，V^* の元 $\boldsymbol{y}$ の基底 $\{\boldsymbol{e}_i^*\}$ に関する成分を y_i, $\{\tilde{\boldsymbol{e}}_j^*\}$ に関する成分を $\tilde{y}_j$ として

$$\tilde{\boldsymbol{e}}_j^* = \sum_{i=1}^{n} \beta_{ji} \boldsymbol{e}_i^* \quad \text{に対して} \quad \tilde{y}_j = \sum_{i=1}^{n} \alpha_{ij} y_i$$

が導かれる．つまり基底とその基底に関する成分は，それぞれ P^{-1} と P によって変換される．基底の変換に際してその成分が P で変換されるベクトルを**共変ベクトル** (covariant vector) とよぶ*54．

線形空間 V とその双対空間 V^* のテンソル積 $V \otimes V^*$ を考え，その元 $\boldsymbol{z}$ を

$$\boldsymbol{z} = \sum_{kl} \xi_{kl} \boldsymbol{e}_k \otimes \boldsymbol{e}_l^*$$

とする．そこで $\{\boldsymbol{e}_k\}$ から $\{\tilde{\boldsymbol{e}}_i\}$ および $\{\boldsymbol{e}_l^*\}$ から $\{\tilde{\boldsymbol{e}}_j^*\}$ への基底の変換を考えると

$$\boldsymbol{z} = \sum_{kl} \xi_{kl} \left(\sum_i \beta_{ik} \tilde{\boldsymbol{e}}_i \right) \otimes \left(\sum_j \alpha_{lj} \tilde{\boldsymbol{e}}_j^* \right) = \sum_{ij} \left(\sum_{kl} \beta_{ik} \alpha_{lj} \xi_{kl} \right) \tilde{\boldsymbol{e}}_i \otimes \tilde{\boldsymbol{e}}_j^*.$$

よって変換後の基底 $\tilde{\boldsymbol{e}}_i \otimes \tilde{\boldsymbol{e}}_j^*$ に関する $\boldsymbol{z}$ の成分 $\tilde{\xi}_{ij}$ は

$$\tilde{\xi}_{ij} = \sum_{kl} \beta_{ik} \alpha_{lj} \xi_{kl}.$$

このとき，l を添字とする $\boldsymbol{e}_l^*$ は $P = [\alpha_{lj}]$ の成分を係数として展開され，k を添字とする $\boldsymbol{e}_k$ は $P^{-1} = [\beta_{ik}]$ の成分を係数として展開された．このことを明示するために，添字の位置を変えて

$$\tilde{\xi}_j{}^i = \sum_{kl} \beta^i{}_k \alpha^l{}_j \xi_l{}^k$$

と書く（また，同じ理由で $\boldsymbol{e}_l^*$ を $\boldsymbol{e}^{*l}$ と書く）．一般に p 個の線形空間 V と q 個の双対空間 V^* のテンソル積*55

$$V \otimes \cdots \otimes V \otimes V^* \otimes \cdots \otimes V^*$$

*53　(5.7) を参照．

の元 $\boldsymbol{z}$ を

$$\boldsymbol{z} = \sum_{k_1,\dots,k_p,l_1,\dots,l_q} \xi_{l_1,\dots,l_q}{}^{k_1,\dots,k_p} \boldsymbol{e}_{k_1} \otimes \cdots \otimes \boldsymbol{e}_{k_p} \otimes \boldsymbol{e}^{*l_1} \otimes \cdots \otimes \boldsymbol{e}^{*l_q}$$

とすると，$\{\tilde{\boldsymbol{e}}_j\}$，$\{\tilde{\boldsymbol{e}}^{*l}\}$ への基底の変換に対してその成分 $\xi_{l_1,\dots,l_q}{}^{k_1,\dots,k_p}$ が

$$\xi_{j_1,\dots,j_q}{}^{i_1,\dots,i_p} = \sum_{k_1,\dots,k_p,l_1,\dots,l_q} \alpha^{l_1}{}_{j_1} \cdots \alpha^{l_q}{}_{j_q} \beta^{i_1}{}_{k_1} \cdots \beta^{i_p}{}_{k_p} \xi_{l_1,\dots,l_q}{}^{k_1,\dots,k_p}$$

と変換されることは，上述の計算と同様にして示される．この $\boldsymbol{z}$ を p 階反変 q 階共変テンソル，または **(p,q) テンソル** (tensor of type (p,q)) とよび，これらはテンソル積によって構成された線形空間の元である．特に $(1,0)$ テンソルが反変ベクトル，$(0,1)$ テンソルが共変ベクトル，$(0,0)$ テンソルがスカラーである．

＊54　基底 $\{\boldsymbol{e}_i\}$ とその双対基底 $\{\boldsymbol{e}_j^*\}$ との関係を

$$\begin{pmatrix} \boldsymbol{e}_1^* \\ \vdots \\ \boldsymbol{e}_n^* \end{pmatrix} \begin{pmatrix} \boldsymbol{e}_1 & \cdots & \boldsymbol{e}_n \end{pmatrix} = E$$

と書こう．この右辺は単位行列，左辺は $\boldsymbol{e}_j^* \boldsymbol{e}^i = \delta_{ij}$ として $n \times 1$ 行列と $1 \times n$ の行列の積と同じ行列の計算規則にしたがうと考えて正しい結果を与える．このとき，この式には左から P^{-1}，右から P をかけると

$$E = P^{-1} \begin{pmatrix} \boldsymbol{e}_1^* \\ \vdots \\ \boldsymbol{e}_n^* \end{pmatrix} \begin{pmatrix} \boldsymbol{e}_1 & \cdots & \boldsymbol{e}_n \end{pmatrix} P = P^{-1} \begin{pmatrix} \boldsymbol{e}_1^* \\ \vdots \\ \boldsymbol{e}_n^* \end{pmatrix} \begin{pmatrix} \tilde{\boldsymbol{e}}_1 & \cdots & \tilde{\boldsymbol{e}}_n \end{pmatrix}.$$

これより

$$\begin{pmatrix} \tilde{\boldsymbol{e}}_1^* \\ \vdots \\ \tilde{\boldsymbol{e}}_n^* \end{pmatrix} = P^{-1} \begin{pmatrix} \boldsymbol{e}_1^* \\ \vdots \\ \boldsymbol{e}_n^* \end{pmatrix}$$

が得られ，この意味で双対基底が P^{-1} によって変換される．

V の元について，基底を行列 P で変換すると，その成分が P^{-1} で変換されることは (5.7) でも導いた．同様にして V^* の元について考えてみよう．$\boldsymbol{b} \in V^*$ を双対基底 $\{\boldsymbol{e}_j^*\}$ で展開して基底の変換を考えると

$$\boldsymbol{b} = (y_1,\dots,y_n) \begin{pmatrix} \boldsymbol{e}_1^* \\ \vdots \\ \boldsymbol{e}_n^* \end{pmatrix} = (y_1,\dots,y_n) P P^{-1} \begin{pmatrix} \boldsymbol{e}_1^* \\ \vdots \\ \boldsymbol{e}_n^* \end{pmatrix} = (y_1,\dots,y_n) P \begin{pmatrix} \tilde{\boldsymbol{e}}_1^* \\ \vdots \\ \tilde{\boldsymbol{e}}_n^* \end{pmatrix}.$$

これより，$\boldsymbol{b}$ の $\{\tilde{\boldsymbol{e}}_j^*\}$ に関する成分を $\tilde{y}_j$ として

$$(\tilde{y}_1,\dots,\tilde{y}_n) = (y_1,\dots,y_n) P$$

が得られる．

＊55　$V_1 \otimes (V_2 \otimes V_3) \simeq (V_1 \otimes V_2) \otimes V_3$ を導くことができるので，これを $V_1 \otimes V_2 \otimes V_3$ と書く．

練習問題の解答

1.1

(1) $\begin{pmatrix} 8 & 6 \\ 9 & -5 \end{pmatrix}$ (2) $\begin{pmatrix} -4 & 5 \\ 3 & -11 \end{pmatrix}$ (3) $\begin{pmatrix} 0 & 8 & 7 \\ 6 & -6 & -2 \end{pmatrix}$

(4) $\begin{pmatrix} 2 & 7 & 12 \\ -17 & 5 & 6 \\ 4 & -1 & -2 \end{pmatrix}$ (5) $\begin{pmatrix} 9 & 1 & -13 \\ -8 & -1 & -1 \\ -7 & 13 & -4 \end{pmatrix}$ (6) $\begin{pmatrix} -1 & 0 & -8 & 1 \\ -6 & 8 & -9 & 3 \\ 12 & 0 & -5 & 7 \\ 0 & 5 & 1 & 0 \end{pmatrix}$

1.2

(1) $\begin{pmatrix} 5 & 5 \\ 7 & -9 \end{pmatrix}$ (2) $\begin{pmatrix} 2 & 0 \\ -8 & -7 \end{pmatrix}$ (3) $\begin{pmatrix} -6 & 1 & 7 \\ 0 & 5 & 1 \\ 1 & 6 & 3 \end{pmatrix}$ (4) -2 (5) $\begin{pmatrix} 2 & 1 & -1 \\ -2 & -1 & 1 \\ 6 & 3 & -3 \end{pmatrix}$

1.3

(1) $\begin{cases} \begin{pmatrix} 0 & 1 & 0 \\ 0 & 0 & 1 \\ 0 & 0 & 0 \end{pmatrix} & n = 1 \\ \begin{pmatrix} 0 & 0 & 1 \\ 0 & 0 & 0 \\ 0 & 0 & 0 \end{pmatrix} & n = 2 \\ \begin{pmatrix} 0 & 0 & 0 \\ 0 & 0 & 0 \\ 0 & 0 & 0 \end{pmatrix} & n \geq 3 \end{cases}$ (2) $\begin{cases} \begin{pmatrix} 0 & 1 & 0 \\ 0 & 0 & 1 \\ 1 & 0 & 0 \end{pmatrix} & n = 3m-2 \\ \begin{pmatrix} 0 & 0 & 1 \\ 1 & 0 & 0 \\ 0 & 1 & 0 \end{pmatrix} & n = 3m-1 \\ \begin{pmatrix} 1 & 0 & 0 \\ 0 & 1 & 0 \\ 0 & 0 & 1 \end{pmatrix} & n = 3m \quad (m \in \mathbf{N}) \end{cases}$

(3) $3^{n-1}\begin{pmatrix} 1 & 1 & 1 \\ 1 & 1 & 1 \\ 1 & 1 & 1 \end{pmatrix}$ (4) $\begin{pmatrix} 1 & n & n(n+1)/2 \\ 0 & 1 & n \\ 0 & 0 & 1 \end{pmatrix}$

1.4

(1) $AB = BA = \begin{pmatrix} a_1b_1 & 0 \\ 0 & a_2b_2 \end{pmatrix}$ (2) $AB = BA = \begin{pmatrix} 1 & a+b \\ 0 & 1 \end{pmatrix}$

(3) $AB = BA = \begin{pmatrix} 5 & -2 \\ -1 & 7 \end{pmatrix}$ (4) $AB = \begin{pmatrix} 4 & 7 \\ 1 & -2 \end{pmatrix} BA = \begin{pmatrix} 3 & 3 \\ 4 & -1 \end{pmatrix}$

(5) $AB = \begin{pmatrix} 0 & 0 \\ 0 & 0 \end{pmatrix} BA = \begin{pmatrix} 0 & 5 \\ 0 & 0 \end{pmatrix}$ (6) $AB = BA = \begin{pmatrix} 0 & 0 \\ 0 & 0 \end{pmatrix}$

1.5 具体的に成分を書いて積をとれば明らか.

1.6 $A = \begin{pmatrix} a & b \\ c & d \end{pmatrix}$とおいて解を求める. (1) $\begin{pmatrix} \pm 1 & 0 \\ 0 & \pm 1 \end{pmatrix}$, $\begin{pmatrix} t & b \\ c & -t \end{pmatrix}$

$(bc=1-t^2)$ (2) $\begin{pmatrix} t & b \\ c & -t \end{pmatrix}$ $(bc=-t^2)$ (3) $\begin{pmatrix} 0 & 0 \\ 0 & 0 \end{pmatrix}$, $\begin{pmatrix} 1 & 0 \\ 0 & 1 \end{pmatrix}$, $\begin{pmatrix} a & b \\ c & d \end{pmatrix}$ $(a+d=1,\ ad-bc=0)$ (4) 条件をみたす a, b, c, d は存在しない.

1.7 (1) $AB=BA$ より $a=b+d$, $b=2c$. (2) $B=O$

1.8 (1) 例えば $\begin{pmatrix} 1 & 0 \\ 0 & 0 \end{pmatrix}$ および $\begin{pmatrix} 0 & 1 \\ 1 & 0 \end{pmatrix}$ と交換可能であるための条件を調べてみる. (2) 対角行列の対角成分を s と t として一般に $s \neq t$ であることを使う. **注** これらの結果は一般の n 次行列でも同様に成り立つ.

1.9 (1) $\begin{pmatrix} 0 & -1 \\ 1 & 0 \end{pmatrix}$ と可換な行列は a と b を定数として $\begin{pmatrix} a & b \\ -b & a \end{pmatrix} = a\begin{pmatrix} 1 & 0 \\ 0 & 1 \end{pmatrix} + b\begin{pmatrix} 0 & 1 \\ -1 & 0 \end{pmatrix}$ と書ける. このとき $\begin{pmatrix} 1 & 0 \\ 0 & 1 \end{pmatrix}$ は単位行列ですべての行列と可換なので $\begin{pmatrix} a & b \\ -b & a \end{pmatrix}$ と $\begin{pmatrix} a' & b' \\ -b' & a' \end{pmatrix}$ は可換. (2) $\begin{pmatrix} a & b \\ 0 & a \end{pmatrix} = a\begin{pmatrix} 1 & 0 \\ 0 & 1 \end{pmatrix} + b\begin{pmatrix} 0 & 1 \\ 0 & 0 \end{pmatrix}$ より (1) と同様.

1.10 B の左下の小行列が O であることを利用して計算する.

$$AB = \begin{pmatrix} -1 & -8 & 5 & -4 \\ 12 & 26 & -2 & 6 \\ -11 & -18 & 4 & -5 \\ 3 & 4 & -2 & 3 \end{pmatrix}$$

1.11 行列の積の定義に従って確かめる.

1.12 $A_1B_1 = B_1A_1$ かつ $A_2B_2 = B_2A_2$.

1.13 $A^k = \begin{pmatrix} E_m & kA_{mn} \\ O & E_n \end{pmatrix}$

1.14 対称行列であるとき, $a-b=2a+b$, $a+b=a+2$ より $a=-4$, $b=2$. c と d は任意. 交代行列であるとき, $a-b=-(2a+b)$, $a+b=-(a+2)$, $c=-c$, $d=-d$ より $a=0$, $b=-2$, $c=0$, $d=0$.

1.15 (1) ${}^t({}^tAA) = {}^tA\,{}^t({}^tA) = {}^tAA$ なので対称行列. $A\,{}^tA$ も同様. (2) ${}^t(A+{}^tA) = {}^tA + {}^t({}^tA) = {}^tA + A$ なので対称行列. 同様に $A - {}^tA$ は交代行列. (3) $A = (A+{}^tA)/2 + (A-{}^tA)/2$. (4) $a_{ji} = a_{ij}$ かつ $a_{ji} = -a_{ij}$ より $a_{ij}=0$. よって零行列.

1.16 (1) ${}^t(A^2) = {}^t(A)\,{}^t(A) = (-A)(-A) = A^2$. (2) 同様に ${}^t(A^k) = (-A)^k = (-1)^kA^k$ なので k は奇数. (3) ${}^t(AB) = {}^t(B)\,{}^t(A) = BA$ が AB に等しい. (4) ${}^tA = A$, ${}^tB = -B$ なので ${}^t(AB) = {}^tB\,{}^tA = -BA$. 両辺のトレースを考えると, $\mathrm{tr}\,{}^t(AB) = \mathrm{tr}\,AB$, $\mathrm{tr}\,(-BA) = -\mathrm{tr}\,BA = -\mathrm{tr}\,AB$ より $\mathrm{tr}\,AB = -\mathrm{tr}\,AB$. よって $\mathrm{tr}\,AB = 0$. (4) **別解**: $A = (A+{}^tA)/2$, $B = (B-{}^tB)/2$ として代入し, トレースの性質を利用して計算する.

1.17 (1), (2) A と E は可換なので成り立つ. (3) $(A+B)^2 = (A+B)(A+B) = A^2 + AB + BA + B^2$ であり $AB \neq BA$ のとき成り立たない.

1.18 $AB=BA$ を用いて通常の二項展開と同様.

1.19 (1) 双曲線関数の加法定理による.

(2) $x' = (x+vt)/\sqrt{1-(v/c)^2}$, $t' = (t+vx/c^2)/\sqrt{1-(v/c)^2}$. **注**: これは特殊相対論のローレンツ変換である.

1.20 $AB-BA=E$ の両辺のトレースをとると, 左辺は $\mathrm{tr}\,(AB-BA) = \mathrm{tr}\,(AB) - \mathrm{tr}\,(BA)$

$= \mathrm{tr}\,(AB) - \mathrm{tr}\,(AB) = 0$，右辺は $\mathrm{tr}\,E = n$ となり，矛盾を生じる． **注** 量子力学において $AB - BA =$ (定数 k) $\times E$ の形の関係がしばしば現れる．この結果からわかるように，$k \neq 0$ のときこれは有限の次数の行列では成り立たない．この関係が成立するのは，行列の次数が無限大である（あるいはそれに相当する）場合のみである．

1.21 n が正の整数，0，負の整数いずれの場合にも

(1) $\begin{pmatrix} a^n & 0 \\ 0 & b^n \end{pmatrix}$ (2) $\begin{pmatrix} 1 & na \\ 0 & 1 \end{pmatrix}$

1.22 (1) $AA^{k-1} = A^{k-1}A = E$ より正則で $A^{-1} = A^{k-1}$． (2) A が正則だと仮定すると A^{-1} が存在するので，両辺に $(A^{-1})^k$ をかけると $E = O$ となり矛盾．

1.23 (1) $AB = BA$ の両辺の転置行列をとると ${}^tB{}^tA = {}^tA{}^tB$． (2) $AB = BA$ の両辺の逆行列をとると $B^{-1}A^{-1} = A^{-1}B^{-1}$． (3) $AB = BA$ の両辺に左と右から A^{-1} をかけると $A^{-1}ABA^{-1} = A^{-1}BAA^{-1}$．これより $BA^{-1} = A^{-1}B$．

1.24 E と A は可換なので $(E-A)(E+A+\cdots+A^{k-1}) = E - A^k = E$，$(E+A+\cdots+A^{k-1})(E-A) = E - A^k = E$．

2.1 2 次行列の場合，基本行列は例えば次のように分解される．一般の n 次についても同様である．

$$\begin{pmatrix} 0 & 1 \\ 1 & 0 \end{pmatrix} = \begin{pmatrix} 1 & 0 \\ 0 & -1 \end{pmatrix}\begin{pmatrix} 1 & 1 \\ 0 & 1 \end{pmatrix}\begin{pmatrix} 1 & 0 \\ -1 & 1 \end{pmatrix}\begin{pmatrix} 1 & 1 \\ 0 & 1 \end{pmatrix}.$$

2.2 A に 0 でない成分があれば基本変形で $(1,1)$ 成分に移動し，その成分の値で割って 1 にする．1 行目を定数倍して他の行から引くことで 1 列目の他の成分を 0 にする．これに必要な基本変形の回数は $3 + (n-1) = n+2$ 回．2 列目から n 列目に 0 でない成分があれば $(2,2)$ 成分に移動し，以下同様の変形をくりかえす．これより，基本変形の回数は $n(n+2)$ を超えない．

2.3 (1) $AB = kE$ $(k \neq 0)$ より $A \cdot (k^{-1}B) = E$．これより $k^{-1}B$ は A の逆行列なので $(k^{-1}B)A = A(k^{-1}B) = E$．よって $BA = AB$． (2) ABC の逆行列を D とすると $(ABC)D = E$．これより $A \cdot (BCD) = E$，$(AB) \cdot (CD) = E$ なので定理 2.4 より A, AB は正則で，例題 2.3 より B は正則．また $(AB)C$ が正則なので C も正則．

2.4 (1) 2 (2) 3 (3) 3

2.5 基本変形により

$$A \longrightarrow PAQ = \begin{pmatrix} E_r & O \\ O & O \end{pmatrix} = \sum_{i=1}^{r} E_{ii}.$$

ただし，E_r は r 次の単位行列，E_{ii} は (i,i) 成分が 1 で他の成分が 0 の行列．このとき $A = \sum_{i=1}^{r} P^{-1}E_{ii}Q^{-1}$ なので，$P^{-1}E_{ii}Q^{-1} = A_i$ として $\mathrm{rank}\,A_i = 1$．

2.6 (1) 基本行列の積への分解は一意的ではないが，例えば

$$A = \begin{pmatrix} 1 & 1 \\ 0 & 1 \end{pmatrix}\begin{pmatrix} 1 & 0 \\ 1 & 1 \end{pmatrix}\begin{pmatrix} 1 & 2 \\ 0 & 1 \end{pmatrix}, \quad A^{-1} = \begin{pmatrix} 3 & -5 \\ -1 & 2 \end{pmatrix}.$$

(2) 例えば

$$B = \begin{pmatrix} 1 & -1 & 0 \\ 0 & 1 & 0 \\ 0 & 0 & 1 \end{pmatrix}\begin{pmatrix} 1 & 0 & 0 \\ 3 & 1 & 0 \\ 0 & 0 & 1 \end{pmatrix}\begin{pmatrix} 1 & 0 & 0 \\ 0 & 1 & 2 \\ 0 & 0 & 1 \end{pmatrix}\begin{pmatrix} 1 & 0 & 0 \\ 0 & 1 & 0 \\ 0 & 1 & 1 \end{pmatrix},$$

$$B^{-1} = \begin{pmatrix} 1 & 1 & 0 \\ -3 & -2 & -2 \\ 3 & 2 & 3 \end{pmatrix}.$$

2.7 基本変形により

$$\begin{pmatrix} 0 & 1 & 0 & -1 \\ 3 & 0 & 2 & 2 \\ -1 & 1 & 2 & 1 \\ 4 & -1 & 1 & 2 \end{pmatrix} \longrightarrow \begin{pmatrix} 1 & 0 & 0 & 0 \\ 0 & 1 & 0 & 0 \\ 0 & 0 & 1 & 0 \\ 0 & 0 & 0 & 0 \end{pmatrix}.$$

階数は3で行列の次数4より小さいため逆行列は存在しない．

2.8 (1) $\operatorname{rank} A = r$ とすると，$PAQ = \begin{pmatrix} E_r & O \\ O & O \end{pmatrix}$ をみたす正則な行列 P と Q が存在する．ここで E_r は r 次の単位行列である．このとき $AB = P^{-1}\begin{pmatrix} E_r & O \\ O & O \end{pmatrix}Q^{-1}B = P^{-1}\begin{pmatrix} E_r & O \\ O & O \end{pmatrix}$ $\begin{pmatrix} C_{11} & C_{12} \\ C_{21} & C_{22} \end{pmatrix} = P^{-1}\begin{pmatrix} C_{11} & C_{12} \\ O & O \end{pmatrix}$. ただし，$Q^{-1}B$ を分割して書いた．P^{-1} は正則なので，$\operatorname{rank} AB$ $= \operatorname{rank} C_{11} \leq r = \operatorname{rank} A$. 同様に $\operatorname{rank} AB \leq \operatorname{rank} B$ が成り立つ．(2) 基本変形により $\begin{pmatrix} A & O \\ O & B \end{pmatrix}$ $\longrightarrow \begin{pmatrix} A & B \\ O & B \end{pmatrix} \longrightarrow \begin{pmatrix} A+B & B \\ B & B \end{pmatrix}$. ここで $\operatorname{rank}(A+B) = r$ とすると，$P(A+B)Q = \begin{pmatrix} E_r & O \\ O & O \end{pmatrix} =$ $E(r)$ をみたす正則な行列 P と Q が存在し，$\begin{pmatrix} P & O \\ O & E \end{pmatrix}\begin{pmatrix} A+B & B \\ B & B \end{pmatrix}\begin{pmatrix} Q & O \\ O & E \end{pmatrix} = \begin{pmatrix} E(r) & PB \\ BQ & B \end{pmatrix}$. そこで $E(r)$ の対角成分1を使って，1行目から r 行目，1列目から r 列目の非対角成分を0にすると，この変形により $\longrightarrow \begin{pmatrix} E_r & O \\ O & C \end{pmatrix}$. ただし，左上の小行列が r 次になるように分割し直した．以上，すべて基本変形によって変形され，基本変形によって行列の階数は変わらないので，rank $\begin{pmatrix} A & O \\ O & B \end{pmatrix} = \operatorname{rank}\begin{pmatrix} E_r & O \\ O & C \end{pmatrix}$，つまり $\operatorname{rank} A + \operatorname{rank} B = r + \operatorname{rank} C$. これより与式が得られる．

2.9 行基本変形により

$$\begin{pmatrix} -2 & 4 & k & 0 \\ 1 & -2 & -1 & 0 \\ k & 1 & 0 & 1 \end{pmatrix} \longrightarrow \begin{pmatrix} 1 & -2 & -1 & 0 \\ 0 & 1+2k & k & 1 \\ 0 & 0 & k-2 & 0 \end{pmatrix}.$$

(a) $k \neq -1/2$, 2 のとき, $\operatorname{rank} A = \operatorname{rank} \widetilde{A} = 3$ で解は一意的． (b) $k = 2$ のとき，$\operatorname{rank} A =$ $\operatorname{rank} \widetilde{A} = 2$ で解は無限個あり $x - 2y - z = 0$, $5y + 2z = 1$ より $x = t$, $y = 1 - 2t$, $z = 5t - 2$. (c) $k = -1/2$ のとき，$\operatorname{rank} A = 2$, $\operatorname{rank} \widetilde{A} = 3$ で解は存在しない．

2.10 行基本変形により

$$\begin{pmatrix} 1 & 1 & 1 & 1 \\ 1 & 2 & 1 & k \\ k^2 & 1 & 4 & 1 \end{pmatrix} \longrightarrow \begin{pmatrix} 1 & 1 & 1 & 1 \\ 0 & 1 & 0 & k-1 \\ 0 & 0 & 4-k^2 & (k^2-1)(k-2) \end{pmatrix}.$$

(1) $k = 1$ のとき $\operatorname{rank} A = 3$. (2), (3) $4 - k^2 = 0$ つまり $k = \pm 2$ のとき $\operatorname{rank} A = 2$. このうち $k = 2$ のとき無限個の解が存在し，$k = -2$ のとき解なし．

2.11 (1) $A^{-1} = \dfrac{-1}{6}\begin{pmatrix} 0 & 6 & 6 \\ 2 & 2 & 6 \\ 1 & 1 & 6 \end{pmatrix}$, $\boldsymbol{x} = A^{-1}\begin{pmatrix} 1 \\ 1 \\ s \end{pmatrix} = \dfrac{-1}{3}\begin{pmatrix} 3 \\ 2 \\ 1 \end{pmatrix} - s\begin{pmatrix} 1 \\ 1 \\ 1 \end{pmatrix}.$

(2) 行基本変形により

$$\begin{pmatrix} 1 & -5 & 4 & 1 \\ -1 & -1 & 2 & 1 \\ 1 & 1 & -2 & s \end{pmatrix} \longrightarrow \begin{pmatrix} 1 & -5 & 4 & 1 \\ 0 & -6 & 6 & 2 \\ 0 & 0 & 0 & s+1 \end{pmatrix}.$$

よって，$\mathrm{rank}\, A = 2$. 解を持つ条件は $s+1=0$ より $s=-1$. このとき $x-5y+4z=1$, $-6y+6z=2$ より $x=t-2/3$, $y=t-1/3$, $z=t$.

2.12 A が正則でないと仮定すると，方程式 $A\boldsymbol{x}=\boldsymbol{0}$ には自明でない解 $\boldsymbol{x}\neq\boldsymbol{0}$ が存在する．このとき，$\boldsymbol{x}$ の成分 x_i のうち絶対値が最大のものを x_k とすると，方程式の第 k 成分は $1\cdot x_k + \sum_{j\neq k} a_{kj}x_j = 0$, このとき $|1\cdot x_k| = \left|\sum_{j\neq k} a_{kj}x_j\right| \leq \sum_{j\neq k} |a_{kj}||x_j| < \sum_{j\neq k} \frac{1}{n-1}|x_k| = |x_k|$ であり矛盾.

注：つまり，単位行列の「近く」にある行列は正則である．

2.13 まず下三角行列による行基本変形（上の行の定数倍を下の行に加える）を施し，次に上三角行列による行基本変形（下の行の定数倍を上の行に加える）を施して，単位行列に変形する．与えられた行列を A として，例えば

$$\begin{pmatrix} 1 & -3 \\ 0 & 1 \end{pmatrix}\begin{pmatrix} 1 & 0 \\ 0 & -1 \end{pmatrix}\begin{pmatrix} 1 & 0 \\ -2 & 1 \end{pmatrix} A = \begin{pmatrix} 1 & 0 \\ 0 & 1 \end{pmatrix}.$$

これより $A = \begin{pmatrix} 1 & 0 \\ -2 & 1 \end{pmatrix}^{-1}\begin{pmatrix} 1 & 0 \\ 0 & -1 \end{pmatrix}^{-1}\begin{pmatrix} 1 & -3 \\ 0 & 1 \end{pmatrix}^{-1} = \begin{pmatrix} 1 & 0 \\ 2 & 1 \end{pmatrix}\begin{pmatrix} 1 & 0 \\ 0 & -1 \end{pmatrix}\begin{pmatrix} 1 & 3 \\ 0 & 1 \end{pmatrix} = \begin{pmatrix} 1 & 0 \\ 2 & 1 \end{pmatrix}$ $\begin{pmatrix} 1 & 3 \\ 0 & -1 \end{pmatrix}$. **注**：この解答からもわかるように，$LU$ 分解は一意的ではない．

3.1 (1) 11　(2) -170　(3) 0　(4) $x^2+xy-y^2-x^2y^2$　(5) $(a-1)(b-1)$　(6) 8

3.2 (1) r　(2) $r^2\sin\theta$. **注**：(1), (2)の行列式は，直交座標から極座標への変換に関連して現れる．

3.3

(1) 第 2 列，第 3 列から第 1 列を引く．$\begin{vmatrix} 1 & 0 & 0 \\ 5 & 1 & 2 \\ 10 & 5 & 11 \end{vmatrix} = 1\cdot\begin{vmatrix} 1 & 2 \\ 5 & 11 \end{vmatrix} = 1.$

(2) 第 1 列から第 3 列 $\times 3$ を引く．$\begin{vmatrix} 11 & 1 & -1 \\ 0 & 4 & 2 \\ 0 & -4 & 1 \end{vmatrix} = 11\cdot\begin{vmatrix} 4 & 2 \\ -4 & 1 \end{vmatrix} = 132.$

(3) 第 2 行に第 1 行 $\times(-2)$ と第 4 行 $\times(-1)$ を加える．次に第 2 行と第 1 行を入れ替え，第 4 列と第 1 列を入れ替える．$\begin{vmatrix} 1 & 2 & 3 & 4 \\ 0 & 0 & 0 & -10 \\ 0 & 5 & 4 & -5 \\ 10 & 9 & 8 & 7 \end{vmatrix} = (-1)^2\begin{vmatrix} -10 & 0 & 0 & 0 \\ 4 & 2 & 3 & 1 \\ -5 & 5 & 4 & 0 \\ 7 & 9 & 8 & 10 \end{vmatrix} = (-1)^2(-10)\begin{vmatrix} 2 & 3 & 1 \\ 5 & 4 & 0 \\ 9 & 8 & 10 \end{vmatrix}$

$= \cdots = 660.$

3.4

(1) $\begin{vmatrix} a & a^2 & b+c \\ b & b^2 & c+a \\ c & c^2 & a+b \end{vmatrix} = \begin{vmatrix} a & a^2 & a+b+c \\ b & b^2 & a+b+c \\ c & c^2 & a+b+c \end{vmatrix} = (a+b+c)\begin{vmatrix} a & a^2 & 1 \\ b & b^2 & 1 \\ c & c^2 & 1 \end{vmatrix} = (a+b+c)$

$$\begin{vmatrix} 0 & 0 & 1 \\ b-a & b^2-a^2 & 1 \\ c-a & c^2-a^2 & 1 \end{vmatrix} = (a+b+c)\begin{vmatrix} b-a & b^2-a^2 \\ c-a & c^2-a^2 \end{vmatrix} = (a+b+c)\,(b-a)\,(c-a)\begin{vmatrix} 1 & b+a \\ 1 & c+a \end{vmatrix}$$

$= (a+b+c)(a-b)(b-c)(c-a)$.

(2) 第1列，第3列から第2列を引いて同じ因子を取り出し，以下同様に変形する．

$$\begin{vmatrix} x-1 & 1 & 0 & 1 \\ x-1 & 1 & x-1 & x \\ 0 & 1 & x-1 & 1 \\ 0 & x & 0 & 1 \end{vmatrix} = (x-1)^2\begin{vmatrix} 1 & 1 & 0 & 1 \\ 1 & 1 & 1 & x \\ 0 & 1 & 1 & 1 \\ 0 & x & 0 & 1 \end{vmatrix} = -(x-1)^4.$$

(3) 第2, 3, 4列を第1列に加えて，次に第1行を第2, 3, 4行から引くと

$$\begin{vmatrix} x+1+2+1 & 1 & 2 & 1 \\ 1+x+1+2 & x & 1 & 2 \\ 2+1+x+1 & 1 & x & 1 \\ 1+2+1+x & 2 & 1 & x \end{vmatrix} = (x+4)\begin{vmatrix} 1 & 1 & 2 & 1 \\ 1 & x & 1 & 2 \\ 1 & 1 & x & 1 \\ 1 & 2 & 1 & x \end{vmatrix} = (x+4)\begin{vmatrix} 1 & 1 & 2 & 1 \\ 0 & x-1 & -1 & 1 \\ 0 & 0 & x-2 & 0 \\ 0 & 1 & -1 & x-1 \end{vmatrix} =$$

$$(x+4)\cdot 1\cdot\begin{vmatrix} x-1 & -1 & 1 \\ 0 & x-2 & 0 \\ 1 & -1 & x-1 \end{vmatrix} = x(x-2)^2(x+4).$$

(4) 第1列から第2列を引き，次に第2列，第3列から第4列を引くと

$$\begin{vmatrix} 0 & 1 & 1 & 1 \\ x-2 & 2 & -1 & 0 \\ x^2-4 & 4 & 1 & 2 \\ x^3-8 & 8 & -1 & 1 \end{vmatrix} = (x-2)\begin{vmatrix} 0 & 1 & 1 & 1 \\ 1 & 2 & -1 & 0 \\ x+2 & 4 & 1 & 2 \\ x^2+2x+4 & 8 & -1 & 1 \end{vmatrix} = (x-2)\begin{vmatrix} 0 & 0 & 0 & 1 \\ 1 & 2 & -1 & 0 \\ x+2 & 2 & -1 & 2 \\ x^2+2x+4 & 7 & -2 & 1 \end{vmatrix}$$

$= \cdots = 3(x-2)(x+1)$.

(5), (6) いずれも $x^2(x-2)(x+2)$．(5) は $x = 0, 0, 2, -2$ において，(6) は $x^2 = 0, 4$ において行列式が 0 になるので，x，x，$x-2$，$x+2$ を因数に持つ．また x^4 の係数に注目すれば，全体の係数が 1 であることがわかる．

3.5 (1) $|A^n| = |A|^n$ なので，与式両辺の行列式をとると $|A|^n = 0$．これより $|A| = 0$．(2) 両辺の行列式をとると $|A|^n = 1$．n が奇数ならばこれをみたす実数は $|A| = 1$．

3.6 基本変形によって零行列を作り，定理 3.11 を利用する．

$$\det\begin{pmatrix} A & B \\ B & A \end{pmatrix} = \det\begin{pmatrix} A+B & B \\ B+A & A \end{pmatrix} = \det\begin{pmatrix} A+B & B \\ O & A-B \end{pmatrix} = \det\,(A+B)\det\,(A-B).$$

3.7 $a_{21} = 0$ のとき $\begin{vmatrix} a_{11}B & a_{12}B \\ O & a_{22}B \end{vmatrix} = |a_{11}B||a_{22}B| = {a_{11}}^n {a_{22}}^n |B|^2 = |A|^n|B|^2$. $a_{11} = 0$ のときも同様.

$a_{11} \neq 0,\ a_{21} \neq 0$ のとき $\left(\dfrac{a_{11}}{a_{21}}\right)^n\begin{vmatrix} a_{21}B & \dfrac{a_{21}}{a_{11}}a_{12}B \\ a_{21}B & a_{22}B \end{vmatrix} = \left(\dfrac{a_{11}}{a_{21}}\right)^n\begin{vmatrix} a_{21}B & \dfrac{a_{21}}{a_{11}}a_{12}B \\ O & \left(a_{22}-\dfrac{a_{21}}{a_{11}}a_{12}\right)B \end{vmatrix} = \left(\dfrac{a_{11}}{a_{21}}\right)^n|a_{21}B|$

$\left|\left(a_{22}-\dfrac{a_{21}}{a_{11}}a_{12}\right)B\right| = (a_{11}a_{22}-a_{21}a_{12})^n|B|^2 = |A|^n|B|^2$.

別解：E を n 次の単位行列として

$$\begin{pmatrix} a_{11}B & a_{12}B \\ a_{21}B & a_{22}B \end{pmatrix} = \begin{pmatrix} a_{11}E & a_{12}E \\ a_{21}E & a_{22}E \end{pmatrix}\begin{pmatrix} B & O \\ O & B \end{pmatrix}.$$

この両辺の行列式を考える．

3.8 一般の n 次行列式について同じ規則で展開すればよい．

3.9 第 3 列で余因子展開する．

$$\begin{vmatrix} 1 & 2 & x & -4 \\ 2 & 7 & y & -3 \\ 6 & -2 & z & 3 \\ 1 & 4 & 4 & 3 \end{vmatrix} = x\begin{vmatrix} 2 & 7 & -3 \\ 6 & -2 & 3 \\ 1 & 4 & 3 \end{vmatrix} + (-y)\begin{vmatrix} 1 & 2 & -4 \\ 6 & -2 & 3 \\ 1 & 4 & 3 \end{vmatrix} + z\begin{vmatrix} 1 & 2 & -4 \\ 2 & 7 & -3 \\ 1 & 4 & 3 \end{vmatrix} - 4\begin{vmatrix} 1 & 2 & -4 \\ 2 & 7 & -3 \\ 6 & -2 & 3 \end{vmatrix}$$

これより $a = -219$，$b = 152$，$c = 11$，$d = -604$．

3.10 (1) $X_2 = k-1$． (2) $p = 1$，$q = -1$．例えば第 1 行で余因子展開する． (3) $X_n = k - (n-1)$．

3.11 最後の列で余因子展開し，次に最後の行で余因子展開する．

3.12 $A^{-1} = \dfrac{1}{|A|}\widetilde{A}$ なので $A \cdot \left(\dfrac{1}{|A|}\widetilde{A}\right) = E$．両辺の行列式をとると $|A| \cdot \dfrac{1}{|A|^n}|\widetilde{A}| = 1$．これより $|\widetilde{A}| = |A|^{n-1}$．

3.13 (1) $|A| \neq 0$ なので A は正則．A の成分がすべて整数ならば，その余因子はすべて整数なので，Cramer の公式より $|A| = \pm 1$ ならば A^{-1} の成分もすべて整数． (2) $AA^{-1} = E$ の両辺の行列式をとると $|A||A^{-1}| = 1$．A, A^{-1} の成分がすべて整数ならば $|A|, |A^{-1}|$ はいずれも整数なので，$|A| = \pm 1$ かつ $|A^{-1}| = \mp 1$．

3.14 $\Delta_{ij} = (-1)^{i+j}|A_{ij}|$ とする．また，$A^{-1} = {}^t\Delta/|A|$ である． (1) A が上三角行列ならば $i > j$ のとき $a_{ij} = 0$．このとき $i < j$ の場合の小行列 A_{ij} は上三角行列であり，その対角成分は $a_{11}, a_{22}, \dots, a_{i-1\,i-1}, 0, \dots, 0, a_{j+1\,j+1}, \dots, a_{nn}$ なので $|A_{ij}| = 0$．よって Δ は下三角行列であり，A^{-1} は上三角行列． (2) A が対称行列ならば $a_{ij} = a_{ji}$ より A_{ij} は対称行列で $\Delta_{ij} = \Delta_{ji}$．よって Δ，A^{-1} は対称行列． (3) A が交代行列であるとき，${}^tA = -A$ の両辺の行列式を考えると，左辺は $|A|$，右辺は $(-1)^n|A|$ に等しく $|A| = (-1)^n|A|$ が得られるので，n が奇数のとき $|A| = 0$ であり A は正則でない．そこで $a_{ji} = -a_{ij}$ より $|A_{ji}| = |-{}^tA_{ij}| = (-1)^{n-1}|{}^tA_{ij}| = (-1)^{n-1}|A_{ij}|$．これより n が奇数のとき $\Delta_{ji} = \Delta_{ij}$ であり Δ は対称行列，A^{-1} は存在しない．n が偶数のとき $\Delta_{ji} = -\Delta_{ij}$ であり Δ，A^{-1} は交代行列． **注**：A が対称行列ならば ${}^t(A^{-1}) = ({}^tA)^{-1} = A^{-1}$，$A$ が交代行列ならば ${}^t(A^{-1}) = ({}^tA)^{-1} = (-A)^{-1} = -A^{-1}$ である．

3.15 帰納法による．$n = 2$ のとき成立．$n-1$ 次で成立すると仮定して，n 次の行列式の 第 1 列，…，第 $n-1$ 列のそれぞれから第 n 列を引き，$\dfrac{1}{x_i - y_j} - \dfrac{1}{x_i - y_n} = \dfrac{y_j - y_n}{(x_i - y_j)(x_i - y_n)}$ として各行と各列の共通の因子をすべて取り出す．さらに第 1 行，…，第 $n-1$ 行のそれぞれから第 n 行を引き，$\dfrac{1}{x_i - y_j} - \dfrac{1}{x_n - y_j} = \dfrac{x_n - x_i}{(x_i - y_j)(x_n - y_j)}$ として共通の因子を取り出し，$n-1$ 次の場合に帰着させる．

3.16 上記の練習問題 3.14(3) にあるように，n が奇数のとき $|A| = 0$．n が偶数のときの結論は帰納法で示す．$n = 2$ のとき $|A| = \begin{vmatrix} 0 & a_{12} \\ -a_{12} & 0 \end{vmatrix} = (a_{12})^2$ であり成立．$n = 2m-2$ のとき成立していると仮定する．$n = 2m$ 次の行列式において，$a_{12} \neq 0$ として一般性を失わない ($A \neq O$ であれば行と列に同じ基本変形を施すことで 0 でない成分を移動し，行列式の値を変えずに交代行列かつ $a_{12} \neq 0$ とできる)．このとき対角成分は 0 であり，$(1,2)$ 成分 a_{12} と $(2,1)$ 成分 $-a_{12}$ を使って，第 1

行と第 2 行の他の成分を 0 にすると

$$\begin{vmatrix} 0 & a_{12} & 0 & 0 & \cdots & 0 \\ -a_{12} & 0 & 0 & 0 & & 0 \\ -a_{13} & -a_{23} & 0 & \dfrac{b_{34}}{a_{12}} & \cdots & \dfrac{b_{3n}}{a_{12}} \\ -a_{14} & -a_{24} & -\dfrac{b_{34}}{a_{12}} & 0 & \cdots & \dfrac{b_{4n}}{a_{12}} \\ \vdots & & \vdots & & & \vdots \\ -a_{1n} & -a_{2n} & -\dfrac{b_{3n}}{a_{12}} & -\dfrac{b_{4n}}{a_{12}} & \cdots & 0 \end{vmatrix} = {a_{12}}^2 \frac{1}{a_{12}^{n-2}} \begin{vmatrix} 0 & b_{34} & \cdots & b_{3n} \\ -b_{34} & 0 & \cdots & b_{4n} \\ \vdots & & & \vdots \\ -b_{3n} & -b_{4n} & \cdots & 0 \end{vmatrix}.$$

ただし $b_{ij} = a_{12}a_{ij} - a_{1i}a_{2j} + a_{1j}a_{2i}$. 右辺の $2m-2$ 次の行列式を $|B|$ と書くと，帰納法の仮定より $|B|$ は完全平方式．また $|A|$ は a_{ij} の多項式なので，$|B|$ は $a_{12}^{(n-2)-2}$ で割り切れるはずであり，$|A|$ も完全平方式になる．

3.17 (1)

$$R(f,g) = |A|, \quad A = \begin{pmatrix} a_0 & a_1 & a_2 & a_3 & 0 \\ 0 & a_0 & a_1 & a_2 & a_3 \\ b_0 & b_1 & b_2 & 0 & 0 \\ 0 & b_0 & b_1 & b_2 & 0 \\ 0 & 0 & b_0 & b_1 & b_2 \end{pmatrix}.$$

$f(x) = 0$ と $g(x) = 0$ が共通の解を持つならば，それを α として

$$\begin{aligned} a_0\alpha^4 + a_1\alpha^3 + a_2\alpha^2 + a_3\alpha &= \alpha f(\alpha) = 0 \\ a_0\alpha^3 + a_1\alpha^2 + a_2\alpha + a_3 &= f(\alpha) = 0 \\ b_0\alpha^4 + b_1\alpha^3 + b_2\alpha^2 &= \alpha^2 g(\alpha) = 0 \\ b_0\alpha^3 + b_1\alpha^2 + b_2\alpha &= \alpha g(\alpha) = 0 \\ b_0\alpha^2 + b_1\alpha + b_2 &= g(\alpha) = 0 \end{aligned}$$

これは連立 1 次方程式 $A\boldsymbol{x} = \boldsymbol{0}$ が自明でない解 $\boldsymbol{x} = {}^t(\alpha^4, \alpha^3, \alpha^2, \alpha, 1)$ を持つことを示している．したがって $R(f,g) = |A| = 0$. 解 α_i と解 β_j が一致すると $R(f,g) = 0$ となるので

$$R(f,g) = c(f,g) \times {a_0}^2{b_0}^3 \prod_{i=1}^{3}\prod_{j=1}^{2}(\alpha_i - \beta_j) \tag{3.16}$$

と書ける．そこで $c(f,g)$ を決める．3 次方程式 $f(x) = 0$，2 次方程式 $g(x) = 0$ の解と係数の関係より，a_k/a_0 は α_i $(i = 1,2,3)$ について k 次，b_l/b_0 は β_j $(j = 1,2)$ について l 次の対称式であらわされる (例えば $a_1/a_0 = -(\alpha_1 + \alpha_2 + \alpha_1)$，$b_2/b_0 = \beta_1\beta_2$ である)．そこで行列 A の成分を $(A)_{ij} = x_{ij}$ とすると行列式 $|A|$ は次の形の項の和である．

$$x_{1j_1}x_{2j_2}x_{3j_3}x_{4j_4}x_{5j_5} \qquad (j_k = \sigma(k)). \tag{3.17}$$

ここで 0 でない項については，第 1 行において $x_{1j_1} = a_0 \cdot (a_{j_1-1}/a_0)$，第 2 行において $x_{2j_2} = a_0 \cdot (a_{j_2-2}/a_0)$，第 3 行において $x_{3j_3} = b_0 \cdot (b_{j_3-1}/b_0)$，第 4 行において $x_{4j_4} = b_0 \cdot (b_{j_4-2}/b_0)$，第 5 行において $x_{5j_5} = b_0 \cdot (b_{j_5-3}/b_0)$ であるので，(3.17)が 0 でないとき，α_i と β_j についての次数を計算すると，

$$\begin{aligned} &(j_1 - 1) + (j_2 - 2) + (j_3 - 1) + (j_4 - 2) + (j_5 - 3) \\ &= (j_1 + j_2 + j_3 + j_4 + j_5) - (1 + 2) - (1 + 2 + 3) \\ &= (1 + 2 + 3 + 4 + 5) - (1 + 2) - (1 + 2 + 3) \\ &= 6. \end{aligned}$$

つまり $R(f,g)=|A|$ の各項は，$a_0{}^2b_0{}^3\times$ (α_i,β_jについて6次の項) の形をしている．そこで(3.16)の左辺と右辺を比較して $c(f,g)$ は定数．さらに $|A|$ において対角成分の積から来る項は $a_0{}^2b_2{}^3=a_0{}^2b_0{}^3(b_2/b_0)^3=a_0{}^2b_0{}^3(\beta_1\beta_2)^3$ であり，(3.16)の左辺と右辺で $(\beta_1\beta_2)^3$ の項を比較すると $a_0{}^2b_0{}^3(\beta_1\beta_2)^3=c(f,g)\cdot a_0{}^2b_0{}^3(\beta_1\beta_2)^3$．これより $c(f,g)=1$． (2) 一般の n と m に対して(1)と同じ議論をすればよい． (3) $R(f,f')=\begin{vmatrix} a & b & c \\ 2a & b & 0 \\ 0 & 2a & b \end{vmatrix}=-a(b^2-4ac)$．つまり $f(x)$ と $f'(x)$ が共通の零点を持つための条件は $b^2-4ac=0$．

4.1 いずれも2つが線形独立である．

4.2 略．

4.3 (1) 定義式を代入する． (2) 成分で書いて確かめる． (3) 系4.1と(2)を用いて，$(\boldsymbol{a}\times\boldsymbol{b})\cdot(\boldsymbol{c}\times\boldsymbol{d})=\boldsymbol{c}\cdot(\ \boldsymbol{d}\times(\boldsymbol{a}\times\boldsymbol{b})\ )=\boldsymbol{c}\cdot(\boldsymbol{a}(\boldsymbol{d}\cdot\boldsymbol{b})-\boldsymbol{b}(\boldsymbol{d}\cdot\boldsymbol{a}))=(\boldsymbol{a}\cdot\boldsymbol{c})(\boldsymbol{b}\cdot\boldsymbol{d})-(\boldsymbol{a}\cdot\boldsymbol{d})(\boldsymbol{b}\cdot\boldsymbol{c})$．

4.4 $\boldsymbol{x}={}^t(x,y,z)$ とする． (1) $r^2=\|\boldsymbol{x}-\boldsymbol{c}\|^2=(\boldsymbol{x}-\boldsymbol{c})\cdot(\boldsymbol{x}-\boldsymbol{c})$．成分で書くと $r^2=(x-a)^2+(y-b)^2+(z-c)^2$． (2) $\boldsymbol{c}-\boldsymbol{p}$ と $\boldsymbol{x}-\boldsymbol{p}$ が直交するので $0=(\boldsymbol{c}-\boldsymbol{p})\cdot(\boldsymbol{x}-\boldsymbol{p})$．(ベクトル $\boldsymbol{c}-\boldsymbol{p}$ がこの接平面の法線ベクトルである.) 成分で書くと $0=(a-x_0)(x-x_0)+(b-y_0)(y-y_0)+(c-z_0)(z-z_0)$． **注**：特に，中心 $\boldsymbol{c}$ を原点にとると $a=b=c=0$ であり $xx_0+yy_0+zz_0=x_0{}^2+y_0{}^2+z_0{}^2=r^2$． (3) 外積 $\boldsymbol{a}\times\boldsymbol{b}$ は $\boldsymbol{a}$ と $\boldsymbol{b}$ に直交し，この平面の法線ベクトルであるので

$$0=(\boldsymbol{a}\times\boldsymbol{b})\cdot(\boldsymbol{x}-\boldsymbol{p})=\begin{vmatrix} a_1 & b_1 & x-x_0 \\ a_2 & b_2 & y-y_0 \\ a_3 & b_3 & z-z_0 \end{vmatrix}.$$

4.5 点 $\boldsymbol{x}$ が S_0 上にあるなら $\|\boldsymbol{x}\|^2=r^2$，$\boldsymbol{x}$ が S 上にあるなら $\|\boldsymbol{x}-\boldsymbol{p}\|^2=a^2$ がみたされる．したがって t を実数として点集合 $(\|\boldsymbol{x}\|^2-r^2)+t(\|\boldsymbol{x}-\boldsymbol{p}\|^2-a^2)=0$ は，S_0 と S の共有点を含み，2次以下の方程式で与えられる曲面である．これが1次式，つまり平面になるのは $t=-1$ のときであり，$\|\boldsymbol{p}\|^2=r^2$ を用いると，このとき $2\boldsymbol{x}\cdot\boldsymbol{p}-2r^2+a^2=0$．

4.6 $(a,b)=(1,0)$ のとき，x と y は任意．$(a,b)\neq(1,0)$ のとき，与式は x,y に関する1次式で，$(x,y)=(1,0)$，$(x,y)=(a,b)$ を代入すると行列式の値が0となり条件がみたされるので，この2点を通る直線である．

5.1 $(a_1x_1+a_2x_2+\cdots+a_nx_n)+(b_1x_1+b_2x_2+\cdots+b_nx_n)=(a_1+b_1)x_1+(a_2+b_2)x_2+\cdots+(a_n+b_n)x_n\in V$，$k(a_1x_1+a_2x_2+\cdots+a_nx_n)=ka_1x_1+ka_2x_2+\cdots+ka_nx_n\in V$ より和とスカラー倍について閉じており，線形空間の他の公理もみたされる．

5.2 線形空間をなす．なぜなら $f(0)=0$，$g(0)=0$ ならば $(f+g)(0)=f(0)+g(0)=0$ であり，k を実数として $f(0)=0$ ならば $(kf)(0)=k\cdot f(0)=0$．その他の公理もみたされる．

5.3 線形空間をなす．なぜなら，$y=a_0+a_1x+a_2x^2$ が条件をみたすなら $0=a_0+a_1+a_2$，また $y=b_0+b_1x+b_2x^2$ が条件をみたすなら $0=b_0+b_1+b_2$ なので，これらの和 $(a_0+b_0)+(a_1+b_1)x+(a_2+b_2)x^2$ とスカラー倍 $k(a_0+a_1x+a_2x^2)$ もまた条件をみたし，線形空間の他の公理もみたされる．

5.4 線形空間をなす．f と g が C^n 級であるなら $f+g$ も C^n 級であり，k をスカラーとして kf もまた C^n 級で，線形空間の他の公理もみたされる．

5.5 (1), (2) いずれもスカラーを実数とし，通常の和とスカラー倍を考えて線形空間の公理をみたす．

5.6 (1) 線形空間をなす．$\{a_n\},\{b_n\}$ が漸化式の解であれば，$a_{n+2}=pa_{n+1}+qa_n$ かつ $b_{n+2}=$

$pb_{n+1}+qb_n$. このとき $(a_{n+2}+b_{n+2})=p(a_{n+1}+b_{n+1})+q(a_n+b_n)$，また k をスカラーとして $ka_{n+2}=pka_{n+1}+qka_n$ であるので，$\{a_n+b_n\},\{ka_n\}$ もまた解であり，その他の公理もみたされる． (2) 線形空間をなさない．$\{a_n\},\{b_n\}$ が漸化式の解であるとき，$(a_{n+2}+b_{n+2})=p(a_{n+1}+b_{n+1})+q(a_n+b_n)+2b$ なので $\{a_n+b_n\}$ は解にならず，和について閉じていない．また同様に，スカラー倍についても閉じていない．

5.7 (1) 線形空間である．なぜなら，$y_1(x)$ と $y_2(x)$ がともに方程式をみたすとき，$y_1(x)+y_2(x)$ および k を実数として $ky_1(x)$ はいずれも方程式をみたし，かつ，零元を定数関数 $y(x)=0$，$y_1(x)$ の逆元を $-y_1(x)$ として線形空間の公理をみたす． (2) $S(x)=0$ のとき(1)に帰着する．$S(x)\neq 0$ のとき線形空間でない．なぜなら，$y_1(x)$ と $y_2(x)$ がともに方程式をみたすとき，$y_1(x)+y_2(x)$ および k を実数として $ky_1(x)$ はいずれも方程式をみたさず，解の全体が和とスカラー倍について閉じていない．

5.8 和を $\boldsymbol{x}+\boldsymbol{x}=\boldsymbol{x}$，スカラー倍を $k\boldsymbol{x}=\boldsymbol{x}$ と定義すると，零元を $\boldsymbol{x}$，$\boldsymbol{x}$ の逆元を $\boldsymbol{x}$ として線形空間の公理をみたす．

5.9 (1) 任意の複素数 $z\in\mathbf{C}$ は 1 と i の線形結合 $z=a+bi\ (a,b\in\mathbf{R})$ としてあらわされる．また，$\mathbf{C}$ において $a\cdot 1+b\cdot i=0\ (a,b\in\mathbf{R})$ ならば $a=b=0$ なので $1,i$ は線形独立． (2) 基底は例えば $\begin{pmatrix}1&0\\0&0\end{pmatrix},\begin{pmatrix}i&0\\0&0\end{pmatrix},\begin{pmatrix}0&0\\0&1\end{pmatrix},\begin{pmatrix}0&0\\0&i\end{pmatrix},\begin{pmatrix}0&1\\1&0\end{pmatrix},\begin{pmatrix}0&i\\i&0\end{pmatrix}$. 次元は $\dim W_2=6$.

5.10 (1) 行列 $\begin{pmatrix}\boldsymbol{u}_1&\boldsymbol{u}_2&\cdots&\boldsymbol{u}_m\end{pmatrix}$ は正則なので，その逆行列を左からかけて $A=O$. (2) $\begin{pmatrix}\boldsymbol{u}_1&\boldsymbol{u}_2&\cdots&\boldsymbol{u}_m\end{pmatrix}(A-B)=O$ と(1)より $A-B=O$.

5.11 (1) $\boldsymbol{c}$ を n 次の縦の数ベクトルとして，線形関係 $\boldsymbol{0}=\begin{pmatrix}\boldsymbol{v}_1&\boldsymbol{v}_2&\cdots&\boldsymbol{v}_n\end{pmatrix}\boldsymbol{c}=\begin{pmatrix}\boldsymbol{u}_1&\boldsymbol{u}_2&\cdots&\boldsymbol{u}_n\end{pmatrix}P\boldsymbol{c}$ を考えると，P が正則であるとき $P\boldsymbol{c}=\boldsymbol{0}$ と $\boldsymbol{c}=\boldsymbol{0}$ は同値なので，$\boldsymbol{u}_1,\boldsymbol{u}_2,\ldots,\boldsymbol{u}_n$ が線形独立ならば $\boldsymbol{v}_1,\boldsymbol{v}_2,\ldots,\boldsymbol{v}_n$ は線形独立． (2) P の階数が m であるとき，Q，R をそれぞれ n 次，m 次の正則な行列として $P=QE(m)R$ とあらわされるので，$\begin{pmatrix}\boldsymbol{v}_1&\boldsymbol{v}_2&\cdots&\boldsymbol{v}_m\end{pmatrix}=\begin{pmatrix}\boldsymbol{u}_1&\boldsymbol{u}_2&\cdots&\boldsymbol{u}_n\end{pmatrix}QE(m)R$. このとき(1)より，$\begin{pmatrix}\boldsymbol{u}_1&\boldsymbol{u}_2&\cdots&\boldsymbol{u}_n\end{pmatrix}Q$ は n 個の線形独立なベクトルの集合であり，$\begin{pmatrix}\boldsymbol{u}_1&\boldsymbol{u}_2&\cdots&\boldsymbol{u}_n\end{pmatrix}QE(m)$，$\begin{pmatrix}\boldsymbol{u}_1&\boldsymbol{u}_2&\cdots&\boldsymbol{u}_n\end{pmatrix}QE(m)R$ は m 個の線形独立なベクトルの集合である．
注：(1), (2)ともに，逆も成り立つ．

5.12 $\boldsymbol{a}_1,\boldsymbol{a}_2,\ldots,\boldsymbol{a}_n$ を列ベクトルとする行列を $A=\begin{pmatrix}\boldsymbol{a}_1&\boldsymbol{a}_2&\cdots&\boldsymbol{a}_n\end{pmatrix}$ とすると条件は

$$0\neq\det({}^tAA)=(\det A)^2=|\ \boldsymbol{a}_1\ \ \boldsymbol{a}_2\ \cdots\ \boldsymbol{a}_n\ |^2.$$

これは $\boldsymbol{a}_1,\boldsymbol{a}_2,\ldots,\boldsymbol{a}_n$ が線形独立であることと同値である．

5.13 $f_1(x),f_2(x),\ldots,f_n(x)$ が I 上で線形従属ならば，すべてが 0 ではない $c_1,c_2,\ldots,c_n$ が存在して，すべての $x\in I$ に対して

$$c_1f_1(x)+c_2f_2(x)+\cdots+c_nf_n(x)=0$$

が成り立つ．このとき

$$\begin{gathered}c_1f_1{}'(x)+c_2f_2{}'(x)+\cdots+c_nf_n{}'(x)=0,\\ \vdots\\ c_1f_1^{(n-1)}(x)+c_2f_2^{(n-1)}(x)+\cdots+c_nf_n^{(n-1)}(x)=0\end{gathered}$$

なので，方程式

$$\begin{pmatrix}f_1(x)&f_2(x)&\cdots&f_n(x)\\f_1{}'(x)&f_2{}'(x)&\cdots&f_n{}'(x)\\\vdots&\vdots&&\vdots\\f_1^{(n-1)}(x)&f_2^{(n-1)}(x)&\cdots&f_n^{(n-1)}(x)\end{pmatrix}\begin{pmatrix}c_1\\c_2\\\vdots\\c_n\end{pmatrix}=\begin{pmatrix}0\\0\\\vdots\\0\end{pmatrix}$$

が自明でない解を持つ．これより係数行列の行列式 W は 0.

5.14 すべての n に対し $a_n = 0$ であるとき $\{a_n\}$ は収束するので $W \neq \emptyset$．また $\{a_n\}, \{b_n\}$ が収束するとき $\{a_n + b_n\}, \{ka_n\}$ は収束するので W は和とスカラー倍について閉じており，部分空間である．

5.15 (1) 単位行列 E は条件をみたすので $W_1 \neq \emptyset$．また $A_1X = XA_1$，$A_2X = XA_2$ ならば $(A_1 + A_2)X = A_1X + A_2X = XA_1 + XA_2 = X(A_1 + A_2)$，$(kA_1)X = kA_1X = kXA_1 = X(kA_1)$ なので，W_1 は部分空間である． (2) $\det\begin{pmatrix} 1 & 0 \\ 0 & 0 \end{pmatrix} = 0$，$\det\begin{pmatrix} 0 & 0 \\ 0 & 1 \end{pmatrix} = 0$ であるが $\det\left(\begin{pmatrix} 1 & 0 \\ 0 & 0 \end{pmatrix} + \begin{pmatrix} 0 & 0 \\ 0 & 1 \end{pmatrix}\right) = 1 \neq 0$ であり，和について閉じていない． (3) $\begin{pmatrix} 0 & 1 \\ 0 & 0 \end{pmatrix}^2 = \begin{pmatrix} 0 & 0 \\ 0 & 0 \end{pmatrix}$，$\begin{pmatrix} 0 & 0 \\ 1 & 0 \end{pmatrix}^2 = \begin{pmatrix} 0 & 0 \\ 0 & 0 \end{pmatrix}$ であるが $\left(\begin{pmatrix} 0 & 1 \\ 0 & 0 \end{pmatrix} + \begin{pmatrix} 0 & 0 \\ 1 & 0 \end{pmatrix}\right)^2 = \begin{pmatrix} 1 & 0 \\ 0 & 1 \end{pmatrix}$ であり和について閉じていない．

5.16 (1) 定数関数 0 は W_1 に含まれるので $W_1 \neq \emptyset$．また $f, g \in W_1$ ならば $f(0) = 0$，$g(0) = 0$．このとき $f(0) + g(0) = 0 + 0 = 0$，$kf(0) = k \cdot 0 = 0$ なので W_1 は部分空間． (2) 例えば零元を含んでおらず，部分空間にならない． (3) 定数関数 0 は W_3 に含まれるので $W_3 \neq \emptyset$．また f，$g \in W_3$ ならば $x(f(x) + g(x))' - (f(x) + g(x)) = (xf'(x) - f(x)) + (xg'(x) - g(x)) = 0 + 0 = 0$，$x(kf'(x)) - kf(x) = k(xf'(x) - f(x)) = k0 = 0$ なので部分空間． **注**：(3) の解は $f(x) = ax$ である．

5.17 $f_0(x) = 0 \in W$ かつ $\int_a^b (kf_1(x) + hf_2(x))g(x)\,dx = k0 + h0 = 0$ より部分空間である．

5.18 $\boldsymbol{a}_3 = \boldsymbol{a}_1 + 2\boldsymbol{a}_2$ であるので，$\boldsymbol{x} = x_1\boldsymbol{a}_1 + x_2\boldsymbol{a}_2 + x_3\boldsymbol{a}_3 = x_1\boldsymbol{a}_1 + x_2\boldsymbol{a}_2 + x_3(\boldsymbol{a}_1 + 2\boldsymbol{a}_2) = (x_1 + x_3)\boldsymbol{a}_1 + (x_2 + 2x_3)\boldsymbol{a}_2$．したがって $V = \mathrm{Span}\,(\boldsymbol{a}_1, \boldsymbol{a}_2)$．同様に $V = \mathrm{Span}\,(\boldsymbol{a}_1, \boldsymbol{a}_3) = \mathrm{Span}\,(\boldsymbol{a}_2, \boldsymbol{a}_3)$．

5.19 まず $W_1 \subset W_2$，つまり W_1 は W_2 の部分集合である．次に W_1, W_2 はいずれも V の部分空間なので，どちらも V と同じ和とスカラー倍を演算とする線形空間である．したがって W_1 は W_2 の部分集合であり，かつ W_2 と同じ和とスカラー倍を演算とする線形空間なので，定義より W_1 は W_2 の部分空間である．

5.20 $\{0\}$ は $\mathbf{R}$ の部分空間である．$W \neq \{0\}$ が $\mathbf{R}$ の部分空間であるなら，W は 0 とは異なる元 $x \neq 0$ を含む．このとき W は線形空間なので，スカラー $x^{-1} \in \mathbf{R}$ とのスカラー倍について閉じているため $x^{-1}x = 1 \in W$．このとき任意の $k \in \mathbf{R}$ に対して $k \cdot 1 = k \in W$ であり，したがって $\mathbf{R} \subseteq W$．一方で W は $\mathbf{R}$ の部分空間であり $W \subseteq \mathbf{R}$．これより $W = \mathbf{R}$．

5.21 (1) 零行列 $O \in W_1$ なので，W_1 が和とスカラー倍について閉じていることを示す．W_2 についても同様． (2), (3) 条件 $a + d = 0$，$a - d = 0$，$b = c$ より $a = d = 0$ かつ $b = c$．これより基底は例えば $\left\{\begin{pmatrix} 0 & 1 \\ 1 & 0 \end{pmatrix}\right\}$．よって $\dim\,(W_1 \cap W_2) = 1$． (4) $W_1 \cap W_2 \neq \{\mathbf{0}\}$ なので直和でない．

5.22 (1) 定義より従う． (2) $\boldsymbol{a}_1, \ldots, \boldsymbol{a}_n$ のうち線形独立なベクトルの最大数が $\mathrm{Span}\,(\boldsymbol{a}_1, \ldots, \boldsymbol{a}_n)$ の次元であり，これは $\mathrm{rank}\,A$ に等しい．

5.23 (1) 定義に従って $x_1\boldsymbol{a}_1 + x_2\boldsymbol{a}_2 + x_3\boldsymbol{a}_3 = \mathbf{0}$ から $x_1 = x_2 = x_3 = 0$ を導く． (2) $x_1\boldsymbol{a}_1 + x_2\boldsymbol{a}_2 = x_3\boldsymbol{a}_3 + x_4\boldsymbol{a}_4$ をみたす x_1, x_2, x_3, x_4 を求めると $x_1 = t$，$x_2 = -t$，$x_3 = 0$，$x_4 = t$．これより $W_1 \cap W_2 = \mathrm{Span}\,(\boldsymbol{a}_4)$ であり $\dim\,(W_1 \cap W_2) = 1$．またこれより $\boldsymbol{a}_1 - \boldsymbol{a}_2 = \boldsymbol{a}_4$ なので（あるいは $\det\begin{pmatrix} \boldsymbol{a}_1 & \boldsymbol{a}_2 & \boldsymbol{a}_3 & \boldsymbol{a}_4 \end{pmatrix} = 0$ より）$\{\boldsymbol{a}_1, \boldsymbol{a}_2, \boldsymbol{a}_3, \boldsymbol{a}_4\}$ は線形従属．したがって $W_1 + W_2$ は線形独立な 3 つのベクトル $\{\boldsymbol{a}_1, \boldsymbol{a}_2, \boldsymbol{a}_3\}$ から生成される部分空間であり，$\dim\,(W_1 + W_2) = 3$． **注**：次元定理は 3

$=2+2-1$ としてみたされている．

5.24 (1) 零元 $\mathbf{0}$ は定数関数 $g_0=0$ であり，$g_0 \in W_1$，かつ $g_1, g_2 \in W_1$ のとき $\int_{-1}^{1}(c_1g_1(x)+c_2g_2(x))\,dx = c_1\int_{-1}^{1}g_1(x)\,dx + c_2\int_{-1}^{1}g_2(x)\,dx = 0$ より $c_1g_1+c_2g_2 \in W_1$ なので W_1 は部分空間．また $g_0 \in W_2$，かつ $g_1, g_2 \in W_2$ のとき $c_1g_1(x)+c_2g_2(x) =$ 定数より $c_1g_1+c_2g_2 \in W_2$ なので W_2 も部分空間． (2) 任意の $g \in V$ に対し $\frac{1}{2}\int_{-1}^{1}g(x)\,dx = I$ として $g(x) = (g(x)-I)+I$ かつ関数 $g(x)-I$ は W_1 の元，定数関数 I は W_2 の元なので $V = W_1+W_2$．また定数関数 k が W_2 の元であるとき $0 = \int_{-1}^{1}kdx = 2k$ より $k=0$ なので $W_1 \cap W_2 = \{\mathbf{0}\}$．以上より $V = W_1 \oplus W_2$．

5.25 A を $M_n(\mathbf{R})$ の任意の元として $A = (A+{}^tA)/2+(A-{}^tA)/2$ かつ $(A+{}^tA)/2 \in W_1$，$(A-{}^tA)/2 \in W_2$ なので $M_n(\mathbf{R}) = W_1+W_2$．また $A \in W_1$ かつ $A \in W_2$ ならば ${}^tA = A$ かつ ${}^tA = -A$ なので $A=-A$ より $A=O$．これより $W_1 \cap W_2 = \{\mathbf{0}\}$．以上より $M_n(\mathbf{R}) = W_1 \oplus W_2$． **注**：つまり任意の実 n 次行列は対称行列と交代行列の和として一意的にあらわされる．

5.26 V_1, V_2 の基底をそれぞれ作り，その直積をとればよい．例えば $\boldsymbol{f}_1 = \frac{1}{\sqrt{2}}\left(\begin{pmatrix}1\\0\end{pmatrix}+\begin{pmatrix}0\\1\end{pmatrix}\right)$，$\boldsymbol{f}_2 = \frac{1}{\sqrt{2}}\left(\begin{pmatrix}1\\0\end{pmatrix}-\begin{pmatrix}0\\1\end{pmatrix}\right)$ として $\{\boldsymbol{f}_i \otimes \boldsymbol{f}_j\}$ $(i,j=1,2)$．あるいは $\{\boldsymbol{f}_i \otimes \boldsymbol{e}_j\}$，$\{\boldsymbol{e}_i \otimes \boldsymbol{f}_j\}$ など．

5.27 W_1 から任意の元 $\boldsymbol{a}_1$，W_2 から任意の元 $\boldsymbol{a}_2$ をとる．このとき $\boldsymbol{a} = \boldsymbol{a}_1+\boldsymbol{a}_2$ とすると，$W_1 \cup W_2$ が V の部分空間ならば $\boldsymbol{a} \in W_1 \cup W_2$，つまり $\boldsymbol{a} \in W_1$ または $\boldsymbol{a} \in W_2$ である．もし $\boldsymbol{a} \in W_1$ ならば，W_1 は部分空間なので $\boldsymbol{a}_2 = \boldsymbol{a}-\boldsymbol{a}_1 \in W_1$．これより任意の $\boldsymbol{a}_2 \in W_2$ に対して $\boldsymbol{a}_2 \in W_1$ が結論されるので $W_2 \subseteq W_1$．もし $\boldsymbol{a} \in W_2$ ならば同様にして $W_1 \subseteq W_2$ が導かれる． **注**：$W_2 \subseteq W_1$ ならば $W_1 \cup W_2 = W_1$ は V の部分空間，$W_1 \subseteq W_2$ ならば $W_1 \cup W_2 = W_2$ は V の部分空間なので，逆も成立する．

6.1

$$f : (x_1, x_2, x_3, x_4) \mapsto (x_1, x_2, x_3, x_4)\begin{pmatrix}1&0&0\\1&0&0\\0&1&0\\0&0&0\end{pmatrix}$$

より例 6.5 と同様にして f は線形写像である．g は最後の成分の 1，h は最初の成分の $x_1{}^2x_2$ のために，線形写像であるための条件をみたさない．

6.2 (1)～(4) 線形変換である． (5) $Q=O$ のとき (1) に帰着，$Q \neq O$ のとき線形変換でない． (6) 線形変換でない．

6.3 $a_n \to \alpha$，$b_n \to \beta$ とすると，$a_n+b_n \to \alpha+\beta$，$ka_n \to k\alpha$ が成り立ち，線形写像である．

6.4 (1) $(T(f+g))(x) = (f+g)(x+c) = f(x+c)+g(x+c) = (Tf)(x)+(Tg)(x)$ より $T(f+g) = Tf+Tg$．また $(T(kf))(x) = (kf)(x+c) = k\times f(x+c) = k(Tf)(x)$ より $T(kf) = k(Tf)$．よって線形写像． (2)～(4) 同様に $D(f+g) = Df+Dg$ と $D(kf) = k(Df)$，および $S(f+g) = Sf+Sg$ と $S(kf) = k(Sf)$ が成り立ち，また，I を恒等写像として $D_1 = -I+D$ であり，いずれも線形写像である．

6.5 (1) 零元は定数関数 $f_0(x)=0$ である．$f(x+c)=0$ をみたす f は f_0 のみなので，$\mathrm{Ker}\,T = \{\mathbf{0}\}$． (2) 同じく零元は定数関数 $f_0(x)=0$ である．$\frac{df}{dx}(x)=0$ をみたす f は $f(x)=a_0$．よって

$\mathrm{Ker}\, D = \{a_0 + a_1 x + a_2 x^2 \mid a_0 \in \mathbf{R},\ a_1 = a_2 = 0\}$. (3) 零元は定数関数 $f_0(x) = 0$. 条件 $-(a_0 + a_1 x + a_2 x^2) + (a_1 + 2a_2 x) = 0$ より $a_0 = a_1 = a_2 = 0$. これより $\mathrm{Ker}\, D_1 = \{\mathbf{0}\}$. **注**：$0 = D_1 f = -f(x) + f'(x)$ の解は $f(x) = Ce^x$ (C は定数) であるが，このうち V に属するのは $C = 0$ の場合のみである. (4) $\mathbf{R}$ の零元は実数 0 である. $0 = \int_{-1}^{1} (a_0 + a_1 x + a_2 x^2)\, dx = 2a_0 + \frac{2}{3}a_2$. よって $\mathrm{Ker}\, S = \left\{a_0 + a_1 x + a_2 x^2 \mid a_0, a_1, a_2 \in \mathbf{R},\ 2a_0 + \frac{2}{3}a_2 = 0\right\}$.

6.6 $\mathrm{Im}\, f \cap \mathrm{Ker}\, f$ の任意の元を $\boldsymbol{x}$ とする. $\boldsymbol{x} \in \mathrm{Im}\, f$ なので，$A\boldsymbol{w} = \boldsymbol{x}$ をみたす $\boldsymbol{w} \in \mathbf{R}^n$ が存在する. また $\boldsymbol{x} \in \mathrm{Ker}\, f$ なので，$A\boldsymbol{x} = \mathbf{0}$. このとき $\mathbf{0} = A\boldsymbol{x} = A^2\boldsymbol{w} = A\boldsymbol{w} = \boldsymbol{x}$. よって $\mathrm{Im}\, f \cap \mathrm{Ker}\, f = \{\mathbf{0}\}$.

6.7 (1) $A\boldsymbol{x} = \mathbf{0}$ をみたす x の全体を求めると, $\mathrm{Ker}\, f = \left\{t\begin{pmatrix}1\\1\\-1\end{pmatrix} \middle| t \in \mathbf{R}\right\}$. これより $\dim(\mathrm{Ker}\, f) = 1$. (2) A の列ベクトルの生成する部分空間を求める. 独立なのは列ベクトルうちの 2 つであり，$\mathrm{Im}\, f = \left\{s\begin{pmatrix}1\\2\\0\end{pmatrix} + t\begin{pmatrix}4\\5\\2\end{pmatrix} \middle| s, t \in \mathbf{R}\right\} = \left\{\begin{pmatrix}x\\y\\z\end{pmatrix} \middle| 4x - 2y - 3z = 0\right\}$. これより $\dim(\mathrm{Im}\, f) = 2$.
(3) $\boldsymbol{c} \in \mathrm{Im}\, f$ のとき解が存在する. 条件は $4a - 2b - 3c = 0$.

6.8 (1) $A\boldsymbol{x} = \mathbf{0}$ をみたす $\boldsymbol{x}$ の全体を求める. $\mathrm{Ker}\, f = \left\{t\begin{pmatrix}1\\2\\1\end{pmatrix} \middle| t \in \mathbf{R}\right\}$.

(2) 解が存在するための条件は $\boldsymbol{b} \in \mathrm{Im}\, f$ である. $\mathrm{Im}\, f$ は A の列ベクトル $\boldsymbol{a}_1, \boldsymbol{a}_2, \boldsymbol{a}_3$ によって生成される. このとき $x_1\boldsymbol{a}_1 + x_2\boldsymbol{a}_2 + x_3\boldsymbol{a}_3 = \boldsymbol{b}$ をみたす x_1, x_2, x_3 が存在する条件を求めると $k = 2$.
(3) $\boldsymbol{x} \in \boldsymbol{x}_1 + \mathrm{Ker}\, f$ であるなら，$\boldsymbol{x} = \boldsymbol{x}_1 + \boldsymbol{x}'$, $\boldsymbol{x}' \in \mathrm{Ker}\, f$ とあらわされる. このとき $f(\boldsymbol{x} - \boldsymbol{x}_2) = f(\boldsymbol{x}_1 + \boldsymbol{x}' - \boldsymbol{x}_2) = f(\boldsymbol{x}_1) + f(\boldsymbol{x}') - f(\boldsymbol{x}_2) = \boldsymbol{b} + \mathbf{0} - \boldsymbol{b} = \mathbf{0}$ なので $\boldsymbol{x} - \boldsymbol{x}_2 = \boldsymbol{x}'' \in \mathrm{Ker}\, f$ より $\boldsymbol{x} \in \boldsymbol{x}_2 + \mathrm{Ker}\, f$. これより $\boldsymbol{x}_1 + \mathrm{Ker}\, f \subseteq \boldsymbol{x}_2 + \mathrm{Ker}\, f$. 同様に $\boldsymbol{x}_2 + \mathrm{Ker}\, f \subseteq \boldsymbol{x}_1 + \mathrm{Ker}\, f$ が導かれるので，$\boldsymbol{x}_1 + \mathrm{Ker}\, f = \boldsymbol{x}_2 + \mathrm{Ker}\, f$.

6.9 (1) 基本変形により例えば $A \to \begin{pmatrix}1 & 0 & -1 & -2\\0 & 1 & 1 & 1\\0 & 0 & 0 & 0\end{pmatrix}$ なので線形独立な行ベクトルの最大数は $\mathrm{rank}\, A = 2$. (2) 条件をみたす $\boldsymbol{b} \in \mathbf{R}^3$ の全体は $\mathrm{Im}\, f$ であり，$\mathrm{Im}\, f$ は $\mathrm{rank}\, A = 2$ より $\mathbf{R}^3$ の 2 次元の部分空間である. (3) $W = \mathrm{Ker}\, f$ である. $\dim W = \dim(\mathrm{Ker}\, f) = \dim \mathbf{R}^4 - \dim(\mathrm{Im}\, f) = \dim \mathbf{R}^4 - \mathrm{rank}\, A = 2$.

6.10 方程式は $L\frac{d^2Q}{dt^2} + \frac{1}{C}Q = V$, 定数関数 $Q = CV$ はこの方程式をみたす. 付随する斉次方程式は $L\frac{d^2Q}{dt^2} + \frac{1}{C}Q = 0$. そこで $Q = e^{\lambda t}$ の形の解を探すと，特性方程式は $L\lambda^2 + \frac{1}{C} = 0$, これより $\lambda = \pm\frac{i}{\sqrt{LC}}$. この λ に対し $Q = e^{\lambda t} = e^{\pm i\frac{t}{\sqrt{LC}}} = \cos\frac{t}{\sqrt{LC}} \pm i \sin\frac{t}{\sqrt{LC}}$ の実部と虚部がそれぞれ斉次方程式をみたし，かつ線形独立である. 以上より一般解は A_1, A_2 を定数として $Q(t) = CV + A_1 \cos\frac{t}{\sqrt{LC}} + A_2 \sin\frac{t}{\sqrt{LC}}$. **注**：これは例題 6.4 と同じ方程式である.

6.11 方程式は $m\dfrac{d^2y}{dt^2}+k\dfrac{dy}{dt}+m{\omega_0}^2y=mg$．定数関数 $y=g/{\omega_0}^2$ はこの方程式をみたす．付随する斉次方程式は $m\dfrac{d^2y}{dt^2}+k\dfrac{dy}{dt}+m{\omega_0}^2y=0$．そこで $y=e^{\lambda t}$ の形の解を探すと，特性方程式は $m\lambda^2+k\lambda+m{\omega_0}^2=0$．これより $\lambda=-\dfrac{k}{2m}\pm i\omega\left(\omega=\sqrt{{\omega_0}^2-\left(\dfrac{k}{2m}\right)^2}\right)$．この λ に対し $y=e^{\lambda t}=e^{-t\frac{k}{2m}}(\cos\omega t\pm i\sin\omega t)$ の実部と虚部がそれぞれ斉次方程式をみたし，かつ線形独立である．以上より一般解は C_1,C_2 を定数として $y(t)=\dfrac{g}{\omega_0^2}+C_1e^{-t\frac{k}{2m}}\cos\omega t+C_2e^{-t\frac{k}{2m}}\sin\omega t$． **注**：$\lambda$ に実部があり負であるとき運動は減衰し，λ に虚部があるとき運動は振動する．$\omega_0>k/2m$ のとき，上記のように物体は振動しながら減衰し（減衰振動），$\omega_0<k/2m$ のとき，λ には虚数部分がなく物体は振動せずに減衰する（過減衰）．$\omega_0=k/2m$ のとき，λ は実の重解で微分方程式の解は $e^{\lambda t}$ と $te^{\lambda t}$，さらに λ は負であり物体は減衰する（臨界減衰）．

6.12 (1) 像は $\mathbf{R}^3$ の標準基底 $\begin{pmatrix}1\\0\\0\end{pmatrix},\begin{pmatrix}0\\1\\0\end{pmatrix},\begin{pmatrix}0\\0\\1\end{pmatrix}$ である．(2) $F(W_1)=\left\{\begin{pmatrix}a\\b\\c\end{pmatrix}\middle|\,2a+\dfrac{2}{3}c=0\right\}$，$F(W_2)=\left\{\begin{pmatrix}a\\0\\0\end{pmatrix}\middle|\,a\in\mathbf{R}\right\}$．また $\begin{pmatrix}1\\0\\0\end{pmatrix}\in F(W_2)$，$\begin{pmatrix}0\\1\\0\end{pmatrix},\begin{pmatrix}0\\0\\1\end{pmatrix}\in F(W_1)+F(W_2)$ より $V=F(W_1)+F(W_2)$．さらに $F(W_1)\cap F(W_2)=\{\mathbf{0}\}$ なので $V=F(W_1)\oplus F(W_2)$． **注**：練習問題 5.24 の $n=2$ の場合を，同型写像によって $\mathbf{R}^3$ にうつした．基底は基底にうつされ，部分空間は部分空間にうつされる．

6.13 (1) $T_1(\sin x)=\sin(x+\alpha)=\sin x\cos\alpha+\cos x\sin\alpha$，$T_1(\cos x)=\cos(x+\alpha)=\cos x\cos\alpha-\sin x\sin\alpha$．これより $A=\begin{pmatrix}\cos\alpha&-\sin\alpha\\\sin\alpha&\cos\alpha\end{pmatrix}$．

(2) $E+A+A^2=\begin{pmatrix}1+\cos\alpha+\cos2\alpha&-\sin\alpha-\sin2\alpha\\\sin\alpha+\sin2\alpha&1+\cos\alpha+\cos2\alpha\end{pmatrix}$．

6.14 (1) $D(e^x\sin x)=e^x\sin x+e^x\cos x$，$D(e^x\cos x)=e^x\cos x-e^x\sin x$． これより $D=\begin{pmatrix}1&-1\\1&1\end{pmatrix}$． (2) 角度 θ の回転行列を $R(\theta)$ として，$D=\sqrt{2}\begin{pmatrix}1/\sqrt{2}&-1/\sqrt{2}\\1/\sqrt{2}&1/\sqrt{2}\end{pmatrix}=2^{1/2}R\left(\dfrac{\pi}{4}\right)$ なので $D^n=2^{n/2}R\left(\dfrac{n\pi}{4}\right)$．また $D^{-1}=\dfrac{1}{2}\begin{pmatrix}1&1\\-1&1\end{pmatrix}=2^{-1/2}R\left(-\dfrac{\pi}{4}\right)$． **注**：$D^n$ が得られたので高階微分の公式が得られる．D^{-1} は積分定数を 0 とするときの積分演算子の表現行列である．

6.15 (1) 略． (2) $[A,E_{11}]=-bE_{12}+cE_{21}$，$[A,E_{12}]=-cE_{11}+(a-d)E_{12}+cE_{22}$，$[A,E_{21}]=bE_{11}-(a-d)E_{21}-bE_{22}$，$[A,E_{22}]=bE_{12}-cE_{21}$．これより求める表現行列は

$$\begin{pmatrix}0&-c&b&0\\-b&a-d&0&b\\c&0&-a+d&-c\\0&c&-b&0\end{pmatrix}.$$

注：基底 $\{E_{ij}\}$ は実 2 次行列の標準基底である．

6.16 (1) 定義より与えられた A が標準基底に関する表現行列である． (2) 基底の変換行列はそれぞれ $P_3=\begin{pmatrix}0&1&0\\1&0&0\\0&0&1\end{pmatrix}$，$P_2=\begin{pmatrix}0&-1\\1&0\end{pmatrix}$ であり，このとき $P_2^{-1}=\begin{pmatrix}0&1\\-1&0\end{pmatrix}$．求める表現行列

は $P_2^{-1}AP_3 = \begin{pmatrix} b_2 & b_1 & b_3 \\ -a_2 & -a_1 & -a_3 \end{pmatrix}$.

6.17 (1) $g \circ f(V) = g(f(V))$ なので，$f(V)$ の g による像について考えると，V' における g の核は $\mathrm{Ker}\, g$，$f(V)$ における g の核は $f(V) \cap \mathrm{Ker}\, g$ なので，次元定理より $\dim(g(f(V)) = \dim f(V) - \dim(f(V) \cap \mathrm{Ker}\, g) \leq \dim f(V)$．よって $\mathrm{rank}\, g \circ f \leq \mathrm{rank}\, f$．また $f(V) \subseteq V'$ より $\dim g(f(V)) \leq \dim g(V')$．よって $\mathrm{rank}\, g \circ f \leq \mathrm{rank}\, g$． (2) $\boldsymbol{x} \in V$ とするとき $(f+g)(\boldsymbol{x}) = f(\boldsymbol{x}) + g(\boldsymbol{x}) \in f(V) + g(V)$ なので $(f+g)(V) \subseteq f(V) + g(V)$．これより $\mathrm{rank}\,(f+g) = \dim((f+g)(V)) \leq \dim(f(V) + g(V)) \leq \dim(f(V)) + \dim(g(V)) = \mathrm{rank}\, f + \mathrm{rank}\, g$． **注**：(1), (2) は練習問題 2.8 を写像の言葉で書いたものである．

6.18 固有値と固有ベクトルはそれぞれ

(1) $\lambda = 3, \begin{pmatrix} 1 \\ 1 \end{pmatrix}$, $\lambda = -2, \begin{pmatrix} 1 \\ -4 \end{pmatrix}$. (2) $\lambda = 1, \begin{pmatrix} 2 \\ 1 \\ 1 \end{pmatrix}$. $\lambda = 2, \begin{pmatrix} 1 \\ -1 \\ 1 \end{pmatrix}$. $\lambda = -1, \begin{pmatrix} 1 \\ 0 \\ 1 \end{pmatrix}$. (3) $\lambda = a + 2b, \begin{pmatrix} 1 \\ 1 \\ 1 \end{pmatrix}$, $\lambda = a - b$(重複度 2)$, \begin{pmatrix} 1 \\ -1 \\ 0 \end{pmatrix}, \begin{pmatrix} 0 \\ 1 \\ -1 \end{pmatrix}$. **注**：(3) 固有値は a, b に依存するが，固有空間は不変である．$b = 0$ のときのみ $\lambda = a + 2b$ と $a - b$ は一致する．

6.19 (1) 固有値は 1, 3．対応する固有ベクトルはそれぞれ $\begin{pmatrix} 1 \\ -1 \end{pmatrix}, \begin{pmatrix} 1 \\ 1 \end{pmatrix}$. (2) $\begin{pmatrix} 3 \\ 1 \end{pmatrix} = \begin{pmatrix} 1 \\ -1 \end{pmatrix} + 2\begin{pmatrix} 1 \\ 1 \end{pmatrix}$ なので $A^n\begin{pmatrix} 3 \\ 1 \end{pmatrix} = A^n\begin{pmatrix} 1 \\ -1 \end{pmatrix} + 2A^n\begin{pmatrix} 1 \\ 1 \end{pmatrix} = \begin{pmatrix} 1 \\ -1 \end{pmatrix} + 2 \cdot 3^n\begin{pmatrix} 1 \\ 1 \end{pmatrix}$.

6.20 (1) 固有値は $\lambda = 1, 2, 2k$．対応する固有ベクトルはそれぞれ

$$\begin{pmatrix} 1-k \\ k \\ 1-k \end{pmatrix}, \quad \begin{pmatrix} 1 \\ 0 \\ 0 \end{pmatrix}, \quad \begin{pmatrix} 1 \\ 1 \\ 1 \end{pmatrix}.$$

(2) $k \neq 0$ のとき固有値が 0 でないので A は正則であり F は単射．$k = 0$ のとき固有値 0 があらわれ $\mathrm{Ker}\, F = \left\{ t\begin{pmatrix} 1 \\ 1 \\ 1 \end{pmatrix} \middle| t \in \mathbf{R} \right\} \neq \{\mathbf{0}\}$．これより求める条件は $k \neq 0$.

6.21 基底 $\{1, x, x^2\}$ をとると，$T(1) = 1$，$T(x) = 1 + 2x$，$T(x^2) = (1+2x)^2 = 1 + 4x + 4x^2$ なので T の表現行列，その固有値，対応する固有ベクトルは順に $\begin{pmatrix} 1 & 1 & 1 \\ 0 & 2 & 4 \\ 0 & 0 & 4 \end{pmatrix}$，$\lambda = 1, 2, 4$ に対しそれぞれ $\begin{pmatrix} 1 \\ 0 \\ 0 \end{pmatrix}, \begin{pmatrix} 1 \\ 1 \\ 0 \end{pmatrix}, \begin{pmatrix} 1 \\ 2 \\ 1 \end{pmatrix}$. これらは V においてそれぞれ 1，$1 + x$，$1 + 2x + x^2$ である．

注：つまり $1 = 1$，$1 + (1 + 2x) = 2(1 + x)$，$1 + 2(1 + 2x) + (1 + 2x)^2 = 4(1 + 2x + x^2)$．変換 $x \mapsto 1 + 2x$ はグラフの平行移動と x 方向の縮小に相当する．

6.22 (1) すべての成分が 1 のベクトル $\boldsymbol{x}_1 = {}^t(1, 1, \ldots, 1)$ は A の固有ベクトルであり，その固有値は 1. (2) $\boldsymbol{x} = {}^t(x_1, x_2, \ldots, x_n)$ を固有値 λ に対する固有ベクトル，x_j のうち絶対値が最大のものを x_k とすると，$|x_k| > 0$ であり，特に $\lambda\boldsymbol{x} = A\boldsymbol{x}$ の第 k 成分を考えて $|\lambda x_k| = |a_{k1}x_1 + a_{k2}x_2 + \cdots +$

$a_{kn}x_n| \leq |a_{k1}||x_1| + |a_{k2}||x_2| + \cdots + |a_{kn}||x_n| \leq |a_{k1}||x_k| + |a_{k2}||x_k| + \cdots + |a_{kn}||x_k| = (a_{k1} + a_{k2} + \cdots + a_{kn})|x_k| = |x_k|$．これより $|\lambda| \leq 1$． **注**：1.2.1 項では，状態 i が状態 j になる確率を a_{ji} として確率行列を定義したが，この問題では同じ確率を a_{ij} としており，その結果として $\sum_{j=1}^{n} a_{ij} = 1$ が成り立つ．A の固有値と ${}^tA$ の固有値は一致するので，どちらの定義を採用しても固有値に関する上記の結論は変わらない．(1)の $\boldsymbol{x}_1$ の成分はすべて正であり，これは付録 D で証明する Perron–Frobenius の定理の具体例である．

6.23 (1) 固有値は $\lambda = 1, -2/5$．対応する固有ベクトルはそれぞれ $\begin{pmatrix} 3 \\ 4 \end{pmatrix}$, $\begin{pmatrix} 1 \\ -1 \end{pmatrix}$. このとき $\begin{pmatrix} 1 \\ 0 \end{pmatrix} = \frac{1}{7}\begin{pmatrix} 3 \\ 4 \end{pmatrix} + \frac{4}{7}\begin{pmatrix} 1 \\ -1 \end{pmatrix}$ なので $A^n\begin{pmatrix} 1 \\ 0 \end{pmatrix} = \frac{1}{7} \cdot 1^n\begin{pmatrix} 3 \\ 4 \end{pmatrix} + \frac{4}{7}\left(\frac{-2}{5}\right)^n\begin{pmatrix} 1 \\ -1 \end{pmatrix} \to \frac{1}{7}\begin{pmatrix} 3 \\ 4 \end{pmatrix}$. (2) 固有値は 1, $(-1+\sqrt{5})/10 = 0.1236\cdots$, $(-1-\sqrt{5})/10 = -0.3236\cdots$. **注**：(1)は 1.2.1 項での定義で，(2)は練習問題 6.22 での定義でそれぞれ確率行列である．(1)の場合，確率的変化の 1 ステップは行列を左からかけることに対応し，$n \to \infty$ で最大固有値の固有ベクトルだけが残り，$\begin{pmatrix} 1 \\ 0 \end{pmatrix}$ である確率は 3/7, $\begin{pmatrix} 0 \\ 1 \end{pmatrix}$ である確率は 4/7 に近付いて行く．(2)の場合，確率的変化の 1 ステップは行列を右からかけることに対応する．一般に確率行列には固有値 1 があるので，固有多項式は $\lambda - 1$ を因数として因数分解できる．

6.24 B が正則ならば，$\det(\lambda E - AB) = \det(\lambda E - AB)\,B^{-1}B = \det B\,(\lambda E - AB)\,B^{-1} = \det(\lambda E - BA)$ より一致する．次に B が正則でない場合について考えるために，$B = [x_{ij}]$ として $\varphi(\{x_{ij}\}) = \det(\lambda E - AB) - \det(\lambda E - BA)$ を x_{ij} $(i, j = 1, 2, \ldots, n)$ の n^2 個の変数の関数と考えると，φ はこれらの変数についての多項式であり，連続関数である．このとき $\det B = 0$ をみたす $\{x_{ij}\}$ は n^2 次元空間の中の $n^2 - 1$ 次元の“超曲面”になり，その超曲面上の任意の点 $\{b_{ij}\}$ に対して，超曲面に属さない点列 $\{x_{ij}^{(n)}\}$ で $\lim_{n\to\infty} x_{ij}^{(n)} = b_{ij}$ をみたすものをとることができる．このときすべての n に対して $\varphi(\{x_{ij}^{(n)}\}) = 0$ であり，φ は連続なので，$n \to \infty$ として $\varphi(\{b_{ij}\}) = 0$．つまり $\det B = 0$ をみたす B に対しても固有多項式が一致する．

6.25 A の固有多項式は $\Phi_A(\lambda) = \lambda^2 - 6\lambda + 5 = (\lambda - 1)(\lambda - 5)$ である．(1) A を対角化すると

$$A = P\begin{pmatrix} 5 & 0 \\ 0 & 1 \end{pmatrix}P^{-1}, \quad P = \begin{pmatrix} 1 & 3 \\ 1 & -1 \end{pmatrix}.$$

これより

$$A^n = P\begin{pmatrix} 5^n & 0 \\ 0 & 1^n \end{pmatrix}P^{-1} = \frac{1}{4}\begin{pmatrix} 5^n + 3 & 3 \cdot 5^n - 3 \\ 5^n - 1 & 3 \cdot 5^n + 1 \end{pmatrix}.$$

(2) 恒等式 $x^n = (x^2 - 6x + 5)\phi(x) + (ax + b)$ を考える．ただし $\phi(x)$ は $n-2$ 次の多項式，a, b は定数である．このとき $x = 1$ とすると $1^n = 0 \cdot \phi(1) + (a + b)$, $x = 5$ とすると $5^n = 0 \cdot \phi(5) + (5a + b)$，これより $a = (5^n - 1)/4$, $b = (5 - 5^n)/4$．そこでこの多項式において $x = A$ とすると，Cayley–Hamilton の定理より $A^2 - 6A + 5E = O$ なので

$$\begin{aligned} A^n &= (A^2 - 6A + 5E)\phi(A) + (aA + bE) = O \cdot \phi(A) + (aA + bE) \\ &= \frac{1}{4}(5^n - 1)A + \frac{1}{4}(5 - 5^n)E = \frac{1}{4}\begin{pmatrix} 5^n + 3 & 3 \cdot 5^n - 3 \\ 5^n - 1 & 3 \cdot 5^n + 1 \end{pmatrix}. \end{aligned}$$

6.26 (1) 固有多項式は $\Phi(\lambda) = \lambda^3 - 2\lambda^2 - \lambda + 2 = (\lambda - 2)(\lambda - 1)(\lambda + 1)$．よって固有値は $\lambda =$

2, 1, −1. このとき3つの固有値が相異なるので，線形独立な3つの固有ベクトルが存在し，対角化可能． (2) 固有多項式は $\Phi(\lambda) = \lambda^3$，したがって固有値は $\lambda = 0, 0, 0$. 対応する固有ベクトルは $\begin{pmatrix} 1 \\ 0 \\ 1 \end{pmatrix}$ のみであるので，対角化可能でない．

6.27 (1) 固有値 λ に属する固有ベクトルを $\boldsymbol{p}$ とすると，$A\boldsymbol{p} = \lambda\boldsymbol{p}$ および $A^2 = A$ より $\lambda^2\boldsymbol{p} = \lambda\boldsymbol{p}$. $\boldsymbol{p} \neq \boldsymbol{0}$ なので $\lambda^2 = \lambda$. これより $\lambda = 0, 1$. (2) $W_0 = \{\boldsymbol{x} \mid A\boldsymbol{x} = \boldsymbol{0}\}$，$W_1 = \{\boldsymbol{x} \mid A\boldsymbol{x} = \boldsymbol{x}\}$ とすると，W_0, W_1 はそれぞれ $\lambda = 0, 1$ に対応する固有空間である．このとき $\boldsymbol{x} = (E - A)\boldsymbol{x} + A\boldsymbol{x}$，$(E - A)\boldsymbol{x} \in W_0$，$A\boldsymbol{x} \in W_1$ なので $\mathbf{R}^n = W_0 + W_1$. また $A\boldsymbol{x} = \boldsymbol{0}$ かつ $A\boldsymbol{x} = \boldsymbol{x}$ ならば $\boldsymbol{x} = \boldsymbol{0}$ なので $W_0 \cap W_1 = \{\boldsymbol{0}\}$. これよりこの和空間は直和．$R^n$ が固有空間の直和に分解されているので，A は対角化可能． **注**：(1)の議論からは固有値は決まらず，固有値の取り得る値だけがわかる．(1)と(2)より，A は適当な n 次正則行列 P によって，対角成分が0または1の対角行列に変換される．例えば $n = 2$ の場合，$P^{-1}AP$ として可能な行列は（固有値を小さい順に並べるなら）$\begin{pmatrix} 0 & 0 \\ 0 & 0 \end{pmatrix}$，$\begin{pmatrix} 0 & 0 \\ 0 & 1 \end{pmatrix}$，$\begin{pmatrix} 1 & 0 \\ 0 & 1 \end{pmatrix}$ の3通りである．

6.28 A の固有値を $\lambda_1, \lambda_2, \dots, \lambda_n$ とするとき，$|x^kE - A^k| = |(xE - A)(xE - \omega A)(xE - \omega^2 A)\cdots(xE - \omega^{k-1}A)| = \prod_{j=0}^{k-1} |xE - \omega^j A| = \prod_{j=0}^{k-1} \left(\prod_{l=1}^{n} (x - \omega^j \lambda_l)\right) = \prod_{l=1}^{n}\left(\prod_{j=0}^{k-1}(x - \omega^j\lambda_l)\right) = \prod_{l=1}^{n} (x^k - \lambda_l^k)$.
ここで $x^k = \lambda$ と書くと，A^k の固有多項式は $|\lambda E - A^k| = \prod_{l=1}^{n} (\lambda - \lambda_l^k)$. よって A^k の固有値は（重複する場合も含めて）$\lambda_1^k, \lambda_2^k, \dots, \lambda_n^k$ である． **注**：固有多項式を分解したことで，重複度を含めて A^k の固有値が求められた．A が正則であれば，A^{-k} の固有値が $\lambda_1^{-k}, \lambda_2^{-k}, \dots, \lambda_n^{-k}$ で与えられることも示すことができる．

6.29 B の各成分は $\lambda E - A$ の余因子であり，λ の高々 $n - 1$ 次の多項式なので，$B_0, B_1, \dots, B_{n-1}$ を n 次行列として，$B = B_0 + \lambda^1 B_1 + \cdots + \lambda^{n-1}B_{n-1}$ とあらわされる．ここで $(\lambda E - A)B = B(\lambda E - A)$ が任意の λ に対して成り立つことから，各 B_j は A と可換である．したがって λ の等式 $\Phi_A(\lambda)E = (\lambda E - A)(B_0 + \lambda^1 B_1 + \cdots + \lambda^{n-1}B_{n-1})$ において λ に行列 A を代入しても結果は正しく，このとき $\Phi_A(A)E = (AE - A)(B_0 + AB_1 + \cdots + A^{n-1}B_{n-1}) = O$. よって $\Phi_A(A) = O$.

7.1 (1) 任意の $\boldsymbol{u} \in \mathbf{R}^n$ に対して $\langle \boldsymbol{u}, A\boldsymbol{v} \rangle = 0$ なので $A\boldsymbol{v} = \boldsymbol{0}$. これがすべての $\boldsymbol{v} \in \mathbf{R}^n$ に対して成り立つので $A = O$. (2) (1)において $A = B - C$ とする．

7.2 求める行列を $\begin{pmatrix} a & b \\ c & d \end{pmatrix}$ とすると，条件より $0 = a + b + c + d$，$0 = a - b + c + d$，$0 = a + b - c + d$. これより，$d = -a$，$b = c = 0$. よって，求める行列は t を実数として $t\begin{pmatrix} 1 & 0 \\ 0 & -1 \end{pmatrix}$.

7.3 $f(\theta)$ と直交する $g(\theta)$ を求める．$g(\theta) = a\sin\theta + b\cos\theta$ とすると，$0 = \langle f, g \rangle = b + a$. さらに $1 = \|g\|^2 = \langle g, g \rangle = b^2 + a^2$. これより $a = -b = \pm 1/\sqrt{2}$. $g(\theta) = \pm 1/\sqrt{2}\,(\sin\theta - \cos\theta)$.

7.4 定義7.1の(2)と(3)は A によらず成り立つ．$\boldsymbol{x} = \begin{pmatrix} x_1 \\ x_2 \end{pmatrix}$，$\boldsymbol{y} = \begin{pmatrix} y_1 \\ y_2 \end{pmatrix}$ とすると(1)より $(\alpha - \beta)(x_1y_2 - x_2y_1) = 0$. これが任意の $\boldsymbol{x}$，$\boldsymbol{y}$ に対して成り立つので $\alpha = \beta$. またこれと(4)より $0 \leq x_1{}^2 + 2\alpha x_1x_2 + 2x_2{}^2$，等号は $\boldsymbol{x} = \boldsymbol{0}$ のときのみ成立．これより $-\sqrt{2} < \alpha < \sqrt{2}$.

7.5 $\boldsymbol{a}_1, \boldsymbol{a}_2, \dots, \boldsymbol{a}_n$ が線形従属であるなら，すべてが 0 ではない $c_1, c_2, \dots, c_n$ が存在して $\sum_{j=1}^{n} c_j \boldsymbol{a}_j = \boldsymbol{0}$ が成立する．このとき $\sum_{j=1}^{n} c_j \langle \boldsymbol{a}_i, \boldsymbol{a}_j \rangle = \left\langle \boldsymbol{a}_i, \sum_{j=1}^{n} c_j \boldsymbol{a}_j \right\rangle = \langle \boldsymbol{a}_i, \boldsymbol{0} \rangle = 0$ が $i = 1, 2, \dots, n$ に対して成り立ち，Gram 行列 $G = [\langle \boldsymbol{a}_i, \boldsymbol{a}_j \rangle]$ の列ベクトルは線形従属であり $\det G = 0$．逆に $\det G = 0$ ならば G の列ベクトルは線形従属であり，$0 = \sum_{j=1}^{n} c_j \langle \boldsymbol{a}_i, \boldsymbol{a}_j \rangle = \left\langle \boldsymbol{a}_i, \sum_{j=1}^{n} c_j \boldsymbol{a}_j \right\rangle$ $(i = 1, 2, \dots, n)$．これより $0 = \sum_{i=1}^{n} c_i \left\langle \boldsymbol{a}_i, \sum_{j=1}^{n} c_j \boldsymbol{a}_j \right\rangle = \left\langle \sum_{i=1}^{n} c_i \boldsymbol{a}_i, \sum_{j=1}^{n} c_j \boldsymbol{a}_j \right\rangle = \| \sum_{j=1}^{n} c_j \boldsymbol{a}_j \|^2$．つまり $\sum_{j=1}^{n} c_j \boldsymbol{a}_j = \boldsymbol{0}$ が導かれ，したがって $\boldsymbol{a}_1, \boldsymbol{a}_2, \dots, \boldsymbol{a}_n$ は線形従属．

7.6 (1) Schwarz の不等式 $(|x_1||y_1| + \cdots + |x_n||y_n|)^2 \leq (|x_1|^2 + \cdots + |x_n|^2)(|y_1|^2 + \cdots + |y_n|^2)$ において $n \to \infty$ とすると右辺は収束して有界．このとき左辺は単調増加かつ上に有界なので，$\sum_{j=1}^{\infty} |x_j y_j|$ は収束する．そこで $\sum_{j=1}^{n} |x_j + y_j|^2 \leq \sum_{j=1}^{n} (|x_j|^2 + 2|x_j y_j| + |y_j|^2)$ において $n \to \infty$ とすると右辺は収束して有界．これより左辺は単調増加かつ上に有界であり収束．これより $\sum_{j=1}^{\infty} |x_j + y_j|^2 < \infty$ が得られ，V は和について閉じている．また $|kx_1|^2 + \cdots + |kx_n|^2 = |k|^2(|x_1|^2 + \cdots + |x_n|^2)$ は $n \to \infty$ として収束し，これより $\sum_{j=1}^{\infty} |kx_j|^2 < \infty$ が得られ，V はスカラー倍について閉じている． (2) (1) より $\sum_{j=1}^{\infty} x_j y_j$ は絶対収束し，したがって収束する．内積の定義 7.1 がみたされることは，このことよりそれぞれ確かめられる． **注**：V は無限次元の線形空間になる．(1) は三角不等式 $\sqrt{(x_1 + y_1)^2 + \cdots + (x_n + y_n)^2} \leq \sqrt{x_1{}^2 + \cdots + x_n{}^2} + \sqrt{y_1{}^2 + \cdots + y_n{}^2}$ からも導かれる．

7.7 (1) $\boldsymbol{x} = x_1 \boldsymbol{e}_1 + x_2 \boldsymbol{e}_2 + \cdots + x_n \boldsymbol{e}_n$ として両辺について $\boldsymbol{e}_j$ との内積をとると $\langle \boldsymbol{x}, \boldsymbol{e}_j \rangle = \sum_{i=1}^{n} x_i \langle \boldsymbol{e}_i, \boldsymbol{e}_j \rangle = x_j$ $(j = 1, 2, \dots, n)$． (2) $\{\boldsymbol{e}_1, \dots, \boldsymbol{e}_r\}$ を延長して得られた V の正規直交基底を $\{\boldsymbol{e}_1, \dots, \boldsymbol{e}_r, \dots, \boldsymbol{e}_n\}$ とする．このとき (1) より $\|\boldsymbol{x}\|^2 = |\langle \boldsymbol{x}, \boldsymbol{e}_1 \rangle|^2 + \cdots + |\langle \boldsymbol{x}, \boldsymbol{e}_r \rangle|^2 + \cdots + |\langle \boldsymbol{x}, \boldsymbol{e}_n \rangle|^2 \geq |\langle \boldsymbol{x}, \boldsymbol{e}_1 \rangle|^2 + \cdots + |\langle \boldsymbol{x}, \boldsymbol{e}_r \rangle|^2$．任意の $\boldsymbol{x}$ に対して等号が成り立つのは $r = n$ のときのみである． **注**：Parseval の等式は三平方の定理の一般化であるとみなせる．

7.8 (1) 略 (2) $I_m = \langle x^k, x^{m-k} \rangle$ として $I_0 = 1$，また部分積分により $I_m = mI_{m-1}$． (3) $e_0(x) = 1$, $e_1(x) = x - 1$, $e_2(x) = \frac{1}{2}(x^2 - 4x + 2)$． **注**：一般に V_n において

$$e_k(x) = \frac{(-1)^k}{k!} L_k(x), \quad L_k(x) = e^x \frac{d^k}{dx^k}(x^k e^{-x}) \quad (k = 0, 1, 2, \dots)$$

が成り立つ．ここで $L_k(x)$ は Laguerre（ラゲール）多項式とよばれ，量子力学における水素原子の波動関数等に関連して現れる重要な直交多項式である．

7.9 (1) 略 (2) 第 1 式は対称性から自明，第 2 式は Gauss 積分 $\int_{-\infty}^{\infty} e^{-kx^2} dx = \sqrt{\frac{\pi}{k}}$ $(k > 0)$ の両辺を k で微分して得られる（微分と積分が交換可能であることを確かめること）． (3) $e_0(x) = \frac{1}{\pi^{1/4}} \cdot 1$, $e_1(x) = \frac{1}{\pi^{1/4}} \sqrt{2} x$, $e_2(x) = \frac{1}{\pi^{1/4}} \sqrt{2} \left(x^2 - \frac{1}{2} \right)$． **注**：一般に V_n において

$$e_k(x) = \frac{1}{\pi^{\frac{1}{4}} \sqrt{2^k k!}} H_k(x), \quad H_k(x) = (-1)^k e^{x^2} \frac{d^k}{dx^k} e^{-x^2} \quad (k = 0, 1, 2, \dots)$$

が成り立つ．ここで $H_k(x)$ は Hermite（エルミート）多項式とよばれ，調和振動子（量子力学的な単振動）等に関連して現れる重要な直交多項式である．

7.10 例題 5.9 より，$W = \mathrm{Span}\,(\boldsymbol{a}_1, \boldsymbol{a}_2, \ldots, \boldsymbol{a}_r)$ は W_0 を含む最小の部分空間である．このとき $W_0^T = W^\perp$ である．なぜなら，$\boldsymbol{a}_1, \ldots, \boldsymbol{a}_r$ と直交するならその線形結合と直交するので $W_0^T \subseteq W^\perp$．また $\boldsymbol{a}_1, \ldots, \boldsymbol{a}_r$ の線形結合と直交するならその特別な場合として $\boldsymbol{a}_1, \ldots, \boldsymbol{a}_r$ と直交するので $W^\perp \subseteq W_0^T$．よって $W_0^T = W^\perp$ である．したがって $(W_0^T)^\perp = (W^\perp)^\perp = W$．

7.11 (1) $x = 2\sum_{n=1}^{\infty}(-1)^{n-1}\dfrac{\sin nx}{n} = 2\left(\dfrac{\sin x}{1} - \dfrac{\sin 2x}{2} + \dfrac{\sin 3x}{3} - \cdots\right)\ (-\pi < x < \pi)$.

(2) $x^2 = \dfrac{\pi^2}{3} + 4\sum_{n=1}^{\infty}(-1)^n\dfrac{\cos nx}{n^2} = \dfrac{\pi^2}{3} - 4\left(\dfrac{\cos x}{1^2} - \dfrac{\cos 2x}{2^2} + \dfrac{\cos 3x}{3^2} - \cdots\right)\ (-\pi \leq x \leq \pi)$.

注：(1) において例えば $x = \dfrac{\pi}{2}$ とすると $\dfrac{\pi}{4} = \dfrac{1}{1} - \dfrac{1}{3} + \dfrac{1}{5} - \dfrac{1}{7} + \cdots$，(2) において $x = 0$ とすると $\dfrac{\pi^2}{12} = \dfrac{1}{1^2} - \dfrac{1}{2^2} + \dfrac{1}{3^2} - \dfrac{1}{4^2} + \cdots$，$x = \pi$ とすると $\dfrac{\pi^2}{6} = \dfrac{1}{1^2} + \dfrac{1}{2^2} + \dfrac{1}{3^2} + \dfrac{1}{4^2} + \cdots$ が得られる．

7.12 (1) 固有値は $\lambda = -1, 1, 2$．それぞれに対応する規格化された固有ベクトルは，例えば

$$\frac{1}{\sqrt{6}}\begin{pmatrix} 1 \\ -1 \\ 2 \end{pmatrix},\quad \frac{1}{\sqrt{2}}\begin{pmatrix} 1 \\ 1 \\ 0 \end{pmatrix},\quad \frac{1}{\sqrt{3}}\begin{pmatrix} 1 \\ -1 \\ -1 \end{pmatrix}.$$

これより

$$\begin{pmatrix} 1 & 0 & -1 \\ 0 & 1 & 1 \\ -1 & 1 & 0 \end{pmatrix}P = P\begin{pmatrix} -1 & 0 & 0 \\ 0 & 1 & 0 \\ 0 & 0 & 2 \end{pmatrix},\qquad P = \begin{pmatrix} 1/\sqrt{6} & 1/\sqrt{2} & 1/\sqrt{3} \\ -1/\sqrt{6} & 1/\sqrt{2} & -1/\sqrt{3} \\ 2/\sqrt{6} & 0 & -1/\sqrt{3} \end{pmatrix}.$$

(2) 与えられた行列を A とすると，A は (5.12) を用いて行列の直積として

$$A = \begin{pmatrix} 1 & 0 \\ 0 & -1 \end{pmatrix} \otimes \begin{pmatrix} 0 & 1 \\ 1 & 0 \end{pmatrix}$$

とあらわされる．このとき固有値と固有ベクトルは

$$\lambda = 1\cdot 1 \quad \begin{pmatrix} 1 \\ 0 \end{pmatrix} \otimes \frac{1}{\sqrt{2}}\begin{pmatrix} 1 \\ 1 \end{pmatrix},\qquad \lambda = 1\cdot(-1)\begin{pmatrix} 1 \\ 0 \end{pmatrix} \otimes \frac{1}{\sqrt{2}}\begin{pmatrix} 1 \\ -1 \end{pmatrix},$$

$$\lambda = (-1)\cdot 1 \quad \begin{pmatrix} 0 \\ 1 \end{pmatrix} \otimes \frac{1}{\sqrt{2}}\begin{pmatrix} 1 \\ 1 \end{pmatrix},\qquad \lambda = (-1)\cdot(-1)\begin{pmatrix} 0 \\ 1 \end{pmatrix} \otimes \frac{1}{\sqrt{2}}\begin{pmatrix} 1 \\ -1 \end{pmatrix}.$$

これより $AP = P\Lambda$，ただし

$$\Lambda = \begin{pmatrix} 1 & 0 \\ 0 & -1 \end{pmatrix} \otimes \begin{pmatrix} 1 & 0 \\ 0 & -1 \end{pmatrix} = \begin{pmatrix} 1 & 0 & 0 & 0 \\ 0 & 1\cdot(-1) & 0 & 0 \\ 0 & 0 & (-1)\cdot 1 & 0 \\ 0 & 0 & 0 & (-1)\cdot(-1) \end{pmatrix},$$

$$P = \begin{pmatrix} 1 & 0 \\ 0 & 1 \end{pmatrix} \otimes \frac{1}{\sqrt{2}}\begin{pmatrix} 1 & 1 \\ 1 & -1 \end{pmatrix} = \frac{1}{\sqrt{2}}\begin{pmatrix} 1 & 1 & 0 & 0 \\ 1 & -1 & 0 & 0 \\ 0 & 0 & 1 & 1 \\ 0 & 0 & 1 & -1 \end{pmatrix}.$$

7.13 (1) $\lambda = 3$ に対する固有ベクトルを規格化して第 1 列とし，それと直交する正規なベクトルをとって直交行列を作ると，$P = \dfrac{1}{\sqrt{5}}\begin{pmatrix} 2 & 1 \\ 1 & -2 \end{pmatrix}$，$P^{-1} = {}^tP$．このとき $P^{-1}AP = \begin{pmatrix} 3 & 1 \\ 0 & 6 \end{pmatrix}$.

別解：$P=\dfrac{1}{\sqrt{5}}\begin{pmatrix}2&-1\\1&2\end{pmatrix}$とすると，$P^{-1}AP=\begin{pmatrix}3&-1\\0&6\end{pmatrix}$. **注**：三角化も対角化も一意的ではない.

(2) $\lambda=1$に対する固有ベクトルを規格化して第1列とし，それと直交する正規なベクトルをとって直交行列を作ると，$P_1=\begin{pmatrix}1/\sqrt{2}&1/\sqrt{2}&0\\1/\sqrt{2}&-1/\sqrt{2}&0\\0&0&1\end{pmatrix}$，$P_1^{-1}={}^tP_1$. このとき$P_1^{-1}AP_1=\begin{pmatrix}1&2&\sqrt{2}\\0&1&0\\0&\sqrt{2}&2\end{pmatrix}$.

次に$B=\begin{pmatrix}1&0\\\sqrt{2}&2\end{pmatrix}$とすると，固有値は$\lambda=1,2$，対応する固有ベクトルはそれぞれ$\begin{pmatrix}1\\-\sqrt{2}\end{pmatrix}$，$\begin{pmatrix}0\\1\end{pmatrix}$. 固有値$\lambda=2$に対する固有ベクトルを規格化して第1列とし，直交行列$Q=\begin{pmatrix}0&1\\1&0\end{pmatrix}$を作ると，$Q^{-1}BQ=\begin{pmatrix}2&\sqrt{2}\\0&1\end{pmatrix}$. そこで$P_2=\begin{pmatrix}1&0&0\\0&0&1\\0&1&0\end{pmatrix}$とすれば，$P_2^{-1}P_1^{-1}AP_1P_2=\begin{pmatrix}1&\sqrt{2}&2\\0&2&\sqrt{2}\\0&0&1\end{pmatrix}$.

7.14

$$\boldsymbol{x}'=\begin{pmatrix}1&0&0\\0&\cos\beta&-\sin\beta\\0&\sin\beta&\cos\beta\end{pmatrix}\begin{pmatrix}\cos\alpha&-\sin\alpha&0\\\sin\alpha&\cos\alpha&0\\0&0&1\end{pmatrix}\begin{pmatrix}x\\y\\z\end{pmatrix}$$
$$=\begin{pmatrix}\cos\alpha&-\sin\alpha&0\\\cos\beta\sin\alpha&\cos\beta\cos\alpha&-\sin\beta\\\sin\beta\sin\alpha&\sin\beta\cos\alpha&\cos\beta\end{pmatrix}\begin{pmatrix}x\\y\\z\end{pmatrix}.$$

7.15 fがVの元であれば$f(x+2\pi)=f(x)$をみたすので，$\langle Tf(x),Tg(x)\rangle=\langle f(x+a),g(x+a)\rangle=\int_{-\pi}^{\pi}f(x+a)g(x+a)\,dx=\int_{-\pi+a}^{\pi+a}f(x)g(x)\,dx=\int_{-\pi}^{\pi}f(x)g(x)\,dx=\langle f(x),g(x)\rangle$. よって直交変換である.

7.16 定理7.17の証明においてAを交代行列とすると，${}^t\overline{A}A\boldsymbol{p}=(-A)A\boldsymbol{p}=-\lambda^2\boldsymbol{p}$. これより$-\lambda^2=\overline{\lambda}\lambda$つまり$\lambda(\lambda+\overline{\lambda})=0$. よって$\lambda=0$，あるいは$\lambda=-\overline{\lambda}$より$\lambda$は純虚数.

7.17 (1) $H_1=(1)$，$H_2=\begin{pmatrix}1&1\\1&-1\end{pmatrix}$，$H_4=\begin{pmatrix}1&1&1&1\\1&-1&1&-1\\1&1&-1&-1\\1&-1&-1&1\end{pmatrix}$. H_3は存在しない.

(2) 定義より，${}^tH_nH_n=nE$. 両辺の行列式をとって$(\det{}^tH_n)(\det H_n)=n^n$，これより$\det H_n=\pm n^{n/2}$. **注**：Hadamard行列は練習問題8.7のHadamardの不等式を等号でみたす. $n\geq 4$のとき，Hadamard行列は$n=4m$（mは自然数）のときのみ存在し得るが，すべての$4m$に対して存在するかどうかは未解決である.

7.18 (1), (2), (3) 係数行列はそれぞれ$\begin{pmatrix}3/4&1/4\\1/4&3/4\end{pmatrix}$，$\begin{pmatrix}1/4&3/4\\3/4&1/4\end{pmatrix}$，$\begin{pmatrix}1&1\\1&1\end{pmatrix}$. 固有値はそれぞれ$\lambda=1,1/2$，$\lambda=1,-1/2$，$\lambda=2,0$. 符号数は$(2,0)$，$(1,1)$，$(1,0)$.

7.19 係数行列の固有値を求めるのは変数の数が多いときには手間がかかるが，その場合に以下に述べるLagrange（ラグランジュ）の方法が有効である. (1) x_1について降冪（べき）の順にまとめ，x_1について平方完成する. 次にx_2について平方完成し，$(x_1+x_3)^2+(x_2-2x_3)^2-x_3{}^2$が得られる. このとき符号数は$(2,1)$. これより標準化のための変数変換が，行列$P=\begin{pmatrix}1&0&1\\0&1&-2\\0&0&1\end{pmatrix}$によって与えられることが同時にわかり，特に P は正則である．平方完成は一意的ではないが，変数変換が正則であれば，定理 7.23 より符号数は一意的に定まる．(2) 同様に x_1 について整理して $(x_1+x_2+x_3)^2-(x_2+x_4)^2+x_4{}^2$，符号数は $(2,1)$．(3) x_1 について 1 次なので，まず x_2 について平方完成して $(x_2+x_4)^2+(x_3-x_1)^2-(x_1+2x_4)^2-x_4{}^2$，符号数は $(2,2)$．

7.20 A は対称行列なので ${}^tPAP=\mathrm{diag}\,(\lambda_1,\dots,\lambda_s,\lambda_{s+1},\dots,\lambda_r,0,\dots,0)$ をみたす直交行列 P が存在する．ただし $\lambda_1,\dots,\lambda_s>0$，$\lambda_{s+1},\dots,\lambda_r<0$．このとき $Q=\mathrm{diag}\,(|\lambda_1|^{-1/2},\dots,|\lambda_s|^{-1/2},|\lambda_{s+1}|^{-1/2},\dots,|\lambda_r|^{-1/2},1,\dots,1)$ とすると $R=PQ$ が条件をみたす．

7.21 (1) ${}^t\boldsymbol{x}A\boldsymbol{x}={}^t\boldsymbol{x}\,{}^tBB\boldsymbol{x}=\langle B\boldsymbol{x},B\boldsymbol{x}\rangle=\|B\boldsymbol{x}\|^2\geq 0$． (2) A が対称行列で半正値なら，練習問題 7.20 よりある正則な R が存在して ${}^tRAR=E(r)$ とあらわされ (ただし $E(r)$ は定理 2.5 の $E_{mn}(r)$ において $m=n$ としたもの)，このとき $B=E(r)R^{-1}$ が条件をみたす． **注**：A が正値であるとき，B を正則行列として同様の結果が成り立つ．

7.22 係数行列 A は対称行列なので直交行列 P によって対角化され，$\boldsymbol{y}=P^{-1}\boldsymbol{x}$ として (7.17) が得られる．このとき $\boldsymbol{y}$ に対する条件は $1={}^t\boldsymbol{x}\boldsymbol{x}={}^t(P\boldsymbol{y})P\boldsymbol{y}={}^t\boldsymbol{y}\,{}^tPP\boldsymbol{y}={}^t\boldsymbol{y}\boldsymbol{y}=y_1{}^2+y_2{}^2+\cdots+y_n{}^2$ であり，最大の固有値を λ_1 として $f=\sum_{j=1}^{n}\lambda_j y_j{}^2\leq\lambda_1\sum_{j=1}^{n}y_j{}^2=\lambda_1$，また $y_1=1$，$y_2=\cdots=y_n=0$ として等号がみたされる．最小値についても同様． **注**：直交行列 P による変換は長さを変えないので，n 次元球面は n 次元球面にうつされる．最大固有値が固有方程式の重解であり例えば $\lambda_2=\lambda_1$ である場合にもこの証明は正しい．

8.1 $(A+B)^*=A^*+B^*=A+B$，$(AB+BA)^*=(AB)^*+(BA)^*=B^*A^*+A^*B^*=BA+AB$，$(i(AB-BA))^*=(-i)(B^*A^*-A^*B^*)=i(AB-BA)$．

8.2 (1) $\det A^*=\det {}^t\overline{A}=\det\overline{A}=\overline{\det A}$． (2) $A=A^*$ より $\det A=\det A^*=\overline{\det A}$．(3) $A=-A^*$ より $\det A=\det\,(-A^*)=(-1)^n\det A^*=(-1)^n\overline{\det A}$． (3) **別解**：$A=iB$ (B はエルミート) と書けるので，A を n 次行列として $\det A=\det iB=i^n\det B$ であり，かつ $\det B$ は実数．

8.3 練習問題 7.16 の解答においてスカラーが複素数であるとする．

8.4 例題 8.1 の結果を利用し，直接計算する．

8.5 A はエルミートなので $U^*AU=\mathrm{diag}\,(\lambda_1,\dots,\lambda_s,\lambda_{s+1},\dots,\lambda_r,0,\dots,0)$ をみたすユニタリ行列 U が存在する．ただし $\lambda_1,\dots,\lambda_s>0$，$\lambda_{s+1},\dots,\lambda_r<0$．このとき $Q=\mathrm{diag}\,(|\lambda_1|^{-1/2},\dots,|\lambda_s|^{-1/2},|\lambda_{s+1}|^{-1/2},\dots,|\lambda_r|^{-1/2},1,\dots,1)$ とすると $R=UQ$ が条件をみたす．

8.6 (1), (2) 練習問題 8.5 の結論が成り立つので，練習問題 7.21 の解答において，スカラーを複素数とし，転置行列を随伴行列に置き替え，内積をエルミート内積とすればよい． **注**：この場合にも，A が正値であるとき，B を正則行列として同様の結果が成り立つ．

8.7 $\det A=0$ のとき自明．$\det A\neq 0$ のとき，A の列ベクトル $\boldsymbol{a}_j$ をそのノルムで割って $\boldsymbol{a}_j=\|\boldsymbol{a}_j\|\boldsymbol{u}_j$，$\|\boldsymbol{u}_j\|=1$ として行列 $B=\begin{pmatrix}\boldsymbol{u}_1 & \boldsymbol{u}_2 & \cdots & \boldsymbol{u}_n\end{pmatrix}$ を考えると，示すべき不等式は $|\det B|^2\leq 1$ となる．このとき練習問題 8.6 より B^*B は半正値であり，その固有値 $\lambda_1,\dots,\lambda_n$ は非負なので，固有値について相加相乗平均の不等式が成り立つ．また B^*B の対角成分は ${}^t\boldsymbol{u}_j\boldsymbol{u}_j=1$ なので $\mathrm{tr}\,(B^*B)=n$．これらを用いて

$$|\det B|^2=\det\,(B^*B)=\prod_{j=1}^{n}\lambda_j\leq\left(\frac{1}{n}\sum_{j=1}^{n}\lambda_j\right)^n=\left(\frac{1}{n}\mathrm{tr}\,(B^*B)\right)^n=1.$$

等号は $\lambda_1=\cdots=\lambda_n$ のとき成立し，このとき $\sum_{j=1}^{n}\lambda_j=\mathrm{tr}\,(B^*B)=n$ より B^*B のすべての固有値 λ_j

は 1 に等しく，かつ B^*B はエルミートなので $B^*B=E$．つまりこのとき B はユニタリである．特に $|a_{ij}|\leq M$ なる定数 M をとると $|\det A|\leq n^{n/2}M^n$ である． **注**：つまり，すべての列ベクトルが互いに直交するときに等号がみたされる．例 3.5 や定理 4.6 と定理 4.9 からわかるように，行列式の絶対値の値は行列の列ベクトルが作る平行四辺形の面積や平行六面体の体積をあらわし，すべての列ベクトルが互いに直交するときその値が最大になる．これが Hadamard の不等式である．

8.8 $AA^*=A^*A$ より $(HU)(HU)^*=(HU)^*(HU)$ なので $UH^2=H^2U$．このとき U と H^2 はいずれも正規なので対角化可能であり，さらに上記のように可換なので同時対角化可能である．したがってあるユニタリ行列 R によって $U=R^*\begin{pmatrix}\lambda_1 & & \\ & \ddots & \\ & & \lambda_n\end{pmatrix}R$, $H^2=R^*\begin{pmatrix}\mu_1 & & \\ & \ddots & \\ & & \mu_n\end{pmatrix}R$ とあらわされる．このとき $\mu_j>0$ であり $H=R^*\begin{pmatrix}\sqrt{\mu_1} & & \\ & \ddots & \\ & & \sqrt{\mu_n}\end{pmatrix}R$ とあらわされるので $HU=UH$．逆に $HU=UH$ であるとき，$AA^*=(HU)(HU)^*=HUU^*H^*=HH^*=H^2$, $A^*A=(HU)^*(HU)=U^*H^*HU=U^*H^2U=U^*UH^2=H^2$．これより $AA^*=A^*A$．

8.9 (1) A は正規行列なのであるユニタリ行列 U によって対角化される．つまり $U^*AU=\Lambda$, ここで Λ は A の固有値 λ_j を対角成分とする対角行列である．このとき両辺の随伴行列を考えて $U^*A^*U=\Lambda^*$．これらより $AU=U\Lambda$ かつ $A^*U=U\Lambda^*$．そこで行列 U の列ベクトルを $\boldsymbol{x}_j$ とすればそれぞれの x_j について $A\boldsymbol{x}_j=\lambda_j\boldsymbol{x}_j$ かつ $A^*\boldsymbol{x}_j=\bar{\lambda}_j\boldsymbol{x}_j$． **注**：$AA^*=A^*A$ より A と A^* は可換なので同時対角化可能である． (2) 任意の $\boldsymbol{x}$ に対して

$$\begin{aligned}\|A\boldsymbol{x}\|^2-\|A^*\boldsymbol{x}\|^2&=\langle A\boldsymbol{x},A\boldsymbol{x}\rangle-\langle A^*\boldsymbol{x},A^*\boldsymbol{x}\rangle=\langle A^*A\boldsymbol{x},\boldsymbol{x}\rangle-\langle AA^*\boldsymbol{x},\boldsymbol{x}\rangle\\&=\langle (A^*A-AA^*)\boldsymbol{x},\boldsymbol{x}\rangle. \qquad (8.12)\end{aligned}$$

A が正規であるとき，$A^*A=AA^*$ なので (8.12) の値は 0．逆に (8.12) の値が 0 であるとき，例題 8.4 (3) より $A^*A-AA^*=O$．

8.10 A は正規行列なのであるユニタリ行列 U によって対角化される．つまり $U^*AU=\Lambda$, ここで Λ は対角成分が固有値 λ_j の対角行列である．このとき $\Lambda^n=U^*A^nU=U^*OU=O$ よりすべての j について $\lambda_j^n=0$, したがって $\lambda_j=0$ であり $\Lambda=O$．これより $A=O$．

8.11 複素行列 A はあるユニタリ行列 U によって三角化される．つまり $U^*AU=\Lambda$, ここで U はユニタリ行列，Λ は対角成分が A の固有値 λ_j の三角行列である．このとき，(8.1) の内積によって両辺のノルムを計算すると

$$\begin{aligned}\mathrm{tr}\,(U^*AU)(U^*AU)^*&=\mathrm{tr}\,U^*AUU^*A^*U=\mathrm{tr}\,U^*AA^*U=\mathrm{tr}\,UU^*AA^*\\&=\mathrm{tr}\,AA^*=\sum_{i=1}^{n}\sum_{j=1}^{n}|a_{ij}|^2.\end{aligned}$$

$$\mathrm{tr}\,\Lambda\Lambda^*=\sum_{j=1}^{n}|\lambda_j|^2+\sum_{i<j}|(\Lambda)_{ij}|^2.$$

最後の式の右辺第 2 項は Λ の非対角成分からの寄与である．これより与式を得る．等号が成り立つのは，Λ が対角行列になるときであり，そのための条件は A が正規行列であることである．

8.12 (1) A はエルミートなので正規であり，あるユニタリ行列 P で対角化される．つまり $P^*AP=\Lambda$, ここで Λ は対角成分が A の固有値 λ_j の対角行列であり，また λ_j は実数である．このとき，$P^*(E+iA)P=E+i\Lambda$ なので，$E+iA$ は対角化可能で固有値は $1+i\lambda_j$, これらはすべて 0 とは異なる．よって $E+iA$ は正則． (2) $A^*=A$, $(A^*)^{-1}=(A^{-1})^*$, $(E-iA)^*=E+iA$ が成り立

つ．また(1)と同様に，$(E \pm iA)$，$(E \pm iA)^{-1}$ は同じユニタリ行列 P で対角化され，互いに可換である．このとき，$U^*U = ((E-iA)(E+iA)^{-1})^*(E-iA)(E+iA)^{-1} = (E-iA)^{-1}(E+iA)(E-iA)(E+iA)^{-1} = (E-iA)^{-1}(E-iA)(E+iA)(E+iA)^{-1} = E \cdot E = E$．また U の固有値は $\mu = (1-i\lambda)/(1+i\lambda)$ であり，このとき $-\infty < \lambda < \infty$ と $|\mu| = 1$ かつ $\mu \neq -1$ とが 1 対 1 に対応することは，簡単な計算により確かめられる． (3) U はユニタリなので正規であり，あるユニタリ行列で対角化される．このとき(1)と同様に，U の固有値を μ_j として $E+U$ の固有値は $1+\mu_j$．ここで $\mu_j \neq -1$ よりすべての固有値が 0 とは異なり，U は正則． (4) 一般に $(X^{-1})^* = (X^*)^{-1}$，また U はユニタリなので $U^* = U^{-1}$．さらに $E-U$ と $(E+U)^{-1}$ は同時に対角化され，可換である．そこで $A^* = ((-i)(E-U)(E+U)^{-1})^* = (+i)((E+U)^{-1})^*(E-U)^* = (+i)(E+U^*)^{-1}(E-U^*) = (+i)(E+U^{-1})^{-1}U^{-1}U(E-U^{-1}) = (+i)(U(E+U^{-1}))^{-1}U(E-U^{-1}) = (+i)(U+E)^{-1}(U-E) = -i(E-U)(E+U)^{-1} = A$.

B.1 (1) 定義より明らか． (2) ${}^t(\exp A) = \exp {}^tA = \exp(-A) = (\exp A)^{-1}$．次に，$E = (\exp xA)\,{}^t(\exp xA) = (\exp xA)(\exp x\,{}^tA)$ を x で微分すると $O = A(\exp xA)(\exp x\,{}^tA) + (\exp xA)\,{}^tA(\exp x\,{}^tA)$．そこで $x=0$ とすると $O = A + {}^tA$． (3) ${}^t(\exp A) = \exp {}^tA = \exp A$ なので $\exp A$ は対称行列．$\exp A$ の固有値は A の固有値を λ として e^λ であるが，A は対称行列で λ は実数なので $e^\lambda > 0$．次に，$\exp xA = {}^t(\exp xA) = \exp x\,{}^tA$ を x で微分すると $A \exp xA = {}^tA \exp x\,{}^tA$．$x=0$ として $A = {}^tA$.

B.2 (1)～(3) ${}^tA$ を A^* で置き替えて前問と同様である．

B.3 $\exp A$ は適当な正則行列 P により三角化され，A の固有値を λ_j とすると，$P^{-1}(\exp A)P$ は $\exp \lambda_j$ を対角成分とする三角行列になる．このとき

$$\begin{aligned}\det(\exp A) &= \det(P^{-1}(\exp A)P)\\ &= (\exp\lambda_1)(\exp\lambda_2)\cdots(\exp\lambda_n) = \exp(\lambda_1+\lambda_2+\cdots+\lambda_n)\\ &= \exp(\operatorname{tr} A).\end{aligned}$$

B.4 (1) 例題 3.10 より $X(t) = [x_{ij}(t)]$ の (i,j) 余因子を $\Delta_{ij}(t)$ として $\dfrac{d}{dt}|X(t)| = \sum_{i=1}^n \sum_{j=1}^n x'_{ij}(t)\Delta_{ij}(t)$. Cramer の公式より $(X(t)^{-1})_{ij} = |X(t)|^{-1}\Delta_{ji}(t)$. これより与式を得る． (2) $\dfrac{1}{|\exp tA|}\dfrac{d}{dt}|\exp tA| = \operatorname{tr}(\exp(-tA)A\exp(tA)) = \operatorname{tr} A$．これより $|\exp tA| = C\exp((\operatorname{tr} A)t)$ (C は定数)．$t=0$ として $C=1$．次に $t=1$ として与式を得る．

B.5 (1) 帰納法による．$A^{n+1} - B^{n+1} = A(A^n - B^n) + (A-B)B^n$ として定理 B.1 より $\|A^{n+1} - B^{n+1}\| = \|A\|\|A^n - B^n\| + \|A-B\|\|B\|^n \le (na^n + a^n)\|A-B\| = (n+1)a^n\|A-B\|$.
(2) (1) より $\left\|\sum_{n=0}^N \dfrac{A^n}{n!} - \sum_{n=0}^N \dfrac{B^n}{n!}\right\| \le \sum_{n=0}^N \dfrac{1}{n!}\|A^n - B^n\| \le \sum_{n=0}^N \dfrac{na^{n-1}}{n!}\|A-B\| = \sum_{n=1}^N \dfrac{a^{n-1}}{(n-1)!}\|A-B\|$．両辺で $N \to \infty$ として与式を得る．

B.6 $A(t) = e^{tL}Ae^{-tL}$ とすると，$\dfrac{dA(t)}{dt} = Le^{tL}Ae^{-tL} + e^{tL}Ae^{-tL}(-L) = [L, A(t)]$．そこで $\delta_L A(t) = [L, A(t)]$，$\delta_L{}^2 A(t) = [L,[L,A(t)]]$ 等々と書くことにして，帰納的に $\dfrac{d^kA(t)}{dt^k} = \delta_L{}^k A(t)$ が導かれる．つまり L との交換関係をとること δ_L が，微分に相当する．そこで $t=0$ を中心とする Taylor 展開を考えると

$$A(t) = A(0) + \frac{1}{1!}\frac{dA}{dt}(0)t + \frac{1}{2!}\frac{d^2A}{dt^2}(0)t^2 + \cdots$$

$$= A(0) + \frac{1}{1!}\delta_L A(t)\Big|_{t=0} t + \frac{1}{2!}\delta_L{}^2 A(t)\Big|_{t=0} t^2 + \cdots.$$

$t = 1$として与式を得る．

B.7 $X(t) = e^{At}e^{Bt}$とする．このとき$\dfrac{d}{dt}X(t) = Ae^{At}e^{Bt} + e^{At}Be^{Bt} = (A + e^{At}Be^{-At})X(t) = (A + B + [A, B]t)X(t)$（前問B.6の結果を用いた）．仮定より$A + B$と$[A, B]$は可換なので，$X(t) = \exp((A + B)t)\exp\left(\dfrac{1}{2}[A, B]t^2\right)X_0$（$X_0$は$t$に依存しない行列）が得られる．$t = 0$として$E = X_0$．次に$t = 1$として与式を得る． **注**：Baker-Campbell-Hausdorffの公式において，$O(t^3)$の項は$[A, B]$とAまたはBとの交換子であらわされており，これらはいまの仮定の下でOになる．つまりこの結果は，Baker-Campbell-Hausdorffの公式の特別な場合であり，また定理B.6の拡張になっている．

B.8 (1) $\{\exp tA, \exp tB\} = (\exp(tA))(\exp(tB))(\exp(-tA))(\exp(-tB)) = \left(E + \dfrac{t}{1!}A + \dfrac{t^2}{2!}A^2 + \cdots\right)\left(E + \dfrac{t}{1!}B + \dfrac{t^2}{2!}B^2 + \cdots\right)\left(E - \dfrac{t}{1!}A + \dfrac{t^2}{2!}A^2 - \cdots\right)\left(E - \dfrac{t}{1!}B + \dfrac{t^2}{2!}B^2 - \cdots\right) = E + [A, B]t^2 + O(t^3)$，また$\exp([A, B]t^2 + O(t^3)) = E + \dfrac{1}{1!}([A, B]t^2 + O(t^3)) + O(t^4)$ よって$O(t^3)$の項を除いて両者は一致する． (2) (1)において$t = 1/m$として(2)に代入する．

B.9 積分方程式はAをtに依存しない行列として$\dfrac{dX(t)}{dt} = i[L, X(t)]$かつ$X(0) = A$と同値である．与えられた$X(t)$はこれらをみたす．

B.10 $e^{\beta H}[A, e^{-\beta H}] = \displaystyle\int_0^{\beta} e^{tH}[H, A]e^{-tH}\,dt$の両辺を$\beta$で微分する．

C.1 $a^{-1} = ea^{-1} = (a^{-1}a)a^{-1}$．この両辺に左から$(a^{-1})^{-1}$をかけると$e = aa^{-1}$が得られる．さらに$ae = a(a^{-1}a) = (aa^{-1})a = ea = a$．

C.2 (1)～(5) 定義に従って計算する． (6) (5)において$C = B^n$として帰納法によって示す．
注：(5)と(6)の構造は微分に類似している（練習問題B.6も参照）．

あとがき

この本を書くにあたって

[佐武]　佐武一郎「線型代数学」裳華房，1958 (1974 増補改題)
[齋藤 1]　齋藤正彦「線型代数入門」東京大学出版会，1966
[砂田]　砂田利一「行列と行列式」岩波書店，2003
[齋藤 2]　齋藤正彦「線型代数学」東京図書，2014

を参考にした．また，特に付録に関連して

[古屋]　古屋　茂「行列と行列式」培風館，1959
[山内・杉浦]　山内恭彦，杉浦光夫「連続群論入門」培風館，1960
[杉浦・横沼]　杉浦光夫，横沼健雄「ジョルダン標準形・テンソル代数」岩波書店，1990
[伊原・河田]　伊原信一郎，河田敬義「線型空間・アフィン幾何」岩波書店，1990
[藤田・黒田・伊藤]　藤田　宏，黒田成俊，伊藤清三「関数解析」岩波書店，1991
[NSS]　H. K. ニッカーソン，D. C. スペンサー，N. E. スティーンロッド，原田重春，佐藤正次 訳「現代ベクトル解析」岩波書店，1965

を参考にした．また

[茂木・横手]　茂木　勇，横手一郎「線形代数」裳華房，1990
[三宅]　三宅敏恒「線形代数学」培風館，2008

を参考にした．さらに，ここに挙げきれないたくさんの教科書を参考にさせて頂いたことを付言するとともに，深く感謝の意を表したい．

索　　引

欧字

ア

イ

ウ

エ

カ

キ

ク

ケ

コ

サ

シ

ス

セ

ソ

ヒ

フ

ヘ

ホ

ヤ

ユ

ヨ

ラ

リ

ル

レ

ロ

ワ

著者略歴

南　和彦（みなみ　かずひこ）

1965年東京都出身．1988年東京大学理学部物理学科卒業．1993年東京大学大学院理学系研究科博士課程修了．博士（理学）．名古屋大学大学院多元数理科学研究科講師・助教授を経て，現在，同 准教授．専門は統計力学，数理物理学．
主な著書に『微分積分講義』（裳華房，2010），『SGC ライブラリ 108　格子模型の数理物理〜Free fermion系，Bethe仮説，Yang–Baxter方程式，量子群〜』（サイエンス社，2014）がある．

線形代数講義

2020年1月15日　第1版1刷発行
2023年4月20日　第2版1刷発行

検印
省略

定価はカバーに表示してあります．

著作者	南　和彦
発行者	吉野和浩
発行所	東京都千代田区四番町 8-1 電　話 03-3262-9166（代） 郵便番号 102-0081 株式会社　裳華房
印刷所	中央印刷株式会社
製本所	牧製本印刷株式会社

一般社団法人
自然科学書協会会員

JCOPY 〈出版者著作権管理機構 委託出版物〉
本書の無断複製は著作権法上での例外を除き禁じられています．複製される場合は，そのつど事前に，出版者著作権管理機構（電話03-5244-5088，FAX03-5244-5089，e-mail: info@jcopy.or.jp）の許諾を得てください．

ISBN 978-4-7853-1585-6

© 南　和彦，2020　　Printed in Japan

微分積分講義

南　和彦 著　A5 判／ 304 頁／定価 2860 円（税込）
ISBN 978-4-7853-1552-8

- 数学を専門としないが必要とする読者のためのテキスト.
- わかりやすく直感的で，数学上のごまかしのない記述.
- 微分積分の入門から本格的な解析学の入り口までを扱い，同時に工学や自然科学など各分野への具体例を解説した.
- テキストであると共にハンドブックとしても利用できる.

手を動かしてまなぶ 微分積分　2色刷

藤岡　敦 著　A5 判／ 308 頁／定価 2970 円（税込）
ISBN 978-4-7853-1581-8

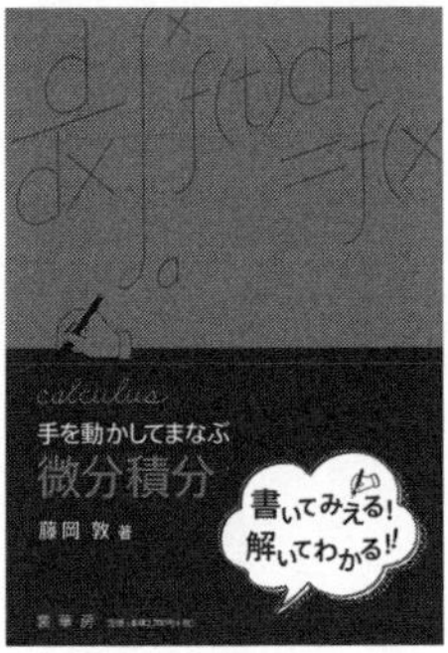

★ 書いてみえる！ 解いてわかる !! ★

読者が省略された “行間” にある推論の過程をおぎない “埋める” ことができるように，式の導出を丁寧に記述した入門書．全 24 節で構成されており，1 節 90 分の講義テキストとしても使いやすい.

入門複素関数　2色刷

川平友規 著

A5 判／ 240 頁／定価 2640 円（税込）
ISBN 978-4-7853-1579-5

複素関数の世界を鮮やかに展開した，
待望のテキストがいまここに――．

数学選書 1　線型代数学（新装版）

佐武一郎 著

A5 判／ 354 頁／定価 3740 円（税込）
ISBN 978-4-7853-1316-6

2006 年 日本数学会出版賞受賞

裳華房　https://www.shokabo.co.jp/

n 次複素行列 (実行列)	次数が 1 のとき
複素行列	複素数
エルミート行列 (対称行列)	実数
正値エルミート行列 (正値対称行列)	正数
歪エルミート行列 (交代行列)	0 または純虚数
ユニタリ行列 (直交行列)	絶対値が 1 の複素数
例題 8.7 の表示	複素数の実部と虚部への分解
定理 8.26 の表示	複素数の極表示

行列	定義
零行列 O (zero, null)	$(A)_{ij} = 0$
単位行列 E (identity)	$(A)_{ij} = \delta_{ij}$
逆行列 A^{-1} (inverse)	$AA^{-1} = A^{-1}A = E$
転置行列 ${}^tA$ (transpose)	$({}^tA)_{ij} = (A)_{ji}$
共役行列 $\bar{A}$ (conjugate)	$(\bar{A})_{ij} = \overline{(A)_{ij}}$
随伴行列 A^* (adjoint)	$A^* = {}^t\bar{A}$
対称行列 (symmetric)	${}^tA = A$
直交行列 (orthogonal)	${}^tR = R^{-1}$
交代行列 (alternative)	${}^tA = -A$
エルミート行列 (hermite)	$A^* = A$
ユニタリ行列 (unitary)	$U^* = U^{-1}$
歪(わい)エルミート行列 (skew hermite)	$A^* = -A$
正規行列 (normal)	$A^*A = AA^*$